Sanificazione
nell'industria alimentare

Norman G. Marriott   Robert B. Gravani

Sanificazione
nell'industria alimentare

Edizione italiana a cura di
Angela M. Vecchio

Università degli Studi di Milano
Dipartimento di Scienze e Tecnologie
Alimentari e Microbiologiche

Traduzione dal titolo originale
Principles of Food Sanitation, 5th ed.

 Springer

Norman G. Marriott, PhD
Department of Food Science and Technology
Virginia Polytechnic Institute and State University
Blacksburg, Virginia, USA
marriott@vt.edu

Robert B. Gravani
Department of Food Science
Cornell University
Ithaca, New York, USA
rbg2@cornell.edu

Traduzione dal titolo originale
Principles of Food Sanitation, 5th ed., by N.G. Marriott, R.B. Gravani
© 2006 Springer Science+Business Media, Inc.
Springer is a part of Springer Science+Business Media
Tutti i diritti riservati

Traduzione di Gaia Cozzi, Gabriella Quirico, Angela Tedesco

ISBN 978-88-470-0787-1
ISBN 978-88-470-0788-8 (eBook)

Springer-Verlag fa parte di Springer Science+Business Media
springer.com

© Springer-Verlag Italia 2008

Copertina: Simona Colombo, Milano
Realizzazione editoriale: Scienzaperta S.r.l., Milano
Stampa: Press Grafica S.r.l., Gravellona Toce (VB)

Springer-Verlag Italia, Via Decembrio 28, 20137 Milano

A mia moglie Dori Marriott,
che durante la revisione di questo libro
è stata fonte di ispirazione
e mi ha assistito quotidianamente con amore

Prefazione all'edizione italiana

Ancora all'inizio degli anni novanta in Italia, come in buona parte dei paesi europei, la *sanificazione* – intesa come studio, sviluppo e applicazione di procedure scientificamente valide per assicurare condizioni igieniche in ambienti, impianti e attrezzature – non era considerata una vera e propria disciplina. D'altra parte l'applicazione di rigorose procedure igieniche sembrava indispensabile solo in ambiti limitati, come reparti ospedalieri o laboratori d'analisi. In molte industrie alimentari, soprattutto in quelle di minori dimensioni, le preoccupazioni nei riguardi di eventuali contaminazioni erano spesso riferite al controllo dei processi di trasformazione, più che alla protezione della salute dei consumatori. La formazione del personale in questo campo era generalmente sommaria e non sistematica; il personale addetto alle operazioni di sanificazione in senso stretto era (ma troppo spesso lo è ancora oggi) privo di qualificazione e addestramento specifici. Le norme igieniche erano tranquillamente disattese, anche per la mancanza di linee guida diffuse e condivise.

Nel giro di una decina d'anni il panorama è radicalmente cambiato. Sull'onda di episodi, anche drammatici, che hanno messo in evidenza i pericoli per la salute pubblica che possono derivare da un inadeguato controllo dell'igiene nella filiera alimentare, le istituzioni europee hanno messo in atto un rinnovamento profondo della normativa, assegnando un ruolo centrale alle aziende alimentari. L'applicazione effettiva del sistema HACCP e l'impiego corretto di efficaci procedure di sanificazione sono i due pilastri su cui si fonda questo nuovo ruolo delle aziende alimentari.

All'interno delle industrie l'importanza crescente attribuita alla sanificazione ha condotto sempre più a individuare per tale funzione figure e responsabilità specifiche. Contemporaneamente sono state sviluppate nuove tecniche sia per l'esecuzione della sanificazione, sia per il monitoraggio dei suoi risultati; è aumentata la precisione nella scelta e nel dosaggio dei prodotti chimici impiegati ed è cresciuta l'attenzione all'impatto ambientale di detergenti e disinfettanti. In ambito universitario l'igiene degli alimenti ha acquistato un peso maggiore, sono stati introdotti corsi specifici dedicati alla sanificazione nelle industrie alimentari e in questo campo si sono sviluppate proficue collaborazioni tra ricerca e industria. Anche nelle aziende la formazione del personale a tutti i livelli è divenuta un impegno assai più stringente.

Scarseggiano ancora, tuttavia, i testi di carattere generale in grado di fornire agli operatori e agli studenti un inquadramento complessivo della materia e al tempo stesso informazioni valide sulle procedure di sanificazione e sulle modalità per garantire un elevato livello di sicurezza degli alimenti. La pubblicazione dell'edizione italiana dell'ormai classico *Principles of Food Sanitation*, giunto alla quinta edizione, contribuisce dunque autorevolmente a colmare questa lacuna.

La trattazione affronta dapprima la contaminazione degli alimenti, i composti detergenti e disinfettanti, le attrezzature e gli impianti impiegati nella loro applicazione; vengono quindi approfonditi alcuni aspetti determinanti, come la progettazione secondo criteri igienici di stabilimenti impianti e attrezzature; infine sono esaminati i metodi e le tecniche specifiche da adottare nelle diverse tipologie di aziende alimentari. Il volume, che si presta anche alla consultazione per specifiche categorie di alimenti, offre inoltre una serie di indicazioni pratiche per raggiungere gli indispensabili livelli di igiene nella trasformazione e nella preparazione degli alimenti.

L'edizione italiana è stata arricchita con l'aggiunta di nuove illustrazioni e di vari esempi di procedure di sanificazione per settori specifici. Il testo è stato inoltre adeguato e integrato con i necessari riferimenti alla normativa e alle linee guida europee e nazionali. Si è tuttavia scelto di conservare una parte significativa dei riferimenti a prassi e normative specifiche degli Stati Uniti, sia per consentire il confronto con quelle europee, sia per fornire una panoramica degli obblighi in materia di sanificazione che coinvolgono le aziende che esportano prodotti alimentari oltreoceano.

Angela Maria Vecchio

Prefazione all'edizione originale

In un'epoca che attribuisce alla sicurezza degli alimenti un'importanza cruciale, le aziende alimentari hanno una crescente necessità di valide procedure igienico-sanitarie dalla trasformazione fino al consumo. Si tratta di una sfida che coinvolge tutta l'industria alimentare.

Oggi la sanificazione – cioè la scienza applicata il cui fine è la realizzazione di condizioni igieniche – è oggetto di particolare attenzione da parte delle aziende alimentari. In passato, le procedure di sanificazione erano affidate a personale inesperto e non qualificato, che riceveva un'addestramento scarso o nullo. Eppure gli addetti alla sanificazione dovrebbero avere una chiara conoscenza sui metodi per realizzare e mantenere condizioni igieniche. Per molto tempo anche la formazione dei manager responsabili dei programmi di sanificazione è stata assai ridotta. Le informazioni tecniche disponibili sono state a lungo limitate essenzialmente alle linee guida redatte da autorità sanitarie e associazioni di categoria e alle schede messe a punto dai fornitori di attrezzature e prodotti per la sanificazione. Si tratta di materiali utili, che tuttavia in generale non forniscono né un inquadramento generale né una trattazione sistematica dei metodi, dei composti e delle attrezzature utilizzabili per le procedure di detersione e disinfezione indispensabili per realizzare condizioni igieniche nelle aziende alimentari.

Come le precedenti, anche la quinta edizione di questo libro si propone di fornire le conoscenze essenziali per assicurare la correttezza delle procedure igienico-sanitarie e la sicurezza degli alimenti. La sanificazione è un argomento molto vasto e complesso; la trattazione affronta dapprima la contaminazione degli alimenti, i composti detergenti e disinfettanti, le attrezzature e gli impianti impiegati per la loro applicazione, per approfondire quindi i metodi e le tecniche specifiche da adottare nelle diverse tipologie di aziende alimentari.

Nel capitolo 1 sono illustrati il significato e l'importanza della sanificazione nell'industria alimentare ed è fornita una sintesi delle normative statunitensi ed europee in materia (i rischi connessi al bioterrorismo sono trattati nell'appendice al termine del volume). Il capitolo 2 è dedicato ai microrganismi e ai loro effetti sugli alimenti; sono esaminati, in particolare, i patogeni reponsabili delle principali malattie trasmesse dagli alimenti e i metodi per la determinazione rapida della carica microbica. La diffusione degli allergeni e i problemi connessi alla loro presenza negli alimenti sono affrontati nel capitolo 3. Le fonti di contaminazione degli alimenti e l'igiene della persona e del comportamento sono trattati nei capitoli 4 e 5, mentre il capitolo 6 fornisce un quadro del sistema HACCP. Il capitolo 7 è dedicato al ruolo della *quality assurance* nella sanificazione delle aziende alimentari, con particolare attenzione all'organizzazione, all'implementazione e al monitoraggio di un programma efficace.

Il capitolo 8 esamina in modo approfondito i composti detergenti. Sono descritte le caratteristiche delle diverse tipologie di sporco, identificando i detergenti appropriati per la loro rimozione. Vengono anche trattati il funzionamento dei detergenti e le loro proprietà fisiche e chimiche; infine, si forniscono alcune informazioni di base per la loro corretta manipolazione. Il capitolo 9 è dedicato alla disinfezione e ai disinfettanti e alla loro importanza nella sanificazione. vengono descritte le caratteristiche dei diversi tipi di composti e indicate le applicazioni specifiche di ciascuno di essi. Nel capitolo 10 sono presentati gli impianti e le attrezzature impiegati per le operazioni di detersione e di disinfezione nell'industria alimentare, identificando le tipologie più adatte per le diverse applicazioni.

La gestione e lo smaltimento dei rifiuti, che costituiscono un problema rilevante per molte aziende alimentari, sono affrontati nel capitolo 11; in particolare vengono approfonditi i diversi aspetti del trattamento e del monitoraggio dei reflui. A un altro grave problema, il controllo degli infestanti, è dedicato il capitolo 12, in cui sono descritti gli organismi più diffusi nel settore alimentare ed esaminati gli strumenti per la loro prevenzione (inclusi i biocidi, il controllo biologico e la gestione integrata) e i relativi limiti. Nel capitolo 13 vengono illustrati i criteri per la progettazione e la realizzazione igienica di edifici, impianti e attrezzature per l'industria alimentare.

Sei capitoli – dal 14 al 19 – sono dedicati alla sanificazione in specifici comparti produttivi del settore alimentare: alimenti a basso tenore di umidità, prodotti lattiero-caseari, carni e pollame, prodotti ittici, prodotti ortofrutticoli e bevande. Per ciascuna di queste tipologie sono fornite informazioni dettagliate sui requisiti degli stabilimenti, sui detergenti e sui disinfettanti appropriati e sulle attrezzature da impiegare nella sanificazione, oltre a raccomandazioni e procedure per specifiche operazioni di sanificazione. Il capitolo 20 tratta la sanificazione nelle aziende di ristorazione e somministrazione di alimenti, proponendo una serie di procedure per alcune aree e apparecchiature.

Infine, gli aspetti gestionali sono affrontati nel capitolo 21, che non vuole fornire una presentazione organica dei principi del management, ma piuttosto offrire indicazioni e suggerimenti pratici per una gestione efficace della sanificazione.

Questo volume vuole fornire in forma concisa una trattazione organica dei problemi della sanificazione nei diversi comparti dell'industria alimentare. Può essere utilizzato come libro di testo sulla sanificazione sia nei corsi universitari, sia nei corsi di formazione promossi dall'industria alimentare; può inoltre rappresentare un valido testo di consultazione per il management delle aziende alimentari.

Un riconoscimento particolare va alle organizzazioni e alle aziende che hanno fornito materiale e illustrazioni per il volume. Desidero infine ricordare il sostegno della mia cara moglie durante la preparazione di questa edizione.

N. G. M.

Indice

Sigle e abbreviazioni

ACP	Allergen control plan
AFNOR	Association Française de Normalisation
ALF	Activated lactoferrin (Lattoferrina attivata)
AOAC	Association of Official Analytical Chemists
ASC	Acidified sodium chlorite (Clorito di sodio acidificato)
BOD	Biochemical oxygen demand (Domanda biochimica di ossigeno)
CBS	Conta batterica standard
CCP	Critical control point (Punto critico di controllo)
CDC	Centers for Disease Control and Prevention
CIP	Cleaning in place
COD	Chemical oxygen demand (Domanda chimica di ossigeno)
COP	Cleaning out of place
DO	Dissolved oxygen (Ossigeno disciolto)
DPI	Dispositivi di protezione individuale
DT	Detection time (Tempo di rilevamento)
EFSA	Autorità Europea per la Sicurezza Alimentare
EPA	Environmental Protection Agency
FDA	Food and Drug Administration
FSIS	Food Safety and Inspection Service
GLP	Good laboratory practices (Buone pratiche di laboratorio)
GMP	Good manufacturing practices (Buone pratiche di fabbricazione)
GRAS	Generally recognized as safe (Generalmente considerato sicuro)
HACCP	Hazard analysis and critical control points
ISO	International Standards Organization
LCL	Lower control limit (Limite di controllo inferiore)
NAS	National Academy of Sciences
NASA	National Aeronautics and Space Administration
QA	Quality assurance
QAC	Quaternary ammonium compounds (Composti di ammonio quaternario)
QC	Quality control (Controllo di qualità)
PCR	Polymerase chain reaction (Reazione a catena della polimerasi)
SDT	Solidi disciolti totali
SOP	Standard operating procedures (Procedure operative standard)
SS	Solidi sedimentabili
SSOP	Standard sanitation operating procedures (Procedure operative standard di sanificazione)
SST	Solidi sospesi totali
TDT	Thermal death time (Tempo di inattivazione termica)
TOC	Total organic carbon (Carbonio organico totale)
TQM	Total quality management
UCL	Upper control limit (Limite di controllo superiore)
USDA	United States Department of Agriculture

Capitolo 1
Sanificazione e industria alimentare

1.1 L'industria alimentare

Il sistema alimentare è rappresentato da una catena complessa e dinamica di molteplici attività che inizia con la produzione delle materie prime, nelle aziende agricole e negli allevamenti, prosegue con la loro lavorazione e trasformazione, per terminare con la vendita al dettaglio oppure con la somministrazione degli alimenti nell'ambito della ristorazione pubblica o collettiva.

Ogni comparto del sistema alimentare presenta caratteristiche uniche in termini di dimensioni, finalità e attività e si è evoluto e adattato sia ai cambiamenti scientifici, tecnologici e demografici, sia a quelli dello stile di vita e delle esigenze dei consumatori. La conoscenza delle specificità di ciascun comparto del sistema alimentare è essenziale per comprendere appieno il ruolo della sanificazione e della sicurezza degli alimenti nell'industria alimentare.

1.1.1 Produzione agricola

L'agricoltura è il più grande settore produttivo; a livello mondiale il numero di lavoratori coinvolti è superiore a quello di tutti gli altri settori messi assieme. Gli Stati Uniti – dove un posto di lavoro su sei è generato da questo settore – producono più alimenti di qualsiasi altra nazione e sono anche i maggiori esportatori mondiali di prodotti agricoli. Attualmente le aziende agricole statunitensi sono circa due milioni e, in media, un agricoltore produce ogni anno cibo sufficiente a sfamare centoventotto persone. Sebbene il numero delle aziende stia diminuendo, la produzione agricola complessiva è in aumento, dimostrando una produttività crescente, grazie alla quale i consumatori statunitensi dispongono di un'ampia varietà di prodotti alimentari. Rispetto alla maggior parte dei consumatori di altre parti del mondo, in proporzione gli americani spendono meno per il cibo (circa il 10% del reddito disponibile). Negli anni le strutture della produzione agricola e dell'allevamento sono notevolmente cambiate, dando luogo a un'offerta di alimenti più ampia, meno costosa, più varia e più sicura.

1.1.2 Lavorazione e trasformazione degli alimenti

L'industria degli alimenti e delle bevande trasforma le materie prime agricole in semilavorati o in prodotti alimentari destinati al consumo finale. Negli Stati Uniti si contano quasi 29 000 stabilimenti alimentari di proprietà di 22 000 aziende, che danno lavoro a circa 1 milione e 700 mila persone, poco più dell'1% di tutti i lavoratori statunitensi.

N.G. Marriott et al., *Sanificazione nell'industria alimentare*
© Springer 2008

Recentemente, l'industria di trasformazione degli alimenti si è consolidata e concentrata grazie a numerose fusioni e acquisizioni. Per conquistare un numero sempre maggiore di clienti, incrementare le vendite, i profitti e le quote di mercato, le aziende alimentari si riorganizzano e ampliano le opportunità, riducendo i costi e mettendo a punto nuovi prodotti a valore aggiunto: nel 2003, negli Stati Uniti, ne sono stati introdotti oltre 14 000. La tendenza a sviluppare nuovi prodotti, che si è focalizzata soprattutto sui cosiddetti *convenience food*, ossia alimenti pronti al consumo, sembra destinata a durare poiché il tempo a disposizione dei consumatori per la preparazione dei cibi è sempre più ridotto.

1.1.3 Ristorazione (pubblica e collettiva)

Negli Stati Uniti si contano circa 900 000 ristoranti, che danno lavoro a 12 milioni di persone (quasi il 9% della forza lavoro statunitense). Gli esercizi di ristorazione coprono circa l'84% delle vendite di cibi pronti e di pasti. Dagli anni ottanta, la ristorazione ha goduto di una costante crescita. Numerosi fattori – tra i quali l'andamento demografico, gli aspetti organizzativi (personale, appalto dei servizi, professionalità della gestione), le tendenze culinarie e la tecnologia – hanno condotto a tale crescita e determinato molti cambiamenti in questo comparto. I due segmenti principali sono rappresentati dai ristoranti di tipo tradizionale (*full service*) e da quelli che somministrano pasti veloci (*quick service* o *fast food*). La maggior parte degli esercizi di somministrazione ha piccole dimensioni: il 70% ha meno di venti dipendenti. Nel prossimo futuro, per effetto delle tendenze demografiche, la crescita della ristorazione statunitense continuerà a essere sostenuta. Uno dei principali problemi per gli esercizi *quick service* è rappresentato dalla ricerca e dalla formazione del personale; anche i responsabili dei ristoranti tradizionali includono questi due elementi tra i cinque maggiori problemi da affrontare.

1.1.4 Vendita al dettaglio dei prodotti alimentari

Negli ultimi anni, anche il commercio di alimenti al dettaglio è stato oggetto di processi di concentrazione e di cambiamenti strutturali senza precedenti in seguito a fusioni, acquisizioni, ristrutturazioni, crescita interna e ingresso di nuovi *competitor*. Negli Stati Uniti i generi alimentari sono venduti in oltre 224 000 esercizi commerciali; di questi, più del 96% è rappresentato da realtà che vanno dalla grande distribuzione organizzata ai piccoli negozi di quartiere. Il negozio alimentare medio tratta tra i 25 000 e i 40 000 articoli, offrendo ai consumatori un'ampia scelta di prodotti.

Per accrescere il livello di soddisfazione dei clienti, le imprese di vendita al dettaglio stanno sviluppando e ampliando l'offerta di alimenti pronti al consumo e di altri prodotti e servizi. I supermercati rispondono alla crescente richiesta di praticità d'uso da parte dei consumatori offrendo loro una vastissima gamma di prodotti nei reparti di gastronomia, macelleria, panetteria e pescheria. La sanificazione ha un ruolo importantissimo nella vendita al dettaglio degli alimenti, poiché l'igiene è tra i principali fattori che guidano i consumatori nella scelta del negozio in cui fare i propri acquisti.

1.1.5 Consumatori

I cambiamenti demografici hanno determinato un mutamento eccezionale nella dimensione e nella composizione della popolazione statunitense. Oggi negli Stati Uniti il numero di abitanti ammonta a circa 300 milioni, cui si aggiungono ogni anno più o meno tre milioni e mezzo di individui. Inoltre la popolazione sta invecchiando. Mentre i figli del *baby boom* raggiungono l'età pensionabile, si prevede che nel 2030 la percentuale di anziani (ultrasessantacinquenni) sarà praticamente raddoppiata rispetto al 1980 (21% contro 11%).

Per quanto concerne la composizione, gli ispanici sono diventati recentemente la minoranza più numerosa della popolazione statunitense; sempre più donne lavorano e posticipano matrimonio e gravidanze; quasi sei donne su dieci (il 59,8%) in età lavorativa (16 anni o più) hanno un impiego; le famiglie sono più piccole e meno "tradizionali". Nel 2002, i consumatori statunitensi hanno speso in prodotti alimentari poco più di 900 miliardi di dollari, il 46% dei quali per consumare pasti fuori casa; nel 2002 la spesa per generi alimentari è stata pari al 10,1% del reddito disponibile (una percentuale comunque inferiore a quelle di tutte le altre nazioni).

1.1.6 Rischi emergenti e sicurezza alimentare

Da questi rapidi e profondi cambiamenti, in tutti i comparti del sistema alimentare, emerge l'importanza dell'igiene degli alimenti e della sanificazione per assicurare un'offerta di generi alimentari sicuri e sani. Tutti i comparti devono cooperare per garantire un sistema di sicurezza alimentare senza falle.

Poiché l'industria alimentare è divenuta più vasta, più concentrata e più diversificata e poiché parallelamente sono emersi nuovi rilevanti rischi, la sicurezza alimentare e le procedure igienico-sanitarie hanno assunto una nuova importanza per la tutela della salute pubblica. Molte aziende sono fortemente impegnate a migliorare la sicurezza alimentare nei propri stabilimenti per prevenire malattie o danni ai consumatori derivanti dai pericoli biologici, chimici o fisici. Perciò è ancora più necessario che i lavoratori delle aziende alimentari comprendano l'importanza cruciale della sicurezza degli alimenti e delle procedure igienico-sanitarie e che imparino a realizzare e mantenere condizioni igieniche ottimali dovunque si trattino alimenti. Se comprendono i principi biologici alla base di queste procedure, e dunque le ragioni per cui vanno seguite, i lavoratori del settore garantiranno più efficacemente la sicurezza degli alimenti che producono, lavorano, preparano e vendono.

1.2 La sanificazione

La parola sanificazione deriva dal latino *sanitas*, salute. Nell'ambito dell'industria alimentare, il termine designa "la creazione e il mantenimento di condizioni igieniche e salubri". Si tratta di una scienza che viene applicata per fornire alimenti sicuri, cioè lavorati, preparati, commercializzati e venduti in un ambiente pulito da operatori sani, in modo da prevenire la contaminazione da parte di microrganismi che causano malattie a trasmissione alimentare e da ridurre al minimo la proliferazione dei microrganismi responsabili del deterioramento degli alimenti. Una sanificazione efficace comprende tutte le procedure che contribuiscono al raggiungimento di questi obiettivi.

1.2.1 Sanificazione: una scienza applicata

La sanificazione è una scienza applicata che ha per oggetto la progettazione, lo sviluppo, l'implementazione, il mantenimento, il ripristino e/o il miglioramento delle procedure e delle condizioni igienico-sanitarie. In particolare questa disciplina si occupa delle procedure necessarie per mantenere pulito e salubre l'ambiente in cui si producono, lavorano, preparano e conservano alimenti. Tuttavia, la sanificazione non concerne solo la pulizia: se compiuta in modo appropriato, può migliorare le condizioni igieniche e le qualità estetiche di esercizi commerciali, strutture pubbliche e abitazioni; può anche migliorare lo smaltimento dei rifiuti (vedi capitolo 11), contribuendo alla riduzione dell'inquinamento e alla difesa dell'ambiente dal punto di vista ecologico. Se correttamente applicate, la sanificazione alimentare e le procedure igienico-sanitarie hanno quindi un effetto benefico sul nostro ambiente.

La sanificazione è considerata una scienza applicata in quanto – permettendo il controllo dei pericoli biologici, chimici e fisici all'interno degli ambienti in cui si trattano alimenti – svolge un ruolo importante nella tutela della salute umana e nella gestione di fattori ambientali che influiscono sulla salute. Chi si occupa di sanificazione deve conoscere tutti gli aspetti del rischio alimentare, le basi della microbiologia degli alimenti e gli organismi che più frequentemente mettono a rischio la salute umana. Identificando, valutando e controllando questi rischi e applicando efficacemente le procedure igienico-sanitarie, è possibile assicurare un'offerta di generi alimentari sicuri e sani.

1.3 Perché sanificare

Sempre più spesso la lavorazione degli alimenti viene effettuata in stabilimenti situati vicino alle aree di produzione; tale tendenza dovrebbe continuare negli anni a venire. Molti di questi impianti sono progettati secondo criteri di igienicità; tuttavia, se non vengono osservate opportune procedure igienico-sanitarie, gli alimenti possono essere contaminati da microrganismi alterativi o responsabili di malattie a trasmissione alimentare. In ogni caso, se si osservano procedure corrette, anche negli stabilimenti meno recenti possono essere prodotti alimenti sicuri; per la sicurezza degli alimenti, infatti, le procedure igienico-sanitarie possono essere importanti quanto le caratteristiche strutturali.

L'impiego di tecnologie avanzate, se da un lato ha consentito l'aumento della produttività di *convenience food* e alimenti con lunga *shelf life*, dall'altro comporta nuovi problemi, in particolare per quanto concerne la contaminazione microbica e lo smaltimento dei rifiuti.

Nonostante l'attenzione crescente, sono ancora pochi i programmi di formazione che forniscono un addestramento completo sulla sanificazione e sugli strumenti necessari per garantire la sicurezza alimentare; tuttavia alcune istituzioni, associazioni di categoria ed enti pubblici organizzano corsi sulla sanificazione nelle industrie alimentari e forniscono anche materiali informativi per il personale addetto.

Mai come in questi anni i cittadini americani si sono tanto preoccupati della qualità e della sicurezza degli alimenti che consumano. Negli Stati Uniti, su circa 76 milioni di persone che si stima siano colpite ogni anno da malattie trasmesse dagli alimenti, 325 000 necessitano di ricovero ospedaliero e circa 5000 muoiono; l'impatto economico di queste malattie è stimato tra 10 e 83 miliardi di dollari l'anno.

Per l'Unione Europea non esistono stime attendibili sull'incidenza reale delle malattie trasmesse da alimenti, anche se verosimilmente queste colpiscono ogni anno milioni di persone. Nel biennio 2004-2005 le statistiche comunitarie – largamente incomplete e basate sui soli dati ufficialmente comunicati dai vari Paesi, per un numero limitato di patologie – hanno registrato oltre 12 000 focolai epidemici con circa 90 000 persone colpite (EFSA, 2006).

Alcuni responsabili di industrie alimentari (della trasformazione, della vendita al dettaglio e della ristorazione) adducono diversi pretesti per giustificare le scarse condizioni igieniche riscontrabili nelle loro aziende; tuttavia, le vere ragioni della mancanza di adeguati programmi di sanificazione sono molto più probabilmente di natura economica.

Un *programma di sanificazione* è, in pratica, una maniera pianificata per attuare la sanificazione; tale programma comporta numerosi e significativi benefici sia per il pubblico, sia per le imprese che lo adottano. Questo concetto è ben sintetizzato dal motto: *la sanificazione non costa, paga*.

Quasi tutti i titolari o i responsabili di stabilimenti alimentari desiderano che la propria impresa sia pulita e in ordine. Le condizioni igieniche insoddisfacenti, però, derivano spesso dalla mancanza di un'effettiva comprensione dei principi della sanificazione e dei benefici che essa può fornire se attuata efficacemente. La seguente breve analisi di tali benefici dimostra che sanificazione non è una parola "sporca".

1. I controlli ispettivi stanno diventando più rigorosi perché gli ispettori delle autorità sanitarie di controllo utilizzano il sistema HACCP (*Hazard Analysis Critical Control Point*) per stabilire la conformità; le ispezioni basate su tale sistema si focalizzano sui punti critici per la sicurezza degli alimenti. Di conseguenza un efficace programma di sanificazione è essenziale.

2. Le malattie legate agli alimenti possono essere controllate se la sanificazione viene attuata in modo appropriato in tutte le operazioni in cui si trattano alimenti. Il problema più comune causato da una scarsa sanificazione è il deterioramento degli alimenti con formazione di odori e sapori sgradevoli. Il deterioramento rende gli alimenti inaccettabili per il consumo e determina riduzione delle vendite, aumento dei reclami da parte dei clienti e delle richieste di risarcimento. Molto spesso le cattive condizioni di un alimento indicano la mancanza di un efficace programma di sanificazione. Quando i consumatori ritengono di essersi ammalati a causa di un alimento, sporgono denuncia e spesso richiedono un risarcimento economico per i danni subiti.

3. Un efficace programma di sanificazione può migliorare la qualità di un prodotto e la sua shelf life in quanto consente di ridurre la popolazione microbica. L'aggravio di lavoro, la perdita di prodotto, i costi per il confezionamento e la riduzione del valore del prodotto provocati da una sanificazione insufficiente possono, per esempio, determinare una diminuzione del 5-10% del profitto del reparto macelleria in un supermercato. Per contro, un programma di sanificazione ben sviluppato e correttamente attuato può aumentare la shelf life degli alimenti.

4. Un efficace programma di sanificazione include la pulizia e la disinfezione regolari di tutti gli impianti presenti nell'azienda, compresi quelli di riscaldamento, condizionamento e refrigerazione. Serpentine sporche e incrostate sono un ricettacolo di microrganismi, mentre ventole e ventilatori sporchi possono diffondere la microflora negli ambienti. Serpentine pulite e sanificate riducono il rischio di contaminazione per via aerea e possono diminuire anche del 20% i costi di energia e manutenzione. Le compagnie di assicurazione possono ridurre i premi pagati da aziende che attuano corrette procedure di sanificazione, in considerazione del miglioramento delle condizioni di lavoro e della riduzione delle richieste di risarcimento da parte dei clienti.

5. Tra i diversi benefici, meno tangibili, di un efficace programma di sanificazione vi sono:
   - migliore accettabilità del prodotto,
   - aumento della shelf life del prodotto,
   - clienti soddisfatti e persino contenti,
   - rischi ridotti per la salute pubblica,
   - aumento della fiducia da parte degli enti di controllo e dei loro ispettori,
   - diminuzione dello spreco e degli scarti,
   - morale più alto dei dipendenti.

1.3.1 Sanificazione: base essenziale per la sicurezza degli alimenti

Le procedure di sanificazione corrette rappresentano la base per realizzare sistemi in grado di garantire la sicurezza degli alimenti. Procedure igienico-sanitarie inadeguate possono contribuire allo sviluppo di focolai di malattie a trasmissione alimentare e aumentare il rischio di danni e lesioni. Negli ultimi anni si sono verificati alcuni gravi incidenti legati alla sicurezza alimentare; tali avvenimenti, apparsi su tutti i giornali, hanno richiamato l'attenzione sulla carenza delle procedure igienico-sanitarie in tutti i comparti del settore alimentare. Alcuni di questi episodi sono riportati nella tabella 1.1 e qui commentati.

Nello scorso decennio, un'importante epidemia di *Salmonella enterica* è stata causata dalla contaminazione crociata di una miscela per gelato pastorizzata, trasferita dall'impianto di pre-miscelazione allo stabilimento di congelamento in autocisterne precedentemente utilizzate per trasportare uova crude sgusciate, risultate poi contaminate da *S. enterica*. Il trasportatore avrebbe dovuto lavare e sanificare la cisterna prima di caricare la miscela di gelato, ma spesso questa procedura veniva omessa. Gli ispettori hanno trovato residui di uova in un'autocisterna già sottoposta a pulizia e hanno segnalato guarnizioni sporche e registrazioni inadeguate, oltre alla mancanza di verifica e documentazione delle procedure di pulizia e sanificazione. Prima che il problema venisse risolto, nell'intera nazione sono stati ritirati oltre 6,3 milioni di kg di gelato. È stato stimato che nel corso dell'epidemia si sono ammalate circa 224 000 persone. Questo gravissimo incidente avrebbe potuto essere prevenuto semplicemente pulendo e sanificando correttamente le autocisterne.

In un'altra vasta epidemia, *Escherichia coli* O157:H7, presente in hamburger di manzo contaminati e consumati dopo una cottura insufficiente, ha provocato 732 casi di malattia e 4 decessi in quattro stati. La contaminazione della carne ha avuto luogo nell'impianto di lavorazione, ma l'epidemia è stata causata dalla cottura inadeguata degli hamburger in un fast food; oltre 225 000 hamburger hanno dovuto essere ritirati da tutti i ristoranti della catena. Si è trattato della maggiore epidemia di *Escherichia coli* O157:H7 che si sia verificata negli Stati Uniti: il suo costo è stato stimato tra 229 e 610 milioni di dollari. La società coinvolta ha preso provvedimenti radicali e innovativi per sviluppare un programma di sicurezza alimentare all'avanguardia e migliorare la propria reputazione e immagine; oggi è considerata una delle industrie con i programmi di sicurezza alimentare più rigidi di tutto il comparto della ristorazione.

In passato, una famosa marca di acqua minerale in bottiglia è risultata contaminata da benzene; i filtri di carbone – utilizzati per rimuovere le numerose impurità contenute nel gas naturale presente nell'acqua alla sorgente – erano ostruiti, ma il problema non veniva segnalato a causa di una spia luminosa difettosa posta sul pannello di controllo del processo. Il guasto è stato individuato dagli addetti solo dopo sei mesi, consentendo nel frattempo l'in-

Tabella 1.1. Alcuni esempi di incidenti nel settore alimentare

Agente	Alimento coinvolto	Conseguenze
S. enterica	Gelato	Circa 224 000 malati
E. coli O157:H7	Hamburger	732 malati, 4 morti
L. monocytogenes	Würstel	101 malati, 21 morti
Allergeni	Diversi alimenti	35-40% della popolazione statunitense è affetto da allergie alimentari; 150-200 morti all'anno
Benzene	Acqua minerale	160 milioni di bottiglie ritirate in tutto il mondo
Vetro	Birra in bottiglia	15,4 milioni di bottiglie ritirate, distrutte e sostituite

tasamento dei filtri. In seguito alla scoperta che l'acqua era contaminata da benzene, la società ha dovuto ritirare 160 milioni di bottiglie da 120 Paesi: si stima che questo incidente le sia costato circa 263 milioni di dollari.

Un'epidemia dovuta a *L. monocytogenes* in würstel ha causato 101 casi di malattia e 21 decessi in 22 stati. La contaminazione del prodotto si è verificata dopo la lavorazione e prima del confezionamento. È poi emerso che, al momento dell'incidente, erano in corso importanti lavori di ristrutturazione dello stabilimento. Per impedire il diffondersi dell'epidemia, i würstel prodotti in quello stabilimento sono stati ritirati dal mercato in tutta la nazione.

Oggi, il 2-3% della popolazione adulta statunitense, pari a circa 11 milioni di persone, soffre di allergie alimentari; ogni anno muoiono tra 150 e 200 persone per reazioni allergiche ad alimenti (Bodendorfer et al., 2004). La diffusione di allergie alimentari è notevolmente cresciuta nell'ultimo decennio ed è destinata ad aumentare ulteriormente negli anni a venire. Poiché per scatenare le reazioni allergiche è sufficiente che l'alimento responsabile sia presente in tracce, la sicurezza delle persone affette da allergie alimentari dipende dall'accurata etichettatura degli alimenti confezionati e dalle informazioni fornite da cuochi, camerieri e commessi degli esercizi alimentari.

All'inizio degli anni novanta un produttore di birra europeo ha impiegato inavvertitamente bottiglie di vetro difettoso. Durante il trasporto o l'apertura, schegge di vetro potevano cadere nella birra e causare lesioni. Non ci sono stati feriti a causa delle schegge, tuttavia l'azienda produttrice ha dovuto ritirare, distruggere e sostituire 15,4 milioni di bottiglie di birra, riportando una perdita stimata tra 10 e 50 milioni di dollari.

I gravi incidenti legati alla sicurezza alimentare hanno caratteristiche comuni e sono correlati a pericoli di natura biologica, chimica o fisica; avvengono in tutto il sistema alimentare e si verificano in tutto il mondo. Spesso, derivano da una o più cause combinate, tra le quali:

– materie prime contaminate;
– errori durante il trasporto, la lavorazione, la preparazione, la manipolazione o lo stoccaggio;
– problemi di confezionamento;
– manomissione degli alimenti/contaminazione dolosa;
– manipolazione scorretta;
– cambiamenti nella formulazione o nella lavorazione;
– manutenzione inadeguata dell'impianto o delle attrezzature;
– aggiunta di uno o più ingredienti non idonei.

Gli esempi riportati dimostrano l'importanza della sanificazione durante la lavorazione e la preparazione dei prodotti alimentari, così come della pulizia e della sanificazione degli impianti, delle attrezzature e degli utensili utilizzati per lavorare e somministrare gli alimenti. Le conseguenze di una sanificazione inadeguata sono gravi e includono inaccettabilità del prodotto, riduzione delle vendite e dei profitti, diminuzione della fiducia dei consumatori, pubblicità negativa, danni all'immagine aziendale, perdita di quote di mercato e, talvolta, azioni legali. Le procedure di sanificazione, associate a un efficace programma che assicuri la sicurezza alimentare, possono prevenire questi problemi. Inoltre, i consumatori hanno il diritto di aspettarsi e di ricevere prodotti alimentari sani e sicuri.

1.4 Fattori determinanti delle malattie trasmesse da alimenti

Le malattie a trasmissione alimentare rappresentano un problema reale per gli operatori della sanità pubblica, i tecnologi alimentari, i microbiologi e gli igienisti. Oggi si conoscono più di 200 malattie trasmesse attraverso gli alimenti e molti degli agenti patogeni che destano le maggiori preoccupazioni non erano riconosciuti come causa di malattie legate agli alimenti vent'anni fa. Nella maggioranza dei casi, le malattie causate da alimenti comportano sintomi gastrointestinali (nausea, vomito e diarrea), sono solitamente acute, autolimitanti e di breve durata e possono essere più o meno gravi; nelle forme acute, il decesso è relativamente raro e può avvenire soprattutto nei neonati, negli anziani o nelle persone con sistema immunitario compromesso. Secondo la Food and Drug Administration (FDA) statunitense, dal 2 al 3% di tutte le malattie acute legate agli alimenti dà luogo a sequele croniche (cioè complicazioni secondarie a lungo termine), che possono interessare diversi organi e apparati, come il cuore, il fegato, il sistema nervoso o le articolazioni, essere molto debilitanti e, nei casi più gravi, portare al decesso.

Nei prossimi paragrafi saranno esaminati alcuni dei molti fattori associati agli agenti patogeni emergenti, responsabili di malattie a trasmissione alimentare.

1.4.1 Aspetti demografici

Nel 2000 la popolazione statunitense di età uguale o superiore a 65 anni assommava a circa 35 milioni e si prevede che entro il 2050 sarà raddoppiata. Percentuali significative di anziani soffrono di malattie croniche (come cardiopatie, tumori e diabete) e sono quindi maggiormente suscettibili alle malattie trasmesse dagli alimenti. Per esempio, i pazienti affetti da AIDS hanno una probabilità 20 volte più elevata di contrarre una salmonellosi e da 200 a 300 volte più elevata di sviluppare una listeriosi. Con l'invecchiamento, l'efficienza del sistema immunitario diminuisce; pertanto nelle persone anziane la resistenza agli agenti patogeni diviene via via minore.

1.4.2 Cambiamenti nelle abitudini dei consumatori

I consumatori americani hanno differenti livelli di consapevolezza dei pericoli di natura microbiologica associati al rischio di contrarre malattie attraverso gli alimenti. In particolare, i consumatori sono scarsamente informati sull'importanza di una buona igiene personale durante la preparazione e la somministrazione degli alimenti e sulle procedure corrette per preparare alimenti sicuri in ambito domestico. Complessivamente, sono stati riscontrati cambiamenti positivi dei comportamenti riguardo alla gestione degli alimenti, ma troppo spesso le abitudini dei consumatori sono ancora lungi dall'ideale. Uno studio recente sull'abitudine di lavarsi le mani, condotto su oltre 7500 individui, ha rivelato che solo il 78% si era lavato le mani dopo aver usato i servizi pubblici negli aeroporti. Un miglioramento rispetto a uno studio precedente, nel quale la percentuale di coloro che si erano lavati le mani dopo aver utilizzato i servizi igienici era stata del 67%.

1.4.3 Cambiamenti nelle preferenze e nelle abitudini alimentari

Nel 2002 i costi sostenuti dagli statunitensi per i pasti consumati fuori casa sono stati pari al 46% dell'importo complessivo speso per i generi alimentari. L'enorme volume di pasti preparati quotidianamente rafforza la necessità di una ristorazione aggiornata e qualificata e di addetti alla vendita al dettaglio che comprendano i principi per preparare alimenti sicuri. Anche le preferenze e le abitudini alimentari sono cambiate: oggi molte persone consumano alimenti crudi di origine animale o alimenti poco cotti, che possono aumentare il rischio di malattie di origine alimentare.

1.4.4 Complessità del sistema alimentare

Come si è visto, il sistema alimentare è una catena di attività complessa, concentrata e dinamica che porta gli alimenti dalle aziende di produzione alla tavola. In qualsiasi punto di questa filiera, gli errori possono sfociare in gravi incidenti alimentari. Il fatto che un alimento (o un ingrediente) sia sottoposto a più trattamenti aumenta il rischio di contaminazione e di successive applicazioni di temperature inadeguate. Per assicurare la fornitura di alimenti sicuri e sani è essenziale sviluppare strette collaborazioni e forti reti di comunicazione, sia tra i diversi comparti del sistema alimentare, sia all'interno di ciascuno di essi.

1.4.5 Globalizzazione dell'offerta di prodotti alimentari

L'approvvigionamento internazionale di alimenti e ingredienti ha permesso ai consumatori di avere a disposizione un'ampia gamma di prodotti provenienti da tutto il mondo. Ciò che desta maggiore preoccupazione è il fatto che gli standard sanitari e i sistemi di sicurezza alimentare non sono uniformemente stringenti e rigidi nei diversi Paesi.

Oggi, con l'aumento dei viaggi internazionali, un microrganismo patogeno può facilmente e rapidamente essere trasportato da una parte all'altra del mondo. La localizzazione rapida, l'intervento tempestivo e la vigilanza sono, dunque, fondamentali per prevenire la diffusione di malattie a trasmissione alimentare da un Paese all'altro.

1.4.6 Cambiamenti nelle tecnologie di lavorazione degli alimenti

Poiché uno degli obiettivi dell'industria alimentare è aumentare sempre più l'offerta di prodotti freschi e con maggiore durabilità, chi si occupa di sviluppare le nuove tipologie di prodotti alimentari deve essere consapevole di come la composizione chimica, i parametri di lavorazione, il *packaging* e le condizioni di stoccaggio influenzino la presenza dei microrganismi negli alimenti. Occorre, in altri termini, considerare la sicurezza alimentare già nella fase di sviluppo o di riformulazione di un prodotto alimentare. Si è sviluppata una maggiore consapevolezza dell'importanza delle condizioni ambientali negli stabilimenti di lavorazione, negli esercizi commerciali e in quelli di somministrazione di alimenti, in particolare riguardo alla necessità di prevenire la formazione di biofilm e di nicchie microbiche.

1.4.7 Tecniche diagnostiche

Nell'ultimo decennio si sono verificati significativi miglioramenti nella sorveglianza delle malattie trasmesse dagli alimenti e nella risposta alle epidemie; vi sono inoltre stati notevoli progressi nelle tecniche diagnostiche e nel trattamento dei pazienti colpiti da tali malattie. Sono stati messi a punto test microbiologici più rapidi e sono stati sviluppati data base e reti (come FoodNet, PulseNet ed ElexNet nel Nordamerica, e EnterNet, RASFF e BSN in Europa) che consentono una più efficace sorveglianza delle malattie, una più efficiente condivisione delle informazioni e una risposta più rapida al verificarsi di epidemie.

1.4.8 Cambiamenti degli agenti patogeni

Anche nei microrganismi responsabili di malattie alimentari si sono verificati molti cambiamenti. In particolare i microbiologi hanno osservato che alcuni ceppi hanno sviluppato una maggiore virulenza, sicché poche cellule microbiche sono sufficienti per causare malattie gravi; è il caso di _E. coli_ O157:H7. È stata rilevata anche una maggiore capacità adattativa allo stress, che consente ai microrganismi di sopravvivere e crescere in condizioni ambientali mutate; per esempio alcuni patogeni psicrotrofi, quali _Yersinia enterocolitica_, _Listeria monocytogenes_ e _Clostridium botulinum_ di tipo E, crescono (seppure lentamente) a temperature di refrigerazione. Negli ultimi anni si è registrato un incremento della resistenza agli antibiotici in vari microrganismi, tra i quali _Salmonella typhimurium_ DT104. Numerose epidemie sono state causate dai protozoi parassiti _Cyclospora cayetanensis_ e _Cryptosporidium parvum_, in seguito a contaminazione di alimenti di origine vegetale – come succhi di frutta e sidro di mela non pastorizzati – e acqua contaminata.

Tutti questi fattori hanno svolto e continuano a svolgere un ruolo importante nella comparsa di patogeni emergenti e di nuove malattie alimentari. Nel corso di una discussione in merito a questioni di sicurezza degli alimenti, il direttore generale di una piccola catena di negozi alimentari ha commentato: "Oggi ci troviamo a fronteggiare un nuovo nemico, e non è uno dei soliti concorrenti". Quest'affermazione descrive chiaramente il fatto che viviamo in un mondo in continuo mutamento e che occorre giocare d'anticipo per garantire la sicurezza degli alimenti.

1.5 Leggi, regolamenti e linee guida: Stati Uniti

Poiché negli Stati Uniti sono in vigore migliaia di leggi, regolamenti e linee guida per controllare la produzione, la lavorazione e la preparazione di alimenti, in questo libro non è possibile affrontare l'argomento in modo esaustivo. Pertanto, in questo capitolo non si intende soffermarsi sui dettagli specifici della complessa regolamentazione della lavorazione o della preparazione dei prodotti alimentari, ma verranno considerati soltanto i principali organismi coinvolti nella sicurezza alimentare e le loro responsabilità primarie.

I requisiti della sanificazione sviluppati dagli organi legislativi e dalle agenzie governative sono descritti in dettaglio nelle leggi e nei regolamenti. Tali requisiti non sono statici, ma cambiano in relazione alle esigenze di sanità pubblica, alle tecniche di sanificazione, alla disponibilità di nuove informazioni scientifiche e tecniche sui pericoli biologici, chimici e fisici e ad altri importanti aspetti di pubblico interesse.

Le leggi sono approvate dai legislatori e devono essere firmate dal capo dell'esecutivo. Dopo che una legge è stata approvata, l'agenzia responsabile della sua applicazione prepara i relativi regolamenti di attuazione. Questi regolamenti sono elaborati per coprire un'ampia gamma di requisiti e sono più specifici e dettagliati delle leggi; quelli relativi ai prodotti alimentari forniscono standard per:

- progettazione degli stabilimenti e delle attrezzature;
- derrate;
- tolleranze relative a sostanze chimiche o additivi;
- procedure e requisiti igienico-sanitari;
- etichettatura;
- formazione per posizioni che richiedono una certificazione.

L'elaborazione dei regolamenti è un processo in più fasi. Per esempio, nel processo federale, l'agenzia competente prepara il regolamento proposto, che viene quindi pubblicato come proposta di legge nel _Federal Register_, la pubblicazione quotidiana ufficiale delle leggi, delle proposte di legge, dei comunicati delle agenzie e delle organizzazioni federali, come pure degli _executive order_ e degli altri documenti presidenziali. La proposta è accompagnata da un'ampia documentazione a supporto. Eventuali commenti, suggerimenti o rac-comandazioni devono essere trasmessi all'agenzia, solitamente entro sessanta giorni dalla pubblicazione della proposta, sebbene spesso siano concesse proroghe. Il regolamento viene pubblicato in forma definitiva dopo l'esame dei commenti ricevuti, con una nota relativa alla loro valutazione e con l'indicazione delle date di entrata in vigore. La nota indica che i commenti su temi precedentemente non considerati possono essere presentati per successi-ve revisioni. Qualunque individuo, organizzazione, altro ufficio governativo, o l'agenzia stessa possono proporre emendamenti, purché supportati da una documentazione appropria-ta che li giustifichi.

Esistono due tipi di regolamenti: *substantive* e *advisory*. I regolamenti *substantive* sono più importanti perché hanno forza di legge; quelli *advisory* hanno la funzione di linee guida. I regolamenti sulla sanificazione sono *substantive* poiché la sicurezza degli alimenti è essen-ziale per la salute pubblica. Nei regolamenti, l'uso della forma verbale *shall* indica un obbli-go, mentre *should* indica una raccomandazione. Si esamineranno ora alcuni regolamenti di varie agenzie governative rilevanti per la sanificazione.

1.5.1 Regolamenti della Food and Drug Administration

La FDA, responsabile dell'applicazione del *Food, Drug, and Cosmetic Act* e di altre leggi fondamentali, possiede un'autorità di ampio respiro ed è sotto la giurisdizione del Depar-tment of Health and Human Services degli Stati Uniti. Quest'agenzia ha avuto una forte influenza sull'industria alimentare, specialmente per quanto riguarda il controllo di alimenti alterati. Nel Food, Drug, and Cosmetic Act, un alimento si considera *alterato* se contiene sporcizia, materiale deteriorato e/o decomposto o, comunque, se è inadatto al consumo. Que-sto atto afferma che gli alimenti preparati, confezionati o mantenuti in condizioni non igie-niche, con rischio di contaminazione o, comunque, di danno per la salute, sono alterati. L'at-to conferisce agli ispettori della FDA l'autorità di entrare e di ispezionare qualsiasi stabili-mento in cui si lavorino, confezionino o tengano prodotti alimentari destinati al commercio interstatale nell'ambito degli Stati Uniti.

Gli ispettori possono verificare tutta l'attrezzatura, i prodotti finiti, i container e l'etichet-tatura; la loro autorità si estende anche ai veicoli utilizzati per il trasporto o lo stoccaggio di alimenti nel commercio tra Stati. I prodotti alterati o non conformi al dichiarato, destinati al commercio interstatale, sono soggetti a sequestro.

La FDA non approva i detergenti e i disinfettanti per impianti alimentari con le loro deno-minazioni commerciali, bensì con i nomi dei relativi composti chimici.

1.5.2 Buone pratiche di fabbricazione

Il 26 aprile 1969 la FDA ha pubblicato le prime norme generali di buona fabbricazione (GMP, *Good manufacturing practice*), che regolano essenzialmente l'igiene nella fabbricazione, nella lavorazione, nel confezionamento e nello stoccaggio di prodotti alimentari.

La sezione relativa alle procedure igienico-sanitarie fissa le regole di base minime per la sanificazione in un'azienda alimentare; in particolare, detta i requisiti generali per:
– manutenzione delle strutture;
– pulizia e sanificazione delle attrezzature e degli utensili;
– gestione delle attrezzature e degli utensili puliti;
– controllo degli infestanti;
– stoccaggio e utilizzo di detergenti, disinfettanti e altri prodotti chimici.

Include inoltre i requisiti essenziali per il rifornimento idrico, la progettazione degli impianti idraulici, l'allontanamento dei liquami, i servizi igienici e lo smaltimento dei rifiuti solidi. Una breve sezione è poi dedicata all'addestramento e alla formazione del personale.

Altre GMP specifiche integrano le norme generali focalizzandosi sull'igiene e sulla sicurezza di numerosi prodotti alimentari. Ciascuna norma è dedicata a una particolare tipologia di industria o a una classe di alimenti strettamente correlati. Le fasi critiche nelle operazioni di lavorazione sono analizzate in dettaglio, comprendendo tra l'altro le relazioni tempo-temperatura, le condizioni di conservazione, l'impiego di additivi, la pulizia e la sanificazione, le procedure di controllo e la formazione di addetti specializzati.

Le agenzie governative ricorrono abitualmente alle ispezioni per assicurare il rispetto delle norme sulla sicurezza alimentare. Tuttavia, tale approccio presenta alcuni limiti, poiché spesso le leggi che dovrebbero essere rispettate non sono sufficientemente chiare e la loro applicazione può prestarsi a contestazioni. Inoltre, talvolta risulta difficile distinguere tra i requisiti cruciali per la sicurezza e quelli legati alle caratteristiche organolettiche (Marriott et al., 1991). Negli ultimi anni, le agenzie governative hanno riconosciuto questi problemi e hanno rivisto le loro procedure e modalità ispettive. Attualmente, molte agenzie suddividono le tematiche in due categorie principali, una dedicata alla sicurezza degli alimenti e l'altra agli aspetti sensoriali.

Nel 1995 la FDA ha emanato il *Safe and Sanitary Processing and Import of Fish and Fishery Products - Final Rule*, il regolamento sull'HACCP per i prodotti ittici, che impone a tutte le aziende del comparto di mettere a punto e implementare sistemi di autocontrollo basati sui principi dell'HACCP.

Nel 2001, in seguito a numerose epidemie di malattie trasmesse da alimenti legate a succhi non pastorizzati, la FDA ha pubblicato una norma generale che stabilisce che tutti i succhi prodotti per la vendita debbano essere lavorati in aziende che abbiano adottato il sistema HACCP. Questa norma è stata messa a punto per migliorare la sicurezza di succhi di frutta e verdura e di prodotti a essi legati, ed è nota come *Juice HACCP regulation*.

1.5.3 Regolamenti del Department of Agriculture

Il Department of Agriculture degli Stati Uniti (USDA) ha giurisdizione su tre aree di lavorazione degli alimenti, basate sulle seguenti leggi: il *Federal Meat Inspection Act*, il *Poultry Products Inspection Act* e l'*Egg Products Inspection Act*. L'ente che gestisce queste ispezioni è il Food Safety and Inspection Service (FSIS), istituito nel 1981.

In teoria, la giurisdizione federale dovrebbe dedicarsi soltanto al commercio interstatale; tuttavia, le tre leggi su carne, pollame e uova ne hanno esteso la competenza a quello intrastatale qualora i programmi di ispezione statale non siano in grado di garantire il rispetto delle norme come richiesto dalla legge federale. I prodotti immessi sul mercato da stabilimenti sottoposti a controllo ufficiale dell'USDA, che successivamente risultino alterati o non conformi al dichiarato, ricadono sotto la giurisdizione della FDA, che può adottare provvedimenti per il ritiro del prodotto dal mercato (di norma, il prodotto è quindi inviato all'USDA per la distruzione).

Nel 1994, il FSIS ha iniziato una valutazione e una revisione delle norme esistenti sulla sicurezza alimentare per carne e pollame, che hanno portato nel 1996 alla pubblicazione del *Pathogen Reduction: Hazard Analysis and Critical Control Point (PR/HACCP) - Final Rule*. L'obiettivo di questo nuovo regolamento è la riduzione delle malattie associate al consumo di carne e pollame; la norma stabilisce che tutti i macelli e gli stabilimenti per la lavorazione di carne e pollame predispongano e mettano in atto un sistema HACCP.

1.5.4 Regolamenti ambientali

L'Environmental Protection Agency (EPA) assicura il rispetto delle disposizioni di numerose norme relative alla difesa dell'ambiente, molte delle quali interessano gli stabilimenti alimentari. Le norme ambientali che riguardano la sanificazione degli impianti alimentari includono il *Federal Water Pollution Control Act*; il *Clean Air Act*; il *Federal Insecticide, Fungicide, and Rodenticide Act (FIFRA)* e il *Resource Conservation and Recovery Act*.

L'EPA è responsabile della registrazione dei disinfettanti, sia con il loro nome commerciale sia con il nome del composto chimico. I disinfettanti sono considerati dai regolamenti federali come pesticidi, quindi il loro uso ricade nell'ambito del FIFRA. L'EPA valuta l'impatto ambientale, l'efficienza antimicrobica e i profili tossicologici; prescrive inoltre etichette e schede tecniche, in cui devono essere specificate le indicazioni e le istruzioni per l'uso. I disinfettanti devono essere identificati dalla dicitura: "L'utilizzo di questo prodotto in maniera diversa da quella riportata sull'etichetta costituisce una violazione della legge federale".

Federal Water Pollution Control Act

Questo atto è importante per l'industria alimentare poiché stabilisce una procedura autorizzativa per assicurare il controllo dell'inquinamento idrico. Il *National Pollutant Discharge Elimination System* (NPDES), che è alla base di tale sistema, impone che gli scarichi industriali, civili e di altro genere debbano ottenere un'autorizzazione che fissi precisi limiti allo scarico di inquinanti nelle acque superficiali. L'obiettivo di questo sistema è ottenere una graduale riduzione degli inquinanti scaricati nei laghi e nei corsi d'acqua. Sono state messe a punto linee guida e standard per gli scarichi emessi da diverse tipologie di industrie o dalla lavorazione di diverse categorie di alimenti. L'EPA ha pubblicato norme specifiche per i prodotti a base di carne, alcuni prodotti ittici, i cereali e le granaglie, i prodotti lattiero-caseari e alcuni prodotti ortofrutticoli, oltre che per la raffinazione della barbabietola e della canna da zucchero.

Clean Air Act

Questa legge, il cui scopo è ridurre l'inquinamento atmosferico, affida all'EPA il controllo diretto delle fonti di inquinamento industriale. In genere, le agenzie statali e locali fissano gli standard di inquinamento in base alle raccomandazioni dell'EPA e sono responsabili della loro applicazione. Questa norma interessa gli stabilimenti alimentari che possono emettere inquinanti atmosferici sotto forma di esalazioni, fumi, ceneri eccetera.

Federal Insecticide, Fungicide, and Rodenticide Act

Il FIFRA assegna all'EPA i controlli sulla produzione, la composizione, l'etichettatura, la classificazione e l'impiego di insetticidi, fungicidi e rodenticidi. L'EPA classifica questi biocidi in due categorie: per uso limitato o per uso comune. I primi possono essere applicati solo da un operatore munito di apposita certificazione (ottenuta superando esami e/o prove specifiche), o sotto la sua diretta supervisione.

Resource Conservation and Recovery Act

Mediante il *Resource Conservation and Recovery Act* è stato studiato un programma nazionale al fine di controllare lo smaltimento dei rifiuti solidi. L'atto autorizza l'EPA a emanare – in collaborazione con le agenzie federali, statali e locali – linee guida per la gestione dei rifiuti solidi. Autorizza inoltre finanziamenti per progetti di ricerca, costruzione, smaltimento e riciclo nella gestione dei rifiuti solidi.

1.5.5 Hazard Analysis Critical Control Point

Sebbene negli Stati Uniti e in tutto il mondo siano stati sviluppati altri programmi su base volontaria, il sistema HACCP è l'approccio sempre più diffuso. Dopo averlo sviluppato, congiuntamente alla Pillsbury Company, la NASA (National Aeronautics and Space Administration) e i Natick Laboratories hanno adottato, verso la fine degli anni sessanta, questo modello per i programmi spaziali.

Constatata la sua validità in seguito all'applicazione in altre aree, il sistema HACCP è stato recepito anche dall'industria alimentare (Conference for Food Protection, 1970) e da allora è stato adottato nelle aziende del settore, su base volontaria o obbligatoria, per garantire la sicurezza degli alimenti mediante l'identificazione, la valutazione e il controllo dei pericoli biologici, chimici e fisici. Molti di questi pericoli sono sicuramente condizionati dall'efficacia delle misure igienico-sanitarie adottate.

Sebbene l'HACCP sia stato inizialmente adottato su base volontaria, diversi regolamenti (emanati dalla FDA e dall'USDA) hanno reso questo programma obbligatorio in determinati settori dell'industria alimentare (come prodotti ittici, succhi vegetali, carni e pollame); di conseguenza le aziende operanti in tali settori hanno ora l'obbligo di sviluppare, implementare e attuare un sistema di aucontrollo basato sui principi dell'HACCP. In considerazione della sua fondamentale importanza, il sistema HACCP sarà esaminato con maggiore dettaglio nel capitolo 6.

1.6 Leggi, regolamenti e linee guida: Europa e Italia

A livello europeo, la normativa sulle procedure igieniche in campo alimentare – e quindi anche in materia di sanificazione – è stata profondamente innovata nell'arco di pochi anni, a partire dal 2002, con l'adozione di una serie di regolamenti comunitari, coordinati tra loro, che costituiscono il cosiddetto "Pacchetto igiene": al primo nucleo di quattro regolamenti emanati nel 2004, se ne sono aggiunti numerosi altri che hanno formato un corpo normativo di notevole entità ed estensione.

Tra i principali regolamenti vanno ricordati in particolare i seguenti:

- il Regolamento CE 178/2002, che traccia i principi generali della legislazione alimentare comunitaria, istituisce l'Autorità europea per la sicurezza alimentare (EFSA) e stabilisce procedure in materia di sicurezza degli alimenti;
- i Regolamenti CE 852/2004 e 853/2004, che stabiliscono, rispettivamente, le norme generali sull'igiene dei prodotti alimentari e quelle specifiche sull'igiene dei prodotti di origine animale;
- i Regolamenti CE 882/2004 e 854/2004, che definiscono le modalità di esecuzione, rispettivamente, dei controlli ufficiali su tutti gli alimenti e i mangimi e di quelli specifici sugli alimenti di origine animale;
- il Regolamento CE 2073/2005, che fissa i criteri microbiologici per i prodotti alimentari.

Questi regolamenti fondamentali sono stati completati da altri che ne hanno fissato le modalità di attuazione e li hanno integrati in specifici ambiti di applicazione.

Per assicurare l'applicazione uniforme e trasparente del "Pacchetto igiene" nell'Unione Europea ed evitare possibili differenze nella sua attuazione nei vari Stati membri, è stato scelto come strumento legislativo il regolamento, anziché la direttiva; a differenza della direttiva, infatti, il regolamento non richiede l'adattamento da parte dello Stato membro, né l'adozione di una normativa di attuazione nazionale (come avvenne per la Direttiva 93/43/CEE sull'igiene degli alimenti, recepita in Italia solo dopo quattro anni con il Dlgs 155/97).

Scopo del "Pacchetto igiene" e delle norme a esso collegate è la riformulazione della materia in base al principio secondo il quale gli operatori del settore alimentare sono responsabili della sicurezza dei loro prodotti, mediante l'analisi del rischio e i principi di controllo, includendo nel campo di applicazione anche settori non considerati dalla normativa precedente, come quello della produzione primaria (pur con limitazioni relativamente all'adozione del sistema HACCP), che lasciava così la filiera incompleta.

Il conseguimento di un elevato livello di protezione della vita e della salute umana è uno degli obiettivi fondamentali della legislazione alimentare stabiliti nel Regolamento 178/2002, che definisce tra l'altro il principio di precauzione e la rintracciabilità. Coerentemente con tale impostazione, il Regolamento 852/2004 ribadisce la sicurezza degli alimenti "dal campo alla tavola", mira cioè ad attuare una politica globale e integrata in materia di igiene alimentare dal luogo di produzione primaria fino al punto di commercializzazione o fino all'esportazione del prodotto alimentare. Pertanto le norme previste dal regolamento si applicano a tutte le fasi della produzione, compresa quella primaria, della trasformazione e della distribuzione degli alimenti, nonché all'esportazione; anche i prodotti alimentari importati nel territorio dell'Unione Europea devono essere conformi alla legislazione alimentare europea e a quella degli Stati membri.

Per garantire l'osservanza delle numerose prescrizioni in materia di igiene, e in generale di sicurezza alimentare, gli operatori sono obbligati a predisporre, elaborare e realizzare programmi e procedure basati sui principi del sistema HACCP. Viene quindi riconfermato l'HACCP a tutela della sicurezza, attraverso un sistema di prevenzione dei rischi, garantendo un elevato coinvolgimento professionale del produttore. La norma prevede l'elaborazione dei "manuali di corretta prassi operativa in materia di igiene e di applicazione dei principi del sistema HACCP" da parte degli Stati membri, ma non li rende obbligatori: tali manuali, ritenuti gli strumenti più adeguati per assicurare un elevato livello di igiene dei prodotti alimentari, rimangono di natura volontaria.

L'Allegato I del Regolamento CE 852/2004 detta disposizioni in materia di igiene della produzione primaria sia animale sia vegetale; tutte le imprese coinvolte a un livello diverso dalla produzione primaria, e quindi nelle fasi di preparazione, trasformazione, lavorazione, confezionamento, magazzinaggio, trasporto, distribuzione, manipolazione e messa in vendita o fornitura al consumatore finale, sono destinatarie delle norme contenute nell'Allegato II.

L'osservanza delle norme generali contenute in tale allegato non esime dal rispetto delle norme specifiche fissate dettagliatamente nel Regolamento CE 853/2004 per ognuno dei 15 comparti in cui è stato suddiviso il settore (tra i quali: carni, prodotti della pesca, molluschi bivalvi, latte e prodotti lattiero-caseari, uova e ovoprodotti).

Assai rilevante nell'ambito del "Pacchetto igiene" è il Regolamento CE 882/2004 sui controlli ufficiali, in cui si ribadisce e approfondisce la materia del controllo pubblico sugli alimenti e sui mangimi a tutela della salute umana e del benessere animale. Tale regolamento evidenzia le norme generali che gli Stati membri devono adottare al fine di prevenire, eliminare o almeno ridurre a livelli accettabili i rischi per gli esseri umani e gli animali, nonché di garantire pratiche commerciali leali per i mangimi e gli alimenti e di tutelare gli interessi dei consumatori, comprese l'etichettatura e altre forme di informazione. Compito dei singoli Stati membri è effettuare controlli ufficiali sul proprio territorio onde verificare il rispetto della normativa da parte degli operatori. Va sottolineata la stretta relazione tra i Regolamenti CE 852/2004 e 882/2004. Nel primo abbiamo le norme fondamentali di igiene che ciascun operatore della catena alimentare deve rispettare a garanzia della sicurezza alimentare e che lo rendono il principale responsabile della stessa; nel secondo viene ribadito il ruolo dei controlli, a opera delle autorità di vigilanza, sull'applicazione e l'adeguatezza delle misure igieniche adottate al proprio interno dalle singole imprese. Gli operatori sono tenuti a sottoporsi ai controlli e a coadiuvare il personale di vigilanza nell'assolvimento dei suoi compiti.

Il Regolamento CE 2073/2005, sui criteri microbiologici applicabili ai prodotti alimentari, risponde all'esigenza di definire criteri microbiologici omogenei che indichino come stabilire l'accettabilità di un prodotto alimentare e dei relativi processi (dalla produzione alla distribuzione), tenendo presente che i contaminanti microbici dei prodotti alimentari costituiscono una delle principali cause di malattie a trasmissione alimentare. Nell'allegato al regolamento sono indicate le soglie di accettabilità per i vari microrganismi, a seconda della categoria di alimento e del momento/fase in cui viene effettuato il campionamento, nonché le azioni da intraprendere in caso di risultati insoddisfacenti.

1.7 Sviluppo delle procedure igienico-sanitarie

La sanificazione, le buone pratiche di fabbricazione e le altre condizioni ambientali e operative necessarie per la produzione di alimenti salubri e sicuri rappresentano i prerequisiti per l'HACCP e sono componenti essenziali del sistema di sicurezza alimentare di ogni azienda. Quindi, in ogni stabilimento alimentare, la fase di progettazione e sviluppo di questo sistema ha inizio con la definizione delle procedure igienico-sanitarie di base.

Il titolare dell'azienda è responsabile dello sviluppo e dell'attuazione di procedure igienico-sanitarie per proteggere la salute pubblica e assicurare un'immagine aziendale positiva. La definizione, l'implementazione e l'attuazione di tali procedure rappresentano sicuramente un compito molto impegnativo. Il responsabile di questa importante area deve assicurare, con idonee procedure igienico-sanitarie, che pericoli con basso potenziale di rischio non si trasformino in minacce gravi di malattie o danni; egli ha la responsabilità sia di tutelare la salute pubblica, sia di assistere la direzione aziendale nelle questioni di qualità e sicurezza influenzate dalle procedure igienico-sanitarie.

Una grande azienda alimentare dovrebbe prevedere un'area funzionale dedicata esclusivamente alla sicurezza degli alimenti, su un piano di parità rispetto alle aree della produzione e della ricerca; tale area funzionale è responsabile della sicurezza alimentare a tutti i livelli. In una grande organizzazione, la sanificazione dovrebbe essere separata dalla produzione e dalla manutenzione; ciò consente al personale specializzato di sorvegliare con elevata efficienza le procedure igienico-sanitarie in tutta l'azienda. Le procedure produttive, il controllo di qualità e le procedure igienico-sanitarie non sono sempre compatibili tra loro se gestite dallo stesso reparto o dalle stesse persone, mentre risultano complementari e più efficaci se correttamente coordinate e sincronizzate.

In teoria, un'organizzazione dovrebbe avere un responsabile della sanificazione a tempo pieno, eventualmente coadiuvato da assistenti; quando ciò non è possibile, la responsabilità delle operazioni di sanificazione viene affidata a una persona competente, quale un tecnico originariamente addetto al controllo di qualità, un responsabile della produzione, un capo reparto o un'altra persona con esperienza di produzione. Questa situazione è diffusa e generalmente efficace; tuttavia, se il responsabile non può avvalersi di uno o più assistenti per gestire i compiti di routine e non dispone del tempo necessario per gli aspetti specificamente igienico-sanitari, la sua azione potrebbe risultare inefficace.

Se la gestione della sicurezza igienico-sanitaria è affidata a una sola persona gravata da un intenso programma di lavoro, difficilmente questa riuscirà ad assolvere pienamente i propri compiti. Tuttavia, con la necessaria assistenza la stessa persona può svolgere con buoni risultati la supervisione del controllo di qualità e di quello igienico-sanitario. Sarà comunque utile che questo responsabile si avvalga della consulenza e dei servizi di un ente esterno – come un'università, un'associazione di categoria o un esperto – per evitare che la sua attività sia paralizzata dai conflitti di interessi tra le diverse funzioni. Il costo di un supporto esterno può rappresentare un valido investimento.

L'attuazione di un programma di sanificazione è essenziale per ottemperare alla normativa vigente, per proteggere l'immagine del marchio e del prodotto e per garantire la sicurezza, l'igiene e la qualità del prodotto. Il programma deve coprire tutte le fasi del processo produttivo e della sanificazione dello stabilimento, per fornire procedure complete per la pulizia e la disinfezione degli impianti e delle attrezzature presenti nell'azienda. La valutazione di un programma per garantire la sicurezza degli alimenti deve iniziare con l'ispezione e la verifica – condotte in modo completo e critico – della conformità di tutto lo stabilimento. Per ogni singolo aspetto analizzato è opportuno individuare e segnalare la soluzione ideale, indipendentemente dai costi. Una volta completate le operazioni di verifica, tutti gli aspetti dovrebbero essere rivalutati e dovrebbero essere individuate le soluzioni più pratiche e/o economiche. Gli aspetti più critici devono avere la priorità e va stabilito un piano d'azione per risolverli; in particolare l'attenzione deve essere focalizzata sulle carenze più gravi dello stabilimento. Procedure igienico-sanitarie finalizzate esclusivamente a migliorare l'aspetto sensoriale del prodotto non devono essere adottate se non sono essenziali per incrementare le vendite o necessarie per fronteggiare la concorrenza.

Sommario

La lavorazione di enormi volumi di derrate alimentari, la commercializzazione e la preparazione degli alimenti hanno reso sempre più pressante la necessità di procedure di sanificazione e di condizioni igieniche adeguate nell'industria alimentare. Anche nelle aziende progettate secondo criteri di igienicità, se non si seguono scrupolosamente procedure igienico-sanitarie appropriate, gli alimenti possono essere contaminati da microrganismi alterativi o patogeni. La sanificazione assicura la creazione e il mantenimento di appropriate condizioni igienico-sanitarie; è una scienza applicata che ha per oggetto la progettazione, lo sviluppo, l'implementazione, il mantenimento, il ripristino e/o il miglioramento delle procedure e delle condizioni igienico-sanitarie. La sanificazione è inoltre considerata una base essenziale dei sistemi di sicurezza alimentare.

Tutte le aziende del settore, comprese quelle di trasformazione, vendita al dettaglio e somministrazione di alimenti, devono definire e attuare specifiche procedure igienico-sanitarie. Un efficace programma di sanificazione è alla base di un sistema di sicurezza alimentare ed è essenziale per ottemperare alla normativa vigente, per proteggere l'immagine del marchio aziendale e per garantire la sicurezza, l'igiene e la qualità del prodotto.

Domande di verifica

1. Che cos'è la sanificazione?
2. Perché è indispensabile la sanificazione nelle aziende che trattano prodotti alimentari?
3. Quali sono i principali benefici di un efficace programma di sanificazione?
4. Da quali cause derivano gli incidenti connessi alla sicurezza degli alimenti?

5. Quali sono i principali fattori che determinano l'emergere di nuove patologie trasmesse da alimenti?
6. Qual è il significato dell'acronimo HACCP?
7. Come possono mutare i microrganismi?
8. Che cos'è la FDA?
9. Che cos'è il "Pacchetto Igiene"?

Bibliografia

Astuti M, Castoldi F (2006) *Pacchetto Igiene*. Il Sole 24 Ore, Milano.

Bauman HE (1991) Safety and regulatory aspects. In: Graf E, Saguy IS (eds) *Food product development*. Van Nostrand Reinhold, New York.

Bodendorfer C, Johnson J, Hefle S (2004) Got (hidden) food allergies? *Natl Provisioner* 218: 52.

Capelli F, Silano V, Klaus B (2006) *Nuova disciplina del settore alimentare e Autorità europea per la sicurezza alimentare*. Giuffrè Editore, Milano.

EFSA (2006) The Community Summary Report on Trends and Sources of Zoonoses, Zoonotic Agents, Antimicrobial Resistance and Foodborne Outbreaks in the European Union in 2005. *The EFSA Journal*, 94.

Gravani RB (1997) Coordinated approach to food safety education is needed. *Food Technol* 51; 7: 160.

National Restaurant Association Educational Foundation (1992) *Applied foodservice sanitation* (4th ed) John Wiley & Sons, New York.

Marriott NG et al (1991) *Quality assurance manual for the food industry*. Virginia Cooperative Extension, Virginia Polytechnic Institute and State University, Blacksburg (Publication No. 458-013).

Capitolo 2
Microrganismi e sanificazione

Per comprendere i principi della sanificazione è necessaria la conoscenza del ruolo dei microrganismi nel deterioramento degli alimenti e nelle malattie a trasmissione alimentare. I microrganismi si trovano in tutti gli ambienti naturali; per combatterne la proliferazione e l'attività sono necessarie procedure efficaci di sanificazione.

2.1 Relazione tra microrganismi e sanificazione

La microbiologia è la scienza delle forme di vita microscopiche note come microrganismi. La conoscenza dei microrganismi è importante per gli specialisti della sanificazione, poiché il loro controllo è tra gli obiettivi principali di un programma di pulizia e disinfezione.

2.1.1 I microrganismi

Un microrganismo è una forma di vita microscopica che può trovarsi su qualsiasi materiale non sterile. Il termine deriva dal greco e significa "piccoli esseri viventi". Questi organismi metabolizzano in modo simile all'uomo, assumono nutrimento, eliminano prodotti di rifiuto e si riproducono. Per la maggior parte, gli alimenti sono estremamente deperibili, proprio perché contengono nutrienti necessari per la crescita microbica. Per ridurre il deterioramento degli alimenti e prevenire le malattie a trasmissione alimentare è necessario controllare la proliferazione microbica. Per mantenere il più a lungo possibile un alimento a un livello accettabile dal punto di vista organolettico e da quello della salubrità, è necessario minimizzarne l'alterazione. Se non vengono seguite corrette procedure di sanificazione durante la lavorazione, la preparazione e la somministrazione degli alimenti, la velocità e l'entità del loro deterioramento aumenteranno inevitabilmente.

Negli alimenti possono essere presenti tre tipi di microrganismi: utili, patogeni o alterativi. Tra i primi vi sono le specie in grado di produrre nuovi alimenti o ingredienti alimentari mediante la fermentazione (come i lieviti e i batteri lattici) e i probiotici. Con la crescita, e fondamentalmente attraverso l'azione enzimatica, i microrganismi resposabili di deterioramento alterano l'alimento degradandone il sapore, la consistenza o il colore. I microrganismi patogeni possono causare malattie nell'uomo. Tra i microrganismi patogeni che possono moltiplicarsi negli alimenti o essere da essi veicolati, alcuni sono responsabili di *intossicazioni*, altri di *infezioni*. Le intossicazioni sono causate da microrganismi che crescono nell'alimento e vi producono tossine (che scatenano la malattia); le infezioni sono invece causate dall'ingestione di microrganismi patogeni, che possono provocare la malattia producendo enterotossine nel tratto gastrointestinale oppure danneggiando direttamente i tessuti per adesione o invasione.

2.1.2 Microrganismi più frequenti negli alimenti

Proteggere l'area di produzione e gli altri ambienti dai microrganismi che possono ridurre la sicurezza e la qualità degli alimenti rappresenta una delle sfide principali per tutte le aziende del settore. Infatti i microrganismi possono contaminare e attaccare gli alimenti, con gravi conseguenze per i consumatori; i più comuni sono i batteri e i funghi. Questi ultimi, meno frequenti dei batteri, sono rappresentati da muffe (multicellulari) e lieviti (usualmente unicellulari). I batteri sono invece organismi unicellulari. È bene ricordare che anche i virus, sebbene siano trasmessi soprattutto da persona a persona, possono essere veicolati da alimenti contaminati per effetto di una scarsa igiene del personale.

2.1.3 Muffe

Le muffe sono organismi multicellulari (cellule eucariotiche) con morfologia miceliale (filamentosa). Le cellule delle muffe, dette ife, sono tubolari, hanno un diametro compreso tra 30 e 100 μm e formano una massa macroscopica chiamata micelio. Le muffe sono caratterizzate da un'ampia varietà di colorazioni e generalmente si riconoscono per l'aspetto cotonoso, lanuginoso, simile a un feltro. Possono produrre numerosissime spore che, essendo facilmente trasportate dalle correnti d'aria, si diffondono in tutti gli ambienti. Se raggiungono un luogo dove trovano condizioni idonee per la germinazione, le spore danno origine a nuove ife. In genere le muffe sopportano variazioni di pH più ampie rispetto ai batteri e ai lieviti e, spesso, sopportano maggiori variazioni di temperatura. La muffe preferiscono ambienti poco acidi o neutri: infatti la loro crescita è ottimale a valori di pH intorno a 7,0, ma tollerano un intervallo molto ampio (da 2,0 a 8,0). Si sviluppano meglio a temperatura ambiente piuttosto che a temperature di refrigerazione; tuttavia riescono a crescere anche sotto 0 °C. Per quanto riguarda la quantità di acqua disponibile (a_w), il valore ottimale è intorno a 0,90, ma le specie osmofile crescono anche a valori di $a_w = 0,60$. (L'attività dell'acqua sarà spiegata più avanti in questo capitolo).

Per crescere efficacemente, batteri e lieviti necessitano invece di valori di a_w uguali o superiori a 0,90 e solitamente, in tali condizioni, utilizzano i nutrienti disponibili per la crescita a spese delle muffe. Quando il valore di a_w scende al di sotto di 0,90, le muffe crescono più facilmente; infatti alimenti a basso contenuto di umidità, come biscotti, formaggi e nocciole, sono attaccati più facilmente dalle muffe.

Le muffe sono microrganismi ubiquitari, considerati utili o dannosi, a seconda dei casi; spesso sono impiegate in combinazione con lieviti e batteri, per produrre alimenti fermentati tradizionali, e sono utilizzate nella produzione industriale di acidi organici ed enzimi. Le muffe sono una delle principali cause di ritiro dal mercato dei prodotti alimentari; la maggior parte di esse non rappresenta un rischio per la salute, ma alcune producono micotossine, che possono avere azione tossica, cancerogena, mutagena o teratogena per l'uomo e gli animali.

Le muffe si diffondono perché possono essere trasportate dall'aria. Questi funghi causano vari gradi di deterioramento e decomposizione degli alimenti; nel corso del loro sviluppo si presentano come feltri caratteristici spesso colorati, marciume e mucillagini. Le muffe svolgono intensa attività enzimatica su carboidrati, grassi e proteine e possono quindi produrre sapori e odori anomali dovuti a fermentazione, lipolisi e proteolisi.

Le muffe hanno assoluto bisogno di ossigeno e sono inibite da elevate concentrazioni di anidride carbonica (dal 5 all'8%); tuttavia vi sono specie in grado di crescere in presenza di concentrazioni di ossigeno molto basse e, persino, nelle confezioni sottovuoto. Alcune specie alofile, inoltre, tollerano concentrazioni di sale superiori al 20%.

Poiché sono difficili da controllare, nelle aziende alimentari le muffe sono causa frequente di problemi di deterioramento degli alimenti. Per esempio negli Stati Uniti sono state ritirate dal mercato, perché contaminate da muffe, migliaia di confezioni di *pudding* pronto al consumo (FDA, 1996a) e confezioni di succhi di frutta (FDA, 1996b).

2.1.4 Lieviti

I lieviti sono generalmente unicellulari. Differiscono dai batteri per le maggiori dimensioni, per la morfologia delle cellule e perché si riproducono mediante un processo di divisione caratteristico detto gemmazione. Il tempo di generazione dei lieviti è superiore a quello dei batteri, poiché la divisione richiede circa 2 o 3 ore; ne segue che, partendo da una contaminazione originaria di una cellula di lievito/g di prodotto, possono trascorrere circa 40-60 ore prima che un alimento risulti deteriorato.

Come le muffe, anche i lieviti si diffondono facilmente attraverso l'aria o altri mezzi e possono, quindi, depositarsi sulla superficie degli alimenti. Le colonie di lieviti hanno generalmente un aspetto umido o viscido color panna. Questi funghi microscopici preferiscono valori di a_w intorno a 0,90-0,94, ma possono crescere anche a valori decisamenti più bassi: le specie osmofile riescono a moltiplicarsi con $a_w = 0,60$. In relazione al pH, si sviluppano meglio in condizioni di acidità intermedia (4,0-4,5); la crescita è più probabile sugli alimenti a pH basso e su quelli confezionati sottovuoto. Gli alimenti molto contaminati da lieviti hanno spesso un odore leggermente fruttato.

2.1.5 Batteri

I batteri sono microrganismi unicellulari (cellule procariotiche) e hanno mediamente un diametro di 1 µm circa; alcuni possiedono flagelli per mezzo dei quali sono mobili. La morfologia dei batteri è assai variabile: possono avere l'aspetto di bastoncini corti o allungati (bacilli), oppure forme ovoidali o tondeggianti; i cocchi sono batteri dalla forma sferica. A seconda del genere, le singole cellule batteriche si aggregano in varie forme. Alcuni batteri di forma sferica (per esempio gli stafilococchi) si raggruppano a formare grappoli che evocano quelli dell'uva; altri (come gli pneumococchi) si uniscono in coppie, dando luogo ai caratteristici diplococchi; altri generi (come *Sarcina* spp.) formano gruppi di quattro cellule (noti come tetradi); altri ancora si presentano come cellule singole. Altre specie batteriche, a forma di bastoncino o sferica (per esempio gli streptococchi), si uniscono formando lunghe catenelle.

I batteri possono produrre pigmenti colorati che vanno dal giallo al marrone o nero. Alcuni presentano pigmentazioni di colori intermedi: rosso, rosa, arancio, blu, verde o viola. Questi batteri causano variazioni di colore negli alimenti, specialmente in quelli con pigmenti instabili come la carne; l'alterazione del colore può essere dovuta anche alla formazione di uno strato mucillaginoso.

Alcune specie di batteri – definiti sporigeni – producono spore, caratterizzate da elevata resistenza al calore, agli agenti chimici e ad altre condizioni ambientali avverse. Tra i batteri sporigeni, alcuni sono termofili e producono tossine che possono causare malattie a trasmissione alimentare.

2.1.6 Virus

I virus sono agenti infettivi con dimensioni variabili da 20 a 30 nm, pari a 1/10-1/100 di quelle di un batterio. La maggior parte di essi può essere osservata solo con un microscopio elettronico. Una particella virale consiste in una singola molecola di DNA o RNA, incapsulata in un involucro proteico. I virus non possono riprodursi al di fuori di altri organismi e sono parassiti obbligati di tutti gli organismi viventi, come batteri, funghi, alghe, protozoi, piante superiori e animali vertebrati e invertebrati.

La penetrazione della particella virale all'interno di una cellula ospite sensibile può avvenire solo in seguito all'adsorbimento del virus sulla superficie della cellula. Il meccanismo di penetrazione è diverso a seconda del tipo di virus:
- la cellula ospite avvolge e ingloba il virus;
- l'acido nucleico viene iniettato dalla particella virale all'interno della cellula ospite, come accade con i batteriofagi attivi contro i batteri.

L'incapacità delle cellule ospiti di compiere la loro normale funzione causa la malattia, da cui si guarisce una volta che la funzione è stata ripristinata. Negli animali, parte delle cellule infettate muore, altre sopravvivono all'infezione virale e recuperano la loro normale funzione. Affinché l'organismo ospite – in particolare l'uomo – si ammali, non è necessario che le cellule infettate muoiano (Shapton e Shapton, 1991).

Una persona infetta può eliminare il virus con le feci o le secrezioni del tratto respiratorio; in particolare il virus può essere diffuso attraverso tosse, starnuti, mani venute a contatto con naso o bocca, mani non lavate dopo l'utilizzo dei servizi igienici. Quindi, se infetti, i lavoratori delle industrie alimentari possono facilmente contaminare i prodotti che manipolano.

L'incapacità dei virus di riprodursi al di fuori dell'ospite e le loro ridotte dimensioni ne rendono difficoltoso l'isolamento dagli alimenti sospettati di essere causa di malattia nell'uomo. Non vi sono prove che il virus HIV (responsabile dell'AIDS, sindrome da immunodeficienza acquisita) possa essere trasmesso attraverso gli alimenti. I virus sono distrutti da disinfettanti come gli iodofori (vedi capitolo 9); tuttavia possono non essere inattivati se il valore di pH è superiore a 3,0. I virus sono inattivati da etanolo al 70% e da soluzioni contenenti 10 mg/L di cloro attivo (Caul, 2000).

Le malattie virali di origine alimentare si manifestano soprattutto come gastroenteriti o epatiti, ma i virus causano anche malattie come influenza e raffreddore. Negli ultimi dieci anni, si è verificato un aumento consistente di epidemie dovute al virus dell'epatite A in seguito a pasti consumati in ristoranti. L'epatite A può essere trasmessa attraverso alimenti manipolati in modo non igienico. Il periodo di incubazione è di 1-7 settimane, con una media di un mese. I sintomi, che possono durare da una settimana a diversi mesi, includono nausea, crampi, vomito, diarrea e, talvolta, itterizia. Una delle principali fonti di epatite è rappresentata dai molluschi, crudi o poco cotti, provenienti da acque inquinate. I cibi che trasmettono malattie virali con maggiore facilità sono quelli fortemente manipolati e non sottoposti a successiva cottura, come panini, insalate e dessert. Poiché queste malattie sono molto contagiose, è imperativo che gli addetti che manipolano gli alimenti si lavino accuratamente le mani dopo l'uso dei servizi igienici e, comunque, sempre prima di toccare alimenti e stoviglie.

2.2 Cinetica della crescita microbica

Tranne poche eccezioni, la moltiplicazione dei microrganismi per scissione binaria segue un andamento composto da varie fasi, che può essere rappresentato con la tipica curva di crescita illustrata nella figura 2.1.

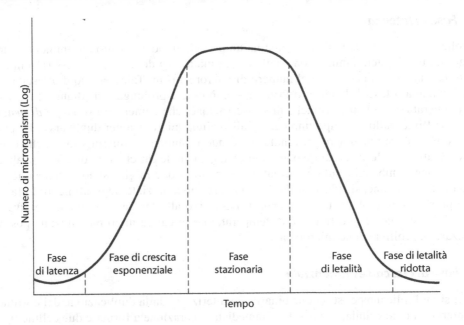

Figura 2.1 Curva di crescita tipica dei batteri.

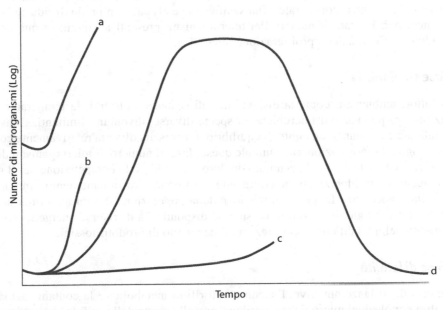

Figura 2.2 Effetto della contaminazione iniziale e della temperatura sulla durata della fase di latenza nella crescita microbica. (a) Alta contaminazione iniziale e scarso controllo della temperatura (breve fase di latenza); (b) bassa contaminazione iniziale e scarso controllo della temperatura (breve fase di latenza); (c) bassa contaminazione iniziale e controllo rigoroso della temperatura (fase di latenza prolungata); (d) curva di crescita tipica dei batteri.

2.2.1 Fase di latenza

Una volta avvenuta la contaminazione, si ha un periodo di adattamento all'ambiente, caratterizzato da una leggera diminuzione della carica microbica dovuta allo stress (figura 2.1), seguito da una modesta crescita del numero di microrganismi. Tale periodo di crescita contenuta – chiamato fase di latenza, o fase lag – può essere prolungato mediante il ricorso a basse temperature o ad altre tecniche di conservazione, che aumentano il *tempo di generazione* (cioè l'intervallo di tempo impiegato dalla cellula microbica per duplicarsi). La proliferazione microbica può essere prevenuta riducendo il numero di microrganismi che contaminano gli alimenti, le attrezzature o gli ambienti. Quando le cariche microbiche inizialmente presenti negli ambienti e sulle attrezzature vengono ridotte migliorando l'igiene e le procedure di sanificazione, si riduce anche la contaminazione iniziale degli alimenti: la fase di latenza potrà essere prolungata, ritardando il passaggio alla fase di crescita successiva. La figura 2.2 illustra come le differenze di temperatura e di carica microbica iniziale possono influenzare la proliferazione microbica.

2.2.2 Fase di crescita esponenziale

I batteri si moltiplicano per scissione binaria, caratterizzata dalla duplicazione dei costituenti all'interno di ogni cellula, seguita dall'immediata separazione a formare due cellule figlie. Durante questa fase, detta anche di crescita logaritmica (o fase log), il numero di microrganismi aumenta in modo esponenziale, fintanto che la crescita non viene limitata da qualche fattore ambientale. La durata di questa fase può variare da due a diverse ore. La carica microbica e fattori ambientali, come la disponibilità di sostanze nutritive e la temperatura, influenzano il tasso di crescita esponenziale. Una sanificazione efficace, in grado di ridurre la carica microbica, può limitare il numero dei microrganismi presenti all'inizio di questa fase, diminuendo così l'entità della proliferazione microbica.

2.2.3 Fase stazionaria

Quando fattori ambientali, come la disponibilità di sostanze nutrienti, la temperatura e la competizione tra popolazioni microbiche di specie diverse, diventano limitanti, il tasso di crescita rallenta e raggiunge un punto di equilibrio. La crescita diventa relativamente costante, dando luogo alla fase stazionaria. Durante questa fase, il numero di microrganismi diventa, spesso, così consistente che l'accumulo dei loro metaboliti e la competizione per il nutrimento riducono la proliferazione, determinando un pronunciato rallentamento o un arresto della crescita o anche una leggera diminuzione della popolazione. La durata di questa fase varia da 1 a oltre 30 giorni, in relazione sia alla disponibilità di risorse energetiche, per il mantenimento della vitalità delle cellule, sia all'accumulo di prodotti tossici.

2.2.4 Fase di letalità

La mancanza di sostanze nutritive, l'accumulo di rifiuti metabolici e la contaminazione da parte di altre popolazioni microbiche contribuiscono alla morte delle cellule che avviene con un tasso analogo e opposto a quello della crescita esponenziale. La durata della fase di letalità varia da 1 a 30 giorni e dipende dalla temperatura, dalla disponibilità di sostanze nutritive, dal genere, dalla specie e dall'età dei microrganismi, dall'applicazione di procedure di sanificazione e dalla competizione con altre specie microbiche.

2.2.5 Fase di letalità ridotta

Questa fase è quasi l'opposto della fase di latenza. È l'esito di una prolungata fase di letalità, che ha ridotto le dimensioni della popolazione microbica in misura tale da consentire lo stabilirsi di un nuovo equilibrio.

2.3 Fattori di crescita microbica

I fattori che influenzano la velocità di crescita dei microrganismi si suddividono in estrinseci e intrinseci.

2.3.1 Fattori estrinseci

I fattori estrinseci sono rappresentati da fattori ambientali quali la temperatura, la disponibilità di ossigeno e l'umidità relativa.

Temperatura

Ogni specie microbica cresce entro un intervallo di temperatura compreso tra un minimo e un massimo, all'interno del quale si riconosce un valore ottimale (*optimum*). Pertanto, la temperatura ambientale determina non solo la velocità della proliferazione, ma anche quali generi di microrganismi potranno moltiplicarsi e quanto saranno attivi. Per esempio, una variazione di temperatura anche di pochi gradi può favorire la crescita di microrganismi totalmente differenti e, quindi, dare luogo a tipi diversi di deterioramento e di malattie a trasmissione alimentare. Tali caratteristiche giustificano l'utilizzo della temperatura come metodo di controllo dell'attività microbica.

La temperatura ottimale per la crescita della maggior parte dei microrganismi varia da 14 a 40 °C, benché alcuni generi riescano a svilupparsi sotto 0 °C e altri a temperature uguali o superiori a 100 °C.

La classificazione dei microrganismi in base alla temperatura ottimale di crescita comprende i seguenti gruppi.

1. *Termofili* (microrganismi che prediligono le alte temperature), con una temperatura ottimale di oltre 45 °C, come *Bacillus stearothermophilus*, *Bacillus coagulans* e *Lactobacillus thermophilus*.
2. *Mesofili* (microrganismi che prediligono le temperature medie), con una temperatura ottimale tra 20 e 45 °C, come la maggior parte dei lattobacilli e degli stafilococchi.
3. *Psicrotrofi* (microrganismi che tollerano le basse temperature), che proliferano a temperature sotto 20 °C, come *Pseudomonas* e *Moraxella-Acinetobacter*.

Sia batteri sia muffe e lieviti sono presenti in ciascuno di questi tre gruppi; tuttavia, muffe e lieviti tendono a essere meno termofili rispetto ai batteri. Man mano che la temperatura si avvicina a 0 °C, il numero di specie in grado di svilupparsi si riduce e la loro crescita è più lenta. Sotto i 5 °C la proliferazione dei microrganismi responsabili del deterioramento viene rallentata ed è inibita la crescita della maggior parte degli agenti patogeni.

Disponibilità di ossigeno

Analogamente alla temperatura, anche la disponibilità di ossigeno determina quali microrganismi saranno attivi. Alcune specie hanno assoluto bisogno di ossigeno; altre crescono solo se l'ossigeno è completamente assente, altre ancora possono crescere sia in presenza sia in assenza di ossigeno. I microrganismi che richiedono ossigeno sono definiti aerobi (il genere *Pseudomonas* ne è un esempio); quelli che proliferano in assenza di ossigeno si dicono anaerobi (come varie specie di *Clostridium*); quelli che riescono a crescere sia in presenza sia in assenza di ossigeno sono detti aerobi o anaerobi facoltativi (per esempio, il genere *Lactobacillus*).

Umidità relativa

Questo fattore estrinseco, correlato alla temperatura ambientale, condiziona la crescita microbica, poiché tutti i microrganismi hanno un estremo bisogno di acqua per la loro crescita e la loro attività. Un livello elevato di umidità relativa può causare condensa su alimenti, apparecchiature, pareti e soffitti, rendendo le superfici umide e contribuendo così alla crescita microbica e al deterioramento. Per contro, bassi livelli di umidità relativa inibiscono la crescita microbica. Rispetto a lieviti e muffe, i batteri necessitano di un'umidità relativa più elevata, con valori ottimali del 92% o più. I lieviti prediligono un'umidità relativa pari almeno al 90%, mentre le muffe si sviluppano a valori compresi tra 85 e 90%.

2.3.2 Fattori intrinseci

I fattori intrinseci che influenzano la proliferazione dei microrganismi sono soprattutto legati alle caratteristiche dei substrati che possono favorirne o inibirne la crescita.

Attività dell'acqua

La diminuzione della disponibilità di acqua riduce la proliferazione microbica. Più che dall'umidità totale, l'entità della crescita microbica è condizionata dall'acqua disponibile (o acqua libera) per l'attività metabolica. L'acqua disponibile per la crescita dei microrganismi viene abitualmente espressa come attività dell'acqua (a_w), definita come il rapporto tra la tensione di vapore del substrato (per esempio l'alimento) e quella dell'acqua pura: $a_w = p/p_0$ (dove p è la tensione di vapore del substrato e p_0 quella dell'acqua pura). Il valore di a_w ottimale per la crescita di molti microrganismi è 0,99; per crescere, la maggior parte dei batteri richiede valori di a_w superiori a 0,91. L'acqua disponibile può essere espressa anche in percentuale, in termini di umidità relativa (UR) all'equilibrio: $UR = a_w \times 100$. Quindi un a_w di 0,95 equivale approssimativamente a una UR del 95% nell'atmosfera immediatamente sopra la soluzione o il substrato.

Gran parte dei prodotti alimentari naturali ha un a_w di circa 0,99. Rispetto all'acqua disponibile, in genere i microrganismi più esigenti sono i batteri, i meno esigenti le muffe; i lieviti si trovano in una posizione intermedia. La maggior parte dei batteri responsabili del deterioramento non cresce a valori di a_w inferiori a 0,91, mentre muffe e lieviti possono crescere a valori di a_w pari o inferiori a 0,80 e svilupparsi su superfici parzialmente disidratate (comprese quelle di numerosi alimenti), sulle quali invece la crescita batterica è ostacolata.

pH (acidità/alcalinità)

Il pH è il logaritmo decimale del reciproco della concentrazione molare degli ioni idrogeno, ed è espresso come:

$$pH = -\log_{10}[H^+]$$

Il valore di pH ottimale per la crescita della maggior parte dei microrganismi è attorno alla neutralità (7,0). I lieviti possono crescere in ambienti acidi e si sviluppano al meglio in ambienti medio-acidi (da 4,0 a 4,5). Le muffe tollerano un intervallo più ampio (da 2,0 a 8,0), sebbene la loro crescita sia generalmente favorita da un pH acido; possono inoltre svilupparsi su terreni che sarebbero troppo acidi per batteri e lieviti. La crescita batterica è solitamente favorita da valori di pH vicini alla neutralità, tuttavia i batteri acidofili riescono a crescere su alimenti o residui organici con pH fino a 5,2 circa; sotto tale soglia, la loro crescita diminuisce drasticamente.

Potenziale di ossidoriduzione

Il potenziale di ossidoriduzione (o potenziale redox) è una misura del potere ossidante e riducente del substrato. L'importanza del potenziale redox dipende dal fatto che, per crescere in modo ottimale, alcuni microrganismi richiedono condizioni ridotte, altri condizioni ossidate. Tutti i microrganismi saprofiti in grado di trasferire ioni idrogeno (H^+) ed elettroni (e^-) all'ossigeno molecolare sono chiamati aerobi. I microrganismi aerobi crescono più rapidamente in presenza di un elevato potenziale redox (ambiente ossidante). Un basso potenziale (ambiente riducente) favorisce lo sviluppo di microrganismi anaerobi. I microrganismi aerobi e anaerobi facoltativi sono in grado di crescere in entrambe le condizioni. Alcuni microrganismi possono variare il potenziale redox degli alimenti tanto da limitare l'attività di altre specie microbiche. Per esempio, gli anaerobi possono ridurre il potenziale redox a un livello tale da inibire la crescita degli aerobi.

Sostanze nutritive

Oltre che di acqua e ossigeno (tranne gli anaerobi), i microrganismi necessitano di altre sostanze. La maggior parte delle specie microbiche ha bisogno, per la propria crescita, di fonti esterne di azoto, di energia (carboidrati, proteine o lipidi), di minerali e vitamine. Le fonti di azoto sono generalmente rappresentate da amminoacidi e sostanze azotate non proteiche; tuttavia, alcuni microrganismi utilizzano anche peptidi e proteine. Le muffe sono particolarmente efficienti nell'utilizzo di proteine, carboidrati complessi e lipidi, in quanto contengono enzimi in grado di idrolizzare queste molecole in composti più semplici. Anche molti batteri mostrano analoghe capacità, invece la maggior parte dei lieviti necessita delle forme più semplici di tali composti. Tutti i microrganismi hanno bisogno di minerali, mentre l'esigenza di vitamine è variabile. Le muffe e alcuni batteri possono sintetizzare vitamine del gruppo B in quantità sufficiente per i propri bisogni, mentre altri microrganismi richiedono un apporto esterno.

Sostanze inibitrici

La proliferazione microbica può essere influenzata dalla presenza (o dall'assenza) di sostanze inibitrici. Sostanze o agenti che inibiscono l'attività microbica vengono denominati batteriostatici; quelli che distruggono i microrganismi, battericidi. Alcune sostanze batteriostatiche, come i nitriti, vengono aggiunte durante la lavorazione degli alimenti. Gran parte dei battericidi possono essere utilizzati nella decontaminazione delle derrate alimentari o come disinfettanti per impianti, utensili e locali previamente puliti (i disinfettanti saranno trattati in dettaglio nel capitolo 9).

2.3.3 Interazione tra fattori di crescita

Gli effetti che fattori come temperatura, ossigeno e a_w hanno sull'attività microbica possono essere tra loro correlati. In genere, i microrganismi diventano più sensibili alla disponibilità di ossigeno, al pH e all'a_w a temperature vicine a quelle minime o massime di crescita. Per esempio, i batteri possono richiedere valori di pH, a_w e temperatura superiori per crescere in condizioni di anaerobiosi rispetto a quelli che richiederebbero in presenza di ossigeno. I microrganismi che crescono a basse temperature sono generalmente aerobi e richiedono elevati valori di a_w. L'abbassamento di a_w, mediante l'aggiunta di sale, o l'eliminazione dell'ossigeno da alimenti (come la carne) mantenuti a temperature refrigerate, riduce nettamente la velocità del deterioramento microbico. Di norma, la crescita di alcuni microrganismi può verificarsi fin quando solamente uno dei fattori che controllano la velocità di crescita è a livelli limitanti; se più di un fattore diventa limitante, la crescita si riduce drasticamente oppure si arresta del tutto.

2.3.4 Ruolo dei biofilm

I biofilm sono microcolonie di batteri strettamente legate a una superficie inerte mediante una matrice di materiale complesso di natura polisaccaridica, nella quale possono essere intrappolati residui organici, comprese le sostanze nutrienti, e altri microrganismi. Un biofilm rappresenta un ambiente unico che i microrganismi generano per se stessi, rendendo possibile la formazione su una superficie di una "testa di ponte" resistente anche all'azione di agenti sanificanti. Quando un microrganismo si deposita su una superficie, vi si attacca mediante filamenti; quindi produce un materiale di natura polisaccaridica, una sostanza appiccicosa che, nel giro di poche ore, fisserà i batteri sulla superficie e agirà come una colla alla quale aderiranno sostanze nutritive, altri batteri e, talvolta, virus. I batteri si fisseranno alla superficie, aggrappandovisi con l'aiuto di numerose appendici. All'interno di un biofilm, i batteri possono essere fino a 1000 volte più resistenti ad alcuni sanificanti di quanto sarebbero se fossero dispersi liberamente in una soluzione.

Un biofilm cresce su se stesso, aggiungendo numerosi strati di materiale polisaccaridico popolato da microrganismi come *Salmonella*, *Listeria*, *Pseudomonas* e altri normalmente presenti nell'ambiente specifico. Il protrarsi del tempo di contatto tra il biofilm e la superficie determina l'aumento delle dimensioni delle microcolonie formate, della forza di adesione e della difficoltà di rimozione. Il biofilm diverrà infine uno spesso strato plastico e potrà essere rimosso soltanto con un'azione meccanica molto energica. Per quanto superfici apparentemente pulite possano essere sanificate, un biofilm saldamente ancorato riesce a proteggere i microrganismi dall'azione dei disinfettanti.

La presenza di biofilm su superfici di lavoro o su utensili e attrezzature comporta il rischio che se ne stacchino dei frammenti, contaminando gli alimenti solidi o liquidi entrati in contatto con la superficie. Infatti, poiché gli strati superiori del biofilm oppongono una minore resistenza all'asportazione, parte dei polisaccaridi e dei microrganismi presenti saranno trasferiti al prodotto, con conseguente contaminazione. L'attenzione per i biofilm è aumentata dalla fine degli anni ottanta, quando è stato dimostrato che *Listeria monocytogenes* aderisce all'acciaio inossidabile formando un biofilm.

Il processo di formazione del biofilm avviene in due fasi. Si ha dapprima un'attrazione elettrostatica tra la superficie e il microrganismo; in questa fase il processo è ancora reversibile. Nella fase successiva il microrganismo produce un polisaccaride extracellulare, che fa aderire saldamente la cellula alla superficie. Le cellule continuano a crescere, formando microcolonie e, infine, il biofilm. Questi film sono molto difficili da allontanare durante le operazioni di pulizia. I microrganismi che risultano più difficili da rimuovere a causa della protezione offerta dal biofilm sono *Pseudomonas* e *L. monocytogenes*. L'applicazione di calore sembra essere più efficace di quella dei disinfettanti chimici; sembra, inoltre, più facile rimuovere il biofilm dal Teflon che dall'acciaio inossidabile.

I biofilm proteggono contro la penetrazione di sostanze chimiche idrosolubili, quali agenti caustici, ossidanti, iodofori, fenoli e disinfettanti a base di ammonio quaternario; pertanto, i microrganismi presenti al loro interno possono non venire distrutti. Secondo Kramer (1992), non esistono procedure o norme specifiche per la rimozione e la disinfezione dei biofilm. Per ottenere l'inattivazione, può essere necessaria una concentrazione di biocida da 10 a 100 volte superiori al normale. In prove su sanificanti – che comprendevano acqua calda a 82 °C, cloro a 20, 50 e 200 ppm e iodio a 25 ppm – i batteri presenti su lastre test di acciaio inossidabile sono sopravvissuti, anche dopo immersione nel sanificante per 5 minuti. Tra i germicidi testati, l'unico risultato veramente efficace nei confronti del biofilm è stato un prodotto a base di perossido di idrogeno in soluzioni al 3% e al 6% (Felix, 1991).

2.3.5 Grado di contaminazione, temperatura e tempo di crescita

Al diminuire della temperatura, il *tempo di generazione* (il tempo necessario perché una cellula batterica si divida in due cellule figlie) aumenta. Ciò vale in particolare quando la temperatura scende sotto 4 °C. L'effetto della temperatura sulla crescita microbica è illustrato nella figura 2.2. Per esempio, la carne appena macinata contiene circa 1 milione di batteri/g; quando la carica microbica raggiunge approssimativamente i 300 milioni/g, il deterioramento può manifestarsi con odori anomali e formazione di una patina viscida. Non tutti i generi e le specie di batteri danno luogo agli stessi tipi di alterazioni. In ogni caso, da questi dati si evince che la contaminazione iniziale e la temperatura di conservazione influenzano sensibilmente la shelf life degli alimenti. Il tempo massimo di conservazione della carne macinata che contenga 1 milione di batteri/g è di circa 28 ore a 15,5 °C; se la conservazione avviene a una normale temperatura di refrigerazione (tra −1 e +3 °C), la durata può superare le 96 ore.

2.4 Microrganismi e alterazione degli alimenti

Un alimento si considera alterato quando diventa inadatto al consumo umano. Il deterioramento è di solito identificato con la decomposizione e la putrefazione causate dai microrganismi. L'alterazione è stata definita come un cambiamento indesiderato di sapore, odore, consistenza o colore dell'alimento causato dalla crescita di microrganismi e, in definitiva, dall'azione dei loro enzimi (Davidson, 2003).

2.4.1 Alterazioni fisiche

In genere i cambiamenti fisici causati dai microrganismi sono più vistosi di quelli chimici. Il deterioramento microbico dà luogo solitamente ad alterazioni evidenti di caratteristiche fisiche quali colore, struttura, consistenza, odore e aroma. L'alterazione degli alimenti può essere di tipo aerobico o anaerobico, a seconda delle condizioni in cui si verifica e del tipo di microrganismi che lo hanno principalmente determinato (batteri, muffe o lieviti).

L'alterazione di tipo aerobico da muffe si limita generalmente alla superficie degli alimenti esposta all'ossigeno. Le superfici ammuffite di alimenti come prodotti carnei e formaggi possono essere rimosse, poiché la parte rimanente è di solito accettabile per il consumo. Ciò vale soprattutto per prodotti carnei e formaggi stagionati. Quando queste muffe superficiali vengono eliminate, le superfici sottostanti presentano in genere una crescita microbica limitata. Se sulla superficie ha luogo una crescita batterica consistente, questa è normalmente seguita da penetrazione all'interno dell'alimento con possibile formazione di tossine.

L'alterazione di tipo anaerobico avviene nella parte interna dei prodotti alimentari o in contenitori sigillati, in cui l'ossigeno è assente o presente in quantità limitate; in questo caso l'alterazione è causata da batteri anaerobi stretti e facoltativi e si manifesta con inacidimento, decomposizione e putrefazione. L'aumento di acidità è provocato dall'accumulo di acidi organici durante la degradazione enzimatica di molecole complesse. Inoltre, la proteolisi senza putrefazione può contribuire all'inacidimento, che può essere accompagnato dalla produzione di vari gas. Esempi di acidificazione sono quelli che si verificano nel latte, nel prosciutto o nella carne intorno alle ossa. L'inacidimento o la decomposizione della carne sono causati da batteri anaerobi originariamente presenti nei linfonodi o nelle articolazioni, o che sono riusciti in qualche modo a penetrare lungo le ossa durante la lavorazione e la conservazione.

2.4.2 Alterazioni chimiche

L'attività degli enzimi idrolitici endogeni naturalmente presenti negli alimenti (associata all'azione degli enzimi prodotti dai microrganismi), determina la degradazione di proteine, lipidi, carboidrati e altre molecole complesse in composti più semplici. Inizialmente, i responsabili della degradazione di molecole complesse sono gli enzimi endogeni; al crescere della carica e dell'attività microbica la degradazione procede ulteriormente. I composti più semplici risultanti dall'azione enzimatica vengono successivamente utilizzati come fonti di nutrienti per supportare la crescita e l'attività microbica. La presenza di ossigeno permette l'idrolisi delle proteine in peptidi semplici e amminoacidi. In condizioni di anaerobiosi, le proteine possono essere degradate in vari composti contenenti zolfo, dall'odore intenso e generalmente sgradevole. Solitamente, uno dei prodotti finali della degradazione di composti azotati non proteici è l'ammoniaca.

Altri cambiamenti chimici sono dovuti all'azione di lipasi microbiche che idrolizzano i trigliceridi e i fosfolipidi in glicerolo e acidi grassi; i fosfolipidi sono idrolizzati in basi azotate e fosforo. L'ossidazione dei lipidi è inoltre accelerata da una lipolisi consistente.

La maggior parte dei microrganismi preferisce come fonte di energia i carboidrati rispetto ad altri composti, poiché sono utilizzabili più prontamente. L'utilizzo di carboidrati da parte dei microrganismi dà luogo a una varietà di prodotti finali, come alcoli e acidi organici. In molti alimenti, come i salumi, la fermentazione microbica degli zuccheri addizionati produce gli acidi organici (come l'acido lattico), che contribuiscono agli aromi caratteristici.

2.5 Microrganismi e malattie a trasmissione alimentare

Sebbene gli Stati Uniti vantino il grado più elevato di sicurezza alimentare a livello mondiale, il CDC (Centers for Disease Control and Prevention) stima che nel Paese, ogni anno, si verifichino 76 milioni di casi di malattie a trasmissione alimentare, con circa 325 000 ricoveri e 5000 decessi a esse riconducibili; peraltro il numero di casi effettivamente confermati e documentati dal CDC è notevolmente inferiore. Secondo alcune stime, sempre negli Stati Uniti, il costo annuale medio delle malattie a trasmissione alimentare e dei relativi decessi sarebbe di 3000 dollari *pro capite*; mentre i costi complessivi (inclusi quelli assicurativi) di ciascun decesso causato da queste malattie sono stati stimati in 42 300 dollari.

Lo sviluppo di disturbi gastrointestinali in seguito al consumo di alimenti può essere provocato da numerose cause diverse. Benché gli operatori sanitari siano più preoccupati per le malattie di origine microbica, non vanno dimenticate altre cause riconosciute quali potenziali fonti di malattia nell'uomo, come contaminanti chimici, sostanze tossiche presenti in vegetali, parassiti animali, allergie e sovralimentazione. Nei prossimi paragrafi saranno esaminate le principali malattie trasmesse da alimenti, in particolare quelle di origine microbica.

2.5.1 Malattie di origine alimentare

È considerata di origine alimentare qualsiasi malattia associata al consumo di alimenti o il cui agente eziologico derivi dall'ingestione di alimenti. Si parla di epidemia di origine alimentare quando due o più persone sono colpite dalla stessa malattia – solitamente gastrointestinale – dopo aver consumato lo stesso alimento, se questo viene identificato come causa della malattia. Ogni anno, si verificano migliaia di queste epidemie, la cui eziologia rimane molto spesso indeterminata. Circa due terzi dei casi di malattie trasmesse da alimenti sono riconducibili a batteri patogeni. Le cause principali sono rappresentate da *Salmonella*, *Campylobacter*, *Staphylococcus aureus*, *Clostridium perfringens*, *Clostridium botulinum*, *Listeria monocytogenes*, *Escherichia coli* O157:H7, *Shigella*, *Vibrio* e *Yersinia enterocolitica*. La trasmissione di queste malattie avviene attraverso un'ampia varietà di prodotti alimentari, sia preparati in casa sia acquistati già pronti o consumati fuori casa; gli alimenti più frequentemente coinvolti sono quelli di origine animale, come pollame, uova, carni rosse, prodotti ittici e lattiero-caseari (tabella 2.1).

2.6 Principali malattie trasmesse da alimenti

Per *intossicazione alimentare* si intende una patologia causata dal consumo di prodotti alimentari contenenti tossine microbiche o sostanze chimiche tossiche. Le intossicazioni alimentari di origine microbica sono più frequenti di quelle causate da contaminanti chimici. Quando la causa della malattia non è rappresentata da sottoprodotti del metabolismo batterico, come le tossine, bensì dall'ingestione di agenti infettivi, come batteri, rickettsie, virus o parassiti, si parla di *infezione alimentare*. Vi sono infine le *tossinfezioni alimentari*, che presentano caratteristiche intermedie tra le intossicazioni e le infezioni, essendo causate dall'ingestione di alimenti contenenti sia tossine, sia i microrganismi patogeni vitali che le hanno prodotte. In questo caso, gli agenti patogeni vengono quindi ingeriti dall'ospite con gli alimenti e, una volta nell'intestino, continuano a proliferare, con conseguente produzione di tossine, che causano i sintomi della malattia.

Per prevenire efficacemente le malattie a trasmissione alimentare è necessario possedere una conoscenza aggiornata delle tecniche di produzione, di raccolta e di conservazione degli alimenti, in modo da poter valutare accuratamente la qualità e la sicurezza delle materie prime. Una conoscenza approfondita della progettazione, della costruzione e del funzionamento degli impianti alimentari è inoltre essenziale per controllare la lavorazione, la conservazione, la preparazione e il confezionamento dei prodotti. La comprensione della suscettibilità degli alimenti alla contaminazione aiuterà infine a proteggere i consumatori dalle malattie a trasmissione alimentare.

2.6.1 Infezioni da Aeromonas hydrophila

L'eviscerazione dei polli e la refrigerazione delle carcasse a 3 °C può favorire la crescita di *Aeromonas hydrophila*. Le acque di raffreddamento e la stessa operazione di eviscerazione sembrano essere le probabili cause della contaminazione durante la lavorazione dei polli e potrebbero contribuire alla frequente presenza di questo microrganismo al momento della

Tabella 2.1 Caratteristiche delle malattie a trasmissione alimentare più frequenti

Malattia	Agente responsabile	Sintomi	Incubazione (tempo medio)	Alimenti coinvolti	Misure preventive
Tossinfezione da B. cereus	B. cereus	Nausea, vomito, diarrea, dolori addominali	1-16 ore	Cibi cotti, pasta, riso bollito, purè di patate latte in polvere	Igiene della produzione e rigido controllo delle temperature
Botulismo	Tossine prodotte da C. botulinum	Difficoltà di deglutizione, di parola, di respirazione e di coordinazione; senso di instabilità e sdoppiamento della vista, stanchezza e debolezza	12-36 ore	Cibi in scatola debolmente acidi, incluse conserve di carne e pesce, pesce affumicato	Procedure corrette di inscatolamento, affumicatura e lavorazione; cottura adeguata per distruggere le tossine; sanificazione e refrigerazione appropriate
Intossicazione stafilococcica	Enterotossina prodotta da S. aureus	Nausea, vomito, conati di vomito, crampi addominali dovuti a infiammazione della mucosa gastrica e intestinale	2-6 ore	Pasticceria fresca ripiena, insalata di patate, prodotti lattiero-caseari, prosciutto, lingua e pollame	Pastorizzazione degli alimenti suscettibili; refrigerazione e sanificazione adeguate
Tossinfezione da C. perfringens	Tossina prodotta da C. perfringens	Nausea, occasionalmente vomito, diarrea, dolori addominali	8-24 ore	Carne, pollame e pesce mantenuti a lungo non refrigerati dopo la cottura	Refrigerazione rapida di carne, pollame e pesce se non consumati subito dopo la cottura; rispetto delle temperature di refrigerazione; sanificazione
Salmonellosi	Salmonella spp.	Nausea, vomito, diarrea, febbre, dolori addominali (possono essere preceduti da brividi e cefalea)	8-72 ore	Carne, pollame, uova insufficientemente cotti o riscaldati (questi alimenti sono più suscettibili se refrigerati a lungo), prodotti lattiero-caseari	Igiene degli addetti alla manipolazione; sanificazione delle attrezzature; pastorizzazione; refrigerazione e confezione adeguate

segue

segue **Tabella 2.1** Caratteristiche delle malattie a trasmissione alimentare più frequenti

Malattia	Agente responsabile	Sintomi	Incubazione (tempo medio)	Alimenti coinvolti	Misure preventive
Shigellosi	Shigella spp.	Nausea, vomito, diarrea acquosa, febbre, crampi e dolori addominali; brividi e cefalea	1-7 giorni	Alimenti manipolati da operatori con scarsa igiene	Accurata igiene degli addetti alla manipolazione
Trichinosi	T. spiralis (nematode)	Nausea, vomito, diarrea, diffusa sudorazione, febbre e dolori muscolari	2-14 giorni	Carne di maiale non sufficientemente cotta e prodotti derivati	Cottura completa della carne di maiale e della selvaggina (temperatura a cuore, di almeno 70 °C, superiore per cotture a microonde); congelamento della carne cruda di maiale a temperatura ≤ −15 °C per almeno 20 giorni; evitare di alimentare i maiali con scarti e rifiuti
Infezione da Aeromonas	A. hydrophila	Diarrea acquosa, crampi addominali; febbre; talora nausea e vomito		Acqua, pollame, carne rossa	Igiene durante le fasi di manipolazione, lavorazione, preparazione e conservazione degli alimenti; refrigerazione a temperature inferiori a 2 °C
Campilobatteriosi	Campylobacter spp.	Diarrea, dolori addominali, crampi, febbre, prostrazione, feci sanguinolente, cefalea, dolori muscolari, senso di instabilità; raramente morte	1-7 giorni	Pollame e carne rossa	Igiene durante le fasi di manipolazione, lavorazione, preparazione e conservazione delle carni

segue

segue **Tabella 2.1** Caratteristiche delle malattie a trasmissione alimentare più frequenti

Malattia	Agente responsabile	Sintomi	Incubazione (tempo medio)	Alimenti coinvolti	Misure preventive
Listeriosi	L. monocytogenes	Meningite o meningoencefalite; setticemia, febbre, forte cefalea, nausea, diarrea, vomito, lesioni da contatto, collasso, shock, coma, sintomi similinfluenzali, aborto, mortinatalità; nei neonati e nei soggetti immunocompromessi elevata mortalità (30%)	da 4 giorni a diverse settimane	Latte, verdure crude, formaggi, gelati, pollame, carne rossa	Evitare il consumo di alimenti crudi venuti a contatto con animali infetti; conservare gli alimenti a temperature inferiori a 2°C
Yersiniosi	Y. enterocolitica	Dolori addominali, febbre, diarrea, vomito, rash cutaneo per 2-3 giorni; raramente morte	1-7 giorni	Prodotti lattiero-caseari, carni crude, prodotti ittici, verdure crude	Igiene durante le fasi di manipolazione, lavorazione, preparazione e conservazione degli alimenti
Infezione da E. coli O157:H7	E. coli O157:H7 enteroemorragico	Colite emorragica, sindrome emolitico-uremica (mortalità acuta del 5-10%), dolori addominali, vomito, anemia, trombocitopenia, danno renale acuto con ematuria, crisi epilettiche, pancreatite	12-60 ore	Carne macinata, prodotti lattiero-caseari, carne cruda, acqua, sidro di mele, maionese	Igiene della manipolazione, cottura a non meno di 65°C
Epatite A	Virus dell'epatite A	Febbre, dolori addominali, nausea, crampi, ittero	1-7 settimane (circa 25 giorni)	Frutti di mare crudi raccolti in acque contaminate, sandwich, insalate e dessert	Lavaggio accurato delle mani, igiene nella manipolazione, cottura ad almeno 70-80°C

vendita. *A. hydrophila* è stata isolata da latte crudo, formaggio, gelato, carne, verdura fresca, pesce, ostriche e altri frutti di mare. È un microrganismo anaerobio facoltativo, Gram-negativo, di forma bastoncellare, mobile per la presenza di un flagello polare; cresce a temperature comprese tra 4 e 43 °C (con un *optimum* di 28 °C), a pH tra 4,5 e 9,0 e a concentrazioni saline non superiori al 4,0%. Nell'uomo può causare gastroenteriti e, nel caso di pazienti immunocompromessi da terapie oncologiche, infezioni generalizzate anche gravi.

2.6.2 Tossinfezione da Bacillus cereus

Bacillus cereus è un batterio molto diffuso, a forma di bastoncino, aerobio obbligato, Grampositivo e sporigeno. Sebbene alcuni ceppi siano psicrotrofi e in grado di svilupparsi tra 4 e 6 °C, la maggior parte cresce tra 15 e 55 °C, con una crescita ottimale a 30 °C. Gli habitat consueti di *B. cereus* sono costituiti da polvere, acqua e suolo; il batterio si trova inoltre in numerosi cibi e ingredienti alimentari. Essendo uno sporigeno, è termoresistente; la maggior parte delle spore ha resistenza moderata al calore, ma in alcuni casi tale resistenza è invece elevata. L'intervallo di pH adatto alla moltiplicazione di questo microrganismo è compreso tra 5,0 e 8,8, il valore di a_w minimo è 0,93.

   B. cereus causa due tipi di gastroenterite: emetica e diarroica. Quella di tipo diarroico è caratterizzata da sintomatologia relativamente lieve, con diarrea e dolore addominale, che si manifestano da 8 a 16 ore dopo l'ingestione dell'alimento e possono durare da 6 a 24 ore circa. Nella forma emetica il sintomo principale è il vomito, che compare dopo 1-6 ore di incubazione e dura fino a 24 ore; in alcuni casi si può avere diarrea anche in questa forma.

   La tossina emetica di *B. cereus* viene prodotta negli alimenti ed è molto stabile al calore, come quella prodotta da *Enterococcus faecalis*. La forma diarroica è causata dalla produzione di un'enterotossina all'interno dell'intestino. Tra gli alimenti più frequentemente coinvolti in epidemie da *B. cereus* vi sono piatti a base di cereali, verdure, carne trita, polpette, derivati del latte, zuppe e budini. Il numero di cellule necessarie per causare la malattia è compreso tra 10^5 e 10^8 unità formanti colonia (ufc) per grammo di alimento. Le più efficaci misure preventive sono la corretta igiene nei ristoranti e la conservazione di cibi cotti ricchi di amido a una temperatura superiore a 50 °C o inferiore a 4 °C, in quest'ultimo caso l'alimento deve essere raffreddato rapidamente e refrigerato entro due ore dalla cottura per prevenire la produzione di tossine.

2.6.3 Botulismo

Il botulismo è un'intossicazione causata dall'ingestione di una tossina prodotta da *C. botulinum* durante la sua moltiplicazione all'interno dei cibi. Questo microrganismo è un batterio anaerobio, Gram-positivo, sporigeno, di forma bastoncellare, che si trova essenzialmente nel suolo. Si sviluppa a temperature comprese tra 10 e 50 °C (con un *optimum* tra 30 e 40 °C) a eccezione del tipo E, che cresce tra 3,3 e 45 °C.

   Attualmente sono conosciute e classificate sierologicamente otto diverse tossine botuliniche (tabella 2.2). La potentissima tossina prodotta da questo microrganismo colpisce il sistema nervoso periferico della vittima. I bambini possono essere colpiti dalla malattia in seguito all'ingestione anche solo di 10-100 spore, che germinano e producono la tossina nel tratto intestinale. Nel 60% circa dei casi la morte sopravviene in seguito a insufficienza respiratoria. Le caratteristiche del botulismo e di altre intossicazioni alimentari più comuni (sintomatologia, periodo d'incubazione, alimenti coinvolti e misure preventive) sono riportate nella tabella 2.1.

Tabella 2.2 Tipi di tossine botuliniche

Tipo	Caratteristiche
A	Tossica per l'uomo; è la causa più comune di botulismo negli Stati Uniti
B	Tossica per l'uomo; è più frequente del tipo A ed è presente in quasi tutti i suoli del mondo
C_1	Tossica per uccelli acquatici, tacchini e diversi mammiferi, ma non per l'uomo
C_2	Tossica per uccelli acquatici, tacchini e diversi mammiferi, ma non per l'uomo
D	Responsabile dell'intossicazione da foraggio del bestiame; raramente tossica per l'uomo
E	Tossica per l'uomo; solitamente associata a pesce e prodotti derivati
F	Tossica per l'uomo; isolata solo di recente ed estremamente rara
G	Tossica, ma riscontrata raramente

Poiché *C. botulinum* è normalmente presente nel suolo, può trovarsi anche nell'acqua; perciò i prodotti ittici costituiscono una fonte di botulismo più importante rispetto ad altri tipi di carne. Tuttavia, la principale possibile fonte di botulismo è costituita da conserve di frutta e verdura ad acidità medio bassa preparate in casa. Poiché il microrganismo è anaerobio, anche i cibi in scatola e sottovuoto possono essere causa di botulismo. Se i barattoli si presentano rigonfi, i prodotti devono essere scartati, perché la formazione di gas indica la possibile presenza di *C. botulinum*. Durante la lavorazione, il pesce affumicato deve essere riscaldato per 30 minuti a una temperatura di almeno 83 °C per garantire una protezione ulteriore.

Per prevenire il botulismo è essenziale sanificare efficacemente, refrigerare correttamente e cuocere perfettamente: benché la tossina sia relativamente labile al calore, le spore batteriche sono molto resistenti e per distruggerle occorre un trattamento termico energico. Un trattamento a 85 °C per 15 minuti inattiva le tossine. Per distruggere completamente le spore sono necessarie le combinazioni di temperatura e tempo fornite nella tabella 2.3.

Tabella 2.3 Temperature e tempi necessari per la distruzione delle spore di *C. botulinum*

Temperatura (°C)	Tempo (min)
100	360
105	120
110	36
115	12
120	4

2.6.4 Campilobatteriosi

Campylobacter è tra i contaminanti microbici che destano maggiore preoccupazione: attualmente è la principale causa di malattie a trasmissione alimentare negli Stati Uniti e in Europa; la campilobatteriosi, infatti, può verificarsi con frequenza almeno doppia rispetto alla salmonellosi. Il batterio viene trasmesso soprattutto da alimenti non sufficientemente cotti e mediante contaminazione crociata. È un aerobio facoltativo (più precisamente è microaerofilo: richiede O_2 al 5% e CO_2 al 10%), Gram-negativo, non sporigeno, ha forma di bastoncino ricurvo ed è mobile per mezzo di flagelli. Può crescere a temperature comprese tra 30 e 45,5 °C, con un valore ottimale variabile da 37 a 42 °C; una concentrazione del 2,0% di cloruro di sodio inibisce la crescita (il livello massimo tollerato è del 3,5%).

Questo patogeno è stato identificato come agente responsabile di malattia in polli, bovini e ovini, ed è piuttosto comune nel pollame crudo. Grazie al miglioramento delle tecniche per il suo rilevamento e isolamento, è stata accertata la sua responsabilità nelle epidemie a trasmissione alimentare, anche se la maggior parte dei casi di campilobatteriosi è sporadica. *Campylobacter* è ora riconosciuto come una delle più frequenti cause di diarrea batterica e di altre malattie e vi sono prove sempre più consistenti che provochi l'ulcera.

La dose infettiva di *Campylobacter* varia da 400 a 500 cellule, a seconda della resistenza individuale. I suoi meccanismi patogenetici gli permettono di produrre una tossina termosensibile che può causare diarrea.

I sintomi dell'infezione da *C. jejuni* non sono caratteristici e non possono essere distinti da quelli associati a malattie causate da altri patogeni enterici; inoltre l'isolamento è difficoltoso poiché il numero di cellule presenti è generalmente basso. La malattia si manifesta in forma epidemica soprattutto nei bambini di oltre 10 anni e nei giovani adulti, ma sono colpite tutte le fasce d'età. L'infezione determina processi diarroici a livello sia dell'intestino tenue sia dell'intestino crasso; i sintomi possono presentarsi da 1 a 7 giorni dopo il consumo dell'alimento contaminato, ma la durata media del periodo di incubazione è di 3-5 giorni.

La sintomatologia è assai variabile; nei soggetti affetti da forme lievi, la malattia può essere asintomatica, ma il microrganismo viene comunque eliminato con le feci. Nei soggetti che sviluppano forme gravi, la malattia si manifesta con dolori muscolari, vertigini, mal di testa, vomito, crampi, dolori addominali, febbre, prostrazione e delirio. La diarrea può presentarsi all'esordio della malattia o dopo la comparsa della febbre. Spesso, dopo 1-3 giorni di diarrea, si rileva sangue nelle feci. Il decorso della malattia varia da 2 a 7 giorni; seppure raramente, l'infezione può causare il decesso. Tra le complicazioni e le conseguenze della campilobatteriosi vi sono ricadute (5-10%), batteriemia, meningite, appendicite acuta, infezioni del tratto urinario, endocardite, peritonite, sindrome di Reiter e sindrome di Guillain-Barré (Davidson, 2003).

Il controllo più efficace di *Campylobacter* è basato sull'adozione di procedure igieniche nel corso della lavorazione e sulla cottura corretta degli alimenti di origine animale.

Campylobacter è un commensale comunemente presente nel tratto gastrointestinale di animali selvatici e domestici (bovini, suini, polli, anatre e tacchini). *C. jejuni* è stato isolato anche nel latte, nelle uova e nelle acque contaminate da liquami; poiché viene eliminato attraverso le feci, se non si osservano opportune precauzioni igieniche, le masse muscolari possono essere contaminate durante la macellazione. Alcuni studi hanno dimostrato che, negli esercizi di vendita al dettaglio, l'incidenza di *C. jejuni* sui tagli di carne rossa è inferiore a quella riscontrata sui tagli di pollame. Livelli normali di ossigeno nell'aria inibiscono la crescita di questo microrganismo; la sopravvivenza negli alimenti crudi varia in relazione al ceppo, all'entità della contaminazione iniziale e alle condizioni ambientali (in particolare, la temperatura di conservazione).

Questo patogeno viene distrutto facilmente cuocendo gli alimenti fino a raggiungere 60 °C al cuore del prodotto e mantenendo tale temperatura per diversi minuti per la carne rossa e per circa 10 minuti per il pollame. Il rischio di infezione può essere ridotto attraverso un accurato lavaggio delle mani con acqua corrente (calda) e sapone per qualche decina di secondi prima della preparazione degli alimenti e tra la manipolazione di alimenti crudi e di cibi già preparati.

La totale eliminazione di questo patogeno è difficilmente conseguibile. Le vie di diffusione (vedi capitolo 5) della campilobatteriosi sono così varie che la completa eradicazione di *Campylobacter* dagli animali domestici non è al momento realizzabile.

2.6.5 Tossinfezione da Clostridium perfringens

C. perfringens è un anaerobio, Gram-positivo, sporigeno, di forma bastoncellare, che produce una varietà di tossine e gas durante la crescita. Si sviluppa in un intervallo di temperatura piuttosto ampio (da 15 a 50 °C), anche se il valore ottimale è intorno a 43-46 °C; il pH ottimale varia da 6,0 a 7,0, ma la crescita può avvenire tra 5,0 e 9,0; per quanto riguarda l'acqua libera, il valore minimo di a_w per la crescita va da 0,95 a 0,97. Concentrazioni del 5,0% di cloruro di sodio inibiscono la crescita (il livello massimo tollerato è compreso tra il 7 e l'8%).

C. perfringens e le sue spore sono stati isolati da numerosi alimenti, soprattutto nelle carni rosse, nel pollame e nei prodotti ittici. Livelli di contaminazione più elevati sono in genere riscontrati negli alimenti a base di carne che, dopo la cottura, vengono lasciati raffreddare lentamente e sono tenuti a temperatura inadeguata per un lungo periodo di tempo prima di essere consumati. Analogamente alla salmonellosi, anche la tossinfezione da *C. perfringens* si sviluppa solo se viene ingerito un numero consistente di batteri.

Le spore prodotte dai diversi ceppi di questo microrganismo hanno resistenze diverse al calore; a 100 °C alcune sono completamente distrutte in pochi minuti, mentre altre richiedono da 1 a 4 ore. Il controllo più efficace di *C. perfringens* si ottiene raffreddando rapidamente i cibi sottoposti a cottura o ad altri trattamenti termici. Lo stoccaggio a −15 °C per 35 giorni uccide oltre il 99,9% di questo microrganismo. Le tossinfezioni causate da *Clostridium perfringens* possono in genere essere prevenute attuando adeguate procedure di sanificazione, rispettando le temperature di refrigerazione previste (≤ 4 °C) e mantenendo la catena del caldo per i cibi cotti non consumati immediatamente (≥ 60 °C).

2.6.6 Infezione da Escherichia coli O157:H7

Gli episodi di colite emorragica e di sindrome emolitico-uremica (SEU) causati da *E. coli* O157:H7, hanno suscitato grande attenzione e preoccupazione. Non è chiaro come questo batterio, anaerobio facoltativo, Gram-negativo e di forma bastoncellare, sia mutato, ma alcuni scienziati ipotizzano che abbia acquisito geni da *Shigella*, un microrganismo che causa una sintomatologia simile.

E. coli O157:H7 è caratterizzato dagli antigeni somatici (O) e flagellari (H), è stato riconosciuto come patogeno per l'uomo nel 1982, in seguito a due episodi di colite emorragica. Sono state identificate sei classi di *E. coli* responsabili di patologie enteriche: enteroemorragica, enterotossigena, enteroinvasiva, enteroaggregante, enteropatogena e diffusamente aderente. Tutti i ceppi enteroemorragici producono tossine simili a quelle di *Shigella dysenteriae*, denominate verotossine 1 e 2 (o anche tossine *Shiga-like* 1 e 2). La capacità di produrre verotossine è forse stata acquisita attraverso un batteriofago, direttamente o indirettamente, da *Shigella* (Buchanan e Doyle, 1997). A causa della tolleranza del microrganismo agli acidi, la dose infettiva associata alle epidemie di *E. coli* O157:H7 è bassa (2000 cellule o meno).

I primi sintomi della colite emorragica compaiono generalmente dopo 12-60 ore dal consumo dell'alimento contaminato, sebbene siano stati riportati periodi di incubazione di 3-5 giorni. Questo batterio aderisce alle pareti dell'intestino e produce una tossina che provoca lesioni. L'infezione si manifesta inizialmente con diarrea leggera, non emorragica, che può essere seguita da dolore addominale e febbre di breve durata. Durante le 24-48 ore successive la diarrea aumenta di intensità; segue una fase di 4-10 giorni con diarrea fortemente emorragica, forti dolori addominali e moderata disidratazione.

Una possibile grave complicazione della colite emorragica, più frequente nei bambini sotto i 10 anni, è la sindrome emolitico-uremica, che può insorgere una settimana dopo la comparsa dei sintomi gastrointestinali; segni caratteristici di tale condizione sono edema e insufficienza renale acuta. Il 50% circa di questi pazienti necessita di dialisi; la mortalità è del 3-5%. Tra le altre complicazioni associate alla colite emorragica vi sono: crisi epilettiche, coma, infarto, ipertensione e pancreatite. Il 15% circa dei pazienti affetti da sindrome emolitico-uremica va incontro a precoce insufficienza renale cronica e/o a diabete insulino-dipendente; solo in un numero esiguo di casi si hanno recidive (Siegler et al., 1993).

La porpora trombotica trombocitopenica è un'altra malattia legata a *E. coli* O157:H7; è simile alla sindrome emolitico-uremica, tranne per il fatto che di norma causa danni renali, comporta un significativo coinvolgimento neurologico (per esempio crisi epilettiche, infarto e deterioramento del sistema nervoso centrale) ed è limitata essenzialmente agli adulti.

Negli Stati Uniti, la carne macinata si è rivelata l'alimento più spesso correlato alle epidemie di *E. coli* O157:H7. Anche i salami sono stati associati a un'epidemia evidenziando come bassi livelli di questo patogeno possano sopravvivere nelle carni fermentate e causare malattie. Altri alimenti coinvolti sono il succo di mela non pastorizzato e il sidro. La maggiore epidemia di *E. coli* riportata, che ha causato migliaia di casi, è avvenuta in Giappone nel 1996 ed è stata attribuita al consumo di germogli di ravanello bianco. I germogli di alfalfa (erba medica) hanno provocato un'epidemia negli Stati Uniti. Il consumo di acqua potabile e i giochi acquatici sono stati riconosciuti responsabili di numerosi casi di infezione da *E. coli* O157:H7 (Doyle et al., 1997).

In uno studio condotto sui bovini (Zhao et al., 1995b) il 3,2% dei vitelli e l'1,6% dei capi adulti da carne sono risultati positivi a *E. coli* O157:H7. Anche i cervi possono essere una fonte di questo patogeno ed è possibile la trasmissione tra cervi e bovini. È stato osservato che lo spargimento del batterio attraverso le feci ha andamento transitorio e stagionale (Kudva et al. 1995): la prevalenza di *E. coli* O157:H7 raggiunge il picco massimo nelle feci in estate e sulla pelle dalla primavera all'autunno (Barkocy-Gallagher, 2003).

E. coli O157:H7 può crescere tra 8 e 44,5 °C, con una temperatura ottimale tra 30 e 42 °C. A valori di pH compresi tra 5,5 e 7,5, la velocità di crescita non subisce grandi variazioni, ma declina rapidamente in condizioni più acide; tuttavia, sopravvive bene in ambienti a pH basso: il pH minimo è 4-4,5. La sopravvivenza del batterio in ambiente acido è importante, in quanto spiega le numerose epidemie associate ad alimenti a basso pH, come insaccati freschi, maionese, succhi di frutta non pastorizzati. È stato infatti dimostrato sperimentalmente che questo patogeno può sopravvivere in vari alimenti acidi per diverse settimane; tale tempo si allunga ulteriormente se gli alimenti vengono refrigerati (Zhao et al., 1995a).

Poiché *E. coli* O157:H7 si diffonde attraverso le feci del bestiame e può contaminare le carni durante la macellazione e le successive fasi di lavorazione, è necessario fissare e osservare rigorose procedure igieniche lungo tutto il processo per controllare la moltiplicazione del patogeno. La carne deve essere cotta ad almeno 70 °C (quella macinata a 72 °C) per assicurare un trattamento termico sufficiente per distruggere il microrganismo. *E. coli* O157:H7 può essere distrutta anche prevedendo un trattamento (come fermentazione o pastorizzazione) in grado di uccidere il patogeno durante la produzione dell'alimento.

Un rigido programma di sanificazione è essenziale per ridurre il rischio di epidemie. Secondo Buchanan e Doyle (1997), il sistema HACCP è il mezzo più efficace per sviluppare sistematicamente protocolli di sicurezza alimentare che possano ridurre le infezioni causate da questo patogeno; peraltro, la bassa incidenza dell'infezione limita l'utilità dell'analisi microbiologica come mezzo di verifica dell'efficacia dell'HACCP.

2.6.7 Listeriosi

Listeria monocytogenes è un patogeno particolarmente pericoloso, poiché può sopravvivere a temperature di refrigerazione. In passato, la listeriosi era considerata rara nell'uomo; tuttavia, a partire dal 1980, le epidemie causate da alimenti contaminati da questo batterio hanno destato crescente preoccupazione. Negli Stati Uniti la listeriosi causa circa 2500 casi gravi e 500 decessi all'anno (CFSAN, FSIS, 2001). Alcuni gruppi ad alto rischio risultano maggiormente esposti all'infezione; le donne incinte, per esempio, sono 20 volte più suscettibili rispetto agli altri adulti sani (Duxbury, 2004). *L. monocytogenes* è un patogeno opportunista, perciò normalmente non causa forme gravi in individui sani con un efficiente sistema immunitario (Russell, 1997).

Questo microrganismo è aerobio facoltativo microaerofilo (5-10% CO_2), Gram-positivo, a forma di bastoncino, non sporigeno. È ubiquitario, circa il 10% della popolazione ne è portatore e si trova frequentemente nel tratto intestinale di oltre 50 specie di mammiferi e uccelli domestici e selvatici (compresi ovini, bovini, polli e suini), oltre che nel suolo e nella vegetazione in decomposizione. Altre potenziali fonti di *Listeria* sono rappresentate da corsi d'acqua, fognature, fango, trote, crostacei, mosche, zecche. Questo patogeno è stato isolato da svariati alimenti: cioccolato, bruschette all'aglio, prodotti lattiero-caseari, carni rosse e pollame. L'eliminazione di *Listeria* è improbabile, se non impossibile. Il punto critico è rappresentato dal controllo della sua sopravvivenza.

La temperatura ottimale per la proliferazione è compresa tra 30 e 37 °C, ma la crescita è possibile nell'intervallo tra 0 e 45 °C. Questo microrganismo è considerato un patogeno psicrotrofo, che cresce bene in ambienti umidi. Rispetto ad altre forme vegetative, *L. monocytogenes* tollera molto bene gli stress ambientali e possiede una resistenza al calore piuttosto elevata. Si sviluppa in presenza di concentrazioni di sale superiori al 10% e sopravvive in soluzioni saline sature. A 10 °C la sua crescita è due volte più veloce che a 4 °C, sopravvive al congelamento e viene solitamente distrutto da temperature superiori a 61,5 °C. Sebbene si trovi più frequentemente nel latte, nei formaggi e in altri prodotti lattiero-caseari, può essere presente anche nei vegetali concimati con letame di animali infetti. *L. monocytogenes* cresce in substrati con pH da neutro ad alcalino ma non in ambienti molto acidi. La crescita può avvenire in un intervallo di pH variabile da 5,0 a 9,6, a seconda del tipo di substrato e della temperatura.

L. monocytogenes può eludere le difese dell'ospite penetrando e moltiplicandosi all'interno dei fagociti mononucleati (monociti, macrofagi e leucociti polimorfonucleati) e diffondendosi quindi ad altre cellule.

La listeriosi umana può essere causata da uno dei 13 sierotipi di *L. monocytogenes*, ma quelli che causano malattia con maggiore frequenza sono 1/2a, 1/2b e 4b (Farber e Peterkin, 2000). Quasi tutti i casi di listeriosi sono sporadici; la malattia colpisce soprattutto donne incinte, bambini piccoli, persone sopra i 50 anni, soggetti debilitati da altre malattie o con sistema immunitario compromesso. Negli adulti le manifestazioni più comuni sono la meningite o la meningoencefalite. La malattia può presentarsi in forma leggera, con sintomatologia similinfluenzale, oppure in forma più grave, con febbre, setticemia, endocardite, ascessi, osteomielite, encefalite, lesioni locali o minigranulomi (in milza, cistifellea, pelle e linfonodi). Anche i feti possono essere infettati; nelle donne gravide l'infezione può portare a interruzione di gravidanza o mortinatalità; i neonati possono presentare setticemia alla nascita o sviluppare meningiti nel periodo neonatale. Il tasso di mortalità è approssimativamente del 30% nei neonati e quasi del 50% quando l'infezione si verifica nei primi 4 giorni dopo la nascita.

La listeriosi è pericolosa per le persone affette da AIDS (Mascola et al., 1988); questi pazienti, infatti, avendo un sistema immunitario gravemente compromesso, sono più suscettibili alle malattie a trasmissione alimentare come la listeriosi (Archer, 1988). I maschi affetti da AIDS sono oltre 300 volte più suscettibili alla listeriosi rispetto ai coetanei sani (Mascola et al., 1988). La dose infettante non è stata stabilita con certezza; tuttavia essa dipende sia dal ceppo di *Listeria*, sia dall'individuo. Negli animali sani possono occorrere migliaia o perfino milioni di cellule per provocare l'infezione, mentre in quelli immunocompromessi possono bastare da 1 a 100 cellule. Le forme gravi di listeriosi umana si osservano solitamente in presenza di altre infezioni debilitanti, anche se è provato che il batterio può causare gastro-enteriti in individui sani.

L. monocytogenes può aderire alle superfici che vengono a contatto con gli alimenti producendo fibrille, con conseguente formazione di un biofilm, che ne ostacola la rimozione durante la sanificazione. L'adesione di *Listeria* a superfici solide avviene in due fasi: la prima consiste nell'attrazione primaria tra la cellula e la superficie, la seconda nel forte ancoraggio seguito da un periodo di incubazione. L'adesione batterica iniziale è dovuta a un polisaccaride acido; il microrganismo produce, infatti, un insieme di fibre polisaccaridiche, che formano un *glicocalice* che circonda la cellula e funge da canale per l'assorbimento di nutrienti e il rilascio di enzimi e tossine.

Le materie prime utilizzate nelle aziende alimentari possono essere contaminate da *Listeria* e contribuiscono alla costante reintroduzione del microrganismo negli ambienti degli stabilimenti. L'utilizzo dell'HACCP e di altri sistemi di controllo è il metodo più efficace per controllare questo patogeno nell'ambiente di lavorazione. Il metodo HACCP si è rivelato un valido strumento per identificare i punti critici e per valutare l'efficacia dei sistemi di controllo attraverso le procedure di verifica.

La trasmissione di *L. monocytogenes* è più efficace se avviene attraverso il consumo di alimenti contaminati, ma può avvenire anche per contatto diretto tra persone o attraverso l'inalazione del microrganismo. Per esempio, un individuo che sia entrato in contatto diretto con materiali infetti (per esempio animali, suolo o feci) può sviluppare lesioni sulle mani e sulle braccia.

Questo patogeno si trova facilmente nei frigoriferi casalinghi, che devono quindi essere puliti e sanificati regolarmente. In uno studio riportato dal CDC (Felix, 1992) è stata riscontrata la presenza di *Listeria* spp. nel 64% di 123 frigoriferi esaminati.

La prevenzione più efficace contro la listeriosi consiste nell'evitare il consumo di latte crudo, carne cruda e alimenti ottenuti da ingredienti contaminati. Le donne incinte devono evitare, in particolare, contatti con animali infetti. Poiché non sono state sviluppate procedure completamente affidabili per la produzione di prodotti non contaminati da *Listeria*, le aziende alimentari devono attuare un rigido programma di sanificazione ambientale e sviluppare un sistema di controllo basato sui principi dell'HACCP. Per la prevenzione della contaminazione risultano particolarmente critici il layout degli impianti, il disegno delle apparecchiature, le procedure operative per il controllo di processo, le procedure di sanificazione e la verifica del controllo di *L. monocytogenes*.

Vari studi hanno dimostrato che *L. monocytogenes* è resistente agli effetti dei sanificanti. Il patogeno mostra resistenza all'azione del fosfato trisodico: infatti, dopo la crescita di una colonia e la formazione di biofilm su una superficie, per ottenere una riduzione di 1 log (cioè una riduzione del 90%) del numero di cellule è necessaria l'esposizione a fosfato trisodico all'8% per 10 minuti a temperatura ambiente. Inoltre, il lavaggio della pelle con idrossido di sodio allo 0,5% ha un effetto minimo sulla proliferazione di *L. monocytogenes*. Rispetto ad altri patogeni, *Listeria* è più resistente alla cottura, che può quindi non assicurarne la definitiva eliminazione dagli alimenti. *Listeria* è sensibile all'irradiazione, tuttavia neppure tale mezzo è sufficiente per eliminarlo completamente da carne e pollame.

Sebbene i casi di listeriosi riportati ogni anno negli Stati Uniti siano molto pochi, il numero di decessi causati dalla malattia è significativo. Questo microrganismo è stato definito un "super batterio" per la capacità di sopravvivere in condizioni ambientali estreme che distruggono altri batteri patogeni (Russell, 1997). Quindi, le aziende che lavorano o somministrano alimenti dovrebbero sforzarsi in ogni modo per ridurre la presenza di questo microrganismo patogeno nei prodotti alimentari, benché sia quasi impossibile eliminarlo totalmente.

2.6.8 Salmonellosi

Questa infezione alimentare è causata dall'ingestione di cellule vitali di uno tra i numerosi ceppi di *Salmonella*. Questi microrganismi crescono a temperature comprese tra 5 e 47 °C (con *optimum* di 37 °C) e producono un'endotossina che causa la malattia. I sintomi usuali della salmonellosi sono nausea, vomito e diarrea, presumibilmente causati dall'irritazione delle pareti intestinali da parte delle endotossine. Affinché si verifichi un'infezione, occorre ingerire circa 1 milione di questi batteri. Il periodo di incubazione della salmonellosi è generalmente più lungo di quello dell'intossicazione stafilococcica. La mortalità da salmonellosi è generalmente bassa; la maggior parte dei decessi si registra in neonati, anziani o individui già debilitati da altre malattie. La salmonellosi può avere effetti particolarmente gravi nei malati di AIDS (Celum et al., 1987), che sono molto suscettibili a questa malattia a trasmissione alimentare (Archer, 1988).

Le salmonelle sono batteri anaerobi facoltativi, Gram-negativi, non sporigeni, di forma ovale, la cui fonte primaria è rappresentata dal tratto intestinale. Questo patogeno cresce normalmente in un intervallo di pH tra 3,6 e 9,5 (con livelli ottimali tra 6,5 e 7,5); il valore ottimale di a_w è 0,86. Una concentrazione di sale oltre il 2% ne ritarda la crescita, ma il batterio è molto resistente al congelamento e all'essiccamento. Le salmonelle possono essere presenti nel tratto intestinale e in altri tessuti sia del pollame sia degli animali a carne rossa, senza produrre alcun sintomo apparente di infezione; in particolare, hanno sempre rappresentato un problema per le carni di pollo e, in molti casi, sono state individuate anche nel 70% delle carcasse. L'epidemia del 1988 negli Stati Uniti nordorientali è stata parzialmente attribuita alla presenza nel pollame e sui gusci delle uova di *Salmonella enterica*, che è aumentata di cinque volte dalla fine degli anni settanta. Questo microrganismo può anche penetrare nelle uova attraverso microscopiche incrinature, sporco fecale sul guscio e infezioni ovariche della gallina. Per esempio, otto addetti alla manipolazione degli alimenti di un negozio della Virginia sono risultati positivi a *S. enterica*; l'infezione è stata attribuita all'impiego di uova incrinate nella preparazione di specialità gastronomiche.

Benché questi batteri possano essere presenti all'interno delle carni, la principale fonte dell'infezione è rappresentata dalla contaminazione di alimenti da parte degli addetti alla manipolazione, mediante ricontaminazione o contaminazione crociata. Le salmonelle trasferite attraverso le dita sono in grado di sopravvivere per parecchie ore, continuando a contaminare gli alimenti. I trattamenti termici utilizzati per la distruzione di *S. aureus* sono in grado di distruggere anche gran parte delle specie di *Salmonella*. In considerazione dell'origine di questi batteri e della loro sensibilità alle basse temperature, la salmonellosi è generalmente imputabile a scarsa sanificazione e a temperature inadeguate.

2.6.9 Shigellosi

La gastroenterite da *Shigella* (detta anche shigellosi o dissenteria bacillare) è un'infezione con un periodo di incubazione da 1 a 7 giorni e una durata di 5 o 6 giorni. Nei casi gravi la malattia si manifesta con diarrea emorragica, secrezione di muco, disidratazione, febbre e brividi. Negli individui immunocompromessi l'infezione può causare il decesso, ma di norma la mortalità è bassa.

Gli alimenti più frequentemente coinvolti sono quelli molto manipolati o lavorati con acqua contaminata da *Shigella*. Gli alimenti più facilmente infettati da questo microrganismo sono patate, pollo, insalate di tonno o gamberetti e pesce o frutti di mare. La maggior parte dei focolai epidemici si è verificata in esercizi di somministrazione, come bar e ristoranti, ed è spesso attribuibile a scarsa igiene degli addetti (in particolare, a lavaggio delle mani poco efficace dopo l'uso dei servizi igienici).

Shigella è un bastoncino, Gram-negativo, anaerobio facoltativo, non sporigeno, debolmente mobile e lattosio-negativo con una bassa resistenza al calore e agli stress ambientali. Cresce da 6 a 48 °C (con un *optimum* di 37 °C) e in un intervallo di pH compreso tra 4,9 e 9,3; richiede una a_w minima di 0,94, con un contenuto salino massimo del 4-5%. Questo microrganismo è essenzialmente di origine umana e giunge negli alimenti attraverso vettori e acqua contaminati. *Shigella* è un patogeno altamente infettivo, poiché è sufficiente l'ingestione di meno di 100 batteri per causare la malattia. *Shigella* spp. produce una tossina con attività enterotossica e neurotossica responsabile della risposta infiammatoria dell'organismo.

2.6.10 Intossicazione stafilococcica

Staphylococcus aureus è un aerobio facoltativo, Gram-positivo, non sporigeno, di forma sferica; produce un'enterotossina che causa gastroenterite. L'intossicazione da stafilococco determina raramente il decesso, ma può colpire il sistema nervoso centrale; la morte è generalmente dovuta al peggioramento delle condizioni in pazienti già affetti da altre patologie. Questi batteri sono ampiamente diffusi e possono essere presenti negli individui sani. La crescita di *S. aureus* è possibile in un intervallo di pH compreso tra 4,0 e 9,8 (con un livello ottimale tra 6,0 e 7,0); in presenza del 20% circa di sale, tollera un valore minimo di a_w di 0,86.

La manipolazione di alimenti impropriamente refrigerati da parte di individui infetti costituisce una delle principali cause di contaminazione. Gli alimenti più comunemente contaminati da stafilococco sono insalata di patate, pasticcini alla crema, prodotti lattiero-caseari (inclusa la panna), pollame, prosciutto cotto e lingua. In condizioni ottimali di temperatura e carica batterica iniziale, questo microrganismo può moltiplicarsi abbastanza per causare intossicazione senza, tuttavia, determinare alterazioni evidenti del colore, del sapore o dell'odore. *S. aureus* è distrutto da un trattamento termico a 66 °C per 12 minuti, ma per distruggere la tossina occorrono 30 minuti a 131 °C. Pertanto, le temperature e i tempi normali di cottura della maggior parte dei cibi non distruggono l'enterotossina.

2.6.11 Trichinosi

L'agente responsabile di questa malattia è *Trichinella spiralis*, che può infestare la carne di suini, equini e di animali selvatici. Nella maggior parte delle persone la malattia è asintomatica; talvolta, invece, si manifesta con sintomi gastroenterici, caratterizzati da febbre, nausea, vomito e diarrea. Il periodo di incubazione è di circa 72 ore, la durata dell'infezione può essere anche di 2 settimane. I sintomi iniziali sono seguiti da edema, debolezza muscolare e dolori poiché le larve migrano e si incistano nei muscoli. Possono inoltre presentarsi disturbi respiratori e neurologici. Se la trichinosi non viene curata può sopraggiungere il decesso. Per prevenire la malattia occorre evitare la contaminazione e cuocere la carne ad almeno 40 °C con metodi di cottura tradizionali (gas, elettricità) o a 71 °C con cottura a microonde. Altri metodi di distruzione sono l'irradiazione e il congelamento della carne in tagli di spessore inferiore a 15 cm per 6 giorni a –29 °C o per 20 giorni a –15 °C.

2.6.12 Yersiniosi

Yersinia enterocolitica, un patogeno psicrotrofo, si trova nel tratto intestinale e nelle feci di animali selvatici e domestici. Altre fonti sono alimenti crudi di origine animale e acqua di pozzi, laghi, fiumi o torrenti non clorata. Questi microrganismi si trasmettono anche diretta-mente da persona a persona. Fortunatamente, gran parte dei ceppi isolati dagli alimenti e dagli animali non sono virulenti.

Y. enterocolitica può moltiplicarsi a temperature di refrigerazione, sebbene con una velo-cità inferiore che a temperatura ambiente. Questo batterio di forma bastoncellare, anaerobio facoltativo, Gram-negativo e non sporigeno, è sensibile al calore e viene distrutto a tempe-rature superiori a 60 °C. La crescita è possibile tra –2 e 45 °C, con un *optimum* di 28-29 °C. Cresce a valori di pH compresi tra 4,2 e 9,6 e tollera bene anche pH più elevati. La presen-za di questo microrganismo in alimenti lavorati indica una contaminazione successiva al trat-tamento termico. *Y. enterocolitica* è stata isolata da carne rossa cruda o poco cotta, dalle ton-sille di suini e polli, da prodotti lattiero-caseari (come latte, gelato, panna e giuncata), da gran parte dei prodotti ittici e da verdura fresca.

Non tutti i sierotipi di *Y. enterocolitica* sono causa di malattia nell'uomo. La yersiniosi può manifestarsi negli adulti, ma colpisce con maggiore frequenza bambini e adolescenti. I sintomi, che normalmente compaiono dopo 1-3 giorni dal consumo dell'alimento contami-nato, includono febbre, dolori addominali e diarrea. Possono inoltre manifestarsi vomito e rash cutaneo. I dolori addominali sono molto simili a quelli provocati dall'appendicite: in passato alcuni bambini sono stati sottoposti ad appendicectomia in seguito a diagnosi errate. La malattia dura normalmente 2-3 giorni, sebbene una leggera diarrea e dolori addominali possano persistere per 1-2 settimane. Il decesso è raro, ma può verificarsi in seguito a com-plicazioni. La misura preventiva più efficace contro la yersiniosi è la corretta sanificazione durante la lavorazione, la manipolazione, lo stoccaggio e la preparazione degli alimenti.

2.6.13 Infezione da Arcobacter butzleri

Questo patogeno, affine al genere *Campylobacter*, è tuttora oggetto di studio. Si trova nelle carni di bovini, suini e pollame (fino all'81% delle carcasse) e nell'acqua non clorata. Rispetto a *C. jejuni*, è più resistente all'irradiazione e più tollerante all'ossigeno; cresce a temperature di refrigerazione in presenza di ossigeno.

2.6.14 Criptosporidiosi

La criptosporidiosi è causata da *Cryptosporidium parvum*, che si trasmette attraverso acqua o alimenti, in seguito a contaminazione fecale. Il tempo di incubazione è di 1-2 settimane, la malattia può durare da 2 giorni a 4 settimane. Questo batterio forma oocisti che persistono per lunghi periodi nell'ambiente e sono resistenti al cloro. Le oocisti sono sensibili alle alte tem-perature, al congelamento, alla disidratazione e a disinfettanti come ozono, perossido di idro-geno e biossido di cloro; possono essere eliminate dall'acqua mediante filtrazione. I sintomi della criptosporidiosi includono diarrea acquosa, dolori addominali e anoressia. Negli Stati Uniti l'incidenza della malattia è risultata di 2,4 casi per 100 000 abitanti (Davidson, 2003).

2.6.15 Infezione da Helicobacter pylori

I risultati delle ricerche indicano che questo patogeno, affine a *Campylobacter*, può causare gastroenterite ed è uno degli agenti responsabili di gastriti, ulcere gastriche e intestinali e cancro dello stomaco nell'uomo. Si sospetta che questo microrganismo, che causa l'infezio-ne batterica cronica più comune nell'uomo, possa muoversi con efficienza e resistere alle contrazioni muscolari che determinano lo svuotamento dello stomaco. *Helicobacter* si trova nel tratto digestivo degli animali, soprattutto dei maiali. Nell'uomo è presente nel 95% dei soggetti affetti da ulcera duodenale e nell'80% dei pazienti con ulcera gastrica; è presente anche in individui clinicamente sani, in particolare nei familiari dei pazienti. L'acqua contaminata da liquami costituisce una fonte di infezione (Wesley, 1997).

2.6.16 Legionellosi

Legionella pneumophila è il batterio responsabile della cosiddetta "malattia dei legionari" (o legionellosi). Si tratta di un microrganismo aerobio facoltativo, Gram-negativo, presente nelle acque contaminate in gran parte dell'ambiente, che sta diventando un motivo di preoccupazione di portata generale. È in grado di moltiplicarsi all'interno di numerosi tipi di cellule. Negli adulti il microrganismo provoca dall'1 al 5% delle polmoniti acquisite in comunità, gran parte delle quali ha comunque carattere sporadico. Negli Stati Uniti, il CDC registra da 1000 a 3000 casi di legionellosi all'anno; in Europa si stima che l'incidenza annuale sia superiore a 20 casi per milione di abitanti. La maggior parte delle epidemie sembra essere stata causata da sistemi che generano aerosol, come torri di raffreddamento, condensatori ad acqua, idromassaggi, umidificatori, fontane, docce e rubinetti dell'acqua.

L'acqua è la riserva principale di *Legionella*; tuttavia, vi sono anche altre fonti di questo microrganismo (come la terra dei vasi). Amebe e biofilm, praticamente immancabili all'interno degli impianti idraulici, svolgono un ruolo critico favorendo la crescita batterica. Solitamente la legionellosi si trasmette mediante inalazione di goccioline (da 1 a 5 μm) di aerosol contenente il batterio. La trasmissione occasionale può avvenire anche con altre modalità, per esempio impiegando acqua contaminata durante la medicazione di ferite chirurgiche.

2.6.17 Gastroenterite da Vibrio spp.

Diverse specie di *Vibrio*, in particolare *Vibrio parahaemolyticus*, *Vibrio cholerae* e *Vibrio vulnificus*, sono conosciute come patogene. Questo microrganismo è un bastoncino a virgola, Gram-negativo, non sporigeno, anaerobio facoltativo.

V. parahaemolyticus si sviluppa a temperature comprese tra 13 e 45 °C (con *optimum* tra 22 e 43 °C). Per quanto riguarda il pH, questa specie cresce a valori compresi tra 4,8 e 11,0 (con un *optimum* tra 7,8 e 8,6); *V. cholerae* cresce tra 5,0 e 9,6 (con *optimum* a 7,6); *V. vulnificus* cresce invece tra 5,0 e 10,0 (con *optimum* a 7,8). Il valore di a_w minimo è 0,94 per *V. parahaemolyticus*, 0,96 per *V. vulnificus* e 0,97 per *V. cholerae*; la concentrazione ottimale di sale per le tre specie è rispettivamente 0,5%, 2,5% e 3,0%. L'acqua marina rappresenta l'habitat principale di *Vibrio* spp.

Il periodo di incubazione della gastroenterite da *V. parahaemolyticus* varia da 8 a 72 ore, con una media di 18 ore. I sintomi includono diarrea e crampi addominali accompagnati da nausea, vomito e febbre lieve. La durata della malattia è di 48-72 ore; la mortalità è bassa. Il numero di cellule necessarie per causare la malattia è elevato (10^5-10^7).

2.6.18 Psicrotrofi e altri patogeni emergenti

Oltre al miglioramento delle tecniche analitiche, altri motivi spiegano il numero crescente di microrganismi patogeni emergenti. Tra i principali se ne ricordano alcuni.

1. *Cambiamenti delle abitudini alimentari* Alcuni prodotti "biologici" ritenuti sani possono essere in realtà dannosi. Un'epidemia di listeriosi è stata fatta risalire a un'insalata a base di cavolo coltivato in terreni concimati con letame di pecora.

2. *Cambiamenti nella percezione e nella consapevolezza di pericoli, rischi e igiene* I progressi dell'epidemiologia, in particolare la raccolta informatizzata di dati, hanno contribuito al riconoscimento della listeriosi a trasmissione alimentare.

3. *Cambiamenti demografici* Gli individui malati e immunocompromessi sono tenuti in vita più a lungo, aumentando la probabilità di nuove infezioni. Il turismo e l'immigrazione possono favorire l'emergere di alcune malattie.

4. *Cambiamenti nella produzione di alimenti* La produzione su ampia scala di materie prime aumenta la possibilità di creare nicchie ecologiche in cui i microrganismi possono crescere e dalle quali possono diffondersi. Frutta e verdura coltivate in paesi con procedure igieniche meno rigide hanno introdotto ulteriore contaminazione.

5. *Cambiamenti nella trasformazione di alimenti* L'uso di confezioni sottovuoto e della refrigerazione possono influenzare la sopravvivenza di microrganismi anaerobi facoltativi.

6. *Cambiamenti nella lavorazione e nella preparazione di alimenti* Una maggiore shelf life di alimenti come verdure, insalate, formaggi freschi e carni può dare origine a patogeni psicrotrofi, come *L. monocytogenes*.

7. *Mutamenti nel comportamento dei microrganismi* Molti dei fattori responsabili della patogenicità sono determinati da plasmidi che possono essere trasferiti da una specie a un'altra. L'emergere di malattie a trasmissione alimentare è la conseguenza della complessa interazione di molti fattori. Nuovi pericoli possono derivare da cambiamenti nel comportamento di microrganismi precedentemente non riconosciuti come patogeni e dal presentarsi di condizioni che permettono il manifestarsi di tali cambiamenti.

2.6.19 Micotossine

Le micotossine sono composti o metaboliti prodotti da un'ampia varietà di muffe che risultano tossici o hanno altri effetti biologici avversi sull'uomo e sugli animali (tabella 2.4). Le micotossicosi, cioè le malattie acute causate da micotossine, non sono comuni nell'uomo; tuttavia, le prove epidemiologiche indicano un'associazione tra tumore primario del fegato e presenza nella dieta di aflatossine. In dosi massicce le aflatossine sono estremamente tossiche e causano gravi danni al fegato con emorragie intestinali e peritoneali, che portano al decesso. Le micotossine possono trovarsi nelle derrate per contaminazione diretta, causata dalla crescita di muffe sugli alimenti; oppure per contaminazione indiretta, in seguito all'uso di ingredienti contaminati o al consumo di alimenti contenenti residui di micotossine.

Le muffe in grado di produrre micotossine sono spesso contaminanti dei prodotti alimentari; le più importanti per l'industria alimentare sono rappresentate da specie appartenenti ai generi *Aspergillus*, *Penicillium*, *Fusarium*, *Cladosporium*, *Alternaria*, *Trichothecium*, *Byssochlamys* e *Sclerotinia*. Gran parte degli alimenti è suscettibile di contaminazione da parte di questi o altri funghi durante le varie fasi di produzione, lavorazione, distribuzione, stoccaggio e commercializzazione. Va sottolineato che la presenza di muffa in un prodotto alimentare non implica, necessariamente, la presenza di micotossine, mentre l'assenza di muffa su un prodotto non significa che questo non possa contenere micotossine, poiché una tossina può continuare a persistere anche dopo la scomparsa della muffa.

Di tutte le micotossine, l'aflatossina B1 è considerata quella potenzialmente più pericolosa per la salute umana. È prodotta da *A. flavus* e *A. parasiticus*, pressoché ubiquitari, le cui spore sono largamente disseminate dalle correnti d'aria. Queste muffe si trovano spesso in cereali, mandorle, noci, noci pecan, arachidi, semi di cotone e sorgo. Normalmente proliferano su derrate danneggiate da insetti, non essiccate rapidamente e stoccate in ambienti

Tabella 2.4 Alcune micotossine di rilievo nell'industria alimentare

Micotossine	Principali specie produttrici	Potenziali alimenti coinvolti
Aflatossine	*Aspergillus flavus, A. parasiticus*	Cereali, grano, farina, pane, farina di mais, pop corn, burro di arachidi
Patulina	*Penicillium cyclopium, P. expansum*	Mele e prodotti a base di mele
Acido penicillico	*Aspergillus* spp.	Prodotti ammuffiti
Ocratossina A	*A. ochraceus, P. viridicatum*	Cereali, caffè verde in grani
Sterigmatocistina	*A. versicolor*	Cereali, formaggi, carni secche, pasticceria refrigerata o congelata

umidi. La crescita fungina può iniziare con l'invasione dei semi da parte del micelio della muffa, seguita dalla produzione di aflatossina sulla superficie e/o tra i cotiledoni.

L'aflatossicosi acuta si manifesta con mancanza di appetito, svogliatezza, perdita di peso, anomalie neurologiche, itterizia e convulsioni; può seguire la morte. Questa condizione può provocare gravi danni a carico del fegato (colore pallido, altri scolorimenti, necrosi e steatosi); possono anche manifestarsi edema delle cavità corporee ed emorragie renali e del tratto intestinale.

Il controllo della produzione di micotossine è complesso e difficile; peraltro vi sono informazioni insufficienti in merito alla loro tossicità, cancerogenità e teratogenicità nell'uomo, oltre che sulla stabilità delle micotossine negli alimenti e sulle dimensioni della contaminazione. Tali informazioni sono necessarie per stabilire linee guida e valori massimi da non superare. In Europa i tenori massimi ammessi per le principali micotossine note (aflatossine, ocratossina A, patulina, zearalenone ecc.) in diverse derrate alimentari sono stabiliti dal Regolamento CE 1881/2006.

L'approccio migliore per eliminare le tossine dagli alimenti è la prevenzione della formazione di muffe a tutti i livelli: produzione, raccolta, trasporto, lavorazione, stoccaggio e commercializzazione. Oltre al controllo dell'umidità, è essenziale la prevenzione del danneggiamento da parte degli insetti e di quello meccanico durante l'intero processo, dalla produzione alla lavorazione. Le micotossine sono prodotte a livelli di a_w superiori a 0,83, cioè approssimativamente a un livello di umidità delle cariossidi compreso tra l'8 e il 12%, a seconda del tipo di cereale; pertanto queste derrate vanno essiccate rapidamente e completamente e stoccate in ambiente asciutto. Nell'industria delle arachidi, per agevolare il controllo e per evitare il difficile, tedioso e costoso processo di selezione manuale, sono impiegati dispositivi automatici che esaminano e rimuovono pneumaticamente i semi scoloriti che potrebbero contenere aflatossine.

2.6.20 Altre infezioni batteriche

Altre infezioni batteriche possono colpire l'uomo causando malattie con sintomi simili a quelli di un'intossicazione alimentare. La più comune di queste infezioni è provocata da *Enterococcus faecalis*. Questo batterio non è un patogeno comprovato, tuttavia la sua presenza in prodotti lattiero-caseari e a base di carne risulta implicata in alcuni casi di malattia. Sono stati riportati effetti simili in seguito a infezioni da parte di alcuni ceppi enterotossigeni di *E. coli*, la causa più comune della cosiddetta "diarrea del viaggiatore", malattia tipica dei turisti dei Paesi sviluppati che visitano Paesi in via di sviluppo, dove le condizioni igienico-sanitarie possono essere inadeguate.

2.7 Distruzione dei microrganismi

I microrganismi si considerano morti quando non possono moltiplicarsi, anche se posti in un mezzo di crescita idoneo e in condizioni ambientali favorevoli. La quiescenza differisce dalla morte, poiché in tale condizione i microrganismi – in particolare le spore batteriche – non hanno perso la capacità di riprodursi, come dimostra la possibile ripresa della moltiplicazione in seguito a una prolungata incubazione, a un trasferimento in mezzi di crescita diversi o a una qualche forma di attivazione.

A prescindere dalla causa, la morte dei microrganismi segue un andamento di tipo logaritmico (vedi fase di letalità nella figura 2.1); tale andamento indica che le cellule microbiche stanno morendo a una velocità relativamente costante. Deviazioni da questa velocità possono derivare dall'azione di un agente letale, dalla contemporanea presenza di popolazioni microbiche sensibili e resistenti, oppure dall'aggregazione della microflora in catene o grappoli, che aumentano la resistenza agli stress ambientali.

2.7.1 Calore

Da sempre l'applicazione di calore è il mezzo più ampiamente utilizzato per distruggere i batteri alterativi e patogeni presenti negli alimenti; quindi sono stati condotti approfonditi studi per determinare il trattamento termico ottimale per distruggere i microrganismi. Una misura del tempo necessario per sterilizzare una sospensione di cellule batteriche o di spore, a una data temperatura, è rappresentata dal *tempo di inattivazione termica* (TDT, *Thermal death time*), il cui valore dipende dalla natura dei microrganismi, dal numero di cellule presenti e da fattori legati alla natura del mezzo di crescita.

Un'altra misura della distruzione microbica è il *tempo di riduzione decimale* (indicato con D). Tale valore rappresenta il tempo in minuti necessario per distruggere il 90% delle cellule, a una data temperatura, e dipende dalla natura del microrganismo, dalle caratteristiche del mezzo e dal metodo di calcolo per determinare il valore D. Tale valore è calcolato in corrispondenza della fase di letalità esponenziale e può essere determinato mediante una curva sperimentale di sopravvivenza.

L'aumentata preoccupazione riguardo ai patogeni di origine fecale, come *E. coli* O157:H7, ha portato allo studio, negli Stati Uniti, di un sistema di lavaggio con getti d'acqua calda delle carcasse di bovino, immediatamente dopo la macellazione, come metodo di pulizia e decontaminazione. Secondo Smith (1994), la migliore combinazione e sequenza di interventi per ridurre la carica microbica è: un primo lavaggio con acqua a 74 °C e a 20 kg/cm^2 di pressione, seguito da irrorazione spray con perossido di idrogeno oppure da un secondo lavaggio con acqua ozonizzata (soprattutto se la temperatura dell'acqua del primo lavaggio non raggiunge i 74 °C).

Ulteriori studi stanno valutando l'efficacia della *steam pasteurization/steam-vacuum* (un trattamento termico abbinato all'impiego del vuoto) come tecnica per la riduzione della carica microbica delle carcasse bovine.

2.7.2 Agenti chimici

Poiché il costo dell'energia necessaria per il trattamento termico è cresciuto, si è maggiormente diffuso il ricorso agli agenti chimici. Tuttavia, molti composti chimici che distruggono i microrganismi non sono idonei per uccidere i batteri presenti sulla superficie o all'interno degli alimenti. Alcuni possono comunque essere utilizzati come agenti sanificanti per impianti e utensili che possono contaminare gli alimenti. Cloro, acidi e fosfati sono poten-zialmente in grado di abbassare la carica microbica anche sulle carcasse di carne rossa e di pollame. (I disinfettanti chimici sono trattati dettagliatamente nel capitolo 9.)

2.7.3 Radiazioni

Quando i microrganismi presenti negli alimenti sono irradiati con elettroni ad alta velocità oppure con raggi X o raggi gamma, il logaritmo del numero di microrganismi superstiti è inversamente proporzionale alla dose di radiazione. La sensibilità relativa di uno specifico ceppo di microrganismi sottoposto a trattamento è normalmente espressa dall'inclinazione della curva di sopravvivenza. Il logaritmo in base 10 dei sopravvissuti alla radiazione è ripor-tato in funzione della dose di radiazione e si ottiene il valore della radiazione D o D_{10}, con-frontabile con il valore del D termico. Il valore D_{10} è definito come la quantità di radiazioni in rad (erg di energia per 100 g di materiale) necessaria per ottenere la riduzione di 1 log della popolazione microbica (cioè una riduzione del 90%). Il meccanismo distruttivo della radiazione non è ancora del tutto chiaro. La morte sembra causata dall'inattivazione di com-ponenti cellulari a opera dell'energia assorbita all'interno della cellula. Una cellula inattiva-ta da radiazioni non può dividersi e dare luogo a crescita osservabile.

Electronic pasteurization

La pastorizzazione tradizionale impiega il calore per ridurre il numero di microrganismi in un prodotto alimentare senza modificarne la composizione o le proprietà. Fasci di elettroni accelerati possono essere utilizzati per la cosiddetta "pastorizzazione elettronica" (*electronic pasteurization*) colpendo direttamente gli alimenti con gli elettroni, oppure ottimizzando la conversione dell'energia degli elettroni in raggi X, con i quali viene trattato il prodotto. In base agli accordi internazionali, per il trattamento con elettroni è consentito un massimo di 10 milioni di elettronvolt (MeV) di energia cinetica. La profondità di penetrazione degli elet-troni nel prodotto è minore di quella dei raggi X, pertanto il loro uso diretto è limitato alle confezioni di spessore inferiore a 10 cm (Prestwich et al., 1994).

2.7.4 Luce pulsata

Un potenziale metodo di riduzione della carica microbica, sia sulle confezioni sia sulle superfici degli alimenti, è l'utilizzo di intense pulsazioni luminose. La luce pulsata è energia rilasciata sotto forma di pulsazioni brevi e ad alta intensità di luce "bianca" ad ampio spet-tro, in grado di sterilizzare i materiali di confezionamento e di ridurre le popolazioni micro-biche sulle superfici degli alimenti. I microrganismi esposti a luce pulsata vengono distrutti. Si possono ottenere in questo modo per le cellule vegetative riduzioni superiori a 8 log; per le spore le riduzioni sono di 6 log sui materiali di confezionamento e nelle bevande e da 1 a 3 log su superfici complesse o irregolari come quelle della carne.

I lampi di luce pulsata sono creati impiegando impulsi elettrici di elevata potenza per ecci-tare una lampada a gas inerte (per esempio xeno), che emette un intenso fascio di luce per poche centinaia di microsecondi. Poiché questa lampada può essere fatta lampeggiare nume-rose volte al secondo, sono sufficienti pochi secondi per determinare un elevato livello di distruzione microbica. In questo modo un trattamento applicato nel corso della lavorazione degli alimenti può essere molto rapido.

Un trattamento spray con acido acetico delle carcasse di bovini, prima del trattamento a luce pulsata determina livelli più elevati di distruzione dei patogeni (Pruett e Dunn, 1994).

Le analisi sinora condotte non hanno rivelato cambiamenti nutrizionali o sensoriali attribuibili ai trattamenti con luce pulsata.

2.8 Controllo della crescita microbica

La maggior parte dei metodi utilizzati per uccidere i microrganismi può essere applicata più blandamente per inibire la loro crescita. Calore subletale, radiazioni o trattamento con sostanze chimiche tossiche spesso danneggiano i microrganismi e ne rallentano la crescita senza ucciderli. Ciò si riflette in una fase di latenza protratta, in una minore resistenza alle condizioni ambientali e in una maggiore sensibilità alle altre condizioni inibenti. Le combinazioni sinergiche di agenti inibenti, come l'associazione di calore e sostanze chimiche (oppure di radiazioni e calore), possono aumentare la sensibilità microbica a condizioni inibenti. Per consentire la ripresa, le cellule danneggiate richiedono la sintesi di materiale cellulare essenziale (cioè acido ribonucleico o enzimi); pertanto la crescita microbica è inibita dal mantenimento di condizioni igieniche che riducono i residui organici utilizzabili dai batteri per riprendere la moltiplicazione.

2.8.1 Refrigerazione

L'effetto della temperatura sulla proliferazione microbica è già stato discusso. Il congelamento e il conseguente scongelamento uccidono parte dei microrganismi e quelli che sopravvivono al congelamento non proliferano durante la conservazione in congelatore. Tuttavia, questo trattamento non è applicabile come metodo per la riduzione della carica microbica. Inoltre, i microrganismi che sopravvivono alla conservazione in congelatore cresceranno sugli alimenti scongelati con velocità simile a quella dei microrganismi non sottoposti a congelamento. Lo stoccaggio refrigerato può essere utilizzato in associazione con altri metodi di inibizione, come conservanti, calore e radiazioni ionizzanti.

2.8.2 Sostanze chimiche

Le sostanze chimiche che incrementano la pressione osmotica riducendo il valore di a_w al di sotto del livello che permette la crescita di gran parte dei batteri possono essere impiegate come batteriostatici. Tra gli esempi si ricordano il sale e lo zucchero.

2.8.3 Disidratazione

La riduzione della crescita microbica mediante disidratazione è un altro metodo per ridurre l'a_w a livelli che prevengano la proliferazione microbica. Alcune tecniche di disidratazione limitano i tipi di microrganismi che possono moltiplicarsi e causare deterioramento. L'efficacia della disidratazione è massima se viene combinata con altri metodi di controllo della crescita microbica, come la salatura e la refrigerazione.

2.8.4 Fermentazione

Oltre a produrre sapori appetibili, la fermentazione può contribuire a controllare la crescita microbica. Ciò avviene per effetto della metabolizzazione anaerobica degli zuccheri da parte di specifici batteri, con conseguente produzione di acidi che riducono il pH dell'alimento.

Gli acidi prodotti durante la fermentazione contribuiscono ad abbassare il pH e a ridurre l'azione dei microrganismi. Gli alimenti con basso pH, trattati termicamente, possono essere confezionati in contenitori sigillati ermeticamente per impedire l'alterazione causata dalla crescita di lieviti e muffe.

2.9 Determinazione della carica microbica

Per determinare la crescita e l'attività microbica negli alimenti sono disponibili vari metodi. La scelta dipende dalle informazioni che si vogliono ottenere, dal prodotto alimentare testato e dalle caratteristiche del o dei microrganismi. Uno dei fattori più importanti per ottenere risultati accurati e precisi è la raccolta di campioni rappresentativi. A causa della varietà e della variabilità dei microrganismi presenti, le analisi microbiologiche sono meno accurate e precise e, quindi, più soggettive rispetto ai metodi di analisi chimici. Tuttavia, questi risultati devono essere interpretati. Un'eccellente fonte di informazioni per kit per test rapidi è l'AOAC (Association of Official Analytical Chemists), che ha certificato un gran numero di questi kit. Le conoscenze e le esperienze correlate alla microbiologia dei prodotti alimentari sono essenziali, sia per la scelta del metodo più appropriato, sia per la valutazione dei risultati ottenuti.

In passato, molti metodi per la determinazione delle specie microbiche si basavano sulla coltura; i microrganismi erano fatti crescere su piastre contenenti terreni agarizzati e individuati mediante identificazione biochimica. Tali metodi si sono dimostrati lenti, laboriosi e tediosi da realizzare. Oggi l'industria alimentare utilizza diversi kit rapidi per i test microbici e sistemi automatici che consentono la rilevazione e l'identificazione dei potenziali pericoli di natura microbica nei prodotti, in modo da poter intervenire prima che questi lascino lo stabilimento. Queste tecnologie (solitamente basate sul DNA) includono metodi immunologici (come ELISA), l'identificazione biochimica automatizzata, sistemi ottici (come i bionsensori) e metodi molecolari (per esempio, PCR e microarray). Sono inoltre state sviluppate tecniche di immunocattura nelle quali anticorpi specifici vengono attaccati a microsfere di plastica per facilitare il recupero di patogeni da una matrice alimentare. I più validi tra questi metodi verranno analizzati più avanti.

Benché l'analisi microbiologica possa fornire risultati non precisi, può indicare il grado di igiene delle apparecchiature, degli utensili, dell'ambiente e dei prodotti alimentari. Oltre a riflettere le condizioni igienico-sanitarie, la contaminazione del prodotto e i potenziali problemi di alterazione, l'analisi microbica può indicare anticipatamente la shelf life. Grazie all'attuale disponibilità di metodi nuovi e perfezionati, oggi è difficile indicare quale sarà il più attuabile in futuro. Perciò, saranno qui considerati alcuni dei possibili metodi per la valutazione della carica microbica (ai lettori che desiderino ulteriori informazioni si consiglia di consultare le riviste del settore).

2.9.1 Tecnica della conta in piastra

Questa tecnica è tra i metodi più riproducibili utilizzati per determinare la popolazione di microrganismi presente sugli impianti o nei prodotti alimentari. Può essere usata per valutare la contaminazione proveniente da aria, acqua, superfici delle apparecchiature, utensili e alimenti. Con questa tecnica le superfici di impianti, pareti o alimenti sono strofinate con un tampone di ovatta sterile. Questo viene successivamente immerso in un diluente come acqua peptonata o tampone fosfato; un volume noto della sospensione, tal quale o diluita, a seconda del grado di contaminazione previsto, viene seminato in una piastra di Petri contenente il terreno colturale, al fine di valutare la conta batterica totale.

Il numero di colonie che crescono sul terreno di coltura nella piastra, durante un periodo di incubazione variabile da 2 a 20 giorni (a seconda della temperatura di incubazione e dei potenziali microrganismi presenti), a una temperatura di incubazione idonea, riflette il numero di microrganismi contenuti nel campione. Questa tecnica fornisce informazioni limitate riguardo al genere e alle specie microbiche presenti nel campione, sebbene le caratteristiche fisiche delle colonie possano fornire utili indicazioni. Esistono particolari terreni che permettono la crescita selettiva di specifici microrganismi per determinarne la presenza e il numero. Questo metodo è affidabile, ma lento e laborioso. La necessità di risultati più rapidi, in aziende in cui si lavorano grossi volumi, ha incoraggiato lo studio di metodi più veloci. Su un prodotto finito la lentezza dell'esame può ritardare la produzione e non fornire una conta totale attuale. Questa tecnica viene tuttora utilizzata perché affidabile e ampiamente accettata.

2.9.2 Tecnica delle piastre a contatto

Questo metodo di valutazione è simile alla tecnica della conta in piastra tranne per il fatto che il prelievo non viene effettuato mediante tamponi. Si apre una piastra chiusa, o una piastra Petrifilm reidratata, e il mezzo di crescita (terreno di coltura agarizzato) viene premuto direttamente sulla superficie da monitorare. Il processo di incubazione è lo stesso del metodo della conta in piastra.

Questa tecnica è più semplice da mettere in atto e presenta meno possibilità di errore (compresa la contaminazione). Il suo limite maggiore è che può essere utilizzata solo su superfici piane e poco contaminate, poiché non è possibile effettuare diluizioni. Le piastre da contatto possono essere impiegate per valutare l'efficacia di un programma di sanificazione. La crescita microbica fornisce indicazioni sul grado di contaminazione.

2.9.3 Piastre Petrifilm

Le piastre Petrifilm sono fabbricate con un mezzo nutriente disidratato posto su un film. Questi sistemi pronti all'uso e di dimensioni molto contenute sono stati sviluppati come metodi alternativi alla conta batterica standard (CBS) in piastra e alle conte dei coliformi su piastre VRB (*Violet red bile*). I sistemi più comunemente utilizzati per contare il numero di *E. coli* presenti sulle carcasse di pollo e nella carne bovina macinata sono metodi di rilevamento rapido come Petrifilm (3M) e SimPlate (Neogen). Questi metodi, disponibili in commercio come kit, si basano sul rilevamento della produzione di un enzima (glucuronidasi) da parte di *E. coli* (Russell, 2003).

2.9.4 Spiral assay system

Si tratta di un'apparecchiatura che deposita quantità crescenti di un campione liquido sulla superficie di una piastra agarizzata rotante; il dispensatore, muovendosi dal centro della piastra verso la periferia, determina una disposizione a spirale delle colonie e può creare un effetto di diluizione di 3 log. Tra i vantaggi di questo sistema vi sono: riduzione o eliminazione delle diluizioni seriali; minor consumo di materiale (pipette, piastre, terreni colturali ecc.); minor impegno di tempo e lavoro; conta semplificata delle piastre. Gli svantaggi riguardano principalmente i costi di investimento e l'attrezzatura necessaria (strumenti per la deposizione e per il conteggio).

2.9.5 Most probable number

Questa stima delle popolazioni batteriche si ottiene seminando varie diluizioni di un campione in una serie di provette contenenti un mezzo liquido. Il numero di microrganismi è determinato da quello delle provette di ciascuna serie nelle quali è avvenuta la crescita (come evidenziato dalla torbidità); per ciascuna diluizione si riporta il numero di provette positive ottenendo così un numero caratteristico che, in apposite tabelle standard di numeri più probabili (MPN), corrisponde a un determinato numero di microrganismi. Questo metodo evidenzia solo i batteri vitali e permette ulteriori analisi delle colture ai fini dell'identificazione.

2.9.6 Massa cellulare

La quantificazione della massa cellulare è stata usata per valutare le popolazioni microbiche nell'ambito della ricerca, ma per le analisi di routine non viene impiegata spesso, poiché può richiedere molto tempo ed essere meno pratica rispetto ad altri metodi. La sospensione da analizzare viene centrifugata per impaccare le cellule, con conseguente decantazione ed eliminazione del surnatante, oppure può essere filtrata attraverso un filtro di amianto o una membrana di cellulosa, che vengono poi pesati.

2.9.7 Torbidità

La torbidità è un indice arbitrario del numero di microrganismi presenti in un liquido. Questa tecnica è di scarsa utilità ed è raramente usata perché le particelle di alimenti in sospensione contribuiscono alla torbidità e rendono impreciso il risultato.

2.9.8 Conta diretta al microscopio

Un volume noto viene essiccato, fissato al vetrino di un microscopio e colorato, quindi si conta un numero di campi (in genere 50). Poiché la maggior parte delle tecniche di colorazione non permette di distinguere tra batteri vitali e non vitali, questo metodo consente una stima del numero di microrganismi. Ai microscopi si possono collegare sofisticate macchine fotografiche digitali per catturare le immagini utilizzando appositi software. Queste immagini possono essere analizzate per differenziare i batteri in base alle dimensioni e per contare i microrganismi presenti per campo, eliminando così l'errore umano. Benché fornisca informazioni morfologiche in base alla colorazione e i vetrini possano essere conservati per consultazioni successive, questo metodo non è utilizzato frequentemente a causa dei possibili errori dovuti alla stanchezza dei tecnici e della quantità ridotta di campione esaminata.

2.9.9 Test di riduzione di indicatori e coloranti

Come normale funzione metabolica della loro crescita, diversi microrganismi secernono enzimi in grado di indurre reazioni di riduzione. Come base per questi test vengono usate alcune sostanze indicatrici (come i coloranti); la velocità della loro riduzione, indicata da un cambiamento di colore, è proporzionale al numero di microrganismi presenti. Il tempo richiesto per la completa riduzione di una quantità standard di indicatore è una misura della carica microbica. In una variante di questi metodi, una carta da filtro impregnata di colorante viene applicata direttamente su un campione alimentare o una parte dell'attrezzatura. Il tempo necessario affinché la carta da filtro cambi colore è utilizzato per determinare la carica microbica.

Questo metodo è di scarsa utilità a causa della formazione di biofilm, del rilevamento incompleto del microrganismo e del costo del materiale; inoltre non quantifica l'entità della contaminazione. Tuttavia è più rapido e più semplice da condurre rispetto alla tecnica della conta su piastra ed è diventato uno strumento accettabile per valutare l'efficacia di un programma di sanificazione.

2.9.10 Metodo radiometrico

In questa tecnica un campione viene inserito in un mezzo contenente un substrato (per esempio glucosio) marcato con ^{14}C. La quantità di $^{14}CO_2$ prodotta viene misurata e posta in relazione con la carica microbica. Poiché alcuni microrganismi non metabolizzano il glucosio, si usano anche ^{14}C-glutammato e ^{14}C-formiato. Questa tecnica si limita alle applicazioni in cui è necessario l'acquisizione dei dati entro 8 ore e/o il lavoro dei tecnici deve essere ridotto.

2.9.11 Misurazione dell'impedenza

Le misurazioni dell'impedenza consentono di stimare la carica microbica di un campione monitorando il metabolismo microbico piuttosto che la biomassa. L'impedenza è la resistenza elettrica totale al flusso di una corrente alternata che passa attraverso un dato mezzo. Le colonie microbiche producono cambiamenti nell'impedenza misurabili dal continuo passaggio di una debole corrente elettrica nel giro di un'ora. Questa tecnica consente di determinare rapidamente la carica microbica. Ricerche precedenti hanno rivelato una correlazione dello 0,96 tra il *detection time* (DT) dell'impedenza e la conta dei batteri. L'impedenza può essere usata per valutare coliformi, *E. coli*, psicrotrofi e *Salmonella*, per predire la shelf life ed effettuare test di sterilità.

2.9.12 Rilevazione di endotossine

Il *Lymulus amoebocyte lysate* (LAL) rileva le endotossine prodotte da batteri Gram-negativi (compresi psicrotrofi e coliformi). Il lisato di amebociti dell'emolinfa del limulo forma un gel in presenza di piccole quantità di endotossine. Grazie alla loro stabilità al calore, vengono individuati sia i batteri vitali sia quelli non vitali, rendendo il test utile per tracciare la storia del prodotto alimentare. Il test si esegue ponendo un campione in una provetta contenente il lisato, incubandolo per 1 ora a 37 °C e valutandone il grado di gelificazione.

2.9.13 Bioluminescenza

Questo metodo biochimico – che è stato semplificato per facilitarne l'uso – misura la presenza di adenosina trifosfato (ATP) mediante la sua reazione con il complesso luciferina-luciferasi. Può quindi essere utilizzato per la stima indiretta della carica microbica di un campione di alimento.

La reazione bioluminescente richiede ATP, luciferina e luciferasi, un enzima che produce luce nella coda della lucciola. Durante la reazione, la luciferina viene ossidata ed emette luce. Un luminometro misura la luce prodotta, che è proporzionale alla quantità di ATP presente nel campione. Il contenuto di ATP del campione può essere correlato con il numero di microrganismi presenti, giacché tutti i microrganismi possiedono una quantità specifica di ATP. Un bioluminometro automatico (figura 2.3) può rilevare la presenza di lieviti, muffe o cellule batteriche in campioni liquidi in 3 minuti. Un luminometro interfacciato con un computer, che utilizza un software personalizzato, una stampante e un campionatore automatico, può analizzare campioni con una sensibilità di 1 microrganismo per 200 mL.

L'utilizzo di questo metodo si è diffuso per la necessità di ottenere risultati più rapidi nel controllo dei prodotti. Con i test microbiologici tradizionali occorrono circa 12 giorni prima che i prodotti possano essere avviati alla distribuzione per raggiungere i punti vendita. L'uso di un metodo rapido, come la bioluminescenza, accelera la distribuzione del prodotto, fino a ridurne il tempo a meno di 24 ore. La valutazione del livello di contaminazione di una superficie, che richiede 2-3 giorni con i metodi microbiologici classici, può essere ridotta a 30 secondi. L'utilizzo di reagenti biochimici, che emettono luce a contatto con le molecole di ATP, consente di rilevare, con un rapido screening microbiologico, livelli estremamente bassi di microrganismi.

I vantaggi di questi test rapidi e il ridotto rischio di contaminazione hanno favorito l'evoluzione della tecnica basata sulla bioluminescenza, considerata un test rapido e affidabile della contaminazione microbica. Benché la conta in piastra possa sembrare meno costosa della bioluminescenza, uno studio comparativo sui costi ha dimostrato che il test rapido offre un risparmio di circa il 40% rispetto ai metodi tradizionali (Le Coque, 1996, 1997). Un limite di questo test è rappresentato dal fatto che i residui di detergenti possono attenuare la reazione luminosa compromettendo la precisione della risposta del test. Molti kit di rileva-

Figura 2.3 Sistema per l'esecuzione di test rapidi mediante la misurazione dell'ATP quale indicatore delle condizioni igieniche di superfici e acque di risciacquo. A sinistra tampone per il prelievo; a destra bioluminometro. (Per gentile concessione di Ecolab S.r.l. - Food & Beverage, Italia)

mento per bioluminescenza disponibili in commercio contengono sostanze che neutralizzano l'effetto di detergenti e disinfettanti.

La bioluminescenza non può essere utilizzata negli impianti che trattano prodotti in polvere, dove sono presenti per esempio residui di latte in polvere o farina. Inoltre, negli impianti che lavorano prodotti ittici sono presenti organismi naturalmente luminescenti; ciò incrementa l'incidenza di falsi positivi sulle superfici testate. Occorre anche ricordare che i lieviti contengono fino a 20 volte più ATP dei batteri. Uno dei principali vantaggi di questo test è il fatto che può rilevare l'ATP da essudati, mentre altri test non offrono tale possibilità. Inoltre, il test consente di individuare le attrezzature sporche.

Sono state condotte ricerche per aumentare la sensibilità delle reazioni bioluminescenti mediante l'identificazione dell'enzima adenilato chinasi che produce ATP. Questo approccio permette il conteggio di concentrazioni inferiori di microrganismi.

È stato evidenziato che un immunodosaggio a enzima bioluminescente (BEIA), che utilizza l'anticorpo monoclonale *Salmonella*-specifico M183 per la cattura e l'anticorpo monoclinale biotinilato M183 per il rilevamento, rappresenta un'alternativa per la rilevazione di *Salmonella*, e offre il vantaggio aggiuntivo di fornire un test della durata di 24 ore per rilevare il batterio nell'acqua di risciacquo delle carcasse di polli. Tuttavia, sono ancora necessari test per stabilire l'effettiva prevalenza di *Salmonella* nei campioni di pollo (Valdivieso-Garcia et al., 2003).

2.9.14 Catalasi

Questo enzima si può trovare negli alimenti e nei batteri aerobi. Poiché l'attività della catalasi aumenta con la popolazione batterica, la sua misura può fornire una stima della conta batterica. Un misuratore automatico di catalasi utilizza il principio del galleggiamento dei dischi per misurare quantitativamente l'attività della catalasi negli alimenti e può rilevare 10 000 batteri/mL in pochi minuti. Questo dispositivo, che comprende il metodo biochimico di rilevazione e conta, può essere usato come sistema di monitoraggio *on-line* per individuare problemi di contaminazione in materie prime e prodotti finiti, per controllare il *blanching* dei vegetali e la qualità del latte e per rilevare mastiti subcliniche nelle vacche. Il test della catalasi è applicabile a prodotti fluidi.

2.9.15 Direct epifluorescence filter technique (DEFT)

Questa tecnica biofisica rappresenta un metodo rapido e diretto per contare i microrganismi presenti in un campione. È stato sviluppato in Inghilterra per monitorare campioni di latte ed è stato applicato anche ad altri alimenti, sebbene non venga usato di routine nell'industria alimentare. In questa tecnica sono usati sia la filtrazione su membrana sia il microscopio a epifluorescenza. I microrganismi presenti nel campione vengono trattenuti da una membrana di policarbonato. Le cellule sono colorate con arancio acridina: esposti alla luce blu dello spettro ultravioletto, i batteri vitali mostrano una fluorescenza arancione, mentre quelli morti una fluorescenza verde. I batteri fluorescenti vengono contati con un microscopio a epifluorescenza, che illumina il campione con luce incidente. Questa tecnica è stata usata per valutare prodotti lattiero-caseari e carni, bevande, acqua e acque reflue. La conservabilità del latte pastorizzato refrigerato a 5 e a 11 °C può essere predetta entro 24 ore preincubando i campioni e contando i batteri mediante DEFT.

La tecnica Ab-DEFT (*Antibody-direct epifluorescent filter technique*) è stata impiegata per la conta di *L. monocytogenes* nelle insalate confezionate pronte al consumo e in altre verdure fresche e per il rilevamento di *E. coli* O157:H7 in carne macinata, succo di mela e latte. Oltre alla filtrazione degli alimenti su membrana, per raccogliere e concentrare i microrganismi sulla sua superficie, si utilizzano anche anticorpi fluorescenti, per colorare la superficie del filtro, e un microscopio a epifluorescenza. L'anticorpo fluorescente è aggiunto al filtro, posto su un vetrino ed esaminato al microscopio. Questa tecnica, che consente la quantificazione di *L. monocytogenes* in accordo con altri metodi (Anon., 1997), ha dimostrato il potenziale dell'Ab-DEFT come alternativa rapida per la quantificazione di *Listeria* negli alimenti. Tuttavia, la reattività non specifica degli anticorpi fluorescenti alle popolazioni microbiche indigene determina falsi positivi.

2.9.16 Remote inspection biological sensor

I biosensori forniscono, senza bisogno di arricchimento, un'indicazione istantanea della presenza di patogeni specifici in un campione di alimento e possono rilevare *E. coli* e *Salmonella*. Possono fornire informazioni in continuo sulla presenza di patogeni in fluidi all'interno di un impianto. Il RIBS (*Remote inspection biological sensor*) usa una tecnica spettrografica mediante un raggio laser che viene diretto sulla superficie di una carcassa. Basandosi sulle caratteristiche della luce riflessa, questo strumento può identificare in modo specifico batteri patogeni e fornire un'indicazione generale del numero di microrganismi presenti (Anon., 1998). Ha una sensibilità fino a 5 ufc per cm^2 ed è in grado di discriminare efficacemente gli organismi target (Wyvill e Gottfried, 2004).

2.9.17 Microcalorimetria

Il calore prodotto in seguito a una reazione biologica, come i processi catabolici che avvengono nei microrganismi in fase di crescita prelevati da campioni contaminati, può essere misurato con un microcalorimetro. Questa tecnica biofisica è stata applicata per contare i microrganismi negli alimenti. La procedura mette in relazione un termogramma (tracciato di sviluppo) con il numero di microrganismi. I termogrammi ottenuti da campioni contaminati vengono confrontati con un termogramma di riferimento.

2.9.18 Radiometria e spettrofotometria a infrarossi

Il tempo necessario per la rilevazione dei livelli di radioattività mediante questa tecnica biofisica è inversamente proporzionale al numero di microrganismi presenti nel campione. Questo metodo può essere impiegato per i test di sterilità su prodotti confezionati asetticamente. I risultati sono disponibili nel giro di 4 o 5 giorni, rispetto ai 10 giorni necessari con i metodi convenzionali. Il conteggio dei microrganismi nei campioni di alimento può essere realizzato in meno di 24 ore.

2.9.19 Hydrophobic grid membrane filter system

Questo metodo di coltura è usato per rilevare e contare *E. coli* negli alimenti. A tale scopo si utilizza un sistema di filtri con membrana idrofobica reticolata (HGMF): il campione è filtrato attraverso la membrana senza fase di arricchimento, e un mezzo complesso (SD-39) viene impiegato per rilevare l'organismo target. Il test è completato in 48 ore, inclusa la conferma biochimica e sierologica delle presunte colonie.

2.10 Test diagnostici

2.10.1 Test immunoenzimatici

I metodi convenzionali per evidenziare la presenza di *Salmonella* richiedono 3-4 giorni per ottenere risultati negativi e fino a una settimana per un risultato positivo. Inoltre, per condurre questi test è necessario un alto livello di manualità. A causa del tempo e dell'attenzione richiesta, sono stati sviluppati numerosi metodi rapidi per rilevare *Salmonella*, tra i quali test immunoenzimatici (ELISA, *Enzyme-linked immunosorbent assay*), metodi di immunodiffusione, microsfere immunomagnetiche ELISA, metodi di ibridizzazione con acidi nucleici e metodi di reazione a catena della polimerasi (Shearer et al., 2002). Inoltre sono stati sviluppati test immunodiagnostici automatizzati. Yeh et al. (2002) hanno concluso che il metodo automatico VIDAS-SLM è una tecnica rapida di screening e una possibile alternativa al metodo classico, che richiede molto tempo e lavoro. Goodridge et al. (2003) hanno messo a punto un MPN-ELISA rapido per il rilevamento e la conta di *Salmonella typhimurium* nelle acque reflue derivanti dalla lavorazione della carne di pollo.

Per rilevare patogeni specifici e/o loro tossine, si ricorre comunemente alle reazioni immunologiche (anticorpi-antigeni). Gli antigeni sono i componenti specifici di una cellula o tossina che inducono una risposta immunitaria e interagiscono con un anticorpo specifico, mentre gli anticorpi sono immunoglobuline che si legano specificamente agli antigeni. Sia gli anticorpi monoclonali sia quelli policlonali sono usati nei test immunologici. Gli anticorpi monoclonali sono singoli tipi di anticorpi con una grande affinità per uno specifico determinante antigenico, o epitope. Un anticorpo policlonale contiene diversi anticorpi che riconoscono molti determinanti su un singolo antigene. I vantaggi di questi test sono: risultati rapidi, aumentata sensibilità e specificità e diminuzione dei costi (Phebus e Fung, 1994).

I test ELISA sono piuttosto semplici da effettuare e si sono dimostrati efficaci nell'individuazione dei microrganismi patogeni. Questi sistemi sono formati da anticorpi attaccati a un supporto solido, come le pareti di una piastra da microtitolazione o di una striscia reattiva (*dipstick*). Una coltura di arricchimento viene aggiunta al supporto solido mentre gli anticorpi legano gli antigeni target presenti nel campione. Spesso viene utilizzato un formato sandwich in cui un secondo anticorpo marcato con enzimi è aggiunto al campione, seguito da un substrato reattivo, per produrre una reazione che sviluppi colore. Se gli antigeni target non sono presenti, l'anticorpo marcato non si attaccherà e non avrà luogo nessuna reazione colorata.

Un metodo di analisi efficiente e sensibile per la ricerca di patogeni è rappresentato dall'*immunoblotting*. Secondo la procedura comune, la coltura di arricchimento viene applicata a spot su un supporto solido (per esempio, carta di nitrocellulosa), con la rimanente area della carta legante la proteina bloccata mediante immersione in una soluzione proteica, come albumina sierica bovina o latte in polvere ricostituito. Viene applicata una soluzione di anticorpo marcato con enzimi specifici per il patogeno bersaglio e dopo il lavaggio viene aggiunto un substrato per l'enzima per rimuovere l'anticorpo non legato. Se l'anticorpo marcato è presente, a causa dell'attaccamento all'antigene target, una reazione colorata indicherà un campione positivo. Questa procedura può essere modificata per l'uso abbinato ad altri metodi, come il sistema HGMF.

Un'altra tecnica per il rilevamento di patogeni è l'uso di microsfere magnetiche ricoperte con un anticorpo specifico di un antigene target. Il campione è arricchito selettivamente e una piccola parte (circa 10 mL) della coltura di arricchimento è trasferita in una provetta. Le sferette ricoperte di anticorpo vengono aggiunte e agitate delicatamente per breve tempo. Quindi viene utilizzato un concentratore di particelle magnetiche per separare le sferette dal campione omogenizzato. Dopo la ricostituzione in un tampone, le microsfere sono distribuite su un terreno agarizzato selettivo per osservare la crescita del patogeno target; se presente nel campione originale, le presunte colonie devono essere confermate (Phebus e Fung, 1994). Queste microsfere sono state utilizzate per individuare *E. coli* O157:H7 negli alimenti.

Un test di agglutinazione può fornire rapidi risultati con un grado di specificità accettabile per *E. coli* O157, ma non per la conferma del sierotipo H7. Un saggio utilizza sfere di polistirene ricoperte di anticorpo policlonale O157: la presenza dell'antigene è rivelata dall'agglutinazione.

Uno screen test per *E. coli* O157:H7 è basato sul sistema immunocromatografico *lateral flow*. Questo test, approvato dall'AOAC, richiede un brodo di arricchimento e un'incubazione per 20 ore a 36 °C. Un campione di 0,1 mL del brodo di arricchimento è quindi depositato nella finestra di caricamento del dispositivo monouso che contiene i reagenti rivelatori. Non appena si verifica il flusso laterale attorno alla zona del reagente, l'antigene target, se presente, reagisce con i reagenti per formare un complesso antigene-anticorpo-cromogeno. Dopo circa 10 minuti di incubazione a temperatura ambiente, la formazione di una linea nella finestra di lettura indica la possibile presenza di *E. coli* O157:H7; se non appaiono linee, il test è negativo. Il flusso procede quindi nella zona di verifica del test, dove tutti i campioni (positivi o negativi) reagiscono con i reagenti: la comparsa di una seconda linea (di controllo) indica il corretto completamento del test. Un risultato positivo non garantisce la presenza di un ceppo di *E. coli* O157:H7. Il campione sospetto deve essere ulteriormente testato per confermare la presenza del patogeno. Questo test, semplice da utilizzare, riunisce un sistema completo di analisi in un unico dispositivo (Anon., 1998).

2.10.2 Sistema RapID ONE

Questo test per l'identificazione delle Enterobacteriaceae si basa sull'impiego di enzimi preformati. Si tratta di una inoculazione monofase di facile impiego. I risultati vengono ottenuti dopo quattro ore di incubazione; tuttavia per una loro corretta interpretazione è necessario un microbiologo esperto.

2.10.3 Sistema di identificazione Crystal

Anche questo sistema è basato sull'utilizzo di enzimi preformati. È un'inoculazione monofase, di facile utilizzo, in cui l'inoculo è sospeso nel tampone di lisi. I risultati si possono ottenere in 3 ore con l'ausilio di un software installato su personal computer, è comunque necessario un tecnico esperto per interpretarli correttamente.

2.10.4 Salmonella 1-2 test

Questo test rapido per *Salmonella* è condotto in un recipiente di plastica monouso contenente un mezzo non selettivo di motilità e un brodo di arricchimento selettivo. Un risultato positivo è indicato dalla presenza di una linea di precipitazione che si forma nel mezzo di motilità in seguito alla reazione di *Salmonella* mobile con anticorpi flagellari.

Il test utilizza un dispositivo di plastica chiara con due camere; la più piccola contiene un mezzo di motilità non selettivo a base di peptone. Il campione viene aggiunto al brodo tetrationato-verde brillante-serina contenuto nella camera di inoculazione dell'unità dell'1-2 test. Dopo circa 4 ore di incubazione, le salmonelle mobili si spostano dal mezzo di motilità selettivo; man mano che questi microrganismi avanzano nel terreno, incontrano anticorpi flagellari che sono stati diffusi nel mezzo.

La reazione delle salmonelle mobili con gli anticorpi flagellari dà luogo a una banda di precipitazione 8-14 ore dopo l'inoculazione dell'unità dell'1-2 test.

2.10.5 Separazione immunomagnetica e citometria di flusso

Questa tecnica è in grado di rilevare meno di 10 cellule di *E. coli* O157:H7 per grammo di carne macinata, dopo arricchimento per sei ore. Le sfere immunomagnetiche concentrano le cellule, rendendole più facili da trovare, usando la citometria di flusso. Il limite di rilevazione non è influenzato significativamente dalla presenza di altri microrganismi. In passato questo metodo è stato utilizzato più come strumento di ricerca che come strumento diagnostico nell'industria alimentare.

2.10.6 CAMP test

In questo test, un isolato batterico sospettato di essere *Listeria monocytogenes* viene strisciato perpendicolarmente agli strisci di altri due batteri (*Rhodococcus equi* e *Staphylococcus aureus*) su una piastra di agar sangue. Nei punti di contatto degli strisci, i sottoprodotti metabolici dei batteri diffondono dando luogo a una reazione emolitica. L'emolisi delle cellule di sangue è una caratteristica importante dei batteri patogeni come *L. monocytogenes*, poiché sembra essere fortemente legata alla virulenza.

2.10.7 Brodo di arricchimento Fraser/Oxford agar modificato

Questo metodo è stato sviluppato per il rilevamento di *Listeria* usando brodo di arricchimento Fraser combinato con Oxford agar modificato. *Listeria* viene fatta arricchire nel brodo Fraser e mantenuta a 30 °C per 24 ore; 1 mL del brodo di arricchimento viene posto nel brodo Fraser nel braccio sinistro di un tubo a U. Il brodo Fraser isola e promuove selettivamente la crescita di *Listeria* e preclude la crescita dei microrganismi non mobili. I microrganismi migrano attraverso l'Oxford agar modificato e arrivano in forma di coltura pura nel secondo braccio del brodo Fraser. Questo rappresenta il secondo arricchimento necessario per l'identificazione di *Listeria*. Un'indicazione più diretta della presenza del microrganismo è la formazione di un precipitato nero non appena i batteri si spostano attraverso l'Oxford agar modificato. Quando si sviluppa torbidità si può prelevare un campione per confermare la presenza di *Listeria* con l'analisi del DNA. Il secondo passaggio dell'arricchimento richiede 12-24 ore.

2.10.8 Crystal violet test

La capacità di *Y. enterocolitica* di fissare il cristal violetto è correlata con la sua virulenza. Poiché la maggior parte dei ceppi di questo batterio isolati da carne e pollame non è virulenta, questo test rapido consente di identificare e scartare rapidamente i campioni che presentano ceppi virulenti.

2.10.9 Test del metilumbelliferil-glucuronide

Il metilumbelliferil glucuronide (MUG) viene scisso dall'enzima glucuronidasi prodotto dalla maggior parte dei ceppi di *E. coli* e da altri microrganismi, come *Salmonella*. Il MUG scisso diventa fluorescente se osservato alla luce ultravioletta a una specifica lunghezza d'onda e permette la rapida identificazione nel terreno in provetta o su piastre per la conta.

2.10.10 Ricerca di E. coli

La maggior parte dei metodi disponibili per l'identificazione rapida di *Escherichia coli* necessita di 24-48 ore di incubazione e può richiedere ulteriori test per confermarne la presenza. Molti saggi in commercio per il rilevamento di questo microrganismo prevedono la tecnica di filtrazione su membrana e altri impiegano una miscela reagente/campione che viene incubata per 24-48 ore per rilevare la presenza o l'assenza dell'enterobatterio.

Per una rapida ed economica determinazione di *E. coli* in campioni acquosi è stato messo a punto un nuovo saggio chiamato IME.Test-EC KOUNT Assayer, che rappresenta un semplice metodo per quantificare in 2-10 ore la concentrazione di cellule vitali di *E. coli*. Il test utilizza una miscela di reagenti contenente MUG, che fornisce un'indicazione colorimetrica (blu brillante) della concentrazione di *E. coli*, quando viene scisso dall'enzima beta galattosidasi specifico per *E. coli*.

La procedura consiste nel riempire un contenitore con il campione per poi introdurvi l'ampolla per test dalla punta sigillata. Una volta introdotta, l'ampolla si riempie automaticamente con il campione acquoso. Quindi l'ampolla con il campione viene posta a incubare a 35 °C e monitorata per la produzione di una fluorescenza blu risultante dal taglio enzimatico della molecola indicatore, MUG. Il tempo richiesto per lo sviluppo di un colore blu brillante, osservato sotto luce ultravioletta a bassa frequenza o mediante strumentazione, è proporzionale alla concentrazione di *E. coli* nel campione.

Basandosi sul tempo di reazione, da una tabella di confronto si ricava la corrispondente concentrazione di *E. coli* nel campione. La concentrazione e i tempi di rilevamento sono:

Tempo di rilevamento	*Concentrazione di E. coli*
2 ore	$9,9 \times 10^6$ ufc/mL
10 ore	100 ufc/mL

L'ulteriore incubazione dei campioni risultati negativi dopo 12 ore fornisce la risposta presenza/assenza dopo 24 ore. Questa tecnica permette il campionamento in luoghi anche molto distanti dal laboratorio di analisi. La maggiore limitazione sembra essere il fatto che non tutti i ceppi di *E. coli* reagiscono alla presenza di MUG.

2.10.11 Micro ID e Minitek

Il Micro ID è un sistema di identificazione completo contenente dischetti di carta impregnata di reagente per il test biochimico per differenziare le Enterobacteriaceae in circa 4 ore. Tale tecnica ha dato risultati affidabili. Il sistema Minitek è un altro kit miniaturizzato per l'identificazione di Enterobacteriaceae. Anche questo kit utilizza dischetti di carta impregnati di reagente, che richiedono 24 ore di incubazione. È considerato accurato e versatile.

2.10.12 Biosensori

Per una rapida, affidabile ed economica identificazione e quantificazione dei microrganismi patogeni, in particolare a scopi di biosicurezza, sono stati sviluppati e valutati biosensori simili ai kit dei test di gravidanza. Il microsistema bioanalitico, realizzato utilizzando nanotecnologie, contiene un biosensore microfluido. Inoltre, i saggi di flusso laterale utilizzati per l'individuazione dei patogeni sono basati su anticorpi che li rilevano in circa 10-20 minuti (Baeumner, 2004).

È stato anche sviluppato un biosensore universale di flusso che può essere reso specifico per qualunque patogeno in pochi minuti senza particolari strumenti o competenze (Baeumner, 2004). Rileva i microrganismi patogeni in base alle sequenze dei loro acidi nucleici. Benché il saggio di flusso laterale sembri una tecnologia pronta per la commercializzazione, si rende oggi necessario un ulteriore sviluppo per il microsistema bioanalitico.

2.10.13 Reazione a catena della polimerasi (PCR)

Questa tecnica riesce a rilevare bassi livelli di patogeni presenti nei prodotti alimentari. La PCR amplifica il DNA mediante una serie di reazioni di ibridizzazione e termocicli. I prodotti della PCR sono rilevati attraverso vari metodi, come gel elettroforesi, colorimetria e chemioluminescenza. La *real time* PCR è attualmente impiegata in molti settori per la valutazione quantitativa dei microrganismi patogeni.

2.10.14 DNA microarray

Lo sviluppo di nuovi test DNA microarray consente di indagare le sequenze del DNA dei microrganismi, inclusi i diversi ceppi di una specie, per giungere a un'identificazione molto precisa. I DNA microarray hanno rappresentato una profonda rivoluzione per le analisi microbiologiche, poiché permettono di identificare un gran numero di microrganismi con un solo o pochi test. Seguendo il protocollo PCR standard, che amplifica il DNA per il rilevamento di un microrganismo, un analista può usare un singolo chip a DNA per identificare da 40 a 100 specie o ceppi di microrganismi in un singolo test. La tecnologia dei chip a DNA ha cambiato anche l'approccio verso i microrganismi ignoti che possono essere presenti nella matrice alimentare. Con i test convenzionali è possibile rilevare un solo patogeno per ciascun test; quindi sapere quali microrganismi possono essere presenti nell'alimento è essenziale per scegliere il test appropriato. I DNA microarray consentono l'identificazione del microrganismo presente nell'alimento (McNamara e Williams, 2003).

2.10.15 Kit IDEXX Bind

Questo kit per *Salmonella* è basato sull'uso di batteriofagi geneticamente modificati. I batteriofagi modificati si attaccano ai recettori di *Salmonella* e inseriscono DNA nelle cellule batteriche. Durante l'incubazione, il DNA modificato induce *Salmonella* a produrre *ice nucleation proteins* (INP). A una determinata temperatura, queste proteine promuovono la formazione di cristalli di ghiaccio, provocando il congelamento dei campioni positivi, che appaiono di colore arancio, mentre i campioni negativi non congelano.

2.10.16 Random amplified polymorphic DNA (RAPD)

Il metodo RAPD ha ottenuto risultati promettenti, specialmente per la diagnosi di infezioni da *Listeria monocytogenes* nell'uomo. Tra i vantaggi, vi è il costo modico dei primer che permettono l'amplificazione casuale dei frammenti di DNA. La separazione elettroforetica dei prodotti di amplificazione caratterizza i diversi ceppi. Poiché questo test richiede molto tempo, è più utile come strumento di ricerca che come test di routine per uso industriale.

2.10.17 Ibridazione del DNA e identificazione colorimetrica

Questo metodo combina la tecnologia dell'ibridazione del DNA con la marcatura non radio-attiva e il rilevamento colorimetrico. Questo test si presta a essere applicato all'analisi di un'ampia varietà di specie microbiche utilizzando sonde specifiche di DNA e procedure di arricchimento e preparazione del campione diverse a seconda del microrganismo. Può esse-re completato in circa 2,5-3 ore, dopo 2 giorni di arricchimento nel brodo di coltura.

Un'applicazione di questo metodo è un saggio colorimetrico che utilizza sonde di DNA oligonucleotidico sintetico contro RNA ribosomico (rRNA) del microrganismo target. Que-sto approccio offre un'aumentata sensibilità poiché l'RNA, come parte integrante del ribo-soma batterico, è presente in numerosissime copie (da 1000 a 10 000) per cellula. Il numero di ribosomi presenti per cellula dipende dal grado di crescita della coltura batterica.

2.10.18 Criteri di scelta dei metodi rapidi

Un laboratorio dovrebbe valutare le proprie necessità considerando le conoscenze teoriche, la strumentazione di cui dispone e ciò che deve essere analizzato. Se viene analizzato routi-nariamente un gran numero di campioni, la velocità e i costi in termini di materiali e di lavo-ro possono giustificare l'investimento nella strumentazione automatizzata.

Sforzi e investimenti notevoli sono stati dedicati allo sviluppo di tecniche di rilevamento istantanee o in tempo reale di patogeni. È possibile rilevare in tempo reale il livello di sani-ficazione di uno stabilimento e adottare questi metodi rapidi per assicurare standard elevati. Tuttavia, finché non sarà disponibile una tecnologia più sofisticata, non sarà possibile rag-giungere una condizione esente da patogeni. Sebbene il progresso tecnologico non possa garantire un ambiente totalmente privo di patogeni, strategie integrate contribuiranno comunque a migliorare l'igiene.

Sommario

Per attuare una sanificazione efficace, occorre comprendere il ruolo dei microrganismi nel deterioramento degli alimenti e nelle malattie a trasmissione alimentare. I microrganismi causano deterioramento degli alimenti alterandone l'aspetto e il sapore; le malattie a trasmis-sione alimentare, causate dall'ingestione di alimenti contenenti microrganismi o tossine, costituiscono un serio problema di sanità pubblica. La microbiologia è la scienza delle forme di vita microscopiche. Il controllo della contaminazione microbica su attrezzature, impianti e alimenti è parte del programma di sanificazione.

I microrganismi mostrano uno schema di crescita simile a una curva a campana e tendono a proliferare e a morire con velocità logaritmica. I fattori estrinseci che hanno maggiore effet-to sulla cinetica della crescita microbica sono temperatura, disponibilità di ossigeno e umidi-tà relativa. I fattori intrinseci che influenzano maggiormente il tasso di crescita sono i livelli di a_w e di pH, il potenziale redox, la necessità di nutrienti e la presenza di sostanze inibitrici.

I cambiamenti chimici determinati dalla contaminazione microbica avvengono essenzial-mente per azione degli enzimi prodotti dai microrganismi, che degradano proteine, lipidi, carboidrati e altre molecole complesse in composti più semplici.

Le malattie trasmesse da alimenti possono essere causate da numerosi microrganismi – tra i quali *Staphylococcus aureus*, *Salmonella* spp., *Campylobacter* spp., *Clostridium perfringens*, *C. botulinum*, *Listeria monocytogenes*, *Yersinia enterocolitica* – e da diverse micotossine.

I più comuni metodi di distruzione microbica sono rappresentati dal calore, dagli agenti chimici e dall'irradiazione, mentre i più comuni fattori inibenti la crescita microbica sono la refrigerazione, la disidratazione e la fermentazione. La quantità e il tipo di microrganismi presenti costituiscono utili parametri per valutare l'efficacia dei programmi di sanificazione.

Domande di verifica

1. Qual è la differenza tra un microrganismo e un batterio?
2. Che cos'è un virus?
3. In che modo la carica iniziale influisce sulla fase lag della curva di crescita microbica?
4. Che cos'è uno psicrotrofo?
5. Che cos'è l'a_w?
6. Che cos'è un biofilm?
7. Che cos'è il tempo di generazione?
8. Che cos'è un microrganismo anaerobio?
9. Quali microrganismi sono più frequentemente causa di sintomi similinfluenzali?
10. Che cos'è una micotossina?
11. Che cos'è la contaminazione crociata?
12. Che cos'è una piastra Petrifilm?
13. Qual è la differenza tra un'infezione alimentare e un'intossicazione alimentare?

Bibliografia

Anon. (1997) Fresh and fast. *Food Quality* 3; 24: 41-43.
Anon. (1998) News and notes. *Food Quality* 5; 1: 3.
Archer DL (1998) The true impact of foodborne infections. *Food Technol* 42; 7: 53.
Baeumner A (2004) Nanosensors identify pathogens in food. *Food Technol* 58; 8: 51.
Barkocy-Gallagher GA, Arthur TM, Rivera-Betancourt M, Nou X et al (2003) Seasonal prevalence of shiga toxin-producing Escherichia coli including 0157:H7 and non-0157 serotypes, and Salmonella in commercial beef processing plants. *J Food Prot* 66: 1978.
Buchanan RL, Doyle MP (1997) Foodborne disease significance of Escherichia coli 0157:H7 and other enterohemorrhagic E. coli. *Food Technol* 51; 10: 69.
Caul EO (2000) Foodborne viruses. In: Lund BM, Baird-Parker TC, Gould GW (eds) *The microbiological safety and quality of food*. Aspen Publ, Gaithersburg, MD.
Celum CL et al (1987) Incidence of salmonellosis in patiens with AIDS. *J Infect Dis* 156: 998.
CFSAN, FSIS (2001) *Interpretive summary: draft assessment of the relative risk to public health from foodborne Listeria monocytogenes among selected categories of ready-to-eat foods*. Center for Food Supply and Nutrition, Department of Health and Human Services, and Food Safety Inspection Service, U.S. Department of Agriculture, Washington, DC.
Davidson PM (2003) Foodborne diseases in the United States. In: Hui YH et al (eds) *Food plant sanitation*. Marcel Dekker, New York.
De Felip G (2001) Recenti sviluppi di igiene e microbiologia degli alimenti. Tecniche Nuove, Milano.
Doyle MP et al (1997) Escherichia coli 0157:H7. In: Dozle MP, Beauchat LR, Montville TJ (eds) *Food microbiology: fundamentals and frontiers*. ASM Press, Washington, DC.
Duxburz D (2004) Keeping tabs on listeria. *Food Technol* 58, 7: 74.
EFSA (2006) The Community summary report on trends and sources of zoonoses, zoonotic agents, antimicrobial resistance and foodborne outbreaks in the European Union in 2005. *The EFSA Journal*, 94.

Farber JM, Peterkin PI (2000) Listeria monocytogenes. In: Lund BM, Baird-Parker TC, Gould GW (eds) *The microbiological safety and quality of food*. Aspen Publ, Gaithersburg, MD.

FDA (1996a) *FDA Enforcement Reports*, 10 July.

FDA (1996b) *FDA Enforcement Reports*, 21 August.

Felix CW (1991) Sanitizers fail to kill bacteria in biofilms. *Food Prot Rep* 8; 5: 1.

Goodridge C, Goodridge L, Gottfried D, Edmonds P, Wyvill JC (2002) A rapid most-probable-number-based enzyme-linked immunosorbent assay for the detection and enumeration of Salmonella typhimurium in poultry wastewater. *J Food Prot* 66: 2302.

Kramer DN (1992) Myths, cleaning and disinfection. *Dairy Food Environ Sanit* 12: 507.

Kudva II et al (1995) Effect of diet in the shedding of Escherichia coli O157:H7 in a sheep model. *Appl Environ Microbiol* 61: 1363.

Le Coque J (1996/1997) ATP bioluminescence: increasing quality, lowering costs. *Food Test Anal* 2; 6: 32.

Mascola L, et al (1988) Listeriosis: an uncommon opportunistic infection in patients with acquired immunodeficiency syndrome. *Am J Med* 84: 162.

McNamara AM, Williams J Jr (2003) Building an effective food testing program for the 21st century. *Food Safety* 9: 36.

Phebus RK, Fung DYC (1994) Rapid microbial methods for safety and quality assurance of meats. *Proc Meat Ind Res Conf*, 63. American Meat Institute, Washington DC.

Prestwich KR et al (1994) The use of electron beams for pasteurization of meats. *Proc Meat Ind Res Conf*, 81. American Meat Institute, Washington DC.

Pruett WP, Dunn J (1994) Pulsed light reduction of pathogenic bacteria on beef carcass surfaces. *Proc Meat Ind Res Conf*, 93. American Meat Institute, Washington DC.

Rondanelli EG, Fabbi N, Marone P (2005) *Trattato sulle infezioni e tossinfezioni alimentari*. Selecta Medica, Pavia

Russell SM (1997) Listeria monocytogenes: one tough microbe. *Broiler Ind* 60; 6: 27.

Russell SM (2003) Advances in automated rapid methods for enumerating E. coli. *Food Safety* 9; 1: 16.

Shapton DA, Shapton NF (1991) Microorganisms: an outline of their structure. In: Shapton DA, Shapton NF (eds) *Principles and practices for the safe processing of foods*, 209. Butterworth-Heinemann, Oxford.

Shearer AEH, Strapp CM, Joerger RD (2002) Evaluation of a polymerase chain reaction-based system for detection of Salmonella enteritidis, Escherichia coli O157:H7, Listeria spp., and Listeria monocytogenes on fresh fruits and vegetables. *J Food Prot* 64: 788.

Siegler RL et al (1993) Recurrent hemolytic uremic syndrome secondary to Escherichia coli O157:H7 infection. *Pediatrics* 91: 666.

Smith GC (1994) Fecal material removal and bacterial count reduction by trimming and/or spary-washing beef external fat surfaces. *Proc Meat Ind Res Conf*, 31. American Meat Institute, Washington DC.

Valdivieso-Garcia A, Desruisseau A, Riche E, Fukuda S, Tatsumi H (2003) Evaluation of a 24-hour bioluminescent enzyme immunoassay for the rapid detection of Salmonella in chicken carcass rinses. *J Food Prot* 66: 1996.

Weasley I (1997) Campylobacter and related microorganisms in cattle. *Proc Beef Safety Symp*. National Cattlemen's Beef Association, Greenwood Village, CO.

Wyvill JC, Gottfried DS (2004) Biosensors: speeding up detection of pathogens. *Watt Poultry USA* 5; 9: 30.

Yeh KS, Tsai C-E, Chen S-P, Liao C-W (2002) Comparison between VIDAS automatic enzyme-linked fluorescent immunoassay and culture method for Salmonella recovery from pork carcass sponge samples. *J Food Prot* 65: 1656.

Zhao T et al (1995a) Prevalence of enterohemorrhagic Escherichia coli O157:H7 in apple cider without preservatives. *Appl Environ Microbiol* 59: 2526.

Zhao T et al (1995b) Prevalence of enterohemorrhagic Escherichia coli O157:H7 in a survey of dairy herds. *Appl Environ Microbiol* 61: 1290.

Capitolo 3
Allergeni e sanificazione

La questione degli allergeni negli alimenti è diventata una delle più urgenti per l'industria alimentare, che deve garantire che i derivati dei comuni allergeni alimentari siano menzionati nelle etichette e che attrezzature e impianti non contribuiscano alla contaminazione da parte di queste sostanze.

La conoscenza degli allergeni non dichiarati che possono venire a contatto con gli alimenti durante la loro lavorazione e preparazione è essenziale per garantire un'offerta di prodotti alimentari sicuri. Chi si occupa di sanificazione deve sapere in che modo proteggere gli alimenti dagli allergeni, che possono essere devastanti e perfino fatali per una parte della popolazione. L'industria alimentare, quindi, dovrebbe tenere le sostanze allergizzanti lontano dagli alimenti.

Circa 30 000 visite al pronto soccorso e 200 decessi all'anno sono attribuibili ad allergeni alimentari nei soli Stati Uniti, dove si stima che dal 2 al 3% degli adulti e dal 4 all'8% dei neonati e dei bambini siano affetti da allergie alimentari (Bodendorfer et al., 2004). Nella maggior parte dei neonati con diagnosi di allergia alimentare la condizione si risolve nel giro di pochi mesi, tuttavia alcune forme (per esempio l'allergia alle arachidi o ai frutti di mare) sono più persistenti e spesso durano tutta la vita.

Le problematiche connesse agli allergeni sono in fortissima crescita: lo dimostra il fatto che negli Stati Uniti dal 1998 sono stati ritirati dal mercato, perché contenenti allergeni non dichiarati, circa 75 prodotti alimentari, mentre nessun episodio si era verificato fino al 1990. La percentuale dei ritiri di prodotti alimentari dovuti alla presenza di allergeni è aumentata notevolmente dal 1999 al 2003, passando dal 9,7 circa al 23,3% (quasi un quarto di quelli totali). Anche nella legislazione alimentare vi è crescente attenzione nei confronti degli allergeni alimentari; la FDA ha dichiarato che il loro controllo è una priorità assoluta.

Gran parte delle allergie sono riconducibili all'alimentazione. Vi sono oltre 160 alimenti che causano reazioni allergiche; gli otto più comuni sono: arachidi, frutta a guscio (come mandorle, anacardi, noci del Brasile e pistacchi), prodotti lattiero-caseari, uova, soia, crostacei, pesce e cereali. Altri alimenti che potrebbero contenere allergeni sono semi di cotone, di sesamo, di papavero, molluschi e diversi legumi. I comuni allergeni naturali a trasmissione aerea includono pollini di graminacee e di alberi, spore di muffe e desquamazioni di animali. Tra le sostanze e i prodotti allergenici vi sono lieviti, mannitolo, sorbitolo, polisorbati, maltodestrine del riso, agrumi, bioflavonoidi, lattosio, conservanti artificiali, coloranti artificiali, pectina di agrumi, talco, lecitina di soia, farina di mais, di soia o di riso, glutine, alfalfa, amido di patate e gomma di acacia. Tutte le proteine alimentari, comunque, possono avere azione allergizzante; ciò si verifica quando non sono riconosciute correttamente dal sistema

N.G. Marriott et al., *Sanificazione nell'industria alimentare*
© Springer 2008

immunitario dell'uomo, ma vengono identificate come una minaccia per l'organismo. I sintomi caratteristici di una reazione allergica agli alimenti possono essere di gravità molto diversa; comprendono dermatite atopica, rinite, nausea, vomito, dolori addominali, diarrea, asma e shock anafilattico.

3.1 Caratteristiche degli allergeni

Gli allergeni sono sostanze in grado di attivare il sistema immunitario, scatenando una reazione allergica. Normalmente ciò si verifica quando agenti estranei (antigeni), penetrano nell'organismo. Tuttavia, se non sono riconosciute dal sistema immunitario, sostanze assolutamente innocue (di natura proteica), come pollini, arachidi, latte e penicillina hanno lo stesso effetto di corpi estranei dannosi. Anche le vespe e altri insetti producono allergeni come meccanismo di difesa.

Un'allergia alimentare si scatena quando il sistema immunitario scambia una sostanza naturale per un invasore ostile, sicché cerca di immobilizzarla e di respingerla. Le allergie alimentari sono reazioni avverse mediate da anticorpi IgE diretti contro specifiche proteine, una caratteristica condivisa con altre allergie come il "raffreddore da fieno" e le reazioni da puntura di vespa (Bodendorfer et al., 2004).

La gravità dei sintomi di un'allergia alimentare varia da reazioni che mettono a repentaglio la vita – che si osservano dopo esposizione a proteine alimentari allergeniche nei soggetti sensibilizzati – a manifestazioni meno severe, quali irritazione cutanea e difficoltà respiratoria. Poiché non esistono cure per le allergie alimentari, l'unica misura preventiva è evitare gli alimenti scatenanti.

3.2 Controllo degli allergeni

Negli ultimi anni si è registrato un aumento dei ritiri dal mercato di prodotti contenenti allergeni non dichiarati. Una tecnica efficace per il controllo degli allergeni consiste nell'organizzare e implementare un piano di controllo mirato (ACP, *Allergen control plan*), che può prevenire la contaminazione crociata accidentale e, quindi, il conseguente ritiro dei prodotti, nonché le reazioni potenzialmente avverse o fatali nei consumatori. Il piano ACP rappresenta un metodo sistematico, da attuare durante la lavorazione degli alimenti, per identificare e controllare gli allergeni a partire dal ricevimento degli ingredienti fino al prodotto confezionato finito (Deibel e Murphy, 2003/2004). I top manager, i direttori di stabilimento e i responsabili della quality assurance, del controllo di qualità, della produzione, della sanificazione e della distribuzione dovrebbero assumersi la responsabilità di sviluppare, implementare e mantenere un piano ACP, che secondo alcuni autori (Deibel e Murphy, 2003/2004) andrebbe considerato come un programma ausiliario del piano HACCP di un'azienda. I due principali componenti di un piano ACP sono:

1. valutazione degli allergeni come parte dell'analisi dei pericoli (pericolo chimico);
2. individuazione di specifiche fasi di controllo per ogni allergene identificato (come ingrediente semplice o contenuto in ingredienti composti), in particolare se il prodotto non viene lavorato su una linea dedicata o se non è previsto un lavaggio completo della linea di produzione quando viene utilizzata per prodotti diversi (con passaggio da prodotti contenenti allergeni a prodotti che non ne contengono).

3.2.1 Cause della contaminazione da allergeni

Durante il processo produttivo, vi sono diversi possibili errori che possono causare la contaminazione da allergeni degli alimenti:

– contaminazione crociata causata da pulizia inadeguata delle attrezzature utilizzate prima per la produzione di alimenti contenenti allergeni e, successivamente, per alimenti non contenenti allergeni;
– modifica degli ingredienti senza valutare preliminarmente il rischio allergenico dei nuovi;
– utilizzo di alimenti rilavorati;
– errori di formulazione;
– etichettatura non corretta.

Di norma la causa di un'allergia alimentare è una proteina (tipicamente quella primaria) contenuta in un alimento. Queste proteine sono stabili al calore e non vengono eliminate dalla cottura o da altri trattamenti termici. Quando un soggetto allergico viene a contatto con questa proteina, il suo organismo produce una risposta immuno-mediata, poiché la proteina è identificata come una sostanza estranea che dev'essere eliminata. Il rilascio di istamina può provocare sintomi che variano dall'irritazione cutanea o oculare, alla nausea o a difficoltà respiratorie, fino all'anafilassi potenzialmente fatale.

3.2.2 Componenti del controllo degli allergeni

Negli Stati Uniti sono stati avviati, con la partecipazione della FDA, programmi per la ricerca degli allergeni in prodotti alimentari scelti casualmente nei punti vendita: ciò ha determinato un aumento dei ritiri di prodotti dal mercato.

Un programma di controllo degli allergeni in un'azienda alimentare dovrebbe includere le seguenti fasi.

Educazione degli operatori Gli operatori devono essere istruiti sulla corretta gestione dei materiali che possono contenere allergeni; tale aspetto potrebbe integrare l'insegnamento delle tecniche di buona fabbricazione. Il corso di formazione dovrebbe essere documentato, riportando la firma dell'addetto, la data e i materiali didattici impiegati.

Monitoraggio dei fornitori I fornitori di materie prime dovrebbero produrre le formulazioni, le schede tecniche e i certificati di analisi di tutti i prodotti e gli ingredienti forniti. I risultati delle analisi, condotte per verificare la quantità di un allergene, sono essenziali per adottare le necessarie precauzioni durante la produzione. Va inoltre verificato che i fornitori attuino un piano per il controllo degli allergeni (ACP).

Fasi di controllo Sono indispensabili per ogni allergene identificato nelle materie prime, se queste non vengono lavorate su linee separate o se non è previsto il lavaggio completo dell'impianto tra due lavorazioni successive.

Lavaggio Un migliore controllo degli allergeni è possibile riducendo il rischio di contaminazione crociata nell'impianto di produzione; a tale scopo, gli alimenti contenenti allergeni dovrebbero essere lavorati per ultimi, sottoponendo l'impianto a idonea procedura di lavaggio con acqua alla fine del ciclo di produzione. Infatti, poiché la causa diretta dei sintomi caratteristici di una reazione allergica nell'uomo è costituita dalla componente proteica di un alimento, è fondamentale che essa venga completamente rimossa dall'impianto. La scelta di utilizzare l'acqua come mezzo pulente richiede un'attenta valutazione dei diversi prodotti alimentari lavorati nello stesso impianto. Ciascun prodotto può contenere un allergene diverso, richiedendo così l'adozione di specifiche procedure di sanificazione. Quando tra le lavorazioni di prodotti contenenti e prodotti non contenenti allergeni non viene effettuato un programma di pulizia, deve essere eseguito un controllo analitico (in grado di valutare concentrazioni dell'ordine delle parti per milione, ppm) per garantire la sicurezza degli alimenti che non riportano allergeni sull'etichetta. Se tutti i prodotti lavorati nell'impianto contengono lo stesso allergene, è sufficiente che questo sia dichiarato sull'etichetta.

Stoccaggio delle materie prime   Tutte le materie prime e gli alimenti che contenengono allergeni vanno stoccati in un'area separata da quella destinata a materiali non allergenici. Al ricevimento, le merci su pallet dovrebbero essere avvolte con film plastici per evitare la contaminazione crociata da possibili fuoriuscite. Sacchi o altri contenitori di prodotti contenenti allergeni, il cui contenuto sia stato parzialmente utilizzato, devono essere sigillati e stoccati in aree separate. Tutti i materiali che contengono allergeni dovrebbero essere etichettati secondo un codice colore. Per agevolare l'identificazione da parte del personale dei prodotti contenenti allergeni, indicazioni sul codice colore adottato dovrebbero essere affisse anche nell'area di produzione, specialmente sulle pareti vicino agli impianti e nelle aree di stoccaggio. I materiali contenenti allergeni dovrebbero essere sistemati sugli scaffali più bassi, o comunque il più vicino possibile al pavimento, per evitare che si rovescino su altri prodotti. Per prevenire la contaminazione da allergeni, occorre tenere separati gli utensili e i contenitori utilizzati per ciascuna materia prima o prodotto stoccato.

Progettazione dell'impianto   Per evitare la contaminazione causata dal contatto tra prodotti diversi, è necessario valutare attentamente il flusso di ciascun prodotto all'interno dell'azienda. Particolare attenzione, per esempio, deve essere posta nel progettare il percorso dei nastri traportatori, per evitare incroci o sovrapposizioni.

Codice colore per gli utensili   La codifica mediante colori rappresenta un metodo semplice per mantenere separati i diversi materiali, utensili e strumenti.

Gestione dei rilavorati   I rilavorati dovrebbero essere aggiunti solo ad alimenti simili. Qualsiasi rilavorato dovrebbe essere sempre etichettato per indicare l'eventuale presenza di allergeni. I rilavorati contenenti ingredienti allergenici devono essere conservati in aree separate da quelle destinate a prodotti privi di allergeni. I contenitori impiegati per prodotti contenenti allergeni dovrebbero essere identificati mediante codice colore e non dovrebbero entrare in contatto con prodotti non contenenti allergeni. Se possibile, i rilavorati dovrebbero essere reimmessi sulla stessa linea di produzione.

Revisione delle etichette   L'etichetta degli alimenti contenenti allergeni deve essere facilmente visibile, si dovrebbe quindi sviluppare un sistema per consentirne il corretto posizionamento. Dovrebbe essere effettuata una revisione completa e un riscontro di tutte le formulazioni in uso; per ogni materiale deve essere fornita una documentazione contenente le specifiche tecniche, la formulazione e l'etichettatura del prodotto finito. Quando cambia una scheda tecnica riguardante una materia prima, si dovrebbe prevedere un controllo incrociato con le etichette del prodotto finito per individuare i prodotti e le etichette sui quali si riflette la modifica introdotta.

Revisione della documentazione delle attività   La documentazione è necessaria per provare che cosa è stato fatto. Le schede di verifica, relative alle fasi della produzione e della sanificazione, dovrebbero essere compilate regolarmente e successivamente controllate da un responsabile (che apporrà data e firma) per completare le registrazioni previste dal piano per il controllo degli allergeni.

Valutazione dell'efficacia del piano   Qualsiasi cambiamento relativo ai consumatori finali, ai fornitori e alle materie prime richiede una rivalutazione dell'efficacia del programma per il controllo degli allergeni. Una componente fondamentale della verifica periodica e del successo di un ACP è l'introduzione di procedure di controllo di routine dei fornitori e delle operazioni effettuate all'interno dell'azienda. I piani per il controllo degli allergeni dovrebbero essere sottoposti alle dovute revisioni, in particolare nel corso della validazione annuale dell'HACCP. Dovrebbero essere programmati audit interni, da sottoporre a revisione durante le riunioni mensili del team HACCP. Per verificare che tutte le procedure previste dal piano ACP siano effettivamente attuate, nel corso degli audit interni dovrebbe essere esaminata tutta la documentazione relativa.

3.2.3 Test per gli allergeni alimentari

Per individuare la presenza di tracce di allergeni alimentari sulle attrezzature o negli alimenti lavorati con attrezzature o in impianti condivisi, le aziende alimentari dispongono di strumenti rapidi, semplici e accurati rappresentati dai metodi di dosaggio immunoenzimatici, come il test ELISA (*Enzyme-linked immunosorbent assay*). Questi metodi sfruttano una proprietà caratteristica delle proteine, cioè quella di legarsi a specifici anticorpi marcati con enzimi: ciò permette la rilevazione e la quantificazione mediante confronto con curve standard. I test immunoenzimatici sono eseguiti soprattutto in laboratorio; tuttavia, in un'azienda di produzione si possono impiegare kit economici e di semplice utilizzo, ottenendo il risultato in circa 30 minuti. Inizialmente, i test erano usati per verificare l'assenza di allergeni dagli impianti di lavorazione, ma ora sono utilizzati per controllare tutti gli aspetti del processo di produzione.

3.2.4 Etichettatura degli allergeni

Nel quadro della prevenzione delle reazioni allergiche che possono essere scatenate dall'assunzione di alcuni ingredienti alimentari, sia la legislazione comunitaria sia quella nazionale hanno introdotto prescrizioni rigorose, soprattutto in materia di etichettatura.

Il DLgs 114 dell'8 febbraio 2006 "Attuazione delle direttive 2003/89/CE, 2004/77/CE e 2005/63/CE in materia di indicazione degli ingredienti contenuti nei prodotti alimentari" elenca una serie di sostanze potenzialmente allergeniche che devono essere obbligatoriamente segnalate:

- cereali contenenti glutine (cioè grano, segale, orzo, avena, farro, kamut o i loro ceppi ibridati) e prodotti derivati;
- crostacei e prodotti derivati;
- uova e prodotti derivati;
- pesce e prodotti derivati;
- arachidi e prodotti derivati;
- soia e prodotti derivati;
- latte e prodotti derivati (compreso il lattosio);
- frutta a guscio cioè mandorle, nocciole, noci comuni, noci di acagiù, noci pecan, noci del Brasile, pistacchi, noci del Queensland e prodotti derivati;
- sedano e prodotti derivati;
- senape e prodotti derivati;
- semi di sesamo e prodotti derivati;
- anidride solforosa e solfiti in concentrazioni superiori a 10 mg/kg o 10 mg/L, espressi come SO_2.

La Direttiva 2006/142/CE del 22 dicembre 2006 ha integrato questa lista con l'aggiunta dei seguenti ingredienti:
– lupino e prodotti a base di lupino;
– molluschi e prodotti a base di mollusco.

Se utilizzati nella fabbricazione di un prodotto destinato al consumo alimentare, o presenti nell'alimento anche in forma modificata o in tracce, tutte queste sostanze e i loro derivati devono essere indicati come ingredienti, o comunque essere segnalati in etichetta.

Il *Food Allergen Labeling and Consumer Protection Act*, approvato negli Stati Uniti nel 2006, stabilisce numerosi adempimenti, sia per i produttori di alimenti sia per le agenzie governative. Tra i principali provvedimenti vi sono l'obbligo di indicare chiaramente gli ingredienti allergenici sulle etichette dei prodotti confezionati e la dichiarazione degli allergeni presenti negli aromi, nei coloranti e in altri additivi. Questa legge ha determinato importanti modifiche nella etichettatura degli alimenti e un aumento dei controlli ufficiali; inoltre, ha aperto la strada a nuovi regolamenti sulla lavorazione e sulla produzione di alimenti negli ambienti in cui si utilizzano agenti allergenici. L'industria dovrà sviluppare questa disciplina per implementare una strategia efficace per il controllo degli allergeni e la gestione dell'etichettatura (Cramer, 2004).

3.2.5 Gestione degli allergeni

Alle aziende alimentari spetta la responsabilità principale di garantire alimenti sicuri privi di allergeni provenienti da contaminazione crociata. A causa di modifiche nella struttura dell'impianto, negli ingredienti e nei prodotti, potrebbe essere necessario adottare diverse strategie per la gestione degli allergeni. Per garantire una protezione efficace contro gli allergeni, le aziende alimentari dovrebbero osservare i seguenti principi (Cramer, 2004).

1. Adottare un programma di protezione a "tolleranza zero" contro la contaminazione crociata da allergeni.
2. Istruire tutto il personale sulla strategia di gestione degli allergeni.
3. Assicurarsi che le materie prime e gli ingredienti in entrata siano etichettati chiaramente; riesaminare periodicamente le schede tecniche per verificare che i fornitori non abbiano cambiato la formulazione senza avvisare.
4. Attuare un piano di stoccaggio degli allergeni che comprenda una procedura per la pulizia degli eventuali sversamenti.
5. Progettare gli impianti in modo da facilitare le operazioni di pulizia e prevenire la formazione di ricettacoli di allergeni.
6. Condurre una valutazione del rischio da allergeni nell'ambito del piano HACCP.
7. Pulire accuratamente al termine di ogni ciclo di lavorazione di ingredienti allergenici.
8. Adottare una strategia globale per i rilavorati, che comprenda una procedura per identificare chiaramente i semilavorati e i rilavorati.
9. Eliminare i semilavorati o i prodotti finiti sospettati di contaminazione crociata.
10. Riesaminare le etichette prima dell'utilizzo e assicurarsi che durante il processo vengano apposte le etichette corrette.
11. Condurre audit interni o appoggiarsi a un revisore esterno per valutare l'efficacia del piano per la gestione degli allergeni.
12. Valutare e registrare i reclami dei consumatori in merito agli allergeni e designare una persona qualificata per rispondere alle loro domande in proposito.

Contaminazione crociata da allergeni e *cleaning validation*

Tutte le aziende alimentari sono tenute a garantire, per quanto possibile, la sicurezza dei consumatori affetti da allergie alimentari. A tale scopo, è fondamentale prevenire la contaminazione crociata da allergeni, ossia la presenza involontaria in un preparato di ingredienti non previsti dalla ricetta, ma che possono provenire da lavorazioni precedenti effettuate sulla stessa linea di produzione e le cui tracce permangono durante le successive lavorazioni.

Nella prevenzione della contaminazione crociata da allergeni assumono particolare importanza le procedure di sanificazione degli impianti produttivi, segnatamente nel passaggio da lavorazioni che prevedono l'impiego di ingredienti allergenici a lavorazioni che non prevedono tale impiego: infatti, tale passaggio è a forte rischio di carry over. La sanificazione deve quindi assicurare anche l'assenza di tracce di allergeni sugli impianti; per il raggiungimento di tale obiettivo risultano cruciali la turbolenza e la durata del risciacquo finale. La procedura d'igiene ottimale deve comunque essere studiata per ciascun impianto ed essere validata attraverso la valutazione dei risultati ottenuti dal campionamento e dall'analisi delle acque di risciacquo, delle superfici e dei prodotti finiti. Qualora i risultati ottenuti fossero insoddisfacenti, si renderà necessario intervenire modificando detergenti e tempi e/o durata della procedura di pulizia, per renderla efficace nella rimozione dell'allergene ricercato (Pancaldi et al., 2006).

Sommario

Gli allergeni sono sostanze in grado di attivare il sistema immunitario, scatenando una reazione allergica. Normalmente, ciò si verifica quando agenti estranei (antigeni) penetrano nell'organismo.

Chi si occupa di sanificazione deve sapere in che modo proteggere i prodotti alimentari dagli allergeni, che spesso giungono agli alimenti durante la lavorazione per contaminazione crociata con un prodotto contenente allergeni.

Negli ultimi tempi si è registrato un aumento dei ritiri dal mercato di prodotti contenenti allergeni non dichiarati.

Una tecnica efficace per il controllo degli allergeni consiste nell'organizzare e implementare un piano di controllo degli allergeni (ACP, *Allergen control plan*), che può prevenire la contaminazione crociata accidentale e, quindi, il conseguente ritiro dei prodotti, nonché le reazioni potenzialmente avverse o fatali nei consumatori.

La contaminazione da allergeni può essere drasticamente ridotta attuando campagne educative efficaci, corrette procedure di sanificazione e programmi di monitoraggio.

Domande di verifica

1. Che cos'è un allergene?
2. Perché la contaminazione da allergeni è un serio problema per le aziende alimentari?
3. Quali sono le componenti più importanti di un piano per il controllo degli allergeni?
4. Quali sono le cause principali della contaminazione da allergeni?

5. In che modo la struttura di un impianto può influenzare la contaminazione?
6. Quali precauzioni sono essenziali per il controllo degli allergeni quando nella produzione di alimenti vengono aggiunti rilavorati?

Bibliografia

Bodendorfer C, Johnson J, Hefle S (2004) Got (hidden) food allergens? *Natl Provisioner* 218 (10): 52-58.

Cramer MM (2004) The time has come for clear food allergen labeling. *Food Saf Mag* 10 (5): 18.

Deibel V, Murphy LB (2003/2004) Writing and implementing an allergen control plan. *Food Saf Mag* 9 (6): 14.

Pancaldi M, Paganelli A, Roncada M, Carboni E, Salvi A, Clo A, Cifarelli G, Borella D, Butti I, Santini U, Marras D, Poletti G (2006) Contaminazione crociata da allergeni alimentari: l'importanza del cleaning validation e della disponibilità di metodi diagnostici a elevata sensibilità. *Industrie alimentari* 45; 10: 1011-1017, 1024.

Capitolo 4
Fonti di contaminazione degli alimenti

Gli alimenti rappresentano una fonte di nutrimento ideale per i microrganismi e generalmente hanno valori di pH compresi nell'intervallo più adatto alla loro proliferazione. Durante il raccolto o la macellazione, la lavorazione, la distribuzione e la preparazione, gli alimenti sono contaminati da microrganismi presenti nel suolo, nell'aria e nell'acqua.

Un numero estremamente elevato di microrganismi si trova nel tratto intestinale degli animali da macello, e alcuni possono contaminare la superficie delle carcasse durante la macellazione. Inoltre alcuni capi di bestiame, apparentemente sani, possono ospitare diverse specie microbiche nel fegato, nei reni, nei linfonodi e nella milza. Questi microrganismi, e quelli derivanti da contaminazione durante la macellazione, possono giungere alle masse muscolari attraverso il sistema circolatorio. Quando le carcasse e i tagli di carne sono successivamente lavorati lungo la catena distributiva e sezionati in tagli minori per i punti vendita al dettaglio, le carni risultano esposte a un numero crescente di microrganismi provenienti dalle superfici di taglio. L'evoluzione di questa carica microbica presente sugli alimenti dipende da diversi importanti fattori, come la capacità dei microrganismi di utilizzare come substrato gli alimenti freschi a basse temperature. Inoltre, la presenza di ossigeno e di elevata umidità favorirà la crescita delle specie in grado di svilupparsi più rapidamente in queste condizioni.

La refrigerazione, uno dei metodi più validi per ridurre gli effetti della contaminazione, è largamente impiegata nella lavorazione e nella distribuzione dei prodotti alimentari e, grazie al controllo dei microrganismi patogeni, contribuisce a prevenire epidemie di malattie a trasmissione alimentare. Nella conservazione a basse temperature, tuttavia, spesso le procedure non vengono attuate correttamente, e ciò può determinare la contaminazione degli alimenti. La velocità di crescita dei microrganismi può aumentare sensibilmente in ambienti dove la temperatura è anche solo leggermente superiore a quella minima richiesta per la crescita. In genere, lasciati a temperatura ambiente, i cibi si raffreddano lentamente e la velocità di raffreddamento è tanto minore quanto maggiore è la loro dimensione. Pertanto è difficile raffreddare correttamente volumi consistenti di prodotti alimentari: non a caso molti episodi di tossinfezione da *Clostridium perfringens* sono causati dalla conservazione di grandi quantità di alimenti sottoposti a lento raffreddamento.

In un'azienda alimentare l'identificazione delle possibili fonti di contaminazione è essenziale per l'efficacia delle strategie igienico-sanitarie attuate nello stabilimento. Nell'industria alimentare le superfici a contatto con gli alimenti (direttamente o indirettamente), l'acqua, l'aria e il personale costituiscono le principali fonti di contaminazione. I prodotti alimentari, infatti, possono trasmettere microrganismi o loro tossine, responsabili di infezioni e intossicazioni alimentari.

N.G. Marriott et al., *Sanificazione nell'industria alimentare*
© Springer 2008

I meccanismi principali delle infezioni alimentari sono due:

1. ingestione del microrganismo patogeno, che giunto nell'intestino si moltiplica, come nel caso di *Salmonella*, *Shigella* e di alcuni ceppi enteropatogeni di *Escherichia coli*;
2. rilascio di tossine da parte del microrganismo durante la moltiplicazione, la produzione di spore o la lisi, come nel caso di *Clostridium perfringens* e di alcuni ceppi enteropatogeni di *Escherichia coli*.

4.1 Trasferimento della contaminazione

Affinché una malattia a trasmissione alimentare possa svilupparsi, devono verificarsi diverse condizioni. Solitamente, la presenza in un alimento di un esiguo numero di patogeni non è sufficiente per causare malattia (sebbene le autorità sanitarie considerino tale situazione potenzialmente pericolosa). Per rendere conto di tale fenomeno, sono stati proposti diversi modelli, che illustrano la relazione tra i fattori che determinano le malattie a trasmissione alimentare (Bryan, 1979). Saranno qui brevemente discussi due di questi modelli: la *catena infettiva* e la *rete di causalità*.

4.1.1 Catena infettiva

Una catena infettiva è costituita da una serie di eventi o fattori, che devono sussistere (o verificarsi) e concatenarsi come anelli di una catena prima che abbia luogo un'infezione. Questi anelli possono essere identificati come: *agente, fonte, modalità di trasmissione* e *ospite*. Gli anelli essenziali del processo infettivo devono far parte di tale catena. I fattori causali (figura 4.1) necessari per la trasmissione di un'infezione alimentare sono:

1. presenza dell'agente responsabile nell'ambiente in cui l'alimento è prodotto, lavorato o preparato;
2. esistenza di una fonte o di un serbatoio di trasmissione per lo specifico agente;
3. trasmissione dell'agente dalla fonte all'alimento;
4. condizioni favorevoli alla crescita del microrganismo nell'alimento o nell'ospite.

Affinché i contaminanti possano sopravvivere e moltiplicarsi devono inoltre essere soddisfatte diverse condizioni, quali: presenza di sostanze nutritive, umidità, pH e potenziale di ossidoriduzione adatti, assenza di microrganismi competitivi e di inibitori. Gli alimenti contaminati devono rimanere in un idoneo intervallo di temperatura per un tempo sufficiente affinché la crescita dia luogo a una carica microbica in grado di provocare un'infezione o un'intossicazione.

La catena infettiva sottolinea la molteplicità delle cause delle malattie a trasmissione alimentare. La presenza di agenti patogeni è indispensabile, ma tutti i passaggi della sequenza delineata sono necessari affinché la malattia possa verificarsi.

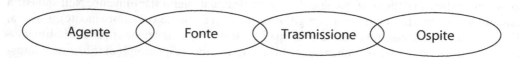

Figura 4.1 La catena infettiva.

4.1.2 *Rete di causalità*

La rete di causalità (nella versione modificata da Brian, 1979) è un complesso diagramma di flusso, che presenta i fattori che influenzano la trasmissione delle malattie provocate dal consumo di alimenti. Queste rappresentazioni delle causalità si sforzano di considerare tutti i fattori coinvolti e le loro complesse interrelazioni. Sebbene in questo tipo di rappresentazioni i processi di trasmissione delle malattie siano generalmente molto semplificati, l'inclusione di tutti i possibili microrganismi patogeni e di tutti gli alimenti coinvolti dà luogo a strutture estremamente estese e complesse.

4.2 Contaminazione degli alimenti

Un modo pratico per identificare le fonti di contaminazione negli stabilimenti alimentari è l'utilizzo di un approccio "a zone" per il monitoraggio ambientale, proposto dalla Kraft Foods e successivamente adottato da altre società (Slade, 2002). Questa tecnica è utile per identificare possibili punti a rischio e attuare efficaci procedure igienico-sanitarie concentrando l'attenzione sulle aree più problematiche.

L'approccio a zone è concepito come un bersaglio, nel quale il cerchio al centro, cioè la *zona 1*, rappresenta le aree più critiche da pulire e sanificare, costituite innanzi tutto dalle superfici a diretto contatto con gli alimenti; tale zona include, tra l'altro, apparecchiature, utensili e contenitori a diretto contatto con gli alimenti. Il secondo cerchio del bersaglio, ovverosia la *zona 2*, include le superfici a contatto indiretto con gli alimenti, con le quali il personale può entrare in contatto in prossimità della zona 1: per esempio parti degli impianti di processo, scarichi, tubature, come pure gli impianti di riscaldamento e condizionamento. La *zona 3* comprende pavimenti, pareti, attrezzature per la sanificazione e altri elementi pre-

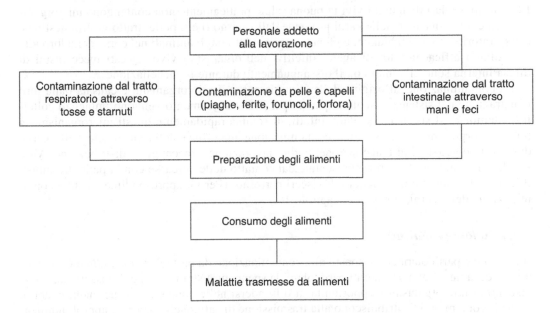

Figura 4.2 Potenziali vie di contaminazione degli alimenti da parte dell'uomo.

senti nell'area di lavorazione, ma non così vicini agli alimenti come quelli della zona 2. La *zona 4* include attrezzature per la manutenzione e aree lontane da quella di produzione, come corridoi, ingressi e servizi.

Una delle più comuni fonti di contaminazione è costituita dagli stessi prodotti alimentari. Scarti e rifiuti gestiti in modo non igienico possono facilmente contaminarsi e supportare la crescita microbica. Il test dell'ATP, mediante bioluminescenza, e i test che evidenziano la presenza di proteine sono metodi indiretti, che individuano lo sporco e i residui non visibili a occhio nudo. La bioluminescenza rivela qualunque cellula contenente ATP, mentre i test rapidi per le proteine rilevano i residui proteici associati allo sporco. La figura 4.2 illustra le possibili vie di contaminazione di origine umana.

4.2.1 Prodotti lattiero-caseari

Gli impianti progettati secondo precisi criteri igienico-sanitari, per migliorare l'igiene della produzione del latte e controllare le malattie nelle vacche da latte, hanno contribuito a una maggiore sicurezza dei prodotti lattiero-caseari, sebbene la contaminazione da parte delle mammelle e degli strumenti per la mungitura sia ancora possibile. Il successivo trattamento termico di pastorizzazione ha ulteriormente ridotto la presenza nel latte di microrganismi responsabili di malattie; ciononostante, i prodotti lattiero-caseari sono particolarmente esposti alla contaminazione crociata da parte di prodotti non pastorizzati.

Poiché non tutti i prodotti lattiero-caseari sono ottenuti da latte pastorizzato, nell'industria lattiero-casearia la presenza di patogeni (in particolar modo di *Listeria monocytogenes*) è aumentata. (Per un approfondimento sulla contaminazione dei prodotti lattiero-caseari, si rinvia al capitolo 15.)

4.2.2 Carni rosse e derivati

I tessuti muscolari di animali vivi in buona salute praticamente non contengono microrganismi. La contaminazione delle carni proviene dall'esterno (peli, pelle, tratto gastrointestinale e respiratorio). I globuli bianchi e gli anticorpi prodotti dagli animali nel corso della loro vita controllano efficacemente gli agenti infettivi nell'organismo vivo. Questi meccanismi di difesa interna sono eliminati con il dissanguamento durante la macellazione.

La contaminazione all'origine delle carni da parte di microrganismi è causata dalla loro penetrazione nel sistema vascolare quando per il dissanguamento vengono impiegati coltelli contaminati; il sistema vascolare, infatti, dissemina rapidamente questi microrganismi in tutto il corpo. Inoltre, si verifica contaminazione microbica della superficie della carne durante le operazioni di macellazione, taglio, lavorazione, stoccaggio e distribuzione. Altre vie di contaminazione sono rappresentate dal contatto delle carcasse con la pelle, le zampe, il letame, lo sporco e il contenuto di visceri perforati. (Per un approfondimento sulla contaminazione delle carni, si rinvia al capitolo 16.)

4.2.3 Pollame e derivati

Il pollame è particolarmente esposto alla contaminazione da parte di *Salmonella* e *Campylobacter* durante la lavorazione; in particolare, la spennatura/spiumatura e l'eviscerazione forniscono ai microrganismi l'opportunità di diffondersi nelle carcasse. Anche mani, guanti e utensili contaminati contribuiscono alla trasmissione di salmonelle. (Per un approfondimento sulla contaminazione del pollame, si rinvia al capitolo 16.)

4.2.4 Prodotti ittici

I prodotti ittici sono substrati eccellenti per la crescita microbica e sono esposti a contaminazione durante la pesca, la lavorazione, la distribuzione e la commercializzazione. Sono particolarmente ricchi di proteine e amminoacidi, di vitamine del gruppo B e di numerosi minerali necessari per lo sviluppo batterico; dal momento della pesca fino al consumo sono sottoposti a ripetute manipolazioni. Poiché sono spesso stoccati a lungo prima della refrigerazione, è frequente la contaminazione e la crescita di microrganismi sia alterativi sia patogeni. (Per maggiori dettagli sulla contaminazione dei prodotti ittici, si rinvia al capitolo 17.)

4.2.5 Altri ingredienti

Vari ingredienti (in particolare le spezie) sono potenziali veicoli di microrganismi e tossine pericolosi o potenzialmente pericolosi, che variano per tipologia e quantità a seconda del luogo e del metodo di raccolta, del tipo di ingrediente alimentare, della tecnica di lavorazione e dell'entità della manipolazione. I responsabili dell'azienda devono essere consapevoli dei pericoli legati a ciascun ingrediente utilizzato; si dovrebbero impiegare solo derrate ottenute secondo le norme di buona pratica riconosciute, che vanno rispettate anche nell'esecuzione dei controlli sui materiali a rischio (da parte dell'azienda produttrice, di quella ricevente o di entrambe).

4.3 Altre fonti di contaminazione

4.3.1 Attrezzature e impianti di produzione

La contaminazione delle attrezzature avviene sia durante la produzione, sia nelle fasi di inattività. Anche se progettato secondo corretti criteri di igiene, un impianto può essere ricettacolo di microrganismi e residui provenienti, oltre che dagli operatori e dai materiali utilizzati, anche dall'aria. La contaminazione dei prodotti da parte degli impianti e delle attrezzature può essere ridotta migliorando le caratteristiche igieniche in fase di progettazione e attuando procedure di sanificazione più efficaci.

4.3.2 Personale

Tra tutte le possibili fonti di contaminazione microbica, cui sono esposti gli alimenti, la principale è rappresentata dal personale che lavora nelle aziende alimentari. Gli addetti che non osservano corrette procedure igienico-sanitarie contaminano gli alimenti che toccano, trasferendovi microrganismi alterativi e patogeni con cui sono venuti a contatto nell'ambiente di lavoro o altrove.

La temperatura del corpo umano favorisce la rapida proliferazione microbica, specialmente quando non si osservano scrupolose procedure igieniche: mani, capelli, naso e bocca sono un ricettacolo di microrganismi che possono essere trasferiti agli alimenti durante la lavorazione, il confezionamento, la preparazione e il servizio, toccandoli, respirandoci, tossendoci o starnutendoci sopra.

L'interruzione della catena infettiva può prevenire la diffusione dei microrganismi da un luogo a un altro. In genere, la manipolazione scorretta degli alimenti determina la prosecuzione della catena infettiva fino al verificarsi di casi di malattia (o morte), che impongono l'adozione di misure correttive per prevenire ulteriori episodi (Chao, 2003). Se ogni persona che manipola gli alimenti seguisse una corretta igiene personale, la contaminazione sarebbe ridotta al minimo. Ogni addetto del settore alimentare può svolgere un ruolo fondamentale per prevenire la contaminazione degli alimenti.

4.3.3 Aria e acqua

L'acqua è impiegata come mezzo pulente durante le operazioni di sanificazione ed è un ingrediente di numerosi prodotti alimentari; tuttavia, può anche rappresentare una fonte di contaminazione. In caso di eccessiva contaminazione dell'acqua utilizzata dall'azienda alimentare occorre cercare una fonte alternativa, oppure trattare quella disponibile con disinfettanti chimici o fisici (come le radiazioni ultraviolette).

La contaminazione può essere causata da microrganismi presenti nell'aria degli ambienti di lavorazione, confezionamento, stoccaggio e preparazione; questo tipo di contaminazione può essere dovuto ad aria inquinata nell'area circostante lo stabilimento o da procedure di sanificazione improprie. I metodi più efficaci per ridurre la contaminazione attraverso l'aria sono la disinfezione, la filtrazione dell'aria che entra negli ambienti destinati alla lavorazione e alla preparazione degli alimenti e la protezione degli alimenti mediante tecniche e materiali di confezionamento appropriati.

4.3.4 Acque reflue

Le acque di scarico non trattate possono contenere patogeni eliminati dall'organismo umano o provenienti da materiali contaminati presenti nell'ambiente; tra tali patogeni vi sono, per esempio, i microrganismi responsabili di febbri tifoidi e paratifoidi, di dissenteria e di epatiti infettive. Questi scarichi possono contaminare gli alimenti e le attrezzature attraverso perdite delle condutture.

Se i liquami non trattati percolano o affluiscono in condutture di acqua potabile, pozzi, fiumi, laghi o nel mare, l'acqua e gli organismi in essa viventi, come pesci e molluschi, ne risultano contaminati. Per evitare questo tipo di contaminazione, i servizi igienici e le fosse biologiche dovrebbero essere sufficientemente separati da pozzi, corsi d'acqua e altri corpi idrici. I liquami non trattati non dovrebbero essere utilizzati per concimare campi in cui si coltivano frutta e verdura. (Per approfondimenti sul trattamento delle acque reflue, si rinvia al capitolo 11.)

4.3.5 Infestanti

Mosche e scarafaggi possono essere presenti sia nelle abitazioni, sia negli esercizi di ristorazione e negli stabilimenti di lavorazione degli alimenti, come pure in servizi igienici, pattumiere e altri depositi di immondizia. Questi infestanti veicolano lo sporco dalle aree contaminate agli alimenti attraverso la bocca, le zampe e altre parti del corpo; inoltre mentre si nutrono sugli alimenti vi rigurgitano sopra. Per arrestare la contaminazione da parte di questi animali è necessario procedere alla loro eradicazione; inoltre occorre proteggere dal loro ingresso le aree di lavorazione, preparazione e somministrazione di alimenti.

Ratti e topi trasmettono sporcizia e malattie attraverso le zampe, il pelo e il tratto intestinale. Come le mosche e gli scarafaggi, trasferiscono la sporcizia dalle discariche di rifiuti e dalle fogne agli alimenti o alle aree di lavorazione e somministrazione degli alimenti. (Per approfondimenti sul controllo di roditori, insetti e altri infestanti, si rinvia al capitolo 12.)

4.4 Prevenzione della contaminazione

4.4.1 Ambiente

Gli alimenti da consumare crudi e quelli già cotti non dovrebbero, se possibile, essere toccati con le mani. Se la manipolazione è indispensabile, gli addetti dovrebbero lavarsi accuratamente le mani prima e periodicamente durante la lavorazione. Il contatto con le mani può essere ridotto ricorrendo all'utilizzo di guanti usa e getta durante la lavorazione, la preparazione e il servizio. Un alimento lavorato o preparato, destinato al consumo immediato o dopo una conservazione più o meno lunga, dovrebbe essere protetto adeguatamente da polvere, fibre o altri contaminanti, per esempio mediante un coperchio pulito di giusta misura. Se le sue caratteristiche non permettono questo tipo di protezione, l'alimento dovrebbe essere riposto in un armadio chiuso, al riparo dalla polvere e a temperatura appropriata. Gli alimenti confezionati in cartoni (come il latte o i succhi di frutta) dovrebbero essere versati direttamente da questi. Se gli alimenti sono esposti in un buffet, dovrebbero essere comunque mantenuti a temperatura adeguata mediante elementi riscaldanti o ghiaccio, a seconda della necessità; gli alimenti dovrebbero essere inoltre protetti da uno schermo trasparente posto al di sopra e di fronte a essi; in tal modo è possibile prevenire la contaminazione ambientale e quella derivante da manipolazione, starnuti, tosse o altre fonti da parte di addetti e clienti. Qualsiasi alimento entrato in contatto con una superficie non pulita deve essere lavato accuratamente o scartato. Gli strumenti e gli utensili per la lavorazione, il confezionamento, la preparazione e il servizio degli alimenti devono essere lavati e sanificati tra un utilizzo e l'altro. Gli addetti degli esercizi di ristorazione dovrebbero ricevere adeguata istruzione sul modo in cui maneggiare piatti e altre stoviglie per evitare di toccare con le mani qualunque superficie che possa entrare in contatto con gli alimenti o con la bocca del consumatore.

4.4.2 Stoccaggio

I locali destinati allo stoccaggio dovrebbero disporre di spazi adeguati per consentire il controllo e la protezione contro polvere, insetti, roditori e altri materiali estranei. Un'organizzazione corretta dello stoccaggio, che preveda la rotazione dei prodotti, può spesso ridurre la contaminazione e facilitare le operazioni di pulizia, oltre che contribuire al mantenimento dell'ordine. I pavimenti delle aree di stoccaggio vanno spazzati e lavati, gli scaffali devono essere sanificati con detergenti e disinfettanti appropriati. (Le caratteristiche di detergenti e disinfettanti saranno illustrate nei capitoli 8 e 9). Infine, nelle aree di stoccaggio degli alimenti deve essere vietato l'accumulo di rifiuti e spazzatura.

4.4.3 Scarti e rifiuti

L'industria alimentare genera un notevole volume di rifiuti: materiali usati per le confezioni, contenitori e prodotti di scarto. Per ridurre la contaminazione, i rifiuti dovrebbero essere raccolti in appositi contenitori e rimossi dalle aree destinate agli alimenti. Il metodo di smaltimento migliore consiste nell'utilizzo di contenitori separati per i rifiuti organici e per la spazzatura ordinaria. Nelle aree di lavoro dovrebbero essere posti contenitori puliti e disinfettati per raccogliere gli avanzi alimentari e i materiali delle confezioni; questi contenitori dovrebbero essere privi di giunzioni e muniti di coperchio a tenuta con apertura a pedale. I sacchi di plastica per la spazzatura sono economici e forniscono un'ulteriore protezione. Tutti i contenitori per i rifiuti dovrebbero essere lavati e disinfettati regolarmente e frequentemente, in genere tutti i giorni. I contenitori presenti in ciascuna area di lavorazione e preparazione degli alimenti dovrebbero essere utilizzati solo per i rifiuti prodotti nell'area stessa.

4.4.4 Sostanze tossiche

Le sostanze chimiche tossiche non dovrebbero essere immagazzinate vicino a prodotti alimentari: nello stabilimento possono essere conservati solo i prodotti chimici destinati alla pulizia e alla sanificazione; questi prodotti devono comunque essere etichettati in modo chiaro. Tutti i prodotti per la sanificazione, i materiali, gli utensili, le attrezzature e gli impianti utilizzati per la lavorazione, la trasformazione e la preparazione degli alimenti devono essere approvati per l'uso alimentare.

Sommario

Gli alimenti rappresentano una fonte di nutrimento ideale per i microrganismi, dai quali possono essere facilmente contaminati. Le principali fonti di contaminazione sono rappresentate da: personale, acqua, aria, polvere, attrezzature, acque reflue e infestanti.

La contaminazione delle materie prime può inoltre provenire dal terreno, dai liquami, dagli animali vivi e da quelli macellati (superfici esterne e organi interni). Nonostante i notevoli miglioramenti determinati dalle moderne pratiche igienico-sanitarie, i prodotti di origine animale possono essere contaminati se ottenuti da bestiame malato o portatore.

Il contatto accidentale di sostanze chimiche con gli alimenti può causare una contaminazione di tipo chimico. Gli ingredienti possono contribuire a un'ulteriore contaminazione microbica o chimica. La contaminazione può essere ridotta mediante un'efficace gestione delle fasi di lavorazione e delle procedure di sanificazione e attraverso la protezione degli alimenti durante lo stoccaggio, lo smaltimento corretto dei rifiuti e la prevenzione dei contatti accidentali tra alimenti e sostanze chimiche.

Domande di verifica

1. Che cos'è la catena infettiva?
2. Qual è la principale fonte di contaminazione alimentare?
3. Quale microrganismo causa frequentemente malattie a trasmissione alimentare se grandi pezzature di carne vengono raffreddate troppo lentamente?
4. Quale microrganismo patogeno si può trovare, in seguito a contaminazione crociata, nei prodotti lattiero-caseari non pastorizzati?
5. Qual è il modo migliore per ridurre la contaminazione da parte delle attrezzature?
6. Quali malattie possono essere provocate da acque contaminate da liquami?

Bibliografia

Bryan FL (1979) Epidemiology of foodborne diseases. In: Riemann H, Bryan FL (eds) _Foodborne infections and intoxications_ (2nd ed). Academic Press, New York.

Chao TS (2002) Workers' personal hygiene. In: Hui YH et al (eds) _Food plant sanitation_. Marcel Dekker, New York.

Slade PJ (2002) Verification of effective sanitation control strategies. _Food Safety Magazine_ 8; 1: 24.

Capitolo 5
Igiene della persona
e degli alimenti

Il personale addetto alla manipolazione degli alimenti può trasmettere microrganismi responsabili di malattie. Di fatto, l'uomo è la principale fonte di contaminazione: le mani, l'aria espirata, i capelli e il sudore contaminano gli alimenti, come pure i colpi di tosse e gli starnuti non schermati, attraverso i quali possono essere trasmessi microrganismi patogeni. Anche il trasferimento di escreti umani e animali, da parte del personale, rappresenta una potenziale fonte di microrganismi patogeni, che possono così giungere agli alimenti.

Di conseguenza, l'industria alimentare sta destinando molte risorse all'educazione e alla formazione del personale, sottolineando sempre più la necessità che responsabili e addetti conoscano a fondo i principi della sicurezza alimentare. Nelle catene di ristoranti, gli effetti negativi di un giudizio sfavorevole dell'opinione pubblica spesso si ripercuotono anche sugli esercizi non direttamente coinvolti.

5.1 Igiene personale

Il termine igiene indica l'applicazione di principi sanitari per preservare la salute. Con *igiene personale* si intende, invece, la pulizia del corpo di una persona.

La salute dei lavoratori svolge un ruolo importante nella sanificazione; tutte le persone sono potenziali fonti di microrganismi patogeni e virus, che possono essere trasmessi attraverso gli alimenti causando malattie in altri individui.

5.1.1 Igiene degli addetti

Il personale malato non dovrebbe entrare in contatto con gli alimenti né con le attrezzature e gli utensili impiegati per la loro lavorazione, preparazione e somministrazione. Le patologie umane che possono essere trasmesse attraverso i prodotti alimentari sono numerose; comprendono malattie del tratto respiratorio (come raffreddore comune, mal di gola, polmonite, scarlattina, tubercolosi e stomatite), disordini intestinali, dissenteria, febbre tifoide ed epatite infettiva. In molte patologie, le persone colpite possono continuare a ospitare il microrganismo responsabile anche dopo la guarigione, diventando *portatori*.

Quando un lavoratore dell'industria alimentare contrae una malattia infettiva, le possibilità che diventi una fonte di contaminazione sono elevate.

Gli stafilococchi si trovano normalmente all'interno e attorno a lesioni cutanee, come foruncoli, acne, pustole, ferite infette, negli occhi e nelle orecchie. Infezione dei seni faccia-

N.G. Marriott et al., *Sanificazione nell'industria alimentare*
© Springer 2008

li, mal di gola, tosse persistente e altri sintomi del raffreddore comune sono ulteriori segni che il numero di microrganismi patogeni sta aumentando. Lo stesso principio vale per i disturbi gastrointestinali, come diarrea o disordini gastrici. Anche quando i segni di malattia scompaiono, alcuni dei microrganismi responsabili possono rimanere all'interno dell'organismo, continuando a rappresentare una fonte di contaminazione. Per esempio, le salmonelle possono persistere per diversi mesi dopo la guarigione; in alcuni casi, il virus dell'epatite A è stato trovato nel tratto intestinale dopo oltre 5 anni dalla scomparsa dei sintomi della malattia. Per spiegare l'importanza delle procedure igieniche del personale, è utile analizzare le diverse parti del corpo umano, in quanto potenziali fonti di contaminazione batterica.

Pelle

Quest'organo vivente svolge quattro funzioni principali: protezione, tatto, regolazione termica ed escrezione. Dal punto di vista dell'igiene personale, la protezione è una funzione importante; l'*epidermide* (lo strato più esterno della pelle) e il *derma* (lo strato più interno) sono strutture robuste, flessibili ed elastiche, che oppongono resistenza alle lesioni provocate dall'ambiente esterno.

Rispetto ad altre parti del corpo, l'epidermide è meno soggetta a danni, perché non contiene tessuto nervoso e vasi sanguigni; è composta da diversi strati: quello più esterno è detto *strato corneo* ed è costituito da 25-30 file di cellule, più piatte e morbide rispetto alle altre cellule dell'organismo, che formano una superficie impermeabile ai microrganismi. Lo strato corneo svolge un ruolo importante per la distribuzione della flora microbica transiente e residente e viene rinnovato con cellule provenienti dagli strati sottostanti nell'arco di 4-5 giorni, man mano che le cellule più superficiali, ormai morte, si staccano e sono eliminate. Queste cellule morte, di $30 \times 0,6$ μm di diametro, si ritrovano sui vestiti e si disseminano facilmente nell'aria.

Il derma è composto di tessuto connettivo, fibre elastiche, vasi sanguigni e linfatici, tessuto nervoso e muscolare, ghiandole e dotti. Le ghiandole secernono sudore e sebo che, assieme alle cellule morte, vengono costantemente depositati sulla superficie esterna della pelle. Quando questi materiali si mescolano con le sostanze presenti nell'ambiente, come polvere, sporco e unto, formano un terreno ideale per la crescita batterica; così, la pelle diventa una potenziale fonte di contaminazione batterica. Man mano che le secrezioni si accumulano e i batteri si moltiplicano, la pelle tende a irritarsi; ciò determina il bisogno di grattarsi e, di conseguenza, la possibilità che i batteri vengano trasferiti agli alimenti contaminandoli. Un lavaggio delle mani non corretto e bagni o docce poco frequenti aumentano la quantità di microrganismi che vengono dispersi con i frammenti di cellule morte. Questo tipo di contaminazione causa una riduzione della shelf life dei prodotti alimentari, o addirittura malattie a trasmissione alimentare.

Tra le più frequenti malattie trasmesse da alimenti vi sono proprio quelle dovute a contaminazione da parte di addetti alla manipolazione portatori di *Staphylococcus aureus* o di *Staphylococcus epidermidis*; queste due specie batteriche sono, infatti, predominanti tra quelle normalmente presenti sulla pelle: si trovano nei follicoli piliferi e nei condotti delle ghiandole sudoripare e sono in grado di causare ascessi, foruncoli e infezioni di ferite in seguito a interventi chirurgici. Il sudore e il sebo (una sostanza grassa che si deposita nei follicoli piliferi) secreti contengono batteri provenienti dalle ghiandole, che si depositano sulla superficie della pelle, causando reinfezioni.

Alcuni generi di batteri non crescono sulla pelle perché questa agisce da barriera fisica e secerne sostanze chimiche in grado di distruggerli; tale capacità autodisinfettante è più efficace se la pelle è mantenuta pulita.

L'epidermide contiene fenditure, fessure e cavità che costituiscono un ambiente favorevole allo sviluppo di microrganismi. I batteri possono crescere anche nei follicoli piliferi e nelle ghiandole sebacee e sudoripare. Per loro stessa natura, le mani sono molto esposte a tagli, callosità e contatti con un'ampia varietà di microrganismi; inoltre, toccano talmente tante parti dell'ambiente che il contatto con microrganismi contaminanti è inevitabile.

I batteri residenti della pelle sono difficili da rimuovere, vivono in microcolonie situate molto in profondità nei pori della pelle e sono protetti dalle secrezioni grasse delle ghiandole sebacee. Tra le specie batteriche residenti sono solitamente compresi *Micrococcus luteus* e *S. epidermidis*, mentre tra quelle transienti il più frequente è *S. aureus*.

Una scarsa igiene personale e disturbi della pelle possono causare, oltre a un aspetto poco gradevole, infezioni batteriche come foruncoli e impetigine.

I foruncoli sono infezioni localizzate, che hanno origine dalla penetrazione dei microrganismi nei follicoli piliferi e nelle ghiandole cutanee in seguito a lesioni dell'epidermide, che possono anche essere provocate da indumenti stretti o irritanti. Il gonfiore e il dolore sono dovuti alla moltiplicazione di microrganismi come gli stafilococchi, che producono un'esotossina che uccide le cellule circostanti. L'organismo reagisce a questa esotossina accumulando nell'area infetta linfa, sangue e cellule del sistema immunitario per neutralizzare gli invasori; in tal modo si forma una barriera che isola l'infezione. Un foruncolo non dovrebbe mai essere schiacciato, poiché l'infezione potrebbe diffondersi nelle aree adiacenti causandone altri. L'eventuale aggregazione di più foruncoli è detta favo. Se gli stafilococchi riescono a entrare nel flusso sanguigno, possono essere trasportati in altre parti del corpo, causando meningiti, infezioni ossee o altre gravi patologie. Gli addetti affetti da queste infezioni della pelle devono prestare molta attenzione quando manipolano gli alimenti, perché il foruncolo è la fonte primaria di stafilococchi patogeni. Un addetto che si tocca un foruncolo o una pustola dovrebbe poi sempre lavarsi le mani con un detergente disinfettante. La pulizia della pelle e degli indumenti è importante per la prevenzione dei foruncoli.

L'impetigine è una malattia infettiva dell'epidermide causata da alcune specie di stafilococchi; colpisce con maggiore frequenza i ragazzi che trascurano la pulizia della pelle. L'infezione si diffonde con facilità ad altre parti del corpo e può essere trasmessa per contatto diretto. L'accurata pulizia della pelle è un'importante misura preventiva.

Mani
Toccando attrezzature sporche, alimenti contaminati, indumenti o parti del corpo, le mani possono venire a contatto con batteri; in questi casi, gli addetti dovrebbero utilizzare un detergente disinfettante per le mani per ridurre il rischio di contaminazione crociata.

I guanti monouso possono essere una soluzione, poiché prevengono il trasferimento di batteri patogeni dalle mani agli alimenti, oltre ad avere un impatto psicologico positivo sul pubblico. Tuttavia, secondo gli esperti della sanificazione, se usati non correttamente potrebbero favorire una contaminazione massiva.

L'impiego di guanti presenta vantaggi e svantaggi. Inizialmente la loro superficie è pulita e, se non sono strappati o bucati, i batteri presenti sulla pelle non possono contaminare gli alimenti. D'altro canto, la pelle sottostante non può traspirare e tra essa e la superficie interna dei guanti si crea presto un ambiente molto umido e contaminato. Inoltre l'uso dei guanti può associarsi a un falso senso di sicurezza, con effetti negativi sull'igiene degli alimenti.

Unghie
Una delle modalità più comuni di diffusione dei batteri è attraverso lo sporco che si raccoglie sotto le unghie; perciò il personale con unghie sporche non dovrebbe mai manipolare gli

alimenti. Il lavaggio delle mani con acqua e sapone rimuove i batteri transienti, mentre l'utilizzo di sapone per le mani addizionato con un antisettico o un disinfettante tiene sotto controllo quelli residenti. L'esperienza negli ospedali ha dimostrato che disinfettanti a base di alcol contenenti sostanze umettanti possono essere molto utili per controllare e rimuovere sia i batteri transienti sia quelli residenti, senza irritare le mani (Restaino e Wind, 1990).

Gioielli

Per ridurre i rischi per la sicurezza in un ambiente contenente macchinari, nelle aree di lavorazione degli alimenti o nei luoghi di ristorazione non si dovrebbero indossare gioielli, poiché potrebbero essere contaminati oppure cadere negli alimenti.

Capelli

I microrganismi (specialmente gli stafilococchi) si trovano anche sui capelli; per tale motivo, se capita di grattarsi la testa, occorre lavarsi le mani prima di manipolare gli alimenti; inoltre, è fondamentale che il personale indossi un copricapo adatto a contenere tutta la capigliatura. Quest'ultima regola va considerata inderogabile e dovrebbe essere portata a conoscenza di tutti i nuovi operatori al momento dell'assunzione. Sotto gli elmetti di protezione occorre indossare cuffie monouso; sono invece poco igienici e quindi da evitare i copricapi di carta a bustina, poiché non trattengono tutti i capelli.

Occhi

Gli occhi di per sé sono normalmente privi di batteri, ma potrebbero essere sede di lievi infezioni causate da batteri presenti sulle ciglia e nella concavità tra naso e occhio. Sfregandosi gli occhi, è quindi possibile contaminarsi le mani.

Bocca

All'interno della bocca e sulle labbra si trovano normalmente numerosissimi batteri e possono essere presenti anche batteri patogeni e virus, specialmente quando si è ammalati. Durante uno starnuto, per esempio, viene espulsa nell'aria un'enorme quantità di microrganismi, che possono essere trasmessi ad altre persone o depositarsi sugli alimenti che si stanno manipolando, contaminandoli.

Come in tutti i luoghi pubblici, anche nelle aziende alimentari il fumo è proibito. Dopo aver fumato, a causa di un sapore irritante in bocca, oppure quando si ha una sinusite, si è indotti a sputare, azione che deve essere vietata negli stabilimenti di lavorazione di alimenti. Oltre che sgradevole, è infatti una modalità di trasmissione di malattie e di contaminazione dei prodotti alimentari.

Lavarsi i denti previene la formazione della placca batterica e riduce il grado di contaminazione che potrebbe essere trasmessa a un alimento se un operatore starnutisce o se le sue mani entrano in contatto con la saliva.

Naso, nasofaringe e tratto respiratorio

Grazie a un efficace sistema di filtrazione dell'organismo, la popolazione microbica del naso e della gola è più limitata rispetto a quella della bocca. Infatti, le particelle inalate di diametro superiore a 7 µm vengono trattenute nel tratto respiratorio superiore. Questo avviene grazie al muco vischioso che, rivestendo la superficie interna di naso, cavità nasali, faringe ed esofago, costituisce una sorta di membrana protettiva continua. Circa metà delle particelle di diametro superiore a 3 µm viene catturata nel tratto successivo, mentre il resto penetra nei polmoni. Le particelle che riescono a introdursi nei bronchi e nei bronchioli vengono distrutte dalle difese dell'organismo. I virus sono controllati da agenti specifici presenti nel normale fluido sieroso del naso.

Talvolta, i microrganismi penetrano le mucose e si stabiliscono nella gola e nel tratto respiratorio, dove si trovano spesso stafilococchi, streptococchi oppure corinebatteri difterici. Altri microrganismi sono occasionalmente presenti nelle tonsille.

Il raffreddore o rinite, causato da rinovirus, è tra tutte le malattie infettive la più diffusa. Poiché riduce la resistenza delle mucose del tratto respiratorio superiore, l'attacco virale iniziale è solitamente seguito da un'infezione secondaria. Quest'ultima può essere causata da diversi agenti eziologici, anche di natura batterica. I batteri, specie se provenienti da persone affette da raffreddore, possono essere trasferiti dal naso alle mani (anche solo per contatto superficiale) e da queste agli alimenti. Se affetti da raffreddore, per evitare di trasferire batteri agli alimenti manipolati, dopo essersi soffiati il naso gli addetti alla manipolazione dovrebbero lavarsi le mani con un detergente disinfettante. Gli starnuti o i colpi di tosse andrebbero schermati girando lateralmente il viso verso l'incavo del braccio o la spalla.

Nelle infezioni dei seni paranasali la mucosa si congestiona e si infiamma, producendo abbondante essudato che si accumula nelle cavità; la pressione derivante causa dolore, stordimento e abbondante secrezione nasale. Se un addetto è raffreddato, ma deve comunque manipolare alimenti, è necessario adottare opportune precauzioni per evitare che trasmetta l'agente infettivo e altri microrganismi, come *S. aureus*.

Il mal di gola è generalmente causato da specie del genere *Streptococcus*; la fonte principale di streptococchi patogeni è l'uomo, che può ospitare questi microrganismi nel tratto respiratorio superiore. Alcune infezioni, come la faringite streptococcica, la laringite e la bronchite sono trasmesse attraverso la secrezione mucosa dei portatori. Gli streptococchi sono anche responsabili della scarlattina, della febbre reumatica e della tonsillite, che possono diffondersi attraverso operatori che non osservano corrette procedure igieniche.

L'influenza è una patologia respiratoria infettiva acuta, che si manifesta con epidemie più o meno estese. L'agente responsabile penetra nell'organismo attraverso il tratto respiratorio; il decesso può essere causato da infezioni batteriche secondarie causate da stafilococchi, streptococchi o pneumococchi.

La maggior parte di queste malattie è estremamente contagiosa; pertanto, gli operatori che ne sono affetti non dovrebbero avere il permesso di lavorare, poiché mettono a rischio sia gli alimenti che manipolano sia il resto del personale. L'aria emessa con i colpi di tosse e gli starnuti contiene piccolissime goccioline di muco carico di microrganismi infettivi; quindi è fondamentale coprire la bocca. Le mani dovrebbero essere tenute il più possibile pulite, usando detergenti adatti per prevenire la contaminazione da parte di microrganismi infettivi.

Organi escretori

Le feci sono una fonte primaria di contaminazione batterica. Dal 30 al 35% circa del peso secco del contenuto intestinale umano è composto di cellule batteriche. Nella parte superiore dell'intestino tenue sono generalmente presenti solo *Enterococcus faecalis* e stafilococchi, mentre nella parte distale aumentano sia le specie microbiche sia il numero complessivo di microrganismi. Le particelle di feci si attaccano ai peli della regione anale e aderiscono agli indumenti; durante l'uso dei servizi igienici è assai probabile che i batteri intestinali contaminino le mani, che vanno quindi lavate accuratamente per evitare di veicolare batteri agli alimenti. I batteri di origine intestinale si ritrovano comunemente nei prodotti alimentari: la causa di questo tipo di contaminazione è la mancanza di igiene personale; per tale ragione gli addetti dovrebbero lavarsi le mani con del sapone prima di uscire dal bagno e dovrebbero sempre utilizzare un disinfettante per le mani prima di manipolare alimenti.

I prodotti alimentari possono essere contaminati sia da virus sia da batteri patogeni e possono quindi diffondere questi microrganismi; tuttavia, nel caso dei virus, che a differenza dei batteri possono moltiplicarsi esclusivamente all'interno di cellule viventi, i prodotti alimentari fungono solo da veicolo.

Il tratto intestinale dell'uomo e degli animali ospita le specie batteriche più comuni; queste, se si moltiplicano a sufficienza, hanno azione tossica per l'organismo. Gli effetti delle infezioni e delle intossicazioni sono più o meno gravi; in alcuni casi possono condurre anche al decesso. *Salmonella*, *Shigella* ed enterococchi, responsabili di diverse forme gastrointestinali, sono i più comuni microrganismi di origine fecale.

5.1.2 L'uomo come fonte di contaminazione degli alimenti

I fattori intrinseci che influenzano la contaminazione microbica attraverso le persone sono brevemente esaminati qui di seguito.

1. *Zona del corpo* La composizione della normale flora microbica presente sul corpo varia a seconda della zona. Il viso, il collo, le mani e i capelli ospitano un numero più elevato di microrganismi transienti e presentano una maggiore densità batterica. Le parti esposte del corpo sono più vulnerabili alle fonti di contaminazione ambientale. Quando le condizioni ambientali variano, la flora microbica si adatta al nuovo ambiente.

2. *Età* La flora microbica corporea cambia con l'avanzare dell'età della persona; ciò è particolarmente evidente durante il passaggio alla pubertà. Gli adolescenti producono elevate quantità di sebo, una sostanza lipidica che favorisce la formazione dell'acne causata da *Propionibacterium acnes*.

3. *Capelli* Per la densità e la produzione di sostanze grasse, i capelli favoriscono la moltiplicazione di microrganismi come *S. aureus* e *Pityrosporum*.

4. *pH* Il pH della pelle varia a seconda della quantità di acido lattico prodotta dalle ghiandole sudoripare, della produzione batterica di acidi grassi e della diffusione di anidride carbonica attraverso la pelle. Il valore fisiologico della pelle (circa 5,5) svolge un'azione più selettiva nei confronti dei microrganismi transienti, piuttosto che verso la microflora residente. Tutti i fattori che determinano una variazione del pH fisiologico della pelle (come creme e saponi) alterano la normale flora microbica.

5. *Nutrienti* Il sudore contiene sostanze nutrienti idrosolubili (per esempio ioni inorganici e alcuni acidi), mentre il sebo contiene materiali liposolubili, come trigliceridi, esteri e colesterolo. Il ruolo svolto dal sudore e dal sebo nella crescita dei microrganismi non è ancora del tutto chiaro.

L'uomo è la più comune fonte di contaminazione per gli alimenti; inoltre può trasmettere malattie come portatore, cioè può ospitare e diffondere microrganismi patogeni senza mostrare segni di malattia. I portatori sono classificati secondo tre categorie.

1. *Portatori convalescenti* Si tratta di individui che, dopo essere guariti da una malattia infettiva, continuano a ospitare l'agente eziologico per un tempo variabile, solitamente meno di 10 settimane.

2. *Portatori cronici* Sono persone che, pur non mostrando sintomi della malattia, continuano a ospitare l'agente responsabile indefinitamente.

3. *Portatori sani* Si tratta di individui che acquisiscono e ospitano un patogeno a causa dello stretto contatto con una persona infetta, ma non sviluppano la malattia.

L'uomo può ospitare numerose specie microbiche, tra le quali le seguenti.

- *Streptococchi* Sono comunemente annidati nella gola e nell'intestino; rispetto agli altri batteri, sono responsabili di una più ampia varietà di malattie. Sono frequentemente responsabili dello sviluppo di infezioni secondarie.
- *Stafilococchi* Il principale serbatoio di stafilococchi nell'uomo è la cavità nasale. Per l'industria alimentare hanno particolare rilievo gli individui che ospitano stafilococchi patogeni come parte della microflora naturale della pelle; se si permette loro di manipolare gli alimenti, queste persone rappresentano una costante minaccia per la sicurezza dei consumatori.
- *Microrganismi intestinali* Tra questi sono compresi *Salmonella*, *Shigella*, *Escherichia coli*, *Vibrio*, virus dell'epatite e alcuni protozoi. Questi microrganismi costituiscono una minaccia per la salute pubblica, poiché possono causare gravi malattie.

5.1.3 Lavaggio delle mani

I microrganismi che si trovano sulla superficie delle mani possono essere sia transienti sia residenti. I primi sono raccolti accidentalmente da chi manipola gli alimenti e risiedono sulle mani solo temporaneamente (come *E. coli*); i secondi, invece, risiedono permanentemente sulla superficie delle mani e costituiscono la normale microflora della pelle (come *Staphylococcus epidermidis*).

La prima linea di difesa contro le malattie è un frequente ed efficace lavaggio delle mani da parte di chi manipola alimenti (Taylor, 2000). Circa il 38% delle contaminazioni alimentari è attribuibile al lavaggio scorretto delle mani. Il modo migliore per assicurare un lavaggio delle mani efficace è motivare, convincere e incentivare il personale, anche attraverso la dimostrazione della procedura corretta da parte di responsabili e dirigenti aziendali. Il lavaggio delle mani è necessario per interrompere la via di trasmissione dei microrganismi dalle mani ad altre fonti e per ridurre il numero di batteri residenti. *Pseudomonas aeruginosa*, *Klebsiella pneumoniae*, *Serratia marcescens*, *E. coli* e *S. aureus* possono sopravvivere fino a 90 minuti quando inoculati artificialmente sui polpastrelli (Filho et al., 1985).

Lavarsi le mani per 15 secondi (contro la media diffusa di 7) con acqua e sapone, che funge da agente emulsionante per solubilizzare le sostanze grasse, rimuove i batteri transienti. Se invece di effettuare un lavaggio rapido, si sfregano le mani più energicamente e più a lungo o si utilizza uno spazzolino insaponato, si riduce maggiormente il numero di batteri transienti e residenti. Contro la microflora residente, il lavaggio e l'asciugatura delle mani hanno efficacia variabile dal 35 al 60%. Tutti gli agenti lavanti, inclusa l'acqua, sono efficaci quando le mani vengono asciugate con salviette di carta. I sanificanti istantanei a base di alcol per le mani, utilizzati dopo il normale lavaggio, forniscono un'ulteriore riduzione di 10-100 volte (Anon., 2002). I sanificanti istantanei idratanti per mani (creme e lozioni protettive) possono essere utili quando non è possibile il normale lavaggio, tuttavia non hanno un effetto duraturo (Taylor, 2000).

Affinché il personale si lavi le mani in modo corretto, sono essenziali la motivazione e la formazione; tuttavia, il risultato può essere raggiunto solo se sostenuto da cambiamenti istituzionali o organizzativi. La formazione dovrebbe focalizzarsi sui rischi, mostrando le conseguenze di un lavaggio scorretto delle mani.

Poiché un corretto lavaggio delle mani è essenziale per garantire la sicurezza igienico-sanitaria, nelle aziende alimentari si utilizzano lavamani automatici (figura 5.1) collocati nell'area di lavorazione. Quando gli addetti entrano nell'area devono sempre fare uso di tale apparecchio, grazie al quale la frequenza del lavaggio delle mani è aumentata del 300%. Il lavamani è costituito di due cilindri: inserendovi le mani, una fotocellula attiva l'azione

Figura 5.1 Lavamani automatico. (Per gentile concessione di Meritech Handwashing Systems, Centennial, Colorado)

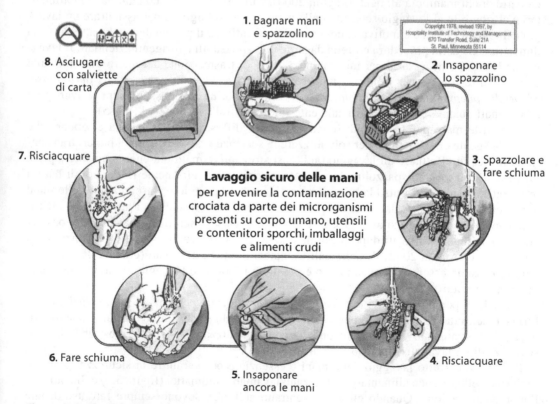

Figura 5.2 Procedimento raccomandato per il lavaggio delle mani. (Riproduzione autorizzata da Hospitality Institute of Technology and Management, St. Paul, Minnesota)

detergente. All'interno di ciascun cilindro, dei nebulizzatori ad alta pressione spruzzano sulle mani una soluzione detergente antimicrobica, seguita da un risciacquo con acqua potabile; il ciclo ha una durata regolabile da 10 a 20 secondi. L'apparecchio esegue una sorta di massaggio sulle mani e non è irritante. È stato clinicamente provato che il ciclo di 10 secondi ha un'efficacia del 60% superiore, rispetto al normale lavaggio, nella rimozione dei batteri patogeni (Anon., 1997b). Inoltre, il nebulizzatore ad alta pressione e bassa portata determina una riduzione dei consumi di acqua: infatti, impiega circa 2 litri di acqua per ogni ciclo, pari a un terzo della quantità utilizzata nella maggior parte dei metodi di lavaggio tradizionali. Il lavamani può essere utilizzato anche per rimuovere la contaminazione dai guanti.

Gli agenti antimicrobici esercitano una continua azione antagonista sui microrganismi e potenziano l'efficacia del normale sapone al momento dell'applicazione. Il detergente, infatti, favorisce la rimozione dei batteri transienti, che sono successivamente distrutti dal disinfettante. L'efficacia complessiva del sapone antimicrobico dipende dall'uso ripetuto nel corso della giornata. Un tempo di contatto inferiore a 5 secondi durante il lavaggio è scarsamente efficace per la riduzione della carica microbica. La figura 5.2 illustra il procedimento raccomandato per il lavaggio delle mani.

Una potenziale barriera contro la contaminazione crociata attraverso le mani può essere fornita dall'uso di liquidi antibatterici. Questi prodotti formano uno strato polimerico, invisibile e impercettibile, che si lega elettrochimicamente allo strato più esterno della pelle, impedendone il contatto diretto con le superfici dell'ambiente di lavoro (Anon., 1997a). La figura 5.3 mostra un apparecchio a parete per la disinfezione delle mani che consente di ridurre la contaminazione microbica da parte del personale. Gli effetti della contaminazione microbica da parte dal personale sono illustrati nella figura 5.4.

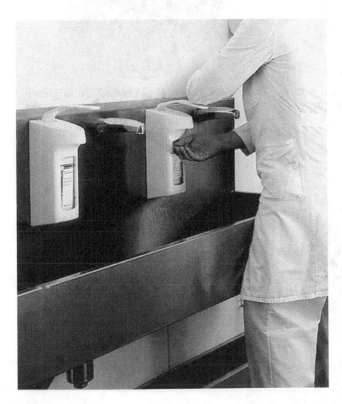

Figura 5.3 Dispenser a gomito (*no-touch*) di detergente e di disinfettante per la pulizia delle mani. (Per gentile concessione di Ecolab S.r.l. - Food & Beverage, Italia)

A

Sul terreno nutriente agarizzato, contenuto in una piastra di Petri sterile tenuta chiusa, non si verifica crescita batterica.

B

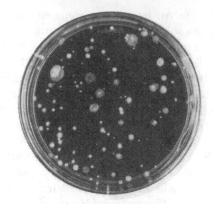

Su una piastra lasciata scoperta la crescita batterica è rapida: dopo incubazione a circa 37 °C per 24-48 ore, le colonie diventano ben visibili.

C

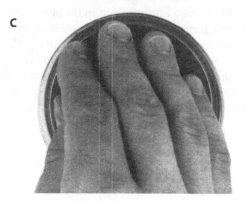

Una mano che appare pulita, ma non è stata lavata, viene premuta sul terreno agarizzato di una piastra sterile.

D

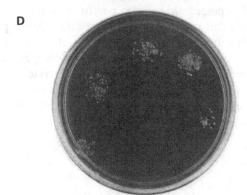

Dopo incubazione per 24 ore a 37 °C, la crescita di colonie batteriche dimostra che la mano non era veramente pulita: su di essa erano presenti milioni di batteri.

E

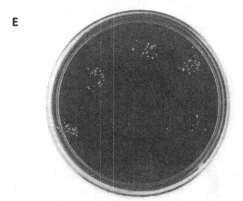

Su una mano lavata per 15 secondi con acqua calda e sapone il numero di batteri è ridotto.

F

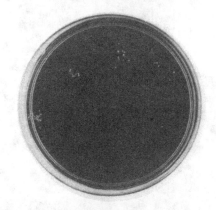

Prolungando il lavaggio per altri 15 secondi, la carica batterica si riduce ulteriormente.

G
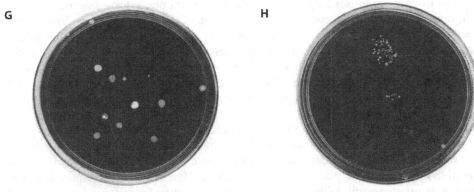

H

Colonie batteriche derivanti da materiale presente sotto le unghie.

Crescita batterica ottenuta premendo la punta del naso e le labbra sul terreno agarizzato di una piastra di Petri.

I
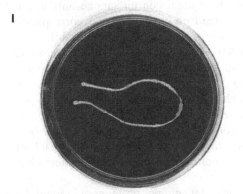

L
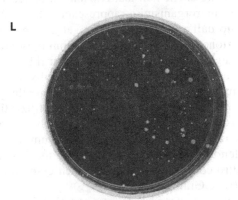

Crescita batterica ottenuta premendo un capello sul terreno agarizzato di una piastra di Petri.

Ogni starnuto contiene da 10.000 a 100.000 batteri, che vengono proiettati nell'aria a oltre 300 chilometri all'ora.

Figura 5.4 Il corpo umano rappresenta una delle principali fonti di contaminazione. Confrontando le immagini D, E e F della pagina a fianco, è possibile osservare l'effetto del semplice lavaggio con acqua e sapone sul numero di microrganismi presenti sulle mani. In questa pagina sono mostrati esempi di crescita di colonie di batteri provenienti da altre parti del corpo (Immagini riprodotte per gentile concessione di Cornell Cooperative Extension Publication. *Safe Food Preparation: It's in Your Hands*, Cornell University, 1995)

L'impiego di prodotti antisettici per il lavaggio delle mani può ridurre la carica batterica e, quindi, diminuire il rischio di contaminazione crociata. Questi prodotti includono: saponi e detergenti, sanificanti istantanei per le mani, soluzioni e creme antisettiche. Saponi e detergenti antisettici rimuovono i batteri superficiali e possono avere un'azione residuale. I sanificanti istantanei distruggono i batteri ma non possiedono efficacia residua. L'utilizzo di soluzioni protettive e antisettiche dopo il lavaggio può determinare un effetto antibatterico residuo, ridurre la desquamazione della pelle e proteggere contro gli effetti irritanti dei liquidi e del lattice dei guanti.

Le paste lavamani a base di alcol, come pure i gel o i disinfettanti da risciacquare contenenti almeno il 60% di alcol, possono essere impiegati nella fase di disinfezione dopo il lavaggio delle mani con acqua e sapone. L'alcol presente evapora in circa 15 secondi. Tale modalità di disinfezione delle mani è efficace, migliora l'igiene personale e non determina l'insorgenza di resistenza microbica. L'impiego di questi disinfettanti per le mani, prima della manipolazione degli alimenti, è generalmente considerato una procedura sicura. Nell'inattivazione dei virus, l'etanolo è più efficace dell'isopropanolo; entrambi agiscono efficacemente anche nell'inattivazione di batteri e funghi. La prassi più efficace per il controllo dei microrganismi è rappresentata dal lavaggio delle mani con un sapone antibatterico seguito dall'applicazione di un gel a base alcolica (Paulson et al, 1999); occorre prestare attenzione, poiché alle concentrazioni presenti in tali prodotti l'alcol è infiammabile.

Tra gli altri composti antisettici per il lavaggio, sono compresi iodio e iodofori (complessi di iodio con un veicolante come il polivinilpirrolidone). Per quanto efficace, lo iodio è una sostanza irritante e può causare reazioni allergiche (Larson, 1995). La clorexidina gluconato (CHG) è contenuta sia nei prodotti utilizzati da chirurghi, sia nei prodotti impiegati per il lavaggio delle mani; possiede un ampio spettro d'azione, essendo efficace sia contro i batteri Gram-negativi sia contro quelli Gram-positivi con circa sei ore di attività residua. Il cloroxilenolo è meno attivo della CHG, ma la sua attività persiste per diverse ore. Il triclosan, un altro composto fenolico, ha anch'esso un ampio spettro d'azione contro i batteri Gram-positivi e Gram-negativi.

Sono state proposte diverse combinazioni di guanti e lavaggi per proteggere le mani dalla carne contaminata da *E. coli* (Fendler et al., 1998). Le mani nude, lavate e disinfettate con alcol ogni ora, hanno mostrato la conta microbica più bassa; bassi livelli di contaminazione sono stati ottenuti anche senza alcol quando, per allontanare i residui di carne, i lavaggi sono stati più frequenti.

I guanti devono essere indossati dopo aver lavato e asciugato le mani; tuttavia, va sempre ricordato che i guanti possono essere bucati e che quelli in lattice naturale possono causare nei soggetti sensibilizzati reazioni allergiche, per la presenza di tracce di proteine dotate di potere allergizzante. Inoltre, nell'ambiente caldo e umido che si forma all'interno dei guanti i microrganismi si moltiplicano rapidamente se non viene applicato un idoneo prodotto antisettico (Taylor, 2000). Se le mani sono sporche, la contaminazione si diffonderà anche sui guanti; se non sono perfettamente asciutte, l'umidità residua creerà sotto i guanti condizioni favorevoli alla crescita batterica. È bene ricordare al personale che è più difficile percepire lo sporco sui guanti che sulle mani nude. Per la manipolazione di alimenti pronti al consumo è consigliabile l'uso di guanti non in lattice.

Vi sono vari modi per asciugarsi le mani e altre parti del corpo. Le salviette di carta sono indicate, purché vengano poi gettate negli appositi contenitori; gli asciugamani elettrici dovrebbero essere utilizzati solo nei bagni per evitare aumenti di temperatura negli altri ambienti: la loro installazione nelle aree di lavorazione non è ammissibile poiché possono sollevare polvere dal pavimento, spostandola sulle superfici a contatto con gli alimenti.

Lavaggio delle mani e malattie a trasmissione alimentare

Alcuni esempi danno l'idea di come il lavarsi poco le mani possa causare gravi epidemie di malattie a trasmissione alimentare.

Durante una crociera di quattro giorni nei Caraibi, 72 passeggeri e 12 membri dell'equipaggio hanno sofferto di diarrea e 13 persone sono state ricoverate. Nelle feci di 19 passeggeri e di 2 membri dell'equipaggio è stata isolata *Shigella flexneri*. La causa della malattia è stata attribuita a un'insalata di patate preparata da un membro dell'equipaggio portatore del batterio; l'infezione si è diffusa facilmente per l'inadeguatezza dei servizi igienici a disposizione del personale di cucina.

Oltre 3000 donne che avevano partecipato a un festival musicale di cinque giorni nel Michigan si sono ammalate di gastroenterite provocata da *Shigella sonnei*. I sintomi sono comparsi due giorni dopo la fine del festival; quando l'epidemia, causata da un'insalata di tofu servita l'ultimo giorno, è stata riconosciuta, le persone colpite erano ormai sparse per tutti gli Stati Uniti. I pasti serviti durante il festival erano stati preparati da più di 2000 volontari, tra i quali si era verificata, prima della manifestazione, una piccola epidemia di shigellosi. Le condizioni igienico-sanitarie dell'area del festival erano complessivamente accettabili, ma la disponibilità di acqua corrente e sapone per lavarsi le mani era limitata. La presenza di servizi igienici appropriati avrebbe potuto evitare questa massiccia epidemia di origine alimentare.

Ancora *S. sonnei* è stata responsabile di un'epidemia che ha colpito 240 passeggeri di 219 voli, sia interni agli Stati Uniti (verso 24 Stati e il Distretto di Columbia), sia diretti in altri 4 Paesi. L'epidemia è stata identificata solo perché aveva coinvolto 21 dei 65 giocatori e allenatori di una squadra di football. In tutti i giocatori, gli allenatori, i passeggeri e gli assistenti di volo infettati è stato identificato lo stesso ceppo di *S. sonnei*. L'epidemia è stata causata da alimenti freddi manipolati nella cucina della compagnia aerea; in queste cucine dovrebbe essere ridotta al minimo la manipolazione nella preparazione di alimenti freddi, oppure questi dovrebbero essere eliminati dai menu di volo.

5.1.4 Modalità di trasmissione delle malattie

Trasmissione diretta

Molte patologie sono trasmesse da una persona a un'altra per contatto stretto, attraverso il trasferimento diretto dei microrganismi responsabili; esempi sono la difterite, la scarlattina, l'influenza, la polmonite, la tubercolosi, la febbre tifoide, la dissenteria e le malattie veneree. Le malattie respiratorie possono essere trasmesse mediante minuscole goccioline espulse dal naso e dalla bocca mentre si parla, si starnutisce o si tossisce; quando queste particelle si attaccano alla polvere, possono rimanere sospese nell'aria per un periodo di tempo indefinito e altre persone, inalandole, possono essere infettate.

Trasmissione indiretta

Le persone infette possono trasferire i microrganismi a veicoli come acqua, alimenti e suolo. Tra gli oggetti inanimati, diversi dagli alimenti, in grado di trasmettere infezioni, si possono ricordare maniglie, telefoni, matite, libri, arredi dei bagni, indumenti, denaro e coltelli. Le malattie intestinali e respiratorie come la salmonellosi, la dissenteria e la difterite si possono diffondere mediante trasmissione indiretta.

Per ridurre la trasmissione indiretta dei microrganismi, tutti i lavabi dovrebbero essere muniti, invece che di rubinetti manuali, di comandi azionati a pedale o, comunque, senza l'impiego delle mani; le porte dovrebbero essere automatiche.

5.1.5 Requisiti sanitari e norme igieniche

La direzione aziendale deve fissare un protocollo per garantire l'attuazione delle procedure igieniche da parte del personale. Nello spiegare agli addetti l'importanza di tali procedure, responsabili e dirigenti dovrebbero dare il buon esempio mostrando elevati livelli di igiene e cura della propria salute. L'azienda dovrebbe inoltre assicurare la pulizia degli indumenti da lavoro e degli spogliatoi, garantire servizi igienici e ambienti appropriati.

La direzione dovrebbe chiedere agli aspiranti dipendenti di sottoporsi prima dell'assunzione a visita medica per verificare lo stato di salute. Si tratta di un'ottima opportunità per far comprendere ai nuovi assunti l'importanza di buone abitudini igieniche e per sottolineare come le persone possano diffondere patogeni come *Salmonella* e *Shigella*. Inoltre, mediante la visita medica chi soffre di infezioni cutanee può essere individuato prima che manipoli alimenti. Tutti coloro che lavorano a contatto con prodotti alimentari dovrebbero essere controllati regolarmente per assicurarsi che non abbiano segni di malattie, infezioni e altre condizioni patologiche.

In numerosi Paesi sono in vigore norme che prescrivono visite mediche pre-assunzione e successivi controlli a intervalli regolari. Tuttavia, queste norme sono state messe in discussione, sia per l'elevato costo delle visite mediche di routine e per la difficoltà di gestire questi programmi, sia perché non è stata stabilita una chiara relazione tra la salute degli addetti alla manipolazione degli alimenti e la diffusione delle malattie a trasmissione alimentare.

Per garantire l'igiene personale si dovrebbero osservare alcune fondamentali procedure.

1. La salute fisica dovrebbe essere mantenuta e conservata attraverso un'alimentazione corretta e l'igiene del corpo.
2. Chi lavora a contatto con gli alimenti dovrebbe riferire al datore di lavoro eventuali malattie, in modo che possano essere prese le dovute precauzioni per proteggere gli alimenti dalla possibile contaminazione.
3. Si dovrebbero sviluppare abitudini di lavoro igieniche per eliminare il rischio di contaminazione degli alimenti.
4. Durante i turni di lavoro, le mani vanno lavate: dopo l'uso del bagno; il contatto con rifiuti o altri materiali sporchi; la manipolazione di molluschi crudi e di prodotti a base di uova o di latte; il contatto con denaro; aver fumato, tossito o starnutito.
5. La pulizia personale deve essere mantenuta facendo tutti i giorni il bagno o la doccia, usando un deodorante, lavando i capelli almeno due volte alla settimana, pulendo quotidianamente le unghie, utilizzando un copricapo o una retina durante la manipolazione degli alimenti e indossando indumenti e uniformi pulite.
6. Gli operatori non dovrebbero toccare con le mani le superfici di stoviglie e utensili che vengono a contatto con la bocca dei consumatori. Quando il contatto è necessario, è bene utilizzare guanti monouso.
7. Vanno rispettate le regole, come il divieto di fumo, e le precauzioni relative alla potenziale contaminazione.

I datori di lavoro dovrebbero sottolineare l'importanza del corretto comportamento igienico del personale attuando le seguenti misure:

– il personale addetto deve essere istruito sulla corretta manipolazione degli alimenti e sull'igiene personale;
– si dovrebbero condurre ispezioni regolari del personale e delle loro abitudini di lavoro;
– dovrebbero essere previsti incentivi per ottenere il miglioramento dell'igiene della persona e del comportamento.

Chi manipola alimenti è responsabile della propria salute e dell'igiene del proprio corpo e deve proteggere la salute dei consumatori, evitando procedure antigieniche che potrebbero causare malattie. L'igiene personale è pertanto una misura fondamentale per garantire la produzione di alimenti sicuri.

5.2 Gestione igienico-sanitaria degli alimenti

Durante la lavorazione degli alimenti è necessaria una barriera igienico-sanitaria protettiva tra gli alimenti e le possibili fonti di contaminazione; a tale scopo, occorre utilizzare idonei copricapi per contenere i capelli, guanti monouso, mascherine per naso e bocca e confezioni e contenitori per alimenti.

5.2.1 Ruolo del personale

Le aziende di lavorazione e somministrazione di alimenti dovrebbero proteggere il proprio personale e i consumatori dai lavoratori affetti da malattie infettive potenzialmente pericolose per la salute pubblica e la sicurezza alimentare. Tale impegno è fondamentale sia per l'immagine aziendale, sia per operare secondo le regole di buona prassi previste dalla normativa vigente. In quasi tutte le comunità, i regolamenti sanitari locali proibiscono ai lavoratori malati o portatori di patologie trasmissibili di manipolare alimenti o di partecipare ad attività che potrebbero causare la contaminazione degli alimenti o delle superfici che entrano in contatto con essi.

Il responsabile di un'azienda alimentare dovrebbe prestare molta attenzione nella scelta del personale, escludendo gli individui affetti da malattie che potrebbero essere trasmesse dagli alimenti. Sebbene in alcune aree non sia più richiesto un certificato medico a causa dei costi troppo elevati, molti dipartimenti di sanità locali prevedono per tutti gli addetti alla manipolazione di alimenti una visita medica che attesti lo stato di buona salute.

La selezione del personale dovrebbe avvenire sulla base delle seguenti condizioni.
1. L'assenza di malattie trasmissibili dovrebbe essere attestata da un'idonea documentazione (libretto di idoneità sanitaria o certificato medico).
2. I candidati non devono mostrare segni di possibile rischio sanitario, come ferite aperte o eccessive infezioni cutanee o acne.
3. I candidati con evidenti problemi respiratori non dovrebbero essere assunti per manipolare alimenti o per operare nelle aree di lavorazione o preparazione degli alimenti.
4. Gli aspiranti devono essere puliti, curati e indossare indumenti privi di cattivi odori.
5. I candidati sono tenuti a seguire un corso di formazione igienico-sanitaria, che preveda anche un esame finale per il rilascio dell'attestato.

5.2.2 Igiene personale

Le aziende alimentari dovrebbero fissare regole di igiene personale chiaramente definite – da applicare sempre e senza eccezioni – riguardanti la pulizia personale, l'abbigliamento di lavoro, le procedure per la manipolazione degli alimenti e i divieti, come quello relativo al fumo. Per facilitarne il rispetto, le norme dovrebbero essere documentate, consegnate e illustrate con chiarezza (anche mediante libretti e opuscoli informativi) a tutto il personale che opera all'interno dell'azienda.

5.2.3 Servizi

Per una gestione igienica degli alimenti occorre disporre di attrezzature e sistemi appropriati. Le attrezzature per la manipolazione e la lavorazione degli alimenti devono essere costruite secondo i requisiti previsti dalla normativa del settore. I servizi igienici e gli spogliatoi devono essere puliti, ordinati, bene illuminati e distanti dalle aree di produzione; le porte dei servizi igienici dovrebbero essere automatiche; i lavabi devono avere rubinetti con comando a pedale, che forniscano acqua a una temperatura di 43-50 °C. È inoltre raccomandato l'impiego di dispenser per sapone liquido, poiché le saponette possono favorire il trasferimento di microrganismi. Le salviette usa e getta sono le più indicate per asciugarsi le mani. Il consumo di spuntini, bibite e altri alimenti deve essere consentito solo nell'apposita area, che va mantenuta pulita ed esente da insetti e da qualsiasi traccia di sporco.

5.2.4 Controllo del personale

Gli addetti alla manipolazione di alimenti dovrebbero essere soggetti agli stessi standard di salute e di igiene utilizzati per la selezione dei candidati. I responsabili del controllo dovrebbero verificare quotidianamente l'assenza di tagli infetti, foruncoli, affezioni delle vie aeree e di altri segni di infezione. In molti Paesi, le aziende che lavorano e somministrano alimenti sono tenute a comunicare alle autorità sanitarie la presenza di lavoratori sospettati di essere affetti da malattie contagiose o di esserne portatori.

Obblighi del personale

Sebbene il datore di lavoro sia responsabile della condotta e dell'operato dei dipendenti, al momento dell'assunzione ogni nuovo addetto dovrebbe essere reso consapevole dei propri obblighi.

- Il personale deve cercare di mantenersi in buona salute, soprattutto in relazione ai disturbi respiratori e gastrointestinali e ad altre forme di indisposizione.
- Se affetto da lesioni della pelle, come tagli, ustioni, foruncoli ed eruzioni cutanee, il lavoratore deve informare il datore di lavoro.
- Il datore di lavoro dovrebbe essere messo al corrente di condizioni patologiche, quali malattie respiratorie (per esempio raffreddore, sinusite, bronchite e polmonite) e gastrointestinali (in particolare diarrea).
- L'igiene personale deve prevedere: doccia (o bagno) e pulizia delle unghie tutti i giorni; lavaggio dei capelli almeno due volte alla settimana; cambio quotidiano degli indumenti intimi.
- Il personale dovrebbe avvisare un responsabile in caso di esaurimento di sapone liquido o di salviette nei servizi igienici.
- È vietato grattarsi il capo o altre parti del corpo.
- È obbligatorio schermare bocca e naso quando si tossisce o starnutisce.
- È obbligatorio lavarsi le mani dopo aver usato i servizi igienici, essersi soffiato il naso, aver fumato, maneggiato oggetti sporchi o denaro.
- Gli alimenti non vanno toccati né assaggiati utilizzando le mani, devono essere lavorati con utensili puliti, che non siano stati utilizzati per assaggiare. Nell'area di produzione è vietato mangiare.
- Il divieto di fumo va sempre rispettato.

Sommario

Gli addetti alla manipolazione degli alimenti sono potenziali fonti di microrganismi patogeni e alterativi. Il termine *igiene* indica l'applicazione dei principi igienico-sanitari per preservare la salute. L'igiene personale si riferisce alla pulizia del corpo e degli indumenti di una persona. Tra le parti del corpo che contribuiscono alla contaminazione degli alimenti vi sono: pelle, mani, capelli, occhi, bocca, naso, nasofaringe, tratto respiratorio e organi escretori. Queste parti sono fonti di contaminazione, in quanto possono ospitare microrganismi nocivi trasmissibili per via diretta o indiretta.

Le aziende alimentari devono selezionare personale che presenti un aspetto pulito e sia in buona salute; devono inoltre assicurarsi che siano seguite le norme di igiene della persona e del comportamento. Ogni addetto deve ritenersi responsabile della propria igiene e della sicurezza degli alimenti che manipola.

Domande di verifica

1. Che cos'è l'igiene?
2. Che cosa si intende per portatore cronico?
3. Qual è la differenza tra trasmissione diretta e trasmissione indiretta delle malattie?
4. Che cosa si intende per portatore sano?
5. Che cosa sono i batteri residenti?
6. Quali microrganismi causano il raffreddore comune?
7. Che cosa sono i batteri transienti?
8. Quali sono le principali funzioni della pelle?
9. Quali sono le due principali specie batteriche normalmente presenti sulla pelle?
10. Perché è importante lavarsi le mani?

Bibliografia

Anon (1995) *Safe food preparation: It's in your hands*. Cornell Cooperative Extension Publication, Ithaca, NY.

Anon (1997a) Did you wash your hands? *Food Qual* 3; 19: 52.

Anon (1997b) Hands-on hygiene. *Food Qual* 3; 19: 56.

Anon (2002) Handwashing and hand drying effectiveness. *Food Qual* 11; 5: 49.

Fendler EJ, Dolan MJ, Williams RA, Paulson DS (1998) Hand washing and gloving for food protection. Part II: Effectiveness. *Dairy Food Environ Sanit* 18: 824.

Filho GPP, et al (1985) Survival of Gram negative and Gram positive bacteria artificially applied on the hands. *J Clin Microbiol* 21:652.

Larson E (1995) APIC guidelines for handwashing and hand antisepsis in health care settings. *Am J Infection Control* 23: 251.

Longree K, Armbruster G (1996) *Quality food sanitation* (5th ed). John Wiley & Sons, New York.

Paulson DS, Riccardi C, Beausolell CM, Fendler EJ, Dolan MJ, Dunkerton LV, Williams RA (1999) Efficacy evaluation of four hand cleansing regimens for food handlers. *Dairy Food Environ Sanit* 19: 680.

Restaino L, Wind CE (1990) Antimicrobial effectiveness of hand washing for food establishments. *Dairy Food Environ Sanit* 10: 136.

Taylor AK (2000) Food protection: New developments in handwashing. *Dairy Food Environ Sanit* 20; 2: 114.

Capitolo 6
HACCP e sanificazione

Il sistema HACCP (*Hazard Analysis Critical Control Point*) è un approccio preventivo per la produzione di alimenti sicuri, basato su due importanti concetti: prevenzione e documentazione. I principali obiettivi dell'HACCP consistono nel determinare come e dove possano esistere pericoli per la sicurezza degli alimenti e come prevenirli. La documentazione è l'elemento essenziale per verificare che i potenziali pericoli siano stati controllati. L'utilizzo dell'HACCP nell'industria alimentare è raccomandato e/o obbligatorio; negli Stati Uniti e nell'Unione Europea costituisce la base dei controlli ufficiali sugli alimenti. Nel quinquennio 1996-2000, per ottemperare alle norme sull'HACCP, le aziende statunitensi di lavorazione della carne hanno speso ogni anno circa 380 milioni di dollari e ne hanno investiti altri 570 a lungo termine (Anon., 2004).

L'HACCP è un sistema scientifico proattivo orientato alla prevenzione; infatti, è focalizzato sulla prevenzione e sul controllo dei pericoli per la sicurezza alimentare di natura biologica, chimica e fisica. Essendo finalizzato alla sicurezza e non alla qualità, dovrebbe essere separato dal controllo di qualità, oppure essere considerato come un componente chiaramente distinto nell'ambito della *quality assurance* (QA). Gli obiettivi dell'HACCP sono:
- garantire la conduzione efficace delle procedure igienico-sanitarie e delle altre misure necessarie per produrre alimenti sicuri;
- documentare che tali procedure siano state effettivamente seguite.

6.1 Che cos'è l'HACCP

Il concetto di HACCP è stato sviluppato negli anni cinquanta dalla NASA (National Aeronautics and Space Administration) e dai Natick Laboratories, per essere utilizzato nel settore aerospaziale, sotto il nome *Failure Mode Effect Analysis*. L'applicazione nell'industria alimentare di questo approccio razionale è stata sviluppata congiuntamente, nel 1971, dalla Pillsbury Company, dalla NASA e dai Natick Laboratories dell'esercito statunitense, come strumento per realizzare un programma "zero difetti" per la produzione di alimenti. L'HACCP è stato quindi adottato per garantire l'assoluta assenza di microrganismi patogeni negli alimenti utilizzati nei programmi spaziali americani.

L'HACCP è stato definito un metodo semplice ma altamente specifico per identificare i potenziali pericoli e implementare le appropriate misure di controllo per prevenirli (Clark, 1991). Essendo progettato per prevenire i pericoli e non per rilevarne la presenza, l'HACCP è stato riconosciuto dal Food Safety and Inspection Service (FSIS) del Department of Agriculture degli Stati Uniti (USDA) come strumento idoneo a prevenire i pericoli per la sicurezza degli alimenti, in particolare nella produzione di carne e pollame. La logica dell'HACCP è stata accettata e raccomandata da numerose istituzioni scientifiche, tra le quali le commissioni della National Academy of Sciences (NAS), che forniscono supporto scientifico per il programma statunitense di ispezione delle carni e del pollame e per la determinazione dei criteri microbiologici degli alimenti. Tali commissioni hanno indicato nell'HACCP un approccio razionale e ottimale al controllo della produzione alimentare, che consente l'identificazione delle aree più critiche per la sicurezza degli alimenti.

In base all'esame del flusso degli alimenti durante tutte le fasi del processo, il sistema fornisce un metodo per monitorare con frequenza le operazioni e per determinare i punti critici per il controllo dei pericoli connessi a malattie a trasmissione alimentare.

Un pericolo è un fattore o una condizione che può nuocere al consumatore. Un punto critico di controllo (CCP) è un'operazione, o una fase, nel corso della quale possono essere attuate misure preventive o di controllo per eliminare, prevenire o minimizzare uno o più pericoli identificati in una delle fasi precedenti.

Il sistema HACCP è composto di due parti:
– analisi dei pericoli;
– determinazione dei punti critici di controllo.

L'analisi dei pericoli richiede una solida conoscenza della microbiologia degli alimenti, delle specie microbiche che possono essere presenti e dei fattori che ne influenzano la sopravvivenza e la crescita. I fattori che compromettono maggiormente la sicurezza e l'accettabilità degli alimenti sono:

1. materie prime o altri ingredienti contaminati;
2. controllo inadeguato della temperatura durante la lavorazione e lo stoccaggio (rapporto tempo-temperatura scorretto);
3. tempo di raffreddamento eccessivo (superiore a 2-4 ore) per portare gli alimenti a temperatura di refrigerazione;
4. manipolazione scorretta dopo la lavorazione; contaminazione crociata (tra prodotti diversi oppure tra materie prime e prodotti finiti);
5. sanificazione inefficace o impropria delle attrezzature;
6. mancata separazione di alimenti crudi e cotti;
7. scarsa igiene della persona e comportamento non corretto da parte del personale.

Attraverso la descrizione di ciascun prodotto e del relativo uso previsto, l'HACCP identifica i prodotti a rischio in quanto soggetti a contaminazione e proliferazione microbica durante la lavorazione o la preparazione. Si procede, quindi, all'esame dell'intero processo.

L'analisi dei pericoli è una procedura essenziale per condurre l'analisi dei rischi associati a prodotti e ingredienti; a tale scopo si costruisce un diagramma di flusso che rappresenti la sequenza del processo produttivo e distributivo, in relazione alla contaminazione, alla sopravvivenza e alla crescita di microrganismi in grado di provocare malattie a trasmissione alimentare. All'interno di tale diagramma vengono identificati i punti critici di controllo. Le carenze individuate vengono corrette in ordine di priorità. Per valutare l'efficacia del sistema è previsto uno specifico programma di monitoraggio.

L'HACCP mette a disposizione delle aziende alimentari e delle autorità sanitarie strumenti e punti di controllo per tutelare in modo efficace ed efficiente la salute dei consumatori.

Rispetto al tradizionale sistema fondato essenzialmente sulle ispezioni ufficiali, l'HACCP rappresenta un approccio più razionale al controllo del pericolo microbiologico negli alimenti (Marriott et al., 1991). Sebbene sia stato sviluppato circa quarant'anni fa, l'HACCP è stato adottato nelle industrie alimentari statunitensi solo a partire dal 1985, quando la NAS ne ha raccomandato l'applicazione durante la lavorazione degli alimenti. Sulla base di studi successivi condotti dalla NAS, il sistema è stato raccomandato per i controlli delle carni, del pollame e dei prodotti ittici. Attualmente negli Stati Uniti l'industria alimentare è fortemente orientata verso l'implementazione dell'HACCP, che in futuro potrebbe evolvere integrandosi in un programma più completo per la gestione della qualità globale.

L'HACCP dovrebbe essere adottato come funzione aggiuntiva del sistema della QA e come approccio sistematico per identificare e controllare i pericoli e per valutare il rischio nelle aziende che lavorano e/o somministrano alimenti e nella distribuzione, per garantire l'igiene delle operazioni. Nell'attuazione del sistema HACCP si dovrebbero sempre considerare i possibili usi non previsti dei prodotti alimentari; inoltre, ogni stadio del processo dovrebbe essere esaminato sia come entità a se stante, sia in relazione agli altri stadi. L'analisi dovrebbe includere anche gli ambienti di produzione, poiché questi contribuiscono sia alla contaminazione microbica sia a quella da materiali estranei.

L'HACCP offre benefici alle autorità sanitarie, alle aziende e ai consumatori. I primi due dispongono di una storia documentata delle operazioni effettuate e possono concentrare l'attenzione sugli aspetti connessi alla gestione dei rischi; attraverso il monitoraggio dei punti critici di controllo (CCP), possono valutare l'efficacia dei metodi di controllo adottati. Inoltre le aziende possono monitorare costantemente il processo produttivo e prevenire i pericoli, anziché dover correre ai ripari quando si sono già manifestati. I consumatori, infine, traggono beneficio dalla disponibilità di alimenti prodotti in condizioni nelle quali i pericoli sono identificati e tenuti sotto controllo.

Per ogni CCP delle procedure di sanificazione vanno fissati parametri misurabili da sottoporre a monitoraggio per verificare che siano rispettati i criteri stabiliti; le registrazioni dei monitoraggi effettuati devono essere sottoposte al controllo dei supervisori e dei responsabili e possono servire per sottolineare l'importanza del monitoraggio e della conformità alle linee guida. Il monitoraggio deve comprendere l'osservazione sistematica, la misurazione e la registrazione dei fattori significativi per la prevenzione e il controllo dei pericoli; i risultati ottenuti devono essere continuamente verificati per correggere i processi fuori controllo o per riportare il prodotto entro limiti accettabili prima dell'inizio o durante lo svolgimento della fase di lavorazione. Nelle procedure dovrebbero essere definite le caratteristiche di accettabilità di un processo e dovrebbe essere stabilito in che modo gestire gli eventuali scostamenti. Poiché le specifiche relative alla lavorazione di un prodotto riguardano sia la sicurezza sia la qualità, è importante che i relativi punti critici siano tenuti ben distinti, per evitare che il personale possa fare confusione (Bauman, 1997).

Sebbene l'implementazione dell'HACCP sia responsabilità delle aziende, il sistema è utilizzato anche per i monitoraggi effettuati dalle autorità di controllo. La FDA ha adottato la filosofia dell'HACCP, poiché questo approccio consente un utilizzo più efficiente delle sue risorse e una migliore protezione della salute dei consumatori.

Uno dei principali obiettivi dell'HACCP è il controllo di *Listeria monocytogenes*; l'HACCP può aiutare a prevenirne la crescita grazie al monitoraggio dell'intera sequenza delle operazioni, effettuato per verificare l'efficacia delle procedure seguite. Il monitoraggio prevede il prelievo di campioni sia dagli ambienti dello stabilimento, sia dai lotti di prodotto finito. Poiché *L. monocytogenes* è considerato il più pericoloso agente contaminante di origine ambientale, vengono analizzati molti campioni prelevati su base casuale da vari punti dell'ambiente di produzione, come soffitti, pavimenti, canaline di drenaggio, manichette per l'acqua, superfici delle attrezzature e altri punti. Le canaline di drenaggio dei pavimenti, che

possono raccogliere microrganismi provenienti da una vasta area, dovrebbero essere sottoposte ad analisi frequenti, utilizzando test rapidi come quelli immunoenzimatici.

6.2 Sviluppo dell'HACCP

6.2.1 Prerequisiti del piano

Secondo il National Advisory Committee on Microbiological Criteria for Foods (1997), i
prerequisiti necessari per lo sviluppo del sistema HACCP dovrebbero includere, tra l'altro,
gli elementi elencati di seguito.

1. *Locali di produzione*: dovrebbero essere progettati, situati, costruiti e mantenuti secondo
   criteri igienico-sanitari.
2. *Fornitori*: occorre verificare costantemente le garanzie prodotte dai fornitori, in particolare in relazione all'adozione del sistema HACCP.
3. *Schede descrittive*: devono essere predisposte schede descrittive per tutti gli ingredienti,
   i prodotti e i materiali per il confezionamento.
4. *Attrezzature e impianti per la produzione*: devono essere costruiti e installati secondo
   principi igienico-sanitari; gli interventi di manutenzione e taratura devono essere programmati preventivamente e documentati.
5. *Sanificazione*: tutte le procedure dovrebbero essere scritte e seguite scrupolosamente.
6. *Igiene personale*: tutto il personale che entra nell'area di produzione deve osservare le
   regole di igiene personale.
7. *Formazione*: tutti gli addetti dovrebbero ricevere adeguata formazione in merito all'igiene personale, alle GMP, alle procedure di sanificazione, alla sicurezza personale e al proprio ruolo nel piano HACCP.
8. *Controllo chimico*: per garantire la netta separazione e l'uso corretto delle sostanze chimiche non alimentari (come detergenti, disinfettanti, insetticidi e rodenticidi), devono
   essere adottate procedure documentate.
9. *Ricevimento, stoccaggio e spedizione*: le materie prime e i prodotti devono essere stoccati in condizioni igieniche.
10. *Tracciabilità e ritiro*: le materie prime e i prodotti devono essere codificati secondo il
    lotto; si deve sviluppare un sistema che consenta una tracciabilità rapida e completa e, se
    necessario, il ritiro dei prodotti dal mercato.
11. *Infestanti*: si dovrebbe sviluppare un efficace sistema per il controllo degli infestanti.

6.2.2 Fasi dello sviluppo del piano

Lo sviluppo di un piano HACCP prevede una precisa sequenza di fasi.

1. Costituzione del team HACCP e designazione del responsabile del progetto. Nella squadra dovrebbe essere incluso personale con esperienza nella sanificazione, nella quality
   assurance e nel processo produttivo. Sarebbe utile prevedere anche la partecipazione di
   esperti in marketing, gestione del personale e comunicazione. L'HACCP dovrebbe essere organizzato come parte del programma di quality assurance dell'azienda.
2. Descrizione dei prodotti alimentari e della loro distribuzione; oltre al nome del prodotto,
   ogni scheda deve riportare tutte le informazioni utili, comprese le modalità di stoccaggio
   e distribuzione e l'elenco delle materie prime e degli altri ingredienti.

3. Identificazione dell'uso previsto e del consumatore dell'alimento; il secondo elemento è particolarmente importante se il target del prodotto è rappresentato da neonati o persone immunocompromesse.

4. Sviluppo di un diagramma di flusso (che sarà illustrato nel paragrafo 6.3).

5. Verifica del diagramma di flusso: la squadra HACCP dovrebbe ispezionare l'intero processo produttivo per verificare l'accuratezza e la completezza del diagramma di flusso. Se necessario, il diagramma va modificato.

6. Analisi dei pericoli:
   a) identificare le fasi del processo in cui possono presentarsi pericoli significativi;
   b) preparare un elenco di tutti i rischi identificati associati a ogni fase;
   c) preparare una lista delle misure preventive per controllare i pericoli.

7. Identificazione e documentazione dei CCP nella lavorazione.

8. Definizione dei limiti critici per le misure preventive stabilite per ogni CCP identificato.

9. Definizione dei requisiti del programma di monitoraggio dei CCP, inclusa la frequenza delle misurazioni, e nomina del responsabile (o dei responsabili) delle specifiche attività di monitoraggio.

10. Definizione dell'azione correttiva da attuare qualora il monitoraggio rilevi uno scostamento rispetto a un limite critico prestabilito. Occorre anche definire le modalità per la destinazione o lo smaltimento sicuro dei prodotti a rischio e per la correzione delle procedure o delle condizioni responsabili della perdita di controllo.

11. Definizione delle procedure per verificare il corretto funzionamento del sistema HACCP. I responsabili dell'azienda dovrebbero verificare l'effettiva attuazione delle procedure previste dal piano HACCP.

12. Definizione di efficaci procedure di archiviazione che consentano la documentazione del piano HACCP e il suo aggiornamento nel caso si verifichino cambiamenti nel prodotto e/o nelle condizioni di produzione o qualora insorgano nuovi pericoli.

Le fasi da 6 a 12 – note come i sette principi dell'HACCP – sono discusse nel paragrafo 6.5.

Nella determinazione dei CCP, come parte dello sviluppo del piano, occorre sottolineare che non tutte le fasi di un processo vanno considerate critiche: è importante distinguere i punti critici da quelli non critici. Un approccio pratico per identificare i CCP consiste nell'utilizzo di una scheda di lavoro, con i seguenti contenuti:

1. descrizione del prodotto alimentare e del suo uso previsto;
2. diagramma di flusso, che comprenda
   – manipolazione delle materie prime,
   – fasi di preparazione, lavorazione e fabbricazione,
   – confezionamento e movimentazione del prodotto finito,
   – stoccaggio e distribuzione,
   – gestione nel punto vendita.

Una volta compilato il diagramma di flusso, è facile identificare i CCP. Un CCP può essere un luogo, un'operazione, una procedura o un processo che, se controllato, consente di prevenire o minimizzare la contaminazione. I CCP devono essere monitorati per assicurare che le diverse fasi siano sotto controllo. Il monitoraggio può prevedere osservazioni, misurazioni fisiche (temperatura, pH, a_w) e analisi microbiologiche; per lo più viene condotto mediante misurazioni visive e chimico-fisiche, in quanto le analisi microbiologiche spesso richiedono troppo tempo. Nel caso delle materie prime, tuttavia, le indagini microbiologiche possono rappresentare l'unica procedura di monitoraggio accettabile, in particolare quando la con-

Modalità di valutazione del rischio

Un alimento e le materie prime dalle quali è ottenuto possono essere classificati in due tipologie, in relazione alle modalità di valutazione del rischio:
- valutazione del rischio effettuata attraverso un esame dell'alimento per individuare i possibili pericoli;
- valutazione del rischio attraverso l'identificazione delle caratteristiche generali dei pericoli associati all'alimento in esame.

taminazione microbica costituisce un CCP. I metodi microbiologici sono adatti per determinare direttamente la presenza di pericoli durante la lavorazione e nel prodotto finito. Possono anche essere usati per monitorare indirettamente l'efficacia dei punti di controllo della sanificazione e dell'igiene del personale; tuttavia, in questo caso le analisi microbiologiche non rappresentano un controllo di routine e non devono costituire una procedura continua. Per ogni procedura di monitoraggio devono essere stabiliti i limiti critici. Il monitoraggio dev'essere verificato dalle analisi di laboratorio per garantire che il processo funzioni.

6.3 Implementazione del programma HACCP

Nomina del team HACCP
Come prima tappa, il programma richiede la formazione di una squadra HACCP costituita da membri con specifiche conoscenze e adeguata esperienza del prodotto e del processo. Tra i criteri di selezione dovrebbero avere particolare rilievo la conoscenza del processo produttivo e della quality assurance; tuttavia, se possiedono una buona conoscenza del prodotto e del processo, possono essere adatti anche esperti di marketing e comunicazione. Nella squadra dovrebbero essere inseriti anche addetti alla produzione, poichè hanno maggiore dimestichezza con la variabilità e i punti deboli della lavorazione. Inoltre, l'inserimento nel team del personale direttamente coinvolto nella produzione, che avrà poi il compito di implementare il sistema, favorisce lo sviluppo di un positivo senso di appartenenza.

Per far funzionare l'HACCP

I seguenti fattori si sono dimostrati determinanti per il successo del sistema HACCP:
1. cooperazione tra organi di controllo e aziende nello sviluppo delle procedure di monitoraggio dei CCP;
2. istruzione del personale addetto alla lavorazione degli alimenti;
3. incoraggiamento all'uso del sistema da parte degli enti di controllo.

Affinché l'HACCP possa funzionare efficacemente, sono state formulate le seguenti raccomandazioni (Marriott et al., 1991):
1. il personale addetto alla lavorazione degli alimenti e gli organi di controllo devono ricevere un'adeguata istruzione sul sistema;
2. nell'applicazione del sistema vanno adottate soluzioni tecniche specifiche da parte del personale dell'impianto;
3. si dovrebbe porre fine all'abuso di CCP che non costituiscono un rischio.

Il ricorso all'opera di consulenti esterni può essere utile poiché consente di disporre di maggiori conoscenze ed esperienze; tuttavia questi specialisti devono poter contare sul supporto del personale addetto alla produzione. Gli esperti che conoscono il prodotto e il processo possono fornire un contributo più efficace nella fase di verifica della completezza dell'analisi dei pericoli e del piano HACCP. Le conoscenze e l'esperienza degli specialisti del sistema HACCP dovrebbero consentire loro di identificare i possibili pericoli, assegnare i livelli di gravità e di rischio, fornire indicazioni per la verifica del monitoraggio e per le azioni correttive da mettere in atto in caso di scostamenti, valutare l'efficacia del piano (Stevenson e Bernard, 1995).

Descrizione dell'alimento e metodo di distribuzione
Per ogni prodotto alimentare lavorato nello stabilimento, dovrebbe essere sviluppato un piano HACCP distinto. La descrizione del prodotto dovrebbe includere il nome, l'elenco degli ingredienti, il metodo di distribuzione e le modalità di conservazione.

Uso previsto e consumatori target
Occorre specificare se l'alimento è destinato a uno specifico segmento della popolazione, come neonati, persone immunocompromesse o altre categorie.

Sviluppo del diagramma di flusso del processo
Ciascuna fase del processo produttivo dovrebbe essere identificata mediante la descrizione essenziale dell'operazione svolta. Il diagramma di flusso è essenziale per l'analisi del rischio e l'identificazione dei CCP; inoltre serve per documentare l'implementazione del sistema e come guida futura per il personale, gli organi di controllo e i clienti, che devono comprendere il processo per effettuare le verifiche. Lo schema dovrebbe includere anche le fasi precedenti e successive alla lavorazione realizzata all'interno dello stabilimento e dovrebbe essere descritto con parole piuttosto che mediante disegni tecnici.

Verifica del diagramma di flusso
La squadra HACCP dovrebbe controllare sul posto l'intero processo produttivo, per verificare l'accuratezza e la completezza del diagramma di flusso; se necessario, il diagramma deve essere opportunamente modificato.

La verifica dell'efficacia delle procedure di sanificazione è stata oggetto di crescente attenzione nello scorso decennio, in relazione ai pericoli rappresentati dai patogeni responsabili di malattie a trasmissione alimentare (Slade, 2002); ha assunto importanza sempre maggiore la garanzia che la pulizia con detergenti sia seguita dalla disinfezione, un passaggio fondamentale per eliminare i microrganismi sopravvissuti alla detersione e i residui di sporco ancora presenti su superfici e attrezzature.

6.4 Interfaccia con GMP e SSOP

6.4.1 GMP: gli elementi base dell'HACCP

Negli Stati Uniti le buone pratiche di fabbricazione (GMP, *Good manufacturing practices*) sono state promulgate dalla FDA allo scopo di fornire criteri per ottemperare alle misure del *Federal Food, Drug and Cosmetic Act*, la fondamentale normativa statunitense che proibisce l'immissione sul mercato di alimenti alterati e pone particolare attenzione alla prevenzione della contaminazione diretta e indiretta dei prodotti alimentari.

Le GMP costituiscono i requisiti igienico-sanitari e di fabbricazione minimi, necessari per garantire la sicurezza alimentare. Si tratta di norme di carattere generale, applicabili a mansioni svolte nell'ambito di diverse attività.

Sono normalmente disponibili buone pratiche di fabbricazione per ciascuna delle seguenti aree/funzioni (Chen e Wang, 2003).

1. *Personale* Tali pratiche includono indicazioni per il controllo delle malattie, la pulizia, l'istruzione, la formazione e la supervisione.

2. *Edifici e servizi* Sono incluse indicazioni relative alle risorse strutturali: area circostante lo stabilimento, progettazione dello stabilimento, servizi igienici.

3. *Attrezzature e utensili* Tutte le attrezzature e gli utensili dell'impianto dovrebbero essere progettati in modo da facilitare le procedure di sanificazione e manutenzione, e costruiti con materiali idonei.

4. *Controllo della produzione e del processo* Sono comprese le procedure di sanificazione per le funzioni correlate alla produzione (come ispezione, stoccaggio e pulizia delle materie prime usate come ingredienti) e quelle relative alla lavorazione.

5. *Registrazioni e archivi* Devono essere compilate e conservate le registrazioni relative a fornitori, lavorazione e produzione, distribuzione.

6. *Livelli massimi del difetto* Rappresentano i livelli massimi accettabili del difetto, raggiunti i quali la FDA prende provvedimenti. Tali livelli sono stabiliti sulla base del principio "nessun rischio per la salute".

7. *Varie* Sono comprese altre linee guida, come le regole per i visitatori.

I regolamenti sulla sanificazione emanati dall'USDA contengono criteri identici o molto simili; includono un riassunto delle responsabilità che competono alla direzione aziendale per quanto concerne il personale, nonché i criteri per i controlli delle condizioni di salute, per la pulizia (igiene della persona e del vestiario), l'addestramento e la formazione. Queste prescrizioni sono dirette a prevenire la diffusione di microrganismi patogeni sia tra i lavoratori, sia da questi agli alimenti. Un responsabile capace dovrebbe garantire il rispetto di questi criteri da parte di tutto il personale.

Le GMP dovrebbero essere scelte e adottate prima di implementare il piano HACCP. Senza l'applicazione delle buone pratiche di fabbricazione non può essere condotto un efficace programma HACCP; inoltre, tali norme devono essere applicate anche nello sviluppo di procedure operative standard di sanificazione (SSOP, *Standard sanitation operating procedures*). Un programma per l'adeguamento alle GMP dovrebbe contenere piani e procedure documentati.

Le buone pratiche di fabbricazione e le procedure standard di sanificazione sono correlate e costituiscono una parte importante del controllo del processo. Le GMP sono i requisiti igienico-sanitari e di processo minimi necessari per garantire la produzione di alimenti sicuri. Gli ambiti di applicazione di tali norme sono: igiene personale e altre procedure, strutture e servizi, attrezzature e utensili, produzione e processi di controllo. Le GMP dovrebbero essere il più possibile diffuse.

6.4.2 Procedure operative standard di sanificazione (SSOP)

Le procedure operative standard (SOP) possono riguardare sia la sanificazione (SSOP), sia la produzione. Le SSOP descrivono in dettaglio tutte le fasi di cui deve essere composta un'operazione per assicurarne l'esecuzione in condizioni igieniche. Le pratiche di buona fabbricazione dovrebbero guidare lo sviluppo delle SSOP, che descrivono le procedure di sanificazione attuate nell'azienda nelle fasi pre-operative e operative per prevenire la contaminazione diretta degli alimenti.

Le SSOP sono la premessa all'HACCP. Mentre l'obiettivo di quest'ultimo è garantire la sicurezza in specifici CCP di specifici processi, le SSOP non si applicano a processi particolari, ma hanno carattere più generale. Le procedure standard di sanificazione sono le pietre angolari di un piano HACCP e svolgono un ruolo importante nella prevenzione della contaminazione diretta e/o dell'alterazione del prodotto.

Negli Stati Uniti, le aziende di lavorazione delle carni e del pollame, soggette come in Europa a controllo ufficiale, sono tenute a sviluppare, attuare e rispettare SSOP scritte. Tale obbligo è stato introdotto perché il FSIS dell'USDA ritiene che l'esistenza di procedure di sanificazione codificate sia indispensabile per attuare un efficace programma di sanificazione e minimizzare il rischio di contaminazione diretta o alterazione dei prodotti alimentari.

Negli stabilimenti per la lavorazione di carne e pollame, le SSOP regolano le procedure quotidiane di sanificazione pre-operative e operative implementate per prevenire la contaminazione diretta o l'alterazione dei prodotti. Le aziende devono nominare i responsabili della sanificazione, che hanno il compito di monitorare le operazioni di pulizia e disinfezione, di valutare l'efficacia delle procedure operative standard di sanificazione e, se necessario, di adottare le opportune misure correttive; inoltre, essi sono tenuti a registrare quotidianamente l'avvenuta esecuzione delle procedure previste dalle SSOP. Le deviazioni rilevate e le azioni correttive messe in atto vanno registrate e la relativa documentazione deve essere conservata per almeno 6 mesi e tenuta a disposizione per la verifica e il monitoraggio. Le azioni correttive devono:

1. includere procedure per la destinazione appropriata dei prodotti contaminati;
2. ripristinare adeguate condizioni igienico-sanitarie;
3. prevenire il ripetersi della contaminazione diretta o dell'alterazione del prodotto, attraverso la revisione appropriata e la modifica delle SSOP e delle procedure ivi specificate.

Le SSOP scritte contengono la descrizione di tutte le procedure di sanificazione necessarie per prevenire la contaminazione diretta o l'alterazione dei prodotti; devono inoltre essere indicati la frequenza delle procedure di sanificazione, i responsabili della loro implementazione e attuazione e la persona che ne verificherà l'effettiva esecuzione.

Negli stabilimenti che trattano carni e pollame, le SSOP decise e adottate devono essere datate e firmate da un funzionario dell'azienda, a conferma della loro implementazione; anche ogni successiva modifica deve essere datata e firmata. L'azienda deve valutare e, all'occorrenza, modificare le SSOP in occasione di cambiamenti negli impianti, nel personale o nel processo produttivo, per assicurare che conservino la loro efficacia.

6.5 I principi dell'HACCP

L'HACCP è un approccio sistematico applicato alla produzione di alimenti per garantirne la sicurezza. I principi alla base della filosofia dell'HACCP prevedono una valutazione dei rischi specifici che possono presentarsi dalla raccolta al consumo finale degli alimenti. Per ogni CCP è necessario stabilire i limiti critici da rispettare, le procedure di monitoraggio appropriate, le azioni correttive da intraprendere in caso di deviazione, le registrazioni da tenere e le attività di verifica. Di seguito sono illustrati e brevemente discussi i sette principi fondamentali dell'HACCP.

6.5.1 Analisi dei pericoli

Questa analisi consiste nell'identificazione dei pericoli e nella valutazione della loro gravità e del relativo rischio. A tale scopo si elencano tutte le operazioni o le fasi del processo che comportano pericoli significativi e si descrivono le misure preventive.

Occorre dunque valutare sistematicamente, per ciascun alimento e i suoi ingredienti o componenti, il rischio derivante da microrganismi pericolosi o da loro tossine. Tale procedura può orientare la progettazione sicura di un prodotto alimentare, identificando i CCP in corrispondenza dei quali è possibile eliminare o controllare i microrganismi patogeni e le loro tossine nelle diverse fasi della produzione.

La valutazione del rischio prevede due fasi: la prima consiste nella caratterizzazione di un alimento mediante l'attribuzione di uno o più tra sei tipi di pericoli; la seconda consiste nell'assegnazione dell'alimento a una categoria di rischio sulla base della caratterizzazione effettuata.

Per classificare un alimento in base ai pericoli a esso associati, occorre valutare se:

1. il prodotto contiene ingredienti sensibili all'attacco microbico;
2. nel processo è presente una fase di lavorazione controllata in grado di distruggere efficacemente i microrganismi dannosi;
3. sussiste un rischio significativo di contaminazione da parte di microrganismi dannosi o loro tossine successiva alla lavorazione;
4. esiste una sostanziale possibilità che il prodotto diventi inadatto o pericoloso per il consumo a causa di gestione scorretta sia durante la distribuzione, sia durante la conservazione o la preparazione da parte del consumatore;
5. il prodotto sarà sottoposto a trattamento termico dopo il confezionamento o a cottura durante la preparazione domestica.

Secondo il National Advisory Committee on Microbiological Criteria for Foods (1997), l'assegnazione di ciascun alimento a una determinata classe di pericolo consente di conoscere i possibili pericoli associati agli ingredienti che lo compongono, nonché le modalità con cui questi devono essere trattati o lavorati per ridurre il rischio lungo l'intero ciclo produttivo e distributivo dell'alimento.

L'analisi dei pericoli dovrebbe essere condotta solo dopo aver descritto il metodo di fabbricazione del prodotto, stabilito quali materie prime e ingredienti sono necessari per la sua preparazione e rappresentato la sequenza di produzione mediante un diagramma. Le fasi della valutazione del rischio sono descritte di seguito.

Analisi dei pericoli e assegnazione alle categorie di rischio

Sulla base dei pericoli associati, gli alimenti dovrebbero essere assegnati a sei classi di pericolo (da A a F), utilizzando il simbolo più (+) per indicare il potenziale pericolo. Il numero di (+) determina la categoria di rischio. Se un prodotto rientra nella classe di pericolo A, deve essere automaticamente considerato di rischio VI. Per alcune tipologie di alimenti i pericoli possono anche essere di natura chimica o fisica.

Di seguito una descrizione delle sei *classi di pericolo*.

- A: questa classe riguarda una particolare tipologia di prodotti non sterili specificamente destinati a gruppi a rischio, come neonati, anziani, infermi o soggetti immunocompromessi.
- B: i prodotti che rientrano in questa classe contengono uno o più *ingredienti sensibili* in termini di pericolo microbiologico.

– *C*: gli alimenti compresi in questa classe sono prodotti mediante un processo che non prevede una fase di lavorazione controllata in grado di distruggere efficacemente i microrganismi dannosi.

– *D*: i prodotti alimentari appartenenti a questo gruppo sono soggetti a ricontaminazione dopo la lavorazione e prima del confezionamento.

– *E*: questa classe indica la possibiltà di gestione scorretta, sia durante la distribuzione, sia durante la conservazione o la preparazione da parte del consumatore, che potrebbe rendere il prodotto dannoso o comunque inadatto al consumo.

– *F*: per gli alimenti di questo gruppo non è previsto né un trattamento termico dopo il confezionamento, né la cottura durante la preparazione.

Le seguenti *categorie di rischio* si basano sulla caratterizzazione dell'alimento in relazione alle classi di pericolo.

– *Categoria 0*   Nessun pericolo.
– *Categoria I*   Prodotti alimentari soggetti a una delle classi generali di pericolo (B-F).
– *Categoria II*   Prodotti alimentari soggetti a due delle classi generali di pericolo (B-F).
– *Categoria III*   Prodotti alimentari soggetti a tre delle classi generali di pericolo (B-F).
– *Categoria IV*   Prodotti alimentari soggetti a quattro delle classi generali di pericolo (B-F).
– *Categoria V*   Prodotti alimentari soggetti a tutte le cinque classi generali di pericolo (B-F).
– *Categoria VI*   Questa categoria speciale comprende prodotti non sterili specificamente destinati a gruppi a rischio, come neonati, anziani, infermi o soggetti immunocompromessi. Tali prodotti vanno considerati esposti a tutte le classi generali di pericolo.

6.5.2 Identificazione dei CCP

Un CCP è un punto, una fase o una procedura, in corrispondenza del quale è possibile applicare un controllo e prevenire, eliminare o ridurre a un livello accettabile un pericolo per la sicurezza dell'alimento. Un CCP deve essere stabilito solo dove può essere effettivamente esercitato il controllo. I pericoli identificati devono essere controllati in qualche punto della sequenza produttiva degli alimenti, dalla produzione primaria al consumo finale.

I CCP non devono essere confusi con i punti critici (CP), nei quali non è possibile controllare la sicurezza. Un CCP differisce da un CP in quanto è definito come "qualsiasi punto, passo o procedura in un'operazione di produzione di uno specifico alimento durante i quali possono essere controllati fattori biologici, fisici o chimici". La figura 6.1 presenta l'albero decisionale raccomandato dal National Advisory Committee on Microbiological Criteria for Foods (1997) per identificare i CCP. Le informazioni raccolte mediante l'analisi dei pericoli nelle diverse fasi del processo servono da guida nell'individuazione dei CCP; questi possono trovarsi in qualsiasi punto del processo in cui i pericoli devono essere prevenuti, eliminati o ridotti a livelli accettabili.

I CCP possono includere procedure specifiche di sanificazione, cottura, raffreddamento, formulazione del prodotto, prevenzione della contaminazione crociata eccetera. Un punto critico di controllo è, per esempio, un processo termico specifico applicato – a una temperatura e per un tempo determinati – per distruggere uno specifico microrganismo patogeno. Altri CCP legati alla temperatura sono la refrigerazione, necessaria per prevenire la crescita di microrganismi pericolosi, o la regolazione del pH di un alimento, per prevenire la formazione di tossine.

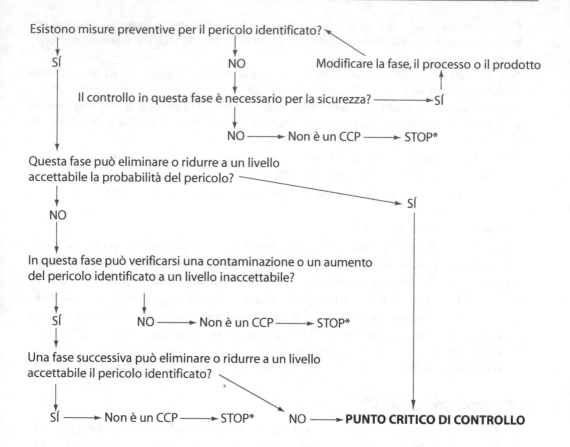

*Passare alla fase successiva del processo

Figura 6.1 Albero decisionale per l'idenficazione dei CCP. (Da Pierson e Corlett, 1992)

Il numero dei CCP dovrebbe essere il più basso possibile per semplificare il monitoraggio e la documentazione e per evitare la riduzione dell'efficacia del piano HACCP. Il controllo dei CCP deve essere attentamente progettato e documentato e deve mirare esclusivamente alla sicurezza del prodotto.

Anche tra aziende che producono alimenti simili possono esistere profonde differenze sia nell'analisi dei pericoli e dei rischi associati, sia nell'identificazione dei punti, delle fasi o delle procedure che costituiscono i CCP. Le specificità di lavorazione, progettazione, strumentazione, prodotti finali e ingredienti utilizzati sono determinanti per l'esistenza di un CCP. Sebbene le linee guida in materia di HACCP possano servire da riferimento, l'identificazione dei CCP e lo sviluppo del piano di autocontrollo richiedono un'attenta valutazione delle specificità di ogni azienda.

Oltre ai CCP, possono essere sottoposti a controllo anche aspetti non direttamente legati alla sicurezza degli alimenti. Per contenerne il numero, in alcuni casi i CCP possono essere sostituiti da specifiche procedure operative (SOP); tuttavia non sempre queste rappresentano un sostituto accettabile dal punto di vista della sicurezza.

6.5.3 Definizione dei limiti critici per ogni CCP identificato

Per garantire l'efficacia di un CCP nel prevenire, eliminare o ridurre a un livello accettabile un pericolo microbiologico, vanno fissati uno o più limiti critici. Questi sono rappresentati da valori minimi e/o massimi di parametri misurabili o osservabili, che non devono essere superati. Affinché un CCP sia controllato efficacemente, è essenziale una completa conoscenza dei relativi limiti critici.

I limiti critici riguardano generalmente parametri come tempo, temperatura, dimensioni fisiche, pH o a_w; la loro definizione può richiedere la determinazione dei numeri massimi probabili dei microrganismi nel prodotto, oppure essere riferita a standard fissati da norme specifiche o linee guida.

6.5.4 Procedure di monitoraggio dei CCP

Il monitoraggio per verificare il rispetto dei limiti critici definiti per un CCP viene effettuato mediante misurazioni o osservazioni programmate, i cui risultati devono essere documentati. Il rilevamento di valori al di fuori dei limiti critici (deviazione o scostamento) indica che il CCP non è sotto controllo: ciò può determinare un rischio per i consumatori, con conseguenze potenzialmente gravi. Le procedure di monitoraggio devono essere, dunque, molto efficaci.

Il monitoraggio è una sequenza programmata di osservazioni o misurazioni per verificare se un CCP è sotto controllo e per produrre una registrazione accurata che sarà utilizzata in sede di successive verifiche del piano HACCP. Il monitoraggio è quindi essenziale per la gestione della sicurezza alimentare, poiché consente di tenere traccia delle operazioni del sistema. Se il monitoraggio rileva l'esistenza di una tendenza verso la perdita di controllo, per esempio con il superamento di un livello target, occorre intervenire per riportare il processo sotto controllo prima che si verifichi una deviazione (Stevenson e Bernard, 1995). Il monitoraggio individua una perdita di controllo o una deviazione in un CCP, come il superamento di un limite critico, e la necessità di un'azione correttiva.

L'efficiacia del monitoraggio è maggiore quando viene effettuato in continuo; ciò è possibile, in particolare, per le misurazioni relative a pH, temperatura e umidità, i cui valori vengono registrati. Se il controllo realizzato è insufficiente, la lettura dei valori registrati consente di identificare in tempo reale una deviazione del processo. Quando il monitoraggio continuo di un limite critico non è praticabile, occorre stabilire una frequenza delle misurazioni che sia sufficientemente affidabile per garantire che il pericolo è sotto controllo. A tale scopo si può ricorrere, per esempio, a un programma di raccolta dati o a un sistema di campionamento progettati statisticamente. Le procedure statistiche sono utili per misurare e ridurre le variazioni nelle apparecchiature di produzione e nei dispositivi per le misurazioni.

Le procedure di monitoraggio dei CCP devono fornire risposte in tempi rapidi, che siano compatibili con l'esigenza di controllare in tempo reale il processo produttivo, durante il quale non si dispone del tempo necessario per l'esecuzione di test analitici. Per tale motivo le analisi microbiologiche, che normalmente forniscono risposte in tempi piuttosto lunghi, non sono adatte per il monitoraggio dei CCP. Le misurazioni fisiche e chimiche sono più idonee perché richiedono poco tempo e possono fornire indicazioni sul controllo microbico del processo. Tra i parametri chimico-fisici più frequentemente utilizzati per il monitoraggio vi sono il pH, il tempo, la temperatura e l'umidità.

Per integrare il monitoraggio di alcuni CPP, possono essere condotti controlli casuali. Tale procedura può essere utilizzata, per esempio, per il controllo al ricevimento delle forniture e degli ingredienti (anche se certificati), per valutare la sanificazione ambientale e delle attrez-zature, la contaminazione dell'aria, le condizioni di igiene dei guanti e di qualsiasi area dove sia richiesto un controllo. A seconda dei casi, i controlli casuali sono normalmente condotti mediante test chimici, fisici o microbiologici.

Per alcuni alimenti e ingredienti, sensibili all'attacco microbico o importati, può non esi-stere un'alternativa alle analisi microbiologiche. Tuttavia, per l'elevato numero di campioni necessari, raramente è possibile una frequenza di campionatura adeguata per rilevare basse concentrazioni di microrganismi patogeni. Nell'ambito di un piano HACCP, le analisi micro-biologiche presentano diversi limiti, tuttavia sono utili per stabilire e verificare con frequen-za casuale l'efficacia del controllo dei CCP. Tutte le registrazioni e la documentazione rela-tiva al monitoraggio dei CCP dovrebbero essere firmate dall'addetto che esegue material-mente le misurazioni e da un responsabile dell'azienda.

6.5.5 Definizione delle misure correttive in caso di deviazione

Le azioni correttive specifiche, attuate in caso di deviazione dai limiti critici, devono dimostrare che i CCP sono stati riportati sotto controllo. Tali misure dovrebbero essere annotate nel piano HACCP e approvate dalle autorità competenti prima della convalida del piano. Se si verifica una deviazione, l'azienda dovrebbe mettere il prodotto in attesa fino al completamento delle necessarie azioni correttive e analisi.

6.5.6 Verifica dell'efficacia del piano HACCP

Per convalidare un piano HACCP occorre verificare – attraverso metodi, procedure e analisi – che tutte le operazioni siano svolte correttamente e in conformità a quanto pre-visto dal piano. La verifica, che è essenziale anche per confermare che tutti i possibili pericoli sono stati identificati durante lo sviluppo del piano, può essere realizzata mediante analisi chimiche, sensoriali e microbiologiche; queste ultime, in particolare, sono necessarie per accertare la conformità con gli eventuali criteri microbiologici.

Tra le attività di verifica sono, tra l'altro, incluse:

1. indagini scientifiche e tecniche per assicurarsi che i limiti critici siano adeguati;
2. definizione di appropriati programmi di ispezione, raccolta e analisi dei campioni;
3. validazione periodica indipendente documentata, mediante audit o altre procedure di veri-fica, condotta per garantire la correttezza del piano HACCP; tale validazione include una revisione sul posto documentata e la verifica di tutti i diagrammi di flusso e dei CCP com-presi nel piano HACCP;
4. attività degli enti di controllo per accertare il corretto funzionamento del piano HACCP.

6.5.7 Tenuta e archiviazione delle registrazioni

Il piano HACCP deve essere sempre disponibile nello stabilimento per consultare la documentazione relativa ai CCP, alle misure adottate in caso di deviazioni e al processo produttivo. Le registrazioni da mettere a disposizione in caso di controllo ufficiale devo-no essere chiaramente e facilmente individuabili.

Il piano HACCP dovrebbe contenere la seguente documentazione.

1. Elenco dei componenti della squadra HACCP e delle responsabilità individuali.
2. Descrizione del prodotto e dell'uso previsto.

3. Diagrammi di flusso dell'intero processo produttivo con i CCP identificati.
4. Descrizione dei pericoli e delle relative misure preventive.
5. Dettaglio dei limiti critici.
6. Descrizione delle procedure di monitoraggio stabilite.
7. Descrizione delle azioni correttive da attuare in caso di deviazioni dai limiti critici.
8. Descrizione delle procedure per la verifica del piano HACCP.
9. Elenco delle procedure per la tenuta della documentazione.

6.6 Organizzazione, implementazione e attuazione

I piani HACCP dovrebbero essere studiati per ogni specifico processo o prodotto, per ciascuno dei quali vanno definiti gli obiettivi perseguiti, in termini di sicurezza, deterioramento o controlli esterni. La documentazione del piano dovrebbe includere: gli obiettivi; la mansione di ciascun addetto; i diagrammi di flusso delle operazioni effettuate, con i CCP evidenziati; i pericoli e le informazioni sulle opzioni di controllo; i richiami alla manutenzione e ai programmi di sanificazione delle attrezzature e alle procedure o GMP che riguardano il processo; la sintesi e le conclusioni, incluse le azioni da attuare come risultato delle analisi. Il piano di autocontrollo dovrebbe essere redatto e organizzato in modo da essere immediatamente disponibile per chiunque ne abbia bisogno (Shapton e Shapton, 1991). Si tratta di uno strumento essenziale, che va aggiornato ogni qualvolta viene proposto un cambiamento nel processo o nel prodotto in questione. A questo proposito è stata suggerita una matrice (Shapton e Shapton, 1991), con le seguenti intestazioni delle colonne:

1. numero del CCP;
2. fase del processo/dello stoccaggio di questo CCP;
3. descrizione della fase;
4. pericoli associati a questa fase;
5. pericoli controllati;
6. limiti di controllo;
7. scostamenti e misure correttive già attuate o possibili;
8. miglioramenti pianificati

Affinché il piano abbia successo, gli addetti dovrebbero essere istruiti, addestrati e formati periodicamente in merito all'utilizzo dell'HACCP. Il rapido turnover dei dipendenti richiede che venga garantita una formazione continua, in modo che il personale dell'azienda comprenda l'HACCP e la necessità dei vari controlli previsti. Tale approccio può contribuire alla riduzione delle epidemie di malattie a trasmissione alimentare e alla sostituzione della dispendiosa gestione delle crisi con un più conveniente controllo.

L'implementazione efficace della filosofia dell'HACCP comprende l'istruzione del personale, soprattutto di quello addetto alle aree produttive nelle quali possono verificarsi problemi. Un approccio corretto include i punti esaminati di seguito.

1. *Istruzione del gruppo dirigente* È necessario che i responsabili della quality assurance e i dirigenti comprendano la filosofia dell'HACCP, così che possa essere istituito un programma efficace basato sull'impegno totale di tutto il personale. I corsi di formazione destinati alla direzione sono fondamentali per creare consapevolezza, che è la base dell'intero programma. Inoltre, i dirigenti e i supervisori dell'azienda dovrebbero dare il buon esempio.

2. *Fasi operative* La progettazione dell'impianto e le procedure operative possono richiedere cambiamenti per evitare interferenze con l'igienicità del processo. Delle operazioni più delicate dovrebbe occuparsi personale esperto e adeguatamente addestrato.

3. *Motivazione del personale* Il miglioramento delle condizioni di lavoro può rafforzare la motivazione nell'implementazione dell'HACCP. La riconfigurazione delle mansioni può costituire uno strumento utile per conseguire il successo. Tutti gli operatori devono sentirsi personalmente responsabili nei confronti della qualità e della sicurezza dei prodotti alimentari.

4. *Coinvolgimento del personale* Il coinvolgimento nella risoluzione dei problemi è fondamentale per assicurare l'impegno del personale. Dovrebbero essere formati gruppi di consultazione, le cui raccomandazioni vanno sempre considerate. La direzione dovrebbe guidare – e non limitarsi a far applicare – il programma HACCP, che richiede dedizione totale a lungo termine a tutti i livelli: dal gruppo dirigente agli addetti alla produzione.

Poiché rappresenta un approccio strutturato al controllo della sicurezza dei prodotti alimentari, l'HACCP deve essere organizzato e gestito in modo da garantirne il corretto funzionamento e la conferma e l'attuazione nel tempo (Stevenson and Bernard, 1995). Per organizzare e implementare l'HACCP, la direzione aziendale potrebbe utilizzare risorse come il team della quality assurance o altri gruppi di lavoro con responsabilità (passate e/o presenti) nella sicurezza alimentare all'interno dell'azienda. Le sfide che devono essere accettate per garantire una corretta implementazione includono l'attuazione dei 12 punti essenziali per lo sviluppo discussi precedentemente.

Secondo alcuni autori, le carenze del piano HACCP più frequenti si riscontrano nella documentazione (documentazione insufficiente a supporto del processo decisionale e inadeguata rispetto al processo reale) e nella gestione del programma (Stevenson e Bernard, 1995). Una gestione inefficiente difficilmente riuscirà a garantire la realizzazione di un piano globale per ottenere prodotti sicuri; analogamente, sistemi di revisione inadeguati hanno scarse probabilità di provare l'applicazione corretta di un piano HACCP.

Per la sicurezza degli alimenti e per la filosofia dell'HACCP è essenziale un chiaro impegno della direzione dell'azienda. Oltre che da tale impegno, il successo dipende da una pianificazione dettagliata, da risorse appropriate e da una maggiore considerazione di tutto il personale. Una chiara presa di posizione della direzione a supporto dell'HACCP è uno strumento efficace per comunicare l'importanza del piano a tutto il personale; inoltre, la direzione dovrebbe stabilire obiettivi specifici e programmi di implementazione.

6.6.1 Gestione e attuazione dell'HACCP

Il supporto della direzione è essenziale per l'attuazione di un piano HACCP accettabile. All'interno dell'azienda deve essere nominato un responsabile dell'attuazione dell'HACCP, cui spetti il coordinamento dei diversi input, il monitoraggio delle attività, la revisione, la validazione, la verifica e la documentazione. Inoltre, nella veste di coordinatore deve assicurare l'accesso del team HACCP alle informazioni necessarie per svolgere i diversi compiti. È necessario fornire a ogni persona cui siano stati affidati incarichi legati all'HACCP adeguate istruzioni scritte, specificando le responsabilità e i compiti assegnati. Occorre anche definire sia le strutture che devono fornire le informazioni e i dati necessari per il funzionamento del sistema, sia i rapporti tra le varie persone coinvolte. Vanno predisposte e fornite al personale schede apposite per la registrazione dei dati relativi alle misurazioni o a qualsiasi altra procedura prevista dal piano.

Un piano HACCP deve essere valutato e sottoposto a revisione con la frequenza necessaria. La valutazione prevede l'esame e l'interpretazione dei risultati e la verifica dell'efficacia del piano; successivamente si esaminano le proposte di modifica. L'obbligatorietà di questa procedura sistematica assicura che qualunque modifica che incida sulla sicurezza del prodotto sia implementata solo dopo opportuna valutazione (Stevenson e Bernard, 1995).

L'attuazione di un piano di autocontrollo efficace dipende dallo svolgimento regolare delle attività di verifica pianificate. Sebbene non sia stabilita una precisa frequenza del riesame, il piano dovrebbe essere aggiornato e rivisto come richiesto o suggerito dalle autorità di controllo, seguendo il protocollo più appropriato proposto dalle GMP.

Per soddisfare i prerequisiti dell'HACCP e/o convalidare il processo, la maggior parte delle aziende alimentari ha predisposto il monitoraggio degli ambienti. Le strategie di campionamento dovrebbero essere definite prima dell'implementazione del piano, valutando ciascuna operazione in relazione agli obiettivi del programma e delle procedure di sanificazione degli impianti svolte quotidianamente prima dell'inizio della lavorazione (Slade, 2002). Il monitoraggio può essere utilizzato per validare il processo con l'ausilio di analisi statistiche e di altri monitoraggi ambientali e per assicurare che le condizioni igieniche dei prodotti non peggiorino nel corso del turno di lavorazione. Se si riscontrano prodotti contaminati, occorre identificare l'origine del problema e le azioni correttive necessarie per la sua eliminazione. Il rigore del monitoraggio ambientale nell'ambito delle procedure di sanificazione pre-operativa è determinato dal concetto di zona all'interno della quale si prepara una mappa dei punti da campionare, seguito dai test di routine di tre di questi siti identificati (Slade, 2002). Campionamenti *ad hoc* su punti non mappati possono essere effettuati occasionalmente per evitare sorprese. I punti di campionamento possono essere identificati considerando le aree nelle quali il team HACCP o il personale hanno osservato accumuli di residui di alimenti, biofilm e possibile contaminazione microbica.

L'efficacia del piano HACCP dipende dall'attuazione di verifiche regolarmente programmate. Il piano dovrebbe essere aggiornato e rivisto quando necessario, secondo le modalità suggerite dalle pratiche di buona fabbricazione. L'azienda è tenuta a definire periodicità e modalità di tale revisione. Il processo, le procedure, gli ingredienti, le pratiche di fabbricazione e le scelte attuate devono essere corrette e supportate da un'adeguata documentazione scientifica, oltreché dall'esperienza.

6.6.2 Auditing e validazione del piano HACCP

Dopo lo sviluppo e l'implementazione, il piano HACCP dovrebbe essere sottoposto a auditing entro il primo anno di funzionamento per determinarne l'efficacia. Si dovrebbe compiere una verifica per riesaminare quelle attività, diverse dal monitoraggio, che determinano l'adeguatezza e l'effettiva applicazione del piano. La verifica deve confermare l'aderenza ai requisiti e alle procedure.

L'auditing può essere condotto dal team HACCP, dalla direzione o da consulenti esterni, e dovrebbe prevedere una revisione completa dell'intero piano, che comprenda valutazione, osservazioni documentate, conclusioni e raccomandazioni. I risultati dell'audit rappresentano una sorta di scheda di valutazione del piano e forniscono indicazioni per gli sviluppi futuri del sistema.

L'auditing, infine, contribuisce alla validazione del piano, intesa come verifica focalizzata sulla raccolta e la valutazione di informazioni per determinare se il piano HACCP – correttamente implementato – è in grado di controllare in modo efficace i pericoli significativi (National Advisory Committee on Microbiological Criteria for Foods, 1997).

Sommario

L'HACCP (*Hazard Analysis Critical Control Point*) è un approccio preventivo per la produzione di alimenti sicuri, basato su due importanti concetti: prevenzione e documentazione. Il programma HACCP è un sistema proattivo orientato alla prevenzione, fondato su solide basi scientifiche. I passi essenziali per lo sviluppo di un piano HACCP sono: costituzione del team HACCP; descrizione dell'alimento e del suo uso previsto; identificazione dei consumatori; sviluppo e verifica di un diagramma di flusso del processo; analisi dei pericoli; identificazione dei punti critici di controllo; definizione dei limiti critici, dei requisiti per il monitoraggio, delle azioni correttive in caso di deviazioni, delle procedure di verifica e di quelle per la tenuta della documentazione.

Le pratiche di buona fabbricazione (GMP) sono considerate gli elementi base dell'HACCP, mentre le procedure operative di sanificazione (SSOP) costituiscono le pietre angolari del piano di autocontrollo.

La documentazione necessaria per un piano HACCP efficace comprende: elenco dei componenti della squadra HACCP e delle responsabilità individuali; descrizione del prodotto e dell'uso previsto; diagrammi di flusso dell'intero processo produttivo con i CCP identificati; descrizione dei pericoli significativi e delle relative misure preventive; limiti critici; procedure di monitoraggio; descrizione delle azioni correttive da attuare in caso di deviazioni dai limiti critici; procedure di verifica del piano e procedure per la tenuta della documentazione.

Un auditing periodico è necessario per validare il piano e per fornire una scheda di valutazione della sua efficiacia.

Domande di verifica

1. Che cos'è l'HACCP?
2. Che cos'è un pericolo?
3. Che cos'è un CCP?
4. Che cosa sono le GMP?
5. Cosa significa SSOP?
6. Quali sono i sette principi dell'HACCP?
7. Quali sono le cinque fasi necessarie per lo sviluppo di un piano HACCP che precedono l'analisi dei pericoli?
8. Che cos'è il monitoraggio?
9. Che cos'è un punto di controllo (CP)?
10. Che cos'è un limite critico?
11. Come viene effettuata la verifica dell'HACCP?
12. In che cosa consiste la validazione del piano HACCP?

Bibliografia

Anon. (2004) Plants have spent plenty on HACCP, Ag Department finds. *Meat Mark Technol* 8: 10.
Bauman HE (1987) The hazard analysis critical control point concept. In: Felix CW (ed) *Food protection technology*. Lewis Publishers, Chelsea, MI.
Chen TC, Wang P-LT (2003) Poultry processing, product sanitation, and HACCP. In: Hui YH et al (eds) *Food plant sanitation*. Marcel Dekker, New York.

Clark D (1991) FSIS studies detection of food safety hazards. *FSIS Food Saf Rev* 4: Summer.

Marriott NG, Boling JW, Bishop JR, Hackney CR (1991) *Quality assurance manual for the food industry*. Virginia Cooperative Extension, Virginia Polytechnic Institute and State University, Blacksburg (Publication no. 458-013).

National Advisory Committeee on Microbiological Criteria for Foods (1997) *Hazard analysis and critical control point principles and application guidelines*.

Pierson MD, Corlett DA Jr (1992) *HACCP principles and applications*. Van Nostrand Reinhold, New York.

Shapton DA, Shapton NF (1991) Establishment and implementation of HACCP. In: Shapton DA, Shapton NF (eds) *Principles and practices for the safe processing of foods*. Butterworth-Heinemann, Oxford.

Slade PJ (2002) Verification of effective sanitation control strategies. *Food Saf Mag* 8; 1: 24.

Stevenson KE, Bernard DT (1995) *HACCP: Establishing hazard analysis critical control point programs. A workshop manual*. National Food Processors Institute, Washington, DC.

Capitolo 7
Quality assurance
per la sanificazione

Dalla fine degli anni settanta, per mantenere o migliorare l'accettabilità dei propri prodotti, l'industria alimentare ha assegnato un'importanza sempre maggiore al ruolo dei programmi di sanificazione nel controllo sia della carica microbica delle materie prime negli stabilimenti di produzione, sia della sicurezza dei prodotti finiti.

Poiché i consumatori sono diventati più esigenti, è ancora più importante che le aziende alimentari sviluppino un programma efficace di *quality assurance* (QA) e di sanificazione. La detersione e la disinfezione sono i due elementi più importanti dei programmi di sanificazione negli stabilimenti alimentari e dovrebbero essere effettuati in successione per garantire la sicurezza e la qualità dei prodotti.

Durante lo scorso decennio, la crescente attenzione per la sanificazione e per la sicurezza degli alimenti (anche in seguito all'introduzione dell'HACCP) e la pressione esercitata da consumatori e clienti hanno costretto le industrie alimentari ad aumentare il numero di analisi effettuate e a utilizzare metodi rapidi e tecnologie emergenti per riorganizzare e intensificare i programmi di analisi. I tecnologi alimentari hanno avuto un impatto positivo sui programmi di QA poiché molti di loro sono stati chiamati a collaborare dalle aziende alimentari, presso le quali hanno svolto un ruolo fondamentale per l'adozione e/o il miglioramento dei programmi di quality assurance.

Inizialmente la QA consisteva essenzialmente nel controllo di qualità (QC) e rappresentava una funzione della produzione; oggi è diventata un elemento portante della struttura esecutiva delle grandi aziende alimentari e si è articolata in un'ampia gamma di attività.

La qualità implica che le apparecchiature siano adeguatamente calibrate, che le analisi siano eseguite correttamente, che siano condotti controlli positivi e negativi e che i risultati di laboratorio siano documentati accuratamente.

Un programma di QA rappresenta uno strumento di controllo e di integrazione tra le aree della sicurezza alimentare e della salute pubblica, delle competenze tecniche e di quelle legali che riguardano le aziende alimentari. Tra le attività legate alla sanificazione vi sono ispezioni delle condizioni igienico-sanitarie, stoccaggio e distribuzione dei prodotti, igiene del confezionamento, ritiro e richiamo dei prodotti dal mercato.

Un programma di QA che dia particolare importanza alla sanificazione è essenziale per la crescita di un'azienda alimentare. Affinché i prodotti alimentari possano competere efficacemente sul mercato, occorre rispettare scrupolosamente gli standard igienici stabiliti. Tuttavia, in alcuni casi è difficile per il personale addetto alla produzione valutare e monitorare il livello di sanificazione e allo stesso tempo mantenere un elevato livello di produttività ed efficienza; pertanto, dovrebbe essere disponibile un efficace programma di QA per monito-

N.G. Marriott et al., *Sanificazione nell'industria alimentare*
© Springer 2008

rare, secondo le priorità stabilite, ogni fase del processo. Per raggiungere gli standard igienici stabiliti e garantire la sicurezza dei prodotti alimentari immessi sul mercato, tutto il personale dell'azienda dovrebbe sentirsi parte di una squadra.

Lo sviluppo di un efficace programma di controllo richiede una particolare attenzione ai
numerosi aspetti del processo produttivo degli alimenti. Occorre stabilire quali e quante analisi effettuare all'interno dell'azienda; altre decisioni riguardano le modalità delle analisi e
in quale misura queste debbano essere affidate a laboratori esterni. È inoltre necessario
implementare un programma di QA per il laboratorio, che definisca le procedure, le operazioni, il personale e la strumentazione ottimali. Bisogna anche decidere se accreditare il
laboratorio e quale programma di verifica delle competenze sia più indicato. È essenziale
valutare l'adozione di tecnologie e metodi innovativi per aumentare l'accuratezza e la signi-
ficatività dei risultati ottenuti.

Nella stesura dei programmi di controllo, tutte le aziende alimentari, indipendentemente
dalla tipologia di attività, dovrebbero considerare le linee guida emanate dall'autorità competente come riferimento di base, ma dovrebbero sforzarsi di andare oltre i requisiti prescritti per le analisi, per garantire la sicurezza dei prodotti e la salute dei consumatori. Molte
aziende di lavorazione della carne che producono alimenti pronti al consumo stanno adottando politiche proattive, effettuando più campionamenti e analisi microbiologiche di quelli
necessari per essere in regola con la normativa.

Dopo l'attacco terroristico al World Trade Center dell'11 settembre 2001, è sempre più
imperativo che i laboratori di analisi degli alimenti assicurino che l'accesso ad agenti biologici o chimici pericolosi sia controllato, per evitare che possano essere utilizzati per contaminare alimenti o bevande a scopi criminali o terroristici. Numerose associazioni di categoria, come l'American Council of Independent Laboratories, esortano i laboratori di analisi
interni delle aziende alimentari affinché implementino programmi di biosicurezza come
parte integrante della QA e ne verifichino il rigore mediante valutazioni condotte da qualifi-
cate società di certificazione.

È importante riconoscere che la QA è un investimento: i costi di un programma di QA
sono compensati dal miglioramento dell'immagine aziendale, dalla minore probabilità di
azioni legali connesse al prodotto, dalla soddisfazione dei consumatori per un prodotto sano
e di qualità costante e dal conseguente incremento delle vendite. In breve, l'adozione di un
programma di QA è assolutamente consigliabile.

7.1 Il ruolo della qualità totale

Un efficace programma di sanificazione è parte integrante di una gestione aziendale fondata
sulla qualità totale (TQM, *Total quality management*), che deve essere applicata a tutti gli
aspetti dell'attività di uno stabilimento. La filosofia della qualità totale è basata sul principio
right first time ("fallo bene la prima volta"). In un'azienda alimentare l'elemento cruciale
della qualità totale è rappresentato dalla sicurezza degli alimenti; di conseguenza, la sanificazione costituisce una parte importantissima del TQM. Tale argomento sarà approfondito
nel capitolo 21.

L'implementazione della qualità totale richiede che la direzione e il personale addetto alla
produzione siano fortemente motivati a rendere il prodotto sempre più soddisfacente. Per
comprendere la filosofia del TQM, tutti gli addetti devono ricevere un'adeguata formazione.
Sono disponibili software specifici per lo studio, l'implementazione e il monitoraggio dei
programmi di TQM.

7.2 QA per una sanificazione efficace

La qualità di un prodotto rappresenta il suo grado di accettabilità ed è determinata da caratteristiche misurabili e verificabili.

Un efficace programma di QA della sanificazione può conseguire i seguenti obiettivi.

– Identificazione dei fornitori di materie prime e ingredienti che offrono prodotti sicuri e di qualità costante;
– Possibilità di attuare procedure igienico-sanitarie più severe nella lavorazione, per ottenere un prodotto ancora più sicuro;
– Separazione delle materie prime in base alla loro qualità microbiologica, per consentirne la gestione ottimale al minimo costo.

Tradizionalmente, l'industria alimentare ha applicato i principi della QA per garantire efficaci procedure di sanificazione, tra le quali il controllo delle condizioni igieniche dell'area di produzione e dell'attrezzatura. Qualora venga riscontrata una scarsa igiene, vengono intraprese le contromisure necessarie. Nelle operazioni più complesse è spesso previsto il ricorso a verifiche quotidiane delle condizioni igieniche, mediante appropriati controlli e apposite schede. L'ispezione visiva non dovrebbe limitarsi a un'osservazione superficiale, poiché sulle attrezzature potrebbe essere presente un film che può ospitare microrganismi alterativi e patogeni.

7.2.1 Principali componenti della quality assurance

Un programma di QA dovrebbe comprendere i seguenti compiti.
1. Chiara definizione degli obiettivi e delle politiche.
2. Determinazione dei requisiti di igiene per i processi e i prodotti.
3. Implementazione di un sistema di ispezione che includa le procedure.
4. Sviluppo delle specifiche microbiche, fisiche e chimiche del prodotto.
5. Definizione delle procedure e dei criteri per le analisi microbiologiche, fisiche e chimiche.
6. Organizzazione delle risorse umane e definizione di un diagramma organizzativo del programma di QA.
7. Sviluppo, presentazione e approvazione del budget per coprire le spese necessarie per le attività della QA.
8. Descrizione dei compiti e delle mansioni di tutte le posizioni.
9. Destinazione di risorse finanziarie appropriate per garantirsi personale di QA qualificato.
10. Supervisione costante del programma di QA e presentazione dei risultati sotto forma di relazioni periodiche.

7.2.2 Principali funzioni della quality assurance e del controllo di qualità

Per garantire l'implementazione delle regole e delle specifiche stabilite, l'organizzazione della quality assurance dovrebbe puntare innanzitutto sulla formazione e sulla sorveglianza. Il team della QA dovrebbe verificare la sicurezza e la conformità delle materie prime destinate alla produzione e fornire al personale addetto alla produzione i risultati di tali controlli. Va inoltre effettuato un monitoraggio che preveda il controllo delle pratiche di buona fabbricazione e dei prodotti finiti, per garantirne la conformità alle specifiche stabilite nel programma di QA e approvate dai responsabili della produzione e delle vendite. Qualora si riscontrassero non conformità, il team della QA deve informare chi ha il compito di apportare le necessarie azioni correttive.

La QA è generalmente una funzione inserita nella direzione aziendale, che stabilisce quali politiche, programmi, sistemi e procedure devono essere attuati dai responsabili del controllo qualità. Il dirigente responsabile della QA opera in collaborazione con i diversi reparti operativi dell'azienda.

Il controllo di qualità (QC, *quality control*), come comunemente strutturato in molte aziende, è strettamente collegato alle attività produttive svolte nello stabilimento. Un programma di QC consiste in misurazioni e procedure relative alle caratteristiche fisiche, chimiche o organolettiche dei prodotti alimentari, per assicurare redditività, qualità costante e conformità della produzione. Di norma, gli addetti al controllo di qualità rispondono alla QA; talvolta dipendono invece dalla produzione, ma in ogni caso non dovrebbero mai essere totalmente indipendenti dalla QA. A prescindere dalla struttura dell'azienda, alla QA dovrebbe spettare la responsabilità ultima dell'implementazione e dell'attuazione di un efficace programma di sanificazione. I responsabili della QA dovrebbero cercare di migliorare il programma di sanificazione, tenendo conto delle tendenze, dei nuovi regolamenti e delle conoscenze tecniche del settore.

Tutte le procedure di QC dovrebbero essere formulate e osservate con precisione. Il controllo qualità differisce dal TQM, in quanto costituisce solo una parte di quest'ultimo e non rappresenta un approccio globale alla gestione.

Per l'industria alimentare gli elementi base dei programmi di QC costituiscono uno strumento per conseguire sia gli obiettivi della QA sia quelli della sicurezza. Grazie all'implementazione di nuove tecnologie produttive (che riducono l'incidenza di contaminanti microbici, chimici e fisici), alla migliore progettazione delle apparecchiature e alla loro collocazione più razionale all'interno delle strutture e ai sistemi per il monitoraggio automatico dei dati, oggi le aziende possono garantire con un ampio margine di sicurezza la lavorazione, il confezionamento, la distribuzione e la vendita o la somministrazione di prodotti di elevata qualità e sicurezza (Bricher, 2003).

7.3 Organizzazione della quality assurance

Le aziende di grandi dimensioni dovrebbero assegnare al controllo del processo un'importanza tale da costituire un reparto di QA. La squadra di QA deve fornire supporto tecnico, spiegare i risultati in termini pratici e comprensibili e indicare le eventuali azioni correttive. La struttura della QA deve costituire una funzione aziendale direttamente responsabile della stesura, dell'organizzazione, dell'esecuzione e della supervisione di un efficace programma di QA integrato nella strategia aziendale.

7.3.1 Principali responsabilità di un programma di QA per la sanificazione

Per implementare un programma di QA sono imprescindibili i seguenti prerequisiti.
1. Definizione dei criteri di accettabilità (per esempio cariche microbiche).
2. Scelta di appropriati punti di riscontro.
3. Definizione delle procedure di campionamento (in particolare frequenza, numero e dimensioni dei campioni).
4. Scelta dei metodi di analisi.

I principali compiti della QA per la sanificazione sono:
- ispezionare, almeno una volta al giorno, le condizioni igieniche degli ambienti e delle attrezzature;
- definire le specifiche e gli standard igienici;
- sviluppare e implementare procedure di campionamento e di analisi;
- implementare un programma di analisi microbiologiche e di gestione dei dati per materie prime e prodotti lavorati;
- valutare e monitorare le procedure di igiene del personale;
- valutare la conformità del programma di QA e delle attrezzature per la sanificazione ai requisiti previsti dalla normativa e dalle linee guida e dagli standard aziendali;
- ispezionare le aree di produzione per valutarne le procedure igieniche;
- valutare l'efficacia dei detergenti, dei disinfettanti e delle attrezzature impiegate per la sanificazione;
- implementare un sistema per la gestione dei prodotti di scarto;
- riportare e interpretare i dati relativi a ciascuna area, in modo che possano essere intraprese le azioni correttive necessarie;
- prevedere analisi microbiologiche degli ingredienti e dei prodotti finiti;
- istruire e formare il personale dell'azienda in merito alle procedure igieniche, alla sanificazione e alla quality assurance;
- collaborare e supportare le autorità competenti in merito alle questioni tecniche.

L'esecuzione delle analisi microbiologiche all'interno dell'azienda comporta un rischio significativo, specialmente se i test riguardano specie patogene, che devono essere arricchite e coltivate in laboratorio. Sebbene le specie patogene siano normalmente assenti negli alimenti, per effettuarne la ricerca un laboratorio interno ben organizzato deve utilizzare giornalmente controlli positivi; ciò comporta un serio rischio di contaminazione crociata degli impianti attraverso le attività di laboratorio. Per tale motivo, le aziende alimentari che effettuano al loro interno la ricerca di microrganismi patogeni devono avere personale debitamente istruito, laboratori separati dall'area di produzione per ridurre il rischio di contaminazione crociata, e un volume di produzione che giustifichi i costi aggiuntivi e le risorse necessarie per la conduzione delle analisi. Sono inoltre indispensabili: un impianto di aerazione progettato per produrre una pressione negativa dell'aria nel laboratorio e per rimuovere gli agenti biologici (aria filtrata); un microbiologo qualificato con almeno due anni di esperienza di laboratorio; il rispetto dei requisiti di sicurezza fissati dal CDC per i laboratori con livello di biosicurezza 2; un programma di monitoraggio dei patogeni per valutare il rischio di contaminazione crociata dello stabilimento, derivante dall'attività del laboratorio; l'utilizzo di una coltura nota positiva per verificare il recupero, che richiede quindi la rigida osservanza dei requisiti di sicurezza sopra elencati.

Spesso nei laboratori aziendali il personale non è sufficientemente addestrato per quanto riguarda le tecniche di base, il campionamento asettico, la calibrazione degli strumenti e la sicurezza. In questi laboratori possono presentarsi pericoli in qualsiasi momento; pertanto i tecnici devono ricevere istruzioni adeguate su come proteggere se stessi o gli ambienti da danni gravi. La formazione continua dei tecnici di laboratorio sulle buone pratiche di laboratorio e sulle procedure di sicurezza dovrebbe costituire parte integrante delle attività di QA. Le aziende dovrebbero prendere in considerazione la partecipazione del personale del laboratorio a programmi di prove interlaboratorio sotto l'egida dell'Association of Official Analytical Chemists (AOAC); tale partecipazione garantisce l'attendibilità e la validità legale dei risultati analitici.

Un'altra questione importante per l'azienda è lo smaltimento sicuro dei rifiuti biologici pericolosi generati dalle analisi microbiologiche per la ricerca dei patogeni. Buttare il brodo di coltura direttamente nei lavandini o aggiungere candeggina ai materiali prima dello smaltimento sono modalità inappropriate o addirittura illegali.

7.3.2 Il ruolo dell'accreditamento ISO

A causa dei rischi che comportano, sempre più aziende alimentari affidano le analisi microbiologiche dei patogeni a laboratori esterni, per ridurre il rischio di contaminazione crociata causata dai controlli positivi e i relativi problemi di biosicurezza. In risposta a questa tendenza, un numero crescente di laboratori a contratto sta effettuando l'accreditamento ISO (International Standards Organization), per fornire ai propri clienti maggiori garanzie in merito alla validità e all'accuratezza dei risultati delle analisi.

L'accreditamento ISO esiste in oltre 35 Paesi; tutti i laboratori del mondo accreditati ISO lavorano secondo gli stessi standard riconosciuti a livello internazionale, rafforzando l'affidabilità e la coerenza delle analisi o delle calibrazioni di cui si fanno garanti. L'ISO contempla ogni aspetto della gestione del laboratorio, come la preparazione dei campioni, la competenza tecnica del laboratorio, l'archiviazione dei dati e dei rapporti, garantendo che i risultati delle analisi possano superare l'esame normativo o legale in caso di contenzioso anche a livello internazionale.

Per ottenere l'accreditamento ISO è necessario un processo lungo, intenso e costoso, che comporta la verifica del sistema di qualità, audit interni, programmi di aggiornamento tecnico, calibrazione degli strumenti, valutazione del personale e azioni correttive. Sebbene qualche laboratorio a contratto abbia preferito evitare questa impegnativa procedura, alcune grandi aziende alimentari hanno ottenuto l'accreditamento ISO per i propri laboratori interni.

7.3.3 Il ruolo del management nella quality assurance

Il successo o il fallimento di un programma di sanificazione è attribuibile al supporto che esso riceve dalla direzione dell'azienda, che può rappresentare sia la maggiore spinta sia il maggior deterrente per il programma di QA. I dirigenti sono spesso disinteressati alla quality assurance perché la considerano un programma a lungo termine. Inoltre, poiché i programmi di QA comportano un costo, mentre i loro benefici non sempre possono essere accuratamente misurati in termini di incremento delle vendite e dei profitti, non sono molto sostenuti dalla direzione aziendale. Spesso, i dirigenti di basso e medio livello non sono in grado di trasmettere l'importanza della QA perché nemmeno l'alta direzione ne comprende pienamente la filosofia.

Alcuni dei gruppi dirigenti più lungimiranti si sono dimostrati entusiasti della QA, riconoscendo che un programma di quality assurance può essere utilizzato a scopi promozionali e può incrementare le vendite e la stabilità dei prodotti; altre direzioni aziendali sono riuscite a migliorare l'immagine della loro impresa attraverso procedure igieniche e laboratori di QA.

Uno dei limiti del considerare la qualità come conformità alle specifiche è l'effetto che ciò determina sulla direzione: quando tutte le specifiche sono rispettate, la percezione è che tutto vada bene e che i responsabili dell'azienda non siano obbligati ad adottare ulteriori immediate azioni correttive guidando il personale fino al conseguimento dei risultati. Tale politica conduce a un approccio alla soluzione dei problemi "da pompieri" (si aspetta che l'incendio scoppi per poi spegnerlo), che consuma risorse preziose, è molto costoso e frustrante, poiché i problemi, nella migliore delle ipotesi, scompaiono solo temporaneamente.

7.3.4 Quality assurance e job enrichment

Poiché molti lavoratori dell'azienda, compresi manager e supervisori, non riconoscono la funzione fondamentale della QA, è necessario che tutti acquisiscano piena consapevolezza della sua importanza e delle proprie responsabilità in materia. Con una gestione efficace, la QA può rivelarsi entusiasmante. Sebbene lo scopo di questo testo non sia fornire specifiche linee guida per l'implementazione di un programma di crescita professionale (*job enrichment*) finalizzato alla QA, si consiglia comunque di prendere in considerazione questo aspetto. Un efficace programma di job enrichment può aiutare il personale a vivere con maggiore interesse e gratificazione le proprie responsabilità; questi programmi aiutano il dipendente a sentirsi davvero parte dell'azienda, che può richiedergli un maggiore impegno e assegnargli maggiori responsabilità. Per ulteriori informazioni in merito a questo concetto, si raccomanda la lettura di testi sul management e di riviste specializzate.

7.3.5 Struttura del programma di quality assurance

Prima di organizzare un programma di QA è essenziale nominarne il responsabile e definire il funzionamento della catena di comando. Per ottenere i risultati migliori, il programma di QA deve costituire una funzione della direzione generale e non essere posta sotto la giurisdi-

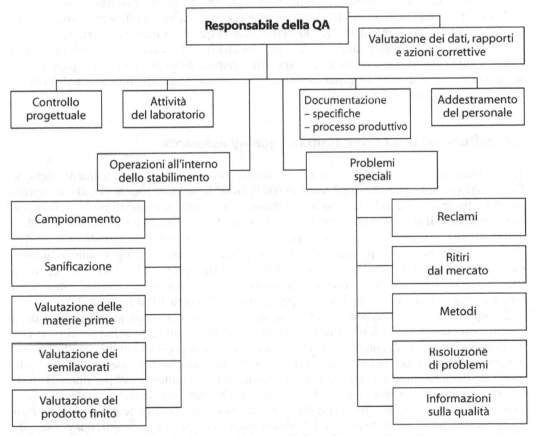

Figura 7.1 Struttura organizzativa per specifici compiti di quality assurance.

zione della produzione, sicché gli addetti alla QA rispondono direttamente alla direzione generale e non alla direzione di produzione. Ciò non toglie che tra la QA e i reparti produttivi debbano essere mantenuti stretti rapporti. Gli addetti alla QA devono garantire che le deviazioni nelle procedure di sanificazione vengano corrette; devono anche effettuare il controllo del prodotto finito, in particolare in relazione alla stabilità e al mantenimento della qualità. La figura 7.1 illustra le aree di competenza del responsabile del programma di QA.

La responsabilità delle funzioni giornaliere previste da un programma di QA per la sanificazione dovrebbe essere affidata a uno specialista, che dovrebbe disporre di tempo e mezzi adeguati per essere aggiornato sui metodi e i materiali necessari per assicurare condizioni igieniche; il suo ruolo e la sua posizione all'interno dell'azienda dovrebbero essere resi noti a tutto il personale e la direzione dovrebbe definire chiaramente le sue responsabilità mediante una descrizione scritta delle mansioni e un diagramma organizzativo. Il responsabile della sanificazione dovrebbe riferire al livello direzionale che ha autorità sulle politiche generali; la sua posizione dovrebbe essere equivalente a quella dei manager delle aree di produzione, progettazione, acquisti o simili per ottenere il dovuto rispetto e mantenere uno status adeguato per gestire un programma di sanificazione efficace. Sebbene nelle piccole aziende possa rendersi necessario l'accorpamento di più responsabilità, queste dovrebbero comunque essere definite chiaramente. Il responsabile della sanificazione deve avere una chiara comprensione dei propri compiti e del proprio ruolo all'interno della struttura aziendale, in modo da poter svolgere correttamente le funzioni di sua competenza.

Un programma di QA di alto livello deve essere gestito da uno o più tecnici specializzati. Il dirigente responsabile della QA dovrebbe avere esperienza nella lavorazione e/o nella preparazione dei prodotti alimentari. È ammesso che qualche componente del team della QA non abbia esperienza o preparazione specifica, purché dimostri interesse, capacità organizzativa e spirito di iniziativa; per la formazione dei nuovi addetti sono anche disponibili workshop, corsi intensivi e seminari.

7.4 Istituzione di un programma di quality assurance

L'istituzione di un efficace programma di analisi microbiologica degli alimenti richiede l'adozione di buone pratiche di laboratorio (GLP, *Good laboratory practices*), che comprendano: un programma di calibrazione degli strumenti; l'utilizzo di controlli positivi; il rispetto dei requisiti di sicurezza per i laboratori fissati dal CDC; l'adozione di tecniche rapide e automatizzate per identificare i microrganismi patogeni; la scelta di metodi validati dall'AOAC per consolidare il programma di analisi; l'incarico a microbiologi e chimici di laboratorio previa verifica delle loro competenze (va comunque prevista la formazione continua per ridurre la possibilità di errori costosi e aumentare l'attendibilità dei risultati ottenuti); il corretto smaltimento dei rifiuti biologici pericolosi (McNamara e Williams, 2003).

È importante che le aziende alimentari si mantengano al passo con le innovazioni della quality assurance e delle tecniche di laboratorio e che investano nello sviluppo di programmi di analisi in grado di garantire la sicurezza e la salubrità degli alimenti prodotti. La preparazione del personale per un sistema di controllo più uniforme richiede un radicale cambiamento del loro approccio, che deve essere gestito in modo diplomatico: per ridurre la resistenza è necessario spiegare a tutto il personale perché tale cambiamento è indispensabile. Dovrebbe essere sviluppata una coerente filosofia aziendale, come parte del programma per aiutare a stabilire il nuovo approccio e le nuove responsabilità indispensabili per conseguire gli obiettivi desiderati.

7.4.1 Elementi del sistema di total quality assurance

Per ogni area di produzione deve essere nominato un responsabile dei controlli e delle ispezioni; l'incarico può essere affidato sia a un dipendente dell'azienda sia a un collaboratore esterno. Occorre prendere nota sia della frequenza dei controlli e delle ispezioni, sia delle registrazioni da tenere; può essere utile preparare delle istruzioni scritte per il personale, che potranno servire come manuale operativo per i responsabili della QA.

Procedure di ispezione della sanificazione

Un programma di QA totale dovrebbe prevedere anche una procedura per il controllo generale della sanificazione dei locali e delle attrezzature dello stabilimento, che includa anche le aree esterne e quelle di stoccaggio.

In un programma di QA totale, l'ispezione della sanificazione e la registrazione dei risultati dovrebbero essere affidate a un funzionario appositamente incaricato. Qualora risultassero carenze nella sanificazione, è necessario attuare un piano di azioni correttive, che potrebbe includere operazioni di pulizia straordinarie o la chiusura di un'area fino al ripristino di condizioni igieniche adeguate. Ogni qualvolta sussista la possibilità di contaminazione di un prodotto – come quella causata da contenitori difettosi, da gocciolamento di condensa o da perdite di lubrificante dai macchinari su prodotti o su superfici che entrano in contatto con gli alimenti – dovrebbero essere attuate frequenti e sistematiche procedure di ispezione del livello di sanificazione.

7.4.2 Formazione del personale neoassunto

La formazione dei nuovi addetti dovrebbe includere le istruzioni di base sulla manipolazione e sull'igiene degli alimenti. Il personale dovrebbe essere informato dell'importanza delle procedure igieniche. È bene stilare una lista di tutti gli aspetti che dovranno essere esaminati durante l'addestramento del personale, stabilendo anche le modalità e la data del corso. La formazione del personale dovrebbe infine prevedere un programma di aggiornamenti, per ricordare l'importanza di una corretta sanificazione.

7.4.3 Approccio HACCP

Un programma HACCP dovrebbe essere introdotto come funzione della QA e come approccio sistematico all'identificazione dei pericoli, alla valutazione del rischio e al controllo dei pericoli, per assicurare condizioni operative igieniche nelle aziende di lavorazione e/o ristorazione e nei canali di distribuzione. È inoltre necessario considerare il possibile uso scorretto o non previsto dei prodotti ed esaminare ogni stadio del processo sia singolarmente, sia in relazione agli altri stadi. L'analisi dovrebbe includere gli ambienti di produzione, poiché contribuiscono alla contaminazione microbica e da materiali estranei. (Per ulteriori informazioni sull'HACCP si rimanda al capitolo 6.)

7.4.4 Valutazione del programma

È essenziale valutare la componente igienico-sanitaria di un programma di QA affidandosi sia ai propri sensi sia alle tecniche microbiologiche. La maggior parte degli ispettori utilizza come tecnica di valutazione del livello di pulizia l'osservazione visiva. Spesso gli ispettori si considerano soddisfatti se i pavimenti, le pareti, i soffitti e le attrezzature dell'area di produzione hanno un aspetto pulito, se avvertono un buon odore e una sensazione di pulito al tatto. Tuttavia, un efficace programma di QA non può limitarsi ai sensi umani, ma deve includere un metodo sicuro per la valutazione delle condizioni igieniche. Per valutare oggettivamente l'efficacia della sanificazione, occorre prevedere metodi di analisi microbiologica per il rilevamento e la quantificazione della contaminazione microbica. Inoltre, la conoscenza della quantità e delle specie di microrganismi presenti è importante per controllare la salubrità e il deterioramento dei prodotti.

Per valutare le condizioni igieniche delle attrezzature e delle derrate alimentari e l'efficacia di un programma di sanificazione sono disponibili varie tecniche; tuttavia, gli specialisti della QA non sempre determinano o interpretano accuratamente i risultati. La scelta delle tecniche più appropriate dovrebbe basarsi sull'accuratezza e la precisione necessarie, sui risultati che si vogliono ottenere e sulle risorse (non solo economiche) disponibili. In genere, le tecniche meno complicate sono le meno accurate e precise; tuttavia, purché sia possibile determinare il livello di igiene, l'accuratezza e la precisione possono anche non essere ottimali. La sanificazione può essere valutata anche attraverso l'utilizzo di piastre a contatto; tuttavia diversi prodotti sottoposti a trattamenti termici potrebbero richiedere tecniche molto sensibili per la determinazione della quantità e del tipo di microrganismi presenti nel prodotto finito e sulle apparecchiature di processo.

7.4.5 Metodi per la valutazione dell'efficacia della sanificazione

La disponibilità, soprattutto per quanto riguarda le indagini microbiologiche, di metodi e sistemi più sensibili, accurati e rapidi ha reso più efficienti i programmi di analisi degli alimenti. Il problema rappresentato dai microrganismi patogeni ha richiesto l'uso di test rapidi e il laboratorio di analisi degli alimenti è diventato un elemento importante per l'implementazione di un programma di analisi efficace. I metodi di laboratorio sono una parte fondamentale di tutto ciò e, poiché svolgono un ruolo determinante, dovrebbero essere:

– accurati;
– riproducibili;
– descritti chiaramente;
– sicuri;
– facili da eseguire;
– rapidi (in termini di tempo necessario per fornire i risultati);
– efficienti;
– reperibili sul mercato (tutti i componenti);
– riconosciuti ufficialmente a livello internazionale (per esempio validati da organismi come AOAC, ISO, AFNOR, FDA e USDA).

Sono di seguito brevemente esaminati i metodi più diffusi, suddivisi per categoria. (Per ulteriori dettagli sulle indagini microbiologiche si rimanda al capitolo 2.)

Metodi per contatto diretto

Questo metodo prevede l'impiego di piastre contenenti terreno agarizzato, che vengono premute contro la superficie da testare, per determinarne il grado di contaminazione. La variabilità viene limitata effettuando più prelievi in punti diversi.

Le varianti del metodo della piastra a contatto includono l'impiego di fettine di agar (*agar slice*) – ottenute da un cilindro di terreno agarizzato già pronto (*agar sausage*) o estruso mediante una siringa – e l'uso di terreni selettivi e differenziali. Un'altra tecnica analitica è il metodo dell'impronta, nel quale un pezzo di nastro adesivo sterile funge da replicatore per trasferire le cellule microbiche dalla superficie da testare a un terreno agarizzato adatto alla crescita, che viene poi incubato e sottoposto a conta. Questo approccio serve solo per avere una stima approssimata della contaminazione e non consente di distinguere se la colonia è stata originata da una o più cellule.

Surface Rinse Method

Questo metodo prevede il prelievo, mediante trattamento con una soluzione, dei microrganismi presenti sulla superficie, per poi effettuare il test microbiologico della sospensione risultante. Una soluzione sterile viene agitata manualmente o meccanicamente sull'intera superficie, viene quindi raccolta, diluita e piastrata. Se applicabile, questo metodo è più preciso del tampone poiché consente di testare una superficie più ampia; se la contaminazione non è eccessiva, può essere utile filtrare il liquido ottenuto su membrana filtrante. Le membrane filtranti possono essere poste a incubare su substrato nutritivo (*pad*), quindi colorate per 4-6 ore e, infine, esaminate al microscopio con un ingrandimento da 80× a 100×.

Sebbene questo metodo sia più accurato e preciso di quello del contatto diretto, abbia una percentuale di recupero maggiore (70% circa) e la possibilità di essere associato alla membrana filtrante, può essere utilizzato solo su superfici orizzontali e viene impiegato soprattutto per i contenitori.

Direct Surface Agar Plating (DSAP)

Questa tecnica è utile per valutare la contaminazione delle superfici in loco. Le superfici e gli utensili possono essere testati versando del terreno agarizzato liquido sulla superficie e lasciandolo solidificare; una volta solidificato, il terreno viene trasferito asetticamente in piastre di coltura sterili, che vengono coperte e poste a incubare. La conta viene effettuata dopo 28-48 ore.

7.4.6 Interpretazione dei risultati delle analisi

Le analisi microbiologiche per valutare le condizioni igieniche di attrezzature e alimenti sono state descritte nel capitolo 2. I paragrafi che seguono forniscono ulteriori informazioni sull'interpretazione dei risultati dei test disponibili.

7.4.7 Importanza dei programmi di monitoraggio

Per disporre di un metodo interno per la valutazione della qualità totale dei prodotti finiti e del livello igienico-sanitario è bene stabilire e implementare un programma di monitoraggio, il cui scopo principale è evitare problemi legati alla sicurezza e all'accettabilità del prodotto. Lo sviluppo di un programma dovrebbe includere la definizione degli obiettivi, delle tecniche e delle procedure di valutazione. I test dovrebbero consentire di valutare non solo la quantità di microrganismi presenti sulle superfici a contatto con gli alimenti, ma anche l'efficacia complessiva della sanificazione.

I prodotti e le superfici da sottoporre ad analisi dovrebbero essere individuati in base al tipo di alimento, alle fasi del processo, all'importanza della superficie dal punto di vista delle procedure di sanificazione e alla sicurezza e/o all'accettabilità del prodotto alimentare. Il programma di monitoraggio dovrebbe essere definito in funzione dell'accuratezza richiesta, del tempo necessario e dei costi; inoltre, nella scelta della tecnica di monitoraggio va considerato il tipo di superficie da analizzare.

Per ridurre la possibilità di interpretazioni scorrette dei risultati, il programma di monitoraggio deve essere progettato in modo da consentire l'analisi statistica dei dati. Interpretazioni errate possono essere evitate anche attraverso la completa conoscenza dei vantaggi e
dei limiti dei vari test: per esempio, riconoscendo che il metodo di campionamento per contatto, in caso di aggregati batterici, fornisce conte più basse rispetto al metodo col tampone,
che disgrega tali aggregati. Se il campionamento deve essere condotto su superfici precedentemente trattate con germicidi, si suggerisce l'aggiunta dello 0,5% di Tween 80 e dello
0,07% di lecitina di soia nel terreno per le piastre RODAC.

Oltre all'analisi dei dati, il programma di monitoraggio dovrebbe includere un metodo per
valutare le informazioni collegate alla tecnica di campionamento. I criteri di accettabilità e
non accettabilità dovrebbero essere determinati in riferimento alle concrete condizioni operative. Il monitoraggio delle medesime superfici, ripetuto nel tempo e in determinate condizioni (per esempio, dopo la pulizia e la sanificazione e durante la produzione), può fornire
un andamento o *trend*. Il responsabile della quality assurance può utilizzare queste informazioni per stabilire linee guida realistiche per il processo produttivo. I livelli massimi di contaminazione dovrebbero essere fissati in relazione alla fase del processo produttivo, all'entità della superficie degli alimenti esposta e alla durata del contatto tra alimenti e superficie. I
grafici che mostrano l'andamento delle conte giornaliere dei microrganismi, in rapporto alle
soglie stabilite, possono essere affissi per consultazione da parte dei responsabili e degli
addetti ed essere impiegati per sottolineare l'importanza dell'attività di monitoraggio e del
rispetto delle soglie prescritte.

Il monitoraggio microbiologico delle superfici a contatto con gli alimenti mediante le tecniche descritte rappresenta un utile strumento per misurare e valutare l'efficacia di un programma di QA. Inoltre, il monitoraggio può individuare aree della produzione potenzialmente problematiche e servire da ausilio per la formazione del personale addetto alla sanificazione, dei supervisori e degli addetti alla QA.

7.4.8 Importanza dell'auditing

L'audit in materia di sicurezza alimentare, condotto sia internamente sia da parte di soggetti esterni, rappresenta una procedura sempre più diffusa, richiesta dalle principali imprese di
vendita al dettaglio e di somministrazione di alimenti per garantirsi la sicurezza dei prodotti ricevuti e per limitare le proprie responsabilità nel caso si verifichino episodi di malattie a
trasmissione alimentare. Gli audit forniscono valutazioni accurate del processo produttivo
del fornitore, programmi scritti e registrazioni connessi alla sicurezza alimentare. La maggior parte si basa su punteggi standard, che prevedono un valore minimo affinché la verifica
ispettiva abbia esito positivo (Chilton, 2004).

Nel 2001, la National Food Processors Association statunitense ha lanciato il *Supplier
Audit for Food Excellence* (SAFE). L'obiettivo del programma SAFE era la creazione di un
audit standard adatto per tutte le tipologie di industrie. La check-list per la conduzione del-
l'audit è stata sviluppata dal SAFE Council, che includeva rappresentanti di trenta tra le
maggiori aziende alimentari. Questo programma è stato accettato di buon grado dall'industria, come dimostra il fatto che nei primi due anni successivi all'implementazione sono stati
effettuati circa 1000 audit di questo tipo.

Sono state suggerite alcune ampie categorie che dovrebbero essere considerate durante la
preparazione dell'audit di uno stabilimento (Bjerklie, 2003):
1. organizzazione e responsabilità della sicurezza e della qualità degli alimenti;
2. sicurezza degli alimenti, politiche e procedure per la qualità;

3. obiettivi specifici e programmi dei corsi di formazione per la direzione e per il personale operativo;
4. team HACCP e piano HACCP attuato;
5. piano e procedure per il ritiro dei prodotti;
6. rispetto degli standard prescritti;
7. gestione dei documenti e delle registrazioni;
8. gestione dei cambiamenti e programmi di gestione delle emergenze;
9. documentazione a supporto dell'efficacia delle politiche adottate;
10. consapevolezza e impegno della direzione aziendale rispetto alla sicurezza e alla qualità degli alimenti.

Un audit può essere un'esperienza positiva per un'azienda alimentare. Gli auditor possono svolgere un ruolo importante, poiché il loro compito è verificare in che modo un'azienda di lavorazione controlla i processi che avvengono all'interno dello stabilimento stesso. L'intera procedura di audit è rivolta proprio a fornire questa risposta.

Prepararsi a un audit

Per un'azienda alimentare il metodo migliore per prepararsi a un audit è individuarne i criteri, in particolare comprendere con che cosa dovrà confrontarsi; una volta stabilito ciò, può pianificare una preparazione adeguata. Quando la direzione di un'azienda sa che è imminente un audit, dovrebbe condurre un'autovalutazione della propria struttura in relazione ai criteri dell'audit, cioè condurre un audit su se stessa. Un altro compito importante cui una azienda dovrebbe dedicarsi prima di un audit è la preparazione di uno spazio di lavoro piccolo ma funzionale per il revisore; si dovrà inoltre essere pronti a fornire assistenza in caso di necessità. Il rapporto della direzione con il revisore può rivelare tanto quanto l'audit stesso in merito alla gestione dell'azienda e al modo in cui questa conduce il proprio lavoro (Bjerklie, 2003).

7.4.9 Ritiro dei prodotti

Il ritiro consiste nel togliere dal mercato, a causa di una o più caratteristiche insoddisfacenti, i prodotti immessi nel sistema distributivo. A ogni azienda alimentare può capitare di dover ritirare un prodotto dal mercato; in tale evenienza, comunque, l'immagine pubblica può essere preservata se è stato implementato un piano ben organizzato.

I prodotti possono essere recuperati dalla distribuzione per iniziativa dell'azienda o per disposizione dell'autorità di controllo. All'origine di un ritiro possono esservi diversi motivi; a tale proposito, la FDA ha stabilito la seguente classificazione.

- *Classe I* Esiste una ragionevole probabilità che l'utilizzo di un prodotto difettoso o l'esposizione a esso comporti un rischio grave per la salute pubblica (incluso il rischio di morte).
- *Classe II* L'utilizzo di un prodotto difettoso o l'esposizione a esso può comportare un rischio temporaneo per la salute; la possibilità di un grave rischio per la salute pubblica (morte) è remota.
- *Classe III* L'utilizzo di un prodotto difettoso o l'esposizione a esso non comporta un rischio per la salute pubblica.

Per esempio, un ritiro di I classe potrebbe essere dovuto a contaminazione del prodotto con sostanze tossiche (chimiche o microbiche); un ritiro di II classe potrebbe concernere prodotti contaminati da microrganismi patogeni, mentre un ritiro di III classe potrebbe riguardare prodotti non conformi agli standard.

Un modo valido per prevenire un ritiro consiste nell'attuazione di un efficace piano HACCP e nella formazione del personale affinché acquisisca una mentalità volta alla sicurezza alimentare; a tale scopo, in alcune aziende sono previste esercitazioni di falsi ritiri.

Un piano per il ritiro di prodotti non sicuri, causato da insufficiente sanificazione, dovrebbe prevedere le seguenti azioni:

1. raccogliere, analizzare e valutare tutte le informazioni relative al prodotto;
2. determinare la tempistica del ritiro;
3. informare tutti i responsabili dell'azienda e le autorità competenti;
4. fornire al personale dell'azienda gli ordini operativi necessari per eseguire il ritiro;
5. bloccare immediatamente tutte le spedizioni successive dei lotti del prodotto in questione;
6. se ritenuto appropriato, rilasciare nuovi comunicati per i consumatori sulle specifiche del prodotto;
7. informare i clienti;
8. informare i distributori e assisterli nel rintracciamento del prodotto;
9. stoccare e isolare tutti i prodotti ritirati in luoghi prestabiliti;
10. mantenere una registrazione cronologica dettagliata dei casi di ritiro;
11. studiare la natura, l'entità e le cause del problema per evitare che si ripresenti;
12. fornire rapporti sull'andamento della procedura in corso alla direzione aziendale e alle autorità competenti;
13. condurre un controllo efficace per determinare la quantità di prodotto ritirato;
14. stabilire la destinazione finale del prodotto ritirato.

7.4.10 Campionamento per un programma di quality assurance

Il piano di campionamento è una componente essenziale delle analisi per un programma di sicurezza alimentare. Con un piano di campionamento inefficace, un risultato d'analisi negativo fornisce un falso senso di sicurezza. Per ottenere dati significativi, è essenziale la comprensione del tipo di analisi condotta nel contesto del piano di campionamento. I tipi (individuali o compositi) e il numero di campioni e i punti dello stabilimento campionati influenzano i risultati dei test.

Un campione è una parte di qualsiasi "cosa" sia sottoposta a ispezione o analisi, rappresentativa dell'intera popolazione; affinché un campione sia appropriato, deve essere *statisticamente valido*. La *validità* si ottiene selezionando il campione in modo da assicurare che ogni unità di materiale del lotto campionato abbia la stessa possibilità di essere scelta per il test. Tale processo è definito *randomizzazione*.

Per assicurare la qualità dei risultati, un campione deve essere rappresentativo dell'intera popolazione. A questo scopo, spesso si suggerisce un numero di campioni pari alla radice quadrata del numero totale che si desidera controllare. Per essere rappresentativi, i campioni non devono essere solo casuali, ma devono rappresentare in modo proporzionale ciascuna parte della popolazione. Uno dei principali compiti del team della QA dovrebbe essere la raccolta, l'identificazione e lo stoccaggio di campioni da sottoporre a ispezione e/o analisi. Un campione statisticamente valido è importante perché:

- un campione costituisce la base per stabilire le condizioni dell'intera partita o lotto; un campione di dimensioni maggiori consente di ottenere informazioni più complete;

– sottoporre l'intera partita o lotto a ispezione è costoso e normalmente non realizzabile;
– il campionamento è utilizzato per raccogliere dati per lo sviluppo degli standard e dell'accettabilità del prodotto;
– l'attendibilità dei campioni raccolti è ridotta da informazioni inaccurate e incomplete; le schede utilizzate durante la raccolta dovrebbero contenere tutte le informazioni necessarie per il campionamento e per le successive analisi. I contenitori con i campioni dovrebbero essere isolati termicamente per garantire il mantenimento della temperatura durante il trasporto verso il luogo in cui sarà effettuata l'ispezione o l'analisi.

In genere, i campioni devono essere mantenuti tra 0 e 4,5 °C; a tale scopo sono disponibili contenitori refrigeranti che assicurano diverse fasce di temperatura; se è necessario il mantenimento a temperature di 0 °C o inferiori, dovrebbe essere usato ghiaccio secco.

Durante lo scorso decennio negli stabilimenti alimentari è stata condotta una quantità limitata di analisi e monitoraggi degli ambienti; tuttavia, oggi le aziende riconoscono che il controllo degli ambienti interni allo stabilimento è fondamentale per la produzione di alimenti sicuri. Le analisi possono essere effettuate all'interno dell'azienda o essere affidate a laboratori esterni; in alcuni casi si sfruttano entrambe le possibilità.

Gli ambienti di lavorazione sono le fonti più comuni di contaminazione microbica del prodotto finito. L'implementazione e l'attuazione di un rigido programma di monitoraggio ambientale sono di grande utilità per identificare, sulle attrezzature presenti all'interno dello stabilimento, le aree che possono diventare nicchie per la crescita microbica. Il controllo ambientale è una misura preventiva che può consentire di riconoscere un problema di contaminazione prima che questo coinvolga i prodotti finiti.

Un programma di monitoraggio ambientale serve anche per verificare che i controlli sulla sanificazione siano efficaci nel minimizzare i pericoli rappresentati, per esempio, dai patogeni a trasmissione alimentare, specialmente *Salmonella* e, negli ambienti umidi o refrigerati, *Listeria monocytogenes*.

Procedure di campionamento
Un esempio di procedura di campionamento per campioni solidi, semisolidi, viscosi e liquidi è costituito dalle seguenti operazioni.
1. Identificare e raccogliere solo campioni rappresentativi.
2. Se possibile, registrare la temperatura del prodotto al momento del campionamento.
3. Mantenere i campioni prelevati alla corretta temperatura. I campioni di prodotti non deperibili e normalmente conservati a temperatura ambiente non richiedono necessariamente la refrigerazione. I campioni di prodotti deperibili e normalmente refrigerati devono essere mantenuti a una temperatura compresa tra 0 e 4,5 °C; i campioni di prodotti congelati o particolari devono essere mantenuti a temperature non superiori a –18 °C.
4. Dopo la raccolta, proteggere il campione da contaminazioni o danni. Non scrivere sulle etichette dei contenitori di plastica, poiché l'inchiostro può penetrare all'interno.
5. Sigillare i campioni per assicurarne l'integrità.
6. Se possibile, inviare i campioni al laboratorio nel contenitore originale non aperto.
7. Quando occorre campionare grandi masse omogenee di prodotto o un prodotto contenuto in recipienti troppo voluminosi per essere trasportati al laboratorio, se possibile mescolare accuratamente il prodotto e trasferirne, in condizioni asettiche, almeno 100 g in un contenitore per campioni sterile. I prodotti congelati possono essere campionati effettuando un carotaggio mediante un trapano elettrico e un succhiello di 2,5 cm.

7.4.11 Strumenti di base

A seconda dell'area di produzione degli alimenti, per il campionamento e la valutazione del prodotto si dovrebbero considerare le seguenti attrezzature e forniture.

Strumenti per la misurazione

Comprendono un termometro in gradi centigradi, un campionatore per spazio di testa, un vacuometro, burette per titolazione, dispositivi filtranti e pipette monouso sterili da 0,1 a 10 mL.

Materiali da laboratorio

Tra i materiali consigliati per condurre analisi relative alla sanificazione sono inclusi: piastre Petri o Petrifilm, vetrini per microscopio, apriscatole, moduli per la registrazione, nastro adesivo, matite, penne, fogli di alluminio, tamponi di cotone sterili, asciugamani di carta, terreni di coltura, becco Bunsen, pinze, cucchiai, coltelli e provette.

Documentazione

La documentazione necessaria per il corretto svolgimento del programma dipende dai test che vengono condotti; normalmente devono essere disponibili:
1. specifiche degli ingredienti;
2. lista approvata dei fornitori;
3. specifiche del prodotto;
4. procedure della lavorazione;
5. programma di monitoraggio (analisi, registrazioni, relazioni);
6. requisiti previsti dalle norme di buona fabbricazione (GMP);
7. programma di detersione e disinfezione;
8. programma per il ritiro dal mercato.

7.5 Controllo statistico di qualità

Il controllo statistico di qualità (SQC, *Statistical quality control*) rappresenta l'applicazione della statistica al controllo di un processo. Le misurazioni dei parametri di accettabilità vengono effettuate a intervalli periodici durante la produzione e servono per determinare se il processo in questione è sotto controllo, cioè se è all'interno dei limiti prestabiliti. Un programma statistico di QA permette alla direzione aziendale di controllare un prodotto; inoltre fornisce un audit dei prodotti durante la lavorazione.

Poiché i campioni prelevati per le analisi vengono distrutti, solo l'SQC consente di monitorare la sicurezza degli alimenti. Il vantaggio principale di tale programma è che permette di attuare un processo di produzione strettamente controllato, attraverso il monitoraggio continuo delle operazioni.

La scelta dei campioni e le tecniche di campionamento sono i fattori critici di tutti i sistemi di QC. Poiché nelle analisi finali vengono utilizzate solo piccole quantità di prodotto (solitamente inferiori a 10 g), è imperativo che il campione sia rappresentativo del lotto dal quale è stato prelevato.

Il controllo statistico della qualità – detto anche ricerca operativa – rappresenta l'utilizzo di principi scientifici del calcolo delle probabilità e della statistica come strumento per operare scelte concernenti l'accettabilità complessiva di un prodotto (Marriott et al., 1991).

Il suo impiego fornisce un insieme formale di procedure che consentono di stabilire che cosa è effettivamente rilevante e come eseguire valutazioni appropriate. Diversi metodi statistici possono determinare quali risultati siano più probabili e quale livello di confidenza sia associato alle decisioni.

7.5.1 Misure di tendenza centrale

Per descrivere i dati raccolti da un processo o da un lotto si usano generalmente tre misure di tendenza centrale: la media, la moda e la mediana. La media è data dal rapporto tra la somma delle singole osservazioni e il numero totale delle osservazioni; la moda è invece il valore che ricorre più frequentemente in una serie di dati; la mediana, infine, è il valore centrale presente nella raccolta di dati.

Utilizzando queste misure, è possibile rappresentare le caratteristiche delle tendenze centrali dell'insieme di dati raccolti. La tabella 7.1 illustra i valori di media, moda e mediana di una serie di dati.

Tabella 7.1 Valori di tendenza centrale

Dati	Media	Moda	Mediana
11, 12, 14, 14, 16, 17, 18, 19, 20	15,67	14	16

7.5.2 Variabilità

I prodotti lavorati devono essere uniformi, con variazioni minime della carica microbica o di altre caratteristiche. Due misure della variazione sono il range e la deviazione standard. Per misurare la variabilità attraverso il range si sottrae l'osservazione più bassa da quella più alta.

$$R = X_{max} - X_{min}$$

Con i dati riportati nella tabella 7.1, il calcolo sarebbe:

$$R = 20 - 11 = 9$$

Poiché il range si basa soltanto su due osservazioni, non fornisce un quadro molto accurato della variabilità. All'aumentare del numero di campioni, il range tende ad ampliarsi, in quanto è maggiore la possibilità di selezionare un campione con un valore molto alto o molto basso. La deviazione standard fornisce una misura più accurata della dispersione dei dati, perché considera tutti i valori della serie; la formula per calcolarla è:

$$S = \sqrt{\frac{(x_1 - \overline{x})^2 + (x_2 - \overline{x})^2 + \ldots + (x_n - \overline{x})^2}{n - 1}}$$

Sebbene questa formula sia più complessa di quella necessaria per il calcolo del range, può essere facilmente ottenuta usando un computer. Quanto maggiore è la deviazione standard, tanto maggiore è la variabilità dei dati; quindi per mantenere l'uniformità, la deviazione standard deve essere la più bassa possibile.

Tabella 7.2 Tabella di frequenza della carica microbica (ufc/g)

Classi di ufc	Frequenza
0-100	5
100-1.000	10
1.000-10.000	22
10.000-100.000	13
100.000-1.000.000	3

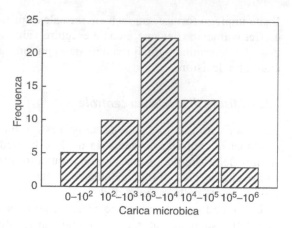

Figura 7.2 Istogramma relativo alla carica microbica (ufc/g).

7.5.3 Visualizzazione dei dati

La rappresentazione dei dati in una tabella di frequenza è molto utile, soprattutto quando deve essere analizzato un vasto campione di numeri. Una tabella di frequenza mostra le classi numeriche che comprendono l'intervallo dei dati del campionamento e i valori di frequenza corrispondenti a ciascuna classe. Per semplificare la lettura della tabella e la rappresentazione grafica dei dati in essa contenuti, si cerca di limitare il numero di classi. La tabella di frequenza della carica microbica presente nelle materie prime (tabella 7.2) mostra come i dati sono distribuiti in ciascuna classe.

Per visualizzare la distribuzione di questi dati, è utile rappresentarli mediante un istogramma. Nella figura 7.2 le informazioni della tabella 7.2 sono rappresentate graficamente; l'istogramma descrive un'importante curva che si incontra molto spesso nell'analisi statistica: la curva di distribuzione normale o gaussiana. Molti eventi naturali approssimano tale curva, facilmente riconoscibile per la caratteristica forma simmetrica a campana (figura 7.3). L'area sottostante la curva rappresenta tutti gli eventi descritti dalla distribuzione della frequenza.

Nella figura 7.3 la media è rappresentata dal punto più alto della curva. La variazione della curva è rappresentata dalla deviazione standard e può essere utilizzata per determinare le diverse porzioni poste al di sotto della curva; per esempio, nella figura 7.3 una deviazio-

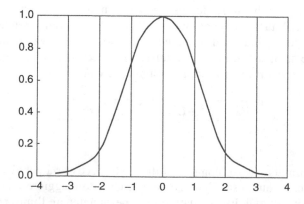

Figura 7.3 Curva di distribuzione normale.

ne standard alla destra della media rappresenta il 34% circa dei valori del campione. Di conseguenza, il 68,27% dei valori cade nell'intervallo da −1 a +1 deviazioni standard dalla media. Analogamente, circa il 95,45% dei valori è compreso nell'intervallo ±2 deviazioni standard. Virtualmente, tutta l'area (99,75%) è rappresentata da ±3 deviazioni standard. Le informazioni così ottenute possono essere utilizzate per fissare limiti di controllo allo scopo di stabilire se un processo è statisticamente sotto controllo.

7.5.4 Carte di controllo

Le carte di controllo offrono un eccellente metodo per ottenere e mantenere un soddisfacente livello di accettabilità; sono ampiamente utilizzate nell'industria per il controllo *on-line* dei materiali prodotti. Oltre a fornire il livello di sicurezza richiesto, questo metodo può essere utile per migliorare la sanificazione e per segnalare un pericolo imminente. L'obiettivo principale è determinare il processo produttivo ottimale, considerate le risorse disponibili, quindi monitorare i punti di controllo per rilevare eventuali variazioni che intervengano durante il processo.

Queste variazioni possono essere classificate in due gruppi, a seconda che siano dovute a cause accidentali o identificabili.

Nelle variazioni dovute a fattori accidentali, la non uniformità dei prodotti finiti è modesta e dovuta a eventi casuali, appunto, e imprevedibili. Nelle variazioni dovute a fattori identificabili, la causa può essere *attribuita* a uno specifico fattore, come differenze nella carica microbica delle materie prime, difetti nel processo o nei macchinari, fattori ambientali o errori degli addetti alla linea di produzione. Una volta individuata, questa variazione può essere controllata attraverso un'appropriata azione correttiva. Quando un processo mostra solo variazioni dovute a cause accidentali, è *sotto controllo*.

Le carte per il controllo di qualità sono state sviluppate per differenziare i due tipi di variazione e fornire un metodo rapido per determinare se un sistema è sotto controllo. La figura 7.4 mostra una tipica carta di controllo per una caratteristica della qualità. La caratte-

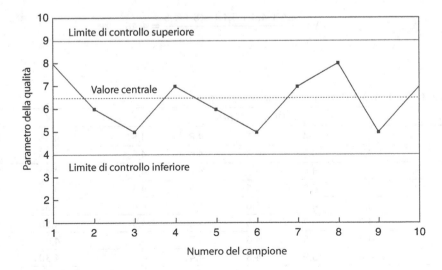

Figura 7.4 Caratteristica carta di controllo.

ristica di interesse è rappresentata sull'asse delle ordinate contro l'asse delle ascisse, che può rappresentare il numero del campione o un intervallo di tempo.

La linea centrale rappresenta la media o il valore medio del parametro di qualità stabilito per il prodotto quando il processo è sotto controllo. Le due linee orizzontali sopra e sotto la linea centrale sono definite in modo tale che, finché il processo è sotto controllo, tutti i punti (corrispondenti ai diversi campioni) dovrebbero essere compresi tra di esse. La variazione dei punti all'interno dei limiti di controllo può essere attribuibile a cause accidentali e non richiede alcuna azione correttiva.

Tuttavia, se i punti si trovano in netta prevalenza al di sopra o al di sotto della linea centrale, anziché essere sparsi casualmente, il processo è potenzialmente fuori controllo e si rendono necessari opportuni accertamenti. Se un punto cade sopra o sotto le linee definite, rispettivamente, dai limiti di controllo superiore e inferiore, si può presumere che sia stato introdotto un fattore che abbia messo fuori controllo il processo e che sia quindi necessaria una contromisura appropriata.

Le carte di controllo possono essere suddivise in due categorie:

1. carte di controllo per variabili;
2. carte di controllo per attributi.

Carte di controllo per variabili

Queste carte di controllo possono essere applicate a qualsiasi caratteristica misurabile. La carta X è la più utilizzata per monitorare le tendenze centrali, mentre la carta R è impiegata per controllare le variazioni di processo. I seguenti esempi mostrano in che modo le due carte di controllo vengono utilizzate nei contesti produttivi.

Un'azienda alimentare può effettuare il monitoraggio del pH dei prodotti finiti per verificare che siano soddisfatti i requisiti in merito alla sicurezza. Nel corso di un turno lavorativo di 8 ore possono essere prelevati ogni ora cinque campioni da sottoporre a misura del pH, come mostrato nella tabella 7.3.

Innanzi tutto occorre calcolare la media (X) e il range (R) per ogni campione. Per esempio, i calcoli relativi al campione 1 sono:

$$X = \frac{4,6 + 4,4 + 4,1 + 4,8 + 4,5}{5} = 4,48$$

Tabella 7.3 Valori di X e R per la misurazione del pH

Campione	Misura del pH					X	R
1	4,6	4,4	4,1	4,8	4,5	4,48	0,7
2	4,1	4,2	4,3	4,6	4,6	4,36	0,5
3	4,6	4,6	4,3	4,2	4,5	4,44	0,4
4	4,7	4,8	4,5	4,5	4,3	4,56	0,5
5	4,1	4,1	4,0	4,6	4,8	4,32	0,8
6	4,2	4,2	4,6	4,6	4,9	4,50	0,7
7	4,6	4,5	4,6	4,7	4,7	4,62	0,2
8	4,0	3,9	4,8	4,4	4,4	4,30	0,9
					Media	4,4475	0,5875

R è dato dalla differenza tra il valore più alto e quello più basso dei cinque campioni.

Dopo aver calcolato tutti i valori di X e di R, bisogna considerare la media delle X e delle R per ottenere $\bar{X}$ e $\bar{R}$.

$$\bar{X} = \frac{\text{somma di tutti i valori } X}{\text{numero di campioni}} = \frac{35,58}{8} = 4,4475$$

$$\bar{R} = \frac{\text{somma di tutti i valori } R}{\text{numero di campioni}} = \frac{4,7}{8} = 0,5875$$

Secondo questo calcolo, la linea centrale del grafico X e R può essere così definita:

linea centrale del grafico X = 4,4475

linea centrale del grafico R = 0,5875.

Per calcolare i limiti di controllo superiori (UCL, *Upper control limits*) e i limiti di controllo inferiori (LCL, *Lower control limits*) occorre determinare la deviazione standard di ogni lotto di campioni. Piuttosto che eseguire il lungo calcolo necessario per ottenere questo valore, può essere utilizzato un altro metodo. I limiti di controllo nei grafici precedenti erano rappresentati da:

$$\text{UCL} = \bar{X} + 3\bar{\delta}$$

$$\text{LCL} = \bar{X} - 3\bar{\delta}$$

Sostituendo un fattore A_2, ricavato da un'apposita tavola statistica che riporta i coefficienti per il calcolo dei limiti delle carte di controllo, nelle equazioni per il calcolo di UCL e LCL, si possono ottenere i valori necessari per il punto di controllo. In questo esempio, il valore di A_2 per un campione composto di 5 unità è pari a 0,58. Le equazioni per il calcolo dei limiti di controllo diventano:

$$\text{UCL} = \bar{X} + A_2\bar{R}$$

$$\text{LCL} = \bar{X} - A_2\bar{R}$$

sostituendo, si ottiene:

$$\text{UCL} = 4,4475 + 0,58\,(0,5875) = 4,7883$$

$$\text{LCL} = 4,4475 - 0,58\,(0,5875) = 4,1067$$

I limiti di controllo superiori e inferiori del grafico R possono essere determinati in modo analogo; in questo caso, però, si sostituiscono i fattori D_4 e D_3, anch'essi ricavati dalla tabella che riporta i coefficienti per il calcolo dei limiti delle carte di controllo:

$$D_4 = 2,11 \; ; \; D_3 = 0$$

$$\text{UCL} = D_4\,\bar{R} = 2,11\,(0,5875) = 1,2396$$

$$\text{LCL} = D_3\,\bar{R} = 0\,(0,5875) = 0$$

Dopo aver completato questi calcoli, i valori possono essere rappresentati su un sistema di assi cartesiani *XY* per ottenere i grafici *X* e *R* per la misurazione del pH. Le figure 7.5 e 7.6 illustrano le carte di controllo complete derivanti dai dati dei campioni. Entrambi i grafici mostrano un processo attualmente sotto controllo, con tutti i punti entro i confini dei limiti di controllo e un ugual numero di punti sopra e sotto la linea centrale.

Carte di controllo per attributi

Queste carte di controllo differiscono da quelle per variabili in quanto si basano sulla classificazione dei prodotti in conformi e non conformi. Per le analisi si utilizzano solitamente le carte *p*, *np*, *c* ed *u*.

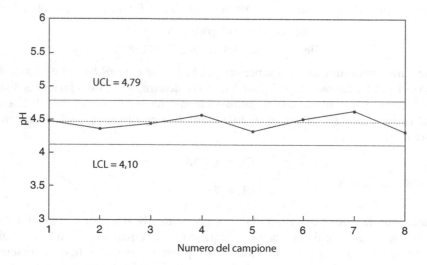

Figura 7.5 Carta di controllo *X* per la misura del pH.

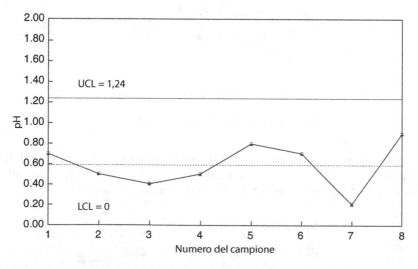

Figura 7.6 Carta di controllo *R* per la misura del pH.

Carte p

La carta p è una delle più utili carte di controllo per attributi: è utilizzata per determinare la frazione inaccettabile (*p*), definita come il rapporto tra il numero di prodotti inaccettabili e il numero totale dei prodotti controllati. Per esempio, se un produttore esamina 5 campioni all'ora (su un turno di 8 ore), prelevati dalla linea di produzione, e riscontra un totale di otto unità inaccettabili, *p* sarà calcolato come segue:

$$\text{Numero totale di prodotti inaccettabili} = 8$$

$$\text{Numero totale di prodotti controllati} = 5\,(8) = 40$$

$$p = \frac{\text{Numero di inaccettabili}}{\text{numero totale controllato}} = \frac{8}{40} = 0,20$$

Talvolta questo valore viene espresso come percentuale di prodotti inaccettabili. In questo esempio, la percentuale di prodotti difettosi sarebbe:

$$0,20 \times 100 = 20\%$$

Una carta di controllo per attributi può essere costruita a partire da un programma di campionamento, calcolando il valore medio della frazione inaccettabile (*p*) da una serie di dati e utilizzando la formula $p \pm 3\delta$ o altri limiti di controllo desiderati. Poiché l'analisi dell'attributo segue una distribuzione binomiale, la deviazione standard sarà calcolata con:

$$\delta = \sqrt{\frac{\bar{p}\,(1 - \bar{p})}{n}}$$

dove *n* è il numero di unità che costituiscono un campione. I limiti di controllo si otterranno utilizzando la formula:

$$\text{UCL} = \bar{p} + 3\delta$$

$$\text{LCL} = \bar{p} - 3\delta$$

Se riportando questi dati su un grafico nessun punto cade al di fuori dei limiti di controllo, si può assumere che il processo sia sotto controllo statistico e che eventuali variazioni possano essere attribuite a eventi casuali.

Carte np

Le carte np possono essere utilizzate per determinare il numero, anziché la frazione, di prodotti non conformi quando il campionamento è costante. La formula per calcolare il numero di prodotti non conformi (*np*) è:

$$\text{numero di prodotti non conformi } (np) = n \times p$$

dove *n* è il numero di campioni e *p* la frazione di prodotti inaccettabili. Se un valore è noto, l'altro può essere facilmente calcolato. Per esempio, sapendo che un lotto di 50 campioni è inaccettabile al 2%, il numero di prodotti non conformi sarà:

$$np = 50 \times 0,02 = 1$$

Il calcolo per determinare i limiti di controllo è uguale a quello effettuato per la carta p, tranne per il fatto che la deviazione standard è data da:

$$\delta = \sqrt{np(1-p)}$$

Carte c

Queste carte sono impiegate quando occorre valutare il numero di difetti per unità di prodotto; anche in questo caso il campionamento deve essere costante. Sebbene il loro uso non sia così frequente come quello delle carte p e np, possono essere efficaci se applicate correttamente. Assumiamo che un produttore esamini 10 lotti e scopra 320 difetti, le equazioni per calcolare la media $\bar{c}$ dei difetti e la deviazione standard sono:

$$\bar{c} = \frac{320}{10} = 32$$

$$\delta = \sqrt{\bar{c}} = \sqrt{32} = 5,66$$

I limiti di controllo saranno dunque:

$$\text{UCL} = \bar{c} + 3\sqrt{\bar{c}} = 32 + 3(5,66) = 48,98$$

$$\text{LCL} = \bar{c} - 3\sqrt{\bar{c}} = 32 - 3(5,66) = 15,02$$

Carte u

Quando i lotti da campionare per valutare i difetti per unità di campionamento (per esempio, superficie o lunghezza) non sono di dimensione costante, è possibile utilizzare la carta u per il controllo statistico. Stabilendo come unità di riferimento le dimensioni di un lotto base, è possibile determinare le dimensioni equivalenti dei lotti sottoposti a controllo. Il numero di unità di riferimento in essi contenuto è dato da:

$$k = \frac{\text{dimensioni del lotto campione}}{\text{dimensioni del lotto base}}$$

La statistica u può essere determinata a partire da c (numero di difetti in un lotto di campioni) e dal valore di k

$$u = \frac{c}{k}$$

Partendo da questi valori, i limiti di controllo superiore e inferiore della carta u possono essere definiti come:

$$\text{UCL} = \bar{u} + 3\sqrt{\frac{\bar{u}}{k}} \qquad \text{LCL} = \bar{u} - 3\sqrt{\frac{\bar{u}}{k}}$$

Oltre alle carte, un'azienda può utilizzare altri strumenti di analisi statistica, come modelli, correlazioni variabili, regressione, analisi della varianza e previsioni per l'area di produ-

zione. Tutti questi metodi consentono di esaminare i processi per garantire la massima efficienza produttiva.

7.5.5 Standard dei programmi per il controllo statistico di qualità

Nell'applicazione degli standard si utilizzano i seguenti termini.
- *Standard*: il livello o la quantità di uno specifico attributo desiderato in un prodotto.
- *Attributo di qualità*: un fattore specifico o una caratteristica misurabili del prodotto alimentare che contribuiscono a determinare l'accettabilità del prodotto. Gli attributi di qualità sono misurati con metodi prestabiliti e i valori ottenuti vengono confrontati con uno
  standard prefissato e con i limiti di controllo inferiore e superiore per determinare se la
  qualità del prodotto in esame può essere ritenuta accettabile.
- *Prodotto bloccato*: un prodotto che non può essere utilizzato nella produzione o venduto
  fino a quando non sia stato riportato agli standard stabiliti mediante un'azione correttiva.
  I prodotti bloccati dovrebbero essere rimessi in produzione solo dopo aver corretto la
  causa all'origine del problema.

Scale di valutazione
Per quantificare gli attributi di un prodotto sono state ideate due scale di valutazione.
1. *Misurazione esatta*: per attributi che possono essere misurati in unità precise (come carica batterica, percentuale, parti per milione ecc.).
2. *Valutazione soggettiva*: utilizzata quando non sono disponibili metodi di misurazione più
   precisi; in questo caso la valutazione si basa sul giudizio sensoriale (gusto, tatto, vista,
   olfatto) e viene generalmente espressa numericamente. Per valutare l'accettabilità sono
   state sviluppate due scale:

Scala 1	*Scala 2*
7 Eccellente	4 Alta
6 Molto buona	3 Moderata
5 Buona	2 Bassa
4 Media	1 Nulla
3 Discreta	
2 Scarsa	
1 Molto scarsa	

Logicamente, il primo controllo di qualità dovrebbe essere condotto sulle materie prime
in entrata. Va anche osservato che se i fornitori sanno che i loro prodotti vengono sottoposti
a un rigido controllo, si sforzeranno di inviare materie prime di migliore qualità. I prodotti
che presentano notevole variabilità dovrebbero essere campionati e analizzati con maggiore
frequenza rispetto a quelli più costanti.

Per valutare l'efficacia della sanificazione in ogni punto del processo produttivo, il numero di campioni da prelevare dipende anche dalle variazioni riscontrate nei campioni precedentemente analizzati. Andrebbero prelevati e poi riuniti almeno 3 5 campioni di circa 2 kg
ciascuno da ciascun lotto di materie prime in entrata. Dopo aver analizzato un numero sufficiente di campioni, è possibile costruire le carte di controllo per ciascuna materia prima.

Il punto dell'impianto e lo stadio del prodotto sul quale effettuare il campionamento
durante il ciclo produttivo possono variare a seconda del tipo di attrezzatura e della procedura utilizzati. Campioni di prodotto dovrebbero essere prelevati in uno o più stadi della produzione, tra le materie prime e il prodotto finito. Inoltre, dovrebbero essere impiegate carte

di controllo specifiche per ogni prodotto o formulazione, applicando i limiti di controllo solo dopo aver apportato i necessari aggiustamenti.

Il campionamento del prodotto finito dovrebbe essere eseguito in corrispondenza di una fase particolare della sequenza produttiva, per esempio durante il confezionamento. In questo stadio il campionamento serve per monitorare il controllo del processo, quindi non è richiesto il prelievo di campioni dei singoli prodotti a scopo ispettivo o normativo. Tuttavia, per essere certi della salubrità e dell'accettabilità complessiva di ciascun prodotto, è meglio analizzare e impiegare carte di controllo per ognuno di essi.

Solitamente un campione consiste di 3-5 unità rappresentative dell'intera popolazione. Le dimensioni del campione possono essere ricavate anche calcolando la radice quadrata delle unità totali; per i lotti molto consistenti, può essere accettabile una dimensione corrispondente alla metà della radice quadrata delle unità totali.

Per monitorare efficacemente il controllo del processo è necessario un campionamento quotidiano. I limiti di controllo dei prodotti finiti dovrebbero corrispondere a quelli definiti attraverso il programma di analisi e dovrebbero essere utilizzati per verificare la conformità del processo alle specifiche stabilite. Se tre campioni consecutivi superano il limite di controllo superiore stabilito per la contaminazione, la produzione dovrebbe essere interrotta per consentire le operazioni di sanificazione.

7.5.6 Carte di controllo a somme cumulate

Quando è richiesta una maggiore sensibilità, perché occorre rilevare piccole variazioni nel processo, i dati possono essere elaborati attraverso le carte di controllo a somme cumulate (CUSUM, *Cumulative sum*). Queste carte rappresentano graficamente la somma degli scostamenti (positivi o negativi) dal valore di controllo. Queste differenze sono sommate a ogni successivo tempo di campionamento per fornire i valori CUSUM.

Questa tecnica di monitoraggio può essere impiegata nelle operazioni di sanificazione che richiedono un grado maggiore di precisione rispetto a quello ottenuto con i normali grafici statistici del QC. La carta CUSUM consente di valutare più accuratamente i cambiamenti effettivi, di rilevare e correggere con maggiore rapidità le deviazioni e di stimare graficamente gli andamenti; aumenta inoltre le possibilità di controllo del processo ottimale per varie applicazioni. Secondo alcuni autori la carta CUSUM non sarebbe stata sviluppata per livelli multipli e, quindi, non sarebbe indicata per i processi produttivi che si prolungano oltre un certo periodo di tempo (Webb e Price, 1987). Se viene utilizzata, è importante che i risultati del sistema CUSUM siano tenuti aggiornati affinché possa essere adottata un'immediata azione correttiva.

Un computer può eseguire rapidamente i calcoli statistici e identificare i punti che richiedono un'azione correttiva, riducendo così la mole di lavoro richiesto dall'elaborazione di grandi quantità di dati, che sono utili per sollecitare azioni correttive, progettare attività future e determinare quando e dove sono necessarie procedure preventive di QC.

Sommario

La sicurezza e l'uniformità di un prodotto possono essere garantite attraverso un programma di QA che includa gli strumenti scientifici e tecnologici disponibili.

Per qualità si intende l'insieme degli attributi che caratterizzano le singole unità di prodotto, contribuendo al grado di accettabilità da parte del consumatore. Questi attributi di qualità sono misurabili e controllabili. I principali fattori indispensabili per il successo di un programma di QA sono l'istruzione e la collaborazione. L'approccio HACCP può essere incluso a pieno titolo in un programma di QA, poiché si applica a un concetto di "zero difetti" nella produzione alimentare. Se applicato efficacemente, un programma di QA può rilevare prodotti igienicamente non sicuri e variazioni nella produzione. Le tecniche statistiche di QC rendono l'ispezione più affidabile ed eliminano completamente i costi dell'ispezione. Lo strumento principale di un sistema per il controllo statistico della qualità è la carta di controllo. I trend di queste carte forniscono maggiori informazioni rispetto ai dati individuali. I valori posti al di fuori dei limiti di controllo indicano che il processo di produzione dovrebbe essere osservato attentamente e, se possibile, modificato.

Domande di verifica

1. Che cos'è la quality assurance?
2. Che cos'è il controllo di qualità?
3. Qual è il significato dell'acronimo TQM?
4. Perché il personale addetto alla quality assurance non dovrebbe dipendere dalla direzione di produzione?
5. Qual è il significato dell'acronimo CUSUM?
6. Che cosa sono i ritiri di I, II e III classe?
7. Che cosa sono le carte di controllo della qualità?
8. Qual è la differenza tra quality assurance e controllo di qualità?

Bibliografia

Bjerklie S (2003) How to survive an audit. *Meat Process* 42; 6:58.
Bricher JL (2003) Top 10 ingredients of a total food protection program. *Food Safety* 9: 30.
Chilton J (2004) Auditing auditors. *Meat Poultry* 50; 6: 34.
Marriott NG, Boling JW, Bishop JR, Hackney CR (1991) *Quality assurance manual for the food industry.* Virginia Cooperative Extension, Virginia Polytechnic Institute and State University, Blacksburg (Publication no. 458-013).
McNamara AM, Williams J Jr (2003) Building an effective food testing program for the 21st century. *Food Safety* 9: 36.

Capitolo 8
Detergenti

I detergenti sono formulati specificamente per svolgere precise funzioni, come il lavaggio di pavimenti e pareti, l'utilizzo in idropulitrici ad alta pressione e in impianti CIP (*Cleaning in place*). Un buon detergente deve essere economico, non tossico, non corrosivo, facile da dosare, non deve impaccarsi né produrre polveri fini, deve rimanere stabile durante lo stoccaggio e deve sciogliersi facilmente e completamente.

A seconda dell'area e dell'attrezzatura da pulire, i detergenti devono possedere requisiti diversi. La selezione dei composti da miscelare, per ottenere un prodotto soddisfacente, richiede conoscenze tecniche e specialistiche.

I principali fattori da considerare nella scelta dei composti detergenti sono la natura dello sporco da rimuovere, le caratteristiche dell'acqua, il metodo di applicazione e l'area o il tipo di apparecchiatura da pulire.

8.1 Caratteristiche dello sporco

8.1.1 Caratteristiche chimiche

Le fonti potenziali dei contaminanti chimici che si possono rinvenire negli alimenti comprendono tutte le sostanze di natura chimica utilizzate nelle aree destinate alla loro produzione e preparazione, tra le quali: detergenti, disinfettanti, insetticidi e rodenticidi. Queste sostanze possono contaminare gli impianti, le attrezzature, gli utensili e le superfici ed essere così veicolate agli alimenti; tale evenienza può essere confermata da chiunque, bevendo da un bicchiere o una tazza non accuratamente risciacquati, abbia avvertito un inconfondibile sapore di detersivo per piatti.

Gli insetticidi e i rodenticidi possono contaminare accidentalmente gli alimenti, soprattutto quando vengono spruzzati o vaporizzati; ciò può essere evitato impiegando insetticidi o altri biocidi formulati come paste, vernici o solidi. Tuttavia, anche sostanze chimiche sotto forma particellare o solubili rappresentano potenziali contaminanti.

I responsabili della sanificazione possono prevenire efficacemente la contaminazione chimica stabilendo rigide procedure per gli addetti alla produzione e alla pulizia. Per esempio, il personale può prevenire la contaminazione dovuta a frammenti provenienti da contenitori per alimenti, vetro, metallo, plastica, carta, cartone e materiali estranei, oltre che con la normale cura e attenzione ai dettagli, adottando procedure igienicamente corrette. Tale contaminazione può essere ridotta o persino eliminata contrastando attivamente i comportamenti trascurati e scorretti degli addetti.

N.G. Marriott et al., *Sanificazione nell'industria alimentare*
© Springer 2008

8.1.2 Caratteristiche fisiche

Lo sporco è materiale che si trova nel posto sbagliato. Può trattarsi di sudiciume e polvere grossolani oppure depositi di materiale organico, come quello presente nei locali adibiti alla ristorazione o alla preparazione degli alimenti. Esempi di sporco sono: depositi di grasso su ceppi e taglieri, tracce di lubrificante sui nastri trasportatori o altri residui organici sulle attrezzature di lavorazione. Lo sporco può essere classificato in funzione del metodo da utilizzare per rimuoverlo dalle superfici che devono essere pulite.

– *Sporco solubile in acqua (o altro solvente) non contenente detergenti*
   Questo sporco si scioglie in acqua di rubinetto o in altri solventi senza aggiunta di detergenti; comprende numerosi sali inorganici, zuccheri semplici, amidi e minerali, la cui rimozione non presenta particolari problemi tecnici, in quanto avviene per semplice azione di scioglimento.

– *Sporco solubile in soluzioni contenenti un solubilizzante o un detergente*
   Lo *sporco solubile in ambiente acido* si scioglie in soluzioni con pH inferiore a 7,0. Questo tipo di depositi comprende: strati sottili di ferro ossidato (ruggine), carbonati di zinco, ossalati di calcio, ossidi metallici (di ferro e zinco) su acciaio inossidabile, precipitati (prodotti dalla reazione tra diversi detergenti alcalini e alcuni sali non carbonatici responsabili della durezza permanente dell'acqua), calcare (derivante dai bicarbonati di calcio e magnesio, responsabili della durezza temporanea dell'acqua, vedi pagina 156) e pietra da latte (prodotto dell'interazione tra sali minerali e componenti del latte, precipitato per effetto del calore su superfici metalliche).
   Lo *sporco solubile in ambiente alcalino* può essere rimosso mediante l'impiego di soluzioni con pH superiore a 7,0. Acidi grassi, sangue, proteine e altri depositi organici ven-

Tabella 8.1 Caratteristiche di diversi tipi di sporco

Tipo di sporco	Solubilità	Rimozione	Cambiamenti indotti dal calore
Sali monovalenti	Solubili in acqua	Da facile a difficile	Interazione con altri componenti e conseguente difficoltà di rimozione
Zuccheri	Solubili in acqua	Facile	Caramellizzazione e conseguente difficoltà di rimozione
Grassi	Insolubili in acqua, solubili in alcali	Difficile	Polimerizzazione e conseguente difficoltà di rimozione
Proteine	Insolubili in acqua, leggermente solubili negli acidi, solubili in alcali	Molto difficile	Denaturazione e conseguente difficoltà di rimozione

Tabella 8.2 Classificazione dei residui di sporco

Tipo di sporco	Sottoclasse	Esempi di residuo
Sporco inorganico	Depositi da acque dure	Carbonati di calcio e magnesio
	Depositi metallici	Ruggine e altri ossidi
	Depositi alcalini	Film dovuti a insufficiente risciacquo dopo l'utilizzo di detergenti alcalini
Sporco organico	Depositi di natura alimentare	Residui di alimenti, compresi grassi animali e oli vegetali
	Depositi di oli e grassi minerali	Residui di prodotti lubrificanti

gono solubilizzati da soluzioni alcaline. In ambiente basico, i grassi reagiscono con gli alcali formando saponi (reazione di saponificazione); il sapone così ottenuto è solubile e agirà come solubilizzante e disperdente sullo sporco residuo.

– *Sporco insolubile nelle soluzioni detergenti*
Questo sporco non si scioglie nelle normali soluzioni detergenti; tuttavia, può essere rimosso dalla superficie cui aderisce e rimanere in sospensione nel mezzo detergente.

Un tipo di sporco, originariamente asportabile con una determinata categoria di detergenti, può rientrare in un'altra categoria in seguito all'applicazione di un detergente improprio. Per esempio, lo zucchero è solubile in acqua se viene trattato direttamente con un detergente acquoso, ma diventa insolubile in acqua se trattato con solventi organici, ricadendo così in un'altra categoria di sporco. Per rimuovere uno sporco specifico è importante selezionare il solvente appropriato e il detergente corretto. La tabella 8.1 riassume alcune caratteristiche di vari tipi di sporco.

Un'altra classificazione distingue lo sporco organico da quello inorganico. Un detergente acido è indicato soprattutto nella rimozione di depositi inorganici, mentre un detergente alcalino è più efficace nella rimozione di depositi organici. Suddividendo ulteriormente queste due classi, diventa più semplice determinare le caratteristiche specifiche di ciascun tipo di sporco e individuare il composto più efficace per la sua rimozione. La tabella 8.2 offre una suddivisione in sottoclassi, proponendo per ciascuna di esse alcuni esempi di residui tipici.

I depositi di sporco sono per loro natura complessi e spesso resi ancora più difficili da trattare dal fatto che lo sporco organico è protetto da depositi di sporco inorganico, e viceversa. Perciò, è importante identificare correttamente il tipo di sporco e impiegare il prodotto (o l'associazione di prodotti) più efficace per la sua completa rimozione. È spesso indispensabile adottare procedure di pulizia in due fasi, che utilizzano più di un composto detergente, per rimuovere combinazioni di depositi inorganici e organici. La tabella 8.3 riassume i tipi di detergenti applicabili alle principali categorie di sporco esaminate.

Tabella 8.3 Sporco e scelta del detergente

Tipo di sporco	Detergenti appropriati
Inorganico	Acidi
Organico	
residui di alimenti	Alcalini
oli e grassi minerali	Multiuso a base di solventi

8.2 Adesione dello sporco

8.2.1 Caratteristiche chimiche e fisiche

L'adesione alle superfici è influenzata dalle proprietà chimiche e fisiche dello sporco, come tensione superficiale, potere bagnante e interazione chimica con la superficie interessata, e da altre caratteristiche fisiche, quali dimensione, forma e densità delle particelle. Alcuni tipi di sporco sono trattenuti sulla superficie da *forze di adesione*, o *forze di dispersione*; altri vengono trattenuti per effetto dell'attività superficiale delle particelle già adsorbite. Le forze di adsorbimento possono essere vinte utilizzando un tensioattivo che riduca l'energia superficiale dello sporco, indebolendone il legame con la superficie.

Le caratteristiche fisiche dello sporco possono influenzare anche la sua forza di adesione, che è direttamente correlata all'umidità ambientale e al tempo di contatto. Le forze di adesione dipendono anche dalla forma geometrica e dalle dimensioni delle particelle, dalle irregolarità della superficie e dalle sue proprietà plastiche. L'intrappolamento meccanico in fessure e irregolarità contribuisce all'accumulo di sporco su attrezzature e altre superfici.

8.2.2 Effetti delle caratteristiche delle superfici sulla deposizione dello sporco

Nella scelta del prodotto e del metodo impiegato per la detersione occorre considerare le caratteristiche della superficie (tabella 8.4); infatti i materiali impiegati nella costruzione delle attrezzature e degli ambienti influenzano l'accumulo di sporco e condizionano tale scelta. Gli specialisti della sanificazione devono avere una conoscenza approfondita dei materiali utilizzati per le finiture delle attrezzature e dei locali dello stabilimento e sapere quali detergenti possono danneggiarle. Se i responsabili del team aziendale non possiedono competenza ed esperienza sufficienti, occorre affidarsi a un consulente o a un fornitore qualificato di detergenti per ricevere assistenza tecnica, che comprenda indicazioni sulle sostanze chimiche e sulle procedure di sanificazione.

8.2.3 Distacco dello sporco dalle superfici

Lo sporco depositatosi in fessure, crepe e in altre irregolarità è difficile da rimuovere, soprattutto nei punti più scomodi da raggiungere. Il grado di difficoltà della rimozione dello sporco da una superficie dipende dalle caratteristiche di quest'ultima, come la levigatezza, la durezza, la porosità e la bagnabilità.

La rimozione dello sporco consiste essenzialmente di tre fasi. La prima è il *distacco dello sporco* dalla superficie, dal materiale o dall'apparecchiatura da pulire. Tale distacco può

Tabella 8.4 Caratteristiche di diverse superfici impiegate nelle industrie alimentari

Materiale	Caratteristiche	Precauzioni
Legno	Permeabile all'acqua, ai grassi e all'olio; di difficile manutenzione; intaccato dagli alcali; distrutto dagli alcali caustici	Per le caratteristiche non igieniche non dovrebbe essere utilizzato; in alternativa usare materiali come acciaio inox, gomma e polietilene
Metalli ferrosi	I detergenti acidi e quelli cloroattivi favoriscono la formazione della ruggine	Poiché sono facilmente attaccati dalla ruggine, sono spesso galvanizzati o zincati; dovrebbero essere puliti con detergenti neutri
Alluminio	Può essere corroso da detergenti fortemente alcalini o acidi	Deve essere pulito con detergenti neutri o moderatamente alcalini
Cemento	Può essere attaccato dagli alimenti acidi e dai detergenti	Deve essere compatto, resistente agli acidi e non deve generare polvere; una valida alternativa sono i laterizi resistenti agli acidi
Vetro	Liscio e impermeabile, può essere attaccato dai detergenti fortemente alcalini	Deve essere pulito con detergenti neutri o moderatamente alcalini
Vernici e resine	La qualità della superficie dipende dal metodo di applicazione; attaccate dai detergenti fortemente alcalini	Diverse vernici e resine non sono adatte all'impiego negli stabilimenti alimentari
Gomma	Deve essere non porosa e non spugnosa; resiste ai detergenti alcalini; è attaccata dai solventi organici e dagli acidi forti	I taglieri di gomma possono deformarsi e la loro superficie può danneggiare l'affilatura delle lame dei coltelli
Acciaio inox	Generalmente resistente alla corrosione; è liscio e non poroso (in assenza di corrosione); resiste all'ossidazione alle alte temperature; facile da pulire, non magnetico	È costoso e in futuro potrebbe essere meno disponibile; alcuni tipi sono attaccati dagli alogeni (cloro, iodio, bromo e fluoro)

essere ottenuto mediante azione meccanica (di acqua, vapore o aria ad alta pressione) e sfregamento, mediante alterazione della natura chimica dello sporco (per esempio con la reazione di alcali e acidi grassi per formare saponi) oppure senza di essa (per esempio con tensioattivi che riducono la tensione superficiale del mezzo pulente, come l'acqua, per consentire un contatto più diretto con lo sporco). Per favorire l'azione di distacco da parte del detergente, lo sporco e la superficie devono essere completamente bagnati. Il detergente riduce l'energia di legame tra superficie e sporco, consentendone la separazione e l'allontanamento; l'efficacia di tale riduzione può essere migliorata aumentando la temperatura della soluzione detergente o applicandola tramite un getto ad alta pressione, che può facilitare l'asportazione dei depositi di sporco tenace dalla superficie.

La seconda fase è la *dispersione dello sporco* (cioè la sua diluizione) nella soluzione detergente. Per assicurare la dispersione dello sporco solubile in una soluzione detergente, occorre mantenere una concentrazione adeguata di detergente e non superare i limiti di solubilità dello sporco nel mezzo. La dispersione può essere aumentata rinnovando completamente la soluzione detergente o continuando ad aggiungere soluzione fresca a quella in cui è già disperso lo sporco. Dopo essere stati rimossi dalla superficie, alcuni tipi di sporco non si dissolvono nel mezzo pulente, rendendo la dispersione dello sporco insolubile più complicata. In questo caso è importante ridurre lo sporco in particelle o goccioline più piccole per allontanarlo dalla superficie pulita; a tale scopo è necessario potenziare l'azione dei composti detergenti, fornendo energia meccanica sotto forma di agitazione, alta pressione o sfregamento. L'azione sinergica tra la riduzione dell'energia di legame da parte del detergente e l'energia meccanica può frazionare lo sporco in piccole particelle e allontanarlo dalla superficie.

L'ultima fase è la *prevenzione della rideposizione dello sporco* disperso. La rideposizione può essere ridotta allontanando dalla superficie che si sta pulendo la soluzione detergente in cui è disperso lo sporco. Risultano inoltre efficaci: la continua agitazione della soluzione detergente, mentre è ancora a contatto con la superficie; la prevenzione di reazioni tra detergenti, acqua e sporco (si sottolinea che impiegando acqua addolcita mediante sequestranti si riduce la possibilità di formazione di depositi calcarei originati da saponi, sia presenti nel detergente sia derivanti da saponificazione dei grassi); l'eliminazione completa, mediante abbondante risciacquo della superficie pulita, di ogni residuo della soluzione detergente e dello sporco in essa disperso; il mantenimento dello sporco in uno stato finemente disperso per evitare che si depositi nuovamente sulla superficie pulita. L'adsorbimento di agenti dotati di attività superficiale determina la formazione di cariche elettriche dello stesso segno sulla superficie delle particelle di sporco che, avendo la medesima carica, si respingono e non possono aggregarsi in particelle più grandi. Anche la rideposizione sulla superficie risulta minimizzata, poiché tra le particelle e la superficie pulita, entrambe ricoperte dal tensioattivo, vi è repulsione.

Un approccio complessivo alla sanificazione comprende attrezzature per produrre energia meccanica, detergenti per ridurre l'energia che lega lo sporco alle superfici e disinfettanti per distruggere la contaminazione microbica associata ai depositi di sporco. Un'efficace rimozione dello sporco dipende dalle procedure di pulizia, dai composti detergenti, dalla qualità dell'acqua, dall'applicazione a pressione dei mezzi pulenti, dall'agitazione meccanica e dalla temperatura delle soluzioni detergenti.

8.2.4 Il ruolo dei mezzi utilizzati per la pulizia

L'*acqua* è il mezzo più frequentemente utilizzato per la rimozione dello sporco. Tra gli altri mezzi pulenti vi sono l'*aria*, per la rimozione di materiali per il confezionamento, polvere e altri residui (nei casi in cui l'acqua non sia adatta), e i *solventi*, utilizzati per la rimozione di lubrificanti e altri prodotti derivati dal petrolio. Nell'acqua impiegata negli impianti di lavorazione degli alimenti devono essere assenti microrganismi patogeni, ioni di metalli tossici e sapori o odori sgradevoli. Poiché talvolta gli stabilimenti alimentari non dispongono di un rifornimento idrico ideale, i composti detergenti devono essere adattati alle caratteristiche specifiche dell'acqua e al tipo di processo.

Le principali funzioni dell'acqua come mezzo di pulizia comprendono:
- prerisciacquo per la rimozione dello sporco grossolano;
- imbibimento (o ammorbidimento) dello sporco presente sulla superficie;
- trasporto del detergente sulla superficie da pulire;
- mantenimento in sospensione dello sporco rimosso;
- allontanamento dello sporco rimosso dalla superficie;
- risciacquo della superficie per rimuovere il detergente;
- trasporto del disinfettante sulla superficie detersa;
- risciacquo finale della superficie disinfettata.

Per una detersione efficace occorre acqua con precisi requisiti: microbiologicamente pura, chiara, incolore, non corrosiva e con basso tenore di sali minerali. I minerali presenti nelle acque dure possono interferire con l'azione di alcuni detergenti, limitandone l'efficacia (sebbene taluni formulati siano in grado di neutralizzare gli effetti della durezza dell'acqua). Un'alta concentrazione di sali minerali influenza anche il consumo di detergente e può causare la formazione di film, incrostazioni o precipitati sulle superfici delle attrezzature.

8.3 Caratteristiche dei detergenti

Le particelle di alimenti e altri residui forniscono i nutrienti necessari per la crescita microbica; inoltre la loro presenza protegge i microrganismi durante le operazioni di pulizia, poiché neutralizza gli effetti dei detergenti e dei disinfettanti a base di cloro, impedendone la penetrazione all'interno delle cellule microbiche. Per ottenere ambienti puliti, è indispensabile rimuovere completamente lo sporco utilizzando energia meccanica e detergenti appropriati.

8.3.1 Meccanismo d'azione dei detergenti

Le funzioni principali dei detergenti sono abbassare la tensione superficiale dell'acqua, in modo che lo sporco possa essere staccato dalla superficie e disciolto, e mantenere in sospen-

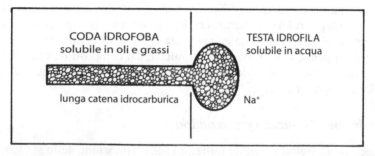

Figura 8.1 Struttura semplificata di una molecola di tensioattivo anionico.

sione le particelle di sporco affinché possano poi essere allontanate. Per completare il processo di sanificazione, si applica un disinfettante per distruggere i microrganismi residui che la precedente fase di detersione ha portato allo scoperto.

Uno dei detergenti più antichi e più noti è il semplice sapone, che tuttavia ha un'utilità limitata nelle aziende alimentari e negli esercizi di ristorazione ed è raramente impiegato poiché ha scarso potere pulente e reagisce con l'acqua dura dando luogo a grumi insolubili (come quelli che formano il caratteristico "anello" che si osserva nella vasca da bagno). Un sapone basico contribuisce alla pulizia rimuovendo e mantenendo in sospensione, sotto forma di particelle, i materiali insolubili in acqua, come grassi, oli e lubrificanti, sebbene generalmente ne rimanga un film residuo. Il passaggio in sospensione dei materiali insolubili in acqua mediante interazione con i saponi è detto emulsificazione; durante questo processo, il detergente interagisce sia con l'acqua sia con lo sporco. La figura 8.1 mostra questo meccanismo: la porzione idrofila della molecola di tensioattivo è solubile in acqua, mentre quella idrofoba è solubile nello sporco. Quando viene circondato dalle molecole di tensioattivo, lo sporco passa in sospensione sotto forma di particelle grazie alla formazione di micelle (figura 8.2).

8.3.2 Detergenti: terminologia

I detergenti sono composti costituiti da numerose sostanze, delle quali questo testo vuole fornire una conoscenza di base, senza privilegiare una particolare marca di prodotti. La migliore regola pratica per la scelta di un detergente è: "il simile deterge il simile"; quindi uno sporco acido richiede un detergente acido, mentre uno alcalino va rimosso con un detergente alcalino.

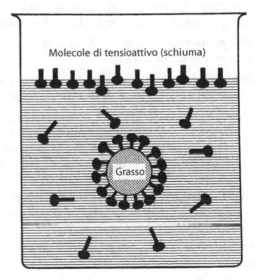

Figura 8.2 Particella di sporco mantenuta in sospensione dalle molecole di tensioattivo mediante la formazione di una micella.

Per comprendere meglio le proprietà dei composti detergenti è importante conoscere la seguente terminologia.

Addolcimento dell'acqua: rimozione degli ioni calcio o magnesio presenti nell'acqua, ottenuta tramite precipitazione di calcio e magnesio sotto forma di sali insolubili (mediante un agente precipitante come il fosfato trisodico) oppure tramite scambio ionico (sostituzione degli ioni calcio e magnesio con ioni sodio mediante apposite resine, come quelle utilizzate negli addolcitori in commercio).

Agente chelante (vedi *Sequestrante*): additivo utilizzato nei detergenti per prevenire il deposito di calcare sulle superfici di impianti e attrezzature.

Detergente: composto che pulisce.

Durezza dell'acqua: quantità di sali di calcio e magnesio presenti nell'acqua. La *durezza permanente* esprime la concentrazione di sali di calcio e di magnesio diversi dai bicarbonati (come solfati, cloruri e nitrati): questi sali sono piuttosto stabili e rimangono in soluzione anche dopo ebollizione prolungata, rappresentano quindi un problema minimo dal punto di vista della sanificazione. La *durezza temporanea* esprime invece la concentrazione di bicarbonati di calcio e magnesio che, pur essendo relativamente solubili, sono instabili e precipitano facilmente come carbonati, dando luogo a incrostazioni calcaree bianche su impianti, attrezzature, scambiatori di calore e recipienti. La somma di queste due durezze è detta *durezza totale*.

Emulsificazione: azione complessa consistente nella rottura fisica di grassi e oli in particelle più piccole che vengono disperse nel mezzo; lo sporco è ancora presente, ma risulta di dimensioni più ridotte.

Imbibimento (azione bagnante): azione favorita da un tensioattivo che, grazie alla propria struttura chimica, consente al mezzo di bagnare il deposito di sporco e di penetrarvi, dando inizio al processo di distacco dalla superficie.

Peptizzazione: processo che comporta la formazione di una soluzione colloidale da un materiale parzialmente solubile mediante l'azione di sostanze alcaline su sporco di tipo proteico.

Risciacquabilità: proprietà di un detergente di essere facilmente rimosso da una superficie lasciandovi minimi residui.

Saponificazione: reazione tra una sostanza alcalina e uno sporco insolubile (per esempio grasso animale o olio vegetale) che dà luogo alla formazione di un sapone solubile.

Sequestrante (vedi anche *Agente chelante*): composto addizionato ai detergenti per evitare la precipitazione dei sali instabili presenti nelle acque dure. I sequestranti diminuiscono la concentrazione libera dei sali di calcio e magnesio presenti in una soluzione legandoli alla propria struttura molecolare, evitando in tal modo che reagiscano con il detergente formando precipitati insolubili; questi sali, infatti, precipitano in presenza di composti alcalini o di alte temperature. Molti detergenti alcalini sono più efficaci ad alte temperature; tuttavia, tale condizione favorisce la precipitazione di carbonati di calcio e magnesio, con formazione di incrostazioni calcaree.

Sospensione: processo mediante il quale un detergente stacca le particelle di sporco e le mantiene disperse in una soluzione.

Tensioattivo: molecola complessa che, mescolata a un composto detergente, riduce la tensione superficiale dell'acqua, permettendo così un intimo contatto tra depositi di sporco e mezzo detergente.

8.4 Classificazione dei detergenti

La maggior parte dei detergenti impiegati nell'industria alimentare è rappresentata da miscele di sostanze diverse. Ciascuna miscela è formulata per ottenere un prodotto con caratteristiche specifiche, destinato a svolgere una determinata funzione in una o più applicazioni. Nelle pagine seguenti sono presentate alcune delle tipologie di detergenti più utilizzate nelle industrie alimentari e negli esercizi di ristorazione.

Il parametro più utilizzato per descrivere la natura di una soluzione detergente è il pH, cioè la misura logaritmica della concentrazione di ioni idrogeno. Soluzioni con pH compreso tra 0 e 7 sono acide, e l'acidità diminuisce man mano che il pH si avvicina a 7, che rappresenta la neutralità. Soluzioni con pH compreso tra 7 e 14 sono alcaline (o basiche), e l'alcalinità aumenta con il valore del pH.

8.4.1 Detergenti alcalini

I detergenti alcalini sono suddivisi in diverse sottoclassi, le cui caratteristiche saranno esaminate di seguito. In genere grassi, oli, lubrificanti e proteine richiedono detergenti alcalini, con pH uguale o superiore a 11.

La tabella 8.5 riassume le caratteristiche di alcuni detergenti alcalini comunemente utilizzati e ne mette a confronto il potere detergente, la corrosività e le proprietà emulsionanti.

Detergenti fortemente alcalini

Questi detergenti hanno un forte potere dissolvente e sono molto corrosivi, tanto che possono ustionare, ulcerare e lasciare cicatrici sulla pelle. Il contatto prolungato può danneggiare permanentemente i tessuti, mentre l'inalazione di esalazioni o vapori può causare danni al tratto respiratorio. Mescolando detergenti fortemente alcalini con acqua si provoca una reazione esotermica: il calore generato può causare ebollizione o evaporazione; l'ebollizione repentina della soluzione caustica può investire con violenti getti le persone circostanti.

Tra i composti fortemente alcalini vi sono l'idrossido di sodio (soda caustica, NaOH) e i silicati con elevato rapporto $Na_2O : SiO_2$. L'aggiunta di silicati alla soda caustica ne riduce la corrosività e ne migliora le caratteristiche di penetrazione e di risciacquabilità. Questi deter-

Tabella 8.5 Caratteristiche di alcuni detergenti alcalini comunemente utilizzati

Detergente	pH (soluzione allo 0,5%)	Detergenza*	Corrosività*	Proprietà emulsionanti*
Sodio idrossido (soda caustica)	12,7	2,5	3,5	2,0
Sodio ortosilicato	12,6	3,0	4,0	3,0
Sodio sesquisilicato	12,6	2,0	3,2	2,5
Sodio metasilicato	12,0	3,8	0,8	4,0
Trisodio fosfato	11,8	3,5	4,0	3,5
Sodio carbonato	11,3	1,5	4,0	2,8
Tetrasodio pirofosfato	10,1	3,5	3,0	0,0
Sodio sesquicarbonato	9,7	1,3	3,2	2,5
Sodio tripolifosfato	8,8	2,0	2,0	0,0
Sodio tetrafosfato	8,4	3,0	1,0	0,0
Sodio bicarbonato	8,2	1,5	2,3	1,5

* Su una scala da 0 a 4 (0 = assenza; 4 = massimo)

genti sono utilizzati per rimuovere sporchi difficili come quelli dei forni industriali o degli affumicatoi, mentre sono poco efficaci sui depositi minerali. La soda caustica, che possiede un elevato potere germicida, grazie al potere solvente nei confronti delle proteine e alle proprietà deflocculanti/emulsionanti, è usata per rimuovere lo sporco tenace; tuttavia, a causa dei danni che può arrecare a persone e attrezzature, non deve mai essere utilizzata per la pulizia manuale.

Detergenti alcalini multiuso

Questi composti possiedono moderato potere dissolvente e in genere sono scarsamente o per nulla corrosivi. Il contatto prolungato può rimuovere dalla pelle la naturale protezione idrolipidica, lasciandola vulnerabile alle infezioni. Tra i principi attivi di questi detergenti vi sono: sodio metasilicato (un buon agente tamponante), sodio esametafosfato, sodio pirofosfato, sodio carbonato e sodio trifosfato, tutti noti per l'elevato potere emulsionante dello sporco. L'aggiunta di solfiti riduce l'effetto corrosivo su alluminio e metalli galvanizzati. Questi detergenti sono spesso usati con sistemi ad alta pressione o altri sistemi meccanizzati. Sono ottimi per rimuovere i grassi, ma inefficaci nei confronti dei depositi minerali. Il carbonato di sodio, che è uno dei più antichi detergenti alcalini ed è relativamente economico, è utilizzato in molte formulazioni soprattutto come agente tamponante e ha un'ampia gamma di applicazioni, sia nella detersione industriale sia nella pulizia manuale. Anche il borace viene impiegato come agente tamponante. A questi detergenti vengono solitamente addizionati chelanti e agenti bagnanti allo scopo, rispettivamente, di legare i minerali e agevolare il risciacquo.

Detergenti debolmente alcalini

Questi prodotti, spesso disponibili in formulazione liquida, sono impiegati per il lavaggio a mano di superfici poco sporche. Esempi di composti debolmente alcalini sono il bicarbonato di sodio, il sesquicarbonato di sodio, il pirofosfato tetrasodico, i fosfati usati come addolcitori (sequestranti) e gli alchil-aril solfonati (tensioattivi). Questi composti hanno buone capacità di addolcimento dell'acqua ma non si dimostrano efficaci nei confronti dei depositi minerali.

Detergenti alcalini cloroattivi

I detergenti alcalini combinati con ipocloriti o altri composti che sviluppano cloro attivo (noti anche come cloroattivi) sono particolarmente validi nell'eliminare lo sporco di orgine alimentare, compreso quello contenente amidi o proteine; inoltre sono efficaci nella rimozione delle muffe. Sono adatti per la detersione CIP di tubature, cisterne e serbatoi; rimuovono efficacemente grassi, oli, lubrificanti e proteine.

I prodotti contenenti composti come l'ipoclorito di sodio o di potassio sono efficaci nella rimozione di sporco costituito da carboidrati e/o proteine in quanto aggrediscono tali sostanze e le modificano chimicamente, rendendole più suscettibili all'interazione con gli altri componenti del detergente (Wyman, 1996).

Molti carboidrati sono caratterizzati dall'aggregazione di un gran numero di macromolecole unite tra loro mediante legami (*cross-linking*); questi aggregati sono praticamente insolubili e ciò rende molto difficile la loro rimozione dalle superfici. A seconda del tipo di trattamento termico cui è stato sottoposto il materiale glucidico, il calore favorisce la formazione di legami tra le macromolecole ostacolando la detergenza (Wyman, 1996). I composti cloroattivi sono in grado di spezzare questi legami con formazione di molecole più piccole e più solubili, aumentando la rapidità e l'efficacia della detersione.

I cloroattivi, come gli ipocloriti, degradano le macromolecole complesse di carboidrati dando luogo a composti più piccoli, più solubili e di facile rimozione. Poiché i composti cloroattivi reagiscono rapidamente, solo porzioni delle molecole devono essere modificate affinché la loro rimozione risulti facilitata; sono quindi efficaci anche in piccole quantità.

Reagendo con i carboidrati, l'ipoclorito di sodio riduce il peso molecolare dell'amido e ne aumenta la solubilità; come spesso accade, la velocità della reazione aumenta al crescere della temperatura. Poiché l'ipoclorito è un efficace biocida a valori di pH inferiori a 8,5, l'azione di questo composto è più rapida a pH 8 che a pH 10; infatti, al pH più basso è presente una maggiore quantità di acido ipocloroso, che penetra nei batteri e si diffonde nei carboidrati residui più rapidamente dello ione ipoclorito, aumentando la velocità della reazione.

Le proteine sono legate tra loro da diversi tipi di legami a formare aggregati di grandi dimensioni. Il legame idrogeno si forma perché alcuni atomi nella molecola hanno una maggiore attrazione per gli elettroni rispetto ad altri; ciò genera un'interazione elettrostatica che complica la rimozione delle proteine con i mezzi convenzionali. Inoltre, le proteine possono interagire mediante ponti idrogeno diminuendo la loro solubilità. I detergenti cloroattivi reagiscono con le proteine insolubili rendendole solubili e/o facilitandone la dispersione mediante una rapida degradazione ossidativa dei ponti disolfuro. Non essendo necessaria una degradazione completa per ottenere la solubilizzazione, piccole quantità di ipoclorito possono rimuovere quantità relativamente grandi di proteine.

A contatto con l'ipoclorito gli atomi di idrogeno legati all'azoto dei gruppi ammidici sono sostituiti dal cloro. È stato ipotizzato che una tale reazione si verifichi con le proteine, dove la sostituzione con atomi di cloro degli atomi d'idrogeno legati all'azoto ridurrebbe i legami idrogeno, aumentando la solubilità (Wyman, 1996). Ciò fornisce un'ulteriore spiegazione del meccanismo mediante il quale il cloro attivo degrada le proteine, rendendole più solubili e facilitandone la rimozione dalle superfici sporche, o almeno modificandole quanto basta per accelerarne l'interazione con gli altri componenti del detergente. Le soluzioni detergenti contenenti ipoclorito dovrebbero comunque essere impiegate subito dopo essere state preparate, poiché non hanno stabilità sufficiente per essere conservate.

8.4.2 Detergenti acidi

Questi composti – in particolare le miscele di acidi come il fosforico, il nitrico, il solforico e il sulfamico – rimuovono le incrostazioni dalle superfici e dissolvono i depositi di calcare, compresi quelli derivanti dall'impiego di detergenti alcalini o di altro genere. Se l'acqua viene riscaldata a temperature superiori a 80 °C, parte dei minerali in essa contenuti si deposita e aderisce alle superfici metalliche, creando incrostazioni di aspetto rugginoso o biancastro; i detergenti acidi agiscono in modo specifico su questi depositi, rendendoli solubili e facili da rimuovere.

Gli acidi organici, come il citrico, il tartarico, il sulfamico e il gluconico sono anche ottimi addolcenti per l'acqua, si risciacquano facilmente, non sono corrosivi e non irritano la pelle. Sebbene gli acidi inorganici siano molto efficaci nella rimozione e nel controllo dei depositi minerali, possono essere estremamente corrosivi e irritare la pelle. I detergenti acidi non sono prodotti multiuso e sono considerati utili solo per specifiche applicazioni. La loro efficacia contro lo sporco formato da grassi, oli e proteine non è assolutamente confrontabile con quella dei detergenti alcalini; anzi possono causare la precipitazione dei residui proteici, rendendo la loro rimozione ancora più difficoltosa. Mentre i composti alcalini agiscono chimicamente sui legami dello sporco organico, diminuendo le forze di adesione e coesione, i detergenti acidi non sono in grado di svolgere tale funzione.

Gli acidi possono essere usati con composti detergenti sintetici per pulire superfici sensibili agli alcali, come quelle ricoperte da vernici, e i metalli leggeri. I seguenti acidi sono molto utili per specifiche applicazioni.

– *Acido fosforico*: è impiegato per pulire i metalli prima della verniciatura poiché rimuove la ruggine e le scorie metalliche e quindi passiva la superficie.
– *Acido ossalico*: rimuove efficacemente la ruggine senza attaccare il metallo, sebbene durante il suo utilizzo siano necessarie precauzioni perché può reagire con i componenti dell'acqua dura formando ossalato di calcio, un precipitato tossico.
– *Acido citrico*: non produce composti tossici ma non è efficace quanto l'acido ossalico nella rimozione della ruggine.
– *Acido gluconico*: grazie al suo potere sequestrante rimuove i film di alcali o proteine senza effetti tossici; può essere usato come addolcente per l'acqua.

Detergenti fortemente acidi

Questi composti sono corrosivi per il cemento e per la maggior parte dei metalli e dei tessuti. Se sottoposti a riscaldamento, alcuni di essi producono gas corrosivi e tossici, che possono causare gravi lesioni alla pelle e ai polmoni. I detergenti fortemente acidi sono impiegati per la rimozione delle incrostazioni dalle superfici, in particolare dei depositi calcarei spesso presenti negli impianti per la produzione di vapore, nei bollitori e in diverse apparecchiature. Quando la temperatura della soluzione detergente è troppo elevata, le incrostazioni minerali possono ridepositarsi formando una patina opaca o biancastra sulle attrezzature che si stanno pulendo.

I detergenti fortemente acidi più utilizzati nella pulizia degli impianti alimentari sono gli acidi cloridrico (muriatico), fluoridrico, sulfamico, solforico e fosforico. Per il notevole potere corrosivo, gli acidi nitrico e solforico non sono usati nella pulizia manuale; possono essere addizionati di inibitori della corrosione.

Gli acidi fosforico e fluoridrico puliscono e rendono brillanti alcuni metalli; tuttavia, l'acido fluoridrico è corrosivo per l'acciaio inossidabile e pericoloso da maneggiare poiché durante il suo utilizzo sviluppa idrogeno. L'acido fosforico è largamente impiegato; ha corrosività relativamente modesta, è compatibile con molti tensioattivi e viene utilizzato sia nei prodotti per uso manuale, sia in quelli destinati a usi industriali.

Detergenti debolmente acidi

Questi composti sono moderatamente corrosivi e possono causare reazioni allergiche; alcuni sono aggressivi per la pelle e per gli occhi. Tra gli acidi maggiormente impiegati, si possono ricordare gli acidi citrico, lattico, levulinico, idrossiacetico, acetico e gluconico. Questi composti possono anche fungere da addolcenti per l'acqua e possono essere addizionati con agenti bagnanti e con inibitori della corrosione (per esempio 2-naftochinolina, acridina, 9-fenilacridina). Gli acidi organici utilizzati come detergenti per uso manuale sono più costosi degli altri detergenti acidi.

8.4.3 Saponi alcalini

I saponi, prodotti dalla reazione di un composto alcalino con un acido grasso, sono considerati sali alcalini di acidi carbossilici. Quasi tutti sono composti da acidi grassi (dal laurico, C12:0, allo stearico, C18:0), acidi naftenici o rosina e da alcali monovalenti (come sodio e potassio) o sali di etanolammina. I saponi non sono utilizzati nella pulizia industriale, essendo meno efficaci in acqua dura e generalmente inattivati dalle soluzioni acide.

8.4.4 Tensioattivi

I tensioattivi sintetici svolgono essenzialmente la stessa funzione dei saponi, poiché emulsionano grassi, oli e lubrificanti; in questo caso, però, non vi è la formazione di grumi. Infatti nell'acqua dura, mentre la parte idrofila dei saponi dà luogo alla formazione di grumi, quella di un tensioattivo sintetico non presenta tale caratteristica. I tensioattivi sono efficaci perché, aggiunti al prodotto detergente, abbassano la tensione superficiale della soluzione, promuovono l'imbibimento delle particelle di sporco, le disgregano e le mantengono in sospensione. Spesso quindi si dice che i tensioattivi "aumentano il potere bagnante dell'acqua". Le proprietà dei tensioattivi sono determinate sia dalla porzione idrosolubile (idrofila) della molecola, sia da quella non idrosolubile (idrofoba).

I tensioattivi si possono dividere in quattro categorie principali.

1. *Tensioattivi cationici* (come i quaternari di ammonio): in soluzione acquosa producono ioni con carica positiva; sono normalmente considerati disinfettanti piuttosto che agenti bagnanti. I composti che appartengono a questa categoria hanno azione bagnante e detergente modesta e vengono impiegati soprattutto in quanto forti microbicidi.

2. *Tensioattivi anionici*: in soluzione acquosa liberano ioni carichi negativamente. Sono i tensioattivi più usati nelle formulazioni dei prodotti per la detersione per la loro compatibilità con i detergenti alcalini e le loro buone proprietà bagnanti.

3. *Tensioattivi non ionici*: in soluzione acquosa non danno luogo alla formazione di ioni; pertanto, sono efficaci in ambiente sia acido sia alcalino. Non hanno azione microbicida, ma possiedono eccellenti proprietà bagnanti e penetranti. Un vantaggio dei tensioattivi non ionici è che non sono influenzati dalla durezza dell'acqua.

4. *Tensioattivi anfoteri*: a seconda del pH della soluzione, danno luogo alla formazione di ioni positivi o negativi. Sono poco utilizzati per la detersione; svolgono azione microbicida e lubrificante.

I tensioattivi sintetici hanno un ruolo importante nella formulazione dei detergenti: quasi tutti, infatti, possiedono grande capacità emulsionante, disperdente e bagnante; inoltre, non sono corrosivi né irritanti e si risciacquano facilmente da attrezzature e superfici. Il problema principale dei tensioattivi è rappresentato dalla formazione di schiuma, che può rappresentare un serio problema in relazione al drenaggio e allo scarico; va ricordato che l'efficacia di un detergente non dipende necessariamente dal potere schiumogeno.

La struttura generale dei tensioattivi anionici è: $Q-X^-M^+$; dove Q rappresenta la porzione idrofoba della molecola, X^- quella anionica o idrofila e M^+ il controione in soluzione. La porzione idrofoba della molecola è di norma una catena idrocarburica del tipo C_nH_{2n+1}, solitamente indicata con la lettera R. Q può rappresentare una molecola aromatica alchil sostituita, un'ammide, un etere, un acido grasso, un alcol etossilato, un fenolo, un'ammina oppure un'olefina. I tensioattivi anionici più noti sono i saponi e gli alchilbenzeni solfonati a catena lineare.

In soluzione acquosa, il gruppo idrofilo forma la parte cationica nei tensioattivi cationici, mentre in quelli anionici forma la parte anionica. Un esempio di tensioattivo cationico è un sale di ammonio quaternario, formato facendo reagire un'ammina terziaria con un alogenuro alchilico:

$$R_1R_2R_3N + R_4X \rightleftharpoons R_1R_2R_3R_4N^+ + X^-$$

Almeno uno dei gruppi sostitutivi R è un gruppo idrofobo, come il cloruro di dimetilammonio, un agente germicida.

La porzione idrofila dei tensioattivi non ionici è spesso formata da una o più unità condensate di ossido di etilene; la porzione idrofoba può essere costituita da diversi gruppi, inclusi quelli citati per i tensioattivi anionici (Q). Il legame tra le due porzioni può essere di tipo etereo, ammidico o esterico. Altri tensioattivi non ionici sono le alcanolammidi e l'ossido di ammina.

Il comportamento dei tensioattivi anfoteri è il risultato di due diversi gruppi funzionali della molecola. I principali tensioattivi anfoteri sono i derivati dell'alchilbetaina e dell'imidazolo, le ammine sulfonate e le ammine grasse solfate.

Tra le caratteristiche specifiche dei tensioattivi si ricordano:
- solubilità in almeno una fase di un sistema liquido;
- struttura anfipatica con tendenze opposte di solubilità (per esempio, idrofila, lipofila o idrofoba);
- orientamento dei monostrati formati dagli ioni delle molecole di tensioattivo alle interfacce delle fasi;
- all'equilibrio concentrazione di tensioattivo maggiore all'interfaccia delle fasi rispetto alla concentrazione nella massa di ciascuna soluzione;
- formazione di micelle quando la concentrazione del soluto nella soluzione eccede un valore soglia, caratteristico di ogni sistema soluto-solvente;
- presenza di una o più delle seguenti proprietà funzionali: detergente, bagnante, schiumogena, emulsionante, solubilizzante, disperdente, antiemulsionante e antischiumogena.

8.4.5 Detergenti enzimatici

Questi detergenti meritano attenzione con specifico riferimento all'adesione batterica perché frantumano lo sporco in parti più piccole e ne favoriscono la rimozione distruggendo i siti di adesione. Sono classificati come proteasi in quanto rompono i legami peptidici delle proteine; sono più attivi in ambienti basici e a temperature non superiori a 60 °C. Presentano il vantaggio di non contenere cloro né fosfati e di essere meno corrosivi dei prodotti a base di cloro; possono abbassare il pH delle acque reflue. Sono impiegati nel trattamento delle membrane per ultrafiltrazione.

8.4.6 Detergenti multiuso a base di solventi

I solventi sono normalmente usati per rimuovere i residui di lubrificanti nell'area manutenzione. Il loro uso dovrebbe essere strettamente controllato. Sono sostanze a base di eteri o alcoli, in grado di sciogliere i depositi di sporco; possono contenere un agente schiumogeno che ne agevola l'applicazione e facilita la pulizia. A differenza dei detergenti alcalini, che degradano le sostanze organiche, i solventi li "sciolgono" senza modificarne la struttura chimica. Poiché quasi tutto lo sporco organico viene saponificato dai detergenti alcalini (o neutri), questi sono utilizzati con frequenza molto maggiore. Nonostante ciò, i solventi trovano ugualmente impiego, soprattutto per rimuovere residui consistenti di oli e grassi minerali. Questo sporco solitamente non si trova direttamente sulle superfici delle attrezzature, ma può essere rilasciato nei reparti, per esempio sui pavimenti.

I solventi sono prodotti a partire da diverse sostanze volatili derivate dalla distillazione del petrolio, combinate con tensioattivi, addolcenti per l'acqua e altri additivi. I solventi per uso industriale non sono miscibili con acqua, con la quale tendono a formare un'emulsione; sono infatti formulati specificamente per l'uso in assenza di acqua. Vi sono però detergenti a basso contenuto di solvente che combinati con acqua mostrano ancora l'azione sgrassante caratteristica dei solventi.

8.5 Coadiuvanti di lavaggio

I coadiuvanti sono additivi inseriti nella formulazione dei detergenti per proteggere le superfici o migliorare le proprietà del composto.

8.5.1 Inibitori di corrosione

Tra gli altri agenti con proprietà protettive nei confronti della corrosione vi sono:
- composti a basso contenuto di alcali e ad alto contenuto di silice, come silicati vetrosi e colloidali e metasilicati, che inibiscono l'alterazione delle superfici di alluminio;
- metasilicati e silicati colloidali che proteggono le superfici di vetro e smalto dalla corrosione da alcali caustici;
- solfito di sodio, fluorosilicato e metabisolfito di sodio, che sono agenti riducenti del sistema detergente e proteggono l'alluminio e le superfici galvanizzate rimuovendo l'ossigeno disciolto dalla soluzione detergente;
- sali di zinco o di altri metalli che formano un film protettivo.

8.5.2 Sequestranti

Sequestranti stechiometrici
Questi coadiuvanti – definiti anche chelanti – formano per chelazione complessi con gli ioni magnesio e calcio; tale reazione riduce efficacemente la reattività dei componenti della durezza dell'acqua.

Gli *agenti chelanti organici*, usati nella formulazione per addolcire l'acqua, sono più efficaci dei fosfati nel sequestrare gli ioni calcio e magnesio e nel minimizzare la formazione di calcare. Quasi tutti gli agenti organici sono sali dell'acido etilendiamminotetracetico (EDTA). Gli agenti chelanti rimangono stabili in soluzione anche a temperature superiori a 60 °C e possono essere conservati per lunghi periodi. Le proprietà chelanti dei sali dell'EDTA migliorano all'aumentare del pH. Possono essere anche utilizzati nei lubrificanti per i nastri trasportatori. I sequestranti più innovativi in questo settore sono l'acido metilglicindiacetico (MDGA) e l'acido imidodisuccinico.

Altri sequestranti
In generale, i detergenti contengono un tensioattivo e un *builder* (o strutturante); i builder potenziano l'azione del detergente controllando le proprietà della soluzione che tendono a ridurre l'efficacia del tensioattivo.

Tra i builder vanno annoverati diversi fosfati, che si differenziano in base alla stabilità al calore, al potere bagnante, alla risciacquabilità, all'addolcimento dell'acqua e al potere sequestrante; questi composti sono considerati eccellenti strutturanti, specialmente per i detergenti multiuso, poiché assicurano:
- incremento dell'effetto bagnante, e quindi dell'efficienza della detersione;
- sufficiente alcalinità per una pulizia efficace, ma senza pericoli;
- mantenimento della giusta alcalinità nella soluzione detergente, grazie alle proprietà tamponanti;
- emulsificazione dello sporco oleoso e grasso, mediante la sua degradazione e il conseguente distacco dalla superficie da pulire;
- distacco e sospensione dello sporco, con prevenzione della sua rideposizione sulla superficie pulita;

- addolcimento dell'acqua mantenendo i sali minerali disciolti, per prevenirne il deposito su ciò che si sta pulendo;
- riduzione del numero di batteri presenti sulla superficie pulita.

Tra i numerosi *polifosfati* impiegati come sequestranti si possono menzionare:
- il *pirofosfato acido di sodio*, che ha eccellenti proprietà tamponanti e peptizzanti, ma limitata capacità sequestrante dei componenti della durezza dell'acqua;
- il *pirofosfato tetrasodico*, che è poco efficace come sequestrante del calcio, ma è molto stabile oltre i $60\,°C$ in soluzioni alcaline;
- il *tripolifosfato* e il *tetrafosfato di sodio*, che hanno un potere sequestrante nei confronti del calcio superiore a quello del pirofosfato tetrasodico, ma tendono a originare ortofosfato e pirofosfato se tenuti a oltre $60\,°C$ o a valori di pH pari o superiori a 10;
- il *sodio esametafosfato* (Calgon), che è un efficace sequestrante del calcio, ma ha un limitato potere sequestrante nei confronti del magnesio;
- i *fosfati amorfi*, che sono dotati di ottimo potere sequestrante nei confronti del calcio.

Oltre ai polifosfati, hanno un ruolo importante i *fosfonati*, che agiscono anche a livelli substechiometrici svolgendo un'azione di distorsione sui cristalli di carbonato di calcio (*effetto threshold*), i *sali alcalini di acidi organici*, quali citrati, lattati e gluconati, e i *poliacrilati*.

Biodegradabilità e inquinamento ambientale

In Europa i tensioattivi e i detergenti contenenti tensioattivi devono rispondere ai requisiti di biodegradabilità fissati dal Regolamento CE 648/2004, aggiornato dal Regolamento CE 907/2006. Tali regolamenti stabiliscono norme atte a conseguire la libera circolazione dei detergenti e dei tensioattivi per detergenti nel mercato interno e a garantire, nel contempo, un elevato livello di protezione dell'ambiente e della salute umana.

Per quanto concerne l'inquinamento ambientale, nella formulazione dei detergenti occorre inoltre considerare la normativa italiana vigente (DLgs 152/2006 "Norme in materia ambientale"), che stabilisce i seguenti valori limite di emissione di tensioattivi e fosforo.

Scarico in acque superficiali
- tensioattivi 2 mg/L
- fosforo totale (come P) 10 mg/L

Scarico in rete fognaria
- tensioattivi 4 mg/L
- fosforo totale (come P) 10 mg/L

8.6 Composti abrasivi

I composti abrasivi sono normalmente prodotti a partire da materiali inerti o moderatamente alcalini. Nelle formulazioni sono in genere associati con vari saponi e vengono applicati per sfregamento mediante spazzole o spugne; nella rimozione di depositi alcalini e incrostazioni, i composti abrasivi neutri sono spesso associati a detergenti acidi. Questi composti dovrebbero essere impiegati con attenzione per evitare di graffiare le superfici, in particolare l'acciaio inossidabile.

Composti abrasivi moderatamente alcalini

Per la rimozione di depositi di sporco leggero, sono impiegati i composti abrasivi ottenuti da materiali moderatamente alcalini, come il borace e il bicarbonato di sodio. Questi composti hanno un limitato potere detergente ed emulsionante.

Composti abrasivi neutri

Questi composti sono ottenuti da prodotti di origine minerale, come ceneri e tufi vulcanici, pomici, farine silicee e feldspati. Sono contenuti nelle polveri o nelle paste detergenti impiegate nelle operazioni di pulizia manuale mediante spazzolatura e sfregamento.

8.7 Caratteristiche dell'acqua

È bene considerare anche le proprietà fisiche e chimiche dell'acqua, in quanto mezzo pulente fondamentale per quasi tutti i composti detergenti.

In particolare la durezza dell'acqua (contenuto in calcio, magnesio e altri metalli alcalini) interferisce con l'efficacia dei composti detergenti (specialmente i bicarbonati), contribuendo alla formazione di precipitati che fungono da ricettacolo per l'accumulo di residui e di microrganismi e rendono più difficile la sanificazione.

Salvo poche eccezioni, l'acqua calda causa la formazione di quantità minori di calcare rispetto a quella fredda; tuttavia, quando si utilizza un'acqua dura, la massima formazione di calcare avviene a 82 °C. In presenza di acqua dura, può essere più economico utilizzare un addolcitore piuttosto che ricorrere ad agenti chelanti che si limitano ad attenuare il problema.

Le caratteristiche del rifornimento idrico delle industrie alimentari sono stabilite dal Regolamento CE 852/2004, Allegato II, Capitolo VII. Il rifornimento di acqua potabile deve essere sufficiente per tutti gli impieghi previsti. In particolare occorre garantire che l'acqua impiegata nella produzione degli alimenti e nella sanificazione degli impianti e delle attrezzature non possa rappresentare una fonte di contaminazione.

Misura della durezza dell'acqua

Generalmente, la durezza dell'acqua viene misurata in mg/L di $CaCO_3$, oppure in gradi francesi (°F), dove 1 °F = 10 mg/L di $CaCO_3$.

Non esiste una classificazione internazionalmente riconosciuta per la durezza dell'acqua. Le seguenti classificazioni in 3 e 4 categorie hanno quindi valore puramente indicativo.

	Durezza in CaCO₃ (mg/L)	
Categoria di durezza	*Fonte ISS**	*Fonte USGS***
Dolce	<100	0-60
Moderatamente dura	100-200	61-120
Dura	>200	121-180
Molto dura		>180

* *Ottaviani et al (Istituto superiore di sanità), 2007*
** *United States Geological Survey*

In Italia l'attuale normativa – riferita alla qualità delle acque destinate al consumo umano (fissata dal DLgs 31/2001) – raccomanda un valore per la durezza compreso tra 15 e 50 °F (pari a 150-500 mg/L di $CaCO_3$), analogamente a numerosi altri Stati europei.

Tabella 8.6 Principali ingredienti dei detergenti: caratteristiche a confronto

Ingredienti	Emulsificazione	Saponificazione	Azione bagnante	Dispersione	Sospensione	Addolcimento dell'acqua	Controllo depositi inorganici	Risciacquabilità	Formazione di schiuma	Non corrosività	Non irritabilità
Alcali basici											
– Soda caustica	C	A	C	C	C	C	D	D	C	D	D
– Sodio metasilicato	B	B	C	B	C	C	C	B	C	B	D
– Sodio carbonato	C	B	C	C	C	C	D	C	C	C	D
– Fosfato trisodico	B	B	C	B	B	A	D	B	C	C	C
Fosfati											
– Tetrafosfato di sodio	A	C	C	A	A	B	B	A	C	AA	A
– Tripolifosfato di sodio	A	C	C	A	A	A	B	A	C	AA	B
– Esametafosfato di sodio	A	C	C	A	A	B	B	A	C	AA	A
– Pirofosfato tetrasodico	B	B	C	B	B	A	B	A	C	AA	B
Composti organici											
– Agenti chelanti	C	C	C	C	C	AA	A	A	C	AA	A
– Agenti bagnanti	AA	C	AA	A	B	C	C	AA	AAA	A	A
– Acidi organici	C	C	C	C	C	A	AA	B	C	A	A
– Acidi inorganici	C	C	C	C	C	A	AA	C	C	D	D

Legenda   A = valore elevato   B = valore medio   C = valore basso   D = valore negativo

Da Anon., 1979

8.8 Scelta del detergente

Il tipo di sporco determina quale detergente risulterà più efficace: come già affermato, "il simile deterge il simile". In generale, lo sporco organico è rimosso più efficacemente da detergenti multiuso alcalini; i depositi tenaci di grassi e proteine richiedono un detergente fortemente alcalino; i depositi minerali e altri tipi di sporco non facilmente removibili con detergenti alcalini richiedono l'uso di detergenti acidi. Tra i detergenti con azione sanitizzante, sono largamente utilizzati gli alcalini cloroattivi. Nel seguito si analizzano gli altri fattori rilevanti nella scelta del detergente più adatto. La tabella 8.6 illustra le principali caratteristiche dei diversi composti, ai fini del loro corretto utilizzo.

Deposizione dello sporco

L'entità dello sporco da rimuovere determina il grado di alcalinità o di acidità del detergente e la tipologia di tensioattivi e sequestranti da utilizzare. Il livello di pulizia ottenuto dipende sia dalla quantità di sporco depositato, sia dalla correttezza della scelta del detergente. Oltre a indicare la classe di detergenti più adatta, il tipo di sporco determina la scelta degli additivi dei detergenti.

Temperatura e concentrazione della soluzione detergente

Al crescere della temperatura e della concentrazione della soluzione, cresce anche l'attività del composto detergente. Tuttavia, temperature eccessive (oltre i 55 °C) e concentrazioni superiori a quelle raccomandate dal produttore o dal fornitore possono provocare la denaturazione delle proteine presenti nei depositi di sporco, riducendo l'efficacia della rimozione.

Tempo di contatto

Di norma, quanto più prolungato è il tempo di contatto diretto tra composto detergente e sporco, tanto maggiore è l'effetto pulente. Questo tempo di contatto è comunque determinato dal metodo di applicazione e dalle caratteristiche del detergente impiegato.

Energia meccanica

La quantità di energia meccanica fornita – sotto forma di agitazione, sfregamento o getti ad alta pressione – influenza la penetrazione del composto detergente e la separazione fisica dello sporco dalla superficie. Nel capitolo 10 è illustrato più dettagliatamente il ruolo dell'energia meccanica e delle apparecchiature per la pulizia nella rimozione dello sporco.

8.9 Precauzioni per l'utilizzo e lo stoccaggio

L'uso incauto di composti detergenti costituisce un rischio per la salute e la sicurezza. Gli addetti alla sanificazione devono essere istruiti sull'uso corretto dei prodotti chimici ed essere provvisti di abbigliamento e di dispositivi di protezione appropriati (guanti, stivali, occhiali ecc.). Inoltre, le schede tecniche di sicurezza relative ai prodotti impiegati devono essere a disposizione di tutto il personale coinvolto nelle operazioni di sanificazione.

A eccezione di quelli liquidi, i detergenti sono per la maggior parte classificati come igroscopici; se lasciati esposti all'aria assorbono umidità e si deteriorano o si impaccano nel contenitore. Dopo l'uso, i prodotti devono essere riposti in modo corretto per prevenirne la contaminazione e proteggerli dall'umidità; dovrebbero essere conservati in locali separati dalle zone di normale passaggio, in ambienti asciutti e a temperatura moderata (per prevenire il

Scheda di dati di sicurezza

Il Regolamento CE 1907/2006 concernente la registrazione, la valutazione, l'autorizza-zione e la restrizione delle sostanze chimiche (REACH), entrato in vigore il 1 giugno 2007, ha confermato l'obbligo della scheda di dati di sicurezza per le sostanze e i prepa-rati pericolosi. Questo documento (già previsto dal DM 7 settembre 2002) deve accom-pagnare i prodotti e costituisce un meccanismo per trasmettere le appropriate informa-zioni di sicurezza agli utilizzatori. La scheda è obbligatoria anche per i prodotti impie-gati nella sanificazione e deve contenere le seguenti voci:

1. identificazione della sostanza/del preparato e della società/impresa;
2. identificazione dei pericoli;
3. composizione/informazioni sugli ingredienti;
4. misure di primo soccorso;
5. misure di lotta antincendio;
6. misure in caso di rilascio accidentale;
7. manipolazione e immagazzinamento;
8. controllo dell'esposizione/protezione individuale;
9. proprietà fisiche e chimiche;
10. stabilità e reattività;
11. informazioni tossicologiche;
12. informazioni ecologiche;
13. considerazioni sullo smaltimento;
14. informazioni sul trasporto;
15. informazioni sulla regolamentazione;
16. altre informazioni.

Tra le informazioni obbligatorie sono compresi i simboli di pericolo (per esempio: T = tossico, C = corrosivo, Xn = nocivo, Xi = irritante ecc.) e le frasi R (frasi di rischio) assegnate alle diverse sostanze in relazione ai rischi per la salute e per l'ambiente (per esempio: "Tossico per ingestione", "Altamente tossico per inalazione" ecc.).

congelamento dei prodotti liquidi). Questi locali dovrebbero essere inoltre provvisti di pal-let, piattaforme o scaffali per lo stoccaggio, per mantenere i contenitori sollevati dal pavi-mento, e dovrebbero essere chiusi a chiave per evitare prelievi non autorizzati.

Per facilitare il riordino e il rilevamento di irregolarità nell'utilizzo dei prodotti è neces-sario tenere un inventario mediante l'uso di apposite schede; per minimizzare gli sprechi e assicurare la disponibilità di quantità sufficienti di ciascun prodotto, la direzione dovrebbe affidarne il controllo a un responsabile. Questo dovrebbe conoscere a fondo le diverse pro-cedure di pulizia, in modo da poter istruire i colleghi sulle tecniche corrette di ogni specifi-ca operazione e sull'uso degli strumenti necessari.

La scelta del detergente corretto e della modalità di applicazione appropriata può essere complessa. I fornitori dovrebbero mettere a disposizione istruzioni specifiche, sia sul prodot-to sia sulle modalità di utilizzo; indicazioni chiare garantiscono che il prodotto sia usato effi-cacemente, senza danneggiare le superfici da pulire. Le istruzioni del fornitore per la pulizia di specifiche attrezzature con i detergenti in commercio dovrebbero essere sottoposte a revi-sione periodica. Va sottolineato che non si devono mescolare detergenti di fornitori diversi.

Le varie aree di uno stabilimento alimentare richiedono l'impiego di tipologie diverse di detergenti. Le grandi aziende normalmente acquistano i singoli componenti delle formulazioni e li miscelano per ottenere quantitativi consistenti di detergenti concentrati. Molti stabilimenti possono in tal modo preparare autonomamente anche 12-15 formulati da utilizzare per le specifiche operazioni di pulizia nelle diverse aree. Le aziende di piccole dimensioni acquistano spesso i formulati già pronti in canestri e fusti.

Indipendentemente dal fatto che i detergenti siano acquistati già pronti o vengano preparati all'interno dell'azienda, questi materiali devono essere maneggiati con cautela. I detergenti forti possono causare ustioni, avvelenamenti, dermatiti e altri problemi al personale addetto al loro utilizzo. L'impiego di composti più aggressivi comporta un maggiore rischio di incidenti con danni alle persone.

La sicurezza può essere notevolmente aumentata utilizzando sistemi integrati che gestiscono il ricevimento, lo stoccaggio e la distribuzione dei prodotti chimici impiegati nella sanificazione. Poiché diminuiscono la frequenza di manipolazione diretta delle sostanze chimiche, tali sistemi riducono drasticamente l'esposizione al rischio del personale. Alcuni impianti eliminano totalmente la necessità di movimentazione manuale, grazie a dispositivi di dosaggio controllati automaticamente e in grado di registrare le operazioni effettuate. Tali sistemi possono gestire prodotti sfusi, cisterne, fusti e canestri, contribuendo a evitare sprechi e controllando in tempo reale le scorte di prodotti chimici.

8.9.1 Pericoli legati ai composti basici

I detergenti molto alcalini, sia in forma solida sia in soluzione, sono corrosivi per tutte le parti del corpo, e in particolare per gli occhi. In genere, l'irritazione causata dall'esposizione a queste sostanze si manifesta immediatamente. I danni più frequenti comprendono ustioni e profonde ulcerazioni che lasciano cicatrici deturpanti. Il contatto prolungato con soluzioni diluite può avere un effetto distruttivo sui tessuti. Le soluzioni diluite possono asportare gradualmente lo strato idrolipidico protettivo della pelle, lasciandola esposta ad allergeni o ad altre sostanze responsabili di dermatiti. È importare ricordare che le polveri di detergente possono penetrare nei guanti o nelle scarpe e causare gravi ustioni. L'inalazione di polveri o aerosol concentrati di sostanze alcaline può causare danni alle vie respiratorie superiori e ai polmoni.

Molti composti alcalini reagiscono violentemente se mescolati con acqua. Il calore della reazione al momento del contatto con l'acqua può innalzare la temperatura oltre il punto di ebollizione, provocando l'emissione violenta di grandi quantità di fumi e vapori pericolosi.

8.9.2 Pericoli legati ai composti acidi

Acido sulfamico
È uno dei detergenti acidi più sicuri; si presenta come una sostanza cristallina che può essere conservata facilmente con rischi minimi di decomposizione. Tuttavia, deve essere tenuto al riparo dal fuoco poiché emette ossidi di zolfo tossici se riscaldato fino alla decomposizione.

Acido acetico
È aggressivo per la pelle e particolarmente pericoloso per gli occhi. Ha infiammabilità maggiore di molti altri acidi comunemente impiegati nei detergenti e deve essere stoccato in aree designate per i materiali infiammabili.

Acido citrico

È uno degli acidi più sicuri, sebbene l'esposizione prolungata a questa sostanza possa scatenare reazioni allergiche. Presenta un basso rischio di infiammabilità; tuttavia, se scaldato fino alla decomposizione, emette esalazioni acide.

Acido cloridrico (acido muriatico)

L'uso scorretto di questo acido può facilmente causare incidenti. La massima concentrazione di vapori consentita per esposizioni della durata di 8 ore è di 5 parti per milione (ppm); esposizioni anche brevi a 35 ppm causano irritazione alla gola. Se riscaldato o posto a contatto con acqua calda o vapore, produce gas tossico e corrosivo.

È spesso utilizzato nei detergenti per la disincrostazione delle attrezzature metalliche poiché reagisce con alluminio, zinco e metalli galvanizzati. Scioglie gli strati di materiale più esterni asportando sporco e macchie. Grazie alla sua azione corrosiva, l'acido cloridrico rende ruvida la superficie dei pavimenti in cemento, con un effetto antisdrucciolo.

Sodio idrogenosolfato e sodio idrogenofosfato

In caso di esposizione prolungata questi composti causano irritazione cutanea o ustioni chimiche; le soluzioni acquose sono fortemente acide e danneggiano gli occhi se non vengono risciacquate immediatamente.

Acido fosforico

È impiegato nei detergenti e nei lucidanti per metalli. Concentrato, è estremamente corrosivo per pelle e occhi. Come l'acido solforico, anche l'acido fosforico disidrata i tessuti. Se riscaldato rilascia fumi tossici. Se associato con altre sostanze chimiche per pulire i metalli, dovrebbe essere utilizzato solo in piccola quantità per minimizzare i rischi.

Acido fluoridrico

L'uso dell'acido fluoridrico nei composti detergenti aiuta a pulire e a lucidare i metalli. L'alluminio può essere pulito efficacemente usandone piccole quantità. Allo stato puro è molto irritante e corrosivo per la pelle e le mucose. L'inalazione dei suoi vapori può ulcerare il tratto respiratorio. Anche molto diluito deve essere utilizzato con cautela. Se riscaldato rilascia esalazioni di fluoro molto corrosive e reagisce con il vapore acqueo producendo aerosol tossici e corrosivi. Di norma è usato in piccole quantità, poiché a concentrazioni elevate può sviluppare idrogeno se viene a contatto con contenitori metallici. Deve essere conservato in locali sicuri, come quelli destinati ai liquidi infiammabili.

Gli effetti di questo acido sulla pelle o sugli occhi non sempre si manifestano rapidamente come nel caso dei composti alcalini: una persona pesantemente esposta potrebbe rendersi conto troppo tardi dei danni riportati. L'acido fluoridrico può penetrare la barriera idrolipidica cutanea a tal punto da vanificare il successivo lavaggio con acqua; se inalato può causare danni alle ossa. Non deve essere confuso con altri acidi poiché i suoi effetti e i necessari trattamenti medici sono estremamente specifici.

8.9.3 Saponi e detergenti sintetici

Gli additivi chimici impiegati per aumentare l'efficacia detergente di queste sostanze sono solitamente composti alcalini. Gli alcali e le sostanze alcaline sono talvolta indicati con il termine "caustici", ma andrebbero più correttamente designati come "basi". Questi composti emulsionano grassi, oli e altri tipi di sporco, consentendone l'allontanamento. I saponi e i detergenti sintetici utilizzati nella pulizia domestica hanno in genere un pH compreso tra 8 e 9,5. Se utilizzati correttamente questi prodotti sono sicuri, tuttavia la prolungata esposizione può danneggiare la pelle privandola dello strato idrolipidico e rendendola vulnerabile anche a sostanze chimiche generalmente non aggressive.

Alcuni detergenti debolmente acidi – con pH 6 (analogo a quello della pelle) – sono utilizzati per rimuovere sporco tenace soprattutto dalle mani; questi saponi contengono solitamente solventi in grado di rimuovere lo sporco grasso senza asportare lo strato idrolipidico superficiale che protegge la cute.

8.9.4 Attrezzatura protettiva

Gli addetti alla sanificazione dovrebbero indossare calzature impermeabili e alte fino al ginocchio per mantenere i piedi asciutti; per evitare che negli stivali entrino polveri, acqua calda o soluzioni aggressive, le gambe dei pantaloni dovrebbero essere tenute all'esterno degli stivali. Quando le gambe dei pantaloni vengono infilate negli stivali, è raccomandato che questi siano dotati di chiusura a strappo.

L'attrezzatura protettiva necessaria varia a seconda dell'aggressività delle soluzioni e delle modalità di applicazione. Per le pulizie in quota, o comunque al di sopra della testa dell'operatore, che richiedono l'applicazione dei detergenti mediante lance e spazzole, si dovrebbero indossare cappelli protettivi, guanti lunghi risvoltati (per evitare che il detergente coli lungo le braccia) e grembiuli lunghi. Se durante la preparazione o l'utilizzo delle soluzioni vengono rilasciati vapori o gas, è necessario indossare dispositivi di protezione per le vie respiratorie omologati per la specifica esposizione. I responsabili dovrebbero verificare l'adeguatezza delle misure e delle tipologie dei dispositivi in dotazione e assicurarsi che siano utilizzati e mantenuti correttamente.

Durante l'utilizzo di detergenti anche delicati si dovrebbero usare maschere o occhiali protettivi. Sebbene siano considerati relativamente innocui, anche detergenti della forza di un comune sapone per le mani possono causare gravi irritazioni agli occhi, poiché il loro pH medio è intorno a 9,0. Il contatto costante con detergenti anche delicati può causare dermatiti, sia a causa della reazione chimica, sia per l'azione sgrassante sulla pelle. Una persona che porta lenti a contatto non dovrebbe lavorare nelle aree in cui si maneggiano sostanze chimiche pericolose.

8.9.5 Modalità di preparazione e di utilizzo

Durante la preparazione o la miscelazione di ingredienti pulverulenti occorre indossare grembiule, occhiali protettivi, guanti di gomma e maschera antipolvere, che devono essere lavati dopo ogni utilizzo.

I detergenti devono essere dosati e miscelati solo da personale esperto e adeguatamente addestrato. I responsabili della sanificazione devono conoscere le proprietà chimiche dei prodotti e fornire al personale le informazioni necessarie per prevenire incidenti. È fondamentale che gli addetti siano consapevoli che i composti detergenti non sono semplici saponi, ma sostanze chimiche forti e potenzialmente pericolose che richiedono misure protettive; devono quindi conoscere i rischi delle singole sostanze e le reazioni che possono verificarsi quando vengono mescolate. L'impiego di nuovi composti deve essere accompagnato dalle relative informazioni sulla sicurezza.

Nella maggior parte dei casi le soluzioni detergenti vanno preparate solo con acqua fredda; l'impiego di acqua calda per ottenere la soluzione è limitato a pochi composti che non producono reazioni esotermiche durante l'operazione. Nel corso della miscelazione va aggiunta acqua fredda per mantenere la temperatura della soluzione al di sotto del punto di ebollizione o del punto in cui vengono rilasciati vapori nocivi.

Tutti i composti detergenti devono essere utilizzati alle concentrazioni raccomandate. Dopo la preparazione o la miscelazione, i detergenti in polvere vanno conservati in appositi contenitori ben identificabili che ne riportino il nome corrente, gli ingredienti, le precauzioni necessarie e la concentrazione d'uso.

È essenziale un'attenta supervisione. Gli addetti alla sanificazione tendono spesso a ritenere che "se un po' va bene, di più sarà ancora meglio". Questo atteggiamento si traduce in concentrazioni troppo elevate per un uso sicuro. È inoltre fondamentale che il personale comprenda che non si devono mescolare formulazioni diverse di detergenti e che le piccole quantità di prodotti avanzati non devono essere rimesse nei fusti originali, né mescolate a sostanze chimiche sconosciute.

8.9.6 Stoccaggio e conservazione

Le sostanze chimiche e le scorte di composti detergenti devono essere conservati in locali chiusi a chiave e distribuiti solo sotto supervisione. Deve essere previsto un sistema di inventario per assicurare il controllo e rilevare eventuali irregolarità nella distribuzione.

Grandi quantitativi di composti detergenti dovrebbero essere stoccati in aree appositamente predisposte in relazione ai pericoli caratteristici delle singole sostanze. I materiali reattivi, basici e acidi vanno tenuti separati tra loro. Le diverse sostanze devono essere conservate in aree antincendio, in contenitori muniti di coperchi ben chiusi, specie se situati sotto impianti antincendio a pioggia automatici. Sostanze chimiche che richiedono cautele particolari devono essere accompagnate dalle specifiche avvertenze.

Come comportarsi in caso di contatto con sostanze chimiche

Chiunque sia esposto al rischio di contatto con sostanze chimiche dovrebbe aver ben chiare le seguenti regole.

1. Un lavoratore venuto a contatto con sostanze chimiche concentrate deve essere assistito dagli altri.
2. Risciacquare immediatamente la persona colpita utilizzando la fonte idrica più vicina: se possibile una doccia, ma qualunque fonte d'acqua andrà bene. Nel caso siano interessati gli occhi, sciacquarli con abbondante acqua tenendoli aperti.
3. Rimuovere tutti gli indumenti.
4. Dopo un primo risciacquo, se è disponibile una fonte d'acqua più adatta nelle vicinanze, raggiungerla velocemente e continuare a sciacquare tutte le parti del corpo per almeno 15 minuti. Dopo aver risciacquato abbondantemente la parte colpita, limitare al minimo ulteriori trattamenti d'emergenza: i profani non devono tentare trattamenti di cui non hanno esperienza o che non sono autorizzati a compiere.
5. Se la persona colpita è in stato confusionale o di shock, immobilizzarla immediatamente, coprirla e mantenerla al caldo, quindi trasferirla con una barella nella struttura medica più vicina.
6. Tutte le ustioni chimiche, tranne quelle di minima entità, devono essere trattate da un medico specialista. Alcune sostanze chimiche possono avere un'azione tossica interna, e se la pelle è stata danneggiata sussiste il pericolo di infezioni batteriche.

Poiché assorbono l'umidità presente nell'aria, le sostanze alcaline dovrebbero essere poste in contenitori ben sigillati, da richiudere immediatamente dopo ogni utilizzo.

8.9.7 Primo soccorso per le ustioni chimiche

Se un addetto viene schizzato da prodotti chimici detergenti, deve risciacquare immediatamente la parte con abbondante acqua per 15-20 minuti. Non usare sostanze con pH opposto per neutralizzare gli effetti sulla pelle o sui vestiti contaminati: si rischia solo di aggravare le condizioni per azione della nuova sostanza applicata.

Gli operatori possono tenere con sé una soluzione tampone, disponibile in contenitori sigillati, da utilizzare in mancanza di acqua per diluire e lavare via sostanze chimiche dagli occhi. Questa misura di emergenza deve essere immediatamente seguita dal lavaggio degli occhi per circa 15-20 minuti. *In ogni caso, dopo l'incidente il lavoratore colpito deve essere visitato da un medico.* Al posto della soluzione tampone (o in aggiunta a essa) si può tenere a portata di mano una bottiglietta di plastica a spruzzetta contenente acqua sterile. Indipendentemente dalla disponibilità di queste misure di emergenza, il personale non deve sottovalutare gli incidenti legati al contatto di sostanze chimiche con gli occhi. *L'utilizzo dei dispositivi di protezione per gli occhi deve essere fermamente imposto, soprattutto quando non è immediatamente disponibile acqua corrente.*

Dopo un incidente di questo tipo, il trattamento di primo soccorso o medico della persona colpita non deve essere sospeso fino a quando la sostanza chimica non sia stata completamente eliminata.

La tempestività è il fattore più importante del soccorso in caso di esposizione a sostanze chimiche. Una persona gravemente ustionata può trovarsi in stato confusionale e necessita di aiuto. Nella gestione delle ustioni chimiche, è fondamentale provvedere al risciacquo immediato delle sostanze chimiche dalla pelle e alla rimozione degli indumenti contaminati. Un risciacquo insufficiente ha un effetto praticamente nullo. È raccomandata la predisposizione di fonti d'acqua in punti attrezzati con docce di emergenza e lavaocchi di sicurezza; tuttavia, in caso di incidente dovrebbe essere utilizzata qualsiasi altra fonte d'acqua. In tutte le aree nelle quali il personale può essere esposto a sostanze chimiche corrosive deve essere disponibile acqua in abbondanza; una normale doccia o una pompa da giardino non hanno una portata sufficiente per sciacquare via le sostanze chimiche: il soggetto colpito deve essere letteralmente inondato d'acqua. Le docce di emergenza devono essere dotate di una valvola ad apertura rapida, che si attivi automaticamente salendo sulla piattaforma o azionando un comando immediato.

8.9.8 Precauzioni contro le dermatiti

Il medico competente aziendale ha la responsabilità di individuare i soggetti predisposti a irritazioni cutanee e di raccomandare su tale base l'assegnazione a mansioni compatibili con tale condizione. Se un lavoratore manifesta improvvisamente una dermatite, deve essere sottoposto immediatamente a visita specialistica e a esami per determinare se ha acquisito sensibilità a una o più delle sostanze che maneggia. In caso positivo, il medico può decidere che il lavoratore sia destinato ad altra mansione.

L'elenco dei composti chimici utilizzati nelle operazioni di sanificazione, con i relativi trattamenti raccomandati in caso di esposizione, dovrebbe essere affisso nell'infermeria e nell'ufficio del responsabile. Deve inoltre essere disponibile la lista dei medici e delle strutture sanitarie della zona.

Sommario

Un efficace programma di sanificazione richiede la conoscenza dei diversi tipi di sporco e l'impiego di detergenti appropriati per le specifiche applicazioni. Il tipo di sporco determina quale detergente risulterà più efficace. In genere, i composti detergenti acidi sono più efficaci per rimuovere i depositi inorganici, quelli alcalini per rimuovere lo sporco organico; i detergenti a base di solventi sono adatti per la rimozione dei residui di oli e grassi minerali.

La principale funzione dei composti detergenti è ridurre la tensione superficiale dell'acqua, in modo che lo sporco possa essere staccato e lavato via. I coadiuvanti di lavaggio sono aggiunti nei formulati detergenti per proteggere le superfici da pulire o migliorare le proprietà detergenti del prodotto.

La conoscenza da parte del personale delle norme di manipolazione e utilizzo dei composti detergenti è essenziale per ridurre il rischio di incidenti e lesioni. Se un operatore si schizza accidentalmente con un composto detergente, la parte colpita deve essere immediatamente risciacquata con abbondante acqua.

Domande di verifica

1. Che cosa significa il termine "sporco" per chi si occupa della sanificazione in un'azienda alimentare?
2. Come funziona un detergente?
3. Che cos'è l'emulsificazione?
4. Che cos'è un agente chelante?
5. Che cos'è un tensioattivo?
6. Che cos'è un sequestrante?
7. Che cosa sono i coadiuvanti di lavaggio?
8. Quali sono le tre fasi della rimozione dello sporco durante la detersione?
9. Quali due composti detergenti acidi sono considerati tra i più sicuri da usare?
10. Quale frase sintetizza la regola di base per la scelta delle soluzioni detergenti?
11. Quali soccorsi vanno prestati a un operatore che sia stato investito da sostanze chimiche detergenti?

Bibliografia

Anon. (1979) *Common detergent ingredients*. Klenzade, Division Ecolab, St. Paul, MN.
Anon. (1996) *The role of cleaning compounds*. Diversey, Wyandotte, MI.
Marriott NG (1990) *Meat sanitation guide II*. American Association of Meat Processors and Virginia Polytechnic Institute & State University, Blacksburg.
Ottaviani M, Achene L, Ferretti E, Lucentini L (2007) La durezza dell'acqua destinata al consumo umano. *Not Ist Super Sanità* 20; 3: 3-6.
Wyman DP (1996) Understanding active chlorine chemistry. *Food Qual* 2; 18: 77.

Capitolo 9
Disinfettanti

Lo sporco che rimane sugli impianti e sulle attrezzature dopo la lavorazione degli alimenti è generalmente contaminato da microrganismi, per i quali rappresenta una fonte di nutrienti e un ottimo terreno di crescita. Pertanto, per ottenere un ambiente igienico occorre prima rimuovere i depositi di sporco e quindi distruggere i microrganismi residui. Sono disponibili numerosi composti disinfettanti, che possono essere applicati con metodi diversi.

I composti utilizzati per la disinfezione possono essere classificati, anche alla luce della normativa vigente italiana ed europea, nelle seguenti tre categorie.

- *Disinfettanti* Agenti chimici o formulati, applicati in soluzione acquosa a superfici inanimate, in grado di distruggere le forme vegetative dei microrganismi, ma non necessariamente le spore. Si può utilizzare il termine disinfettante solo per prodotti chimici registrati presso il Ministero della salute come "Presidio medico chirurgico" (PMC n. ...).
- *Biocidi* Principi attivi e preparati contenenti uno o più principi attivi, presentati nella forma in cui sono consegnati all'utilizzatore, destinati a distruggere, eliminare, rendere innocuo, impedire l'azione o esercitare altro effetto di controllo su qualsiasi organismo nocivo con mezzi chimici o biologici (Direttiva 98/8/CE). In futuro tale definizione potrebbe sostituire quella di disinfettante.
- *Sanificanti o sanitizzanti* Agenti chimici o formulati, non registrati presso il Ministero della salute, ma contenenti principi attivi di nota efficacia che svolgono azione analoga a quella dei disinfettanti.

Normativa europea e italiana in materia di disinfettanti e biocidi

- DPR 392 del 6 ottobre 1998 "Regolamento recante norme per la semplificazione dei procedimenti di autorizzazione alla produzione ed all'immissione in commercio di presidi medico-chirurgici, a norma dell'articolo 20, comma 8, della Legge 15 marzo 1997, n. 59" (*Gazzetta ufficiale* n. 266 del 13 novembre 1998).
- Direttiva 98/8/CE del Parlamento europeo e del Consiglio relativa all'immissione sul mercato dei biocidi, del 16 febbraio 1998 (*Gazzetta ufficiale delle Comunità europee* n. L 123, 24 aprile 1998).
- DLgs 174 del 25 febbraio 2000 "Attuazione della direttiva 98/8/CE in materia di immissione sul mercato dei biocidi" (*Gazzetta ufficiale* n. 149 del 28 giugno 2000, suppl. ord. n. 101).

Normativa statunitense in materia di disinfettanti

L'Agenzia statunitense per la protezione ambientale (EPA) ha definito diverse categorie di disinfettanti sulla base del loro grado di efficacia.

Uno *sterilant* (*sterilizzante*) è un agente in grado di distruggere o eliminare tutte le forme di vita microbica. Tra gli *sterilant* chimici sono compresi l'ossido di etilene, la glutaraldeide e l'acido peracetico. Anche il calore – sia quello secco come nelle stufe, sia quello umido (vapore sotto pressione) come nelle autoclavi – è uno *sterilant*.

Un *disinfectant* (*disinfettante*) è in grado di distruggere i funghi patogeni e le forme vegetative dei batteri, ma non necessariamente le loro spore, presenti sulle superfici. Il trattamento con questo agente è meno letale rispetto a quello con uno *sterilant*. I *disinfectant* rappresentano la base principale dei prodotti utilizzati in ambito domestico, nelle piscine e negli impianti di trattamento delle acque.

Un *sanitizer* (*sanitizzante*) è una sostanza che, pur non eliminandola sempre completamente, è in grado di ridurre la contaminazione microbica delle superfici a livelli ritenuti sicuri per la salute pubblica; in particolare sono efficaci nella distruzione delle forme vegetative dei batteri. Le sostanze che rientrano in questa categoria sono soggette a regolamentazione da parte dell'EPA e sottoposte a test di laboratorio molto rigorosi per ottenere la registrazione. Queste sostanze vengono suddivise in due gruppi: per superfici a contatto con gli alimenti che non necessitano di risciacquo; per superfici non a contatto con gli alimenti. Nel primo gruppo rientrano i *sanitizer* impiegati per il trattamento finale di attrezzature, utensili e contenitori utilizzati nella lavorazione e trasformazione dei prodotti alimentari (in particolare nei comparti lattiero-caseario e delle bevande) e nella ristorazione.

Un *biocide* (*biocida*) è una sostanza in grado di impedire la crescita microbica nell'ambito di un processo produttivo (per esempio, disinfezione mediante nebulizzazione, disinfezione di linee asettiche o rimozione di biofilm) (Giambrone, 2004). Questi composti sono suddivisi in: ossidanti (diversi alogeni); a base di perossido di idrogeno (acido peracetico, peracidi), biossido di cloro e ozono; a base di tensioattivi (acidi grassi solfonati e composti di ammonio quaternario). Altri *biocide* sono il gluconato di clorexidina, i composti fenolici e le aldeidi (glutaraldeide e formaldeide).

9.1 Metodi fisici di disinfezione

9.1.1 Trattamenti termici

La disinfezione mediante calore è relativamente inefficiente a causa della quantità di energia necessaria. La validità di questo trattamento è influenzata dall'umidità e dalla temperatura necessarie e dal tempo di applicazione richiesto. Con una temperatura adeguata è possibile distruggere i microrganismi presenti su una superficie purché questa venga riscaldata abbastanza a lungo e purché le modalità di trattamento e il disegno dell'attrezzatura o dell'impianto consentano al calore di raggiungere tutte le zone da trattare. Al fine di garantire l'efficacia della disinfezione, la temperatura deve essere misurata con termometri precisi, che negli impianti vanno posti all'uscita delle condutture. I due principali agenti di disinfezione termica sono il vapore e l'acqua calda.

Vapore

La disinfezione mediante vapore è costosa e, solitamente, inefficace. Spesso il personale confonde il vapore acqueo con il vapore; per tale motivo, in genere la temperatura non è sufficientemente elevata per assicurare la disinfezione. Inoltre, se la superficie da trattare è altamente contaminata, è possibile che sui residui organici si formino incrostazioni che impediscono al calore di penetrare adeguatamente per uccidere i microrganismi. L'esperienza nell'industria dimostra che il vapore non è adatto per la disinfezione in continuo dei nastri trasportatori, in quanto la condensa derivante da questa e da altre applicazioni del vapore rende più complesse le operazioni di sanificazione.

Acqua calda

Un altro metodo di disinfezione consiste nell'immergere utensili e componenti di piccole dimensioni (come coltelli, parti smontate e utensili da cucina) in acqua calda a temperatura non inferiore a 82 °C, oppure nel pompare l'acqua calda all'interno degli impianti. L'acqua calda è facilmente disponibile e non tossica; si ritiene che la sua azione microbicida consista nella denaturazione di alcune proteine presenti nella cellula. Versare acqua calda nei contenitori non rappresenta un trattamento affidabile per la difficoltà di mantenere la temperatura a livelli sufficientemente elevati per garantire la disinfezione. L'impiego di acqua calda è un metodo di disinfezione efficace e non selettivo per le superfici che vengono a contatto con gli alimenti; tuttavia, le spore possono sopravvivere per oltre un'ora a 100 °C. L'acqua calda viene spesso utilizzata per disinfettare gli scambiatori di calore a piastre e le stoviglie.

La temperatura dell'acqua determina il tempo di esposizione necessario per garantire la disinfezione. La relazione tra tempo e temperatura può essere esemplificata dalle combinazioni 15 minuti a 85 °C oppure 20 minuti a 82 °C, adottate in alcuni impianti; tempi inferiori richiedono temperature più elevate. Anche il volume e la portata dell'acqua influenzano il tempo necessario affinché componenti e superfici raggiungano la temperatura necessaria. Se la durezza dell'acqua è superiore a 60 mg/L di $CaCO_3$, è molto probabile che sulle superfici si formino incrostazioni calcaree; è possibile ovviare a tale fenomeno addolcendo l'acqua.

9.1.2 Irradiazione

I trattamenti con radiazioni – in particolare raggi ultravioletti (con lunghezza d'onda intorno a 250 nm) e radiazioni ionizzanti – sono in grado di distruggere i microrganismi.

Per il trattamento degli alimenti sono disponibili tre diverse fonti di radiazioni ionizzanti: i fasci di elettroni, i raggi gamma e i raggi X. I primi sono poco penetranti (circa 4 cm a 10 MeV), mentre i raggi gamma e i raggi X sono in grado di penetrare per decine di centimetri (Zammer, 2004).

Raggi UV

La luce ultravioletta prodotta da lampade a vapori di mercurio a bassa pressione viene utilizzata in ambito ospedaliero e domestico. L'azione dei raggi UV non risulta influenzata dal pH o dalla temperatura; inoltre, non provoca alterazioni di sapore o di odore nell'acqua trattata, origina quantità estremamente limitate di sottoprodotti indesiderati, non ha praticamente alcuna attività mutagena, né crea sottoprodotti alogenati. Apparecchiature a raggi UV sono comunemente utilizzate per disinfettare l'acqua potabile e quella impiegata nella lavorazione degli alimenti. Sebbene la loro azione sia indipendente dal pH e dalla temperatura, l'effetto microbicida è troppo limitato per consentirne l'impiego durante la lavorazione degli alimenti. La resistenza batterica determina il tempo di esposizione letale.

Per agire, i raggi UV devono colpire direttamente i microrganismi; poiché non penetrano facilmente, il loro utilizzo come agente antimicrobico è limitato ai microrganismi presenti sulle superfici, nell'aria o all'interno di liquidi limpidi (i raggi UV possono, infatti, essere assorbiti dalla polvere, da film oleosi e da soluzioni opache o torbide). Gli ultravioletti sono impiegati nel trattamento dell'acqua utilizzata nella produzione delle bevande, delle salamoie, dell'acqua di trasporto di frutta e verdura, dell'acqua di risciacquo per impianti CIP, dell'acqua di riscaldamento e raffreddamento e delle acque reflue.

Le radiazioni ultraviolette sono inoltre in grado di controllare gli insetti infestanti, a prescindere dallo stadio del ciclo vitale in cui si trovano. L'efficacia delle lampade a raggi UV dipende dalle caratteristiche spettrali del bulbo, dal tempo di esposizione, dalla distanza dalla sorgente luminosa e da eventuali sostanze in grado di interferire con la radiazione, come lo sporco presente sulle sorgenti di UV all'interno della camera di reazione o sullo schermo di protezione del bulbo. Poiché il processo utilizza lampade di vetro e tubi di quarzo, il rischio di rotture rende essenziale l'utilizzo di schermi protettivi. L'intensità dei raggi UV diminuisce in funzione della distanza dalla sorgente della radiazione, pertanto occorre minimizzare la distanza tra la lampada e il materiale o la superficie da trattare (Anon., 2003).

La sicurezza è un aspetto fondamentale, in quanto i raggi ultravioletti possono provocare gravi danni agli occhi e irritazioni cutanee. Inoltre, esiste la possibilità di una ripresa della crescita batterica, poiché non vi è alcuna attività antimicrobica residua; va anche ricordato che, quando esposte alla luce visibile, le cellule batteriche danneggiate dai raggi ultravioletti possono autoripararsi.

9.1.3 Alte pressioni idrostatiche

Questo trattamento consiste nel sottoporre gli alimenti, liquidi o solidi, confezionati o meno, ad alte pressioni (variabili a seconda delle applicazioni), generalmente per un tempo massimo di 5 minuti. La tecnica delle alte pressioni (HHP, *High hydrostatic pressure*) può essere impiegata per trattare numerosi alimenti, quali carni crude o cotte, pesci e molluschi, prodotti vegetali, formaggi, insalate, conserve, granaglie e loro derivati, liquidi (compresi succhi), salse e zuppe. Poiché viene applicata uniformemente da ogni direzione, l'alta pressione non danneggia gli alimenti, mentre i microrganismi che si trovano sulla loro superficie e al loro interno vengono inattivati. Tale risultato è possibile in quanto il processo altera la struttura molecolare di composti chimici essenziali per il metabolismo microbico. L'HHP è efficace su muffe, batteri, virus e parassiti e, in alcuni casi, anche su spore batteriche capaci di resistere a molti trattamenti biocidi. Tra le cause del deterioramento di molti alimenti, anche a temperature di refrigerazione, vi è la degradazione di proteine e lipidi dovuta all'azione dei sistemi enzimatici propri dell'alimento stesso o degli enzimi di origine microbica. L'impiego di alte pressioni consente di inattivare tali enzimi, limitando questo tipo di deterioramento.

9.1.4 Trattamento VSV (Vacuum/Steam/Vacuum)

Con questa tecnica i prodotti alimentari solidi vengono esposti al vuoto, poi al vapore e di nuovo al vuoto (Kozempel, 2003). Il vapore saturo viene utilizzato per sfruttare la grande quantità di calore latente di condensazione relativa al calore sensibile trasferito a causa della differenza di temperatura nel raffreddamento del vapore surriscaldato. Benché questo processo non sia ancora stato completamente sviluppato, sembra offrire buone possibilità di utilizzo per la distruzione dei microrganismi patogeni presenti sulla superficie di carne e pollame freschi, carni lavorate, prodotti ittici e frutta e verdura.

9.2 Disinfezione chimica

I disinfettanti chimici utilizzabili nell'industria alimentare e nella ristorazione sono diversi, per composizione e attività, a seconda delle condizioni. In linea generale, quanto più un disinfettante è concentrato, tanto più rapida ed efficace è la sua azione.

Per scegliere il disinfettante chimico più appropriato per una specifica applicazione, occorre conoscere e comprendere le caratteristiche di ciascun prodotto. Poiché i disinfettanti chimici possiedono scarsa capacità di penetrazione, i microrganismi presenti in fessure, interstizi, nicchie e depositi di sporco inorganico possono non essere distrutti completamente. Affinché i disinfettanti risultino efficaci, quando sono impiegati in combinazione con detergenti, la soluzione deve avere temperatura non superiore a 55 °C e lo sporco non deve essere eccessivo.

L'efficacia dei disinfettanti chimici è influenzata da diversi fattori.

Tempo di esposizione In generale la morte della popolazione microbica segue un modello logaritmico; ciò significa che, se il 90% della popolazione viene distrutto in una data unità di tempo, il 90% della popolazione residua verrà eliminato nella successiva unità di tempo, lasciando solo l'1% della popolazione originaria. Il tempo necessario affinché un disinfettante svolga la propria azione dipende dalla carica microbica e dai diversi livelli di sensibilità al disinfettante della popolazione di cellule, a seconda dell'età, della formazione di spore e di altri fattori fisiologici. Per stabilire il tempo di contatto ottimale, occorre fare riferimento alle istruzioni riportate in etichetta. Quando il disinfettante viene applicato attraverso un sistema centralizzato o mediante applicazione spray (impiegata generalmente per disinfettare le superfici esterne di impianti e apparecchiature o gli ambienti), deve essere utilizzato alla massima concentrazione prevista dalle istruzioni per l'uso in questione. L'adozione di tale criterio serve per compensare la detersione manuale non adeguata, in particolar modo delle aree difficili da pulire, e la naturale diluizione che può derivare dalla presenza di condensa o di residui di acqua di risciacquo dopo la detersione.

Temperatura Sia il tasso di crescita dei microrganismi, sia il loro tasso di mortalità dovuto all'applicazione di un prodotto chimico, aumentano con la temperatura. In genere, una temperatura più elevata riduce la tensione superficiale e la viscosità, aumenta il pH e determina altri cambiamenti che possono favorire l'azione battericida (un'eccezione è rappresentata dagli iodofori che evaporano sopra i 50 °C). All'aumentare della temperatura, i disinfettanti chimici diventano più aggressivi nei confronti delle superfici, in particolare elastomeri e guarnizioni; pertanto, devono essere utilizzati a temperature comprese tra 21 e 38 °C. Generalmente l'azione battericida dei disinfettanti è largamente superiore alla velocità di crescita dei batteri, quindi l'effetto complessivo di un aumento di temperatura è il potenziamento del grado di distruzione dei microrganismi.

Concentrazione Una maggiore concentrazione del disinfettante aumenta il grado di distruzione dei microrganismi.

pH L'attività degli antimicrobici che si presentano in forme diverse all'interno di un intervallo di pH può essere notevolmente influenzata da variazioni anche relativamente modeste del pH del mezzo in cui si trovano. Per esempio, il cloro e i composti dello iodio perdono generalmente efficacia all'aumentare del pH.

Grado di pulizia L'inadeguata pulizia delle superfici può ridurre l'efficacia di un disinfettante. Gli ipocloriti e altri composti del cloro, i composti dello iodio e vari altri disinfettanti ossidanti possono infatti reagire con i residui di sporco di natura organica, rimasti su attrezzature e altre superfici, riducendo la propria efficacia contro i microrganismi.

Durezza dell'acqua I disinfettanti sono influenzati dalla composizione dell'acqua; in particolare la durezza può inattivarli o diminuirne l'efficacia tamponando il pH. I composti dell'ammonio quaternario sono incompatibili con i sali di calcio e magnesio e non dovrebbero essere utilizzati con acqua contenente concentrazioni superiori a 200 parti per milione (ppm) di calcio, senza l'impiego di un agente sequestrante o chelante; quanto maggiore è la durezza dell'acqua, tanto minore è l'efficacia di questi disinfettanti.

Popolazione microbica I disinfettanti non possiedono tutti la stessa efficacia nei confronti di ogni tipo di microrganismo. Le spore batteriche sono più resistenti delle forme vegetative e i batteri che si trovano all'interno di un biofilm sono più resistenti di quelli in sospensione. I principali contaminanti microbici presenti negli impianti per la produzione di bevande sono rappresentati da lieviti e muffe, la cui distruzione può richiedere disinfettanti diversi da quelli impiegati negli impianti di lavorazione del latte, contaminati soprattutto da batteri alterativi psicrotrofi. Poiché un disinfettante è in grado soltanto di ridurre la carica microbica, quanto più elevato è il numero iniziale dei microrganismi, tanto maggiore sarà il numero dei sopravvissuti. Livelli di contaminazione molto elevati possono prevalere sull'azione dei disinfettanti.

Adesione batterica È dimostrato che l'adesione di alcuni batteri alle superfici solide determina un aumento della loro resistenza nei confronti dell'azione del cloro (Le Chevalier et al, 1998). Anche fattori limitanti, quali la carenza di nutrienti, determinano il medesimo effetto e, sommandosi all'adesione, causano un ulteriore aumento della resistenza al cloro.

I fattori sopra elencati sono per la maggior parte correlati tra loro; perciò è in genere possibile compensarne uno modificandone un altro. Per esempio, se si è costretti a preparare la soluzione di disinfettante con acqua fredda, è possibile aumentare la concentrazione o il tempo di contatto affinché l'efficacia risulti analoga a quella ottenibile con una soluzione preparata con acqua calda, usando una concentrazione minore o un tempo di contatto più breve.

9.2.1 Caratteristiche fondamentali di un disinfettante

Il disinfettante ideale deve avere le seguenti caratteristiche:
- ampio spettro d'azione con uguale efficacia contro forme vegetative batteriche, lieviti e muffe; capacità di distruggere rapidamente i microrganismi;
- buona resistenza ambientale (mantenimento dell'efficacia in presenza di materiale organico, residui di sapone e altri detergenti, acqua dura e variazioni del pH);
- buone proprietà detergenti;
- assenza di tossicità e di azione irritante;
- completa solubilità in acqua;
- assenza o accettabilità dell'odore;
- stabilità (sia concentrato sia diluito);
- facilità di utilizzo;
- facile disponibilità;
- economicità;
- facilità di dosaggio.

Un disinfettante chimico standard non può essere efficace per ogni tipo di esigenza. Per essere classificato come disinfettante, un prodotto chimico deve superare il Chambers test (Chambers, 1956), secondo il quale i disinfettanti devono distruggere il 99,999% di una popolazione variabile da 75 a 125 milioni di *Escherichia coli* e *Staphylococcus aureus* entro

30 secondi dall'applicazione, a una temperatura di 20 °C. Il pH a cui viene applicato il composto può influenzare l'efficacia del disinfettante. I disinfettanti chimici vengono generalmente suddivisi a seconda del principio attivo.

9.2.2 Composti del cloro

Il cloro liquido, gli ipocloriti, le clorammine organiche e inorganiche e il biossido di cloro sono tutti impiegati come disinfettanti e mostrano azione antimicrobica variabile. Il cloro gassoso può essere insufflato lentamente in acqua per ottenere l'acido ipocloroso (HClO), che possiede proprietà antimicrobiche. Il cloro liquido è una soluzione acquosa di ipoclorito di sodio (NaClO).

A parità di concentrazione, l'efficacia disinfettante dell'acido ipocloroso è 80 volte superiore a quella dell'ipoclorito. La quantità di HClO che si forma dipende dal pH della soluzione: valori di pH più bassi incrementano la formazione di HClO, ma la soluzione risulta meno stabile; quando il valore del pH scende al di sotto di 4,0, si formano quantità crescenti di cloro gassoso, tossico e corrosivo. A valori di pH elevati, la soluzione è più stabile, ma meno efficace (Anon., 2003).

Il meccanismo dell'azione microbicida del cloro non è stato del tutto chiarito. Il più attivo dei composti del cloro, l'acido ipocloroso, uccide le cellule microbiche inibendo l'ossidazione del glucosio mediante ossidazione dei gruppi sulfidrilici di alcuni enzimi essenziali per il metabolismo dei carboidrati. Si ritiene che il punto chiave di questa azione sia rappresentato dall'aldolasi per il suo ruolo fondamentale nel metabolismo.

Le altre modalità ipotizzate per l'azione del cloro sono:
– blocco della sintesi proteica;
– decarbossilazione ossidativa degli amminoacidi in nitriti e aldeidi;
– reazioni con acidi nucleici, purine e pirimidine;
– alterazione del metabolismo dovuta alla distruzione di enzimi chiave;
– danni al DNA, con perdita della capacità di trasformazione;
– inibizione del consumo di ossigeno e della fosforilazione ossidativa, associata alla perdita di alcune macromolecole;
– formazione di derivati tossici (N-cloro) della citosina;
– produzione di aberrazioni cromosomiche.

Le cellule vegetative assorbono il cloro libero ma non quello combinato. La formazione delle clorammine all'interno del protoplasma cellulare non provoca inizialmente alcuna distruzione. L'utilizzo di ^{32}P in presenza di cloro suggerisce che si verifichi un'alterazione distruttiva della permeabilità della membrana cellulare. Il cloro compromette le funzioni della membrana cellulare, in particolar modo il trasporto di nutrienti dall'esterno. È noto che i composti che rilasciano cloro sono in grado di stimolare la germinazione delle spore e, successivamente, di inattivare le spore germinate.

I disinfettanti granulari a base di cloro sono costituiti principalmente da sali di un composto organico in grado di rilasciare ioni. Il dicloroisocianurato è un carrier del cloro altamente stabile e rapidamente solubile, che in soluzione acquosa rilascia uno dei due ioni cloruro formando NaClO. Gli agenti tampone, che nella formulazione di questi prodotti sono miscelati con il carrier del cloro, controllano il tasso di attività antimicrobica, la corrosività e la stabilità delle soluzioni disinfettanti, ottimizzandone il pH.

Quando il cloro liquido e gli ipocloriti vengono uniti all'acqua, questi composti si idrolizzano formando acido ipocloroso, che si dissocerà formando uno ione idrogeno (H$^+$) e uno ione ipoclorito (ClO⁻). Quando il sodio si combina con l'ipoclorito per formare l'ipoclorito di sodio, si verificano le seguenti reazioni.

$$Cl_2 + H_2O \longrightarrow HClO + H^+ + Cl^-$$

$$NaClO + H_2O \longrightarrow NaOH + HClO$$

$$HClO \rightleftharpoons H^+ + ClO^-$$

A bassi valori di pH l'efficacia antimicrobica dei composti del cloro aumenta, in quanto predomina la presenza di acido ipocloroso. All'aumentare del pH, diventa predominante lo ione ipoclorito, che non ha la stessa efficacia battericida. Un altro composto del cloro, il biossido di cloro, non si idrolizza in soluzioni acquose; pertanto la sua azione sembra riconducibile alla molecola indissociata.

Il cloro è un efficace disinfettante delle superfici in acciaio inox lucidato meccanicamente, in acciaio inox non satinato lucidato elettroliticamente e in policarbonato, sulle quali riduce la carica microbica a meno di 1,0 log ufc/cm²; risulta invece meno efficace sulle superfici in acciaio inox satinato lucidato elettroliticamente e in resina minerale, dove la popolazioni residua è superiore a 1,0 log ufc/cm² (Frank e Chmielewski, 1997).

Oltre a essere i composti del cloro più attivi, gli *ipocloriti*, in particolare quelli di calcio e di sodio, sono anche i maggiormente utilizzati. Questi disinfettanti sono in grado di inattivare le cellule microbiche sospese nelle soluzioni acquose con un tempo di contatto che varia da 1,5 a 100 secondi circa. Per la maggior parte dei microrganismi, occorrono meno di 10 secondi per ottenere una riduzione del 90% della popolazione, con livelli relativamente bassi di cloro disponibile libero. Le spore batteriche sono più resistenti agli ipocloriti rispetto alle cellule vegetative. Il tempo necessario per ottenere una riduzione del 90% della carica microbica può variare da circa 7 secondi fino a più di 20 minuti. La concentrazione di cloro disponibile libero necessaria per inattivare le spore batteriche è da 10 a 1000 volte superiore (1000 ppm in confronto a circa 0,6-13 ppm) a quella occorrente per le cellule vegetative. Le spore di *Clostridium* sono meno resistenti al cloro rispetto alle spore di *Bacillus*. Questi dati suggeriscono che nella sanificazione, quando la concentrazione di acido ipocloroso è bassa e il tempo di contatto è breve, gli effetti sulle spore batteriche sono limitati. Benché una concentrazione di 200 ppm sia efficace per la maggior parte delle superfici, per quelle porose è raccomandata una concentrazione di 800 ppm.

L'esempio riportato di seguito mostra come preparare 200 L di una soluzione di ipoclorito di sodio a 200 ppm, partendo da una soluzione all'8,5% di NaClO.

$$NaOCl \; all'8,5\% = 85.000 \; ppm \; (0,085 \times 1.000.000)$$

$$1 \; L = 1.000 \; mL$$

$$200 \; L = 200.000 \; mL$$

$$\frac{x}{200.000 \; mL} = \frac{200 \; ppm}{85.000 \; ppm}$$

$$85.000 \; x = 40.000.000 \; mL$$

$$x = 470 \; mL \; di \; NaOCl \; all'8,5\%$$

Gli ipocloriti di calcio e di sodio e alcuni prodotti a base di fosfato trisodico clorurato possono essere impiegati come disinfettanti dopo la detersione. Gli ipocloriti possono anche essere aggiunti alle soluzioni detergenti per ottenere un effetto combinato detergente-disinfettante. I composti organici che rilasciano cloro, come il dicloroisocianurato di sodio e la diclorodimetilidantoina possono essere impiegati nelle formulazioni dei detergenti.

Come si è già visto, l'acido ipocloroso indissociato è presente alla massima concentrazione quando il pH è intorno a 4,0 e diminuisce rapidamente al crescere del pH; per valori di pH superiori a 5,0 l'ipoclorito (ClO⁻) aumenta. Inoltre, quando il pH è inferiore a 4,0 aumenta lo sviluppo di cloro gassoso (Cl$_2$), che rappresenta un problema per la sicurezza. Poiché a valori di pH superiori a 6,5 si formano notevoli quantità di acido ipocloroso, la disinfezione viene di norma eseguita con soluzioni a pH compreso tra 6,5 e 7,0.

Il tempo di reazione dei disinfettanti a base di cloro dipende dalla temperatura. Fino a 52 °C, la velocità di reazione raddoppia a ogni aumento di 10 °C. Benché gli ipocloriti siano relativamente stabili, la solubilità del Cl$_2$ diminuisce rapidamente sopra i 50 °C.

L'efficacia di una soluzione tamponata di ipoclorito di sodio nel controllo della contaminazione batterica è stata dimostrata da Park et al. (1991), che hanno evidenziato come questa soluzione disinfettante sia efficace nella riduzione di *Salmonella*. La loro ricerca non rilevò effetti indesiderati sulla funzionalità delle proteine, sull'ossidazione dei lipidi, né sulla degradazione degli amidi dopo esposizione degli alimenti alla soluzione disinfettante; tale soluzione, inoltre, non lascia film ed è priva di attività residua.

Le soluzioni di cloro attivo svolgono un'azione disinfettante molto efficace, specialmente come cloro libero e in soluzioni debolmente acide. Sembra che il meccanismo di azione di questi composti sia basato sulla denaturazione delle proteine e sull'inattivazione degli enzimi. I disinfettanti a base di cloro sono efficaci contro i batteri Gram-positivi e Gram-negativi e, in determinate condizioni, anche contro alcuni virus e spore; inoltre sono attivi anche a basse temperature. Il cloro disponibile derivato dall'ipoclorito e da altri composti che liberano cloro può reagire con le sostanze organiche residue, risultandone inattivato; è tuttavia possibile ottenere ugualmente un effetto disinfettante, usando i volumi e le concentrazioni raccomandati. Occorre impiegare esclusivamente soluzioni preparate al momento; le soluzioni rimaste inutilizzate o parzialmente usate non vanno conservate, in quanto perdono forza ed efficacia col tempo. Per verificare che la concentrazione di cloro attivo impiegata sia corretta, è possibile misurarla con appositi kit. Il cloro liquido, cioè una soluzione di ipoclorito di sodio in acqua, può essere utilizzato per disinfettare le acque di lavorazione e di raffreddamento allo scopo di impedire la crescita microbica e la formazione di mucillagini.

Le *clorammine inorganiche* sono formate dalla reazione del cloro con azoto ammoniacale; le *clorammine organiche* si formano dalla reazione dell'acido ipocloroso con ammine, immine e immidi. Le spore batteriche e le cellule vegetative mostrano resistenza maggiore alle clorammine che agli ipocloriti. L'effetto letale più lento della clorammina T sembra da attribuire a un rilascio di cloro più graduale rispetto agli ipocloriti. Alcune clorammine hanno efficacia pari o superiore a quella degli ipocloriti nell'inattivazione dei microrganismi; infatti, sebbene rilascino cloro lentamente e abbiano quindi un tasso di letalità minore, proprio la ridotta attività del cloro ne consente una maggiore penetrazione nella materia organica e ciò può risultare vantaggioso nell'impiego contro i biofilm (Eifert e Sanglay, 2002).

Il dicloroisocianurato di sodio è più efficace rispetto all'ipoclorito di sodio contro *E. coli*, *S. aureus* e altri batteri.

Gli effetti antimicrobici del *biossido di cloro* (ClO$_2$) sono meno noti rispetto a quelli degli altri composti del cloro; tuttavia, l'interesse nei confronti di questa molecola è aumentato. Le nuove formulazioni chimiche di questo composto consentono di impiegare il prodotto già pronto per l'uso, senza doverlo preparare sul posto; per tale motivo, viene sempre più utilizzato nell'industria alimentare. Il biossido di cloro ha un potere ossidante 2,5 volte superiore a quello del cloro. La sua efficacia è inferiore a quella del cloro a pH 6,5, ma nettamente superiore a pH 8,5; rispetto agli ipocloriti, il biossido di cloro sembra quindi essere meno influenzato dagli ambienti alcalini e dalla presenza di sostanze organiche, ciò che lo rende particolarmente adatto al trattamento delle acque reflue. Di seguito sono riportati alcuni esempi di reazioni per la produzione di disinfettanti a base di biossido di cloro.

$$5\,NaClO_2 + 4\,HCl \longrightarrow 4\,ClO_2 + 5\,NaCl + 2\,H_2O$$

$$NaClO + HCl \longrightarrow NaCl + HClO$$

$$HClO + 2\,NaClO_2 \longrightarrow ClO_2 + 2\,NaCl + H_2O$$

Alcuni composti a base di cloro in uso negli Stati Uniti

La FDA statunitense ha approvato l'uso del biossido di cloro stabilizzato per la disinfezione di impianti e attrezzature per la produzione di alimenti. L'Anthium dioxide è una soluzione acquosa di biossido di cloro stabilizzato al 5%, a pH compreso tra 8,5 e 9; l'azione biocida della soluzione è dovuta al ClO_2 libero. Benché tale prodotto manifesti proprietà batteriostatiche, la sua efficacia non è neppure paragonabile a quella del ClO_2 libero. Il biocida attivo è costituito dal ClO_2 libero, anche se il ClO_2 stabilizzato a pH 8,5 è moderatamente batteriostatico. Il complesso di Anthium dioxide è una combinazione di ossigeno e cloro legati insieme come ClO_2 in soluzione acquosa, in grado di esplicare un effetto residuo di durata maggiore rispetto agli altri disinfettanti a base di cloro. Le applicazioni di questa sostanza comprendono: disinfezione senza risciacquo (100 ppm), trattamento di vasche di raffreddamento del pollame (3-5 ppm) e di acqua potabile.

Ha recentemente assunto un certo interesse come disinfettante l'Oxine, che differisce dal ClO_2 in quanto viene prodotto interamente per sintesi (mediante un processo brevettato), anziché a partire dal clorito. È possibile ottenere un incremento della capacità microbicida variando il rapporto tra clorito e biossido di cloro, e altre specie di ossidi di cloro, mediante la formazione di Oxine. L'Oxine viene stabilizzata sciogliendola in una soluzione acquosa coperta da brevetto, convertendola essenzialmente nel suo "sale" (Flickinger, 1997). Per abbassare il pH e contenere la formazione di gas, è necessario un attivatore, come un acido di tipo alimentare. La principale applicazione di questo composto è nella disinfezione delle superfici, in quanto particolarmente efficace contro i biofilm. Studi effettuati su *E. coli* O157:H7 hanno dimostrato che l'Oxine è in grado di distruggere questo patogeno a concentrazioni di 6 ppm (Flickinger, 1997).

Il clorito di sodio acidificato (ASC, *Acidified sodium chlorite*), agente antimicrobico generato dalla reazione tra una soluzione concentrata di clorito di sodio e un acido GRAS (*Generally recognized as safe*, generalmente ritenuto sicuro) con concentrazioni di clorito di sodio da 500 a 1200 ppm, è stato approvato dalla FDA per ridurre la contaminazione batterica di pollame, carni rosse, prodotti a base di carne macinata e prodotti a base di frutta e verdura. Tale agente è stato inoltre approvato dall'EPA come pesticida per l'uso su superfici che vengono a contatto con gli alimenti. Questo disinfettante può essere inoltre aggiunto all'acqua o al ghiaccio – in concentrazioni variabili tra 40 e 50 ppm – per lavare, risciacquare, scongelare, trasportare o immagazzinare i prodotti ittici.

Composti del cloro: vantaggi e svantaggi

Rispetto agli altri disinfettanti, i composti del cloro presentano i seguenti vantaggi:
- sono efficaci contro un ampio spettro di batteri, funghi e virus;
- comprendono composti ad azione rapida che superano il Chambers test a una concentrazione di 50 ppm nell'arco dei 30 secondi previsti;
- sono i disinfettanti più economici (se si utilizzano composti poco costosi);
- non richiedono il successivo risciacquo delle attrezzature (negli Stati Uniti) se si utilizzano concentrazioni non superiori a 200 ppm;
- sono disponibili in forma liquida e granulare;
- la loro azione non viene influenzata dalla durezza dell'acqua (salvo modeste variazioni connesse al pH);
- concentrazioni elevate di cloro possono ammorbidire le guarnizioni e rimuovere il carbonio dai componenti in gomma delle attrezzature;
- sono meno corrosivi del cloro.

Tuttavia presentano anche i seguenti svantaggi:
- sono instabili e si alterano piuttosto rapidamente col calore o se vengono contaminati con sostanze organiche;
- la loro efficacia diminuisce all'aumentare del pH della soluzione;
- hanno un effetto corrosivo sull'acciaio inox e su altri metalli;
- occorre limitare al minimo il loro contatto con le attrezzature per la lavorazione degli alimenti per evitarne la corrosione;
- si deteriorano durante lo stoccaggio se esposti alla luce o a temperature superiori a 60°C;
- le soluzioni a basso pH possono dare origine a cloro gassoso (Cl_2), tossico e corrosivo;
- in forma liquida concentrata possono esplodere;
- il cloro è irritante per la pelle e le mucose;
- hanno un impatto ambientale da non sottovalutare, a causa della formazione di sottoprodotti organoclorurati pericolosi; infatti da numerose ricerche è risultato che il cloro reagisce con sostanze organiche presenti in natura, in primo luogo gli acidi umici dando luogo a composti, come i trialometani, ritenuti cancerogeni.

Il ClO_2 viene usato nelle operazioni di sanificazione che impiegano schiuma (Meinhold, 1991). Questo disinfettante viene prodotto combinando sali di cloro e cloro oppure ipoclorito e acido, aggiungendo successivamente clorito. Può essere prodotta una schiuma biodegradabile contenente da 1 a 5 ppm di ClO_2, che risulta efficace con un tempo di contatto più breve di quello richiesto per i composti di ammonio quaternario o per gli ipocloriti. Il biossido di cloro è efficace contro un ampio spettro di microrganismi, compresi batteri (anche sporigeni) e virus. Grazie alle sue proprietà ossidanti, l'attività residua inibisce significativamente la ripresa della crescita microbica. Il biossido di cloro mantiene inalterata la sua efficacia in un ampio intervallo di pH, come quello caratteristico dei processi di lavorazione degli alimenti, ed è più resistente del cloro all'inattivazione da parte delle sostanze organiche. Il ClO_2 risulta meno corrosivo rispetto ad altri disinfettanti a base di cloro grazie al fatto che è efficace anche a basse concentrazioni; inoltre, comporta una minore produzione di composti organici clorurati indesiderati. I principali svantaggi sono rappresentati dal costo, dalla difficoltà di utilizzo, dalla sensibilità alla luce e alla temperatura e ai rischi connessi alla sicurezza e alla tossicità.

Quando i disinfettanti a base di cloro vengono impiegati in soluzione o su superfici, dove il cloro disponibile può reagire con le cellule, esplicano un'azione battericida e sporicida. Le cellule vegetative vengono distrutte più facilmente rispetto alle spore di *Clostridium* che, a loro volta, hanno resistenza minore rispetto alle spore di *Bacillus*. Concentrazioni di cloro inferiori a 50 ppm non sono attive contro *Listeria monocytogenes*, ma concentrazioni superiori distruggono efficacemente questo patogeno. È possibile potenziare l'effetto letale della maggior parte dei composti a base di cloro aumentando la quantità di cloro libero disponibile, diminuendo il pH e aumentando la temperatura. Tuttavia, aumentando la temperatura, la solubilità del cloro in acqua diminuisce e aumenta la sua corrosività, mentre soluzioni con alte concentrazioni di cloro e/o basso pH possono corrodere i metalli.

9.2.3 Composti dello iodio

I meccanismi con cui si esplica l'azione disinfettante dello iodio non sono ancora del tutto chiariti. Lo iodio biatomico sarebbe il principale agente antimicrobico in grado di rompere i legami che tengono unite le proteine della cellula e di inibire la sintesi proteica (Anon., 1996). In generale la distruzione microbica è operata dallo iodio libero allo stato elementare e dall'acido ipoiodoso. I prodotti a base di iodio maggiormente impiegati per la disinfezione sono gli iodofori e le soluzioni alcoliche e acquose di iodio. Entrambe le soluzioni di iodio vengono solitamente usate per la disinfezione della cute, mentre gli iodofori sono utilizzati nella sanificazione di attrezzature e superfici e nella depurazione delle acque, oltre che come antisettici cutanei. Gli iodofori rilasciano uno ione triioduro intermedio che, in presenza di acidi, viene rapidamente convertito in acido ipoiodoso e iodio biatomico, entrambi dotati di proprietà antimicrobiche.

Quando viene complessato con tensioattivi non ionici, come i nonilfenoli etossilati, o con un carrier, come il polivinilpirrolidone, lo iodio dà origine ai complessi idrosolubili chiamati iodofori, che esplicano maggiore attività battericida in ambiente acido. Per tale motivo, questi composti vengono spesso addizionati con acido fosforico. La complessazione degli iodofori con tensioattivi e acidi conferisce loro proprietà detergenti, qualificandoli come detergenti disinfettanti. Questi composti hanno proprietà battericide e presentano una maggiore solubilità in acqua, rispetto alle soluzioni acquose e alcoliche di iodio; sono inoltre inodori e non irritanti per la pelle. Per preparare il complesso tensioattivo-iodio, lo iodio viene aggiunto al tensioattivo non ionico e portato a una temperatura compresa tra 55 e 65 °C, per aumentarne la solubilità e stabilizzare il prodotto finale. La reazione esotermica tra lo iodio e il tensioattivo produce un aumento della temperatura, variabile in funzione del tipo di tensioattivo e del rapporto tra questo e lo iodio. Se il livello di iodio non supera il limite di solubilità del tensioattivo, il prodotto finale risulterà completamente solubile in acqua.

Il comportamento dei complessi tensioattivo-iodio viene spiegato sulla base dell'equilibrio $R + I_2 \rightleftharpoons RI + HI$, dove R rappresenta il tensioattivo. La rimozione degli ioduri, mediante ossidazione a iodio, provoca un'ulteriore liberazione di iodio disponibile.

La quantità di iodio disponibile libero determina l'attività degli iodofori. Il tensioattivo presente non condiziona l'attività degli iodofori, tuttavia può influire sulle proprietà battericide dello iodio. Le spore hanno resistenza maggiore allo iodio rispetto alle cellule vegetative, e i tempi di esposizione letale riportati nella tabella 9.1 sono approssimativamente da 10 a 1000 volte più lunghi di quelli necessari per le cellule vegetative. Lo iodio non ha la stessa efficacia del cloro nell'inattivare le spore. In presenza di sostanze organiche, i disinfettanti a base di iodio sono un po' più stabili dei composti del cloro. Per la limitata tossicità e per la stabilità in ambienti molto acidi, i complessi dello iodio possono essere utilizzati a con-

Tabella 9.1 Inattivazione di spore batteriche con iodofori*

Microrganismo	pH	Concentrazione (ppm)	Tempo necessario per una riduzione del 90% (min)
Bacillus cereus	6,5	50	10
	6,5	25	30
	2,3	25	30
Bacillus subtilis	–	25	5
Clostridium botulinum (tipo A)	2,8	100	6

* I test sono stati condotti in acqua distillata a temperatura compresa tra 15 e 25 °C.

Da Odlaug, 1981

centrazioni molto basse (fino a 6,25 ppm); le concentrazioni più frequentemente impiegate variano da 12,5 a 25 ppm. Questi disinfettanti sono tra i più efficaci contro i virus. È sufficiente una concentrazione di 6,25 ppm per superare il Chambers test in 30 secondi. Rispetto al cloro, i composti non selettivi dello iodio sono in grado di uccidere le cellule vegetative e molti tipi di spore e virus in un intervallo di pH più ampio.

Gli iodofori, utilizzati alle concentrazioni raccomandate, forniscono generalmente da 50 a 70 mg/L di iodio libero, determinando valori di pH non superiori a 3 in acqua moderatamente alcalina. L'eccessiva diluizione degli iodofori in acqua con alcalinità elevata può inficiarne gravemente l'efficacia poiché viene neutralizzata l'acidità. Le soluzioni contenenti questo disinfettante raggiungono la massima efficacia a pH compresi tra 2,5 e 3,5.

In forma concentrata gli iodofori hanno una lunga shelf life; in forma diluita, invece, lo iodio può essere perso per evaporazione; questa perdita risulta particolarmente rapida se la temperatura della soluzione supera i 50 °C, poiché lo iodio tende a sublimare. Le materie plastiche e le guarnizioni di gomma degli scambiatori di calore assorbono lo iodio, rimanendo macchiate e conservando un effetto residuo. In talune situazioni, tuttavia, questo potere colorante può rivelarsi utile: infatti, a contatto con lo iodio, la maggior parte dei residui di sporco organico e minerale si colora di giallo evidenziando i punti nei quali non è stata eseguita una sanificazione adeguata. Il colore ambrato delle soluzioni di iodio fornisce la prova visibile della presenza del disinfettante, anche se l'intensità del colore non è un indice affidabile della sua concentrazione. Essendo acide, le soluzioni di iodofori non sono influenzate dalla durezza dell'acqua e, se usate regolarmente, possono prevenire l'accumulo di depositi minerali; tuttavia, l'applicazione di questi disinfettanti non è in grado di rimuovere i depositi già esistenti. Le sostanze organiche, in particolare il latte, inattivano lo iodio presente nelle soluzioni di iodofori, provocandone lo scolorimento. La perdita di iodio dalle soluzioni è generalmente limitata, a meno che non siano presenti quantità eccessive di sporco organico. Tale perdita aumenta durante la conservazione, pertanto è necessario controllare queste soluzioni e, all'occorrenza, ripristinarne la concentrazione.

I composti dello iodio sono più costosi di quelli a base di cloro e possono provocare lo sviluppo di sapori indesiderati in alcuni alimenti. Altri svantaggi sono rappresentati dal fatto che evaporano a circa 50 °C, sono meno efficaci contro le spore batteriche e i batteriofagi rispetto ai composti del cloro, sono poco efficaci alle basse temperature, sono molto sensibili ai cambiamenti di pH e macchiano i materiali plastici o porosi. I disinfettanti a base di iodio sono idonei per la disinfezione delle mani in quanto non irritano la pelle. Nei sistemi cleaning in place (CIP) l'applicazione è ostacolata dalla notevole quantità di schiuma prodotta; sono talora impiegati per attrezzature utilizzate nella produzione degli alimenti, in particolare per la sanificazione a macero.

9.2.4 Composti del bromo

Il bromo viene utilizzato da solo o in combinazione con altri composti, più per il trattamento delle acque che come disinfettante per utensili e attrezzature. L'aggiunta di bromo a soluzioni contenenti cloro può aumentare sinergicamente l'efficacia di entrambi gli alogeni. L'efficacia dei composti organici della clorammina nella distruzione delle spore (per esempio di *Bacillus cereus*) è maggiore rispetto a quella dei composti organici del bromo quando vengono usati in presenza di pH variabile da debolmente acido a neutro; tuttavia, se impiegata in associazione con il bromo la clorammina risulta più attiva in ambiente alcalino (pH pari o superiore a 7,5).

9.2.5 Composti di ammonio quaternario

I sali di ammonio quaternario (spesso indicati come QAC, *Quaternary ammonium compounds*) sono ampiamente utilizzati per la sanificazione di pavimenti, pareti, arredi e attrezzature. Hanno una buona capacità penetrante e pertanto sono indicati per le superfici porose. Sono agenti bagnanti con proprietà detergenti e tensioattive intrinseche; per questo motivo possono essere applicati mediante schiuma. Gli agenti più comuni sono i tensioattivi cationici, che hanno scarse capacità detergenti ma ottime proprietà germicide. I sali di ammonio quaternario risultano molto efficaci contro *L. monocytogenes* e riducono la crescita delle muffe. Inoltre, sono stabili e hanno una lunga shelf life.

In questi composti quattro gruppi organici sono legati a un atomo di azoto, dando origine a uno ione con carica positiva (catione), mentre l'anione è generalmente rappresentato da uno ione cloruro. Sebbene il meccanismo alla base dell'azione germicida non sia stato ancora compreso appieno, si ritiene che, per le loro proprietà tensioattive, i quaternari d'ammonio riescano a circondare e ad avvolgere la membrana cellulare, danneggiandola e provocando la fuoriuscita degli organuli e l'inibizione degli enzimi.

La formula generale dei composti dell'ammonio quaternario è la seguente:

$$R_1 : \overset{\overset{R_2}{\cdots}}{\underset{\underset{R_4}{\cdots}}{N}} : R_3 \qquad Cl^- \text{ o } Br^-$$

I sali di ammonio quaternario agiscono contro i microrganismi con modalità diverse rispetto ai composti del cloro e dello iodio. Infatti, dopo essere stati applicati su una superficie, formano un film antimicrobico residuo. Benché questa pellicola sia batteriostatica, questi disinfettanti distruggono selettivamente alcuni microrganismi; non uccidono le spore batteriche ma possono inibirne lo sviluppo. In presenza di sostanze organiche sono più stabili dei disinfettanti a base di cloro e di iodio, ma anche la loro efficacia risulta indebolita. Le superfici in acciaio inossidabile e in policarbonato sono disinfettate più rapidamente di quelle in policarbonato satinato o in resina minerale (Frank e Chmielewski, 1997).

Tra i composti dell'ammonio quaternario vi sono l'alchildimetilbenzilammonio cloruro e l'alchildimetiletilbenzilammonio cloruro, entrambi efficaci in acqua con durezza compresa tra 500 e 1000 ppm di $CaCO_3$ senza l'aggiunta di agenti sequestranti. Il diisobutilfenossie-tossietildimetilbenzilammonio cloruro e il metildodecilbenziltrimetilammonio cloruro sono composti che richiedono tripolifosfato di sodio per abbassare la durezza dell'acqua dura al di sotto di 500 ppm. Per esplicare l'azione germicida o batteriostatica devono essere molto diluiti. Anche questi composti non sono corrosivi né irritanti per la pelle e non alterano il sapore e l'odore se correttamente diluiti.

La concentrazione delle soluzioni dei composti di ammonio quaternario è facilmente misurabile. Questi composti hanno bassa tossicità e possono essere neutralizzati o resi inefficaci utilizzando un qualsiasi detergente anionico. In genere, l'efficacia di questi disinfettanti risulta maggiore in ambiente alcalino; tuttavia, l'effetto del pH può variare a seconda delle specie batteriche. Infatti, i Gram-negativi sono più sensibili ai sali di ammonio quaternario in ambiente acido e i Gram-positivi in ambiente alcalino.

Le proprietà tensioattive intrinseche dei sali di ammonio quaternario consentono lo sviluppo di schiuma (Carsberg 1996); questa caratteristica può essere sfruttata per favorire l'adesione del disinfettante alle superfici verticali e curve. Se formulati in combinazione con specifici tensioattivi, possono essere utilizzati come detergenti-disinfettanti; tuttavia, questo tipo di applicazione richiede un risciacquo successivo ed è quindi più adatta per la sanificazione di servizi igienici, toilette, spogliatoi e di altre superfici non destinate al contatto con gli alimenti. Questi detergenti-disinfettanti non sono indicati per l'uso negli stabilimenti alimentari poiché sono caratterizzati da proprietà detergenti e valori di pH insufficienti per un'accurata sanificazione. Poiché questo prodotto richiede il risciacquo, sulle superfici trattate non rimane attività antibatterica residua.

Qualora si volesse procedere alla disinfezione di una superficie dopo la normale fase di detersione, occorre ricordare che i composti dell'ammonio quaternario non vanno mescolare con altri detergenti, poiché verrebbero inattivati da ingredienti come i tensioattivi anionici (vedi capitolo 8). Tuttavia, l'attività battericida dei composti di ammonio quaternario può essere potenziata incrementando l'alcalinità mediante formulazioni in abbinamento con detergenti compatibili.

Composti d'ammonio quaternario: vantaggi e svantaggi

I QAC presentano le seguenti caratteristiche positive:
- incolori e inodori;
- stabili in presenza di sostanze organiche;
- non corrosivi per i metalli;
- scarsamente influenzati dalla durezza dell'acqua;
- stabili alle variazioni di temperatura e dotati di lunga shelf life;
- non irritanti per la pelle;
- efficaci a pH elevati;
- buon potere detergente e penetrante sui depositi di sporco;
- efficaci contro la crescita delle muffe;
- atossici;
- buoni tensioattivi con produzione di un film antimicrobico residuo.

Questi composti hanno le seguenti caratteristiche negative:
- efficacia limitata (inefficaci contro la maggior parte dei microrganismi Gram-negativi, a eccezione di *Salmonella* ed *E. coli*);
- scarsamente attivi alle basse temperature;
- poco efficaci contro i virus;
- incompatibili con saponi e detergenti anionici sintetici;
- formazione di film su superfici e attrezzature destinate al contatto con gli alimenti;
- sviluppo di quantità eccessiva di schiuma nelle applicazioni meccaniche;
- non adatti per impianti CIP.

9.2.6 Disinfettanti a base di acidi

Questi disinfettanti, considerati sicuri dal punto di vista tossicologico e biologicamente attivi, sono spesso impiegati negli Stati Uniti per combinare in una sola fase risciacquo e disinfezione. Gli acidi organici – come l'acetico, il peracetico, il lattico, il propionico e il formico – sono i più frequentemente utilizzati. I composti dell'acido peracetico sono utilizzati a concentrazioni sufficientemente basse da non lasciare alcun sapore e odore residuo di aceto. L'acido neutralizza l'alcalinità lasciata dal detergente, previene la formazione di depositi alcalini e disinfetta. Poiché reagiscono con la carica superficiale positiva dei batteri, i tensioattivi con carica negativa riescono a penetrare attraverso la parete della cellula batterica e ne interrompono le funzioni vitali. I disinfettanti a base di acidi uccidono i microrganismi penetrando attraverso la membrana cellulare e alterandola, e quindi acidificando l'interno della cellula. L'efficacia del trattamento sui microrganismi alterativi e patogeni dipende dal dosaggio. Questi composti sono efficaci soprattutto sulle superfici in acciaio inox o su quelle in cui il tempo di contatto può essere prolungato; inoltre, sono particolarmente attivi contro i microrganismi psicrotrofi.

Lo sviluppo di sistemi automatizzati di pulizia negli impianti di lavorazione degli alimenti, nei quali è auspicabile combinare la disinfezione con il risciacquo finale, ha favorito la diffusione dei disinfettanti acidi; dopo tale operazione, l'impianto può essere chiuso per evitare contaminazioni ed essere mantenuto tale fino al giorno successivo senza rischi di corrosione. Sebbene siano sensibili ai cambiamenti di pH, questi disinfettanti sono meno influenzati dei composti dello iodio dalla durezza dell'acqua. In passato, l'impiego di questi composti nei sistemi automatizzati di pulizia era ostacolato da una produzione eccessiva di schiuma, che rendeva difficile il drenaggio del disinfettante dall'impianto. Con l'avvento dei disinfettanti acidi non schiumogeni è stato possibile eliminare questo inconveniente, rendendo questi composti ancora più validi nell'ambito dell'industria alimentare. L'efficacia di questi disinfettanti diminuisce all'aumentare del pH o in presenza di microrganismi termodurici; se applicati in concentrazioni elevate, possono alterare il colore e l'odore della superficie degli alimenti (per esempio la carne). La convenienza economica dei disinfettanti a base di acidi non è stata valutata a sufficienza; inoltre, sperimentazioni condotte con acido acetico hanno rilevato una mancanza di efficacia nel ridurre la contaminazione da *Salmonella*.

I disinfettanti a base di acidi agiscono rapidamente ed efficacemente contro lieviti e virus; la loro efficacia è massima a valori di pH inferiori a 3.

I disinfettanti acidi anionici possono essere utilizzati per il risciacquo acido delle attrezzature lasciandole lucide e prive di macchie. Questi disinfettanti hanno ottime proprietà bagnanti, non macchiano e solitamente non sono corrosivi, il che permette di lasciarli a contatto con l'attrezzatura per tutta la notte. L'acqua dura e le sostanze organiche residue non hanno grande influenza sull'efficacia dei disinfettanti anionici acidi, che possono pertanto essere applicati con metodi CIP, a spruzzo o sotto forma di schiuma (dopo aver incorporato un agente schiumogeno).

I disinfettanti a base di acidi possono perdere completamente efficacia in presenza di residui alcalini o di tensioattivi cationici. L'esposizione a piccole concentrazioni di acidi può aumentare la tolleranza batterica (Marshall, 2003). Prima di applicare un disinfettante acido, occorre risciacquare le superfici per rimuovere le tracce di composti detergenti.

I disinfettanti a base di acidi carbossilici (cioè i disinfettanti a base di acidi grassi) presentano un'attività battericida ad ampio spettro, sono poco schiumogeni e possono essere utilizzati mediante applicazione sia meccanica sia CIP. Sono stabili in presenza di sostanze organiche, alle alte temperature e diluiti; non corrodono l'acciaio inox, hanno una buona shelf life, un buon rapporto costo-efficacia e sono utilizzati sia nella disinfezione sia nel risciacquo acido. Rispetto ad altri disinfettanti, gli acidi carbossilici sono meno efficaci contro lieviti e muffe e non altrettanto efficaci a valori di pH compresi tra 3,4 e 4,0; risultano inefficaci a temperature inferiori a 10 °C. Poiché sono inattivati dai tensioattivi cationici, prima dell'utilizzo è indispensabile un accurato risciacquo. Inoltre, sono corrosivi per l'acciaio non inossidabile, le materie plastiche e alcune gomme. I disinfettanti a base di acidi grassi possono essere composti da acidi grassi liberi, da acidi grassi solfonati e da altri acidi organici. In genere, questi disinfettanti contengono un acido inorganico, di preferenza quello fosforico (Anon., 2003). Sono registrati presso l'EPA come sanitizzanti senza risciacquo per superfici a contatto con gli alimenti.

Gli acidi organici e le batteriocine possono essere impiegati come decontaminanti. L'efficacia dei primi nel ridurre i microrganismi patogeni presenti sulla carne varia in funzione della concentrazione di acido utilizzata, della temperatura dell'acido e della carcassa, del tempo di contatto, della pressione con cui vengono spruzzati, del tipo di tessuto e della sensibilità dei microrganismi all'acido impiegato (Barboza et al., 2002). L'acido lattico e le miscele di acidi (acetico con lattico o propionico) sono generalmente più efficaci contro i batteri Gram-negativi che contro quelli Gram-positivi.

Disinfettanti a base di acido peracetico

I disinfettanti a base di acido peracetico-perossido di idrogeno rappresentano una classe più recente di disinfettanti, anche se in Europa sono largamente utilizzati sin dagli anni settanta. Negli Stati Uniti sono registrati presso l'EPA come sanitizzanti senza risciacquo per superfici a contatto con gli alimenti alle concentrazioni di utilizzo. Come nei composti del cloro, l'azione rapida e potente di questi disinfettanti è basata sull'ossidazione; sembrano essere tra i disinfettanti più efficaci per prevenire la formazione di biofilm.

Le caratteristiche poco schiumogene rendono questi disinfettanti adatti alle applicazioni CIP. Sono attivi in un ampio intervallo di temperature, fino a 4 °C; combinano disinfezione e risciacquo acido in un'unica fase (consentito negli Stati Uniti); non lasciano residui e nelle normali applicazioni non corrodono l'acciaio inox e l'alluminio; inoltre, la loro azione è scarsamente influenzata dalla presenza di sporco organico.

Tra gli svantaggi vi sono: la perdita di efficacia in presenza di alcuni metalli contenuti nell'acqua; la corrosione, accelerata dalle alte temperature, di metalli come l'acciaio dolce e quello galvanizzato; l'odore forte e pungente a concentrazioni elevate; l'efficacia variabile nei confronti delle diverse specie di lieviti e muffe (tuttavia, le nuove formulazioni di perossiacidi risultano più efficaci rispetto a quelle originarie a base di acido peracetico).

Nell'industria alimentare l'*acido peracetico* è sempre più utilizzato negli impianti CIP, in particolare nei comparti lattiero-caseario e della produzione di bevande. Questo disinfettante, che fornisce un'azione rapida e ad ampio spettro, si basa sull'ossidazione dei componenti delle membrane cellulari. Essendo meno corrosivo dei disinfettanti a base di iodio e di cloro, causa minore corrosione per vaiolatura delle superfici trattate. L'acido peracetico può essere applicato durante il ciclo di risciacquo acido per ridurre il volume di acque reflue ed è anche biodegradabile. Questo disinfettante risulta efficace contro lieviti (come *Candida*, *Saccharomyces* e *Hansenula*) e muffe (come *Penicillium*, *Aspergillus*, *Mucor* e *Geotrichum*) e per tale motivo è largamente utilizzato nelle industrie delle bevande e della birra (per esempio per sanificare i fusti di alluminio). L'efficacia dell'acido peracetico contro diversi ceppi di *Listeria* e di *Salmonella* rende conto dell'impiego sempre maggiore di questo disinfettante nell'industria alimentare e, in particolare, nei caseifici. Le concentrazioni di utilizzo variano da 125 a 250 ppm.

Disinfettanti a base di acido peracetico: vantaggi e svantaggi

Questi disinfettanti presentano i seguenti vantaggi:
- sono attivi in un ampio intervallo di temperatura;
- producono poca schiuma e sono pertanto idonei per gli impianti CIP;
- in genere non corrodono l'acciaio inox e l'alluminio;
- non lasciano residui pericolosi;
- distruggono in modo non selettivo tutte le cellule vegetative;
- possono essere utilizzati sulla maggior parte delle superfici a contatto con gli alimenti (hanno bassa tossicità e si decompongono in acqua, ossigeno e acido acetico);
- hanno azione rapida e ad ampio spettro (su batteri, lieviti e muffe);
- tollerano ampie variazioni di pH;
- sono efficaci contro i biofilm;
- sono relativamente resistenti allo sporco organico;
- possono combinare in un'unica fase disinfezione e risciacquo acido (consentito negli Stati Uniti).

Tra gli svantaggi si ricordano: costo elevato; odore pungente; azione irritante; azione corrosiva su ferro e altri metalli; minore efficacia contro lieviti e muffe rispetto ad altri disinfettanti.

Disinfettanti a base di acido peracetico e acidi organici

I composti formati da miscele di acido peracetico e acidi organici, che sfruttano l'azione sinergica dei diversi componenti, rappresentano la prossima generazione di disinfettanti a base di perossiacidi (Anon., 2003). In genere, questi prodotti presentano gli stessi vantaggi (e svantaggi) dei normali disinfettanti a base di acido peracetico, tra i quali:
- efficacia in un ampio intervallo di pH;
- efficacia contro batteri, lieviti e muffe;
- attività soddisfacente in acqua fredda;
- minima influenza da parte della durezza dell'acqua;
- maggiore resistenza alle sostanze organiche rispetto ad altri disinfettanti ossidanti (come quelli a base di cloro).

Rispetto ai normali perossiacidi, questi disinfettanti sono in genere più efficaci contro vari tipi di lieviti e muffe e possono essere utilizzati a concentrazioni inferiori sviluppando la stessa efficacia; sono più acidi e più efficaci nel combinare l'azione disinfettante con il risciacquo acido, riducendo la formazione di depositi minerali. Inoltre, queste formulazioni contengono un tensioattivo che diminuisce la tensione superficiale, aumentando la bagnabilità della superficie trattata.

Disinfettanti a base di tensioattivi anionici e acidi

La formulazione di questi disinfettanti prevede la combinazione di tensioattivi anionici e di acidi (acido fosforico e diversi acidi organici). Questi composti sono caratterizzati da azione rapida e ad ampio spettro contro i batteri e da buona attività contro i virus. Sono stabili, hanno un odore trascurabile, non macchiano, sono efficaci in un ampio intervallo di temperature e non sono influenzati dalla durezza dell'acqua. Anch'essi consentono di combinare la disinfezione con il risciacquo acido per rimuovere e controllare i depositi inorganici. Peraltro possono corrodere le superfici metalliche non protette e sono irritanti per la pelle; possono essere inattivati dai tensioattivi cationici e producono troppa schiuma per l'utilizzo in impianti CIP; perdono efficacia a valori di pH elevati; presentano attività antimicrobica limitata e variabile (sono poco attivi contro lieviti e muffe); inoltre sono più costosi rispetto ai disinfettanti alogeni.

Il meccanismo d'azione sembra dovuto alla reazione del tensioattivo con la superficie batterica carica positivamente, alla conseguente penetrazione attraverso la parete cellulare e all'alterazione delle funzioni vitali del microrganismo.

Disinfettanti a base di sali di ammonio quaternario e acidi

Nel corso della prima metà degli anni novanta, sono stati formulati e commercializzati dei disinfettanti a base di acidi organici e sali di ammonio quaternario (*Acid-quat sanitizers*). Questi composti sono particolarmente efficaci contro *L. monocytogenes*; tuttavia, il limite principale è rappresentato dal costo più elevato rispetto agli alogeni.

Questi disinfettanti presentano i seguenti vantaggi:
– hanno azione ad ampio spettro contro i microrganismi;
– svolgono un'azione energica contro la formazione di biofilm;
– sono non tossici, inodori, incolori e hanno buona stabilità termica;
– formano un film ad attività antimicrobica residua;
– sono stabili e hanno lunga shelf life;
– prevengono la formazione di muffe e odori.

Peraltro, presentano i seguenti svantaggi:
– possono corrodere i metalli dolci;
– sono eccessivamente schiumogeni se applicati meccanicamente;
– hanno attività ridotta alle basse temperature;
– sono incompatibili con gli agenti bagnanti anionici;
– hanno bassa resistenza alla durezza dell'acqua.

9.2.7 Perossido di idrogeno

Soluzioni di perossido di idrogeno dal 3 al 6% sono efficaci contro i biofilm (Felix, 1991). Questo agente antibatterico può essere utilizzato su tutti i tipi di superfici, attrezzature, pavimenti, scarichi, pareti, guanti a maglia metallica, nastri trasportatori e altre aree soggette a contaminazione. Applicato sui guanti di lattice, questo disinfettante si è dimostrato efficace contro *L. monocytogenes* (McCarthy, 1996).

Nel trattamento dei materiali per l'imballaggio degli alimenti l'uso del perossido di idrogeno è considerato a norma se è possibile determinarne una concentrazione superiore a 0,1 ppm in una confezione di acqua distillata ottenuta nelle stesse condizioni di produzione. Soluzioni di perossido di idrogeno, da sole o in combinazione con altri processi, possono essere impiegate per trattare numerose superfici a contatto con gli alimenti, costituite per esempio da: copolimeri di etilene e acido acrilico, resine isomeriche, resine di copolimeri di etilene metilacrilato, copolimeri di etilene-vinilacetato, polimeri di olefine, polimeri di polietilentereftalato, polimeri di polistirene e di polistirene modificato con gomma.

La fumigazione con perossido di idrogeno in fase vapore (VPHP, *Vapor phase hydrogen peroxide*) possiede un'efficace attività contro batteri, virus, funghi e spore batteriche e rappresenta un'alternativa ai disinfettanti in fase liquida per la decontaminazione delle superfici e delle attrezzature a contatto con gli alimenti (McDonnell et al., 2002).

9.2.8 Ozono

L'ozono è una molecola composta da tre atomi di ossigeno; questo gas è presente in natura negli strati superiori dell'atmosfera. Agisce come efficace ossidante e disinfettante non selettivo (attacca qualsiasi sostanza organica con cui entra in contatto) ed è in grado di controllare il rischio chimico e microbico; non lascia residui pericolosi e non provoca alterazioni di sapore. I sottoprodotti più comuni dell'ozonizzazione sono ossigeno molecolare, acidi, aldeidi e chetoni.

Rispetto al cloro, l'ozono svolge una maggiore azione disinfettante. Per la sua sicurezza ed efficacia è utilizzato nel trattamento delle acque; negli Stati Uniti è classificato come sostanza sicura per la salute (GRAS, *Generally recognized as safe*) per il trattamento dell'acqua destinata all'imbottigliamento, mentre in Europa è stato utilizzato in passato nell'industria alimentare. È un germicida ad ampio spettro e la sua azione contro virus e batteri è generalmente migliore di quella del biossido di cloro e del cloro, del quale è considerato un possibile sostituto. Poiché si ossida rapidamente, comporta un impatto ambientale minore rispetto ad altri composti.

L'ozono è un gas costoso, instabile, corrosivo e sensibile al calore, è molto reattivo e deve pertanto essere generato direttamente nel luogo e nel momento dell'utilizzo. Viene prodotto commercialmente mediante generatori di ozono che sfruttano l'elettricità (*effetto corona*). Un flusso di gas (aria secca oppure ossigeno) viene fatto attraversare da una scarica elettrica ad alta tensione; allo scopo di controllare e mantenere la scarica elettrica, si impiega un dielettrico in ceramica o vetro; un elettrodo collegato a terra, realizzato generalmente in acciaio inox, agisce da limite per lo spazio della scarica. I generatori di ozono più comuni sono cilindrici, poiché questa è la forma più efficiente in termini di spazio e costo (Stier, 2002). Occorre avere l'accortezza di ventilare adeguatamente l'impianto, in quanto l'ozono può causare fenomeni di irritazione negli operatori. L'ozono, che è altamente instabile a qualsiasi valore di pH, viene utilizzato sotto forma di gas oppure viene iniettato e disperso nell'acqua da trattare.

L'ozono raggiunge la massima efficacia nell'intervallo di pH compreso tra 6,0 e 8,5. La sua solubilità è inversamente proporzionale alla temperatura dell'acqua: a 40 °C decade quasi immediatamente. L'ozono è un germicida ad ampio spettro efficace contro batteri patogeni, lieviti e muffe, oltre che contro virus e protozoi. Viene impiegato per sanificare le attrezzature delle aziende enologiche e per disinfettare l'acqua, compresa quella di piscine, stazioni termali e torri di raffreddamento, oltre che per il controllo delle alghe nelle condutture dell'acqua e negli impianti di trattamento delle acque reflue. L'ozono è inattivato dallo sporco organico. Probabilmente provoca la morte dei microrganismi attaccando e distruggendo la membrana cellulare. Un'altra applicazione consiste nel rilasciare l'ozono gassoso all'interno di celle frigorifere per controllare lo sviluppo di muffe e per eliminare l'etilene, che accelera la maturazione di frutta e verdura. L'ozono è più stabile in fase gassosa che disciolto in acqua.

L'utilizzo dell'ozono presenta problemi di sicurezza: infatti è altamente irritante per le vie respiratorie, è tossico a livello cellulare e può ridurre la resistenza dei polmoni agli agenti infettivi. Come il biossido di cloro, anche l'ozono produce composti organici bromurati considerati potenzialmente cancerogeni.

L'impiego dell'ozono è associato a costi elevati, dovuti sia alla necessità di disporre di generatori nel luogo di utilizzo, sia ai costi energetici per il loro funzionamento. Infine occorre ricordare che l'ozono può avere azione corrosiva su vari metalli e sugli acciai dolci, sulla gomma e su alcune materie plastiche.

9.2.9 Glutaraldeide

Questo disinfettante è in grado di controllare la crescita delle specie batteriche più comuni, oltre a quella di diverse specie di lieviti e funghi filamentosi (rinvenuti in particolare nei lubrificanti dei nastri trasportatori utilizzati nell'industria alimentare). La normale usura delle guarnizioni può provocare perdite dagli ingranaggi e dal sistema idraulico, causando la contaminazione con minime quantità di lubrificante degli alimenti trasportati. Aggiunta alle formulazioni dei lubrificanti, la glutaraldeide riduce la carica batterica del 99,99% e quella fungina del 99,9% in 30 minuti.

Per la loro composizione chimica (a base di polialfaolefine), i lubrificanti sintetici utilizzabili nell'industria alimentare sono resistenti agli attacchi dei microrganismi, biostatici e non biodegradabili (Hodson, 2003, 2004).

9.3 Resistenza microbica

La capacità dei microrganismi di adattarsi a condizioni ambientali avverse rappresenta una sfida per tutti coloro che si occupano di igiene. È probabile che la resistenza dei batteri nei confronti dei disinfettanti, in particolare dei composti dell'ammonio quaternario, si sviluppi con modalità analoghe a quelle della resistenza agli antibiotici. Sembra che i composti disinfettanti che scompaiono rapidamente dopo l'azione battericida (come nel caso degli ossidanti) offrano minori opportunità per lo sviluppo di resistenza (Clark, 2003). Tuttavia, non è ancora del tutto chiaro il ruolo svolto dalla resistenza ai disinfettanti nella capacità dei microrganismi di sopravvivere e proliferare.

La resistenza batterica agli antibiotici e agli stress ambientali deriva da alcuni cambiamenti all'interno del genoma batterico ed è originata da due processi genetici: mutazione e selezione (evoluzione verticale). Non è ancora chiaro se le mutazioni avvengano in risposta a stress ambientali e se sia coinvolta anche l'antibioticoresistenza. Molti biocidi utilizzati negli impianti di lavorazione degli alimenti hanno un'azione talmente potente contro i microrganismi che l'insorgere di resistenze è assai difficile.

I batteri hanno maggiori probabilità di sviluppare resistenza agli acidi organici piuttosto che agli alogeni. L'impiego di trattamenti più blandi con acidi organici rappresenta una scelta più sicura per il personale e anche efficace nell'ambito di alcune applicazioni; tali trattamenti possono però favorire la selezione di ceppi resistenti, capaci di adattarsi e di diventare tolleranti agli acidi. Tuttavia, un biocida ad ampio spettro come il cloro è sufficientemente potente da impedire tale selezione.

Una delle strategie maggiormente applicate per diminuire lo sviluppo di resistenza microbica è rappresentata dalla rotazione dei disinfettanti impiegati. La logica di tale strategia è fondata sulla varietà dei meccanismi di attacco biocida dei diversi disinfettanti. Sebbene si possano utilizzare diverse sequenze di disinfettanti, la rotazione più comune prevede l'impiego di cloro, sotto diverse forme, nel corso della settimana e di un disinfettante a base di composti dell'ammonio quaternario, per mantenere un effetto residuo, durante la pausa del fine settimana.

La tabella 9.2 riporta le caratteristiche rilevanti di alcuni dei disinfettanti chimici più diffusi, mentre la tabella 9.3 ne riassume le principali applicazioni.

Tabella 9.2 Caratteristiche delle principali categorie di disinfettanti

Caratteristiche	Vapore	Iodofori	Cloro	Acidi	QAC	Acido peracetico
Efficacia germicida	Buona	Cellule vegetative	Buona	Buona	Selettiva	Buona
Distruzione di lieviti	Buona	Buona	Buona	Buona	Buona	Buona
Distruzione di muffe	Buona	Buona	Buona	Buona	Buona	Buona
Tossicità alla concentrazione di utilizzo	—	In funzione dell'agente bagnante	Nessuna	In funzione dell'agente bagnante	Moderata	Nessuna
Stabilità durante lo stoccaggio	—	Varia con la temperatura	Bassa	Ottima	Ottima	Moderata
Utilizzo	—	Varia con la temperatura	Varia con la temperatura	Ottimo	Ottimo	Ottimo
Velocità di azione	Veloce	Veloce	Veloce	Veloce	Veloce	Veloce
Penetrazione	Scarsa	Moderata	Scarsa	Buona	Ottima	Buona
Attività residua	No	No (o scarsa)	No	No	Si	No
Influenza della sostanza organica	Nessuna	Alta	Alta	Bassa	Bassa	Bassa
Influenza di altri componenti dell'acqua	No	pH elevato	pH basso e ferro	pH elevato	Si	pH elevato
Facilità di controllo della concentrazione	—	Ottima	Ottima	Ottima	Ottima	Ottima
Facilità di utilizzo	Scarsa	Ottima	Ottima	Molta schiuma	Molta schiuma	Ottima
Odore	Nessuno	Iodio	Cloro	Alcuni	Nessuno	Aceto
Sapore	Nessuno	Iodio	Cloro	Nessuno	Nessuno	Aceto
Effetti sulla pelle	Ustioni	Nessuno	Talvolta	Nessuno	Nessuno	Momentaneo
Corrosività	No	No su acciaio inox	Elevata su acciaio dolce	Inadatto per acciaio dolce	No	No su acciaio inox
Costo	Elevato	Moderato	Basso	Moderato	Moderato	Moderato

Da Lentsch, 1979 (modificata)

Tabella 9.3 Disinfettanti chimici e loro applicazioni

Disinfettante	Applicazioni
Cloro	Tutte le superfici a contatto con gli alimenti; applicazione a spruzzo; impianti CIP; nebulizzazione
Iodio	Sono poco utilizzati per le superfici a contatto con gli alimenti; impiegati soprattutto per la disinfezione delle mani
Acido peracetico	Tutte le superfici a contatto con gli alimenti; largamente impiegato negli impianti CIP; particolarmente adatto per gli ambienti refrigerati e in presenza di CO_2
Acidi anionici	Tutte le superfici a contatto con gli alimenti; applicazione a spruzzo; disinfezione e risciacquo acido in un'unica fase (negli Stati Uniti)
Composti di ammonio quaternario	Utilizzati soprattutto per il controllo ambientale, in particolare per superfici non a contatto con gli alimenti, come pavimenti, pareti, arredi, scarichi e superfici piastrellate

Test per misurare l'attività di un disinfettante

Al fine di aumentare l'efficacia dei disinfettanti, sono stati messi a punto diversi test per determinare la concentrazione del principio attivo nel prodotto esaminato. I test illustrati di seguito sono raccomandati dalla FDA.

Disinfettanti a base di cloro
Per determinare la concentrazione di cloro presente nel disinfettante, si possono utilizzare tre tipi di analisi.

1. *Metodo iodometrico.* Si tratta di una titolazione in cui il cloro sposta lo iodio dallo ioduro di potassio in una soluzione acida e forma una colorazione blu con l'amido. La decolorazione avviene mediante aggiunta di una soluzione standard di tiosolfato di sodio. Questo test viene usato generalmente per misurare elevate concentrazioni di cloro residuo.

2. *Test colorimetrico con orto-toluidina.* In questo test una soluzione incolore di *o*-toluidina viene aggiunta a una soluzione di cloro. Si ottiene così un composto di colore arancio-marrone la cui tonalità è proporzionale alla concentrazione e viene confrontata con un campione di riferimento.

3. *Test con strisce reattive.* In questo test rapido, di precisione limitata, si immergono nella soluzione delle cartine reattive, solitamente all'amido ioduro. Il colore che si sviluppa è messo a confronto con un campione di riferimento.

Iodofori
Sebbene il colore delle soluzioni contenenti iodofori sia un indicatore relativamente preciso della loro concentrazione, sono disponibili kit colorimetrici e di altro genere.

Composti di ammonio quaternario
Esistono diversi tipi di test soddisfacenti per determinare la concentrazione di questi composti. Alcuni reagenti sono disponibili sotto forma di compresse, mentre altri utilizzano cartine reattive per confrontare il colore.

9.4 Ciclo di sanificazione e risciacquo finale

Procedura generale del ciclo di sanificazione

Non è possibile definire una procedura di sanificazione universale, in quanto i fattori che influiscono sul risultato finale sono diversi: il tipo di residui di sporco presenti (in particolare zuccheri, grassi, proteine e sali minerali), le caratteristiche e la temperatura dell'acqua, i prodotti chimici impiegati, la durata del lavaggio, la turbolenza delle soluzioni, i materiali costruttivi delle attrezzature e degli impianti eccetera. È comunque possibile indicare alcuni principi generali, validi per le diverse applicazioni.

Un ciclo di sanificazione si può dire completo – ossia in grado di garantire efficacia e sicurezza – quando vengono attuate le 5 fasi essenziali descritte di seguito.

1. *Prerisciacquo* Risciacquo iniziale con acqua potabile, per rimuovere i residui di sporco grossolano asportabili con sola acqua (rimozione dello sporco non adeso tenacemente alle superfici).

2. *Detersione (lavaggio)* Rimozione mediante detergenti dello sporco visibile e di parte di quello invisibile. Questa fase prevede una detergenza alcalina, per la rimozione dei residui organici (zuccheri, grassi e proteine) e della maggior parte dei microrganismi, utilizzando prodotti caustici a concentrazioni variabili.

3. *Risciacquo intermedio* Allontanamento con acqua potabile dei residui di sporco e di detergente (superficie visivamente pulita).

4. *Disinfezione* Distruzione dei microrganismi (forme vegetative, non necessariamente le spore) con prodotti disinfettanti/sanitizzanti a concentrazioni variabili a seconda del principio attivo contenuto.

5. *Risciacquo finale* Allontanamento con acqua potabile dei residui di disinfettante; questa fase è sempre obbligatoria se la superficie trattata viene a contatto con prodotti alimentari.

La procedura deve essere preceduta dalla rimozione, a volte manuale, dei residui di produzione più grossolani che spesso non vengono eliminati nelle fasi successive.

Con frequenza variabile (in genere settimanale), nella fase 2 il detergente alcalino può essere sostituito da un detergente acido per rimuovere i residui inorganici (in particolare, depositi calcarei). In questa fase è anche possibile utilizzare un prodotto alcalino "monofase", contenente sostanze sequestranti che prevengono la formazione di depositi calcarei.

Alcune procedure prevedono l'effettuazione contemporanea delle fasi 2 e 4 con impiego di prodotti a doppia azione detergente/disinfettante (per esempio alcalino cloroattivi), che consentono un notevole risparmio di tempo, acqua ed energia.

Obbligatorietà del risciacquo finale dopo la disinfezione

In Italia il risciacquo finale è obbligatorio in base al DPR 327/80 ("Regolamento di esecuzione della L. 30 aprile 1962, n. 283, e successive modificazioni, in materia di disciplina igienica della produzione e della vendita delle sostanze alimentari e delle bevande"). Infatti, l'articolo 29 del Titolo II (Norme igieniche per i locali e gli impianti) del decreto precisa: "I locali, gli impianti, le attrezzature e gli utensili debbono essere mantenuti nelle condizioni richieste dall'igiene mediante operazioni di ordinaria e straordinaria pulizia. Essi, dopo l'impiego di soluzioni detergenti e disinfettanti, e prima della utilizzazione, debbono essere lavati abbondantemente con acqua potabile per assicurare l'eliminazione di ogni residuo".

In altri Paesi il risciacquo finale con *acqua potabile* dopo la disinfezione non è sempre obbligatorio; in particolare, negli Stati Uniti le autorità sanitarie consentono di non effettuare il risciacquo dopo l'applicazione di alcuni disinfettanti, a determinate concentrazioni.

Requisiti dell'acqua potabile

In Italia i requisiti di potabilità dell'acqua sono riportati nel DLgs 31/2001 "Attuazione della Direttiva 98/83/CE relativa alla qualità delle acque destinate al consumo umano", e successive modifiche e integrazioni. Il decreto disciplina la qualità delle acque al fine di proteggere la salute umana dagli effetti negativi derivanti dalla contaminazione delle acque, garantendone la salubrità e la pulizia. Tale normativa definisce come "acque destinate al consumo umano":

– le acque destinate a uso potabile, per la preparazione di cibi e bevande, o per altri usi domestici, a prescindere dalla loro origine, siano esse fornite tramite una rete di distribuzione, mediante cisterne, in bottiglie o in contenitori;

– le acque utilizzate in un'impresa alimentare per la fabbricazione, il trattamento, la conservazione o l'immissione sul mercato di prodotti o di sostanze destinate al consumo umano.

In tale definizione è dunque inclusa anche l'acqua impiegata nella sanificazione di superfici che possono venire a contatto, direttamente o indirettamente, con i prodotti alimentari.

9.5 Decontaminazione delle carcasse con disinfettanti negli Stati Uniti

In Italia, come nella maggior parte dei Paesi europei, per la riduzione della contaminazione microbica delle carcasse dopo la macellazione si impiegano prevalentemente la refrigerazione e la rifilatura. In altri Paesi, e in particolare negli Stati Uniti, sono autorizzate e ampiamente utilizzate anche tecniche di decontaminazione che – sebbene spesso vietate, o comunque non espressamente consentite, dalla nostra normativa – è tuttavia opportuno conoscere (Mancuso, 2004).

La potenziale presenza di *E. coli* O157:H7 sulle carcasse (in special modo manzo) ha reso necessaria l'adozione di processi per ridurre la carica microbica, in particolare di patogeni. Gli strumenti per contenere la carica microbica sulle carcasse sono rappresentati dai disinfettanti chimici e termici. I *disinfettanti chimici*, come il cloro e gli acidi organici (acido acetico, citrico e lattico), sono in grado di ridurre la carica microbica, ma non di distruggere la totalità dei microrganismi patogeni. I risultati ottenuti in passato sono stati contrastanti e alcuni disegni sperimentali discutibili. L'uso di fosfati, come il fosfato trisodico e il tripolifosfato di sodio, può ridurre la carica microbica ma non distruggere tutti i patogeni. L'efficacia complessiva, dovuta al pH elevato, è simile a quella ottenuta utilizzando acidi organici (Fratamico et al., 1996). (Nel capitolo 16 sono fornite ulteriori informazioni relative alla decontaminazione delle carcasse.)

I metodi di *risciacquo delle carcasse* risultano scarsamente efficaci nel distruggere i microrganismi, poiché l'acqua non riesce a penetrare a sufficienza per raggiungere tutte le superfici contaminate. I follicoli di peli e piume sono sufficientemente grandi da nascondere batteri ma troppo piccoli per lasciare entrare il liquido di lavaggio. Per vincere la pressione capillare presente in un poro di dimensioni microscopiche, bisognerebbe utilizzare acqua a pressioni non praticabili. La possibilità di sopravvivenza delle cellule di *E. coli* O157:H7 rimosse dalle carcasse mediante risciacqui con agenti disinfettanti non è stata ancora pienamente definita. I tempi di esposizione associati con la decontaminazione delle carcasse sembrano troppo brevi per ottenere un'inattivazione diretta significativa. L'effetto principale dei risciacqui delle carcasse potrebbe dunque essere, semplicemente, la rimozione fisica dei microrganismi (Buchanan e Doyle, 1997).

La *decontaminazione termica* rappresenta la tecnica più semplice di pastorizzazione e può rivelarsi più efficace della decontaminazione chimica nel distruggere i patogeni presenti sulle carcasse. Tuttavia, l'acqua calda a temperature pari o superiori a 82 °C ha la stessa efficacia della pastorizzazione con vapore. I lavaggi sono solitamente realizzati in tunnel, dove i prodotti vengono trasportati da appositi convogliatori per essere immersi o spruzzati con acqua calda o vapore. Con l'aumento della temperatura, la carica microbica subisce almeno 3 riduzioni decimali (3 log). Il vapore o l'acqua calda vengono utilizzati nella maggior parte delle fasi della macellazione per ridurre i patogeni presenti sulla superficie delle carcasse (Maddock, 2003).

La *pastorizzazione con vapore* consiste nel far passare le carcasse attraverso un tunnel lungo circa 12 metri, all'interno del quale vengono applicate grandi quantità di vapore sulla superficie delle carcasse: un'elevata percentuale dei batteri presenti viene distrutta, riducendo il rischio connesso a enterobatteri patogeni, come *E. coli* O157:H7 e *Salmonella*. Questo processo si compone di tre fasi: nella prima le carcasse, precedentemente sottoposte a lavaggio, vengono asciugate mediante aria forzata filtrata; nella seconda le carcasse vengono immerse completamente in un flusso di vapore sotto pressione all'interno di un'apposita cella per circa 6-8 secondi, per portarle a una temperatura di circa 82 °C; infine le carcasse vengono raffreddate con acqua a 2-4 °C per 6-10 secondi, per abbassare la temperatura superficiale fino a 20 °C, prima dello stoccaggio in ambiente refrigerato.

Poiché la carne può essere contaminata nel corso delle successive fasi di lavorazione, la pastorizzazione mediante acqua calda e vapore può essere usata per la decontaminazione durante la rifilatura (*trimming*) e il taglio. Tuttavia, occorre tenere presente che il processo di pastorizzazione può alterare il colore della carne, riducendo l'appetibilità del prodotto finito (Maddock, 2004).

Il metodo *vapore-vuoto* è stato concepito per sfruttare l'azione combinata di acqua calda e vapore e della rimozione fisica di batteri e contaminanti mediante il vuoto. Recentemente, negli impianti di lavorazione delle carni bovine, sono state messe a punto apparecchiature per la rimozione dello sporco superficiale che sfruttano unicamente il vapore. Confrontato con altre tecniche basate sull'impiego di calore umido, il metodo vapore-vuoto ha mostrato una maggiore variabilità nella riduzione dei patogeni (Dorsa, 1997). Tale variabilità può essere imputata ai ripetuti passaggi dell'ugello sulla superficie del campione di carne contaminata da batteri che probabilmente erano radicati al suo interno, e che hanno reso più difficoltosa la rimozione durante l'applicazione del sistema vapore-vuoto. Alcuni studi hanno dimostrato che, nella rimozione della contaminazione batterica dalle carcasse bovine, un sistema commerciale vapore-vuoto è più efficace della rifilatura con coltello.

È stato riportato che il sistema vapore-vuoto può consentire una riduzione di 5 log per ciclo (100 000 volte) di *E. coli* O157:H7 presente su superfici di manzo inoculate (Dorsa et al., 1996). L'impiego di vapore a bassa temperatura evita il riscaldamento eccessivo delle superfici di carne e pollame. È possibile aumentare l'efficacia del sistema rimuovendo l'aria prima del trattamento con vapore, poiché l'aria ritarda la velocità con cui il vapore riscalda le superfici delle carcasse.

La *decontaminazione con alte pressioni idrostatiche* si ottiene ponendo i tagli di carne (in confezioni flessibili sigillate) in un cilindro d'acciaio pieno d'acqua nel quale viene successivamente generata un'alta pressione (di diverse centinaia di MPa). L'aumento e la successiva diminuzione della pressione provocano la distruzione dei batteri.

L'*irradiazione* – talora definita "pastorizzazione a freddo" – costituisce un metodo valido per la riduzione dei microrganismi; infatti è in grado di eliminarne efficacemente un numero molto elevato.

Gli effetti del *cetilpiridinio cloruro* (CPC) – un composto utilizzato in tutta sicurezza da oltre trent'anni per l'igiene orale – sulla riduzione di *Salmonella* sono stati provati con successo anche nel trattamento contro i patogeni delle carcasse di pollame. Questo composto è efficace nel prevenire l'adesione batterica e nel ridurre la contaminazione crociata, senza alterare l'aspetto delle carni trattate. Un'ulteriore possibile tecnica per ridurre la carica microbica sulle superfici delle carcasse è rappresentata dall'*elettrostimolazione*.

La *lattoferrina attivata* (ALF, *Activated lactoferrin*) è una proteina naturale dotata di proprietà antimicrobiche. Il suo impiego su carni di manzo fresche è stato approvato dall'USDA nel 2002; successivamente, ha ottenuto un'ulteriore approvazione come coadiuvante tecnologico nel trattamento di risciacquo delle carcasse. Pertanto, questo composto può essere utilizzato per trattare le carcasse senza doverlo dichiarare in etichetta. La procedura approvata dall'ente statunitense prevede l'applicazione elettrostatica sulle carcasse di una formulazione brevettata di lattoferrina, seguita da un risciacquo con acqua. Questo trattamento rimuove fisicamente la contaminazione batterica superficiale ed è particolarmente efficace contro *E. coli* O157:H7, *L. monocytogenes* e *Salmonella* spp. L'ALF è in grado di rallentare la crescita di almeno trenta specie di batteri.

La forma commerciale dell'ALF, classificata dalla FDA come sostanza generalmente sicura per la salute (GRAS), è un derivato del latte scremato o del siero di latte. Quando la lattoferrina viene isolata dal latte può subire alterazioni molecolari derivanti da variazioni di pH, dal calore, dalla proteolisi e dall'equilibrio ionico; ciò può determinare una riduzione della sua efficacia antimicrobica. La lattoferrina "attivata" è il risultato di una tecnologia brevettata che permette di ottenere una forma stabilizzata della proteina in grado di mantenere le proprietà antimicrobiche.

La capacità della lattoferrina attivata di legarsi saldamente alle cellule batteriche impedisce a queste ultime di aderire a superfici quali i tessuti delle carni. L'adesione fisica delle cellule batteriche, in particolar modo di *E. coli* O157:H7, alle superfici delle carcasse ne rende più complessa la rimozione e ne favorisce la proliferazione e la crescita durante lo stoccaggio. L'ALF può legarsi a componenti tissutali come il collagene, che fornisce siti per l'adesione batterica alle carcasse; tuttavia, poiché la lattoferrina attivata possiede maggiore affinità per questi siti rispetto alle cellule batteriche, queste vengono distaccate e possono essere rimosse più facilmente. L'applicazione elettrostatica della lattoferrina attivata impedisce alle cellule batteriche di aderire e/o provoca il loro distacco dai siti di adesione. La successiva fase di risciacquo consente una rimozione più completa dei batteri. La distruzione dei batteri, in particolare dei Gram-negativi, è dovuta ai danni alla membrana causati dal legame dell'ALF con le proteine della membrana stessa (Naidu, 2002). Per la sua azione letale sui batteri che possono contaminare la superficie di un prodotto, l'ALF rappresenta un valido ausilio per migliorare la sanificazione delle attrezzature e il trattamento delle carcasse.

L'adesione di batteri come *L. monocytogenes* all'acciaio inox può essere contrastata dalla capacità dell'ALF di determinarne il distacco. Sebbene non siano state ancora condotte ricerche complete in questo ambito, sembra che la lattoferrina attivata possa risultare utile anche nella sanificazione delle attrezzature.

La capacità della lattoferrina attivata di legarsi alle superfici cellulari potrebbe spiegare anche la sua attività antivirale: l'adesione della proteina alle cellule eucariote sembra impedire ai virus di attaccarsi alla superficie della cellula e, quindi, di infettarla. Il sequestro del ferro sembra essere la spiegazione più probabile della capacità di questa proteina di inibire la crescita delle cellule batteriche, per le quali il ferro costituisce un elemento essenziale; tale efficacia nell'inibizione della crescita batterica si mantiene anche in ambienti ricchi di ferro, come la carne.

Sommario

I disinfettanti vengono utilizzati per ridurre i microrganismi patogeni e alterativi presenti su impianti e attrezzature per la lavorazione degli alimenti. Lo sporco deve essere completamente rimosso affinché i disinfettanti possano agire correttamente.

I principali trattamenti disinfettanti impiegano il calore, le radiazioni o le sostanze chimiche. Nell'industria alimentare, le tecniche che sfruttano il calore e le radiazioni risultano meno pratiche della disinfezione chimica. Tra i disinfettanti chimici, i composti del cloro sono i più efficaci e meno costosi, sebbene siano più irritanti e corrosivi rispetto ai composti dello iodio o di ammonio quaternario. I composti del bromo sono più indicati per il trattamento delle acque reflue che per la sanificazione delle superfici, anche se bromo e cloro agiscono sinergicamente quando sono associati. I composti dell'ammonio quaternario (QAC) presentano un'attività più limitata, tuttavia risultano efficaci contro la crescita delle muffe e possiedono attività residua; non sono in grado di uccidere le spore batteriche, però possono limitarne lo sviluppo. Sono sempre più utilizzati i composti a base di acido peracetico, caratterizzati da un ampio spettro d'azione. I disinfettanti a base di acidi e sali di ammonio quaternario e il biossido di cloro sono possibili strumenti per controllare *Listeria monocytogenes*, mentre sono in corso studi circa la possibilità di sostituire il cloro con l'ozono. La glutaraldeide può essere impiegata come disinfettante per i lubrificanti dei nastri trasportatori nell'industria alimentare. Sono disponibili diversi test per determinare la concentrazione delle soluzioni disinfettanti.

Domande di verifica

1. Quali sono i vantaggi e gli svantaggi dell'impiego dell'acqua calda come disinfettante?
2. Quali fattori influenzano l'efficacia di un disinfettante?
3. In che modo viene prodotto il biossido di cloro per l'impiego negli impianti di lavorazione degli alimenti?
4. Quali sono i vantaggi e gli svantaggi del cloro come disinfettante?
5. Quali sono i vantaggi e gli svantaggi dello iodio come disinfettante?
6. Quali sono i vantaggi e gli svantaggi dei QAC come disinfettanti?
7. Quali sono i vantaggi e gli svantaggi dei disinfettanti acidi?
8. Quali sono i vantaggi e gli svantaggi dei disinfettanti a base di acido peracetico?
9. Quali disinfettanti vengono frequentemente addizionati ai lubrificanti?
10. Quali acidi organici vengono utilizzati più frequentemente per disinfettare le superfici a contatto con gli alimenti?
11. Quali sono le limitazioni della disinfezione mediante irradiazione?

Bibliografia

Anon. (1996) *Sanitizers for meat plants*. Diversey Corp, Wyandotte, MI.

Anon. (1997) Guide to sanitizers. *Prepared Foods* March: 81.

Anon. (2003) *Making the right choice - Sanitizers*. Ecolab Inc, St. Paul, MN.

Barboza Y, Martinez D, Ferrer K, Salas EM (2002) Combined effects of lactic acid and nisin solution in reducing levels of microbiological contamination in red meat carcasses. *J Food Prot* 65: 1780.

Buchanan RL, Doyle MP (1997) Foodborne disease significance of Escherichia coli O157:H7 and other enterohemorrhagic E. coli. *Food Technol* 51; 10: 69.

Carsberg H (1996) Selecting your sanitizers. *Food Quality* 2; 11: 35.

Chambers CW (1956) A procedure for evaluating the efficiency of bacterial agents. *Milk Food Technol* 19: 183-187.

Clark JP (2003) New developments in sanitation helped keep the plants clean. *Food Technol* 57; 10: 81.

Dorsa WJ, Cutter CN, Siragusa GR (1996) Effectiveness of a steam-vacuum sanitizer for reducing Escherichia coli O157:H7 inoculated to beef carcass surface tissue. *Lett Appl Microbiol* 23: 61.

Dorsa WJ (1997) New and established carcass decontamination procedures commonly used in the beef processing industry. *J Food Prot* 60: 1146.

Eifert JD, Sanglay GC (2002) Chemistry of chlorine sanitizers and food processing. *Dairy Food Environ Sanit* July: 534.

Felix CW (1991) Sanitizers fail to kill bacteria in biofilms. *Food Prot Rep* 5: 6.

Flickinger B (1997) Automated cleaning equipment. *Food Qual* III 23: 30.

Frank JF, Chmielewski RAN (1997) Effectiveness of sanitation with quaternary ammonium compound vs. chlorine on stainless steel and other food preparation surfaces. *J Food Prot* 60: 43.

Fratamico PM, Schultz FJ, Benedict RC, Buchanan RL, Cooke PH (1996) Factors influencing attachment of Eschericia coli O157:H7 to beef tissues and removal using selected sanitizing rinses. *J Food Prot* 59: 453.

Giambrone CJ (2004) The babble on biocides. *J Food Qual* 11; 4: 75.

Hodson D (2003) Biostatic synthetic lubricants ease contamination concerns. *Natl Provisioner* 217; 10: 112.

Hodson D (2004) Food-grade lubricants can make your product safer. *J Food Qual* 11; 2: 90.

Kozempel M, Goldberg N, Craig JC Jr (2003) The vacuum/steam/vacuum process. *Food Technol* 57; 12: 30.

Le Chevallier MW, Cawthon CD, Lee RG (1988) Factors promoting survival of bacteria in chlorinated water supplies. *Appl Environ Microbiol* 54: 649.

Lentsch S (1979) Sanitizers for an effective cleaning program. In: Flick GJ et al (eds) *Sanitation notebook for the seafood industry*. Department of Food Science and Technology, Virginia Polytechnic Institute & State University, Blacksburg.

Maddock R (2003) Pasteurization technology is more than just hot air. *Meat Market Technol* November, 61.

Maddox R (2004) Controlling pathogens with H_2O. *Meat Market Technol* May, 81.

Mancuso A (2004) Linee guida per gli operatori del settore carni bovine per l'applicazione della Decisione 471/2001/CE. *Medicina preventiva veterinaria* numero speciale 2004.

Marshall RT (2003) Acids, pathogens, foods and us. *Food Prot Trends* 23: 882.

McCarthy SA (1996) Effect of sanitizers on Listeria monocytogenes attached to latex gloves. *J Food Safety* 16: 231.

McDonnell G, Grignol G, Antloga K (2002) Vapor phase hydrogen peroxide decontamination of food contact surfaces. *Dairy Food Environ Sanit* 22: 868.

Meinhold NM (1991) Chlorine dioxide foam effective against Listeria-less contact time needed. *Food Proc* 52; 2: 86.

Naidu AS (2002) Activated lactoferrin: A new approach to meat safety. *Food Technol* 56; 3: 40.

Odlaug TE (1981) Antimicrobial activity of halogens. *J Food Prot* 44: 608.

Park DL, Rua SM Jr, Acker RF (1991) Direct application of a new chlorite sanitizer for reducing bacterial contamination on foods. *J Food Prot* 54: 960.

Stahl NZ (2004) 99.99 percent sure. *Meat Proc* 43; 7: 36.

Stier R (2002) The story of O_3. *Meat Poultry* September, 36

Zammer C (2004) Food irradiation: Is it a matter of taste? *Food Qual* 11; 3: 44.

Capitolo 10

Attrezzature e impianti
per la sanificazione

Nei capitoli 8 e 9 si sono esaminate le caratteristiche e le possibili applicazioni dei detergenti e dei disinfettanti. Questo capitolo è dedicato alle attrezzature e agli impianti utilizzati nella detersione e nella disinfezione e propone un approccio sistematico a queste due fasi. La disponibilità di un'ampia gamma di attrezzature, detergenti e disinfettanti può disorientare nella scelta della tecnica ottimale di sanificazione; in realtà, non esistono detergenti, disinfettanti o attrezzature davvero universali, poiché simili prodotti dovrebbero possedere troppi requisiti chimici e fisici diversi contemporaneamente.

Per *detersione* si intende l'utilizzo di azione meccanica e detergenti per rimuovere sporco visibile, biofilm e altri residui dalle superfici di attrezzature, impianti, pavimenti, pareti e altre zone di uno stabilimento alimentare; la *disinfezione* è invece l'applicazione di sostanze microbicide per distruggere microrganismi non visibili a occhio nudo.

Le attrezzature per condurre meccanicamente la detersione e la disinfezione meritano attenta considerazione, in quanto possono ridurre i tempi e migliorare l'efficacia della sanificazione. Un sistema efficiente può inoltre ridurre i costi della manodopera anche del 50% e consentire di ammortizzare l'investimento in meno di 24 mesi. Oltre ad assicurare un risparmio di manodopera e un aumento di efficienza, un sistema di pulizia meccanica può rimuovere lo sporco dalle superfici più efficacemente rispetto al metodo manuale.

Spesso le aziende non si rendono conto che esiste una tecnologia della sanificazione che occorre applicare per ottenere risultati validi. Un'azienda ben gestita non dovrebbe investire grosse somme in attrezzature di qualità per la detersione e la disinfezione, senza assumere personale addestrato al loro utilizzo e responsabili specializzati per dirigere le operazioni. Inoltre, sebbene molti rappresentanti di aziende produttrici di detergenti e disinfettanti siano qualificati per consigliare le attrezzature da utilizzare nelle diverse applicazioni, è bene che i responsabili della sanificazione non si basino solo sulle raccomandazioni di un rappresentante entusiasta, che potrebbe tuttavia non possedere conoscenze tecniche adeguate. È importante che i problemi connessi alla detersione e alla disinfezione siano affrontati su basi tecnologiche. Per stabilire se un'attrezzatura dia risultati davvero soddisfacenti, può essere utile osservarla all'opera in uno stabilimento durante le operazione di sanificazione.

10.1 Costi della sanificazione

Mediamente in un'azienda alimentare i costi tipici delle operazioni di sanificazione possono essere ripartiti secondo lo schema seguente.

N.G. Marriott et al., *Sanificazione nell'industria alimentare*
© Springer 2008

Costo	%
– Manodopera	50
– Acqua e reflui	18
– Energia	7,5
– Detergenti e disinfettanti	6
– Danni da corrosione	1,5
– Varie	17

Il costo maggiore delle operazioni di pulizia è rappresentato dal *personale*: per gli addetti alla detersione, alla disinfezione, alla quality assurance e alla supervisione si spende circa il 50% del totale. Come già detto, tuttavia, questo costo può essere ridotto più facilmente di altri, adottando sistemi di pulizia meccanizzati.

Al secondo posto vi sono i costi relativi al consumo di *acqua* e alla produzione di *reflui*. Gli stabilimenti alimentari usano grandi quantità d'acqua per l'applicazione dei detergenti; inoltre, in questa categoria sono compresi i diversi costi legati allo scarico delle acque reflue. I costi derivanti dal consumo di energia e dal trattamento delle acque sono elevati poiché queste possono presentare alti valori di domanda biochimica di ossigeno (BOD, *Biochemical oxygen demand*) e di domanda chimica di ossigeno (COD, *Chemical oxygen demand*). (La gestione dei rifiuti è trattata nel capitolo 11.)

Anche il costo e la disponibilità di *energia* per generare acqua calda e vapore sono fattori rilevanti. La maggior parte dei sistemi di pulizia, dei detergenti e dei disinfettanti è efficace a temperature inferiori a 55 °C. Basse temperature consentono di risparmiare energia, di ridurre la denaturazione delle proteine sulle superfici da pulire (facilitando così la rimozione dello sporco) e di diminuire gli infortuni sul lavoro.

Per quanto elevato, il costo di *detergenti* e *disinfettanti* è ragionevole, considerato che i disinfettanti distruggono i microrganismi residui e i detergenti consentono una pulizia più completa con meno lavoro. Il sistema ottimale combina i detergenti, i disinfettanti e le attrezzature più efficaci per sanificare nel modo più economico ed efficiente. Questa voce di spesa può essere contenuta dosando correttamente i prodotti in relazione agli specifici impieghi.

L'uso improprio di detergenti e disinfettanti su impianti e attrezzature di lavorazione in acciaio inossidabile, metallo zincato e alluminio costa all'industria alimentare milioni di euro per i danni dovuti alla *corrosione*. Tale spesa può essere ridotta sia utilizzando attrezzature e impianti costruiti con materiali adeguati, sia adottando sistemi di pulizia appropriati, che prevedano l'impiego di detergenti e disinfettanti non corrosivi.

Infine, nella voce *varie* sono compresi i costi connessi al deprezzamento delle attrezzature utilizzate per la sanificazione, ai resi di merce, alle spese generali e amministrative eccetera. La natura di questi costi rende difficile identificare un metodo specifico per la loro riduzione; lo strumento più efficace è rappresentato da una gestione attenta.

10.2 Scelta delle attrezzature e degli impianti

L'individuazione delle attrezzature e degli impianti più appropriati per l'applicazione dei prodotti detergenti e disinfettanti è importante quanto la scelta dei prodotti stessi (Anon., 2003). Per ottenere le informazioni necessarie per organizzare un sistema di sanificazione ottimale, le aziende alimentari dispongono di almeno tre fonti: proprie divisioni di pianificazione (o comunque strutture con funzioni analoghe), gruppi di consulenti (interni o esterni) e/o fornitori di detergenti, disinfettanti e sistemi per la sanificazione. A prescindere dalla fonte utilizzata, è necessario seguire un piano preciso nella scelta e nell'installazione delle attrezzature. Un importante fattore nella scelta delle attrezzature per la sanificazione è la facilità con cui possono essere sottoposte a manutenzione, che risulta fondamentale per il controllo dei patogeni ambientali. Tra gli altri fattori critici vi sono l'efficacia dell'applicazione dei disinfettanti, la prevenzione della contaminazione crociata e la sicurezza del personale. Inoltre, è importante fissare chiaramente e comunicare efficacemente agli addetti le corrette modalità di utilizzo e manutenzione delle attrezzature per la sanificazione.

10.2.1 Elaborazione del piano di sanificazione

Lo studio del piano dovrebbe iniziare con l'esame dello stabilimento. Una squadra, o anche un singolo specialista, dovrebbe identificare le procedure per la pulizia già in uso (o quelle previste nel caso di un nuovo impianto), i fabbisogni di manodopera e di prodotti chimici e i costi per le forniture (acqua, elettricità ecc.). Queste informazioni servono a determinare le procedure migliori di sanificazione e i prodotti e gli strumenti più adeguati per realizzarle. L'analisi condotta dovrebbe fornire i dati relativi alle spese da sostenere e ai risparmi previsti su base annuale per effetto del sistema di sanificazione proposto. Una relazione sullo studio effettuato deve essere trasmessa alla direzione aziendale.

10.2.2 Implementazione di impianti e attrezzature per la sanificazione

Dopo aver scelto e acquisito gli impianti e le attrezzature appropriate, il rivenditore o un esperto dovrebbe supervisionarne l'installazione e l'avviamento. Il personale deve essere addestrato a cura del rivenditore o del produttore delle attrezzature. Dopo l'avviamento, devono essere effettuate, oltre alle ispezioni quotidiane, revisioni periodiche condotte congiuntamente dall'organizzazione responsabile della stesura del piano di sanificazione e da un gruppo di manager dell'azienda. Sia le ispezioni quotidiane, sia le revisioni (almeno semestrali) devono essere documentate, per rendere disponibili i dati raccolti.

Le relazioni dovrebbero contenere le informazioni relative all'efficacia del programma, all'inventario periodico e alle condizioni delle attrezzature per la sanificazione. I costi effettivi per manodopera, detergenti, disinfettanti e manutenzione riportati nelle relazioni vanno confrontati con i corrispondenti costi previsti nello studio del piano di sanificazione. Questo metodo consente di individuare i punti problematici e verificare che i costi effettivi si avvicinino a quelli previsti; inoltre può concorrere a far risparmiare fino al 50% dei costi rispetto a un sistema non controllato.

10.2.3 Approccio HACCP alla sanificazione

Nella valutazione di un sistema di sanificazione dovrebbe essere applicato il metodo HACCP (vedi capitolo 6): una corretta elaborazione del piano di sanificazione permette tale applicazione. Il piano deve identificare le aree da pulire come *ad alto, medio* o *basso rischio*, a seconda della contaminazione fisica e microbiologica. Tali aree possono essere raggruppate in base alla frequenza di pulizia richiesta e, quindi, al livello di attenzione necessario:
- continua;
- ogni 2 ore (durante ogni pausa);
- ogni 4 ore (durante la pausa pranzo e a fine turno);
- ogni 8 ore (a fine turno);
- quotidiana;
- settimanale.

Un modo pratico per creare utili separazioni visive tra le varie aree dello stabilimento è assegnare colori diversi a ciascuna di esse; tale compartimentazione minimizza la migrazione di materiali, soprattutto contaminanti chimici e microbici, da un'area all'altra (Anon., 2004).

Ai fini della verifica, vanno adottati metodi di analisi microbiologica appropriati. Il campionamento deve essere effettuato dove le informazioni acquisite riflettono più accuratamente l'efficacia della sanificazione; due esempi possono servire a illustrare questo concetto.

Il *piano di campionamento* prevede la valutazione della carica microbica su campioni di alimenti raccolti dopo ciascuna fase del processo produttivo: in questo modo è possibile individuare il contributo portato alla contaminazione microbica dell'alimento da ciascuna attrezzatura pulita. Per il controllo di patogeni come *Salmonella* e *Listeria*, è importante il *monitoraggio ambientale* tramite campioni raccolti nei locali in cui si svolgono le lavorazioni (prese d'aria, soffitti, pareti, pavimenti, scarichi, aria, acqua e attrezzature).

10.2.4 Sanitation Hazard Analysis Work Point (SHAWP)

La tecnica SHAWP è stata sviluppata da Carsberg (2003) per garantire che le attrezzature di processo siano progettate in modo igienico e sanificate correttamente. Questo approccio prevede lo smontaggio completo di tutte le attrezzature di processo, sulla base dei disegni e con l'assistenza della squadra di manutenzione, per individuare i punti che contribuiscono all'aumento della conta microbica. I pezzi devono essere ispezionati per identificare le nicchie interne responsabili di contaminazione microbica, poiché tutti i macchinari – vecchi e nuovi – contengono aree nascoste che fungono da ricettacolo per i microrganismi. Le aree più vulnerabili sono situate sotto i nastri trasportatori, sui telai delle macchine e negli scarichi. È necessario che un tecnico addestri il personale della sanificazione a smontare e rimontare le attrezzature, oppure sia presente per compiere direttamente tali operazioni. Questo tipo di formazione è importante anche per comunicare al personale della sanificazione come la direzione aziendale sia impegnata a investire tempo e sforzi per migliorare la loro attività.

10.3 Impianti e attrezzature per la sanificazione

La pulizia viene generalmente effettuata manualmente, con strumenti e attrezzature semplici, oppure mediante l'impiego di apparecchiature meccaniche che applicano il mezzo pulente (solitamente acqua), i detergenti e i disinfettanti. La squadra addetta alla sanificazione deve essere dotata degli strumenti e delle attrezzature necessari per effettuare le operazioni di pulizia con il minimo sforzo e nel minore tempo possibile. Deve inoltre essere disponibile uno spazio nel quale custodire sostanze chimiche, strumenti e attrezzature mobili.

10.3.1 Sistemi abrasivi

Sebbene abrasivi come pagliette in lana d'acciaio o rame possano rimuovere efficacemente lo sporco durante la detersione manuale, non dovrebbero essere utilizzati su superfici a contatto diretto con gli alimenti, in quanto piccoli frammenti potrebbero essere trattenuti dai materiali delle attrezzature, causando corrosione puntiforme (soprattutto sull'acciaio inossidabile), o essere inglobati dagli alimenti, provocando reclami o perfino azioni legali da parte dei consumatori. Gli strofinacci non dovrebbero usati né come sostituti degli abrasivi né per altri scopi, poiché diffondono muffe e batteri; qualora il loro utilizzo risultasse indispensabile, dovrebbero essere lavati accuratamente e disinfettati prima dell'uso.

10.3.2 Tubi flessibili per l'acqua

I tubi flessibili dovrebbero essere abbastanza lunghi per raggiungere tutte le aree da pulire, ma non più del necessario. Per una pulizia rapida ed efficace è importante che siano muniti di lance con ugelli per ottenere un getto che copra l'area da trattare; ogni lancia dovrebbe essere dotata di ugelli a innesto rapido. Per ampie superfici gli ugelli a ventaglio assicurano la migliore copertura in tempi ridotti, mentre i residui depositatisi in crepe o fessure sono rimossi più efficacemente mediante getti concentrati e diretti. Gli ugelli ad angolo sono utili per pulire attorno e sotto alle attrezzature. Per combinare lavaggio e spazzolatura sono necessarie apposite idrospazzole.

A meno che non siano collegati a condutture di vapore, i tubi dovrebbero essere muniti di una valvola di chiusura automatica dal lato dell'operatore per risparmiare acqua, evitare schizzi e agevolare il cambio degli ugelli. Al termine della pulizia, i tubi devono essere allontanati dalle aree di produzione, lavati, disinfettati e riposti su ganci sollevati dal pavimento. Questa precauzione è particolarmente importante per il controllo di *Listeria monocytogenes*.

10.3.3 Spazzole

Le spazzole utilizzate per la pulizia manuale o meccanica devono adattarsi al contorno della superficie da pulire. Le idrospazzole munite di erogatori a spruzzo tra le setole sono adatte per la pulizia di protezioni e altre superfici di impianti di piccole dimensioni, in cui sia necessaria una combinazione di getto d'acqua e spazzolatura. Le setole dovrebbero essere il più possibile rigide, senza tuttavia causare danni alle superfici. Le spazzole rotanti ad azionamento idraulico o elettrico sono utili per la pulizia delle condutture che trasportano liquidi e per i tubi degli scambiatori di calore.

Le spazzole sono prodotte in vari materiali (crine di cavallo, setole di maiale, fibre e nylon), ma le più comuni sono quelle di nylon. La saggina, una fibra robusta, è adatta per una pulizia energica. Le spazzole in fibra di palma nana sono meno robuste e sono efficaci per la rimozione di sporco di media entità, come quello che si deposita su attrezzature metalliche e pareti. Le spazzole di tampico hanno fibre sottili e sono adatte a sporchi leggeri che richiedono solo una lieve pressione. Tutte le spazzole di nylon, le cui fibre sono robuste, flessibili e di diametro uniforme, hanno lunga durata e non assorbono acqua. La maggior parte delle spazzole elettriche è munita di setole di nylon. Non si devono utilizzare spazzole con setole di materiali assorbenti.

10.3.4 Raschietti, spugne e tergivetri

Talvolta per rimuovere depositi ostinati, specialmente in aree limitate, è necessario ricorrere a raschietti. Spugne e tergivetri sono molto efficaci per la pulizia dei serbatoi di stoccaggio dei prodotti quando lo stabilimento non tratta volumi sufficienti per giustificare la pulizia meccanica.

10.3.5 Pompe per acqua

Queste pompe possono essere mobili o fisse, a seconda delle dimensioni e delle esigenze dello stabilimento. Quelle mobili sono solitamente più piccole di quelle centralizzate e hanno portata variabile da 40 a 75 L/min, con una pressione che raggiunge circa 40 kg/cm^2; possono inoltre includere serbatoi per miscelare detergenti e disinfettanti. Le unità fisse, invece,

Alta, media e bassa pressione nella sanificazione

Convenzionalmente i valori della pressione impiegata dalle attrezzature di sanificazione sono classificati come segue:
– bassa pressione   <10 kg/cm²;
– media pressione   10-25 kg/cm²;
– medio-alta pressione   25-40 kg/cm²;
– alta pressione   >40 kg/cm².

Attualmente è più impiegata la bassa/media pressione, che comporta numerosi vantaggi:
– minore formazione di aerosol;
– minore diffusione aerea di prodotti chimici, residui di sporco, microrganismi;
– maggiore rispetto di superfici delicate, sensori;
– raggio d'azione più ampio;
– minore forza richiesta all'operatore.

Spesso i produttori di impianti e attrezzature utilizzano il *bar*, come unità di misura della pressione (1 bar = 1,02 kg/cm²).

hanno una portata di 55-475 L/min: le pompe a pistone pompano fino a 300 L/min, mentre le turbine multistadio arrivano a 475 L/min, con una pressione che raggiunge circa 60 kg/cm². La portata e la pressione di queste pompe variano da un produttore all'altro.

In un impianto centralizzato, l'acqua ad alta pressione è trasportata mediante tubazioni attraverso tutto lo stabilimento; per consentirne l'utilizzo, appositi attacchi sono opportunamente disposti in prossimità delle aree da pulire. Le condutture, i componenti idraulici e i tubi devono essere in grado di resistere all'alta pressione e tutto l'impianto deve essere realizzato in materiale resistente alla corrosione. La scelta di un'unità fissa o mobile dipende dal volume di acqua ad alta pressione richiesto e dalla facilità con cui un'unità mobile può essere posizionata vicino alle aree da pulire. Anche l'utilizzo di acqua ad alta pressione per altri scopi può giustificare la scelta di installare nello stabilimento un'unità fissa.

Le pompe ad alta pressione e alta portata sono usate soprattutto quando sono richieste quantità supplementari di acqua calda ad alta pressione. Poiché utilizzano grandi volumi di acqua e di detergenti, questi sistemi sono spesso considerati inefficienti; ciò ha portato a preferire sistemi mobili e centralizzati ad alta pressione e bassa portata che miscelano detergenti per distribuirli nelle aree da pulire. L'impiego di volumi minori e temperature dell'acqua più elevate si rivela più efficiente nel pulire adeguatamente aree difficili da raggiungere.

10.3.6 Sistemi di nebulizzazione a bassa pressione e alta temperatura

Questi sistemi possono essere mobili o fissi. I primi consistono generalmente in un tubo leggero, ugelli regolabili, un serbatoio riscaldato dal vapore per il detergente e una pompa; la loro pressione operativa è generalmente inferiore a 35 kg/cm². Le unità fisse possono operare alla pressione fornita dall'impianto dell'acqua calda oppure utilizzare una pompa. Queste unità sono utilizzate perché non causano formazione di vapore o nebbia nell'ambiente e minimizzano gli spruzzi durante le operazioni di pulizia; sono indicate quando il lavaggio per immersione non è praticabile e la spazzolatura sarebbe lunga o difficile; consentono inoltre di dirigere facilmente il getto di detergente sulla superficie sporca.

10.3.7 Sistemi ad alta pressione e acqua calda

Queste apparecchiature utilizzano vapore in pressione e acqua a temperatura ambiente; l'energia cinetica del vapore viene convertita in pressione nella linea di distribuzione. Contemporaneamente, il detergente viene prelevato dalla tanica e miscelato con acqua calda nelle proporzioni opportune. La pressione che si produce all'ugello dipende dalla pressione del vapore all'interno della conduttura: per esempio, a una pressione del vapore di 40 kg/cm^2 corrisponde una pressione del getto di circa 14 kg/cm^2. Questo macchinario è di facile utilizzo e manutenzione, ma presenta la stessa inefficienza delle pompe per acqua ad alta pressione e alta portata.

10.3.8 Pistole a vapore

Sono disponibili diversi modelli di pistole a vapore: questi dispositivi miscelano il vapore con acqua e/o detergenti mediante aspirazione. Le più valide utilizzano un quantitativo d'acqua corretto e sono regolate in modo da limitare la formazione di aerosol attorno all'ugello. Sebbene queste attrezzature abbiano numerose applicazioni, il metodo di pulizia mediante vapore è ad alto consumo energetico; inoltre riduce la sicurezza per via della formazione di aerosol e aumenta la formazione di condensa, che può dar luogo alla crescita di muffe su pareti e soffitti e favorire lo sviluppo di *Listeria monocytogenes*.

Se utilizzate con i detergenti appropriati, le apparecchiature ad alta pressione e bassa portata sono in genere efficaci quanto le pistole a vapore.

10.3.9 Vapore ad alta pressione

Il vapore ad alta pressione può essere utilizzato per rimuovere alcuni residui e allontanare l'acqua dagli impianti di lavorazione al termine della pulizia. In genere non rappresenta un metodo di pulizia efficace, a causa della formazione di aerosol e condensa, e non disinfetta le superfici pulite. Gli ugelli per il vapore ad alta pressione e per le apparecchiature ad alta pressione e alta portata devono essere facilmente intercambiabili e avere una portata massima inferiore a quella della pompa. Un orifizio di circa 3,5 mm è considerato adeguato per una pressione di circa 28 kg/cm^2.

10.3.10 Impiego di acqua calda

Questa tecnica dovrebbe essere considerata un metodo più che uno strumento o un sistema di pulizia. Poiché richiede solo un tubo, una lancia, un ugello e acqua calda, questo metodo di pulizia è usato frequentemente. Gli zuccheri, alcuni altri carboidrati e i composti monovalenti sono relativamente idrosolubili e possono essere rimossi con acqua più efficacemente di grassi e proteine. L'investimento e i costi di manutenzione sono bassi, ma il lavaggio con acqua calda non è considerato un metodo di detersione soddisfacente. Sebbene l'acqua calda possa staccare e disciogliere i depositi di grasso, le proteine vengono denaturate e la loro rimozione dalle superfici da pulire risulta più complessa perché, una volta coagulati, questi depositi si attaccano più saldamente.

Senza l'impiego dell'alta pressione, inoltre, la penetrazione nei punti scarsamente accessibili è difficile ed è necessario un lavoro maggiore se non si applica un detergente. Come per le altre attrezzature che utilizzano acqua calda, questo metodo aumenta sia i costi energetici sia la formazione di condensa.

10.3.11 Idropulitrici mobili

Un'idropulitrice mobile è costituita da una pompa ad alta pressione con azionamento ad aria o a motore, una tanica per il detergente, una linea di distribuzione e un ugello ad alta pressione (figura 10.1). La pompa incorporata fornisce la pressione necessaria alla distribuzione, e l'ugello regola pressione e portata. Quest'unità mobile consente di prelevare una quantità predeterminata di detergente dalla tanica e di miscelarla all'acqua nella proporzione voluta; contemporaneamente la pompa fornisce la pressione necessaria per l'erogazione. L'unità ad alta pressione e bassa portata ideale eroga la soluzione pulente a circa 55 °C con una pressione di 20-85 kg/cm^2 e 8-12 L/min, a seconda delle specifiche dell'apparecchio e della forma dell'ugello. Tuttavia, esistono macchinari a bassa, media e alta pressione. Sebbene sia efficace nella rimozione di sporco tenace, l'alta pressione può causare eccessiva formazione di aerosol; per tale ragione l'industria alimentare utilizza soprattutto la media pressione (*boosted pressure*).

Il principio della pulizia a pressione si basa sull'atomizzazione del detergente attraverso un ugello nebulizzatore adatto alle applicazioni a pressione. Il getto nebulizzato a pressione fornisce il mezzo pulente per l'applicazione del detergente. La velocità, cioè la forza, con la

Figura 10.1 Idropulitrice mobile a pressione, utilizzata quando non è disponibile un sistema centralizzato. Questo modello è dotato di avvolgitubo, schiumogeno e serbatoio per il detergente; consente a due addetti di operare contemporaneamente, effettuando prerisciacquo, detersione, risciacquo e disinfezione. Con questo apparecchio si può anche applicare schiuma se l'ugello nebulizzatore viene sostituito con quello schiumogeno. (Per gentile concessione di Ecolab Inc., St. Paul, Minnesota)

quale la soluzione pulente giunge sulla superficie è il principale fattore che contribuisce all'efficacia della detersione.

Le idropulitrici ad alta pressione e bassa portata aiutano a ridurre i consumi di acqua e detergenti e sono meno pericolose di quelle ad alta pressione e alta portata, poiché la bassa portata determina la riduzione della forza all'aumentare della distanza dall'ugello. I modelli carrellati, inoltre, sono relativamente economici e rapidamente collegabili agli impianti di distribuzione (acqua, elettricità ecc.). Alcuni fornitori di detergenti offrono questi modelli in comodato, o a condizioni di noleggio vantaggiose, ai clienti che accettano di utilizzare esclusivamente i loro prodotti. Rispetto alle unità centralizzate, queste idropulitrici richiedono maggior lavoro, dovendo essere trasportate attraverso lo stabilimento durante le operazioni di pulizia, e dispongono di un livello di automazione inferiore; inoltre hanno una minore durata e possono comportare una manutenzione eccessiva. I nebulizzatori ad alta temperatura tendono a "cuocere" lo sporco sulle superfici da pulire e forniscono la temperatura ottimale per la crescita microbica.

Le idropulitrici mobili sono adatte per piccoli stabilimenti, poiché possono essere spostate ovunque; possono essere usate per pulire parti delle attrezzature e le superfici degli ambienti; sono particolarmente efficaci sui nastri trasportatori e sugli impianti di lavorazione per i quali il lavaggio per immersione non è praticabile e la spazzolatura sarebbe lunga e difficile. Questo metodo di pulizia potrebbe trovare maggiore impiego, poiché può risultare più efficace nella rimozione di *L. monocytogenes* dalle aree difficili da pulire con macchinari che richiedono meno lavoro, come le apparecchiature per l'applicazione di schiuma.

Attualmente si tende a installare impianti centralizzati, in quanto consentono un risparmio di manodopera e richiedono una manutenzione ridotta.

10.3.12 Sistemi centralizzati a pressione

Questi sistemi, che sfruttano gli stessi principi degli apparecchi a pressione mobili, sono un altro esempio di sfruttamento dell'energia meccanica in sostituzione di quella chimica. I sistemi centralizzati impiegano pompe a pistone o a turbina multistadio per generare la pressione e la portata desiderate. Come per le apparecchiature mobili, l'azione pulente dei sistemi di nebulizzazione ad alta pressione è essenzialmente dovuta alla forza dell'impatto dell'acqua sullo sporco e sulla superficie.

La pompa (o le pompe), i tubi, le valvole e gli ugelli che compongono il sistema centralizzato di pulizia a pressione devono essere resistenti all'attacco di detergenti acidi o alcalini. Per evitare salti improvvisi del tubo, spruzzi incontrollati e sprechi d'acqua, devono inoltre essere installate valvole automatiche a chiusura lenta. Il sistema centralizzato è più flessibile, efficiente, sicuro e pratico poiché non si ha formazione di vapore che possa impedire la visione o comportare pericoli per il personale. Questo sistema di pulizia può, tuttavia, ridistribuire lo sporco rimosso in tutte le direzioni; pertanto, prima della detersione ad alta pressione è bene effettuare un risciacquo preliminare a bassa pressione. La maggior parte dei fornitori di questi sistemi assicura assistenza tecnica ai clienti e mette a punto l'abbinamento più appropriato tra macchinario e detergente per ottenere il miglior risultato.

L'azione penetrante e pulente di un sistema centralizzato a media pressione (*boosted pressure*) è simile a quella di una lavastoviglie: il sistema inietta automaticamente un composto detergente in una conduttura dell'acqua in modo che l'azione lavante del getto pulisca le superfici esposte e arrivi nelle zone inaccessibili o difficili da raggiungere; il getto può rimuovere anche lo sporco accumulato in crepe e fenditure per ridurre la contaminazione microbica. Tutte le superfici sono sottoposte alla forza di taglio e all'azione abrasiva del getto; la

Figura 10.2 Booster con supporto a pavimento, cuore del sistema a media pressione per la pressurizzazione dell'acqua nei sistemi di sanificazione a schiuma. (Per gentile concessione di Ecolab S.r.l. - Food & Beverage, Italia)

detersione chimica viene ottimizzata dalla nebulizzazione dell'acqua, in cui viene automaticamente disciolta una soluzione detergente o detergente-disinfettante. Nella figura 10.2 è presentato un esempio di *booster* di un sistema pulente a media pressione.

La flessibilità e i benefici principali di un sistema di pulizia centralizzato a pressione si realizzano se in tutte le aree da pulire sono disponibili satelliti. Attraverso il sistema possono essere distribuiti numerosi detergenti (acidi, alcalini o neutri) e disinfettanti; ugelli nebulizzatori, montati al di sopra dei nastri trasportatori, possono effettuare automaticamente le operazioni di lavaggio e risciacquo.

I sistemi centralizzati sono sensibilmente più costosi rispetto alle unità mobili poiché in genere sono progettati e realizzati appositamente; il loro costo varia a seconda delle dimensioni dello stabilimento e della flessibilità richiesta.

10.3.13 Fattori che determinano la scelta dei sistemi a pressione centralizzati

I sistemi centralizzati più comuni sono di due tipi: a media pressione (da 10 a 20 kg/cm^2) e ad alta pressione (da 40 a 55 kg/cm^2). I sistemi a media pressione sono di norma utilizzati per pulire superfici poco sporche, mentre quelli ad alta pressione sono impiegati soprattutto negli stabilimenti con sporco presente in maggiore quantità. Tuttavia, per stabilire quale sistema fornirà i risultati migliori a lungo termine per uno specifico stabilimento produttivo, occorre considerare diversi fattori.

Normalmente vi è un rapporto inverso tra la portata del flusso all'ugello e la pressione. Ogni tipo di pulizia richiede una forza d'impatto specifica per rimuovere lo sporco e risciacquarlo via dall'attrezzatura. Ad alte pressioni (40-55 kg/cm²), la portata all'ugello può essere di circa 5 L/min; tuttavia, pressioni più basse richiedono portate all'ugello più elevate per ottenere la stessa forza d'impatto. Per esempio, se uno stabilimento dispone di un sistema a media pressione (20 kg/cm²) con portate agli ugelli di 30-40 L/min e la direzione vuole ridurre il consumo dell'acqua, tale risultato può essere ottenuto aumentando la pressione a 40 o 50 kg/cm², riducendo quindi la portata all'ugello a 15 o 10 L/min. Come risultato si avrebbe la stessa forza d'impatto con una riduzione del consumo di acqua pari al 50%. Questo tipo di soluzione non è applicabile quando gli impianti dispongono di un tempo particolarmente limitato tra una produzione e l'altra: se per la pulizia si dispone solo di 4 o 5 ore, saranno necessarie portate maggiori. Pur essendo solitamente temporanea, tale condizione deve essere prevista; cioè il sistema centrale dev'essere in grado di erogare il flusso necessario.

Il risparmio d'acqua, oltre a essere una scelta responsabile, comporta ulteriori benefici non sempre ovvi. Una portata ridotta agli ugelli determina una minore produzione di reflui e un minore consumo di energia per riscaldare l'acqua. Non di rado, l'investimento viene ripagato in meno di sei mesi, spesso perfino in tre.

Non va tuttavia dimenticato che spesso l'alta pressione tende a staccare lo sporco con una forza tale da farlo schizzare in punti diversi, dove è altrettanto indesiderato. Gli sporchi più ostinati necessitano comunque di una forza d'impatto maggiore. La gran parte degli impianti di lavorazione caratterizzati da sporco meno difficile utilizza la media pressione.

Il costo di un sistema centralizzato rappresenta di norma il fattore determinante nella decisione di acquisto. Gli impianti ad alta pressione richiedono un investimento maggiore per l'acquisto e la manutenzione; inoltre, le pompe sono più care di quelle a media pressione e tutti i tubi, le valvole e gli altri componenti costano di più per le caratteristiche tecniche richieste per l'alta pressione. A lungo termine, però, i benefici ottenuti dal basso consumo di acqua generalmente bilanciano le spese iniziali e quelle operative.

Gli impianti a media pressione comportano investimenti e costi operativi minori. Le pompe sono meno sofisticate dal punto di vista meccanico e nessuna delle tubazioni, delle valvole o degli altri componenti necessita delle caratteristiche tecniche per l'alta pressione; pertanto, anche i costi di manutenzione sono generalmente più bassi di quelli degli impianti ad alta pressione. Se il consumo d'acqua non rappresenta un fattore critico per lo stabilimento, si dovrebbe prendere in considerazione un sistema a media pressione, che però non consente un risparmio d'acqua. Molte aziende utilizzano una pressione di 20 kg/cm² con ugelli da 20-30 L/min nella maggior parte delle aree dello stabilimento. In tali situazioni il corretto utilizzo delle apparecchiature e la formazione del personale sulle procedure di sanificazione costituiscono gli elementi chiave.

10.3.14 Sistemi mobili per la pulizia a schiuma

Grazie alla facilità e alla rapidità di applicazione della schiuma, questa tecnica di pulizia si è largamente diffusa negli ultimi due decenni. La schiuma rappresenta il mezzo attraverso il quale si applica il detergente, e viene ottenuta miscelando quest'ultimo con acqua e aria. La schiuma adesa è facilmente visibile e permette all'addetto di sapere dove è già stato applicato il detergente, evitando così doppi passaggi. Inoltre, grazie alla sua capacità di aderire alle superfici, aumenta il tempo di contatto del detergente ed è particolarmente vantaggiosa nella pulizia di ampie superfici. Questa tecnica può essere utilizzata per pulire l'interno e l'esterno dei mezzi di trasporto, soffitti, pareti, tubazioni, nastri trasportatori e container per lo stoc-

Figura 10.3 Unità mobile di igiene, completa di compressore dell'aria e pompa di pressurizzazione dell'acqua, impiegata per la detersione e la disinfezione delle superfici dell'area di produzione. (Per gentile concessione di Ecolab S.r.l. - Food & Beverage, Italia)

caggio. Per dimensioni e costi, le apparecchiature impiegate sono paragonabili alle unità mobili ad alta pressione. Un apparecchio carrellato utilizzato per l'applicazione di detergenti a schiuma è presentato nella figura 10.3. Prima dell'uso, questi apparecchi devono essere caricati con detergente, acqua e aria, che vengono miscelati per la produzione della schiuma.

10.3.15 Sistemi centralizzati per la pulizia a schiuma

Questi macchinari applicano i detergenti con la stessa tecnica utilizzata da quelli mobili, con la differenza che i satelliti dotati di innesti rapidi per pistole/lance a schiuma sono collocati strategicamente all'interno dello stabilimento. Questi sistemi presentano caratteristiche analoghe a quelle dei sistemi centralizzati a pressione. Come nelle unità mobili, il composto detergente viene miscelato automaticamente con acqua e aria per formare la schiuma, ma non è necessaria l'operazione di caricamento. I componenti di un sistema centralizzato per la pulizia a schiuma sono illustrati nelle figure 10.4 e 10.5.

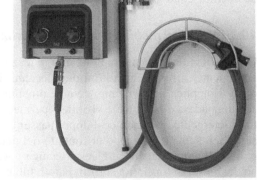

Figura 10.4 Punto di lavaggio (satellite), parte del sistema di erogazione di sanificanti a schiuma o spray con l'ausilio dell'operatore. (Per gentile concessione di Ecolab S.r.l. - Food & Beverage, Italia)

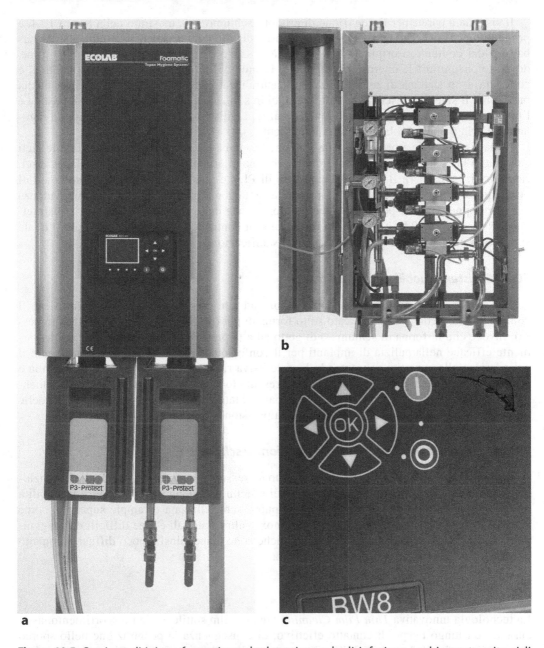

Figura 10.5 Stazione di igiene *foamatic* per la detersione e la disinfezione a schiuma, tramite cicli automatici, di gruppi di riempimento (sciacquatrice, riempitrice, tappatrice), completa di PLC collegabile al software di gestione della produzione.
a Visione d'insieme dell'apparecchiatura.
b Apparecchiatura aperta: sono in evidenza le valvole pneumatiche per la gestione e la preparazione della soluzione sanificante.
c Dettaglio del pannello di controllo (*touch-panel*) impiegato per la programmazione delle procedure igienico-sanitarie: possono essere impostati fino a 8 diversi cicli di sanificazione.
(Per gentile concessione di Ecolab S.r.l. - Food & Beverage, Italia)

Il sistema a parete per l'erogazione di prodotti schiumogeni, mostrato nella figura 10.4, è progettato per miscelare e distribuire detergenti o disinfettanti prelevati direttamente dai serbatoi o dai contenitori originali. Queste unità possono essere collocate in aree opportune, dove si concentrano le operazioni di pulizia. L'unità nella figura 10.4, chiamata satellite, è collegata a un sistema di pressurizzazione centralizzato che lavora nel range della media pressione. Il satellite miscela i prodotti chimici in soluzione alla concentrazione impostata e l'operatore eroga il sanificante in piena sicurezza. La distribuzione avviene tramite un regolatore d'aria e una valvola di dosaggio dell'acqua.

Nella figura 10.5a è presentata una stazione di igiene *foamatic*, che gestisce tramite cicli automatici la detersione e la disinfezione a schiuma di gruppi di riempimento (sciacquatrici, riempitrici, tappatrici). Il sistema è completo di PLC e può essere collegato al software di produzione. Nella figura 10.5b è rappresentata la stazione foamatic aperta: sono in evidenza le valvole pneumatiche per la gestione e preparazione delle soluzioni detergenti e disinfettanti. Nella figura 10.5c è presentato il pannello di controllo (*touch-panel*), tramite il quale si possono impostare fino a 8 diversi cicli di sanificazione.

10.3.16 Sistemi mobili per pulizia a gel

Questi apparecchi sono simili alle unità mobili ad alta pressione tranne per il fatto che il composto detergente viene applicato sotto forma di gel (limitando la quantità d'aria immessa), invece che in forma di schiuma o di getto ad alta pressione. Questo mezzo è particolarmente efficace nella pulizia di impianti per il confezionamento degli alimenti, in quanto il gel aderisce alle superfici consentendo la successiva rimozione dello sporco; tuttavia non è più frequentemente utilizzato, poiché il gel presenta lo svantaggio di essere più difficilmente risciacquabile. I costi e la gestione dell'apparecchiatura sono comparabili con quelli delle unità mobili per la pulizia a schiuma e ad alta pressione.

10.3.17 Sistemi centralizzati ad alta pressione e schiuma

Questo sistema è analogo a quello centralizzato a pressione, ma consente anche l'applicazione di schiuma. Rispetto alla maggior parte dei sistemi di pulizia offre maggiore flessibilità poiché, grazie all'alta pressione, la schiuma può essere utilizzata su ampie superfici, come nastri trasportatori, convogliatori in acciaio inox o altri materiali e aree difficili da raggiungere. Tuttavia i sistemi con queste caratteristiche sono dispendiosi e poco diffusi, in quanto devono essere progettati e realizzati su misura.

10.3.18 Sistemi Thin Film Cleaning (TFC)

La tecnologia innovativa *Thin Film Cleaning* crea un film sottile e a lento scorrimento, assicurando un lungo tempo di contatto effettivo; di conseguenza la penetrazione nello sporco risulta più profonda. I prodotti TFC agiscono creando sulla superficie un film sottile, ma ben visibile, evidenziando chiaramente dove è stato applicato il prodotto. Quando vengono spruzzati questi prodotti risultano fluidi e si addensano sotto l'influenza di forze meccaniche a contatto con la superficie, dando luogo, durante il lento scorrimento, a un continuo scambio chimico tra il film TFC e lo sporco. Questa tecnologia consente di ridurre notevolmente il tempo di prerisciacquo e, grazie all'attività chimica dei prodotti utilizzati, di eliminare più facilmente lo sporco e diminuire anche il tempo di risciacquo finale. In questo modo è possibile ottenere risparmio di tempo, acqua ed energia nelle operazioni di sanificazione. I prodotti TFC comprendono: prodotti liquidi alcalini, adatti per rimuovere residui di sporco contenenti proteine e grassi; prodotti liquidi debolmente alcalini, studiati per la pulizia di materiali e superfici sensibili come l'alluminio; prodotti liquidi acidi, per rimuovere i residui solubili negli acidi; sanitizzanti liquidi acidi, con proprietà schiumogene, a base di acido peracetico.

10.3.19 Cleaning in place

Il continuo aumento del costo della manodopera e l'innalzamento degli standard igienici hanno reso sempre più convenienti i sistemi *cleaning in place* (CIP). I caseifici e i birrifici utilizzano tali sistemi da molti anni. In altri tipi di produzione la loro diffusione è stata più limitata per i costi dei macchinari e della loro installazione e per la difficoltà che si incontra nella pulizia di alcuni impianti e attrezzature di processo. A causa di queste limitazioni, il CIP è considerato una soluzione per specifiche applicazioni di pulizia e viene progettato su misura. Il sistema CIP è utilizzato soprattutto per la pulizia di condutture, vasi vinari, scambiatori di calore, centrifughe e omogeneizzatori.

Nei sistemi CIP gli impianti vengono lavati e disinfettati usando un sistema di pulizia automatizzato a ciclo chiuso. Il CIP è usato ampiamente nell'industria delle bevande, in quella casearia, nei processi in ambiente sterile e negli impianti per il trattamento dei fluidi. Alcuni sistemi CIP richiedono operazioni manuali prima dell'avvio, per esempio gli addetti possono dover effettuare manualmente dei collegamenti agli impianti da pulire.

Il grado di automazione dei sistemi CIP può variare a seconda del tipo di pulizia: da semplici timer a camme a sistemi computerizzati completamente automatici. La scelta dipende dalla disponibilità di capitale, dai costi della manodopera e dal tipo di sporco. La valutazione andrebbe affidata a una società di consulenza qualificata e/o a un fornitore di attrezzature e detergenti in grado di condurre sopralluoghi e di fornire rapporti confidenziali sulle condizioni igieniche degli impianti e delle attrezzature esistenti e sulle tecniche di pulizia in uso.

Negli stabilimenti di piccole dimensioni una totale automazione non è sempre giustificata. Con una ridotta automazione, i circuiti necessari possono essere impostati manualmente attraverso selettori di flusso: le tubature possono essere riportate al pannello mediante connessioni a U inserite in punti appropriati. Questi collegamenti possono essere controllati mediante sistemi a microswitch. Con una completa automazione, l'intero processo CIP può essere controllato automaticamente. I dispositivi di interblocco escludono la possibilità di errori nell'attivazione delle valvole.

Un sistema CIP combina i vantaggi dell'azione chimica dei detergenti con gli effetti meccanici di rimozione dello sporco. La soluzione detergente viene distribuita sulla superficie sporca, regolando adeguatamente il tempo di contatto, la temperatura, la concentrazione del detergente e la forza applicata. Affinché questo sistema sia efficace, sulle superfici sporche deve essere applicato un volume relativamente elevato di soluzione per un tempo compreso tra 5 minuti e un'ora. Pertanto, il ricircolo della soluzione detergente si rende necessario sia per consentire una ripetuta esposizione, sia per risparmiare acqua, energia e detergenti.

Per ottimizzare l'uso dell'acqua e ridurre la produzione di reflui, vengono realizzati sistemi CIP che permettono di recuperare l'acqua del risciacquo finale per riutilizzarla nel successivo ciclo di pulizia. Nell'industria lattiero-casearia sono stati messi a punto sistemi per recuperare la soluzione detergente mediante ultrafiltrazione o con l'impiego di evaporatori. In numerosi impianti sono state adottate soluzioni che integrano i vantaggi di affidabilità e flessibilità dei sistemi senza riciclo con procedure per il recupero dell'acqua e della soluzione detergente, contribuendo a ridurre la quantità totale di acqua necessaria per ciascuna operazione di pulizia. In questi impianti la soluzione detergente utilizzata e l'acqua di risciac-

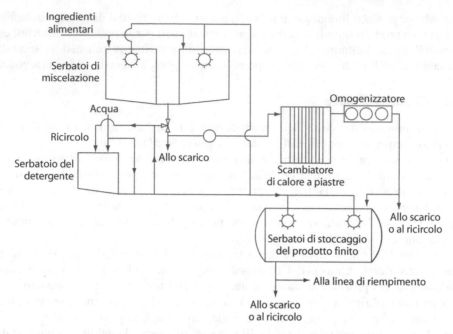

Figura 10.6 Diagramma di flusso di un sistema CIP. (Da Jowitt, 1980)

quo vengono stoccate temporaneamente e poi usate per il prerisciacquo del ciclo di pulizia successivo. In tale modo si riducono le quantità di acqua, detergenti ed energia necessarie.

Se correttamente progettati, i sistemi CIP sono in grado di pulire alcuni tipi di impianti alimentari con efficacia pari a quella della pulizia manuale. In molte aziende alimentari, i sistemi CIP hanno completamente o parzialmente sostituito la pulizia manuale.

Il diagramma di flusso semplificato della figura 10.6 illustra il funzionamento di un sistema CIP. Lo schema mostra la disposizione del serbatoio per il detergente, di quelli per la miscelazione, delle condutture, degli scambiatori di calore e dei serbatoi di stoccaggio. Queste caratteristiche permettono la pulizia di serbatoi di stoccaggio, vasche e altri contenitori mediante l'impiego di sfere di lavaggio. Le condutture e le diverse parti dell'impianto possono essere pulite facendovi circolare ripetutamente ad alta velocità le appropriate soluzioni detergenti. Un tipico ciclo di pulizia per il sistema CIP è presentato nella tabella 10.1.

Il disegno degli impianti che utilizzano sistemi CIP è importante, poiché non è previsto lo smontaggio dell'apparecchiatura. In particolare è essenziale utilizzare condutture con giunzioni perfettamente lisce e serbatoi con pareti perfettamente levigate per consentire la deter-

Tabella 10.1 Ciclo caratteristico di un sistema CIP

Operazione	Funzione
1. Risciacquo preliminare (acqua calda o fredda)	Rimozione dello sporco grossolano
2. Lavaggio con detergente	Rimozione dello sporco residuo
3. Risciacquo intermedio	Rimozione del detergente
4. Disinfezione	Distruzione dei microrganismi residui
5. Risciacquo finale*	Rimozione del disinfettante

* Obbligatorio in Italia, opzionale negli Stati Uniti (a seconda del disinfettante impiegato).

sione con i getti di liquido. Le sfere di lavaggio, fisse o rotanti, devono spruzzare getti di liquido ad alta velocità, coprendo a 360° l'interno dei serbatoi per rimuovere completamente i depositi di sporco e di altri contaminanti.

Lo sviluppo dei circuiti è importante. I circuiti devono essere flessibili. La posizione di ogni tubazione dovrebbe essere permanente e determinata dalla sua possibile funzione durante la pulizia. Gli impianti di grandi dimensioni possono essere suddivisi in diversi circuiti, da sottoporre separatamente a sanificazione. La configurazione dei circuiti dovrebbe basarsi sulle caratteristiche dello sporco. Lo sviluppo dei circuiti può permettere che una forza pulente limitata proceda attraverso l'impianto secondo una sequenza ordinata man mano che le fasi di lavorazione sono completate.

L'impiego di una valvola selettrice di scarico consente di indirizzare i detergenti e l'acqua di risciacquo direttamente in uno scarico invece di riversarla sul pavimento, evitando così spruzzi e danni da sostanze chimiche. Le valvole selettrici e il serbatoio ausiliario presenti nel circuito per la pulizia permettono il lavaggio con acqua pulita proveniente dal serbatoio di alimentazione, l'invio allo scarico, il ricircolo della soluzione detergente, il risciacquo con acqua pulita, prelevata e misurata in continuo dal serbatoio di alimentazione, e il successivo invio allo scarico.

Vi sono due tipologie di base di impianti CIP: *sistemi a perdere* (cioè senza riciclo) e *sistemi a riciclo*. Un altro approccio è rappresentato dai *sistemi misti*, che combinano le caratteristiche migliori di entrambi i sistemi precedenti.

Sistemi CIP a perdere (*Single-use systems*)

I sistemi CIP a perdere (o senza riciclo) utilizzano la soluzione detergente una sola volta. Si tratta generalmente di unità piccole, collocate frequentemente accanto agli impianti da sanificare. Poiché queste unità sono poste nell'area in cui viene effettuata la pulizia, la quantità di sostanze chimiche e di acqua per il risciacquo può essere relativamente limitata. Negli impianti in cui si depositano quantità rilevanti di sporco, un sistema a perdere è più indicato degli altri poiché il riutilizzo della soluzione detergente è meno praticabile. Alcuni sistemi a perdere prevedono il recupero della soluzione detergente e dell'acqua di risciacquo di un ciclo per utilizzarle nel prerisciacquo del ciclo successivo.

Rispetto ad altri sistemi CIP, le unità a perdere sono più compatte e richiedono un investimento minore. Queste unità sono meno complesse e possono essere acquistate in parti preassemblate per un'installazione più facile. La figura 10.7 mostra un tipico esempio di sistema CIP a perdere; esso consiste in un serbatoio con sonde di livello e valvole pneumatiche per iniettare il vapore, introdurre l'acqua e regolare il circuito, compresi lo scarico, il troppo pieno e la valvola a passaggio diretto. Lo scarico viene effettuato di norma alla fine del ciclo di risciacquo. Un sistema a perdere comprende inoltre: una pompa centrifuga e un pannello di controllo; una console di programmazione per la temperatura, le valvole solenoidi e gli strumenti per la misurazione di pressione e temperatura.

Un caratteristico ciclo per la pulizia di serbatoi o altri contenitori per lo stoccaggio dura circa 20 minuti e prevede le seguenti fasi.

1. Inizialmente vengono applicati tre prerisciacqui di 20 secondi ciascuno, a intervalli di 40 secondi, per rimuovere i depositi di sporco grossolano. Quindi l'acqua viene allontanata con una pompa di ritorno e convogliata nello scarico.
2. Nel mezzo pulente viene iniettato vapore (se utilizzato) per raggiungere la temperatura pre-impostata direttamente nel circuito. Questa fase è mantenuta per 10-12 minuti; quindi si procede all'allontanamento della soluzione detergente, che viene convogliata nello scarico o nel serbatoio dell'acqua di recupero (vedi figura 10.8).

Figura 10.7 Unità CIP a perdere, con recupero parziale della soluzione, facente parte di un sistema dotato di serbatoio di alimentazione dell'acqua e unità di ricircolo CIP. (Per gentile concessione di Ecolab Inc., St. Paul, Minnesota)

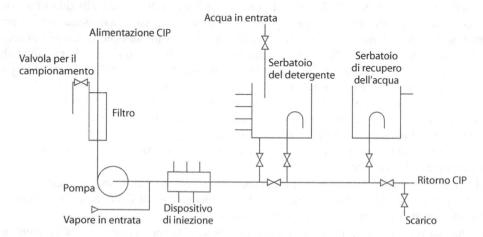

Figura 10.8 In questo sistema CIP a perdere, con recupero parziale, è compreso un serbatoio ausiliario con sonda di livello che consente il recupero delle acque di lavaggio e di risciacquo, da utilizzare per il prelavaggio del ciclo successivo. (Da Jowitt, 1980)

3. Seguono due risciacqui intermedi con acqua fredda a distanza di 40 secondi uno dall'altro; l'acqua viene quindi inviata al serbatoio di recupero o allo scarico.
4. Si effettua un ulteriore risciacquo e viene stabilito il ricircolo, che può includere l'iniezione di acido per abbassare il valore del pH a 4,5. Il ricircolo a freddo continua per 3 minuti ed è seguito dallo scarico.
5. Un risciacquo finale con acqua potabile completa il ciclo.

Sistemi CIP a riciclo (*Reuse systems*)

I sistemi CIP a riciclo sono importanti per l'industria alimentare poiché consentono il riutilizzo di composti e soluzioni detergenti. Occorre sottolineare che la contaminazione delle soluzioni detergenti è minima, poiché la maggior parte dello sporco viene rimossa durante il prerisciacquo, consentendo di utilizzare le soluzioni detergenti più di una volta. Affinché questo sistema sia efficace, è essenziale la corretta concentrazione della soluzione detergente, calcolata in base alle linee guida del fornitore dei prodotti chimici e del costruttore dell'impianto. La versatilità della sequenza permette di variare la durata e la successione delle fasi (acido/alcalino o alcalino/acido).

I sistemi CIP a riciclo sono dotati di un serbatoio per ciascun prodotto chimico impiegato. Se si utilizza acqua calda, per risparmiare energia e acqua occorre un apposito serbatoio o un circuito di bypass. La soluzione detergente viene spesso riscaldata con una serpentina.

Gli elementi di base che compongono un sistema CIP a riciclo sono: un serbatoio per gli acidi e uno per gli alcali, uno per l'acqua pulita e uno per l'acqua recuperata, un sistema di riscaldamento e pompe CIP di alimentazione e di ritorno. Il sistema di condutture di questi impianti è dotato di valvole a controllo remoto e di strumenti di misura. La sequenza delle operazioni prestabilite di pulizia viene programmata automaticamente mediante un'unità di controllo. Con questo sistema, la soluzione detergente viene trasportata dall'unità CIP attraverso lo stabilimento di produzione e gli impianti da pulire. I sistemi CIP con due serbatoi per il riciclo prevedono un serbatoio per l'acqua di risciacquo e un altro per la soluzione detergente; quelli con tre serbatoi ne prevedono uno per la soluzione detergente, uno per la soluzione del prerisciacquo e uno per l'acqua del risciacquo finale. Sia i sistemi a perdere sia quelli a riciclo richiedono progettazione e monitoraggio attenti per evitare che i prodotti alimentari vengano accidentalmente in contatto con le soluzioni detergenti (Giese, 1991).

Spesso per i detergenti alcalini sono previsti due serbatoi, contenenti soluzioni a diversa concentrazione: la soluzione meno concentrata può essere utilizzata per pulire vasche, serbatoi, altri contenitori e tubature; la soluzione più forte è impiegata per pulire gli scambiatori di calore a piastre. Le pompe che alimentano i serbatoi dei detergenti vengono usate anche per regolare automaticamente l'utilizzo dei serbatoi di neutralizzazione con concentrazioni di acidi aggiustate automaticamente. È possibile pulire simultaneamente due circuiti mediante CIP aggiungendo ulteriori pompe di alimentazione. La capacità del serbatoio è determinata dai volumi del circuito, dalle temperature richieste e dai programmi di pulizia previsti. Negli impianti automatizzati, una console di controllo centralizzata impiega valvole a controllo remoto per attivare e disattivare i circuiti. Il consumo idrico di un sistema a riciclo può essere ottimizzato mediante l'impiego di un serbatoio per l'acqua di recupero. Per ottenere risultati migliori, di norma è necessario il ricircolo della soluzione di lavaggio; in tal modo, i sistemi a riciclo hanno un costo iniziale maggiore ma permettono risparmi sulle spese operative.

Il sistema CIP a riciclo ideale consente di riempire, svuotare, ricircolare, scaldare e distribuire automaticamente tutte le soluzioni utilizzate. Un tipico esempio di questo sistema, applicato alla pulizia di serbatoi di stoccaggio e di condutture, con recupero della soluzione detergente viene descritto nella tabella 10.2.

Tabella 10.2 Operazioni di un sistema CIP a riciclo ideale

Operazione*	Tempo (min)	Temperatura
Prerisciacquo: applicazione di acqua fredda proveniente dal serbatoio di recupero e successivo scarico	5	Ambiente
Lavaggio detergente: una soluzione detergente alcalina all'1,0% spinge la rimanente acqua di risciacquo verso lo scarico e successivamente viene deviato da una sonda di conducibilità al serbatoio del detergente per il ricircolo e il recupero	10	Da ambiente a 85 °C, a seconda del tipo di impianto da pulire e del tipo di sporco
Risciacquo intermedio con acqua: acqua fredda addolcita proveniente dal risciacquo spinge la rimanente soluzione detergente verso il relativo serbatoio e viene quindi deviata al serbatoio di recupero dell'acqua	3	Ambiente
Lavaggio acido: una soluzione acida allo 0,5-1,0% spinge l'acqua residua verso allo scarico, quindi viene deviata da una sonda di conducibilità al serbatoio della soluzione acida per il ricircolo e il recupero	10	Da ambiente a 85 °C, a seconda del tipo di impianto da pulire e del tipo di sporco
Risciacquo finale con acqua: l'acqua fredda allontana i residui di soluzione acida e viene quindi deviata al serbatoio di recupero dell'acqua; l'eccedenza viene inviata allo scarico.	3	Ambiente

* I serbatoi e le condutture di un impianto di pastorizzazione possono anche essere sottoposti a risciacquo finale con acqua calda a 85 °C.

Sistemi misti (*Multiuse systems*)

Questi impianti, che combinano le caratteristiche dei sistemi a perdere e di quelli a riciclo, sono progettati per la sanificazione di condutture, serbatoi e altre attrezzature di stoccaggio che possono essere puliti efficacemente con il metodo CIP. Questi sistemi funzionano secondo programmi controllati automaticamente che consentono di combinare diverse sequenze di operazioni di sanificazione, con la circolazione di acqua, detergenti alcalini, detergenti acidi e risciacqui acidificati all'interno dei circuiti, differenziandone la durata al variare della temperatura.

Un esempio di sistema CIP misto è presentato nella figura 10.9. La versatile unità modulare consente di operare con sequenze CIP, forza chimica e rendimento termico diversi. I sistemi CIP misti possono contenere serbatoi per il recupero delle sostanze chimiche e dell'acqua, gestiti con la stessa pompa, un sistema di tubi per il ricircolo e uno scambiatore di calore. Lo scambiatore di calore a piastre riscalda l'acqua in entrata e la soluzione detergente fino alla temperatura richiesta. Lo scambiatore di calore consente inoltre il controllo flessibile della temperatura, l'utilizzo ottimale della capacità dei serbatoi e la regolazione del riscaldamento dell'acqua o delle soluzioni detergenti.

La sequenza delle operazioni in un sistema CIP automatico misto è la seguente.

1. *Prerisciacquo* Questa fase viene effettuata con l'acqua di recupero o con quella di alimentazione, alla temperatura richiesta. La soluzione che risulta da questa operazione può essere inviata direttamente allo scarico, oppure deviata attraverso un circuito di ricircolo per un periodo stabilito e quindi trasferita allo scarico.

2. *Ricircolo della soluzione detergente* La fase di ricircolo avviene attraverso il serbatoio del detergente oppure attraverso il circuito di bypass. L'opportuna soluzione detergente può essere fatta ricircolare più volte e l'aggiunta di detergenti freschi può accrescerne la

forza o prolungarne l'utilizzo. Lo scambiatore di calore a piastre, o il suo circuito di bypass, possono concorrere al ricircolo della soluzione detergente. Con un circuito di bypass, la programmazione a temperature variabili permette il riscaldamento completo del detergente contenuto nel serbatoio. Le soluzioni detergenti possono essere recuperate oppure scaricate.

3. _Risciacquo intermedio_ Questa operazione è simile al prerisciacquo, salvo per il fatto che è essenziale rimuovere completamente i detergenti che residuano dalla fase precedente.

4. _Ricircolo acido_ Questa fase opzionale, simile a quella di ricircolo della soluzione detergente, può avvenire anche in assenza di un serbatoio di acido. Se questo è presente, il circuito di ricircolo dell'acqua passa attraverso lo scambiatore di calore o attraverso il suo circuito di bypass; l'acido è dosato a una concentrazione prestabilita, sulla base della durata dell'operazione e del volume del circuito.

5. _Ricircolo del disinfettante_ Questa operazione, progettata per ridurre la contaminazione microbica, si svolge in modo simile al ricircolo acido, tranne per il fatto che di norma non è necessario il riscaldamento.

6. _Disinfezione con acqua calda_ Questa operazione può essere condotta per tempi e a temperature variabili; richiede l'uso di un circuito di ricircolo con acqua pulita attraverso lo scambiatore di calore. Dopo l'utilizzo, l'acqua può essere recuperata oppure scaricata.

7. _Risciacquo finale con acqua_ L'acqua viene pompata attraverso l'impianto CIP e inviata al serbatoio di recupero. Tempi e temperature del risciacquo sono variabili.

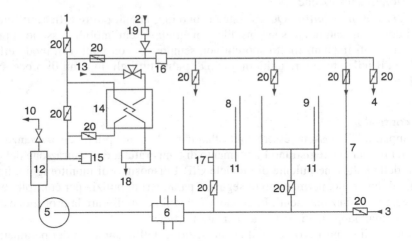

1	Alimentazione CIP	11	Troppo pieno
2	Ritorno CIP	12	Filtro
3	Acqua in entrata	13	Vapore in entrata
4	Scarico	14	Scambiatore di calore
5	Pompa	15	Sonda per la temperatura
6	Dispositivo di iniezione	16	Sistema di ispezione visiva
7	Circuito di ricircolo	17	Sonda di conducibilità
8	Serbatoio del detergente	18	Condensa
9	Serbatoio di recupero dell'acqua	19	Flussostato
10	Valvola per il campionamento	20	Valvola a farfalla

Figura 10.9 Schema semplificato di un tipico sistema CIP misto.

Vantaggi e svantaggi dei sistemi CIP

I vantaggi offerti da un impianto CIP sono i seguenti.

- *Riduzione della manodopera* La pulizia manuale si riduce poiché il sistema CIP pulisce automaticamente gli impianti di processo e stoccaggio. Questa caratteristica diventa sempre più importante per l'aumento del costo della manodopera e la difficoltà di reperire personale affidabile.
- *Miglioramento della sanificazione* La detersione e la disinfezione automatiche risultano più efficaci e costanti; inoltre possono essere controllate con maggiore precisione.
- *Risparmio di prodotti* È possibile l'uso ottimale di acqua, detergenti e disinfettanti grazie al dosaggio automatico e al riciclo.
- *Migliore utilizzo degli impianti di processo e stoccaggio* Con la pulizia automatizzata, impianti, serbatoi e condutture possono essere puliti non appena terminato l'utilizzo, rendendoli nuovamente disponibili in tempi brevi.
- *Maggiore sicurezza* Gli addetti non devono entrare nei serbatoi per effettuare la pulizia; il rischio di incidenti causati dalla scivolosità delle superfici interne è eliminato.

I sistemi CIP presentano i seguenti svantaggi.

- *Costi* Poiché la maggior parte dei sistemi CIP sono realizzati su misura, agli elevati costi degli impianti si aggiungono quelli di progettazione e di installazione.
- *Manutenzione* Tendenzialmente gli impianti e i sistemi più sofisticati richiedono maggiore manutenzione.
- *Mancanza di flessibilità* Questi sistemi sono in grado di pulire efficacemente solo le parti degli impianti in cui sono installati, mentre i sistemi mobili possono coprire aree maggiori. Gli impianti molto sporchi non sempre vengono puliti in modo efficace; è inoltre difficile progettare unità in grado di pulire tutti gli impianti di processo.

Unità di controllo

Oggi gli impianti CIP possono essere controllati in modo molto più preciso. Avanzati strumenti elettronici regolano e registrano l'andamento di temperatura, concentrazione del detergente e velocità della soluzione pulente di un ciclo CIP. I dispositivi di monitoraggio, interfacciati con l'unità di controllo, permettono di seguire i parametri di pulizia per controllare il processo e risolvere i malfunzionamenti. In tal modo è possibile migliorare la protezione del prodotto, ridurre la manodopera e i costi e aumentare l'efficienza.

Un esempio di dispositivo per la documentazione dell'andamento dei parametri controllati in un ciclo CIP è illustrato nella figura 10.10. La flessibilità di programmazione consente di utilizzare questa unità in un'ampia gamma di sistemi. L'apparecchio consente la registrazione grafica dei parametri operativi monitorati, tra i quali le temperature di alimentazione e di ritorno, il flusso e la conducibilità; può inoltre produrre grafici cronologici dettagliati dei dati relativi alla temperatura e alla soluzione. Anche gli impulsi delle valvole, la cavitazione delle pompe e l'avanzamento del programma, non chiaramente visibili nei normali grafici cronologici CIP, possono essere trasformati in grafico e registrati. Questa caratteristica è pertanto uno strumento prezioso per il monitoraggio, la documentazione e la gestione dei sistemi CIP.

I sistemi di monitoraggio CIP computerizzati sono dotati di un pannello di controllo munito di display per l'operatore. Tuttavia, il monitoraggio primario è attuato attraverso registra-

Figura 10.10 Sonda di controllo per la misurazione della conducibilità e della temperatura delle soluzioni sanificanti in sistemi CIP. È possibile registrare i dati e trasmetterli ad altre utenze. Tramite la conducibilità, viene controllata e tarata la concentrazione d'uso del sanificante. (Per gentile concessione di Ecolab S.r.l. - Food & Beverage, Italia)

Figura 10.11 Sistemi di stoccaggio in sicurezza e centralizzazione della gestione dei sanificanti e dei lubrificanti. (Per gentile concessione di Ecolab S.r.l. - Food & Beverage, Italia)

zioni stampate delle prestazioni dell'impianto CIP. La stampante può produrre una serie di tracciati, ciascuno dei quali rappresenta, sotto forma di grafico, l'andamento nel tempo di un determinato parametro. L'unità è programmata per registrare le variazioni dei parametri di pulizia per diversi circuiti. Un'unica stampante può documentare cicli CIP di diversi impianti, vasche di stoccaggio, autocisterne o linee di trasferimento (*transfer line*).

La figura 10.11 mostra un sistema di stoccaggio in sicurezza e di centralizzazione della gestione dei prodotti chimici, sia sanificanti sia lubrificanti. Il sistema prevede serbatoi comprensivi di vasca di contenimento per le eventuali fuoriuscite di prodotti chimici. Tutti i prodotti sono stoccati in sicurezza (separazione acidi/alcalini, vasche di contenimento ecc.) in un apposito locale, dal quale vengono prelevati in automatico e dosati opportunamente attraverso apposite apparecchiature (conduttivimetri, pHmetri ecc.) alle differenti utenze. La gestione avviene mediante un PLC dedicato. Il sistema di riempimento dall'autocisterna è anch'esso condotto in sicurezza grazie a sonde di livello a ultrasuoni e timer di riempimento.

10.3.20 Cleaning out of place

Le apparecchiature progettate per il *cleaning out of place* (COP) richiedono per la pulizia lo smontaggio e/o la rimozione dalla normale collocazione delle varie parti di un impianto o di un'attrezzatura. I componenti vengono quindi posti in apposite vasche per il COP e puliti sfruttando il movimento dell'acqua, che rimuove lo sporco. La forza pulente viene fornita dal flusso del fluido. In passato, per misurare la forza del flusso di fluido, si è utilizzata la sua velocità, assumendo come soglia il valore di 1,5 m/s; oggi tale riferimento non è più molto considerato in quanto un macchinario per il COP può pulire in modo efficace con velocità inferiore: la velocità e la turbolenza, che rappresenta l'effettiva forza pulente, non sono correlate allo stesso modo in tutte le condizioni di flusso.

Numerose piccole parti dei macchinari e delle attrezzature, così come recipienti di dimensioni limitate, possono essere pulite efficacemente in macchine lavatrici. Questi sistemi, come i tunnel di lavaggio, contengono una pompa di ricircolo e bracci di distribuzione che agitano la soluzione detergente. La normale durata del lavaggio a ricircolo è di circa 30-40 minuti, con ulteriori 5-10 minuti per il risciacquo a freddo con acido o disinfettante.

Spesso una lavatrice è costituita da una vasca in acciaio inox a doppio scomparto con spazzole azionate da un motore, che pompa anche la soluzione detergente nelle spazzole mediante un apposito tubo. La temperatura desiderata della soluzione (da 45 a 55 °C) è mantenuta attraverso un riscaldatore a termostato. Il primo scomparto è destinato al lavaggio con soluzione detergente, mentre nel secondo le parti di attrezzature o gli utensili già lavati vengono risciacquati con ugelli spray. L'asciugatura viene normalmente effettuata con aria all'interno dell'unità o su un'apposita tavola o rastrelliera.

L'impianto è dotato di un dispositivo per la spazzolatura e di uno per il risciacquo. La soluzione detergente è contenuta in un apposito serbatoio. Molte lavatrici sono munite di spazzole rotanti per pulire sia l'interno sia l'esterno delle varie parti e degli utensili; la soluzione detergente viene introdotta attraverso le spazzole che puliscono l'interno.

Il principale pregio dei sistemi COP consiste nel fatto che sono in grado di pulire efficacemente parti smontate, come pure piccole attrezzature e utensili; possono inoltre ridurre la manodopera e migliorare l'igiene. Il loro costo e le spese di manutenzione sono considerati ragionevoli. Per le piccole aziende, i principali punti deboli sono invece il costo iniziale, le spese di manutenzione e la manodopera necessaria per il carico e lo scarico.

Il COP è spesso usato per pulire attrezzature e utensili nella preparazione degli alimenti e nella ristorazione. I recipienti in acciaio inox possono essere lavati e disinfettati in lavatrici di acciaio inossidabile con un ciclo computerizzato: un'unità programmabile stabilisce la durata di ciascuna fase del lavaggio. Sono disponibili in commercio numerosi impianti automatici di lavaggio, per esempio per stampi, teglie e cassette impiegati nel settore dolciario, o per tavole, scalotti, carrelli di lavorazione e bidoni utilizzati nell'industria lattiero-casearia. (Ulteriori informazioni sull'utilizzo dei sistemi COP nell'industria lattiero-casearia e nella ristorazione sono fornite nei capitoli 15 e 20.)

10.4 Attrezzature e impianti per la disinfezione

Per l'applicazione dei disinfettanti sono disponibili attrezzature diverse: dai sistemi di nebulizzazione manuali ai dispositivi a parete, agli erogatori montati sugli impianti di processo. Molte unità pulenti automatizzate prevedono l'erogazione di disinfettanti.

I sistemi centralizzati per la pulizia a pressione e quelli per la pulizia a schiuma includono linee per la disinfezione con stazioni per l'applicazione del disinfettante mediante tubi e lance, oppure mediante ugelli spray posti sugli impianti di processo (soprattutto nastri trasportatori e convogliatori). L'ultima tipologia è particolarmente vantaggiosa, in quanto la disinfezione è automatica e condotta in modo uniforme mediante l'impiego di timer; inoltre il dosaggio dei disinfettanti consente un'applicazione più accurata e precisa. L'acqua per il risciacquo passa attraverso un flussostato il cui foro è dimensionato in modo tale da ottenere un flusso della portata preimpostata; per disinfettare, l'acqua passa attraverso l'iniettore di disinfettante, che immette una dose specifica di composto nel flusso d'acqua.

Esistono dispositivi installati a bordo dei mezzi per ridurre la contaminazione da parte dei pneumatici e delle ruote dei veicoli impiegati per trasporti e consegne o di altre attrezzature che possono richiedere una disinfezione prima di entrare nello stabilimento. I disinfettanti sono applicati sulle gomme, mentre il veicolo è in movimento, con ugelli spray posizionati sopra le ruote e alimentati mediante una pompa da una tanica di stoccaggio.

10.4.1 Metodi di applicazione del disinfettante

I metodi di applicazione disponibili consentono di portare il disinfettante a contatto con la superficie interessata. La scelta del metodo ottimale dipende dalle condizioni specifiche.

I disinfettanti chimici sono normalmente applicati con uno dei seguenti metodi:

- *Nebulizzazione* Questo metodo implica l'utilizzo di un disinfettante sciolto in acqua e di un dispositivo spray per distribuire la soluzione sulla superficie da disinfettare.

- *Produzione di aerosol* Consiste nell'applicazione del disinfettante sotto forma di aerosol per disinfettare l'aria e le superfici di un locale.

- *Irrorazione* Questo metodo prevede l'applicazione di un disinfettante sciolto in acqua e applicato in abbondante quantità per assicurare un'ampia esposizione; il suo utilizzo si è diffuso per contrastare la proliferazione di *L. monocytogenes*. Gli svantaggi sono rappresentati dal costo del disinfettante e dell'acqua e dall'umidità che ne deriva.

- *Schiumatura* I disinfettanti schiumogeni vengono erogati tramite le stesse apparecchiature con cui è effettuata la fase precedente di detersione. Si tratta di sistemi a media pressione, fissi o mobili, che grazie alla modularità possono venire incontro alle esigenze di realtà produttive differenti. Pertanto si passa dai sistemi più strutturati, in cui vi è la completa automazione della sanificazione, per esempio nelle aree di riempimento/confezionamento, fino a impianti molto piccoli, semplici ed economici (figura 10.12).

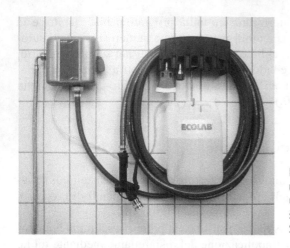

Figura 10.12 Unità di schiumatura per piccole e medie applicazioni, alimentata da acqua di rete, utile per la formazione di un film di schiuma sanificante. (Per gentile concessione di Ecolab S.r.l. - Food & Beverage, Italia)

– *Macero* Questa tecnica prevede l'immersione di strumenti, utensili e parti smontate in una vasca contenente una soluzione disinfettante.

– *CIP* Consiste nella disinfezione mediante circolazione del disinfettante all'interno di condutture, serbatoi e impianti.

– *Trattamento dei nastri trasportatori* I convogliatori e i nastri trasportatori impiegati nella lavorazione di carne, pollame, frutta, verdura e formaggio possono essere trattati con soluzioni disinfettanti acide (per esempio a base di acido peracetico) mediante applicazione a schiuma o spray, per mezzo degli stessi sistemi a media pressione con i quali vengono erogati i detergenti.

– *Trattamento degli accessi* In aree o ingressi caratterizzati da consistente traffico (continuo o intermittente) sensori a infrarossi percepiscono il movimento e distribuiscono automaticamente uno spray o una schiuma disinfettante sugli stivali del personale e sulle ruote dei veicoli e dei macchinari. Negli ingressi e nei passaggi caratterizzati da basso traffico, nei quali si preferisce evitare l'impiego di schiuma, è possibile predisporre un erogatore spray che si attiva per 10 secondi ogni 10-15 minuti.

10.5 Attrezzature per la lubrificazione

È stato recentemente introdotto un sistema innovativo – denominato DryExx – per la lubrificazione a secco senza spazzole, con un lubrificante pronto all'uso, adatto a nastri trasportatori in plastica per bottiglie, lattine o brick. Il sistema prevede: un'unità di controllo con PLC (che gestisce tutte le temporizzazioni ed è dotata di tasto "booster", vedi figura 10.13), un'unità di dosaggio; un apparato per la distribuzione tramite ugelli a bassa portata, per il contenimento dei consumi.

Rispetto ai sistemi di lubrificazione tradizionali, dove 1000 mL di soluzione sono costituiti da 2 mL di lubrificante e 998 mL di acqua, l'impiego di questa attrezzatura determina una drastica riduzione del consumo di acqua (e quindi della produzione di reflui). Ciò comporta sia una significativa diminuzione dei problemi microbiologici (grazie all'assenza di acqua e di spazzole, che favoriscono la contaminazione crociata) sia una maggiore sicurezza per gli operatori (in quanto i nastri e i pavimenti rimangono asciutti, liberi da acqua e schiuma). Inoltre, si assiste generalmente a un aumento di produttività delle linee.

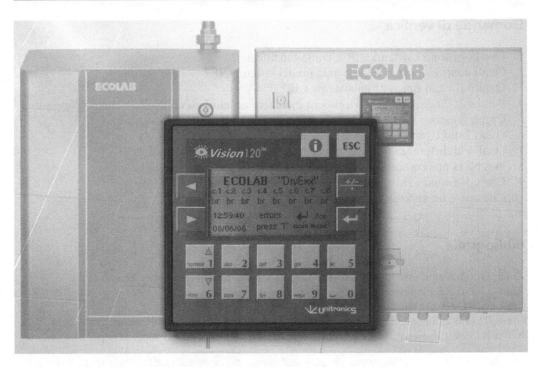

Figura 10.13 Dettaglio dell'unità di controllo del sistema DryExx per la lubrificazione a secco senza spazzole di nastri trasportatori per bottiglie, lattine o brick. (Per gentile concessione di Ecolab S.r.l. - Food & Beverage, Italia)

Sommario

Una delle principali funzioni delle attrezzature per la sanificazione consiste nell'applicazione di detergenti e disinfettanti per facilitare l'operazione e per ridurre la contaminazione microbica. Un sistema efficace può ridurre la manodopera necessaria anche del 50%.

Gli impianti e le attrezzature per la sanificazione a pressione sono generalmente tra i più efficaci nelle procedure di rimozione dello sporco. Grazie alla facilità di applicazione e alla capacità di adesione, la schiuma è divenuta uno dei mezzi più diffusi, soprattutto per la sanificazione di ampie superfici.

Buona parte degli impianti impiegati nella lavorazione degli alimenti fluidi, come quelli presenti nelle industrie lattiero-casearie e delle bevande, viene sanificata efficacemente con sistemi *cleaning in place* (CIP), che riducono il fabbisogno di manodopera per la pulizia e il consumo di acqua e di prodotti detergenti e disinfettanti. Un moderno impianto CIP include un'unità di controllo a microprocessore, che consente di combinare automaticamente diverse sequenze di operazioni di sanificazione e di monitorarne i parametri operativi. Tuttavia, queste unità sono costose e talvolta meno efficaci, specialmente dove sono presenti grandi quantità di sporco e le lavorazioni sono molto diversificate.

Le parti smontabili di impianti e attrezzature e i piccoli utensili possono essere sanificati efficacemente con sistemi *cleaning out of place* (COP).

La lubrificazione igienica dei nastri trasportatori e di altri impianti di trasporto ad alta velocità è possibile attraverso l'uso di sistemi automatici.

Domande di verifica

1. Che cosa sono i sistemi CIP, e come funzionano?
2. Quali sono i vantaggi e gli svantaggi dei sistemi CIP?
3. Qual è il ciclo tipico di un sistema CIP?
4. Perché gli impianti CIP dovrebbero includere un'unità di controllo a microprocessore?
5. Come funziona un sistema per la pulizia ad alta pressione e bassa portata?
6. Quali sono i vantaggi e gli svantaggi di questo sistema?
7. Qual è la differenza tra sistemi per la pulizia centralizzati e mobili?
8. Perché la pulizia con schiuma è un metodo diffuso e apprezzato?
9. Che cosa sono i sistemi COP, e come funzionano?
10. Che cos'è un sistema CIP a riciclo?

Bibliografia

Anon. (2003) Getting the most from your sanitation equipment. *Food Safety Mag* 9; 1: 34.
Anon. (2004) Keeping clean with color. *Meat Proc* 43; 4: 52.
Carsberg HC (2003) Why document SSOPs. *Food Qual* 10; 6: 49.
Giese JH (1991) Sanitation: The key to find safety and public health. *Food Technol* 15; 12: 74.
Jowitt R (1980) *Hygienic design and operation of food plant*. AVI Publishing, Westport, CT.

Capitolo 11
Gestione dei rifiuti solidi e liquidi

L'industria alimentare produce rifiuti come sottoprodotto della lavorazione e della preparazione degli alimenti. Molte industrie di trasformazione consumano grandi quantitativi di acqua, ma i motivi del suo utilizzo variano a seconda dei diversi comparti del settore. Per esempio, le industrie che trasformano la carne utilizzano il 60% dell'acqua per il raffreddamento, il 62% dell'acqua utilizzata dai produttori di salse è destinata alla pulizia, mentre l'industria molitoria utilizza il 55% di acqua per il processo di separazione delle cariossidi (Wang et al., 2003). Nella lavorazione dei prodotti alimentari l'acqua viene utilizzata per diversi scopi, tra i quali la sanificazione, il convogliamento, la generazione di vapore, lo scambio di calore e anche come ingrediente. Pertanto l'industria deve considerare il trattamento dei residui e dei rifiuti come parte integrante del processo produttivo e deve mettere in atto tecniche per migliorare la produttività, la qualità e l'efficienza.

La gestione dei rifiuti provenienti dagli impianti di lavorazione degli alimenti e dagli esercizi di ristorazione può risultare difficile a causa del loro elevato contenuto di carboidrati, proteine, grassi e sali minerali. Per esempio i rifiuti derivanti dai caseifici, dagli impianti di congelamento e di essiccamento, come pure quelli dalla trasformazione delle carni rosse, del pollame e dei prodotti ittici, se non adeguatamente trattati possono produrre odori caratteristici e un pesante inquinamento delle acque. Il materiale organico derivante dai rifiuti deve essere sottoposto a trattamenti di stabilizzazione biologica prima di essere scaricato nelle acque superficiali o nelle fognature (vedi box).

Lo smaltimento improprio dei rifiuti rappresenta un pericolo per l'uomo e per le forme di vita acquatiche. Questi trattamenti comprendono processi biologici volti a ricondurre gli

---

Normativa italiana sullo smaltimento delle acque reflue industriali

Il DLgs 152/2006 ("Norme in materia ambientale"), stabilisce nella tabella 3 dell'Allegato 5 alla Parte terza, i limiti di emissione degli scarichi di acque reflue industriali in acque superficiali e in fognatura. Le Regioni possono fissare limiti differenti tenendo conto dei carichi massimi ammissibili e delle migliori tecniche disponibili.

Norme più restrittive possono applicarsi, in base al DLgs 59/2005 ("Attuazione integrale della direttiva 96/61/CE relativa alla prevenzione e riduzione integrate dell'inquinamento"), a particolari categorie di industrie (nel settore alimentare si tratta di stabilimenti di grandi dimensioni, in particolare allevamenti, macelli e aziende di trasformazione di prodotti di origine animale o vegetale).

---

effluenti entro i limiti di accettabilità per gli scarichi fissati dalle norme in vigore e costituiscono un fattore critico per l'operatività dei depuratori.

Gli enti di controllo, come pure la pubblica opinione, richiedono all'industria l'adozione di sistemi di trattamento dei rifiuti sempre più perfezionati. I produttori e gli enti di controllo devono garantire che i rifiuti siano smaltiti in modo rapido e completo. L'accumulo di rifiuti, anche se per brevi periodi, può attirare insetti e roditori, produrre esalazioni maleodoranti e diventare un motivo di grave disturbo, oltre che uno spettacolo sgradevole, sia all'interno sia all'esterno dello stabilimento.

L'integrazione tra processi produttivi controllati, con bassi livelli di scarti, e il sistema di trattamento e di gestione dei residui (siano essi solidi, liquidi o gassosi) è fondamentale per gestire i rifiuti a costi accettabili.

Il problema principale dei rifiuti dell'industria alimentare è rappresentato dal fatto che la materia organica costituisce una fonte di nutrienti per la crescita microbica. Se dispongono di abbondante nutrimento, i microrganismi si moltiplicano rapidamente riducendo l'ossigeno disciolto nell'acqua. L'acqua contiene normalmente circa 8 parti per milione (ppm) di ossigeno disciolto. Lo standard minimo per la sopravvivenza dei pesci è di 5 ppm di ossigeno disciolto; se i valori scendono sotto tale livello i pesci muoiono. Inoltre, se l'ossigeno disciolto viene eliminato dall'acqua a causa dell'elevato contenuto di materia organica, si instaura una condizione anossica con sviluppo di cattivi odori e imbrunimento dell'acqua. In presenza di proteine contenenti zolfo o di acqua con un elevato contenuto naturale di solfati, tale condizione può determinare la produzione di acido solfidrico, che è maleodorante e può annerire le strutture.

Per l'alto contenuto di materiale organico, misurabile in termini di domanda biochimica di ossigeno (BOD, *Biochemical oxygen demand*), lo smaltimento dei rifiuti non debitamente trattati provenienti dalla lavorazione degli alimenti e dai servizi di ristorazione può rappresentare un pericolo. La maggior parte delle industrie che scaricano in sistemi fognari pubblici grandi quantità di acque reflue con BOD elevato devono pagare un sovrapprezzo poiché provocano un aumento significativo del carico di trattamento dei reflui. Per tale motivo, molte grandi aziende scelgono di trattare direttamente, in tutto o in parte, i propri scarichi. Durante la lavorazione l'acqua è essenziale per lavare il prodotto, come mezzo pulente e per convogliare i materiali indesiderati al sistema di smaltimento dei reflui. Per il suo contenuto di materia organica sospesa e disciolta, l'acqua derivante dalle lavorazioni deve essere sottoposta a specifici trattamenti.

11.1 Strategie per lo smaltimento dei rifiuti

Per identificare la quantità e le caratteristiche dei rifiuti da trattare, ogni azienda deve procedere a un'indagine accurata sui propri processi.

11.1.1 Pianificazione dell'indagine

Il primo passo di un'indagine accurata sullo smaltimento dei rifiuti è rappresentato da un'analisi dei processi che identifichi l'origine dei rifiuti prodotti. Per determinare tutte le vie di entrata e di uscita dell'acqua, è necessario esaminare i disegni dove sono riportati le planimetrie dello stabilimento, gli schemi delle tubazioni e la disposizione degli impianti. Gli schemi delle tubazioni dovrebbero mostrare le tubature dell'acqua potabile, quelle delle acque bianche e dei servizi igienici e gli scarichi e i tubi di drenaggio destinati alle acque reflue. Nei disegni dovrebbero essere indicati le dimensioni dei tubi, le loro posizioni, i tipi di collegamento con gli impianti di lavorazione e la direzione dei flussi.

Ai fini di questa analisi è importante considerare il programma operativo dello stabilimento: numero di turni, tipologie e volumi delle produzioni giornaliere, settimanali, mensili, stagionali e annuali. Queste informazioni possono essere estrapolate analizzando i rendiconti della produzione degli anni precedenti. Dovrebbero essere altresì esaminate le registrazioni relative al consumo di acqua.

È necessario condurre un esame accurato iniziale sui rifiuti per assicurarsi che l'impianto sia conforme alle norme vigenti in materia di scarichi e misure antinquinamento.

Un'accurata indagine preliminare è anche utile per determinare il posizionamento e il tipo di strumentazione necessaria per un programma di monitoraggio continuo. Un altro vantaggio è rappresentato dalla possibilità di evidenziare l'eventuale esigenza di specifici trattamenti dei rifiuti, per ottemperare alle normative in materia, e di individuare i sistemi più adatti per risolvere il problema.

11.1.2 Conduzione dell'indagine

L'analisi dei processi produttivi dovrebbe fornire indicazioni sugli elementi da considerare nell'indagine preliminare. Potrebbe essere necessario condurre studi separati per le singole stagioni se le tipologie e i volumi dei prodotti trasformati nello stabilimento variano sensibilmente nei diversi periodi dell'anno, come accade in molte aziende alimentari, in particolare in quelle che trasformano frutta e verdura. Le fasi fondamentali dell'indagine sono: determinazione del bilancio idrico, campionamento delle acque reflue e determinazione del loro grado d'inquinamento.

11.1.3 Determinazione del bilancio idrico

I volumi e le portate delle acque reflue provenienti dalle diverse fonti possono essere determinati per mezzo di dispositivi posizionati su tutte le tubazioni delle acque in entrata. A tale scopo si possono utilizzare dispositivi di misurazione come i canali di Parshall, gli stramazzi rettangolari e triangolari o i tubi di Venturi. Attraverso il calcolo del bilancio idrico dell'intero impianto è possibile determinare, in un certo periodo di tempo, la quantità d'acqua scaricata con i reflui, insieme ai quantitativi persi per fuoriuscite di vapore, evaporazione e altre perdite e a quelli incorporati nei prodotti. La somma di queste quantità dovrebbe uguagliare il quantitativo d'acqua fornito all'impianto in un determinato periodo di tempo. Tale bilancio può essere utilizzato per individuare falle importanti o perdite d'acqua nascoste, che possono incidere sul programma di sanificazione e causare un maggiore scarico di acque reflue, con conseguente riduzione dei profitti.

11.1.4 Campionamento delle acque reflue

Il campionamento degli scarichi deve essere rapportato alla velocità del flusso. Campioni prelevati in modo casuale – cioè raccogliendo dagli scarichi quantitativi prefissati di reflui, senza considerare le variazioni nei volumi, nelle portate e nelle lavorazioni effettuate – sono di scarso valore per determinare le vere caratteristiche degli scarichi e anzi possono portare a risultati fuorvianti. Mentre campionature statistiche rapportate ai flussi, e programmate sia nei periodi di attività sia in quelli di inattività, possono fornire dati validi in merito alle caratteristiche delle acque reflue prodotte dallo stabilimento.

Il dispositivo per il campionamento deve essere posizionato nel sistema di scarico delle acque reflue in modo da ottenere un campione rappresentativo. I campioni devono essere prelevati in punti dove i reflui sono omogenei, come sotto uno stramazzo o un canale. È necessario evitare errori di campionamento derivanti dalla sedimentazione di solidi a monte di uno sbarramento o dall'accumulo di grasso immediatamente a valle. Il campione deve essere prelevato in prossimità del centro del canale e a una profondità del 20-30% sotto la superficie, dove la velocità sia sufficiente per evitare il deposito di solidi. Nel caso di fogne e canali profondi e stretti, i campioni devono essere prelevati a una profondità del 33% calcolata dal fondo verso la superficie. Per determinare correttamente l'ossigeno disciolto occorre evitare di agitare i campioni durante la raccolta e la manipolazione. Poiché a temperatura ambiente i rifiuti degli impianti alimentari si decompongono velocemente, i campioni che non vengono analizzati subito dopo il prelievo devono essere raffreddati rapidamente fino a 0-5 °C.

11.1.5 Determinazione del grado di inquinamento

Una grande percentuale dei rifiuti scaricati nelle acque derivanti dalla lavorazione di frutta e verdura, dagli impianti di macellazione e dalle operazioni di pulizia è rappresentata da frammenti di prodotti (i pezzi più grandi possono essere eliminati mediante filtrazione). Le particelle più fini, che passano attraverso il filtro, e i materiali organici in soluzione o in forma colloidale presentano normalmente una domanda di ossigeno in eccesso rispetto al contenuto di ossigeno disciolto nell'acqua.

Domanda biochimica di ossigeno (BOD, *Biochemical Oxygen Demand*)

Un metodo frequentemente utilizzato per misurare il livello d'inquinamento è il BOD a 5 giorni. La domanda biochimica di ossigeno (BOD) delle acque reflue civili e industriali è rappresentato dall'ossigeno (in ppm) richiesto dai microrganismi aerobi durante la stabilizzazione del materiale organico biodegradabile. Il campione viene posto in un contenitore ermetico a una temperatura fissata per un determinato periodo di tempo. La completa stabilizzazione può richiedere più di 100 giorni a 20 °C. Poiché periodi di tempo così lunghi sono poco funzionali per misurazioni di routine, la procedura consigliata e adottata dalla Association of Official Analytical Chemists (AOAC) è l'incubazione per 5 giorni e viene chiamata BOD a 5 giorni (spesso indicato come BOD_5). Questo valore rappresenta solamente un indice della quantità di sostanza organica biodegradabile e non una misura effettiva dei rifiuti organici.

Le acque reflue di origine domestica che non contengono rifiuti industriali hanno un BOD di 200 ppm circa, mentre quelle derivanti dalla trasformazione di alimenti presentano valori

Tabella 11.1 Caratteristiche delle acque reflue di alcune industrie alimentari e correlate

Comparto	BOD_5 (ppm)	Solidi sospesi (ppm)
Prodotti alimentari in genere	790	500
Latte e prodotti lattiero-caseari	670	390
Colle e gelatine	430	300
Carni	1.140	820
Allevamento e trasformazione delle carni	590	600
Rendering	1.180	630
Oli vegetali	530	475

normalmente più elevati e spesso superiori a 1000 ppm. La tabella 11.1 mostra i valori caratteristici di BOD_5 e di solidi sospesi delle acque reflue di alcune industrie alimentari e correlate. Si può osservare come i valori di BOD_5 e quelli di solidi sospesi mostrino generalmente un andamento analogo; tuttavia il BOD_5 non è correlato strettamente ai solidi sospesi.

Nonostante il BOD sia un sistema comune di misurazione dell'inquinamento dell'acqua e sia un test relativamente semplice da eseguire, richiede molto tempo ed è scarsamente riproducibile. Test come il COD (*Chemical Oxygen Demand*) o il TOC (*Total Organic Carbon*) sono più rapidi, più affidabili e più riproducibili.

Domanda chimica di ossigeno (COD, *Chemical Oxygen Demand*)

Il COD valuta il grado di inquinamento mediante l'ossidazione chimica (anziché biologica) dei composti presenti nelle acque con una soluzione di bicromato di potassio ($K_2Cr_2O_7$). Poiché si tratta di un'analisi chimica, questo test misura anche le sostanze non biodegradabili che non sono determinate con il BOD. Quando uno stabilimento monitora le acque reflue che devono essere convogliate a un depuratore esterno, misurazioni di COD quotidiane possono essere utilizzate come guida per determinare se e quando un effluente con caratteristiche di tipo biologico o chimico possa creare problemi all'impianto di depurazione. Tuttavia questo test non fornisce indicazioni circa la presenza e la quantità di materiale organico biodegradabile. Alcune molecole non vengono ossidate da questo tipo di trattamento. Nonostante una parziale sovrapposizione, non vi è corrispondenza esatta tra questo test e il BOD_5. I valori di COD sono strettamente legati ai solidi organici disciolti.

Ossigeno disciolto (DO, *Dissolved Oxygen*)

La concentrazione di ossigeno disciolto (DO) rappresenta un aspetto cruciale sia per le acque reflue sia per i corpi idrici recettori, poiché nuoce alla vita acquatica ed è importante nei sistemi di trattamento quali gli stagni aerati. La determinazione dell'ossigeno disciolto può essere effettuata tramite titolazione iodometrica utilizzando azide e permanganato per rimuovere l'interferenza, rispettivamente, dei nitriti e degli ioni ferrosi; tale metodo, tuttavia, non è considerato molto affidabile. In alternativa, la determinazione di DO può essere eseguita mediante elettrodi, molto più rapidi e comodi del metodo di titolazione iodometrica e applicabili alla maggior parte delle acque reflue industriali. Tuttavia, la presenza di alcuni ioni metallici, di ossidanti gassosi più forti dell'ossigeno molecolare e di alte concentrazioni di detergenti può interferire con il funzionamento di questi elettrodi.

Carbonio organico totale (TOC, *Total Organic Carbon*)

Questo parametro misura tutte le sostanze organiche. In particolare si basa sulla determinazione del biossido di carbonio (CO_2) prodotto dall'ossidazione catalitica a 900 °C del materiale solido contenuto nelle acque reflue. Tale metodo di misurazione dell'inquinamento è rapido, riproducibile e altamente correlato ai test standard BOD_5 e COD, ma è di difficile esecuzione e richiede sofisticate apparecchiature di laboratorio. Risulta particolarmente efficace quando la materia solida totale è soprattutto organica e occorre analizzare grandi volumi. Tuttavia, il costo delle analisi per la misura del TOC è spesso proibitivo per le aziende di piccole dimensioni e/o stagionali.

Residui nelle acque reflue

I residui possono essere considerati inquinanti poiché alterano le misurazioni precedentemente esaminate. Il residuo dell'evaporazione (*solidi totali*) e le frazioni volatile (organica) e fissa (ceneri) vengono determinati di routine.

I *solidi sedimentabili* (SS) si depositano sul fondo entro 1 ora. Normalmente vengono misurati in un cono Imhoff graduato e sono espressi in mL/L; forniscono un'indicazione del quantitativo di rifiuti solidi che si depositerà nelle vasche di chiarificazione e di sedimentazione. Questa analisi è di semplice esecuzione e può essere condotta sul campo.

I *solidi sospesi totali* (SST), talora definiti *solidi non filtrabili*, sono determinati filtrando un volume noto di acqua reflua mediante un filtro a membrana (in fibra di vetro) in un crogiuolo di Gouch tarato. Il peso secco dei SST viene ottenuto dopo 1 ora a una temperatura di 103-105 °C.

I *solidi disciolti totali* (SDT), o *solidi filtrabili*, vengono determinati dal peso del campione filtrato evaporato o dalla differenza tra il peso del residuo dell'evaporazione (solidi totali) e il peso dei SST. È difficile eliminare questi inquinanti dalle acque reflue, pertanto è fondamentale essere a conoscenza della loro presenza. Il trattamento richiede l'azione di microrganismi già normalmente presenti che, assimilando tali inquinanti, li convertono in biomassa.

Grassi, oli e lubrificanti sono nocivi per il biota e antiestetici. Lo scambio tra aria e acqua viene ridotto dalla sottile pellicola creata dalle materie oleose e grasse, che è nociva per i pesci e per le altre forme di vita acquatica. Anche gli uccelli acquatici sono danneggiati dagli strati di oli pesanti. Questi composti aumentano la domanda di ossigeno necessario per una completa ossidazione.

La *torbidità* è una proprietà ottica del campione dovuta alla presenza di materiale sospeso (materiale organico, microrganismi e altre particelle del suolo), che fa sì che la luce sia diffusa e/o assorbita anziché trasmessa. Viene misurata con un turbidimetro; tuttavia non fornisce una stima accurata del materiale sospeso, che può invece essere determinato con il metodo gravimetrico, basato sul peso delle particelle invece che sulle loro proprietà ottiche.

L'*azoto* può trovarsi nei reflui in diversi stati di ossidazione, dall'ammonio ridotto al nitrato ossidato. Alte concentrazioni di composti azotati possono risultare tossiche per alcune piante. I composti dell'azoto che si trovano più frequentemente nelle acque reflue sono; ammoniaca, proteine, nitriti e nitrati. Le forme ridotte, ovvero l'azoto organico e l'ammoniaca, possono essere misurate mediante la determinazione dell'azoto totale con il metodo Kjeldahl (TKN, *Total Kjeldahl nitrogen*); per la misura delle forme ossidate, cioè nitriti e nitrati, sono necessari altri test.

Il *fosforo* si trova nelle acque reflue come fosfato (ortofosfati e polifosfati); questo elemento è presente in composti sia organici sia minerali. Nonostante le acque naturali contengano tracce di fosfati solubili, quantità eccessive di tali composti sono dannose per la vita marina. Le analisi di routine misurano solamente l'ortofosfato solubile. Le analisi per i fosfati totali, i polifosfati e i fosfati precipitati vengono effettuate convertendo mediante idrolisi acida i polifosfati e i fosfati precipitati in ortofosfati, che vengono poi determinati con metodo colorimetrico. Questi test possono essere eseguiti da un tecnico esperto munito degli opportuni reagenti chimici e di un colorimetro o di uno spettrofotometro.

L'utilizzo di biossido di *zolfo* nel pretrattamento della frutta o di bisolfito di sodio durante la lavorazione può far sì che il contenuto di zolfo delle acque reflue sia sufficientemente elevato da causare problemi di inquinamento. Questo inquinante è presente soprattutto sotto forma di ioni solfiti e solfati o di precipitati. Inoltre, la presenza di solfuri nell'acqua aumenta la domanda di ossigeno; gli ioni solfuro si combinano con vari ioni metallici multivalenti formando precipitati insolubili che possono sedimentare ed essere rimossi con i fanghi. I solfuri conferiscono all'acqua odore e sapore sgradevoli; pertanto, se le acque reflue confluiscono in un corso d'acqua che fornisce acqua potabile, è necessario monitorare questi composti. La determinazione dei solfati e dei solfuri può essere effettuata da un tecnico esperto con un'attrezzatura minima.

11.2 Smaltimento dei rifiuti solidi

I rifiuti solidi sono costituiti da scarti di lavorazione, residui del trattamento delle acque reflue e rifiuti organici e inorganici. Il processo di biotrasformazione di questi residui in fertilizzanti è un'alternativa che dovrebbe essere valutata anche per la possibilità di generare biogas in una delle fasi del processo di fermentazione.

Lo smaltimento dei rifiuti solidi rappresenta una delle sfide più importanti per l'industria alimentare. Per esempio nelle aziende che producono alimenti in scatola, fino al 65% delle materie prime in entrata deve essere smaltito come rifiuto solido. Tradizionalmente, il metodo più comune di smaltimento è sempre stato quello di caricare i rifiuti su camion e inviarli alla discarica pubblica. Se la discarica non è nelle vicinanze e i rifiuti vengono smaltiti presso l'azienda stessa, si creeranno inevitabilmente problemi di odori e di insetti.

Alcuni stabilimenti di trasformazione trattano i rifiuti solidi mediante compostaggio; il compost ottenuto può essere utilizzato come fertilizzante o ammendante, poiché contiene mediamente l'1,25% di azoto, lo 0,4% di fosfati e lo 0,3% di potassio. Alcune aziende pubbliche di smaltimento dei rifiuti trattano e vendono rifiuti solidi per l'utilizzo in agricoltura. Se si ricorre al compostaggio, è necessario stabilizzare il materiale organico presente nei rifiuti mediante l'azione di specifici microrganismi; l'humus ottenuto dalla stabilizzazione dei rifiuti ha proprietà fertilizzanti e ammendanti. La procedura di base per il compostaggio prevede quattro fasi.

1. I rifiuti solidi vengono sminuzzati (polverizzati) per facilitare l'azione dei microrganismi sul materiale organico.
2. I rifiuti sminuzzati sono ammucchiati in cumuli alti circa 2 metri e larghi 3.
3. Viene fornita abbondante aerazione.
4. Dopo abbondante aerazione, il compost viene nuovamente sminuzzato.

Il processo di compostaggio può essere accelerato inoculando microrganismi selezionati. Questo processo, realizzato mediante i microrganismi termofili aerobi presenti nei rifiuti, avviene in un periodo variabile da 10 a 20 giorni, a seconda della temperatura e della composizione dei rifiuti.

Oltre al compostaggio, vari rifiuti derivanti dai prodotti alimentari possono essere disidratati e macinati per poi essere utilizzati come mangimi; un esempio sono gli scarti derivanti dalla trasformazione dei pomodori. I residui risultanti dalla produzione di alcol possono essere essiccati e utilizzati come mangime. Gli scarti degli agrumi possono anch'essi essere essiccati e utilizzati per l'alimentazione animale, poiché contengono vitamina B e proteine. Il siero derivante dalla trasformazione del latte è ampiamente utilizzato dall'industria mangimistica.

11.3 Smaltimento dei rifiuti liquidi

In tutte le fasi di manipolazione, trasformazione, confezionamento e conservazione degli alimenti vengono prodotte acque reflue. La quantità, il potere inquinante e la natura dei composti presenti in tali acque hanno conseguenze sia economiche sia ambientali connesse alla trattabilità e allo smaltimento. L'impatto economico è influenzato dall'entità dei rifiuti prodotti durante le lavorazioni e dai costi per il loro trattamento. Le principali caratteristiche che incidono sui costi del trattamento delle acque reflue sono il livello di inquinamento e il volume giornaliero degli scarichi.

Dopo filtrazione e decantazione per l'eliminazione dei solidi, le acque reflue sono normalmente destinate ai processi di depurazione biologica. Molte aziende di trasformazione non effettuano la decantazione prima di immettere queste acque nei sistemi fognari pubblici; ciò comporta un incremento dei solidi disciolti che ostacolano la depurazione e aumentano i problemi di manutenzione e i consumi energetici dei depuratori, a causa della maggiore densità dei reflui (Veras, 2003).

La maggior parte dei materiali solidi presenti nelle acque reflue è costituita dai residui di stacciatura e dai fanghi derivati dalla flottazione e dai trattamenti biologici. In buona parte questi materiali sono valorizzabili come sottoprodotti poiché possono essere convertiti in mangimi o fertilizzanti; tuttavia i fanghi ottenuti per flottazione chimica, contenendo coagulanti metallici, non possono essere usati per l'alimentazione animale.

Le acque reflue possono essere recuperate mediante riciclo, riutilizzo e separazione dei solidi. Per un'industria, il risparmio di acqua e il beneficio economico del recupero delle acque reflue dipendono da diversi fattori, tra i quali: la disponibilità di impianti per il recupero di materiali dall'acqua, i costi per i trattamenti esterni, il valore di mercato dei materiali recuperabili, le norme che fissano le caratteristiche degli scarichi, i costi aggiuntivi per gli scarichi immessi nel sistema fognario pubblico e la stima dei volumi delle acque reflue che saranno prodotte in futuro. Il beneficio economico derivante dal recupero di sottoprodotti solidi, concentrati o liquidi determina la quantità di questi inquinanti che non viene immessa nel sistema fognario. Un programma per la riduzione dei volumi di acque reflue dovrebbe prevedere la rimozione e il convogliamento dei residui solidi organici mediante metodi "a secco", senza scaricarli nelle fognature e utilizzando quantitativi minimi di acqua durante le operazioni di pulizia.

Dopo il loro utilizzo, detergenti e disinfettanti vengono spesso scaricati nel sistema fognario e rappresentano un problema per via della loro tossicità nei confronti dei microrganismi presenti negli impianti di depurazione; tuttavia la loro tossicità risulta ridotta grazie alla diluizione con acqua. Molte sostanze impiegate nei detergenti e nei lubrificanti sono considerate sicure, cioè ritenute GRAS (*generally recognized as safe*) dalla FDA, come lo sono molti additivi alimentari (Bakka 1992).

I maggiori problemi per il trattamento delle acque reflue contenenti residui di prodotti per la sanificazione sembrano connessi alla fluttuazione del pH e alla possibile esposizione a lungo termine a tracce di metalli pesanti. Tuttavia questi effetti possono essere controllati e i residui minimizzati con la progettazione adeguata degli impianti e l'utilizzo corretto di detergenti e disinfettanti.

Detergenti e disinfettanti aumentano il BOD/COD poiché contengono tensioattivi, chelanti e polimeri oltre ad acidi organici e alcali. I lubrificanti impiegati per i nastri trasportatori utilizzano sostanze analoghe che aumentano il BOD/COD dei reflui. Tuttavia questi componenti contribuiscono per meno del 10% al BOD/COD delle acque reflue di uno stabilimento alimentare. La quantità d'acqua associata alle operazioni di sanificazione può arrivare fino al 30% del volume complessivo delle acque reflue prodotte da un'azienda alimentare. Considerato il modesto contributo all'incremento di BOD/COD, uno dei problemi principali delle acque reflue degli stabilimenti alimentari è rappresentato dal pH.

Se non adeguatamente trattate, le acque reflue contenenti composti biodegradabili che consumano ossigeno possono determinare eutrofizzazione nei corpi idrici recettori; il protrarsi di tale condizione compromette l'equilibrio ecologico dell'ambiente acquatico.

Grazie all'impiego di coagulanti e polimeri (derivati da cellulosa, amidi e zuccheri), oli e grassi vengono rimossi per flottazione, generando materiali che possono essere trattati nei digestori. Tale approccio è possibile principalmente per l'assenza di ioni metallici (ferro e alluminio). Il problema maggiore connesso all'utilizzo di questi prodotti è trovare l'equilibrio ottimale tra costi e benefici.

Spesso è più conveniente investire nelle tecniche preventive per la riduzione dei rifiuti e per il loro riutilizzo, piuttosto che in impianti per il trattamento delle acque reflue; tuttavia molte industrie alimentari producono reflui inquinanti. L'insufficiente capacità di trattamento di molti impianti di depurazione pubblici impone a gran parte delle aziende del settore l'utilizzo di propri depuratori. Le tecnologie per il trattamento delle acque reflue sono in continua evoluzione e richiedono la cooperazione degli organismi di controllo, dei produttori di impianti e delle industrie alimentari.

11.3.1 Pretrattamento

Prima di avviare le acque reflue industriali a un sistema di trattamento pubblico, è spesso necessario sottoporle a un pretrattamento: specifiche norme, infatti, fissano limiti di accettabilità per l'immissione delle acque reflue nel sistema fognario e quindi determinano il tipo e l'entità del pretrattamento richiesto. La normativa statunitense prevede, inoltre, restrizioni per le acque reflue provenienti da stabilimenti alimentari: nonostante contengano raramente sostanze tossiche, talvolta questi reflui veicolano rifiuti che non possono essere trattati negli impianti di depurazione o che possono determinare ostruzioni e richiedere interventi di manutenzione straordinaria; tra i residui che creano maggiori problemi vi sono oli e grassi, tessuti vegetali e animali e altri materiali di scarto. Pertanto è essenziale sottoporre, almeno parzialmente, a separazione e pretrattamento il flusso di reflui, prima di convogliarlo nel sistema di depurazione pubblico.

Se il volume di acque reflue immesse eccede le potenzialità di trattamento del sistema di depurazione pubblico, l'azienda alimentare responsabile deve garantire un pretrattamento più efficace o finanziare la modifica o l'espansione del sistema di depurazione pubblico. In questi casi l'azienda deve valutare se sia più opportuno sostenere il costo dell'aumentato pretrattamento dei reflui oppure pagare un sovrapprezzo per un programma di espansione del sistema pubblico che risponda alle proprie esigenze. Il calcolo del sovrapprezzo parte da una tariffa base per unità di volume, alla quale sono poi applicati dei moltiplicatori in relazione a fattori come BOD_5, solidi sospesi e grassi.

Le aziende di piccole dimensioni spesso decidono che è più conveniente effettuare il minimo pretrattamento delle acque reflue, sufficiente per renderle conformi ai limiti di accettabilità. Invece, industrie di maggiori dimensioni ritengono più vantaggioso effettuare pretrattamenti molto più efficaci di quanto sarebbe necessario per adeguarsi alla normativa. Alcuni stabilimenti attuano pretrattamenti tali da ottenere riduzioni sulle tariffe applicate allo scarico delle loro acque reflue. Molti stabilimenti che trattano volumi notevoli depurano direttamente tutte le proprie acque reflue per evitare di pagare tariffe elevate o perché il sistema di depurazione pubblico non ha potenzialità sufficienti.

Nel valutare l'opportunità di un pretrattamento più efficace di quanto necessario per adeguarsi ai limiti di accettabilità, occorre tenere conto dei vantaggi elencati di seguito:

– i grassi e i residui solidi derivanti dalla lavorazione di prodotti di origine vegetale e animale hanno spesso un buon valore di mercato: la richiesta da parte di saponifici, mangimifici e altre industrie può trasformare il recupero di questi rifiuti in un'attività redditizia; inoltre ciò riduce il quantitativo di acque reflue da trattare;

– se le tariffe e i sovrapprezzi applicati alle acque reflue sono elevati, un pretrattamento addizionale che ne comporti la riduzione può essere economicamente vantaggioso;

– la possibilità di contestazioni da parte delle autorità pubbliche si riduce se l'azienda alimentare si fa carico di una parte più consistente del trattamento dei reflui.

D'altro canto, alcuni svantaggi possono scoraggiare il pretrattamento delle acque reflue:
– le attrezzature per il pretrattamento sono costose e aumentano la complessità del processo produttivo;
– i costi di manutenzione, monitoraggio e tenuta delle registrazione dei trattamenti di depurazione delle acque reflue possono essere elevati.

Se viene eseguito un pretrattamento, questo dovrebbe basarsi sui dati emersi dall'indagine preliminare sullo smaltimento dei rifiuti dello stabilimento e su un'analisi dei sistemi disponibili in materia di riciclo dei rifiuti e riutilizzo dell'acqua: tali valutazioni sono essenziali per individuare e progettare il sistema più adatto e per stimarne i costi. La stima dei costi dovrebbe prendere in considerazione anche quelle parti del pretrattamento dei reflui come la flottazione per insufflamento di aria e i disoleatori. Pertanto le maggiori spese sostenute dall'azienda per la riduzione dei rifiuti e il riciclo dell'acqua possono essere determinate basandosi sulle riduzioni previste di flusso, BOD_5, solidi sospesi e grassi.

I processi più comuni di pretrattamento comprendono l'equalizzazione del flusso e la separazione del materiale flottabile e dei solidi sospesi. Per aumentare l'efficacia della separazione, spesso si aggiungono calce [$Ca(OH)_2$] e allume [$Al_2(SO_4)_3$], cloruro ferrico ($FeCl_3$) o particolari polimeri; per coadiuvare l'azione di tali sostanze, si ricorre talora ad agitatori a palette. Normalmente la separazione avviene per gravità o per flottazione ad aria. La grigliatura mediante sistemi vibranti, rotanti o statici precede la fase di separazione e consente di concentrare i solidi galleggianti o già sedimentati.

Equalizzazione del flusso di reflui

L'equalizzazione e la neutralizzazione del flusso vengono utilizzate per ridurre le fluttuazioni di portata nel flusso dei reflui: a tale scopo sono necessari un bacino d'accumulo e un sistema di pompaggio adeguatamente progettati. Questa operazione può essere economicamente vantaggiosa se le aziende di trasformazione trattano direttamente le proprie acque reflue o le scaricano in un sistema fognario pubblico dopo un pretrattamento. Un bacino di accumulo consente di immagazzinare le acque reflue, destinate al riciclo o al riutilizzo, per poi convogliarle all'impianto di trattamento con flusso uniforme e senza interruzioni nell'arco dell'intera giornata: in pratica questa fase è caratterizzata da un flusso variabile in entrata e da un flusso costante in uscita. Come bacini di equalizzazione possono essere impiegati stagni o vasche in acciaio o in cemento, spesso prive di copertura. È essenziale adeguare il flusso delle acque reflue del processo produttivo alla normale capacità dell'impianto di trattamento installato.

Grigliatura

La grigliatura è il processo più utilizzato per il pretrattamento; può essere effettuato mediante griglie vibranti, rotanti o di tipo statico. Le prime due sono le più usate poiché consentono il pretrattamento di maggiori quantitativi di acque reflue con contenuti più elevati di materiale organico. Questi dispositivi sono particolarmente adatti a operare su un flusso continuo (con rimozione costante dei solidi trattenuti) e sono disponibili in un'ampia varietà di soluzioni meccaniche e di dimensioni delle maglie. Nel pretrattamento le dimensioni delle maglie variano da 12,5 mm circa, nelle griglie statiche, a 0,15 mm, nelle griglie circolari vibranti ad alta velocità. Talvolta vengono utilizzati diversi tipi di griglie in combinazione per ottenere l'efficienza desiderata nell'eliminazione dei solidi.

Sgrossatura

Questa tecnica viene impiegata per rimuovere i materiali solidi galleggianti grossolani, che vengono poi raccolti e avviati allo smaltimento o al riciclo. L'efficienza della separazione dei solidi può essere aumentata mediante l'aggiunta di calce, di cloruro ferrico o di alcuni polimeri; mentre l'agitazione meccanica mediante palette può essere successivamente utilizzata per favorire la coagulazione dei solidi in sospensione.

11.3.2 Trattamento primario

Lo scopo principale del trattamento primario è rimuovere le particelle dalle acque reflue. Vengono impiegate tecniche di sedimentazione e di flottazione.

Sedimentazione

La sedimentazione è la tecnica di trattamento primario più comunemente utilizzata per rimuovere i solidi dalle acque reflue, che nella maggior parte dei casi contengono considerevoli quantità di materiali facilmente sedimentabili. La grigliatura di pretrattamento e la sedimentazione primaria consentono di rimuovere circa il 40-60% dei solidi, che corrisponde approssimativamente al 25-35% del carico di BOD_5. Alcuni dei solidi rimossi sono inerti e non vengono misurati dal BOD. Nel trattamento primario vengono utilizzati prevalentemente bacini di sedimentazione di forma rettangolare o circolare. Molti sedimentatori sono muniti di collettori a lenta rotazione dotati di palette che raschiano i fanghi depositati sul fondo della vasca e allontanano la schiuma dalla superficie.

Nella progettazione di un impianto di sedimentazione occorre prevedere una dimensione del bacino tale da assicurare alle acque reflue un adeguato tempo di detenzione. Un altro elemento da considerare è la temperatura delle acque reflue, che può interferire con la sedimentazione: infatti possono formarsi correnti convettive che ostacolano il deposito delle particelle. Durante la sedimentazione i grassi vengono rimossi mediante l'eliminazione della schiuma superficiale.

Flottazione

Questo processo consente di rimuovere dalle acque reflue oli, grassi e altri materiali sospesi. L'efficacia nella rimozione delle sostanze oleose è il principale motivo del largo impiego della flottazione nell'industria alimentare.

La flottazione mediante insufflazione d'aria rimuove dai reflui il materiale sospeso utilizzando piccole bolle d'aria; vengono aggiunti flocculanti e polimeri per favorire la separazione dall'acqua di grassi, oli e lubrificanti. Quando le singole particelle aderiscono alle bolle d'aria, il peso specifico dell'aggregato risulta inferiore a quello dell'acqua; la particella si separa dal liquido e si sposta verso l'alto attaccata alla bolla. Le particelle flottate sono successivamente rimosse dall'acqua. Questo processo prevede il mescolamento delle acque reflue grezze con un effluente riciclato e chiarificato, che è stato pressurizzato in un serbatoio mediante immissione di aria. Il flusso combinato entra nella vasca di chiarificazione e la depressurizzazione provoca la formazione di minuscole bolle d'aria che si muovono verso la superficie dell'acqua portando con sé le particelle sospese.

Le bolle d'aria, che sono alla base della rimozione di oli e particelle sospese nel processo di flottazione, possono essere create nelle acque reflue in tre modi:
- utilizzando turbine o diffusori d'aria per formare bolle a pressione atmosferica;
- saturando il liquido con aria e applicando successivamente il vuoto alla miscela ottenuta;
- saturando il liquido con aria ad alta pressione e depressurizzando la miscela così ottenuta.

Prima di essere avviate a un trattamento di flottazione, le acque reflue vengono normalmente addizionate con agenti flocculanti. Questo trattamento è largamente impiegato poiché è relativamente veloce e consente di rimuovere solidi di densità prossima o inferiore a quella dell'acqua. Questa tecnica richiede elevati investimenti e comporta alti costi di gestione, specialmente per gli additivi chimici e i trattamenti dei fanghi.

I sistemi che utilizzano la flottazione permettono la sopravvivenza dei batteri in concentrazioni sufficienti per contribuire alla biodegrazione degli inquinanti presenti nelle acque. Per realizzare la disidratazione dei fanghi questi sistemi possono comprendere apparecchiature come i filtri pressa a nastro. Dopo essere stati raccolti, gli oli e i grassi flottati possono essere trattati chimicamente e quindi condizionati, mediante un processo del tipo separazione liquido-solido.

La tecnica della flottazione trova impiego anche nel trattamento dei fanghi e nei trattamenti secondari e terziari. Nelle aziende alimentari, che producono acque reflue con consistenti quantitativi di grassi e oli, la flottazione è parte integrante del sistema di trattamento dei rifiuti. In passato un problema della flottazione era la presenza di flussi turbolenti; oggi tuttavia sono disponibili impianti per la flottazione ad alta efficienza, che hanno risolto questo problema. L'installazione di lamelle (deflettori verticali) può prevenire la formazione di correnti sfavorevoli e vortici e, con un appropriato sistema di alimentazione, può migliorare la separazione solidi/liquidi, producendo una maggiore concentrazione dei solidi negli ispessitori per gravità e una migliore qualità dell'effluente nei chiarificatori per gravità.

I fanghi raccolti nel trattamento primario contengono approssimativamente dal 2 al 6% di solidi, che dovrebbero essere concentrati prima dello smaltimento finale. Il trattamento e lo smaltimento dei fanghi non utilizzati come fertilizzanti o per altre applicazioni pratiche rappresentano i costi più elevati della gestione dei reflui. Alcuni sistemi di depurazione biodegradano la maggior parte del materiale organico e generano limitate quantità di fanghi, riducendo i costi di trattamento e di smaltimento. Se i fanghi vengono recuperati come sottoprodotti, i costi di smaltimento si riducono e il loro valore può assicurare profitti sufficienti a compensare gli altri costi di trattamento. I fanghi possono essere anche trattati con metodi di ossidazione biologica, come mezzo di smaltimento finale. Un metodo sviluppato in passato utilizza una serie di coagulanti derivanti dall'amido di granoturco per separare oli, grassi e solidi sospesi dalle acque reflue prima dello smaltimento (Sofranec, 1991). Questi coagulanti a base di amido vengono normalmente aggiunti nel bacino di equalizzazione prima dell'avvio al sistema di flottazione dove, riducendo le cariche elettriche superficiali dei solidi e dei grassi, ne favoriscono la coalescenza e la successiva rimozione. I grassi e i solidi risultanti dal sistema di flottazione possono essere avviati al rendering.

In passato il trattamento delle acque reflue ha sempre implicato la rimozione dei solidi dai liquidi. Attualmente sono disponibili apparecchiature che utilizzano sistemi a circuito chiuso che consentono di filtrare l'acqua a monte di un raffreddatore e di farla fluire attraverso una serie di filtri prima di riconvogliarla nel raffreddatore. In questo processo il materiale organico viene trattenuto dai filtri e l'acqua può essere riciclata; inoltre acqua con non più del 3% di materiale organico può essere riciclata mediante essiccatori a dischi, che concentrano i solidi sotto forma di polvere, mentre il vapore viene convogliato in sistemi di evaporazione e utilizzato come fonte di energia.

Il fango che origina dalle vasche di stabilizzazione presenta un altro problema a causa del carico di composti chimici, organici e inorganici, derivanti dal protrarsi della decomposizione dei residui delle acque reflue. Così la pulizia e lo svuotamento delle vasche devono essere preceduti da un'analisi accurata delle acque reflue, prevedendo una fase di stabilizzazione microbica controllata dei fanghi prima del loro utilizzo come fertilizzanti.

La messa a punto della flottazione può essere difficile per mancanza di coordinamento tra i responsabili della produzione e quelli dell'impianto di flottazione. Uno dei problemi più frequenti è l'immissione troppo rapida di acque reflue in grandi quantitativi e a temperature troppo elevate, che causano impennate dei volumi, della temperatura e del carico di inquinanti che giungono alla fase di flottazione; ciò determina problemi per il processo biologico, ostacola la depurazione e aumenta la presenza di inquinanti.

11.3.3 Trattamento secondario

Il trattamento secondario più comune consiste nella degradazione del materiale organico disciolto tramite ossidazione biologica (o batterica). Tuttavia, il trattamento secondario può andare dall'uso di stagni biologici ai processi con fanghi attivi e può anche comprendere un trattamento chimico per rimuovere fosforo e azoto o per favorire la flocculazione dei solidi.

In generale gli stagni biologici, detti anche lagune, sono bacini ricavati nel terreno contenenti un miscuglio di acqua e rifiuti, che viene continuamente rimosso senza svuotare lo stagno stesso (Safley et al., 1993). La maggior parte degli stagni biologici ha struttura sostanzialmente uguale: di norma questi bacini sono circondati da un argine o da un terrapieno che impedisce perdite e straripamenti; la profondità dipende dal volume di rifiuti da trattare, con una tolleranza aggiuntiva per far fronte a eventi imprevedibili come il maltempo. La profondità aggiuntiva, da lasciare priva di acqua, viene normalmente calcolata in base alla quantità di precipitazioni registrata in 24 ore durante il peggior temporale degli ultimi 100 anni oppure nel mese più piovoso degli ultimi 25 anni. Un ulteriore spazio viene tenuto libero per tener conto delle oscillazioni dovute all'azione del vento e alla formazione di onde.

Stagni di forma quadrata o circolare favoriscono il mescolamento e sono generalmente meno costosi da realizzare; nel caso di stagni rettangolari è consigliato un rapporto di 3:1 tra lunghezza e larghezza; bacini troppo stretti, isolati dal corpo principale, vanno evitati perché possono favorire la proliferazione di zanzare. Anche se in generale gli stagni sono profondi circa 3 metri, profondità maggiori richiedono meno terreno, aumentano il mescolamento e riducono l'emissione di odori.

Gli stagni devono essere impermeabilizzati, con terreno argilloso pressato o con rivestimenti industriali, per evitare infiltrazioni che causano contaminazioni delle acque sotterranee. Uno stagno viene considerato impermeabile se fondo e pareti hanno un coefficiente di conducibilità idraulica non superiore a 10^{-7} cm/sec (Safley et al., 1993). Solitamente sono considerati sufficienti 30 cm di strato argilloso, ma le normative in materia possono variare. Quanto più profondo è lo stagno, tanto maggiore deve essere lo spessore dello strato impermeabilizzante. Nel decidere il posizionamento di uno stagno è necessario considerare il tipo di suolo e le profondità alle quali si trovano le falde acquifere e il substrato roccioso.

Nonostante il trattamento primario rimuova il materiale solido vagliabile e quello facilmente sedimentabile, nei reflui sono ancora presenti i solidi disciolti. Scopo principale del trattamento secondario è proseguire la rimozione del materiale organico e produrre un effluente con bassi valori di BOD e di solidi sospesi. I microrganismi più frequentemente coinvolti nell'ossidazione biologica dei solidi sono quelli naturalmente presenti nelle acque e nei suoli; questa microflora è in grado di assimilare parte dei solidi disciolti, convertendoli in prodotti finali ossidati come CO_2 e acqua, o incorporandoli in biomassa, che può essere eliminata. La flora microbica e la sostanza organica assimilata continuano a subire degradazione aerobica durante la fase di respirazione endogena, tramite la seguente reazione:

$$C_5H_7O_2N + 5\,O_2 \;\rightarrow\; 5\,CO_2 + 2\,H_2O + NH_3$$

Queste reazioni richiedono ossigeno. Dopo il trattamento la biomassa sospesa viene separata dall'acqua mediante sedimentazione gravitazionale. Parte dei solidi disciolti e dei materiali solidi sospesi di piccole dimensioni, sotto forma di particelle colloidali o sovracolloidali, sfuggono alla sedimentazione secondaria. Se il carico inquinante è troppo elevato, prima di essere scaricato il refluo deve essere sottoposto a filtrazione o a chiarificazione con aggiunta di flocculanti chimici.

Stagni anaerobi

Gli stagni anaerobi possono essere a stadio singolo o a stadi multipli.

Gli svantaggi degli stagni a stadi multipli sono rappresentati essenzialmente dai maggiori costi per la realizzazione e per l'acquisto dei terreni necessari. D'altro canto questa tipologia di stagni offre i seguenti vantaggi:

– vi sono meno residui galleggianti nel secondo e nel terzo stadio, con diminuzione degli intasamenti del sistema di ricircolo o della pompa di irrigazione;
– il primo bacino, che contiene un maggior quantitativo di acque di rifiuto, non rischia straripamenti;
– è disponibile un adeguato quantitativo di batteri per il trattamento dei reflui;
– i reflui vengono trattati in modo più completo.

L'avvio di uno stagno deve essere pianificato in modo da minimizzare lo stress biologico (Safley et al., 1993) dei microrganismi coinvolti, che richiedono tempo per acclimatarsi; poiché i batteri anaerobi crescono lentamente, può occorrere anche più di un anno affinché uno stagno sia completamente maturo. Gli stagni dovrebbero essere avviati in tarda primavera o in estate per permettere l'insediamento batterico durante la stagione calda. La quantità di reflui immessi va aumentata gradualmente nell'arco di 2 o 3 mesi.

Per effetto delle precipitazioni, nel tempo gli stagni accumulano liquidi che devono essere eliminati periodicamente. Di norma, va mantenuto il 40-50% del volume attivo dello stagno e la rimozione dei liquidi dovrebbe aver luogo solo durante i mesi più caldi, per garantire che i batteri riescano a riprodursi senza scendere al di sotto della concentrazione minima efficace. Negli stagni a stadi multipli l'effluente deve essere rimosso dall'ultimo stadio.

Dopo 10 o 20 anni i fanghi accumulati vanno asportati per prevenire un sovraccarico biologico. Per la rimozione dei fanghi si utilizzano tre tecniche. La prima consiste nell'agitare i fanghi con un'apposita apparecchiatura, per portarli in sospensione e pomparli fuori quando sono completamente miscelati; i fanghi rimasti sedimenteranno nuovamente una volta terminata l'agitazione. La seconda tecnica comporta l'utilizzo di una draga galleggiante che percorre la laguna, mentre una pompa collocata sulla draga invia i fanghi a un'altra pompa sistemata sulla riva; la seconda pompa versa i fanghi in un serbatoio o li sparge sul terreno. La terza tecnica consiste nel pompare il liquido in un altro bacino permettendo ai fanghi rimasti di seccare naturalmente. In ogni caso, si tratta di un processo lungo, che può richiedere parecchi mesi.

I fanghi, che possono essere prodotti sia dal trattamento primario sia da quello secondario, richiedono generalmente un'ulteriore stabilizzazione prima dello smaltimento finale. Gli stagni anaerobi e aerobi, spesso indicati come bacini di stabilizzazione, sono utilizzati sia per il trattamento delle acque reflue sia per la stabilizzazione dei fanghi. Questa tecnica di trattamento si è diffusa soprattutto a partire dagli anni cinquanta, poiché richiede investimenti relativamente contenuti, ha bassi costi operativi ed è facile da gestire. Gli stagni anaerobi e aerobi non sono adatti per zone dove i costi dei terreni sono molto alti e per volumi di acque di rifiuto particolarmente elevati.

I principi alla base del funzionamento degli stagni biologici sono l'ossidazione biologica e la sedimentazione dei solidi. I solidi disciolti, sospesi e sedimentati vengono convertiti in gas (come ossigeno, biossido di carbonio e azoto), acqua e biomassa (sotto forma di microflora, macroflora e fauna). Gli stagni equalizzano i flussi di reflui destinati ad altri impianti di trattamento o ai corpi idrici recettori.

La profondità degli stagni anaerobi varia da 2,5 a 3 metri; il rapporto tra area superficiale e volume deve essere il più basso possibile. Le condizioni anaerobiche vengono create in tutto il bacino per effetto di pesanti carichi organici: in tali condizioni il materiale organico è digerito da microrganismi anaerobi. Il carico viene espresso in termini di BOD_5, COD, SS o di altre misurazioni per unità di volume; i carichi organici superficiali vanno da 225 a 1120 kg BOD_5/ha/giorno. Sono necessarie temperature operative di almeno 22 °C, con un periodo di detenzione variabile da 4 a 20 giorni. L'efficacia di riduzione del BOD è intorno al 60-80%, ma è funzione del BOD iniziale e del tempo di detenzione. Gli stagni anaerobi sono usati come trattamento primario o secondario degli effluenti primari contenenti elevati carichi organici o come sistema di trattamento dei fanghi. Normalmente sono seguiti da stagni aerobi o da filtri percolatori, poiché i loro effluenti presentano ancora un elevato contenuto di materiale organico (per esempio, più di 100 mg di BOD_5).

Alcuni processi prevedono la combinazione di trattamenti anaerobici e aerobici. Un bioreattore anaerobico a miscelazione completa crea un ambiente per degradare composti organici complessi in CO_2, CH_4 e altri composti organici semplici; questo bioreattore (digestore) riduce il BOD_5 dell'85-95%; i gas che si separano dall'acqua contengono circa il 65-70% di CH_4. L'effluente viene convogliato in un reattore aerobico per un successivo trattamento.

Il processo precedentemente descritto prevede il flusso dell'acqua trattata in condizioni anaerobiche verso un serbatoio di degassificazione e di flocculazione e, successivamente, verso un sedimentatore lamellare, nel quale i microrganismi anaerobi vengono separati per essere reinviati al digestore. Il surnatante fluisce per gravità in un bacino di aerazione dove aeratori meccanici forniscono ossigeno. Poiché lo stadio di aerazione deve rimuovere solo dal 5 al 15% del BOD_5 originario, il fabbisogno di energia aerobica è ridotto. Questo processo implica la successiva sedimentazione dei fanghi aerobici nel sedimentatore finale, con ritorno al bacino di aerazione. I fanghi in eccesso vengono messi in ricircolo nel digestore, dove favoriscono l'attività batterica e vengono decomposti.

La combinazione di trattamenti anaerobici e aerobici consente di gestire considerevoli variazioni nell'effluente. Infatti, il trattamento anaerobico risponde lentamente alle variazioni del flusso a causa della bassa velocità di crescita dei microrganismi anaerobi, ma la crescita più rapida dei microrganismi aerobi consente generalmente di trattare i carichi maggiori presenti nell'effluente anaerobico.

Stagni aerobi

Gli stagni aerobi utilizzano aeratori meccanici che immettono ossigeno atmosferico per favorire l'ossidazione biologica; gli agitatori meccanici, progettati per spingere l'aria sotto l'acqua e farla circolare orizzontalmente, consentono di mantenere una concentrazione di ossigeno disciolto di 1-3 mg/L per un carico organico superficiale fino a 450 kg BOD_5/ha/giorno. Poiché il trasferimento dell'ossigeno avviene sotto l'acqua, non vi è rischio né di congelamento né di intasamento. Gli stagni aerati possono essere di tipo *aerobico-anaerobico* o *parzialmente sospeso*, denominati anche *facoltativi*, (quando il mescolamento è sufficiente per distribuire l'ossigeno disciolto ma non per mantenere tutti i solidi in sospensione) o di tipo *aerobico* o *completamente sospeso* (quando la miscelazione è sufficiente per mantenere tutti i solidi in sospensione).

Circa il 20% del BOD immesso in uno stagno aerobico viene convertito in fanghi solidi, con riduzione del BOD dal 70 al 90%. Negli stagni facoltativi parte dei solidi prodotti è decomposta nei fanghi anaerobici depositati sul fondo, mentre gli effluenti completamente miscelati richiedono normalmente un ulteriore trattamento come la chiarificazione o i bacini di finissaggio.

Filtri percolatori

Questi filtri, costituiti da un letto di materiale inerte (solitamente pietrisco) deposto su un fondo drenante, sul quale vengono fatte scorrere in strato sottile le acque reflue, riducono BOD e SS tramite azione batterica e ossidazione biologica a opera di microrganismi aerobi (come *zooglea*) che crescono sulla superficie del materiale. Il processo di degradazione biologica avviene in modo analogo a quello dei fanghi attivi, salvo che nel filtro i batteri aerobi costituiscono un biofilm fissato sul materiale inerte (pietrisco o plastica). L'aerazione è ottenuta esponendo all'atmosfera grandi superfici di acque reflue. Se la concentrazione dei solidi sospesi nelle acque reflue supera i 100 mg/L, questo processo deve essere preceduto da un trattamento primario.

L'efficienza dei filtri percolatori è influenzata dalla temperatura, dalle caratteristiche dei reflui, dal carico idraulico superficiale, dalle caratteristiche del materiale inerte e dalla profondità del filtro. Le caratteristiche del materiale di riempimento, quali la dimensione, gli spazi vuoti e l'area superficiale, così come il carico idraulico superficiale influenzano l'efficienza dei filtri percolatori più di altri fattori. L'efficienza della rimozione è relativamente indipendente, in un ampio range, dal carico organico superficiale.

L'impiego di materiale di riempimento in plastica, caratterizzato da area superficiale e spazio vuoto maggiori rispetto ai materiali rocciosi, ha portato miglioramenti nella progettazione e nell'efficienza. Questo metodo di trattamento è considerato più semplice dal punto di vista operativo e con una manutenzione più facile degli impianti a fanghi attivi.

Impianti a fanghi attivi

I fanghi attivi sono ampiamente utilizzati per il trattamento delle acque reflue. Questo processo richiede un reattore, rappresentato da una vasca o da un bacino di aerazione, un sedimentatore e un sistema di pompaggio per far tornare parte del fango sedimentato al reattore e inviare il rimanente (fango di supero) allo smaltimento. Il trattamento primario è opzionale.

In questo processo parte del fango depositato nel sedimentatore viene riciclata e miscelata con le acque reflue in entrata nel reattore; in tal modo la concentrazione di solidi biologici che ne risulta è molto superiore rispetto a quella che si avrebbe senza riciclo. Il termine *fanghi attivi* è giustificato dal fatto che i fanghi riciclati contengono microrganismi in grado di decomporre attivamente la materia organica contenuta nei reflui da trattare. Questa miscela di acque reflue affluenti e di fanghi riciclati è detta *miscela aerata*. Il processo a fanghi attivi è frequentemente definito sistema di ossidazione biologica *a letto fluido*, mentre il sistema a filtri percolatori viene chiamato *a letto fisso*.

Il sistema convenzionale a fanghi attivi è stato progettato per il trattamento secondario continuo dei reflui domestici; è molto efficace per rimuovere tutti i materiali organici dalle acque reflue, mentre è inefficace per la rimozione dei solidi inorganici disciolti. Per ottenere la miscelazione, questo processo può utilizzare sia aeratori di superficie, sia diffusori d'aria. Gli affluenti organici vengono miscelati con il fango attivo e subiscono una decomposizione biologica nel percorso dall'ingresso allo scarico del reattore. Il tempo di detenzione nel reattore varia da 6 ore a oltre 3 giorni, a seconda del grado di inquinamento delle acque reflue e del metodo operativo adottato. Quando il fango attivo entra in contatto con i reflui in entrata, vi è un breve periodo (meno di 30 minuti) nel quale il materiale particolato contenuto nell'affluente viene rapidamente adsorbito sulla matrice gelatinosa del fango di ricircolo; viene in tal modo rimossa una quota consistente del BOD in ingresso. Le apparecchiature elettriche e meccaniche necessarie per l'aerazione di un sistema a fanghi attivi sono relativamente costose e hanno consumi energetici piuttosto elevati. Questo processo può essere realizzato con grande efficienza (dal 95 al 98%) ed essere modificato per rimuovere l'azoto e il fosforo senza l'impiego di prodotti chimici.

Una variante di questo processo è rappresentata dagli impianti a fanghi attivi ad *aerazione estensiva*, che trovano applicazione in particolare nelle fosse di ossidazione Pasveer e Carrousel, che servono grandi centri urbani e sono utilizzate in diversi Paesi, compresi quelli europei. Questo processo consente di minimizzare la produzione di fanghi da smaltire; ciò implica un allungamento del tempo di aerazione necessario per mantenere i solidi sospesi nella miscela aerata a concentrazioni tali da consentire un'efficiente sedimentazione nel chiarificatore. Il grado di mineralizzazione del fango risultante è tale da non richiedere trattamenti successivi in digestore prima della disidratazione. Tuttavia nei sistemi ad aerazione estensiva viene consumata più energia, poiché tutti i materiali organici vengono stabilizzati aerobicamente. Il principale vantaggio di questo processo, che non richiede trattamenti primari, è che generalmente consente un'elevata efficienza nella riduzione del BOD (dal 95 al 98%) e minimizza il trattamento dei fanghi da smaltire.

La digestione aerobica dei fanghi consente, come quella anaerobica, di completare la stabilizzazione dei solidi volatili; tuttavia necessita di aerazione meccanica o pneumatica. Questo approccio viene talvolta utilizzato per stabilizzare il surplus di fanghi biologici generati nei processi a fanghi attivi o in quelli a filtri percolatori. Può essere anche impiegato, prima del trattamento biologico, per stabilizzare i fanghi primari ottenuti dalla sedimentazione.

Un'altra variante del processo a fanghi attivi è la *stabilizzazione per contatto* (impianti per contatto-stabilizzazione), che presenta il vantaggio di una rimozione del substrato in due fasi. La prima fase, che dura da 0,5 a 1 ora, implica il rapido adsorbimento dei componenti organici colloidali, finemente sospesi e disciolti nei reflui, da parte dei fanghi attivi. Nella seconda fase, il materiale organico adsorbito viene separato per sedimentazione e la miscela aerata concentrata viene ossidata nell'arco di 3-6 ore. La prima fase ha luogo nella vasca di contatto, mentre la seconda in quella di stabilizzazione; pertanto la fase di adsorbimento è separata da quella di ossidazione biologica.

Nei sistemi basati sull'uso di vasche di stabilizzazione sulla superficie delle vasche si forma uno strato solido, aumentando la formazione di fango sul fondo, riducendo il tempo di detenzione (riduzione del volume utile) e ostacolando l'operatività del sistema.

Fosse di ossidazione

La diffusione di questa tecnica è dovuta alla sua efficienza, semplicità ed economicità nel trattamento dei reflui. Il processo mantiene i rifiuti a contatto con la biomassa del fango per 20-30 ore in condizioni di miscelamento e aerazione costanti. Dopo il passaggio nel reattore biologico i solidi sospesi stabilizzati entrano in un chiarificatore (vasca di sedimentazione), dove vengono eliminati mediante sedimentazione.

Una fossa di ossidazione può ricevere carichi di BOD compresi tra 200 e 500 g/giorno per metro cubo di volume aerato disponibile. Il turnover dei fanghi (cioè il loro tempo di detenzione, ovvero l'età del fango) deve essere di 16-20 giorni. A ciascun chilogrammo di BOD fornito corrisponde una produzione di circa 200-300 grammi di nuovi fanghi, con una riduzione attesa del BOD pari al 90-95%. Nelle fosse di ossidazione, la temperatura può avere una significativa influenza sull'efficienza della rimozione dei solidi: in particolare nelle stagioni fredde possono formarsi piccoli fiocchi (detti a "capocchia di spillo") di materiale biologico che, scaricati con l'effluente in uscita dal chiarificatore, diminuiscono l'efficienza del processo.

Il tipico disegno di una fossa di ossidazione prevede un singolo canale ad anello o più canali ad anello collegati in serie. Uno dei vantaggi delle fosse di ossidazione è che la loro gestione, una volta impostata la corretta operatività, richiede un impegno limitato. Molte industrie alimentari utilizzano le fosse di ossidazione per il trattamento delle acque reflue.

Per il trattamento delle acque reflue domestiche e industriali, provenienti dalla trasformazione degli alimenti, risultano particolarmente interessanti le fosse di ossidazione a barriera totale (TBOD, *Total Barrier Oxidation Ditch*). Queste consentono di depurare biologicamente i reflui attraverso la miscelazione con ossigeno dei solidi in essi presenti e permettono ai batteri di nutrirsi di questi inquinanti. L'elevata efficienza nel trasferimento dell'ossigeno in punti specifici della fossa permette un efficace controllo del processo e una maggiore flessibilità nella progettazione. Pertanto viene mantenuto un costante e potente flusso di acque reflue, evitando la sedimentazione della biomassa sul fondo del reattore. L'unità di pompaggio e aerazione consiste in aeratori sommersi con tubi aspiranti a turbina, che trasferiscono l'ossigeno nella miscela aerata.

Smaltimento sul terreno

Le tecniche di smaltimento sul terreno più efficienti sono rappresentate dall'infiltrazione-percolazione e dallo scorrimento superficiale. Con l'impiego di queste tecniche, se non correttamente eseguite, gli inquinanti possono danneggiare la vegetazione, il suolo e le acque di falda; tuttavia entrambe possono rimuovere efficacemente il carbonio organico da acque reflue con carico elevato. La rimozione degli inquinanti può raggiungere il 98% con l'infiltrazione e l'84% con lo scorrimento superficiale. La maggiore efficacia ottenibile con l'infiltrazione è controbilanciata dal costo più elevato e dalla maggiore complessità del suo sistema di distribuzione. Lo scorrimento superficiale comporta, inoltre, un minore inquinamento delle acque di falda.

Sebbene lo smaltimento sul terreno sia stato utilizzato in passato per eliminare i reflui di alcune industrie alimentari, oggi il ricorso a questo metodo è limitato. Gli elevati volumi di acque reflue da smaltire richiederebbero un'estensione di terreno troppo vasta. Lo scorrimento superficiale e un corretto utilizzo delle sostanze nutrienti possono ridurre la vegetazione. L'accumulo di minerali e di altri materiali nel suolo può portare, a lungo termine, all'inquinamento del terreno (Rushing, 1992).

Dischi biologici

I dischi biologici o biodischi costituiscono un sistema di trattamento biologico a biomassa adesa, concettualmente simile a quello dei filtri percolatori. I costi iniziali di questo impianto sono elevati, ma i costi operativi e lo spazio necessario contenuti.

Questo sistema consiste in serie di dischi di materiale plastico di grande diametro (circa 3 m) montati a distanza di 2-3 cm uno dall'altro (per evitare contatti tra le biomasse) su un asse orizzontale (in gruppi o pacchi separati da deflettori per minimizzare l'agitazione); un esempio di un impianto basato su tale sistema è presentato nella figura 11.1. I dischi ruotano lentamente (da 0,5 a 10 rpm) e sono immersi per il 30-40% in una vasca orizzontale aperta (normalmente a fondo semicircolare per adattarsi alla forma dei dischi), nella quale scorrono le acque reflue.

I biodischi funzionano grazie ai microrganismi che aderiscono e crescono sulla superficie dei dischi, assimilando i nutrienti presenti nelle acque reflue. L'ossigenazione della flora

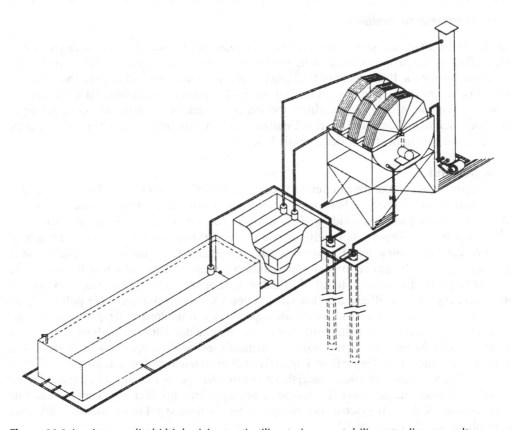

Figura 11.1 Impianto a dischi biologici rotanti utilizzato in uno stabilimento di acquacoltura.

microbica avviene sia per esposizione diretta all'aria, quando la rotazione porta la superficie dei dischi fuori dal refluo, sia attraverso l'aerazione del sottile film d'acqua che aderisce alla superficie del disco. L'aumento della velocità di rotazione accresce la quantità di ossigeno disciolto nella vasca. Come nei filtri percolatori, quando la biomassa ha esaurito il proprio ciclo vitale si stacca dai dischi e viene rimossa. Sebbene questo processo sia considerato un trattamento secondario, la sedimentazione primaria può essere eliminata se il carico di solidi sospesi nelle acque reflue non è eccessivamente elevato (fino a 240 mg/L).

Separazione magnetica

Questo metodo fisico secondario viene applicato anche per il trattamento terziario. I rifiuti organici solidi in sospensione sono trattati chimicamente con magnetite (Fe_3O_4); la successiva aggiunta di solfato di alluminio o di cloruro ferrico determina la coagulazione per flocculazione, pertanto le particelle coagulate contengono magnetite. Questo processo viene condotto in una camera contenente una matrice di lana d'acciaio inossidabile situata in un campo magnetico. Facendo passare le acque reflue attraverso il campo magnetico della camera, le particelle coagulate magnetizzate presenti in sospensione aderiscono alla lana d'acciaio inossidabile. Azzerando il campo magnetico, i materiali solidi così raccolti possono essere rimossi dal supporto e allontanati mediante lavaggio. Questo processo è stato sviluppato in Australia e ha avuto solo limitate applicazioni in America settentrionale.

11.3.4 Trattamento terziario

I processi di trattamento terziario, o trattamento avanzato, hanno lo scopo di migliorare la qualità degli effluenti derivanti dal trattamento delle acque reflue per adeguarla ai limiti previsti dalla normativa. Il trattamento terziario è applicato alle acque reflue delle industrie alimentari per eliminare sostanze derivanti dai processi di lavorazione, come coloranti, aromatizzanti e salamoie. Alcuni processi impiegati per il trattamento terziario dei reflui nei depuratori pubblici sono spesso utilizzati nel trattamento primario delle acque di rifiuto da parte di diverse aziende di trasformazione degli alimenti.

Separazione fisica

Per la depurazione e il trattamento terziario delle acque reflue sono stati sviluppati sistemi di separazione basati su filtri a sabbia o su microfiltri (microstacci); entrambi i sistemi consentono di rimuovere particelle solide sospese fino a dimensioni dell'ordine dei micrometri.

Il *microfiltro* è costituito da un cilindro rotante coperto da una tela con maglie estremamente piccole (normalmente di nylon o tessuto metallico), posizionato orizzontalmente in una vasca aperta. L'acqua reflua entra nel cilindro e viene filtrata dalla tela finissima, che trattiene le particelle solide. Mentre il cilindro ruota lentamente, la sezione esposta al di sopra della superficie dell'acqua reflua viene sottoposta a controlavaggio per pulire il filtro e convogliare i solidi raccolti in un canale separato. La rimozione delle particelle tramite microstacciatura è funzione della dimensione delle maglie del filtro, normalmente compresa tra 20 e 65 μm. Si tratta di un metodo di trattamento terziario relativamente a basso costo, poiché i filtri sono autopulenti e i costi operativi e di manutenzione bassi. L'efficacia del trattamento è limitata dall'ostruzione parziale del filtro, che spesso ne riduce la durata. Inoltre nei reflui secondari immessi nel cilindro possono essere presenti microrganismi che causano la formazione di depositi viscosi; per ridurne la formazione si è fatto ricorso sia alla luce ultravioletta sia alla clorazione.

Per il trattamento terziario delle acque reflue sono frequentemente utilizzati i *filtri a sabbia rapidi*, i *filtri a letto misto* o *pluristrato* e i sistemi di *filtrazione continua in controcorrente*. Questi metodi di trattamento richiedono un dispositivo di drenaggio per rimuovere i liquidi chiarificati e un sistema per il recupero dei solidi raccolti. Sono disponibili meccanismi automatici di controlavaggio per l'autopulitura dei filtri.

Separazione fisico-chimica

Le acque reflue provenienti dalle industrie alimentari contengono rilevanti quantitativi di solidi disciolti, che possono essere efficacemente rimossi con vari metodi di separazione fisico-chimica. Uno dei metodi meno costosi per rimuovere le sostanze organiche resistenti ad altri trattamenti è l'*adsorbimento su carbone attivo*. L'affinità del soluto organico con il carbone dipende dal tipo di carbone e dal coefficiente di solubilità in acqua del soluto.

I processi di *scambio ionico* rimuovono i sali minerali sostituendo le loro forme ioniche (sia cationi sia anioni) con altri ioni tramite resine cariche. I cationi multivalenti vengono normalmente sostituiti da monovalenti, quali Na^+ o H^+, e gli anioni da OH^- o Cl^-. Lo scopo principale di questa tecnica è rimuovere i sali minerali la cui presenza nell'acqua è considerata dannosa o per recuperare minerali utili dalle acque reflue industriali. La resina a scambio ionico normalmente consiste in una rete di molecole organiche, note come *polimeri*, legate trasversalmente, che contengono gruppi funzionali attivi che possono essere fortemente acidi, debolmente acidi o fortemente basici. La resina è carica con ioni come H^+ e Na^+, che sono sostituiti dagli ioni multivalenti presenti nel reflui che la attraversa. Le resine devono essere periodicamente rigenerate, per ripristinare la carica di ioni originaria, usando un acido o una base forti. Lo scambio ionico è particolarmente utile per demineralizzare l'acqua e il siero.

L'*elettrodialisi* viene utilizzata per rimuovere i sali minerali dalle salamoie e per demineralizzare il siero; è basata sull'applicazione di una corrente elettrica a un corpo idrico in cui sono inserite verticalmente membrane selettive cationiche e anioniche, posizionate in modo alternato. Per effetto della corrente elettrica, al passaggio delle soluzioni ioniche, gli ioni positivi sono trasportati attraverso la membrana cationica e gli ioni negativi attraverso quella anionica. Quindi all'interno della vasca di elettrodialisi alcuni scomparti risulteranno arricchiti di anioni o di cationi, mentre l'acqua rimanente sarà demineralizzata. Per via dei problemi connessi alla precipitazione dei sali, all'intasamento degli elettrodi e all'ostruzione delle membrane da parte dei componenti organici dell'acqua, l'elettrodialisi ha utilità limitata come metodo di trattamento terziario.

Stagni di finissaggio

Gli stagni di finissaggio (o stagni di maturazione) sono utilizzati per il trattamento terziario degli effluenti secondari derivanti da fanghi attivi o da filtri percolatori. La profondità di questi bacini può variare da 0,3 a 1,5 m. L'ossigeno viene fornito mediante aerazione naturale o meccanica oppure prodotto dalla fotosintesi. Il carico organico superficiale varia normalmente da 17 a 34 kg BOD_5/ha/giorno, con una percentuale di riduzione di BOD e SS dall'80 al 90%. L'efficacia di questo sistema nella rimozione dei residui è influenzata dalla temperatura. Praticamente gli stagni di finissaggio non richiedono né attrezzature né energia e per le operazioni quotidiane è necessario un impegno minimo. Tuttavia, per la loro realizzazione occorre disporre di estensioni di terreno superiori a quelle richieste dalle altre tecniche di trattamento.

Ossidazione chimica

L'ossidazione chimica mediante vari composti è utilizzata per ossidare ulteriormente i reflui nel trattamento terziario. Il trattamento con *ozono* è facilmente attuabile, anche grazie ai costi contenuti dei generatori di ozono. Questo forte ossidante si decompone in acqua formando ossigeno e ossigeno monoatomico, che reagisce rapidamente con la sostanza organica. Questo processo inoltre disinfetta, rimuove sapori e odori e ha effetto sbiancante.

Gli altri composti utilizzati nell'ossidazione chimica sono il cloro, il biossido di cloro, l'ossigeno e il permanganato.

11.3.5 Disinfezione

Scopo principale della disinfezione è ridurre la carica batterica totale ed eliminare i batteri patogeni presenti nelle acque reflue. Per essere potabile, l'acqua deve avere una carica batterica nulla, o comunque molto bassa. Come indicatore della qualità igienico-sanitaria e dell'efficacia della disinfezione, più che la presenza di specifici patogeni, è spesso utilizzato il numero di coliformi totali per unità di volume. La tabella 11.2 riporta le caratteristiche medie della

Tabella 11.2 Caratteristiche microbiologiche delle acque di scarico domestiche

Microrganismi	ufc/100 mL di acqua
Batteri totali	10^9-10^{10}
Coliformi	10^6-10^9
Streptococchi fecali	10^5-10^6
Salmonella typhi	10^1-10^4
Virus *	10^2-10^4

* Unità formanti placca (ufp)

Fonte: Arceivala, 1981

popolazione microbica delle acque reflue domestiche e dà un'idea dell'entità della contaminazione che si può riscontrare nelle acque reflue delle industrie alimentari.

Per motivi di salute pubblica, prima dello smaltimento finale le acque reflue trattate devono essere disinfettate; a tale scopo sono disponibili sia disinfettanti chimici, sia metodi fisici di disinfezione. L'aggiunta di un disinfettante chimico all'acqua deve prevedere un tempo di contatto sufficiente per garantire un'azione battericida efficace (Wang et al., 2003). Grazie alla rimozione di microrganismi durante i trattamenti primari e secondari e alla morte di patogeni in seguito alla lunga esposizione all'ambiente naturale, la disinfezione delle acque reflue trattate può essere meno intensa.

Per la disinfezione dell'acqua possono essere impiegati numerosi composti, tra i quali: cloro, iodio, bromo, sali di ammonio quaternario e ozono. Il cloro come cloro-gas e i suoi composti, come gli ipocloriti di calcio e di sodio, sono i prodotti chimici più comunemente utilizzati per via del basso costo, dell'elevata efficacia e della facilità di applicazione. La preclorazione dell'acqua, quale pretrattamento, ha lo scopo di ridurre i problemi operativi associati alla formazione di depositi melmosi biologici su filtri, tubazioni e serbatoi e di prevenire lo sviluppo di sapori e odori anomali. La post-clorazione, quale trattamento di disinfezione finale delle acque reflue, è una misura fondamentale per la riduzione della carica microbica nelle acque trattate. Di norma il cloro viene aggiunto o subito dopo o subito prima il passaggio su filtro a sabbia (Haas, 1990). Per evitare possibili reazioni tra disinfettanti e materiale organico, in genere le acque reflue vengono disinfettate alla fine del trattamento. Per la disinfezione sono utilizzati ossidanti chimici, irradiazione con ultravioletti, raggi gamma e microonde, metodi fisici come il trattamento con ultrasuoni o il calore.

Negli ultimi anni, la clorazione è stata impiegata con maggiore cautela per via della formazione di composti organoalogenati potenzialmente cancerogeni che si formano nelle acque clorate. Occorre inoltre ricordare che la clorazione delle acque reflue immesse nei corpi idrici può essere tossica per la fauna acquatica. La clorazione e altri trattamenti chimici non uccidono tutti i microrganismi: alcune alghe, microrganismi sporigeni e virus (compresi virus patogeni) sopravvivono al trattamento di clorazione.

Gli agenti antimicrobici, come i disinfettanti utilizzati nelle procedure di sanificazione dell'industria alimentare, possono rappresentare un problema poiché sono in grado di distruggere anche i microrganismi impiegati per il trattamento delle acque reflue. Disinfettanti, pH, volumi immessi, carico organico (BOD), solidi, temperatura e sostanze tossiche possono influenzare negativamente l'operatività di un impianto per il trattamento dei reflui. Tuttavia, quando i disinfettanti vengono utilizzati correttamente, seguendo le indicazioni del produttore, normalmente non interferiscono con i delicati processi microbiologici che si svolgono nella maggior parte degli impianti di trattamento delle acque reflue. Scarichi accidentali o eccessivi di disinfettanti o prodotti chimici possono comunque complicare il processo di depurazione.

Tra i disinfettanti utilizzati nell'industria alimentare, quelli che destano maggiori preoccupazioni sono i cloruri di ammonio quaternario; questi disinfettanti, infatti, sono stabili ed efficaci in un ampio intervallo di pH. Tuttavia, l'azione antimicrobica dei disinfettanti negli impianti di depurazione può essere contrastata da vari fattori, come inattivazione, adsorbimento, biodegradazione e acclimatazione. Nella maggior parte degli impianti per il trattamento delle acque reflue entrano composti cationici in quantità sufficiente per inattivare i sali di ammonio quaternario. Inoltre, nel flusso dei reflui il cloro e lo iodio perdono rapidamente attività e giungono raramente nell'impianto di trattamento. La diluizione dei disinfettanti acidi normalmente determina un innalzamento del loro pH (oltre 4,0), riducendone l'attività antimicrobica. Come il cloro, anche i disinfettanti a base di acido peracetico sono molto instabili quando miscelati con i reflui del processo produttivo e non si ritiene raggiungano l'impianto di depurazione.

La disinfezione con ultravioletti di volumi ridotti di effluente costituisce un metodo efficace privo di effetti collaterali per la flora o la fauna degli ecosistemi recettori. Pur essendo efficaci, i trattamenti termici non sono adatti per disinfettare grandi volumi d'acqua. (L'applicazione della tecnologia delle membrane al trattamento delle acque è illustrata nel capitolo 19, dedicato all'industria delle bevande.)

11.3.6 Deodorizzazione

L'acqua trattata può essere potabile, ma avere odore o sapore sgradevole per effetto dell'attività di alcuni organismi microscopici (in particolare alghe), specie durante i mesi estivi. Pertanto la deodorizzazione è essenziale per eliminare tale inconveniente. Aumentando la superficie di contatto tra acqua e aria, i trattamenti di strippaggio mediante aria e l'aerazione accelerano il trasferimento di gas tra le due fasi. Questi trattamenti trovano applicazione in particolare nella rimozione di solfuro d'idrogeno (per eliminarne l'odore sgradevole), di anidride carbonica (per ridurre la domanda di calce nel successivo trattamento di addolcimento) e di tracce di contaminanti organici volatili. Tra i sistemi utilizzati, vi sono torri a riempimento, ugelli a spruzzo, colonne a piatti e degasatori sotto vuoto (Wang et al., 2003).

Sommario

Per stabilire quale sia il sistema ottimale per il trattamento dei rifiuti solidi e liquidi è necessario condurre un'indagine accurata per accertare i volumi e le caratteristiche dei rifiuti e i consumi d'acqua registrati. Il grado di inquinamento dei rifiuti viene misurato mediante appositi test ed espresso da parametri come BOD, COD, DO, TOC, SS, TSS e TDS.

Le acque reflue possono essere recuperate mediante riciclo, riutilizzo e separazione dei solidi. Le fasi principali del trattamento delle acque reflue sono: il pretrattamento, mediante equalizzazione del flusso, grigliatura e sgrossatura; il trattamento primario, tramite sedimentazione e flottazione; il trattamento secondario, con stagni anaerobi e aerobi, filtri percolatori, fanghi attivi, fosse di ossidazione, smaltimento sul terreno e dischi biologici; il trattamento terziario, mediante separazione fisica, stagni di finissaggio e ossidazione chimica. Per evitare reazioni tra i disinfettanti e il materiale organico, la disinfezione delle acque reflue trattate dovrebbe essere condotta dopo le altre fasi di trattamento.

Domande di verifica

1. Che cos'è la domanda biochimica di ossigeno?
2. Che cos'è la domanda chimica di ossigeno?
3. Quali sono i vantaggi e gli svantaggi del pretrattamento delle acque reflue?
4. Quali sono i tre metodi di pretrattamento delle acque reflue?
5. Descrivere brevemente due metodi di trattamento primario delle acque reflue.
6. Perché gli stagni anaerobi vengono utilizzati come metodo di trattamento secondario delle acque reflue?
7. Come funzionano gli stagni aerobi?
8. Che cosa sono i fanghi attivi?

9. Qual è la funzione dei filtri a sabbia e dei microfiltri?
10. Qual è il metodo ottimale per lo smaltimento dei rifiuti solidi prodotti da uno stabilimento alimentare?

Bibliografia

Arceivala SJ (1981) _Wastewater treatment and disposal._ Marcel Dekker, New York.

Bakka RL (1992) Wastewater issues associated with cleaning and sanitizing chemicals. _Dairy Food Sci Environ Sanit_ 12: 274.

Haas CH (1990) Disinfection. In: Pontius FW (ed) _Water quality and treatment_ (4th ed). McGraw-Hill, New York.

Masotti L (2002) _Depurazione delle acque._ Calderini, Bologna.

Rushing JE (1992) Water issues in food processing. _Diary food Sci Environ Sanit_ 12: 280.

Safley LM et al (1993) _Lagoon management. Pork industry handbook._ Purdue University, Coop Ext. Serv., West Lafayette.

Sofranec D (1991) Wastewater woes. _Meat Proc_ 46, November

Veras A (2003) Pollution in the meat industry. _Brazilian J Food Technol_ 6 (Special issue): 46.

Wang CS, Wu JS-B, Chang PCM (2003) Water in food processing. In: Hui YH et al (eds) _Food plant sanitation._ Marcel Dekker, New York.

Capitolo 12
Controllo degli infestanti

Scopo di questo capitolo non è formare esperti del controllo degli infestanti, ma offrire agli specialisti della sanificazione conoscenze specifiche sull'impatto di insetti, roditori e uccelli nella contaminazione delle derrate alimentari: saranno esaminate le principali specie e le tecniche per controllare la presenza di questi ospiti indesiderati. Lo specialista di igiene degli alimenti deve lottare contro un numero relativamente limitato di specie animali, che possono tuttavia costare all'industria alimentare miliardi di dollari ogni anno. Nel secolo scorso milioni di persone sono morte a causa di malattie trasmesse da roditori (Siddiqi, 2001).

Un programma efficace contro gli infestanti comincia con la comprensione delle caratteristiche delle fonti da cui possono provenire e con la conoscenza approfondita delle procedure sicure ed efficaci di controllo ed eliminazione. Se non è impiegata una persona addetta specificamente al controllo degli infestanti, questa responsabilità dovrebbe essere assegnata a uno o più dipendenti (a seconda delle dimensioni dello stabilimento) formati a tale scopo. Non tutti i prodotti chimici citati nel capitolo sono autorizzati in Italia: è importante verificare che siano registrati per il controllo degli infestanti. Può essere utile rivolgersi a una ditta specializzata in disinfestazioni, scelta obbligata nel caso di fumigazioni con gas tossici.

Un'igiene accurata è una pratica efficace per prevenire le condizioni che favoriscono gli infestanti. Mantenere in ordine lo stabilimento facilita il controllo degli infestanti, rendendo loro più difficile sia penetrare sia trovare un rifugio adatto in cui riprodursi e prosperare. L'eliminazione di possibili ripari, rifiuti, materiale in decomposizione, scarti e rottami scoraggia la presenza di insetti e roditori. Gli infestanti possono essere trovati in spazi chiusi sotto scaffali, piattaforme, scivoli e condutture, in particolare se in queste zone si lasciano accumulare detriti. Lo stesso vale per le crepe nelle pareti e nei materiali di isolamento.

12.1 Infestazione da insetti

Si stima che le perdite dopo il raccolto causate dagli artropodi infestanti siano comprese tra l'8 e il 25% nei Paesi sviluppati e tra il 70 e il 75% nei Paesi in via di sviluppo. Tali perdite sono attribuibili sia al consumo sia alla contaminazione da parte di questi infestanti.

12.1.1 Scarafaggi

Negli stabilimenti per la lavorazione dei prodotti alimentari e negli esercizi di ristorazione i più comuni infestanti sono gli scarafaggi, o blatte; il loro controllo è essenziale poiché trasportano e diffondono diversi agenti patogeni. Numerose specie possono trasportare circa 50

N.G. Marriott et al., *Sanificazione nell'industria alimentare*
© Springer 2008

differenti microrganismi, tra i quali *Salmonella*, *Shigella*, virus della poliomielite e *Vibrio cholerae*, l'agente responsabile del colera.

Gli scarafaggi diffondono microrganismi indesiderabili attraverso il contatto con gli alimenti, in particolare mordendoli e masticandoli. Anche se preferiscono sostanze ricche di carboidrati, possono cibarsi di qualsiasi alimento consumato dall'uomo, come pure di rifiuti, materiali in decomposizione, insetti morti (inclusi altri scarafaggi), fodere di scarpe, carta e legno. Sono più attivi nelle zone buie e di notte, quando le attività umane sono ridotte.

Questi infestanti si moltiplicano velocemente, producendo ogni mese piccole ooteche contenenti 16-40 uova ciascuna. Per assicurare una maggiore protezione, le ooteche vengono depositate in punti nascosti. Subito dopo la nascita, gli individui giovani, o ninfe, cominciano a cibarsi dello stesso materiale consumato dagli adulti. Le ninfe sono simili agli adulti, ma sono più piccole e non possiedono ali; queste si sviluppano con la crescita, dopo diverse mute. Gli scarafaggi vivono circa un anno e si accoppiano diverse volte.

L'identificazione della specie di scarafaggio che infesta uno stabilimento può aiutare nella scelta della tecnica di controllo. Le specie che più comunemente infestano gli stabilimenti sono tre; una quarta specie (*Blattella vaga*) si sta diffondendo nel sud degli Stati Uniti.

Specie più diffuse

Blattella germanica Questo scarafaggio lungo 13-20 millimetri è di colore marrone chiaro con due strisce marrone scuro dietro la testa. Gli adulti di entrambi i sessi possiedono ali ben sviluppate. La femmina trasporta l'ooteca, che sporge dall'estremità dell'addome, fino alla schiusa delle uova; nel corso della sua vita, che dura circa 9 mesi, genera circa 130 individui. Nelle aziende alimentari, questi scarafaggi possono infestare i principali ambienti di lavorazione o preparazione di alimenti, oltre a magazzini, uffici e servizi. Preferiscono annidarsi in fessure calde situate vicino a fonti di calore e in genere non si rinvengono nei magazzini sotterranei. Sono particolarmente comuni nei ristoranti, dove si possono trovare dal pavimento al soffitto.

Periplaneta americana Questa specie è lunga da 40 a 60 millimetri ed è la più grande tra quelle comuni. Il colore degli adulti varia da marrone rossastro a marrone, quello dei giovani è marrone chiaro. La femmina nasconde le ooteche non appena vengono prodotte ed è più prolifica di *Blattella germanica* poiché vive per 12-18 mesi, depone ben 33 ooteche e genera circa 430 individui. Questi scarafaggi tendono ad abitare zone spaziose e umide, quali scantinati, fogne, aree di drenaggio e depositi d'immondizia, ma possono essere rinvenuti anche nei magazzini. Rispetto a *Blattella germanica*, preferiscono ambienti un po' più freschi e si annidano in crepe e fessure più grandi; si trovano più frequentemente nei grandi depositi sotterranei, sulle banchine di carico e negli scantinati degli stabilimenti alimentari.

Blatta orientalis Questi insetti hanno colore lucido che varia dal marrone scuro al nero e misurano circa 25 millimetri. Le ali sono corte nel maschio e assenti nella femmina. Gli individui giovani hanno colore marrone chiaro. Le femmine nascondono le ooteche subito dopo l'espulsione, vivono 5-6 mesi e possono produrre un'ooteca al mese, generando circa 80 individui. L'habitat preferito da questa specie è simile a quello di *Periplaneta americana*. Negli stabilimenti alimentari si trovano di norma nei depositi sotterranei e nei locali umidi.

Rilevamento

Le blatte possono essere rinvenute in tutti i luoghi in cui gli alimenti vengono trasformati, stoccati, preparati o somministrati. Questi insetti tendono a depositare e a nascondere le uova in zone buie, calde e difficili da pulire; i rifugi favoriti sono piccoli spazi situati sotto e in mezzo a macchinari, scaffali e coperture. Escono alla luce solo per andare alla ricerca di cibo che non trovano in queste zone o perché scacciati da altre blatte.

Uno dei metodi più semplici per controllare se vi è un'infestazione di scarafaggi è entrare nei locali di produzione o di stoccaggio quando sono al buio e accendere le luci; la presenza di questi insetti può essere rivelata anche dal forte odore oleoso emanato da una sostanza prodotta da alcune ghiandole. Gli scarafaggi lasciano i loro escrementi in quasi tutti i luoghi in cui passano; le feci sono piccole, nere o marroni e quasi sferiche.

Controllo

Nelle imprese alimentari questo infestante deve essere controllato continuamente, mediante un'efficace sanificazione e l'utilizzo di prodotti chimici. La sanificazione rappresenta la forma più importante di controllo. Questi insetti necessitano di cibo, acqua e rifugi in cui nascondersi. L'illuminazione esterna, comprese le luci delle zone di parcheggio, dovrebbe essere realizzata mediante lampade a vapori di sodio (luce gialla), che attirano meno gli insetti rispetto alle normali lampade a incandescenza (Eicher, 2004). Poiché questi insetti mangiano praticamente qualsiasi cosa, l'eliminazione dei rifiuti e il mantenimento dell'ordine in tutto lo stabilimento, compresi i servizi, mediante un programma continuo di sanificazione, è fondamentale per il loro controllo. La gestione integrata degli infestanti (che sarà discussa successivamente) è più efficace degli insetticidi (DeSorbo, 2004).

Le infestazioni possono essere ridotte riempiendo le crepe di pavimenti e pareti, tramite silicone o altri sigillanti. In particolare è importante sigillare gli spazi derivanti dall'ancoraggio non accurato dei macchinari ai loro basamenti o al pavimento; infatti tali interstizi forniscono a questi insetti un habitat ideale. La pressione dell'aria negli stabilimenti deve essere positiva per ridurre l'entrata d'insetti. Una regola empirica proposta per la protezione contro l'ingresso di insetti prevede l'eliminazione delle fessure che permettono la vista della luce (Eicher, 2004). L'infestazione viene ridotta anche impedendo un facile accesso tramite altre vie; questi "autostoppisti" possono entrare negli stabilimenti alimentari, sia come insetti sia come uova, trasportati da scatole, sacchi, materie prime o altre forniture. I materiali in ingresso devono essere attentamente esaminati, per rimuovere gli insetti e le uova. Una volta svuotati, cartoni e scatole dovrebbero subito essere allontanati dallo stabilimento.

I mezzi di controllo chimico dovrebbero essere impiegati solo dopo aver attuato le procedure di sanificazione. Il controllo chimico può essere effettuato da un operatore addetto al controllo degli infestanti, ma l'integrazione di controllo chimico e misure igieniche può risultare più efficace e più economica. Poiché insetti come gli scarafaggi diventano inattivi intorno a 5 °C, lo stoccaggio refrigerato e la refrigerazione di altre aree riducono l'infestazione. Solitamente il controllo degli scarafaggi si basa sull'uso di esche, trappole, funghi e, eventualmente, nematodi.

Il diazinon può essere efficace nel controllo degli scarafaggi. Il clorpirifos è stato sviluppato e commercializzato sotto forma di esca e può essere efficace contro gli scarafaggi resistenti ad altre sostanze tossiche, ma l'impiego di questo insetticida negli ambienti chiusi non è accettabile. Un insetticida persistente come il diazinon spruzzato nei possibili nascondigli è considerato efficace se gli infestanti non hanno sviluppato resistenza nei suoi confronti. Questo composto è talora impiegato contemporaneamente a un insetticida non persistente a base di piretro, utilizzato per costringere gli insetti a uscire dalle aree nascoste e a spostarsi nella zona trattata con diazinon, dove può verificarsi un contatto più stretto con l'insetticida. Altri composti, come il diazinon liquido microincapsulato, sono disponibili per il controllo degli insetti mediante trattamento di punti specifici, fenditure e crepe, ma non nelle aree destinate alla lavorazione di alimenti. L'insetticida liquido ciflutrin, della classe dei piretroidi, ha un'azione neurotossica che uccide gli insetti; questa sostanza, caratterizzata da tossicità molto bassa per l'uomo e gli animali domestici, è presente in vari insetticidi di uso comune. Il sodio ottoborato tetraidrato in polvere è un derivato dell'acido borico con bassa tossicità per uomini e animali domestici, che provoca la morte per disidratazione degli insetti (DeSorbo, 2004). Qualsiasi composto utilizzato per il controllo di scarafaggi e altri insetti deve essere applicato seguendo le indicazioni riportate sull'etichetta.

12.1.2 Altri insetti

Le mosche sono tra i più comuni insetti stagionali presenti negli stabilimenti di lavorazione degli alimenti e negli esercizi di ristorazione; le specie più comuni sono la mosca domestica (*Musca domestica*) e il moscerino della frutta (*Drosophila melanogaster*).

La mosca domestica, diffusa in tutto il mondo, è ancora più infestante degli scarafaggi. Colpisce tutti i gruppi di popolazione, trasmettendo all'uomo e agli alimenti che consuma numerosi microrganismi patogeni, come quelli responsabili della febbre tifoide, della dissenteria, della diarrea infantile e delle infezioni streptococciche e stafilococciche.

All'origine della trasmissione di malattie da parte delle mosche vi è essenzialmente il fatto che si nutrono di rifiuti prodotti dagli animali e dall'uomo, dai quali raccolgono i microrganismi patogeni che trasportano sulle zampe, nella bocca, sulle ali e nell'intestino. Questi patogeni vengono trasferiti agli alimenti quando la mosca vi cammina sopra o vi deposita i propri escrementi. Poiché le mosche devono assumere il cibo in forma liquida, per consumare le sostanze solide devono prima dissolverle secernendovi sopra della saliva. La saliva e il rigurgito delle mosche sono carichi di batteri che contaminano gli alimenti, le attrezzature, le materie prime e gli utensili.

Il controllo delle mosche può rappresentare una sfida, poiché possono entrare in un edificio attraverso aperture poco più grandi della testa di uno spillo. Di norma questi insetti rimangono in prossimità della zona dove hanno raggiunto la forma adulta, anche se sono attratti da luoghi da cui provengono odori di materiali in decomposizione. Spesso le correnti d'aria trasportano le mosche a distanze molto maggiori di quelle che avrebbero percorso autonomamente. Questi infestanti preferiscono vivere in aree calde e protette dal vento, per esempio passaggi di cavi elettrici e bordi di bidoni della spazzatura. Le mosche domestiche depongono in media 120 uova dopo una settimana dall'accoppiamento e possono generare migliaia di individui durante una sola stagione procreativa. Un ambiente caldo e umido, ricco di materiale in decomposizione e protetto dalla luce solare rappresenta l'ideale per la schiusa delle uova e la successiva crescita delle larve.

Le mosche domestiche sono più numerose verso la fine dell'estate e in autunno, in seguito al rapido aumento della popolazione durante la stagione calda. Quando le mosche adulte penetrano in un edificio alla ricerca di cibo e rifugio, tendono a rimanervi. Questi insetti sono attivi soprattutto a temperature comprese tra 12 e 35 °C. Sotto i 6 °C diventano inattivi e sotto −5 °C muoiono in poche ore. Intorno a 40 °C subentra la paralisi da calore, a 49 °C sopraggiunge la morte.

È molto difficile contenere le dimensioni di una popolazione di mosche, in quanto spesso procreano in aree lontane dagli stabilimenti alimentari, in luoghi dove esistono materiali in decomposizione. Quindi il mezzo più efficace per combattere questi insetti è impedirne l'ingresso, o almeno ridurne la presenza, all'interno delle aree in cui si lavorano, stoccano, preparano e somministrano alimenti.

L'ingresso delle mosche negli stabilimenti alimentari può essere prevenuto rimuovendo prontamente e completamente qualsiasi materiale di scarto dalle aree interessate. Le barriere d'aria, le reti per insetti (di almeno 16 mesh) e le doppie porte ostacolano l'accesso delle mosche. Le porte devono essere aperte solo per il tempo necessario per il ricevimento e/o la spedizione e le barriere d'aria devono essere sempre in funzione. Le porte automatiche devono restare aperte solo per il tempo necessario.

Allo scopo di ridurre l'attrazione delle mosche verso uno stabilimento alimentare, l'area di deposito dei rifiuti deve essere situata il più lontano possibile dagli accessi. Se i rifiuti vengono depositati in un'area interna, questa deve essere separata con una parete dalle altre aree dello stabilimento ed essere refrigerata per ridurre la decomposizione e l'attività delle mosche. I rifiuti devono essere raccolti in contenitori chiusi.

Per eliminare le mosche penetrate all'interno dell'azienda, si possono utilizzare trappole elettriche o di altro genere che attraggono le mosche adulte verso una luce blu e le uccidono mediante una griglia elettrica ad alto voltaggio. Queste trappole devono essere usate in continuazione e la vaschetta in cui si raccolgono gli insetti morti va pulita quotidianamente. L'impiego di prodotti chimici come le piretrine, sotto forma di aerosol, spray o vapori, può contribuire al controllo di questi insetti; tuttavia i risultati sono temporanei e l'uso di prodotti chimici negli stabilimenti alimentari è sottoposto a restrizioni. Occorre quindi cercare di controllarli, escludendoli dall'interno degli edifici e ricorrendo a trappole anche all'esterno.

I moscerini della frutta, più piccoli delle mosche domestiche, sono considerati insetti stagionali in quanto più numerosi alla fine dell'estate e in autunno. Sono lunghi circa 2-3 mm, hanno occhi rossi e colore marrone chiaro. Sono attratti dalla frutta, specie se deteriorata; non sono invece attratti dalle acque di scarico o dai rifiuti animali, quindi veicolano batteri meno pericolosi.

Il ciclo vitale e le abitudini alimentari di _Drosophila melanogaster_ sono simili a quelli della mosca domestica, salvo la specifica attrazione per la frutta. Proliferano più rapidamente in tarda estate e inizio autunno, quando vegetali e frutta in decomposizione sono più abbondanti. Un moscerino della frutta vive circa un mese.

L'eradicazione totale di questi insetti è difficile. L'utilizzo di reti per insetti e barriere d'aria ne riduce l'intrusione all'interno degli stabilimenti. Una volta che le mosche sono entrate, l'uso di trappole elettriche è di una certa efficacia, ma il modo migliore per controllarle consiste nell'evitare l'accumulo di frutta deteriorata e di alimenti in fermentazione.

Il tarlo del tabacco (_Lasioderma serricorne_), uno dei più diffusi infestanti dei magazzini, attacca il tabacco e altri vegetali essiccati, come erbe, spezie e fiori secchi. Viene frequentemente confuso con l'anobio del pane (_Stegobium paniceum_), ma se ne differenzia per le antenne, che sono uniformemente dentellate, mentre quelle dell'anobio del pane hanno gli ultimi tre segmenti molto sviluppati. Osservato lateralmente, il tarlo del tabacco appare "ingobbito" poiché la testa è inclinata verso il basso.

Questo insetto vive circa 30-90 giorni e le sue larve divorano le scorte di alimenti che trovano nelle vicinanze. È attratto dalle luci soffuse, dalle trappole luminose per insetti e dalle trappole ai feromoni. Il monitoraggio delle griglie e l'analisi dell'andamento delle rilevazioni possono servire per identificare i punti di infestazione. L'individuazione di materiali e alimenti infestati e la loro rimozione dai depositi consente di controllare la diffusione di questi insetti. L'impiego del bromuro di metile è limitato dalla complessità della sua applicazione, dal costo e dal fatto che questo composto è in via di eliminazione. Una possibilità tecnologica per il controllo di questi infestanti è rappresentata dai trattamenti termici: l'innalzamento della temperatura dell'aria a 48 °C per 24 ore è letale per la maggior parte degli insetti (Hirsch, 2004).

Tra i diversi insetti che infestano le industrie per la lavorazione degli alimenti e gli esercizi di ristorazione vi sono formiche, coleotteri e tignole. Gli ultimi due gruppi si trovano solitamente nelle aree di stoccaggio asciutte. Possono essere identificati per le caratteristiche tracce sericee (simili a fili di ragnatele) e per i fori che lasciano negli alimenti e nei loro imballaggi; possono essere controllati mantenendo le aree di stoccaggio pulite, ventilate e fresche ed effettuando la rotazione della merce.

Le formiche di solito si annidano nelle pareti, soprattutto in prossimità di fonti di calore come le condutture di acqua calda. Se si sospetta un'infestazione, si possono lasciare in diversi punti trappole costituite da spugne imbevute di uno sciroppo zuccherino, per stabilire dove occorra applicare un insetticida. Poiché formiche, coleotteri e tignole possono prosperare con quantità minime di cibo, l'igiene accurata e il corretto stoccaggio di alimenti e materie prime sono misure preventive essenziali contro questi infestanti.

Il pesciolino d'argento (*Lepisma saccharina*) e il pesciolino delle case (*Thermobia domestica*) possono insediarsi in crepe, battiscopa, stipiti di finestre e porte e tra gli strati di isolanti dei tubi. Poiché questi infestanti prosperano solo in luoghi tranquilli, la loro presenza indica una pulizia insufficiente o inadeguata. *Lepisma saccharina* preferisce ambienti umidi, come cantine e scarichi, mentre *Thermobia domestica* preferisce ambienti più caldi, per esempio in prossimità di tubature per il vapore e forni.

12.2 Controllo e distruzione degli insetti

12.2.1 Insetticidi

Se possibile, gli infestanti dovrebbero essere distrutti senza l'impiego di prodotti chimici a causa dei possibili pericoli associati agli insetticidi, ai quali è comunque necessario ricorrere se le tecniche alternative risultano inefficaci. Per assicurare l'applicazione corretta ed efficace degli insetticidi, può essere opportuno rivolgersi a imprese specializzate nella disinfestazione. I prodotti soggetti a limitazioni d'utilizzo devono essere applicati da un tecnico in possesso di apposito "patentino". Anche se ci si avvale di un'impresa specializzata, il personale responsabile dell'azienda dovrebbe avere una conoscenza di base degli infestanti, degli insetticidi e delle leggi che ne regolano l'uso.

Gli *insetticidi persistenti* vengono impiegati per ottenere un effetto prolungato nel tempo; nei trattamenti residuali le sostanze chimiche sono solitamente applicate in punti specifici, crepe o fessure. L'utilizzo di alcuni insetticidi persistenti è vietato nelle aree destinate agli alimenti. Occorre quindi fare estrema attenzione per evitare di contaminare alimenti, attrezzature, utensili, materie prime e altri oggetti che entrano in contatto con il personale. Chi utilizza queste sostanze chimiche deve conoscere bene la terminologia impiegata nelle etichette dei prodotti per descrivere le applicazioni autorizzate e i loro possibili effetti.

Un'altra applicazione degli insetticidi persistenti è il *trattamento di crepe e fessure*. Piccole quantità di insetticida vengono applicate in crepe e fessure dove gli insetti si annidano oppure nei punti attraverso i quali questi ultimi potrebbero penetrare nell'edificio, per esempio giunti di dilatazione tra i diversi elementi costruttivi e tra i macchinari e il pavimento; il trattamento di questi punti è critico poiché queste aperture spesso conducono a spazi vuoti, come muri con intercapedini o sostegni e basamenti cavi di attrezzature. Altri punti nei quali questo tipo di trattamento è essenziale sono: condutture, scatole di diramazione, quadri elettrici e casse dei motori.

Gli *insetticidi non persistenti* esercitano la loro azione sugli insetti solo per la durata del trattamento, che può essere per contatto diretto o di tipo ambientale. Il trattamento per contatto diretto consiste nell'applicazione di spray liquidi per ottenere un immediato effetto insetticida, attraverso il contatto fisico diretto tra il prodotto e l'infestante. Tale metodo deve essere impiegato solo quando esiste un'elevata probabilità che lo spray raggiunga gli infestanti. Nel trattamento ambientale si utilizzano apparecchi per disperdere nell'aria gli insetticidi sotto forma di nebbie, vapori o aerosol. Con questa tecnica è possibile controllare nell'area trattata le popolazioni di insetti volanti e striscianti.

Gli insetticidi senza attività residua possono essere applicati mediante aerosol nelle aree destinate alla lavorazione degli alimenti, quando questi non sono presenti. Si usa questa tecnica per applicare le piretrine, generalmente in associazione con piperonil butossido. Altri insetticidi comuni sono i piretroidi. L'applicazione di aerosol, efficace nell'uccisione di insetti volanti o comunque esposti, è spesso effettuata, mediante rilascio graduale, in momenti opportunamente programmati, quando la produzione è ferma e non vi è rischio di contaminazione degli alimenti.

I fumiganti – caratterizzati dalla capacità di raggiungere anche gli insetti nascosti – sono usati principalmente per controllare gli infestanti dei magazzini. Questi composti vengono utilizzati di norma per trattamenti ambientali, eseguiti per sicurezza durante i weekend, quando nello stabilimento l'attività è ferma. Per assicurare un'adeguata dispersione, i fumiganti sono spesso applicati mediante impianti di ventilazione o ventilatori. Il principale meccanismo d'azione di questi insetticidi si basa sull'inattivazione degli enzimi respiratori, che determina negli infestanti il blocco o il ritardo dell'assunzione di ossigeno. Tra i fumiganti per insetti sono impiegati i seguenti prodotti chimici.

Idrogeno fosforato (fosfina) I fumiganti a base di fosfina sono commercializzati sotto forma di fosfuro di alluminio, contenuto in granuli o piccole confezioni permeabili; questo composto reagisce gradualmente con l'umidità presente nell'aria rilasciando idrogeno fosforato, che è il principio attivo. Si tratta di un gas molto infiammabile; si devono seguire attentamente le istruzioni fornite dal produttore.

Bromuro di metile Questo composto non infiammabile è largamente utilizzato come fumigante in quanto penetra efficacemente e ha un'azione tossica a livello respiratorio (sembra sia assorbito tramite la cuticola dell'insetto). La normativa prevede la futura eliminazione di questo insetticida.

Ossido di etilene Si tratta di un fumigante senza azione residua, generalmente miscelato con biossido di carbonio in proporzione di 1:9 (in peso) al fine di ridurne l'infiammabilità e l'esplosività. Questo insetticida, utilizzato molto frequentemente per proteggere le materie prime, deve essere applicato da un operatore professionale.

Solfuro di carbonile Questo insetticida è tossico per numerose specie di insetti che infestano i prodotti stoccati. Negli Stati Uniti è stato approvato come fumigante per il controllo di insetti e acari che attaccano le derrate. Il solfuro di carbonile ha molte caratteristiche che lo candiderebbero, in determinate condizioni, a sostituire il bromuro di metile e la fosfina, in quanto ha un minore impatto sull'ambiente e possiede buone proprietà di penetrazione e aerazione (Brunner, 1994). È versatile, essendo tossico per periodi di esposizione sia brevi sia più lunghi; inoltre ha dimostrato di non avere effetti indesiderati sulla germinazione delle sementi e di essere un efficace fumigante anche per altri tipi di materie prime.

Per la loro tossicità, i fumiganti attualmente permessi in Italia sono soggetti a un'apposita normativa e possono essere impiegati solo da ditte autorizzate. L'impiego del bromuro di metile è limitato alla fumigazione dei magazzini vuoti; la fosfina può essere utilizzata solo per la fumigazione di cereali; il difluoruro di solforile è consentito solo per il trattamento di impianti vuoti (impianti di stoccaggio, molini, riserie, pastifici, industrie dolciarie ecc.).

12.2.2 Altri metodi chimici per il controllo degli insetti

Tra gli altri possibili metodi per il controllo delle infestazioni da insetti vi sono le esche, costituite da una combinazione di insetticidi e cibi che attraggono gli insetti, come lo zucchero. Sebbene le esche non siano sempre altrettanto valide di altri metodi, possono essere efficaci per controllare zone inaccessibili, infestate da formiche e scarafaggi, e per ridurre la popolazione di mosche all'esterno. Poiché si tratta di cibo contenente insetticidi, occorre adottare particolari precauzioni nell'utilizzo e nello stoccaggio di queste esche.

Per ridurre drasticamente queste popolazioni di infestanti e per controllarle, le esche granulari secche in commercio devono essere sparse in strato sottile sulle superfici interessate ogni giorno o al bisogno. Le esche granulari sono adatte solo per uso esterno.

Le esche liquide sono ottenute sciogliendo un insetticida in acqua insieme a una sostanza allettante come zucchero, sciroppo di mais o melassa; possono essere applicate con uno spruzzatore o con una bomboletta su muri, soffitti e pavimenti frequentati dalle mosche. Le esche per mosche devono essere usate regolarmente durante i mesi estivi per controllare la crescita della popolazione.

12.2.3 Metodi fisici

Nessuno dei metodi meccanici convenzionali per il controllo degli insetti è particolarmente efficace. Gli schiacciamosche sono contaminati e quando vengono utilizzati spargono carcasse e parti di insetti, quindi non devono essere permessi nelle aree in cui si trattano, stoccano, preparano o vendono alimenti.

Un possibile metodo è rappresentato dalle barriere d'aria, che non solo riducono la perdita di aria fredda dagli ambienti refrigerati, ma proteggono gli stabilimenti alimentari dall'entrata di insetti e polvere; si possono utilizzare per gli ingressi del personale e anche per accessi abbastanza ampi da consentire il carico dei camion e il passaggio di grandi macchinari. Una barriera d'aria produce una lama d'aria diretta verso il basso con una portata fino a 125 m³/min. Questi dispositivi sono più efficaci se delimitano un'area a pressione positiva e sono normalmente installati all'esterno e al di sopra delle aperture da proteggere.

Trappole luminose per insetti

Uno dei metodi più sicuri ed efficaci per controllare le mosche è rappresentato dalle trappole luminose; inoltre questa tecnica non presenta i potenziali pericoli degli insetticidi chimici. Le trappole luminose sono costituite da una griglia elettrificata, percorsa da una corrente ad alto voltaggio e basso amperaggio, posta di fronte a una sorgente di luce nell'ultravioletto vicino. Le mosche, attratte dalla luce, vengono uccise dalla griglia per elettrocuzione.

Negli stabilimenti alimentari le trappole luminose dovrebbero essere installate secondo una sequenza ben definita.

- *Primo stadio: perimetro interno*   Queste unità devono essere installate vicino alle porte di carico e scarico, agli ingressi del personale e a tutti gli accessi verso l'esterno, o comunque verso zone da cui possono entrare insetti volanti. Le unità devono essere installate a circa 3-8 metri dalle porte, lontano da forti correnti d'aria e da zone molto trafficate, dove potrebbero essere danneggiate da carrelli elevatori o altre macchine.
- *Secondo stadio: interno*   Queste unità dovrebbero essere poste lungo il percorso che gli insetti potrebbero seguire per arrivare alle aree di lavorazione degli alimenti; all'interno di tali aree le unità devono essere provviste di protezioni per prevenire la caduta di insetti morti sul pavimento o sui macchinari.

– *Terzo stadio: perimetro esterno* Le banchine coperte, specialmente se vi vengono accumulati scarti, devono essere protette. Le unità devono essere installate tra gli insetti e le entrate, ma non troppo vicino a queste ultime.

Sebbene si tratti di una tecnica altamente efficace, sono necessarie alcune precauzioni: le lampade UV devono essere sostituite in primavera per ottenere un effetto ottimale; la trappola deve essere piazzata in punti strategici, in modo da ottenere la massima esposizione, evitando però di attrarre altri insetti dall'esterno; inoltre la vaschetta dove cadono gli insetti fulminati deve essere svuotata regolarmente per prevenire l'arrivo di coleotteri dermestidi e altri infestanti che si nutrono di insetti morti.

Trappole adesive

Queste trappole consistono in carta moschicida o fogli di plastica ricoperti con un adesivo a lento essiccamento. Strisce di plastica gialle ricoperte di adesivo possono catturare una gran varietà di insetti volanti. Alcune trappole adesive contengono anche feromoni, in modo da rendere possibile la cattura di una determinata specie di insetto. Alcuni modelli di trappole luminose utilizzano impulsi elettrici a basso voltaggio per stordire gli insetti, che cadono direttamente su una piastra adesiva; questa tecnica riduce la frammentazione degli insetti e non provoca lo sfrigolio generato dall'uccisione degli insetti mediante elettrocuzione.

12.2.4 Controllo biologico

Il controllo biologico fa spesso parte dei programmi di gestione integrata degli infestanti (par. 12.6). Uno degli schemi più largamente impiegati per il controllo biologico degli insetti fitofagi consiste nello sviluppo e nella messa a coltura di piante ospiti resistenti. La resistenza è ottenuta attraverso l'utilizzo di piante note per la loro refrattarietà agli attacchi. Una delle tecniche più promettenti è il *gene splicing* (sostituzione di geni) mediante manipolazione del DNA ricombinante, oggi ampiamente applicata.

Altre possibilità sono offerte dall'uso di funghi, virus e batteri in grado di causare malattie in specifici infestanti, oppure di regolatori di crescita, ormoni e feromoni che ne influenzano l'attività sessuale, soprattutto provocando sterilità nel maschio. Altri importanti regolatori di crescita interrompono il ciclo vitale degli insetti, generalmente allo stadio pupale, impedendone quindi la riproduzione. I regolatori di crescita sono attualmente utilizzati contro zanzare, pulci e altri insetti.

Gli insetti possono essere controllati, usando polveri silicee a base di farina fossile di diatomee (polveri inerti). La macinazione frantuma l'esoscheletro delle diatomee in microscopiche schegge appuntite che intaccano le membrane intersegmentali dell'insetto, causandone la disidratazione e, quindi, la morte. Se queste schegge penetrano nella cavità corporea, interferiscono con la digestione, la riproduzione e la respirazione.

Trappole ai feromoni

I feromoni sono sostanze chimiche emesse dagli insetti per comunicare con altri individui della stessa specie. I segnali associati ai diversi tipi di feromoni comprendono attrazione sessuale, aggregazione, allarme e marcatura del territorio. Feromoni sessuali, naturali o sintetici, attraggono gli insetti maschi nelle trappole adesive dove rimangono attaccati fino alla morte. Alcune di queste trappole sono basate sull'uso di feromoni sessuali specifici e sono munite di un'apposita camera per la cattura degli insetti; alcuni modelli sono dotati di un imbuto di plastica che conduce verso la camera di raccolta, che contiene una striscia insetticida. Esistono prodotti contenenti feromoni microincapsulati in grado di assicurare il lento rilascio della sostanza nel tempo. Attrattivi chimici sono attualmente impiegati per controllare il moscerino della frutta.

Per il controllo degli infestanti sono comunemente utilizzati feromoni di aggregazione (solitamente prodotti da insetti adulti di specie a vita lunga) e, soprattutto, feromoni sessuali (prodotti in genere da insetti adulti di specie a vita breve). I feromoni di aggregazione, di norma prodotti dal maschio, possono stimolare una risposta in entrambi i sessi.

Le trappole ai feromoni possono essere utilizzate nella gestione degli infestanti per tre diversi scopi.

– *Rilevamento e monitoraggio* Informazioni circa la presenza, la posizione e la quantità di una specie possono essere determinanti per decidere quale sia il momento giusto per intraprendere l'azione più appropriata (cioè l'applicazione dell'insetticida).
– *Catture massali* Si possono usare trappole più grandi con maggiori quantità di feromoni per catturare gli insetti.
– *Confusione sessuale* L'utilizzo di feromoni sessuali può confondere gli istinti di accoppiamento dei maschi, impedendo loro di localizzare le femmine.

L'uso di feromoni nel controllo degli insetti infestanti offre i seguenti vantaggi.

– *Economicità*: sono sufficienti piccole quantità di feromoni e le trappole sono di facile impiego;
– *specificità*: un feronome usato per attrarre una particolare specie infestante non attrae né danneggia le specie benefiche;
– *assenza di tossicità*: non sono noti pericoli per l'uomo o altri animali;
– *assenza di resistenza*: gli attrattori sessuali sono fatali per gli insetti intrappolati.

L'idroprene, un regolatore della crescita degli insetti, è adatto per il controllo di scarafaggi in ambienti sensibili, grazie ai suoi margini di sicurezza e tossicità; negli Stati Uniti è stato approvato dall'EPA per l'uso in aree in cui sono presenti alimenti. I regolatori della crescita possono distruggere le popolazioni di scarafaggi sconvolgendo il normale andamento della crescita e dello sviluppo degli individui immaturi, che presentano anomalie come ali deformi e incapacità di riprodursi.

12.2.5 Posizionamento delle trappole

Il posizionamento delle trappole influisce sulla riuscita del programma di controllo degli insetti. Le trappole per le mosche domestiche e altre mosche attratte dai rifiuti devono essere posizionate a un'altezza massima di 1,5 metri dal pavimento (Mason, 2003). Per gli insetti volanti notturni le trappole devono essere collocate sui soffitti, in una posizione che ne permetta la pulizia e l'ispezione. Se occorrono trappole luminose in prossimità delle porte d'accesso, esse vanno installate sopra il vano della porta, orientate verso il basso, in modo che la luce non sia diretta verso l'esterno. Le trappole elettriche non devono essere collocate all'esterno vicino alle banchine di carico, in quanto attrarrebbero più mosche di quante ne possano catturare.

Se uno stabilimento alimentare è situato nelle vicinanze di un grande corpo idrico, le trappole luminose devono essere posizionate ad almeno 9 metri di distanza dall'edificio, con il retro rivolto verso l'acqua. Gli insetti attratti dall'edificio illuminato saranno richiamati indietro dalla luce delle trappole, verso l'acqua e lontano dallo stabilimento.

Le trappole elettriche sistemate a livello del soffitto non devono essere poste direttamente sopra o in prossimità di alimenti non protetti o a distanze inferiori a 4 metri da una porta:

vi è infatti il rischio che producano contaminazione da frammenti di insetti, che attraggano insetti dall'esterno e che l'intercettazione fallisca. Le trappole non devono essere posizionate dove possono essere danneggiate da carrelli elevatori o altre macchine oppure in corrispondenza di forti correnti d'aria.

12.2.6 Monitoraggio degli infestanti

Per sorvegliare le specie infestanti presenti, la loro quantità e la loro origine, è necessario attuare una sistematica ispezione, registrando i dati raccolti. Questo monitoraggio deve essere condotto sulle materie prime e sugli altri ingredienti, nei locali di produzione e di stoccaggio. Occorre sottoporre i campioni ad analisi di laboratorio utilizzando il *filth test*. I metodi per condurre questo test possono essere reperiti nell'*Official Methods of Analysis*, pubblicato dalla Association of Official Analytical Chemists, oppure in altre pubblicazioni tecniche specializzate. Bisogna identificare, contare e registrare gli insetti e i loro frammenti, le uova, le larve e le crisalidi al fine di individuare tempestivamente le fonti di infestazioni pericolose oppure la comparsa di variazioni anomale. Occorre procedere in modo analogo nei confronti di peli ed escrementi dei roditori.

12.3 Roditori

Roditori quali ratti e topi sono difficili da controllare, poiché possiedono udito, tatto e olfatto molto sviluppati. Questi infestanti spesso sono in grado di identificare efficacemente la comparsa nel loro ambiente di oggetti nuovi o non familiari, e riescono quindi a proteggersi dai cambiamenti che avvengono intorno a loro.

12.3.1 Ratti

I ratti riescono a passare attraverso aperture con un diametro pari a quello di una moneta da 1 euro; possono arrampicarsi su muri verticali di mattoni e saltare fino a 1 metro in altezza e fino a 1,2 metri in lunghezza. Sono buoni nuotatori e sono noti per la loro capacità di risalire attraverso i sifoni delle tazze dei gabinetti e gli scarichi posti nei pavimenti.

I ratti sono pericolosi e distruttivi. La National Restaurant Association ha stimato che le perdite derivanti dai danni prodotti dai roditori ammontano a 10 miliardi di dollari l'anno, comprendendo il consumo e la contaminazione di alimenti e i danni strutturali (tra i quali gli incendi provocati dal rosicchiamento dei cavi elettrici). Più importante delle perdite economiche, tuttavia, è il serio pericolo per la salute derivante dalla contaminazione di alimenti, attrezzature e utensili da parte dei ratti. Questi animali trasmettono, direttamente o indirettamente, malattie come la leptospirosi, il tifo murino e la salmonellosi. Negli escrementi depositati da un solo ratto possono essere contenuti diversi milioni di microrganismi patogeni. Quando gli escrementi seccano e si sgretolano o vengono frantumati, i frammenti possono essere trasportati dai movimenti dell'aria sugli alimenti presenti in un ambiente.

Una delle specie più abbondanti è *Rattus norvegicus* (ratto norvegico), dal colore variabile da rossiccio a grigio-bruno, conosciuto anche come ratto delle chiaviche, ratto dei granai, ratto bruno o ratto delle banchine. In media è lungo da 18 a 25 cm, coda esclusa, e pesa da 280 a 480 grammi; ha naso ottuso, corpo tozzo e tende a vivere in nidi. Un'altra specie diffusa è *Rattus rattus* (ratto dei tetti). Questo roditore, che preferisce vivere in posizioni elevate, è più piccolo e agile del ratto norvegese; il colore del mantello varia da nero a grigioardesia, è lungo da 16,5 a 20 cm, coda esclusa, e pesa da 220 a 340 grammi. Il ratto dei tetti costruisce i propri nidi, o approfitta di quelli altrui, su alberi, piante rampicanti o altri punti sollevati dal terreno.

La femmina del ratto diventa fertile dopo 6-8 settimane dalla nascita; può procreare da 6 a 8 piccoli per figliata, da 4 a 7 volte all'anno in condizioni ideali per il concepimento e la sopravvivenza. In media una femmina svezza 20 piccoli ogni anno.

Se dispongono di quantità adeguate di cibo e possono accoppiarsi, in genere i ratti non si allontanano più di 50 m dal loro nido; tuttavia le popolazioni di ratti sono in grado di adattarsi quando il cibo scarseggia o una certa quota di individui comincia a morire per le operazioni di disinfestazione. I ratti e i topi istintivamente evitano gli spazi aperti, specialmente se le superfici sono di colore chiaro; si può quindi realizzare un potente deterrente contro la loro penetrazione costruendo, attorno al perimetro dell'edificio, una striscia larga 1,5 metri di ghiaia bianca o granulato di granito.

12.3.2 Topi

I topi che si incontrano più frequentemente appartengono alle sottospecie *Mus musculus domesticus* e *Mus musculus brevirostris*. Sono astuti quasi quanto i ratti; è noto che riescono a entrare in un edificio anche attraverso fori delle dimensioni di una moneta da 5 centesimi di euro. Sono abili nuotatori: possono nuotare attraverso i sifoni dei pozzetti di scarico o delle tazze dei gabinetti; inoltre possiedono un eccellente senso dell'equilibrio. Come i ratti, anche i topi sono animali "sporchi" e possono diffondere lo stesso tipo di malattie. Il topo domestico, diffuso in gran parte del mondo, è lungo da 6 a 9 cm e pesa circa 12-25 grammi. Possiede testa e zampe piccole e orecchie grandi.

I topi raggiungono la maturità sessuale in circa 1 mese e mezzo. Le femmine procreano 5 o 6 piccoli per figliata, fino a 8 volte l'anno; in media svezzano 30-35 piccoli per anno. I topi non necessitano di una fonte d'acqua poiché metabolizzano quella presente nel cibo di cui si nutrono; tuttavia, se sono disponibili, assumono anche liquidi.

I topi sono facilmente trasportati all'interno degli stabilimenti alimentari in casse e cartoni. Si catturano con minore difficoltà rispetto ai ratti, in quanto sono meno diffidenti; di norma sono efficaci le trappole di legno e metallo a scatto, che possono essere posizionate a 1 metro di distanza una dall'altra. È stato osservato che i topi accettano un nuovo oggetto, come una trappola, dopo circa 10 minuti (Hill, 1990). Il fluorosilicato di sodio e l'anticoagulante clorofacinone sono polveri traccianti velenose efficaci nel trattamento dei topi. Per l'annientamento dei topi si ricorre agli stessi veleni impiegati per i ratti, a eccezione dello scilliroside.

12.3.3 Rilevamento delle infestazioni

I ratti e i topi sono animali notturni; poiché tendono a essere inattivi durante le ore di luce, la loro presenza non è sempre rilevata immediatamente. Un segno evidente di infestazione da roditori è la presenza delle loro feci. Gli escrementi del ratto hanno dimensioni variabili da 13 a 19 millimetri di lunghezza e fino a 6 millimetri di diametro; quelli del topo domestico sono lunghi circa 3 millimetri con un diametro di 1 millimetro. Quando gli escrementi sono freschi appaiono neri e lucenti, con una consistenza pastosa, mentre se sono vecchi sono marroni e si sbriciolano se toccati.

I ratti e i topi di solito seguono lo stesso percorso tra il loro nido e le fonti di cibo; infatti, col tempo, il grasso e lo sporco rilasciati dai loro corpi formano una pista ben visibile sul pavimento e sulle altre superfici. Poiché i roditori tendono a spostarsi rasentando le superfici verticali, i percorsi che costeggiano pareti, travi, gradini e condutture sono spesso evidenti. Sulle superfici polverose, le impronte di ratti e topi risultano visibili se illuminate con un'intensa luce radente; possono essere identificate cospargendo di talco la zona sospetta. Le macchie di urina sono rilevabili utilizzando una luce ultravioletta a bassa frequenza, che dà luogo a una fluorescenza gialla su sacchi di juta, canapa o simili, e a una pallida fluorescenza azzurrognola su carta da pacco.

Gli incisivi del ratto sono abbastanza forti da rosicchiare tubature di metallo, cemento non indurito, sacchi, legno e materiali ondulati per raggiungere il cibo. Se la rosicchiatura è recente, i segni dei denti sono riconoscibili. Colpi notturni, accompagnati da acuti squittii, rumori di zuffa o di masticazione sono chiari segnali della presenza di roditori.

12.3.4 Controllo

Il controllo dei roditori, in particolare dei ratti, è reso difficile dalla loro capacità di adattarsi all'ambiente. Il mezzo più efficace per combatterli è rappresentato da una corretta sanificazione. Senza un nido in cui rintanarsi e residui di cui nutrirsi questi roditori non possono sopravvivere e sono obbligati a spostarsi altrove. In assenza di un'efficace sanificazione, veleni e trappole consentono solo una temporanea riduzione della popolazione di roditori.

Prevenzione dell'intrusione

Una difesa più efficace contro i ratti si realizza eliminando tutti i possibili punti d'accesso: porte che chiudono male e opere murarie mal rifinite, in corrispondenza dei passaggi delle tubature, dovrebbero essere sigillate, coperte con metallo o riempite con cemento per impedire l'ingresso dei roditori. Finestre, prese d'aria e scarichi devono essere protetti con apposite reti. Poiché l'ingresso dei roditori è facilitato dal deterioramento delle fondamenta, occorre effettuare la regolare manutenzione della muratura; le bocchette di ventilazione e le altre potenziali vie d'accesso devono essere protette.

Un maggiore controllo si ottiene privando i roditori di un nido in cui ripararsi. I macchinari collocati all'esterno dovrebbero essere rialzati di 25-30 centimetri dal suolo per impedire l'annidamento (Shapton e Shapton, 1991). Le siepi di arbusti dovrebbero trovarsi a una distanza dallo stabilimento non inferiore a 10 metri; inoltre, attorno all'edificio dovrebbe essere lasciata una striscia larga circa 1,5 metri, priva di erba e ricoperta da uno strato di ghiaia o pietrisco spesso circa 10 centimetri (Katsuyama e Strachan, 1980). Questo accorgimento aiuta a controllare le erbacce e i roditori e facilita le ispezioni delle esche e delle trappole collocate intorno all'edificio. Il personale dello stabilimento non dovrebbe mangiare nell'area circostante lo stabilimento, poiché le briciole di cibo attirano roditori, uccelli e insetti (Shapton e Shapton, 1991).

Eliminazione dei nidi dei roditori

Depositi stipati e disordinati forniscono nascondigli nei quali i roditori possono annidarsi e riprodursi. I roditori prosperano nelle aree dove sono raccolti immondizia e rifiuti; tali aree diventano meno attrattive sollevando l'immondizia ad almeno mezzo metro da terra, oppure collocandone i contenitori su piattaforme di cemento. Questi contenitori devono essere di plastica dura o metallo galvanizzato ed essere muniti di coperchio a chiusura ermetica. Per migliorare le condizioni igieniche, e contemporaneamente la protezione contro le infestazioni da roditori, le derrate alimentari vanno immagazzinate su scaffali ad almeno 15 centimetri dal suolo e lontano dalle pareti. Una striscia di vernice bianca tracciata lungo il perimetro del

pavimento dei depositi ricorda al personale di tenere i prodotti distanziati dalle pareti e aiuta
a rilevare la presenza di tracce, peli o escrementi che segnalano le infestazioni da roditori.

Eliminazione delle fonti di nutrimento dei roditori

Un corretto stoccaggio di alimenti e materie prime, unitamente a un'efficace sanificazione,
concorre all'eliminazione delle fonti di nutrimento dei roditori. La tempestiva rimozione di
schizzi e residui di lavorazione, la regolare pulizia dei pavimenti e il frequente allontanamento degli scarti riduce le possibili fonti di cibo per i roditori. Ingredienti e materie prime devono essere stoccati in idonei contenitori accuratamente sigillati.

12.3.5 Eradicazione

Per eradicare i roditori, i metodi più efficaci sono rappresentati dall'impiego di principi attivi ad azione tossica, gas tossici, trappole o dispositivi a ultrasuoni.

Lotta chimica

L'impiego di composti chimici è un metodo efficace per l'eradicazione dei roditori, ma sono
necessarie alcune precauzioni poiché le esche avvelenate sono pericolose se ingerite dall'uomo. Esempi di rodenticidi sono gli anticoagulanti, quali fumarina, warfarin, pival, brodifa-
coum, bromadiolone, clorofacinone. Questi rodenticidi cronici devono essere ingeriti diverse volte prima che sopravvenga la morte e l'ingestione accidentale di un'esca avvelenata non
arreca pericolo.

I rodenticidi cronici ad azione anticoagulante, sebbene siano più sicuri di molti altri principi attivi, devono essere preparati e applicati attenendosi rigorosamente alle istruzioni. Le
collocazioni ideali per le esche sono lungo i percorsi dei roditori e vicino ai punti in cui
vanno ad alimentarsi. Per assicurare l'efficacia del principio attivo, occorre posizionare
esche fresche tutti i giorni per almeno due settimane.

I rodenticidi anticoagulanti si trovano in commercio in diverse forme: esche pronte all'uso
che possono essere sistemate in contenitori di plastica o di cartone ondulato lungo il percorso dei roditori; pellet mescolati a granaglie da introdurre nei nidi e negli spazi morti tra le
pareti; piccole confezioni di plastica da piazzare nei nascondigli; esche in blocchetti; sali da
sciogliere nell'acqua. L'addetto alla sanificazione o alla disinfestazione deve registrare la
posizione di tutte le esche per consentirne l'ispezione e il rimpiazzo. Se dopo due o più ispezioni si constata che l'esca non è stata consumata, occorre cambiarne la collocazione.

Gli anticoagulanti sono stati massicciamente utilizzati per l'eradicazione dei ratti; ciò purtroppo ha determinato nei roditori una crescente resistenza a queste sostanze. Di conseguenza si studiano nuove strategie che utilizzano cicli di anticoagulanti e di rodenticidi ad azione rapida. Il difetialone, un principio attivo con azione simile a quella degli altri anticoagulanti di seconda generazione, è efficace a 25 ppm, cioè a una concentrazione pari alla metà
di quella richiesta per analoghe esche (Corrigan, 2003). Dopo la sua introduzione, all'inizio
degli anni ottanta (negli Stati Uniti), il bromethalin, un rodenticida non anticoagulante, è
stato riformulato e rimesso sul mercato da due diversi produttori. Questo principio attivo
determina la morte dei roditori in 1-3 giorni contro i 5-7 degli anticoagulanti, ma ha un costo
circa doppio rispetto alle esche anticoagulanti.

Se si vuole ottenere la morte immediata dei roditori, per abbassare rapidamente la popolazione, sono disponibili rodenticidi acuti o "a dose singola", come lo scilliroside e il fosfuro di zinco. Queste sostanze tossiche possono essere mischiate in esche fresche preparate con
carne, farina di mais e burro di arachidi; per la preparazione e la somministrazione è neces-

sario seguire le istruzioni del produttore. Sfortunatamente alcuni di questi rodenticidi ad azione acuta funzionano solo contro *Rattus norvegicus*.

Le esche devono essere posizionate in diverse zone, poiché i roditori spesso si allontanano dal loro nido solo per distanze limitate. Se il rifugio è sicuro e vi è cibo a sufficienza, i ratti si muovono solo entro un raggio di 50 metri e i topi entro un raggio di 10 metri. Se le esche sono troppo distanziate o non collocate strategicamente, i roditori potrebbero non incontrarle. Dove vi sono segni recenti e numerosi di attività dei roditori, le esche devono essere abbondanti e vanno rinnovate frequentemente. I roditori, uccisi dai rodenticidi a dose singola, potrebbero morire nelle loro tane. I roditori morti devono essere bruciati o sotterrati. Nella maggior parte dei casi, gli stessi composti uccidono sia ratti sia topi.

Le esche sono uno dei metodi di eradicazione più efficaci. Tuttavia i ratti che hanno sperimentato un'intossicazione in seguito all'ingestione del principio attivo, con malessere o dolore, ma sono sopravvissuti, possono imparare a evitare l'esca. Diventano anche molto più cauti se vedono altri ratti morti o moribondi vicino a un'esca. Quindi le esche che funzionano meglio sono quelle cui i ratti hanno fatto l'abitudine.

Per evitare che gli animali, diffidando dalle esche, ne stiano lontani, possono essere utilizzate per circa una settimana delle esche non avvelenate; dopodiché le esche innocue vengono sostituite con quelle avvelenate. Questo stratagemma è importante soprattutto se si impiegano rodenticidi a dose singola, ma non è raccomandato con gli anticoagulanti; inoltre non è necessario con i topi, istintivamente meno cauti dei ratti.

Polveri traccianti

Queste sostanze uccidono i ratti oppure, nel caso non siano tossiche, si limitano a rivelarne la presenza e il numero; possono contenere un anticoagulante oppure un veleno ad azione rapida che uccide i roditori quando si puliscono dopo aver corso sulla polvere. Queste polveri sono efficaci se vi è abbondanza di cibo.

All'interno degli stabilimenti in cui sono lavorati, preparati o immagazzinati alimenti, è meglio utilizzare dei contenitori di esche, allo scopo di limitare lo spargimento di polvere ad azione tossica. Le polveri sono più efficaci sui topi che sui ratti, ma il fluorosilicato di sodio è un potentissimo rodenticida (Hill, 1990).

Impiego di gas tossici

Questa tecnica deve essere utilizzata solo se gli altri metodi di eradicazione non sono efficaci. Se tale approccio è necessario, i nidi devono essere trattati con composti come il bromuro di metile esclusivamente da tecnici specializzati in disinfestazioni, in possesso di patente di abilitazione all'impiego di gas tossici. I nidi non devono essere trattati se si trovano a meno di 6 metri da un edificio, poiché possono estendersi al di sotto di esso.

Impiego di trappole

È un metodo lento ma generalmente sicuro per eradicare i roditori. Le trappole e le stazioni esca devono essere resistenti alle manomissioni, per evitare che altri animali vi finiscano dentro, e devono essere posizionate perpendicolarmente ai percorsi dei roditori, con l'estremità munita di esca o la molla rivolta verso il muro. Come esca può essere usato del cibo gradito ai roditori; le trappole devono essere controllate quotidianamente, rimuovendo i roditori intrappolati e, se necessario, rimpiazzando le esche. Questa tecnica deve essere considerata un supplemento agli altri metodi di eradicazione e richiede l'utilizzo di un gran numero di trappole. L'addetto alla sanificazione deve essere consapevole dell'innata diffidenza e adattabilità dei ratti, che possono evitare le trappole esattamente come fanno con le esche.

Un'efficace trappola per topi è la tavoletta adesiva, che impedisce al topo di scappare poiché le zampe vi rimangono incollate. Dopo l'uso, l'operatore deve eliminare la tavoletta sulla quale è incollato il topo e collocarne una nuova nel punto più strategico.

Dispositivi a ultrasuoni

Questo metodo utilizza onde sonore, che dovrebbero respingere i roditori dalle aree in cui è installato il dispositivo. Il momento migliore per colpire i roditori con il segnale acustico è al loro primo arrivo (Anon, 2002). Sebbene tale metodo possa ridurre la loro presenza, se sono molto affamati i roditori ignorano le barriere sonore. Inoltre questi dispositivi non consentono di variare in modo casuale e continuo la frequenza degli ultrasuoni per renderli più efficaci. Si trovano in commercio sistemi che emettono combinazioni di tre o quattro ultrasuoni differenti, che singolarmente non sono del tutto efficaci, ma combinati insieme provocano nei roditori fastidio sufficiente per costringerli ad abbandonare l'area. In caso di infestazione, per liberarsi dai roditori possono essere necessari da 6 a 9 giorni, però lo stress provocato dagli ultrasuoni rende i roditori più vulnerabili alla cattura mediante trappole.

12.4 Volatili

Uccelli come piccioni (*Columba livia*), passeri (*Passer domesticus*) e storni (*Sturnus vulgaris*) possono costituire un problema per gli stabilimenti alimentari. Oltre a essere sgradevoli, i loro escrementi possono diffondere microrganismi dannosi per l'uomo. Gli uccelli sono potenziali portatori di malattie come micosi, psittacosi, pseudotubercolosi, toxoplasmosi e salmonellosi; inoltre possono veicolare acari e zecche, vettori di encefaliti e altre malattie. Trasportando insetti all'interno dello stabilimento, possono anche essere causa di infestazioni. Per gli abitanti delle aree urbane la stretta vicinanza di volatili, come lo storno europeo, rappresenta una minaccia, poiché questi possono trasmettere malattie fungine e batteriche e fungere da serbatoi di encefaliti virali (Gingrich e Oysterberg, 2003).

Una popolazione di volatili deve essere ridotta innanzi tutto attraverso una gestione e una sanificazione appropriate. Se gli alimenti vengono rimossi dallo stabilimento seguendo corrette procedure igieniche, si evita di attirare gli uccelli.

L'*esclusione*, basata su barriere fisiche e tecniche di dissuasione, rappresenta un metodo efficace e meno discutibile per controllare le infestazioni da uccelli. Questi sistemi di prevenzione sono gli unici ammessi e adottati in Italia.

Buchi e aperture possono essere eliminati sigillandoli con tessuti robusti, malta, reti, schiume espanse e lamiere. L'intrusione all'interno degli edifici può essere ridotta installando reti su porte, finestre e prese d'aria.

Tra le tecniche di dissuasione, sono largamente utilizzati i dispositivi che impediscono agli uccelli di posarsi, come bande dotate di sporgenze aguzze, cavi che somministrano moderate scosse elettriche e paste repellenti che rendono instabile l'appoggio delle zampe; tuttavia i cavi elettrici sono costosi e richiedono frequenti ispezioni e interventi di manutenzione. Si fa anche ricorso a luci lampeggianti e a dispositivi sonori, che hanno però effetto limitato, poiché molte specie di uccelli vi si abituano rapidamente.

Metodi di controllo in uso negli Stati Uniti

Per il controllo dei volatili infestanti, è ammesso in buona parte degli Stati Uniti l'impiego di veleni e trappole. Altre tecniche adottate con successo, se attuate ripetutamente, sono la rimozione dei nidi e l'azione di disturbo con spruzzi d'acqua.

La densità dei volatili può essere ridotta applicando sostanze velenose disponibili in commercio, ma questi composti non devono essere utilizzati all'interno degli stabilimenti alimentari. In passato è stata impiegata la stricnina, ma oggi il suo utilizzo è soggetto a notevoli limitazioni; questo alcaloide è utilizzato a una concentrazione dello 0,6% per ricoprire esche come cariossidi di cereali. Gli uccelli morti devono essere prontamente rimossi per evitare che, mangiandoli, cani e gatti siano vittime di avvelenamento secondario. Un altro composto che controlla la popolazione dei volatili è la 4-amminopiridina. Questa sostanza non solo uccide gli uccelli, ma determina negli individui colpiti emissione di suoni strani e comportamenti anomali, che spaventano e allontanano anche gli uccelli indenni.

L'azacosterolo è uno sterilizzante temporaneo consentito solo per il controllo dei piccioni. Rispetto ad altri composti, un metodo biologico come questo è senza dubbio meno pericoloso, ma fornisce solo una soluzione a lungo termine, adatta per specie di volatili molto longeve come i piccioni; questo metodo è invece di scarsa utilità quando è necessario liberarsi rapidamente di una popolazione di uccelli.

La cattura è un buon metodo per controllare gli uccelli, ma per ottenere la massima efficacia è necessario ricorrere a richiami vivi. Gli storni sono catturati efficacemente mediante richiami vivi e una trappola per corvi australiani. Possono dare buoni risultati anche le trappole a tunnel e quelle per passeri. Per catturare i piccioni si possono utilizzare dispositivi muniti di pale che, ruotando, li introducono all'interno di una trappola contenente grano. In genere, le trappole vanno collocate per un paio di giorni prive di esca per consentire l'acclimatazione. Il principale limite della cattura con trappole è rappresentato dal costo della manodopera e dei materiali necessari.

Sebbene sia frequente solo negli aeroporti e nelle grandi basi militari, può essere efficace anche l'impiego di un falconiere e di falchi pellegrini addestrati (Gingrich e Osterberg, 2003); infatti alla vista dei falchi gli altri uccelli si allontanano rapidamente. Questo metodo di controllo biologico è costoso e può richiedere la presenza del falconiere anche per una settimana per prevenire l'occupazione del territorio da parte di nuovi stormi.

12.5 Impiego di biocidi per il controllo degli infestanti

Gli insetticidi non devono essere spruzzati nelle aree destinate agli alimenti durante le ore di lavoro; possono essere applicati solo al termine del turno di lavoro, durante i weekend o, comunque, quando lo stabilimento è chiuso. Per assicurare che l'insetticida non venga spruzzato fuori dall'area trattata o trasportato su superfici adiacenti o sugli alimenti, occorre adottare le dovute precauzioni. Sono anche disponibili insetticidi in polvere, che in genere contengono le stesse sostanze tossiche contenute negli spray; rispetto a questi ultimi, tuttavia, essi richiedono maggiore abilità nell'applicazione e devono essere utilizzati solo da operatori specializzati nel controllo degli infestanti.

Prima di applicare un insetticida approvato per l'uso nelle aree destinate ai prodotti alimentari o al loro stoccaggio, tutti gli alimenti esposti e le materie prime devono essere coperti o rimossi dall'area da trattare. L'attrezzatura impiegata per la nebulizzazione si contaminerà inevitabilmente, e dovrà quindi essere pulita accuratamente prima di un nuovo utilizzo; il modo migliore è lavarla attentamente con acqua calda contenente un detergente e poi risciacquarla. I prodotti a base di insetticidi con attività residua non devono essere utilizzati su qualunque superficie possa venire a contatto con gli alimenti.

L'applicazione mediante fumigazione è da evitare, tranne nei casi in cui sia l'unico metodo efficace, e anche allora deve essere eseguita da un professionista esperto in tale tecnica.

Classificazione dei biocidi impiegati per il controllo degli infestanti

La direttiva 98/8/CE, relativa all'immissione sul mercato dei biocidi, recepita in Italia con il DLgs 174/2000, definisce nell'Allegato V sei tipi di prodotti impiegati per il controllo degli animali nocivi.

- Rodenticidi: usati per il controllo di ratti, topi o altri roditori.
- Avicidi: usati per il controllo degli uccelli.
- Molluschicidi: usati per il controllo dei molluschi.
- Pescicidi: usati per il controllo dei pesci (sono esclusi i prodotti destinati alla cura delle malattie dei pesci).
- Insetticidi, acaricidi e prodotti destinati al controllo degli altri artropodi: usati per il controllo degli artropodi (per esempio insetti, aracnidi e crostacei).
- Repellenti e attrattivi: usati per controllare organismi nocivi (invertebrati, per esempio le pulci, e vertebrati, per esempio gli uccelli), respingendoli o attirandoli, compresi i prodotti usati, direttamente o indirettamente, per l'igiene umana e veterinaria.

A meno che non siano in possesso della patente di abilitazione, in nessun caso i dipendenti o i responsabili dello stabilimento possono effettuare questo tipo di operazione. Anche quando si ricorre a specialisti esperti e abilitati all'impiego di gas tossici, i responsabili dello stabilimento devono comunque accertarsi che siano state adottate tutte le precauzioni previste dalla normativa in materia di sicurezza.

I prodotti chimici destinati al controllo degli infestanti non devono essere considerati un sostituto di un'efficace sanificazione; rigide procedure d'igiene sono più efficaci e più economiche. Quando prevalgono condizioni non igieniche, gli infestanti ritornano anche impiegando principi attivi efficaci.

Per minimizzare possibili contaminazioni, in un'azienda alimentare devono essere tenuti solo i biocidi essenziali per controllare gli infestanti che costituiscono un problema per lo stabilimento. Le scorte di questi prodotti devono essere controllate periodicamente per farne l'inventario e ispezionare le condizioni dei prodotti. In relazione allo stoccaggio, vanno osservate precise precauzioni.

1. I biocidi per il controllo degli infestanti vanno conservati in ambienti asciutti a temperature non superiori a 35 °C.
2. Il locale dove sono conservati questi biocidi deve essere chiuso a chiave e deve essere distante dalle aree destinate alla lavorazione e alla conservazione degli alimenti. I biocidi devono essere stoccati separatamente da altri materiali pericolosi come detergenti, solventi e altre sostanze chimiche.
3. I biocidi per il controllo degli infestanti non devono essere trasferiti dai loro contenitori originali etichettati in contenitori diversi; la conservazione in contenitori riciclati di alimenti può essere causa di avvelenamenti.
4. I contenitori vuoti di biocidi devono essere posti in recipienti di plastica contrassegnati destinati allo smaltimento dei rifiuti pericolosi. Anche i recipienti vuoti costituiscono un potenziale pericolo poiché potrebbero esservi rimasti residui di sostanze tossiche. Carta e cartone possono essere inceneriti, ma le bombolette spray vuote non devono essere bruciate. Vanno seguite le prescrizioni della normativa relative alle limitazioni d'impiego e, in generale, all'uso e allo smaltimento dei biocidi.

Precauzioni nell'utilizzo di prodotti per la disinfestazione

La National Restaurant Association Education Foundation raccomanda le seguenti precauzioni nell'impiego dei prodotti per il controllo degli infestanti.

1. I contenitori delle sostanze chimiche impiegate nella disinfestazione devono essere adeguatamente identificati ed etichettati.

2. Gli specialisti che effettuano l'intervento di disinfestazione devono essere assicurati contro i possibili danni causati allo stabilimento, ai dipendenti e ai clienti.

3. Quando per la disinfestazione si utilizzano prodotti chimici, occorre seguire attentamente le istruzioni. Queste sostanze devono essere usate solo per gli scopi previsti. Un insetticida efficace contro un tipo di insetti può essere inattivo contro altri.

4. Deve essere utilizzato il principio attivo più debole in grado di uccidere gli infestanti e sempre alla concentrazione raccomandata.

5. Spray a base oleosa e acquosa devono essere utilizzati solo in punti adatti. I primi vanno applicati dove quelli a base di acqua possono causare cortocircuiti o ammuffimento. Gli spray in soluzione acquosa vanno utilizzati dove quelli a base di oli possono causare incendi, danneggiare gomma o asfalto o sviluppare odori sgradevoli.

6. La prolungata esposizione agli spray deve essere evitata. Durante l'applicazione di prodotti per la disinfestazione è necessario indossare abbigliamento protettivo; al termine dell'operazione bisogna lavarsi le mani.

7. Alimenti, attrezzature e utensili non devono essere contaminati dalle sostanze chimiche impiegate per la disinfestazione.

8. In caso di avvelenamento accidentale, deve essere chiesto l'intervento di un medico. Se il medico non fosse disponibile, occorre contattare i vigili del fuoco o una squadra di pronto soccorso oppure un centro antiveleni. Se l'intervento di soccorso non può giungere in tempi brevi, il trattamento del soggetto infortunato deve prevedere l'induzione del vomito, introducendogli un dito in gola, e la successiva somministrazione di 2 cucchiai da tavola di sale inglese (solfato di magnesio idrato) sciolti in acqua o di latte di magnesio, seguiti da uno o più bicchieri di latte e/o acqua. Se l'ingestione del veleno non comporta un rischio immediato, non praticare alcun trattamento fino all'arrivo del medico. L'avvelenamento da metalli pesanti deve essere trattato con la somministrazione di mezzo cucchiaino di bicarbonato di sodio sciolto in un bicchiere d'acqua, 1 cucchiaio di sale da cucina sciolto in un bicchiere d'acqua calda (fino a quando il vomito non diventa chiaro), 2 cucchiai di sale inglese in un bicchiere d'acqua e due o più bicchieri d'acqua. In caso di avvelenamento da stricnina, somministrare 1 cucchiaio di sale sciolto in un bicchiere d'acqua entro dieci minuti, per indurre il vomito, seguito da 1 cucchiaino di carbone attivo in mezzo bicchiere d'acqua. La vittima deve essere fatta sdraiare e tenuta al caldo.

12.6 Gestione integrata degli infestanti

A causa delle limitazioni all'uso di sostanze chimiche, sono stati sviluppati programmi per il controllo integrato degli infestanti, basati sulle prevedibili conseguenze ecologiche ed economiche. Se attuati singolarmente, i metodi per il controllo degli insetti per la maggior parte non si sono dimostrati soddisfacenti e la resistenza degli insetti ai prodotti chimici si sta diffondendo. La concentrazione di residui di agrofarmaci negli alimenti è una preoccupazione comune, soprattutto quando i trattamenti determinano una riduzione del contenuto di acqua (Petersen, 1996).

Di conseguenza diversi metodi sono stati selezionati e integrati in un programma di controllo per gli specifici infestanti. Tale programma viene definito *gestione integrata degli infestanti* (IPM, *Integrated Pest Management*); il suo scopo principale è controllare gli infestanti in modo economico, attraverso tecniche compatibili con l'ambiente, la maggior parte delle quali si basa sul controllo biologico.

Gli obiettivi della gestione integrata sono l'utilizzo avveduto dei biocidi per il controllo degli infestanti e la messa a punto di alternative valide.

Questo approccio implica che gli infestanti siano "gestiti" e non necessariamente eliminati. In ogni caso, nell'industria alimentare l'obiettivo ultimo della gestione degli infestanti è prevenirli o eliminarli. Diverse aziende di lavorazione e preparazione degli alimenti hanno scoperto i benefici della gestione integrata come mezzo di controllo degli infestanti, grazie ai progressi realizzati nello sviluppo e nell'applicazione di questi metodi dai primi anni settanta (Brunner, 1994). Attraverso l'IPM si possono ottenere vantaggi economici, sociali/psicologici e ambientali. Le prospettive dell'accettazione dei metodi di gestione integrata sono incoraggianti e dovrebbero continuare a migliorare nel tempo man mano che diventano più popolari. I benefici evidenti sono costi più bassi, maggiore controllo degli infestanti e riduzione fino al 60% dell'uso di biocidi (Paschall et al., 1992). Le procedure per il controllo degli infestanti sono raggruppate in: ispezione, pulizia e metodi fisici, meccanici e chimici. L'utilizzo integrato e complementare di queste procedure è essenziale per una gestione degli infestanti economica, efficace e sicura (Mills e Pedersen, 1990).

I componenti di un programma di gestione integrata per il controllo di roditori includono esclusione e sanificazione. Questi componenti devono comprendere la chiave fondamentale del programma per il controllo dei roditori: la prevenzione del loro ingresso. In un programma di gestione integrata, alla pratica della sanificazione e agli sforzi per l'esclusione dei roditori si aggiungono le esche e le trappole per roditori, che costituiscono sia uno strumento preventivo sia un rimedio. Esche e trappole fanno solitamente parte del programma di "difesa perimetrale". L'IPM enfatizza l'uso di feromoni sessuali poiché sono compatibili con l'ambiente, sono specie specifici ed efficaci a basse dosi.

12.6.1 Ispezione

Questa misura di controllo preventiva e di monitoraggio richiede tempo, ma è importante e ha un ottimo rapporto costo-efficacia. Con la diffusione della gestione integrata in sostituzione del tradizionale controllo chimico, l'ispezione ha assunto un ruolo sempre più critico. Questa funzione, infatti, può identificare i problemi esistenti e rilevare quelli potenziali; consente inoltre di monitorare un problema di sanificazione in atto. Devono essere condotte regolarmente (per esempio mensilmente) ispezioni sia formali sia informali.

Le ispezioni formali devono essere effettuate con una frequenza prestabilita, devono essere complete e valutare i progressi complessivi e l'efficacia della gestione degli infestanti. Se possibile, è utile affidarsi a ispettori qualificati esterni allo stabilimento (per esempio inviati dalla direzione centrale, nel caso di aziende con più stabilimenti; oppure consulenti o incaricati di un servizio di ispezione indipendente).

Le ispezioni informali devono essere condotte periodicamente da parte del personale assegnato alle diverse aree prese in considerazione. I dirigenti dell'azienda devono incoraggiare ed esigere dai dipendenti la consapevolezza, mentre svolgono le loro normali mansioni, dei problemi della sanificazione che possono diminuire l'efficacia del programma di controllo degli infestanti.

Le ispezioni devono includere le materie prime, i semilavorati e i prodotti finiti, l'ambiente, i servizi e le attrezzature. Gli ispettori devono essere muniti di torce elettriche, utensili per aprire le attrezzature e contenitori per i campioni prelevati. Occorre definire una checklist da impiegare sia come guida per l'ispezione, sia come modulo per la registrazione dei risultati. Moduli di questo tipo fissano in forma scritta l'identificazione dei potenziali problemi e delle aree problematiche.

12.6.2 Pulizia

Gli standard e i programmi di pulizia dovrebbero essere stabiliti insieme a chi ha la responsabilità diretta dell'attività di pulizia; in molte aree la pulizia deve essere continua, poiché quantità anche minime di residui alimentari non rimosse possono favorire le infestazioni e offrire un adeguato nutrimento agli infestanti (Mills e Pedersen, 1990). Inoltre questi residui contengono allergeni e sono la causa principale di asma nei bambini (Desorbo, 2004).

12.6.3 Metodi fisici e meccanici

Poiché l'impiego di molti principi attivi comunemente usati in passato oggi non è più consentito, sono diventati sempre più importanti i metodi meccanici e fisici, come le trappole per roditori, le tavolette adesive e le trappole elettriche per mosche. Generalmente questi metodi non sono contaminanti e nei programmi di gestione integrata possono riempire gli spazi lasciati scoperti dalle limitazioni nell'uso dei biocidi. Un metodo efficace è rappresentato dalla regolazione della temperatura, talvolta associata alla ventilazione forzata. Poiché la temperatura ottimale per molte specie di insetti è compresa tra 24 e 34 °C, variazioni al di sopra o al di sotto di tale intervallo possono ridurne la proliferazione. Oltre che dalla temperatura, gli insetti dipendono anche dall'umidità; quindi il livello di umidità è determinante per la proliferazione. Un basso contenuto di umidità, specie se inferiore al 12%, inibisce la crescita degli insetti.

Diversi tipi di radiazioni – come onde radio, microonde, infrarossi, ultravioletti, raggi gamma, raggi X ed elettroni accelerati – hanno azione disinfettante sugli alimenti, ma non tutti questi metodi sono efficaci o applicabili. I raggi gamma, i raggi X e gli elettroni accelerati sono talora impiegati come disinfestanti contro gli insetti.

12.6.4 Metodi chimici

Biocidi e altre sostanze chimiche – come repellenti, feromoni e colle impiegati in trappole, barriere o sistemi repellenti – vengono utilizzati quando necessario per il controllo degli infestanti. Chiunque applichi biocidi, deve essere essere stato istruito sull'impiego sicuro, approvato ed efficace di ciascuna sostanza. L'applicazione di biocidi soggetti a restrizioni di utilizzo richiede uno specifico patentino.

Gli stabilimenti in cui si attua la gestione integrata degli infestanti sono trattati con prodotti non volatili e a bassa tossicità, come esche sotto forma di gel a base di idrametilnon, il cui impiego nelle aree di lavorazione degli alimenti è considerato sicuro. Quando la sostanza è applicata a una popolazione di scarafaggi, questi insetti mangiano l'esca e poi tornano nel loro rifugio, dove emettono feci contenenti fipronile (un altro componente attivo di queste formulazioni); consumando questi escrementi, altri scarafaggi ingeriscono una dose letale del veleno e muoiono; a loro volta, se consumate, le carcasse provocano la morte di altri scarafaggi (DeSorbo, 2004).

L'EPA classifica i biocidi in due categorie: quelli per uso generale e quelli per uso limitato. Quelli soggetti a restrizioni presentano un rischio maggiore di arrecare danni all'ambiente o nuocere a chi li applica; possono quindi essere acquistati solo da applicatori autorizzati o da persone poste sotto la loro diretta supervisione. Gli applicatori autorizzati vengono addestrati attraverso un programma approvato dall'EPA.

Il deposito dei prodotti impiegati per la disinfestazione deve essere abbastanza grande per contenere, in modo corretto e ordinato, la normale fornitura necessaria. Se possibile questo deposito deve essere situato in un edificio separato, o comunque in un'area isolata da quelle destinate agli alimenti. Quest'area deve essere dotata di un sistema di ventilazione forzata che scarica all'esterno e che non deve mai incrociarsi con la ventilazione delle aree in cui sono trattati o immagazzinati gli alimenti e i materiali di confezionamento. Il deposito deve essere situato in un locale chiuso a chiave, per prevenire l'ingresso di personale non autorizzato; l'ambiente deve essere asciutto e a temperatura controllata per proteggere i prodotti chimici. I contenitori devono essere immagazzinati in modo che le etichette siano ben visibili e l'inventario deve essere tenuto sempre aggiornato. L'attrezzatura per la manipolazione e l'applicazione dei biocidi deve comprendere guanti di gomma, indumenti protettivi e respiratori come maschere antipolvere o autorespiratori.

Per il controllo dei roditori possono essere impiegati sterilizzanti chimici. Una singola dose orale di α-cloridrina (efficace su ratti maschi sessualmente maturi) è sufficiente per provocare sterilità entro 4 ore. Come intossicante acuto è considerato più valido di rodenticidi analoghi. Poiché dopo l'ingestione i ratti e i topi degradano l'α-cloridrina, non vi è il rischio che il composto uccida animali non bersaglio che abbiano mangiato topi o ratti avvelenati. Non presentando tossicità secondaria o cumulativa, l'α-cloridrina è biodegradabile e non pone a lungo termine pericoli noti per l'ambiente.

Sebbene più costosi dei metodi convenzionali, in futuro i programmi di gestione integrata del controllo degli infestanti saranno sempre più applicati, grazie al loro successo e alla crescente preoccupazione per i danni ambientali associati all'uso indiscriminato di insetticidi chimici. L'impiego dell'IPM per il controllo degli insetti nelle materie prime riduce i livelli complessivi di infestazione negli stabilimenti che lavorano tali derrate.

12.6.5 Imballaggi resistenti agli insetti

L'impiego di imballaggi resistenti agli insetti è una strategia di controllo che non sempre può essere adottata, quando si valutano tecniche di controllo non chimico o di esclusione. Gli insetti che infestano le derrate stoccate hanno diversa capacità di penetrare negli imballaggi (Arthur e Phillips, 2003). Alcuni sono in grado di forare il materiale di imballaggio, altri possono entrare attraverso cuciture o aperture; inoltre la capacità dell'insetto di penetrare varia a seconda dello stadio del suo ciclo vitale (Mullen,1997). Le pellicole protettive presentano efficacia diversa nel prevenire la penetrazione degli insetti. Per esempio i film in polipropilene sono più resistenti di quelli in polivinilcloruro (PVC).

Sommario

Gli infestanti di maggiore importanza per l'industria alimentare comprendono scarafaggi (*Blattella germanica, Periplaneta americana, Blatta orientalis*), mosche (*Musca domestica,*

Drosophila melanogaster), roditori (*Rattus norvegicus, Mus Musculus*) e volatili (piccioni, passeri, storni). Il controllo degli infestanti può essere più efficace prevenendone l'accesso negli stabilimenti ed eliminando i possibili rifugi e le fonti di nutrimento per la sopravvivenza e la riproduzione.

In caso di infestazione, prodotti chimici, trappole e altre tecniche di controllo sono essenziali. Questi mezzi di eradicazione vanno considerati aiuti e non sostitutivi di efficaci procedure di sanificazione. Poiché i biocidi sono tossici, devono essere scelti e manipolati con attenzione; sono essenziali precauzioni nell'utilizzo, nello stoccaggio e nello smaltimento. Sebbene un dipendente addestrato possa applicare biocidi, per le operazioni più complesse e pericolose occorre rivolgersi a un disinfestatore specializzato.

Domande di verifica

1. Quali effetti dannosi hanno gli scarafaggi negli stabilimenti alimentari?
2. Quali sono i metodi migliori per controllare gli scarafaggi?
3. Perché le mosche sono così pericolose dal punto di vista igienico?
4. Quali sono i metodi più efficaci per eliminare le mosche?
5. Qual è la differenza tra insetticidi persistenti e non persistenti?
6. Come funzionano le trappole luminose per insetti?
7. Che cosa sono i feromoni degli insetti?
8. Quali sono i metodi più efficaci per controllare ratti e topi?
9. Chi può utilizzare gas tossici nelle operazioni di disinfestazione?
10. Quali sono i metodi più efficaci per controllare gli uccelli?
11. Che cos'è la gestione integrata degli infestanti?
12. Quali sono i vantaggi della gestione integrata degli infestanti?

Bibliografia

Anon. (2002) A better mousetrap. *Natl Provisioner* September: 72.
Arthur F, Phillips TW (2003) Stored-product insect pest management and control. In: Hui YH et al (eds) *Food plant sanitation*. Marcel Dekker, New York.
Baccetti B, Barbagallo S, Süss L, Tremblay E (2000) *Manuale di zoologia agraria*. Antonio Delfino Editore, Milano.
Brunner JF (1994) IPM in fruit and tree crops. *Food Rev Int* 10:135.
Corrigan RM (2003) Rodent pest management. In: Hui YH et al (eds) *Food plant sanitation*. Marcel Dekker, New York.
DeSorbo MA (2004) Combating cockroaches. *Food Qual* 11; 5: 24.
Eicher E (2004) Environmentally responsible pest management. *Food Qual* 11; 5: 29.
Gingrich JB, Osterberg TE (2003) Pest Birds: Biology and management at food processing facilities. In: Hui YH et al (eds) *Food plant sanitation*. Marcel Dekker, New York.
Hirsch H (2004) Pest of the month: Cigarette beetle. *Food Saf Mag* 10; 1; 59.
Katsuyama AM, Strachan JP (1980) *Principles of food processing sanitation*. The Food Processors Institute, Washington DC.
Mason L (2003) Insects and mites. In: Hui YH et al (eds) *Food plant sanitation*. Marcel Dekker, New York.
Mills R, Pedersen J (1990) *A flour mill sanitation manual*. Eagan Press, St. Paul, MN.
Muccinelli M (2001) *Prontuario degli agrofarmaci*. Il Sole 24 Ore, Edagricole, Milano.
Mullen MA (1997) Keeping bugs at bay. *Feed Manage* 8; 3: 29.

National Restaurant Association Education Foundation (1992) *Applied foodservice sanitation* (4th ed). John Wiley & Sons, New York.

Paschall MJ et al (1992) Washington bugs out, integrated pest management saves crops and the environment. *J Am Diet Assoc* 92: 93.

Petersen B et al (1996) Pesticide degradation: Exceptions to the rule. *Food Technol* 50: 221.

Shapton DA, Shapton NF (1991) Buildings. In: Shapton DA, Shapton NF (eds) *Principles and practices for the safe processing of foods*. Butterworth-Heinemann, Oxford.

Siddiqi Z (2001) New technologies in pest management prevent pathogen spread. *Food Proc* 62; 2: 63.

Süss L, Locatelli DP (2001) *I parassiti delle derrate*. Calderini Edagricole, Bologna.

Capitolo 13
Progettazione
degli stabilimenti alimentari

Gli stabilimenti, nuovi o ristrutturati, per la lavorazione o la somministrazione di alimenti dovrebbero essere progettati in modo da favorire l'igiene dei processi e l'efficacia della sanificazione. Poiché la maggior parte delle attrezzature e dei servizi sono progettati per risultare funzionali, occorre enfatizzare i criteri di igiene che devono ispirare la progettazione e la costruzione di uno stabilimento, in modo da garantirne la sicurezza igienica. Uno stabilimento così progettato può migliorare la salubrità di tutti gli alimenti e aumentare l'efficacia e l'efficienza del programma di sanificazione.

13.1 Scelta del sito

La scelta del sito riveste un ruolo importante nella realizzazione di uno stabilimento secondo criteri d'igiene. Gli stabilimenti alimentari non devono essere costruiti in prossimità di impianti chimici che emettono esalazioni nocive oppure di impianti di smaltimento di rifiuti o reflui: i prodotti alimentari con contenuto relativamente elevato di grassi acquisterebbero rapidamente odori e sapori sgradevoli; inoltre i microrganismi patogeni, trasportati dal vento, potrebbero finire sui prodotti alimentari, a meno che non siano stati installati filtri speciali alle prese d'aria dei sistemi di aerazione. Il drenaggio del terreno è importante; infatti siti ubicati vicino ad acque stagnanti con scarso drenaggio, favoriscono la contaminazione di impianti e prodotti alimentari da parte di *Listeria monocytogenes*. Grandi masse d'acqua attraggono uccelli saprofagi, portatori di *Salmonella*. Le acque stagnanti, inoltre, offrono un ambiente favorevole alla riproduzione degli insetti e forniscono acqua necessaria per la sopravvivenza di roditori e altri infestanti. Per garantire un'ulteriore protezione contro i microrganismi patogeni, uno stabilimento alimentare non dovrebbe essere situato in prossimità di zone infestate da animali nocivi.

Gli stabilimenti alimentari non devono essere insediati accanto a piccoli corsi d'acqua e canali di drenaggio, come pure vicino a depositi di rifiuti o di rottami e discariche (Troller, 1993). Non dovrebbero essere presi in considerazione nemmeno i terreni recuperati mediante bonifica di zone paludose o di aree precedentemente utilizzate come discariche.

Il sito scelto dovrebbe consentire eventuali future espansioni: stabilimenti "sovraffollati" sono inefficienti e presentano maggiori problemi di sanificazione. Va inoltre valutata la disponibilità di acqua e di adeguati impianti di smaltimento. Alberi e arbusti che forniscono cibo e/o rifugio agli uccelli non dovrebbero mai essere piantati vicino agli edifici, e la vegetazione esistente dovrebbe essere rimossa. Le aree di parcheggio dovrebbero essere pavimentate, per evitare la polvere, e ben drenate, per facilitare il rapido deflusso dell'acqua piovana. Deve essere inoltre possibile circondare la proprietà con una rete di recinzione.

13.1.1 Preparazione del sito

I materiali tossici eventualmente presenti vanno rimossi per prevenire una potenziale contaminazione (Graham, 1991a). Il terreno deve essere spianato per evitare la formazione di ristagni d'acqua, che costituiscono un ambiente ideale per la riproduzione degli insetti (specialmente zanzare). Deve essere previsto un sistema di raccolta e allontanamento dell'acqua piovana. Molti enti locali richiedono miglioramenti paesaggistici, ma alberi e arbusti dovrebbero distare almeno 10 m dagli edifici, in modo da non divenire un rifugio per infestanti come uccelli, roditori e insetti. Per scoraggiare l'ingresso dei roditori, non dovrebbe esservi erba a meno di 1,5 m dai muri esterni dell'edificio, per consentire la posa di una striscia di ghiaia spessa circa 10 cm, su polietilene o materiale equivalente, oppure di un nastro di asfalto.

13.2 Costruzione dell'edificio

La normativa europea – con il Regolamento CE 852/2004, Allegato II, capitoli I e II – stabilisce i requisiti d'igiene generali, cui devono rispondere tutte le strutture destinate agli alimenti, e quelli specifici, previsti per le strutture in cui vengono preparati, lavorati o trasformati i prodotti alimentari (vedi box alle pagine 284-285). Lo stesso Regolamento incoraggia l'utilizzo, da parte di tutti gli operatori del settore alimentare, dei manuali di corretta prassi igienica nazionali e comunitari. Essendo redatti per i singoli comparti, tali manuali forniscono indicazioni più specifiche rispetto ai requisiti fissati dalla normativa.

13.2.1 Muri

Le fondazioni e i muri di uno stabilimento di lavorazione degli alimenti o di un esercizio di ristorazione, devono essere impermeabili all'umidità, di facile pulizia e costruiti in modo da prevenire l'ingresso degli infestanti. Per impedire ai roditori di trovare una via di accesso all'edificio scavando cunicoli sotto il livello del terreno, è stata raccomandata la costruzione di un bordo di cemento che circondi le fondazioni a 60 cm di profondità e si estenda ad angolo retto verso l'esterno per 30 cm (Graham, 1991b). Se il progetto dell'edificio prevede un seminterrato o una cantina, il pavimento dovrebbe formare un corpo unico con le fondazioni murarie, per creare una specie di "scatola" quale barriera contro gli infestanti.

I muri più adatti sono quelli realizzati con gettate di cemento, lisciati accuratamente a cazzuola fino a ottenere non più di nove fori per metro quadrato, nessuno dei quali deve superare i 3 mm. La gettata di cemento è più costosa e richiede la costruzione sul posto di casseforme e la rifinitura, ma non presenta giunzioni che debbano essere sigillate, come invece avviene per i prefabbricati o le costruzioni *tilt-up*.

In alternativa si possono utilizzare travi a incastro, pannelli prefabbricati a incastro per pareti e pannelli prefabbricati a doppia T per tetti. Questa tecnica comporta la prefabbricazione dei pannelli per le pareti e delle travi di supporto per il tetto, dotate di incavi abbastanza larghi da alloggiare i pannelli prefabbricati a doppia T del tetto. Una volta realizzato l'incastro, le superfici piatte che possono raccogliere la polvere sulla cima delle travi o dei pannelli delle pareti sono eliminate. La sigillatura degli spazi attorno alle doppie T rende la struttura igienica. È importante usare prudenza nelle costruzioni prefabbricate, *tilt-up* e realizzate con blocchi di cemento. Poiché per migliorare la rimozione del pannello o del blocco dallo stampo si impiega un disarmante, è necessario che questo sia testato per garantirne la compatibilità con le possibili finiture della parete (per esempio, pittura e rivestimento epossidico); l'eventuale incompatibilità può dare luogo allo sfaldamento della pittura.

Se si utilizzano pareti realizzate con blocchi di cemento, questo deve essere ad alta densità: un materiale poco poroso, infatti, riduce l'assorbimento di umidità e la crescita microbica. Un efficace sigillante può chiudere i pori per migliorare le caratteristiche igieniche. È stato suggerito, quando si posano i blocchi di cemento armato, di riempire di malta i fori dei blocchi della prima fila per fornire un'efficace tenuta contro l'ingresso di insetti attraverso il giunto in corrispondenza del raccordo con le fondazioni (Graham, 1991b). Le pareti dovrebbero essere raccordate al pavimento con un raggio di curvatura non inferiore a 2,5 cm. I blocchi di cemento dovrebbero essere sigillati per impedire l'accesso di roditori e insetti.

Non sono consigliabili rivestimenti di lamiera metallica ondulata, sia perché non impediscono efficacemente l'ingresso di insetti e roditori, sia perché questo materiale viene facilmente danneggiato. Qualora venga utilizzata lamiera ondulata, l'ondulazione esterna deve essere chiusa e sigillata, sia in cima sia alla base, per impedire l'entrata di infestanti. I fori praticati nel muro per il passaggio delle tubazioni devono essere sigillati lo stesso giorno in cui vengono aperti, allo scopo di ridurre il rischio di invasione di infestanti.

Per facilitarne la sanificazione, le pareti degli ambienti di lavorazione caratterizzati da elevata umidità devono essere rivestite con piastrelle di ceramica o con pannelli di metallo verniciato a fuoco. Questi materiali sono resistenti agli alimenti, al sangue, agli acidi, agli alcali, ai detergenti e ai disinfettanti. Sebbene la piastrellatura sia costosa, la manutenzione e la pulizia delle pareti così rivestite è semplice ed economica. Un altro tipo di rivestimento è rappresentato dalle vernici epossidiche stese su un isolante compatibile.

13.2.2 Area di carico

Le banchine e le piattaforme di carico dovrebbero essere costruite ad almeno 1 m dal suolo. Per impedire ai roditori di arrampicarsi ed entrare nell'edificio, la superficie sottostante l'apertura della banchina deve essere rivestita con un materiale liscio e impermeabile, come plastica o metallo galvanizzato, e la superficie delle banchine e delle piattaforme deve sporgere di 30 cm rispetto al basamento; tale sporgenza deve avere caratteristiche tali da non consentire agli uccelli di appollaiarsi. L'accesso agli infestanti è inoltre ostacolato da barriere d'aria e da guarnizioni intorno ai portelloni per gli autocarri. Queste guarnizioni di tenuta impediscono l'entrata degli insetti; inoltre, se lo stabilimento è sotto pressione positiva, la fuoriuscita dell'aria dalle aperture che si formano attorno alla guarnizione riduce la contaminazione da polvere. Le guarnizioni di tenuta possono sostituire le pensiline, che richiedono un monitoraggio costante per impedire l'ingresso di infestanti, specialmente uccelli.

13.2.3 Costruzione del tetto

La soluzione più logica per il tetto da applicare a muri realizzati con pannelli prefabbricati di cemento, è rappresentata dai prefabbricati a doppia T: un modello valido e igienico. Sulle aree destinate alla lavorazione o alla preparazione degli alimenti non si dovrebbero installare tetti inclinati o tetti piani ricoperti di ghiaia, poiché sono di difficile pulizia. Prodotti a basso tenore di umidità, come grano, amido e farina, possono essere trasportati all'esterno attraverso camini di ventilazione, attirando uccelli e insetti e favorendo la crescita di erbacce, batteri, muffe e lieviti. Sono stati raccomandati tetti lisci impermeabilizzati, in quanto

Regolamento CE 852/2004 sull'igiene dei prodotti alimentari - Allegato II

Capitolo I - Requisiti generali applicabili alle strutture destinate agli alimenti

1. Le strutture destinate agli alimenti devono essere tenute pulite, sottoposte a manutenzione e tenute in buone condizioni.

2. Lo schema, la progettazione, la costruzione, l'ubicazione e le dimensioni delle strutture destinate agli alimenti devono:
   a) consentire un'adeguata manutenzione, pulizia e/o disinfezione, evitare o ridurre al minimo la contaminazione trasmessa per via aerea e assicurare uno spazio di lavoro tale da consentire lo svolgimento di tutte le operazioni in condizioni d'igiene;
   b) essere tali da impedire l'accumulo di sporcizia, il contatto con materiali tossici, la penetrazione di particelle negli alimenti e la formazione di condensa o muffa indesiderabile sulle superfici;
   c) consentire una corretta prassi di igiene alimentare, compresa la protezione contro la contaminazione e, in particolare, la lotta contro gli animali infestanti;
   d) ove necessario, disporre di adeguate strutture per la manipolazione e il magazzinaggio a temperatura controllata, con sufficiente capacità per mantenere i prodotti alimentari in condizioni adeguate di temperatura e progettate in modo che la temperatura possa essere controllata e, ove opportuno, registrata.

3. Deve essere disponibile un sufficiente numero di gabinetti, collegati ad un buon sistema di scarico. I gabinetti non devono dare direttamente sui locali di manipolazione degli alimenti.

4. Deve essere disponibile un sufficiente numero di lavabi, adeguatamente collocati e segnalati per lavarsi le mani. I lavabi devono disporre di acqua corrente fredda e calda, materiale per lavarsi le mani e un sistema igienico di asciugatura. Ove necessario, gli impianti per il lavaggio degli alimenti devono essere separati da quelli per il lavaggio delle mani.

5. Si deve assicurare una corretta aerazione meccanica o naturale, evitando il flusso meccanico di aria da una zona contaminata verso una zona pulita. I sistemi di aerazione devono essere tali da consentire un accesso agevole ai filtri e alle altre parti che devono essere pulite o sostituite.

6. Gli impianti sanitari devono disporre di un buon sistema di aerazione, naturale o meccanico.

7. Nei locali destinati agli alimenti deve esserci un'adeguata illuminazione, naturale e/o artificiale.

8. Gli impianti di scarico devono essere adatti allo scopo, nonché progettati e costruiti in modo da evitare il rischio di contaminazione. Qualora i canali di scarico siano totalmente o parzialmente scoperti, essi devono essere progettati in modo da evitare che il flusso proceda da una zona contaminata verso o in un'area pulita, in particolare un'area dove vengano manipolati alimenti che possono presentare un alto rischio per i consumatori finali.

9. Ove necessario, devono essere previste installazioni adeguate adibite a spogliatoio per il personale.

10. I prodotti per la pulizia e la disinfezione non devono essere conservati nelle aree dove vengono manipolati alimenti.

Capitolo II - Requisiti specifici applicabili ai locali all'interno dei quali i prodotti alimentari vengono preparati, lavorati o trasformati

1. I locali dove gli alimenti sono preparati, lavorati o trasformati (esclusi i locali adibiti a mensa e quelli specificati nel capitolo III, ma compresi i locali a bordo dei mezzi di trasporto) devono essere progettati e disposti in modo da consentire una corretta prassi igienica impedendo anche la contaminazione tra e durante le operazioni. In particolare:

   a) i pavimenti devono essere mantenuti in buone condizioni, essere facili da pulire e, se necessario, da disinfettare; ciò richiede l'impiego di materiale resistente, non assorbente, lavabile e non tossico, a meno che gli operatori alimentari non dimostrino all'autorità competente che altri tipi di materiali possono essere impiegati appropriatamente. Ove opportuno, la superficie dei pavimenti deve assicurare un sufficiente drenaggio;

   b) le pareti devono essere mantenute in buone condizioni ed essere facili da pulire e, se necessario, da disinfettare; ciò richiede l'impiego di materiale resistente, non assorbente, lavabile e non tossico e una superficie liscia fino ad un'altezza adeguata per le operazioni, a meno che gli operatori alimentari non dimostrino all'autorità competente che altri tipi di materiali possono essere impiegati appropriatamente;

   c) i soffitti (o, quando non ci sono soffitti, la superficie interna del tetto) e le attrezzature sopraelevate devono essere costruiti e predisposti in modo da evitare l'accumulo di sporcizia e ridurre la condensa, la formazione di muffa indesiderabile e la caduta di particelle;

   d) le finestre e le altre aperture devono essere costruite in modo da impedire l'accumulo di sporcizia e quelle che possono essere aperte verso l'esterno devono essere, se necessario, munite di barriere antinsetti facilmente amovibili per la pulizia; qualora l'apertura di finestre provochi contaminazioni, queste devono restare chiuse e bloccate durante la produzione;

   e) le porte devono avere superfici facili da pulire e, se necessario, da disinfettare; a tal fine si richiedono superfici lisce e non assorbenti, a meno che gli operatori alimentari non dimostrino all'autorità competente che altri tipi di materiali utilizzati sono adatti allo scopo;

   f) le superfici (comprese quelle delle attrezzature) nelle zone di manipolazione degli alimenti e, in particolare, quelle a contatto con questi ultimi devono essere mantenute in buone condizioni ed essere facili da pulire e, se necessario, da disinfettare; a tal fine si richiedono materiali lisci, lavabili, resistenti alla corrosione e non tossici, a meno che gli operatori alimentari non dimostrino all'autorità competente che altri tipi di materiali utilizzati sono adatti allo scopo.

2. Ove necessario, si devono prevedere opportune attrezzature per la pulizia, la disinfezione e il deposito degli strumenti di lavoro e degli impianti. Tali attrezzature devono essere in materiale resistente alla corrosione e facili da pulire e disporre di un'adeguata erogazione di acqua calda e fredda.

3. Si devono prevedere adeguate attrezzature, ove necessario, per le operazioni di lavaggio degli alimenti. Ogni acquaio o impianto analogo previsto per il lavaggio degli alimenti deve disporre di un'adeguata erogazione di acqua potabile calda e/o fredda, conformemente ai requisiti del capitolo VII, e deve essere mantenuto pulito e, ove necessario, disinfettato.

possono essere spazzati, lavati e tenuti puliti più efficacemente di altri tetti (Graham, 1991c). I lucernari, apribili per l'aerazione o per altri scopi, dovrebbero essere protetti, schermati o sigillati per impedire l'entrata di contaminanti come insetti, acqua e polvere. Botole per l'aerazione sulla copertura del tetto e unità installate per il trattamento dell'aria dovrebbero essere isolate con pannelli sandwich, dato che i materiali isolanti sono difficili da pulire e soggetti a infestazioni da insetti.

13.2.4 Finestre

Un controllo ambientale efficace e un'illuminazione adeguata consentono di realizzare edifici privi di finestre, che possono rappresentare un pericolo dal punto di vista della sanificazione, a causa di rotture e contaminazione da parte di infestanti, polvere e altre fonti. Le finestre necessitano di manutenzione continua, con adeguate riparazioni, pulizia e sigillatura. Se vengono installate, è meglio che le finestre non possano essere aperte e siano costruite con policarbonato infrangibile (Graham, 1991c). Inoltre, la soglia esterna dovrebbe essere inclinata di un angolo di 60 gradi, per impedire l'appollaiarsi di uccelli e l'accumularsi di detriti. Un'altra ottima soluzione consiste nel collocare le finestre a filo della parete esterna, usando la stessa inclinazione per la controsoglia interna. In alcuni casi la normativa antincendio può prescrivere caratteristiche specifiche per le finestre.

13.2.5 Porte

Le porte rappresentano una via d'accesso per infestanti e contaminanti aerei; tale problema si può ridurre con un'entrata a doppia porta. L'esterno delle porte dovrebbe essere munito di barriere d'aria, dotate di velocità sufficiente (almeno 500 m/min) per impedire l'entrata di insetti e contaminanti aerei, in grado di coprire completamente il vano con un flusso diretto verso il basso e verso l'esterno. Le barriere d'aria dovrebbero essere collegate direttamente al dispositivo di apertura della porta per consentire l'attivazione simultanea del flusso d'aria.

13.2.6 Soffitti

Le controsoffittature andrebbero evitate poiché lo spazio sovrastante può divenire rifugio per insetti e ricettacolo di contaminanti. Se viene realizzato un soffitto ribassato, questo dovrebbe essere isolato dall'area di lavorazione sottostante, come se fosse un altro pavimento, e dovrebbe contenere linee elettriche, condutture per l'aria e ventilatori. Di solito sono previste passerelle per consentire agli addetti alla manutenzione di accedere alla zona per revisionare gli impianti o le condutture. La zona dovrebbe essere mantenuta pressurizzata per evitare l'infiltrazione della polvere. Il lato a vista di un soffitto ribassato, oltre che esteticamente gradevole, deve essere facile da pulire. Le attività quotidiane sotto questo soffitto devono potersi svolgere in modo igienico ed efficiente, indipendentemente da ciò che accade al di sopra. L'isolamento delle condutture, delle linee elettriche e degli altri impianti migliora l'igiene. Soffitti calpestabili risultano vantaggiosi in quanto il lavoro di installazione può essere completato sopra e sotto il soffitto simultaneamente.

Il soffitto dovrebbe essere realizzato con una soletta di cemento liscia formata da doppie T esposte, con giunzioni sigillate. Se al di sopra dell'area di lavorazione viene utilizzata una struttura a vista d'acciaio, questa dovrebbe essere ricoperta con cemento o materiali equivalenti, per impedire che raccolga polvere e detriti o fornisca percorsi per i roditori e rifugi per gli insetti. Non dovrebbero essere installati pannelli di metallo poiché la loro elevata conducibilità termica può determinare la formazione di condensa; inoltre, la contrazione e la dilatazione del metallo rendono più difficile la tenuta delle guarnizioni in corrispondenza dei giunti, dove possono quindi annidarsi insetti. Non vanno impiegati pannelli in lana di vetro, poiché i roditori vi prosperano; sono preferibili isolanti come Styrofoam, vetroschiuma e altri materiali di riempimento. L'uso dell'amianto è proibito per i pericoli che comporta.

13.2.7 Pavimenti

I tipi di pavimentazione possono variare dal semplice battuto di cemento sigillato, utilizzato nei magazzini, ai mattoni resistenti a urti violenti, alte temperatura e sostanze chimiche concentrate, utilizzati nelle aree più esposte. Tuttavia, i pavimenti di cemento liscio tendono a scheggiarsi (Graham, 2004) e la superficie danneggiata offre protezione ai microrganismi. Sono sempre più diffusi i pavimenti a gettata unica, poiché non presentano giunzioni, sono più facili da posare e meno costosi di quelli in mattoni o piastrelle. Questi pavimenti possono essere a base epossidica o poliuretanica e vengono spianati con rulli o lisciati a mano.

Negli stabilimenti alimentari i pavimenti devono essere impermeabili all'acqua, privi di crepe e fenditure e resistenti alle sostanze chimiche. Sebbene le mattonelle dei pavimenti forniscano una superficie soddisfacente, l'usura può causare la perdita del cemento che sigilla le fughe, con conseguente penetrazione dell'acqua. Strati isolanti di plastica o asfalto possono essere interposti tra la soletta di cemento e le piastrelle o i mattoni. I pavimenti di mattoni meritano attenta considerazione per la loro durevolezza, per la facilità delle sostituzioni in caso di rotture e per lo scarso accumulo di umidità sotto fessure e buchi. In caso di ristrutturazione, un pavimento in cemento dovrebbe essere conservato solo se non scheggiato.

13.2.8 Ristrutturazioni

I preparativi per le ristrutturazioni dovrebbero comprendere un progetto per ridurre la diffusione di particolato dall'area interessata dai lavori a quelle in cui proseguono la produzione e/o lo stoccaggio degli alimenti. Pertanto, prima dell'inizio dei lavori di ristrutturazione occorre isolare il nuovo sito mediante false pareti, realizzate fissando robusti teli di plastica oppure allestendo pareti provvisorie di compensato. Una soluzione ideale è costituita da pareti prefabbricate con materiale isolante. Pannelli rinforzati con fibra di vetro dal lato produzione/stoccaggio, con giunti sigillati, forniscono un'impenetrabile barriera contro polvere, detriti e altri contaminanti causati dalla ristrutturazione.

Nei grandi stabilimenti può essere opportuno condurre uno studio sulla distribuzione dell'aria per assicurare il mantenimento di un'adeguata pressione positiva nell'area di lavorazione (Stahl, 2004). Tale pressione positiva può essere ottenuta mediante un sistema di ventilazione che pompi un volume maggiore di aria sul lato produzione. Un ulteriore accorgimento è rappresentato dall'aspirazione dalla zona in ristrutturazione verso l'esterno, evitando di posizionare lo scarico troppo vicino alla presa d'aria in entrata nello stabilimento.

13.3 Progettazione e processi produttivi

Il DPR 459/96, che ha recepito le Direttive 89/392/CEE, 91/368/CEE, 93/44/CEE e 93/68/CEE, indica i requisiti essenziali per la sicurezza e la salute relativi alla progettazione e alla costruzione delle macchine. Per le macchine agroalimentari sono richiesti requisiti addizionali di carattere igienico. Il Regolamento CE 852/2004, Allegato II, capitolo V, fissa i requisiti delle attrezzature impiegate in tutte le fasi di produzione, trasformazione e distribuzione degli alimenti (vedi box).

La Direttiva 2006/42/CE – che ha modificato la precedente "Direttiva Macchine" (Direttiva 95/16/CE) – all'Allegato I (punto 2.1) stabilisce per le macchine alimentari requisiti supplementari, analoghi a quelli previsti per le macchine impiegate nella produzione di farmaci e cosmetici (vedi box).

Inoltre, un numero crescente di aziende applica norme volontarie, in particolare:

- la UNI EN ISO 14159:2005 specifica i requisiti relativi all'igiene delle macchine e fornisce le informazioni per il fabbricante;
- la UNI EN 1672-2 2006 stabilisce i requisiti di igiene comuni alle macchine utilizzate per la preparazione e il trattamento degli alimenti, per escludere o ridurre al minimo il rischio di infezione o di danno per il consumatore.
- numerose altre norme UNI EN riguardano i requisiti di sicurezza e di igiene di macchine impiegate in specifici comparti dell'industria alimentare (carni, oli e grassi, prodotti da forno, pasticceria, paste alimentari, ristorazione collettiva ecc.).

Regolamento CE 852/2004 sull'igiene dei prodotti alimentari - Allegato II

Capitolo V - Requisiti applicabili alle attrezzature

1. Tutto il materiale, l'apparecchiatura e le attrezzature che vengono a contatto con gli alimenti devono:
   a) essere efficacemente puliti e, se necessario, disinfettati; la pulitura e la disinfezione devono avere luogo con una frequenza sufficiente a evitare ogni rischio di contaminazione;
   b) essere costruiti in materiale tale de rendere minimi, se mantenuti in buono stato e sottoposti a regolare manutenzione, i rischi di contaminazione;
   c) a eccezione dei contenitori e degli imballaggi a perdere, essere costruiti in materiale tale che, se mantenuti in buono stato e sottoposti a regolare manutenzione, siano sempre puliti e, ove necessario, disinfettati;
   d) essere installati in modo da consentire un'adeguata pulizia delle apparecchiature e dell'area circostante.
2. Ove necessario, le apparecchiature devono essere munite di ogni dispositivo di controllo necessario per garantire gli obiettivi del presente regolamento.
3. Qualora, per impedire la corrosione delle apparecchiature e dei contenitori, sia necessario utilizzare additivi chimici, ciò deve essere fatto secondo le corrette prassi.

Direttiva 2006/42/CE relativa alle macchine - Allegato I

2.1. Macchine alimentari e macchine per prodotti cosmetici o farmaceutici

2.1.1. Considerazioni generali

Le macchine destinate ad essere utilizzate per prodotti alimentari o per prodotti cosmetici o farmaceutici devono essere progettate e costruite in modo da evitare qualsiasi rischio di infezione, di malattia e di contagio. Vanno osservati i seguenti requisiti:

a) i materiali a contatto o che possono venire a contatto con prodotti alimentari, cosmetici o farmaceutici devono essere conformi alle direttive in materia. La macchina deve essere progettata e costruita in modo tale che detti materiali possano essere puliti prima di ogni utilizzazione; se questo non è possibile devono essere utilizzati elementi monouso;

b) tutte le superfici a contatto con i prodotti alimentari, cosmetici o farmaceutici ad eccezione di quelle degli elementi monouso devono:
- essere lisce e prive di rugosità o spazi in cui possono fermarsi materie organiche; lo stesso requisito va rispettato per i collegamenti fra le superfici,
- essere progettate e costruite in modo da ridurre al minimo le sporgenze, i bordi e gli angoli,
- poter essere pulite e disinfettate facilmente, se del caso, dopo aver asportato le parti facilmente smontabili; gli angoli interni devono essere raccordati con raggi tali da consentire una pulizia completa;

c) i liquidi e i gas aerosol provenienti da prodotti alimentari, cosmetici o farmaceutici e dai prodotti di pulizia, di disinfezione e di risciacquatura devono poter defluire completamente verso l'esterno della macchina (se possibile in una posizione "pulizia");

d) la macchina deve essere progettata e costruita al fine di evitare l'ingresso di sostanze o di esseri vivi, in particolare insetti o accumuli di materie organiche, in zone impossibili da pulire;

e) la macchina deve essere progettata e costruita in modo che i prodotti ausiliari pericolosi per la salute, inclusi i lubrificanti, non possano entrare in contatto con i prodotti alimentari, cosmetici o farmaceutici.

All'occorrenza, la macchina deve essere progettata e costruita per permettere di verificare regolarmente il rispetto di questo requisito.

2.1.2. Istruzioni

Le istruzioni delle macchine alimentari e delle macchine destinate a essere utilizzate per prodotti cosmetici o farmaceutici devono indicare i prodotti e i metodi raccomandati per la pulizia, la disinfezione e il risciacquo non solo delle parti facilmente accessibili ma anche delle parti alle quali è impossibile o sconsigliato accedere.

13.3.1 Layout e disegno di impianti e attrezzature

Un progetto corretto di uno stabilimento alimentare prevede un flusso produttivo che escluda il contatto tra prodotti finiti e materie prime o semilavorati. Il flusso ideale fa sì che materie prime, altri ingredienti e additivi entrino nel processo a partire dall'area di ricevimento, scorrano in sequenza nelle aree di preparazione, lavorazione e confezionamento, per giungere infine al magazzino. Questa impostazione consente condizioni di pressione dell'aria ottimali per l'efficienza globale del processo produttivo (Graham, 1991d). Alcune porte utilizzate dal personale sono basate su questo principio: infatti sono progettate in modo che gli addetti debbano necessariamente passare da una zona "pulita" a una "meno pulita". Il ritorno alla zona più pulita può richiedere il cambio degli abiti da lavoro e una procedura sanitizzante, seguita dal passaggio attraverso un *air lock* o un vestibolo pressurizzato.

Intorno agli impianti di lavorazione dovrebbe essere lasciato 1 m di spazio libero per facilitare la manutenzione e la pulizia. Intorno a ogni componente dell'impianto dovrebbe essere previsto uno spazio libero di almeno 0,5 m per consentire una pulizia efficace. L'attrezzatura montata a pavimento andrebbe sigillata direttamente sul pavimento oppure sollevata di almeno 0,25 m. Il layout del processo produttivo deve prevedere la collocazione degli impianti in modo da garantirne l'accessibilità per la manutenzione, la sanificazione e l'ispezione; infatti le zone difficili da raggiungere e pulire vengono probabilmente sanificate meno frequentemente ed efficacemente.

L'acciaio inossidabile è il materiale preferito per le superfici a contatto con gli alimenti. Questo materiale inerte resiste alla corrosione, all'abrasione e agli shock termici; si pulisce facilmente ed è resistente nei confronti di detergenti e disinfettanti. L'elevato contenuto di cromo (almeno il 12%) lo rende resistente alla corrosione. L'acciaio inossidabile più comunemente utilizzato è il tipo 304 della serie AISI 300. Il tipo 316 contiene circa il 10% di nickel (invece dell'usuale 8%) e viene impiegato più frequentemente per prodotti corrosivi come succhi di frutta e bibite. Il tipo 316b offre maggiore resistenza ai prodotti con elevato tenore di sale. L'acciaio inossidabile utilizzato negli impianti e nelle strutture deve essere protetto dalla corrosione e da potenziali contaminazioni microbiche; la resistenza alla corrosione aumenta sottoponendolo a passivazione (un trattamento di pulizia e protezione dalla corrosione attuato anche su altri metalli) con una soluzione acida che rimuove i contaminanti dalla superficie, rivestendola con un film protettivo.

Aperture e coperture degli impianti vanno progettate per proteggere gli alimenti preparati o stoccati da agenti contaminanti e materiali estranei (Stanfield, 2003). Se un'apertura ha una flangia rivolta verso l'alto e la copertura vi si sovrappone, l'ingresso dei contaminanti, specialmente liquidi, nella zona di contatto con gli alimenti è impedito. Se le parti che si estendono nelle zone a contatto con gli alimenti non vengono dotate di giunti a tenuta stagna nel punto di entrata, i liquidi, aderendo agli alberi di trasmissione o ad altre parti, si riverseranno o goccioleranno sugli alimenti contaminandoli. Un grembiale sulle parti che si estendono nella zona di contatto con gli alimenti rappresenta una valida alternativa a una guarnizione a tenuta stagna. Se il grembiale non è adeguatamente progettato e installato, condensa, sgocciolature e polvere possono raggiungere gli alimenti.

Gli impianti contenenti cuscinetti e ingranaggi che richiedono lubrificazione dovrebbero essere progettati e costruiti per prevenire perdite di lubrificante, o comunque contatti tra questo e gli alimenti o le superfici che vengono a contatto con gli alimenti. Quando i condensatori sono parte integrante di un impianto devono essere separati dagli alimenti e dallo spazio destinato alla loro conservazione mediante una barriera a prova di polvere; tale barriera previene la contaminazione da parte della polvere che si accumula e si solleva durante il funzionamento del condensatore.

Alcune contaminazioni da parte di microrganismi patogeni sono riconducibili a trasmissione per via aerea. Nei locali di uno stabilimento l'aria non filtrata e la pressione negativa nelle zone dove i prodotti alimentari sono esposti all'aria contribuiscono alla contaminazione microbica. Dal punto di vista igienico, quindi, la progettazione dei flussi d'aria è importante quanto la progettazione e la costruzione di pavimenti, pareti e soffitti. La zona con la pressione più alta dovrebbe essere quella del confezionamento, dove il prodotto è esposto per l'ultima volta all'aria. Dalla zona di confezionamento l'aria fluisce all'indietro, verso l'area di lavorazione e preparazione, e in avanti verso l'area di stoccaggio. La raccolta della polvere risulta più efficace se viene condotta sotto pressione positiva.

Se un sistema di aerazione è correttamente progettato, l'apertura di una porta verso l'esterno determina un flusso d'aria in uscita dall'edificio; invece, in una situazione di pressione negativa, l'apertura di una porta verso l'esterno provoca l'entrata di un flusso d'aria carica di contaminanti esterni. La continua immissione di aria non filtrata rende difficile la sanificazione complessiva degli ambienti, degli impianti e delle attrezzature, delle condutture sopraelevate e degli altri elementi strutturali. Sistemi di filtrazione dell'aria associati a unità per la generazione di azoto sono frequentemente installati in stabilimenti che trattano alimenti a elevato tenore di umidità, per migliorare le condizioni igieniche. Filtri ad alta efficienza possono rimuovere oltre il 99,99% delle particelle con diametro di 0,01 mm e il 100% di tutte le particelle visibili. I generatori di azoto a membrana iniettano azoto praticamente puro nelle confezioni degli alimenti per eliminare l'ossigeno, che può ridurre la durata della loro conservazione.

Una progettazione appropriata è essenziale per impedire lo sviluppo di nicchie che favoriscono la crescita di microrganismi. Numerosi meccanismi possono dare luogo alla formazione di nicchie; in particolare, la presenza di aerosol e le rotture da sforzo (causate da variazioni di pressione) che possono prodursi nei materiali dei rivestimenti delle pareti, dei recipienti coibentati e degli scambiatori di calore. Il risultato di tali meccanismi è il trasferimento di microrganismi nelle nicchie che si sono formate.

13.3.2 Progettazione e prevenzione delle infestazioni

Gli stabilimenti alimentari dovrebbero essere situati su un terreno digradante per consentire all'acqua di defluire dall'edificio senza la formazione di pozze, che possono attirare gli infestanti vicino allo stabilimento.

La costruzione di un bordo di cemento che circondi le fondazioni a 60 cm di profondità e si estenda ad angolo retto verso l'esterno per 30 cm, impedisce ai roditori di scavare sotto la soletta e, rosicchiando, penetrare nell'edificio attraverso i giunti di dilatazione o gli scarichi.

Le cavità all'interno delle pareti dovrebbero essere evitate, poiché diventano nidi per roditori e insetti. Tutte le parti della struttura devono permettere la facile pulizia di sporgenze e fosse di montacarichi e pese a ponte. L'installazione di linee elettriche, cavi, condutture e motori elettrici deve essere effettuata senza creare possibili rifugi; gli alloggiamenti dei motori rappresentano luoghi ideali per l'annidamento dei topi. I camini di ventilazione devono essere muniti di griglie idonee per impedire l'accesso agli infestanti, dato che i roditori più giovani riescono a passare attraverso fori molto piccoli: circa 6 mm per i topi e 12 per i ratti norvegici (la specie di maggiori dimensioni).

Spogliatoi e mense sono vulnerabili alle infestazioni, per il continuo movimento di persone e forniture, e per la presenza di residui di alimenti e di umidità. Questi ambienti dovrebbero essere progettati e realizzati con arredi lavabili; il raccordo tra pareti e pavimenti deve essere arrotondato e sigillato; le pareti devono essere lisce e impermeabili all'acqua e i pavimenti lavabili.

Fontanelle d'acqua, distributori automatici e altri dispositivi fissi dovrebbero essere installati abbastanza lontano dalle pareti per consentire la sanificazione di routine, oppure essere montati su rotelle. Le superfici superiori degli armadietti dovrebbero essere inclinate di 60 gradi, per evitare l'accumulo di sporcizia. Questi ambienti non dovrebbero aprirsi direttamente sulle aree dove si effettua la lavorazione o dove sono comunque presenti alimenti. I servizi igienici dovrebbero essere sotto pressione negativa e l'aria in essi presente dovrebbe essere aspirata e scaricata direttamente all'esterno.

Il modo migliore per impedire l'accesso dei volatili in uno stabilimento è una progettazione appropriata. Poiché gli uccelli utilizzano piccole fenditure, crepe o punti riparati per entrare, nidificare o semplicemente posarsi, gli spazi sotto i tetti di lamiera ondulata dovrebbero essere ostruiti per precludere loro questa possibilità. A tale scopo sono adatti materiali come reti d'acciaio, schiume poliuretaniche, lamiere e reti per uccelli. Se viene scelta la schiuma, deve essere utilizzata una pistola schiumogena di precisione per non lasciare spazi vuoti. Per impedire la costruzione di nidi, sarebbe bene rimuovere tutte le insegne montate sull'edificio, oppure fissarle a filo sulla facciata (Marsh, 1997); se ciò non è possibile, gli spazi tra le insegne e la facciata dovrebbero essere ostruiti con reti o altre protezioni.

Quando si progettano nuove aree di carico e piattaforme aggettanti protette, sarebbe meglio utilizzare supporti tubolari (quadrati o ovali) invece di putrelle (Gingrich e Osterberg, 2003). Questo accorgimento merita di essere preso in seria considerazione, poiché le putrelle possono fornire ai volatili molti spazi per nidificare e appollaiarsi. Le estremità degli elementi tubolari dovrebbero essere completamente sigillate per impedire l'ingresso di infestanti; a tale scopo possono essere impiegate reti d'acciaio, schiume poliuretaniche e lamiere. Le sporgenze delle banchine di carico dovrebbero essere costruite utilizzando travi a sbalzo, per limitare il numero di montanti. Se necessari, i supporti orizzontali dovrebbero essere costituiti da elementi tubolari, invece che da putrelle. Dovrebbero essere eliminati tutti i profili e i listelli delle finestre e altre analoghe strutture, per impedire agli uccelli di nidificare e appollaiarsi.

Le luci dovrebbero sempre essere montate su pali distanziati dall'edificio e dirette verso l'area da illuminare per eliminare punti in cui gli uccelli potrebbero appollaiarsi e nidificare, e per evitare di attrarre insetti volanti. In tal modo, poiché sono attirati nelle zone a maggiore intensità luminosa, gli insetti graviteranno verso la sorgente di luce situata a diversi metri dall'edificio. Per impedire che gli uccelli si avvicinino alle luci, possono essere installati dei dissuasori meccanici appuntiti, di metallo o plastica, fissati al lampione con forti adesivi resistenti alle intemperie. Per l'illuminazione dell'edificio sono da preferire le lampade a vapore di sodio, che generalmente respingono gli insetti, mentre quelle a vapore di mercurio sono fortemente attrattive.

13.4 Stabilimenti per la produzione di alimenti pronti al consumo

Per la progettazione di questi stabilimenti sono stati proposti i seguenti principi (Stout, 2003).

1. È importante che gli impianti e le attrezzature di lavorazione degli alimenti siano progettati e costruiti in modo da assicurarne un'effettiva ed efficace sanificazione.

2. I materiali utilizzati per la realizzazione degli impianti e delle attrezzature devono essere completamente compatibili con il prodotto, l'ambiente, i composti detergenti e disinfettanti e con i metodi di pulizia e di sanificazione; devono inoltre essere inerti, resistenti alla corrosione, non porosi e non assorbenti. Escludendo materiali non idonei dalla costruzione degli impianti di lavorazione, si riduce la probabilità di creare un ambiente favorevole alla proliferazione microbica.

3. Tutte le parti degli impianti e delle attrezzature devono essere accessibili per l'ispezione, la manutenzione, la pulizia e/o la disinfezione. Per ottimizzare le condizioni igieniche, gli impianti devono essere progettati in maniera da facilitarne lo smontaggio e il montaggio.

4. Occorre prevedere un sistema di autodrenaggio degli impianti che consenta l'eliminazione di residui, acqua e prodotti liquidi, impedendone l'accumulo, il ristagno o la condensazione sui macchinari o sulle superfici a contatto con il prodotto.

5. Le cavità nelle attrezzature (come telai e rulli) devono essere, se possibile, eliminate o permanentemente sigillate. Bulloni, perni, piastre di montaggio, staffe, targhe, scatole di connessione, tappi di chiusura, fascette e altre parti simili devono essere saldate senza soluzioni di continuità alla superficie dell'attrezzatura.

6. Tutte le parti dell'impianto devono essere prive di nicchie come buchi, fessure, corrosioni, rientranze, giunzioni aperte, discontinuità, giunzioni sovrapposte, mensole sporgenti, filettature interne, rivetti e punti morti. Tutte le saldature devono essere continue e a piena penetrazione.

7. Durante le normali lavorazioni il funzionamento degli impianti non deve contribuire a creare condizioni non igieniche o favorevoli all'insediamento e alla crescita di microrganismi. Nel corso del ciclo produttivo l'accumulo di umidità e residui, nelle diverse aree di lavorazione, deve essere minimo. Una soluzione valida è rappresentata dai nastri trasportatori modulari in plastica con cerniere tipo Cam-link o equivalenti, che si allargano attorno ai rulli di rinvio, facilitando al massimo l'accesso nella fase di pulitura, ma rimangono chiuse sul piano di trasporto, impedendo la formazione di depositi sul nastro. Il materiale plastico deve essere non poroso e le barre di azionamento, situate sulla parte inferiore del nastro, devono incanalare liquidi e residui verso l'esterno (vedi box).

8. Sistemi protetti (per esempio, quadri elettrici, protezioni delle catene, protezioni delle cinghie, scatole di ingranaggi, scatole di connessione, scatole idrauliche/pneumatiche) e interfacce uomo-macchina (come pulsanti, maniglie di valvole, interruttori, *touch screen*) devono essere progettati, costruiti e mantenuti in modo da assicurare che acqua e prodotti solidi o liquidi non penetrino al loro interno o si accumulino sopra di essi. Gli impianti con cuscinetti e ingranaggi che richiedono lubrificazione devono sempre essere progettati e costruiti in modo che il lubrificante non possa fuoriuscire, gocciolare o comunque contaminare gli alimenti o le superfici a contatto con gli alimenti. I rivestimenti esterni che proteggono le apparecchiature dovrebbero essere inclinati o angolati per evitare che siano usate come piano d'appoggio.

9. Il disegno degli impianti di lavorazione deve assicurare la compatibilità igienica con gli altri impianti e con i sistemi di servizio (come acqua, elettricità, vapore e ventilazione). Tale compatibilità igienica è responsabilità sia dell'azienda alimentare, sia del costruttore dell'impianto.

10. Le procedure di pulizia e disinfezione devono essere chiaramente redatte in forma scritta ed essere validate. I detergenti e i disinfettanti raccomandati per la sanificazione devono essere compatibili sia con gli impianti, sia con l'ambiente di produzione.

Progettazione di nastri trasportatori

Nella progettazione di nastri trasportatori dovrebbero essere osservati i seguenti criteri (Anon., 2004):

- le cerniere devono aprirsi, allargandosi in corrispondenza dei denti del rullo di rinvio, per massimizzare l'accesso per la pulizia, ma devono rimanere chiuse sul piano di trasporto per impedire che il nastro venga ostruito dai residui;
- le aperture delle cerniere devono essere abbastanza larghe da consentire al getto pulente di raggiungere entrambe le superfici del nastro;
- i nastri devono consentire l'abbassamento della catenaria per permettere una pulizia più efficace, poiché uno spazio aggiuntivo migliora la penetrazione del getto d'acqua per distaccare lo sporco e i residui in corrispondenza delle cerniere;
- i nastri devono prevedere che le barre di azionamento, situate sulla parte inferiore, incanalino liquidi e residui verso l'esterno, allontanandoli dalla linea di produzione;
- i nastri devono essere compatibili con i dispositivi di sollevamento; il dispositivo di sollevamento, sia portatile sia montato sul telaio, deve sollevare il nastro per l'intera larghezza in modo uniforme, senza danneggiarlo;
- i nastri di nuova progettazione devono essere sottoposti a collaudi per convalidarne o migliorarne le caratteristiche igieniche.

Come parte integrante dei processi di produzione e di sanificazione, le aziende produttrici di alimenti pronti al consumo sono tenute a eliminare, o comunque a controllare, mediante idonea progettazione, le nicchie in cui i microrganismi possono moltiplicarsi (Butts, 2003). Tra i fattori riconosciuti come responsabili della formazione di tali nicchie vi sono: inadeguata progettazione degli impianti; accumulo di residui in posizioni impossibili da sanificare; sanificazione incompleta; caratteristiche del prodotto lavorato che comportano eccessivo risciacquo, come nel caso di alimenti vischiosi.

Di seguito sono riportati dieci principi fondamentali per una progettazione igienica efficace degli stabilimenti alimentari (adattati da Seward, 2004).

1. *Identificare zone igieniche distinte nello stabilimento*
   Per ridurre il rischio di trasferire contaminanti attraverso lo stabilimento, occorre sempre mantenere una chiara separazione tra le diverse zone.

2. *Controllare i flussi di persone e di materiali*
   Per ridurre i rischi per la sicurezza degli alimenti, è necessario monitorare i flussi di persone e di materiali, in modo da controllare il movimento del personale, dei visitatori, delle forniture, dei prodotti e dei rilavorati.

3. *Controllare i ristagni d'acqua*
   Per ridurre la crescita microbica, la progettazione e la costruzione devono impedire la formazione di ristagni d'acqua, mediante un efficace sistema di drenaggio dei pavimenti e l'assenza di cavità, sporgenze e angoli.

4. *Controllare temperatura e umidità*
   Nelle aree di lavorazione dove sono in funzione sistemi di riscaldamento/ventilazione e condizionamento/refrigerazione, occorre mantenere le temperature prestabilite, controllare il punto di rugiada e prevenire la formazione di condensa.

5. *Controllare la qualità e il flusso dell'aria*
   Il flusso dell'aria deve procedere dalle zone più pulite verso quelle meno pulite. L'aria in entrata deve essere filtrata. Occorre prelevare aria dall'esterno per mantenere un determinato flusso d'aria; devono essere assicurate la pressurizzazione e l'aspirazione dell'aria per controllare calore, umidità e particolato.

6. *Assicurare servizi adeguati allo stabilimento*
   Sistemi adeguati di controllo accessi, di illuminazione e di gestione dell'acqua sono indispensabili per il mantenimento di condizioni igieniche e per una rigorosa sanificazione.

7. *Realizzare un involucro dell'edificio che garantisca condizioni igieniche*
   L'involucro esterno dell'edificio deve essere costruito in modo da impedire l'ingresso di infestanti, semplificare le procedure di sanificazione e facilitare il controllo continuo.

8. *Organizzare gli spazi interni in modo da promuovere una rigorosa sanificazione*
   La progettazione deve facilitare la sanificazione e la manutenzione dei componenti dell'edificio e degli impianti di lavorazione.

9. *Impiegare materiali di costruzione e realizzare servizi che agevolino la sanificazione*
   I materiali utilizzati per la costruzione e la ristrutturazione devono essere concepiti per prevenire la contaminazione; devono essere impermeabili, facili da pulire e resistenti alla corrosione e all'usura.

10. *Adottare un sistema di sanificazione integrato*
    Per prevenire l'introduzione di pericoli, le aziende alimentari devono attuare una sanificazione integrata, per esempio mediante l'impiego di lavamani, disinfettanti, erogatori di schiuma e/o lavastivali agli accessi (figura 13.1), sistemi per la sanificazione, attrezzature COP e impianti automatici di lavaggio.

Figura 13.1 Sistema lavastivali impiegato per il controllo della contaminazione crociata agli accessi alle aree di produzione. (Per gentile concessione di Ecolab S.r.l. - Food & Beverage, Italia)

Negli ultimi due decenni si è sempre più diffusa la progettazione secondo criteri *clean room*. La crescente importanza attribuita alla sanificazione si è tradotta in un maggiore interesse per le superfici realizzate in acciaio inossidabile, compresi rivestimenti delle pareti e soffitti calpestabili (occorre infatti prevedere la necessità di camminare al di sopra dei pannelli delle controsoffittature per la manutenzione di tubazioni e impianti elettrici). Questo orientamento ha anche portato a prevedere appositi vestiboli per il cambio degli indumenti all'entrata e all'uscita delle aree in cui i prodotti pronti al consumo non sono protetti. Inoltre, attualmente nelle aree in cui vengono lavorati questi prodotti si tende ad abbandonare i sistemi di refrigerazione mediante serpentine e si preferisce utilizzare più unità di refrigerazione ad aria installate sul tetto, convogliando l'aria dove è necessario. Questa tecnica consente di ridurre l'accumulo di sporco e polvere.

I recenti orientamenti costruttivi prevedono anche l'impiego di pannelli e porte di polistirolo espanso per celle frigorifere, zone di lavorazione degli alimenti e magazzini a bassa temperatura. Questo materiale isolante, costituito di piccole sferette uniformi, contiene solo aria stabilizzata, per assicurare una struttura stabile e consistente. Oltre alle strutture in acciaio inossidabile, nelle aree di confezionamento e nei vestiboli sono impiegate anche finiture in materiale plastico rinforzato con fibre di vetro (Petrak, 2002).

Sommario

La progettazione e la realizzazione secondo criteri d'igiene degli stabilimenti alimentari è essenziale per garantire l'igienicità dei processi produttivi. Questa progettazione inizia con la scelta di un sito libero da contaminanti ambientali, come aria inquinata, microrganismi patogeni e infestanti. La preparazione del sito è necessaria per ottenere un drenaggio adatto e ridurre la contaminazione di origine ambientale. Tutte le superfici di uno stabilimento alimentare devono essere lisce, impermeabili e impedire l'ingresso di infestanti. Un adeguato layout produttivo deve prevedere un flusso che impedisca ogni contatto tra prodotti finiti e materie prime o semilavorati.

Domande di verifica

1. Perché è importante la scelta del sito per la costruzione di uno stabilimento alimentare?
2. Quali criteri occorre adottare nella scelta del sito?
3. Come deve essere preparato il sito prima di costruirvi lo stabilimento?
4. Quali caratteristiche devono avere le pareti di uno stabilimento alimentare?
5. Perché i rivestimenti esterni in lamiera ondulata non sono raccomandati?
6. Quale tipo di tetto è preferibile per gli stabilimenti alimentari?
7. Perché le finestre non sono consigliabili?
8. Perché si installano le barriere d'aria?
9. Perché non sono consigliabili le controsoffittature?
10. Qual è il miglior layout per il flusso del processo produttivo?
11. Perché è importante la pressione positiva dell'aria in uno stabilimento alimentare?
12. Come devono essere progettati i servizi (spogliatoi, mensa ecc.) per impedire l'accesso agli infestanti?
13. Perché l'acciaio inossidabile è più adatto rispetto ad altri materiali per l'impiego nel settore alimentare?
14. Che cosa sono i pavimenti a gettata unica e perché sono diffusi?
15. Perché intorno alle pareti esterne dell'edificio dovrebbe essere prevista una striscia larga 1,5 metri di ghiaia o asfalto?

Bibliografia

Anon. (2004) Selecting easy-to-clean conveyor belts for superior sanitation. *Food Safety Mag* 10; 1: 46.
Butts J (2003) Seek and destroy: Identifying and controlling Listeria monocytogenes growth niches. *Food Safety Mag* 9; 2: 24.

Ente Nazionale Italiano di Unificazione (UNI): http://www.uni.com/it/

Gingrich JB, Osterberg TE (2003) Pest birds: Biology and management at food processing facilities. In: Hui YH et al (eds) *Food plant sanitation*. Marcel Dekker, New York.

Graham DJ (1991a) Sanitary design-a mind set. *Dairy Food Environ Sanit* 11; 7: 338.

Graham DJ (1991b) Sanitary design-a mind set (Part II). *Dairy Food Environ Sanit* 11; 8: 454.

Graham DJ (1991c) Sanitary design-a mind set (Part III). *Dairy Food Environ Sanit* 11; 9: 533.

Graham DJ (1991d) Sanitary design-a mind set (Part IV). *Dairy Food Environ Sanit* 11; 10: 600.

Graham DJ (2004) Using sanitary design to avoid HACCP hazards and allergen contamination. *Food Saf Mag* 10; 3: 66.

Marsh RE, Timm RM (1997) Vertebrate pests. In: *Handbook of pest control* (8th ed). Mallis Handbook and Technical Training Company, Cleveland, OH.

Petrak L (2002) Cleanliness rules. *Natl Provisioner* 216; 6: 94.

Seward S (2004) How to build a food-safe plant. *Meat Proc* 43; 4: 22.

Stahl NZ (2004) Keeping clean while constructing. *Meat Proc* 43; 7: 40.

Stanfield P (2003) Sanitation of food processing equipment. In: Hui YH et al (eds) *Food plant sanitation*. Marcel Dekker, New York.

Stout J (2003) 10 principles of equipment design for ready-to-eat processing operations. *Food Saf* 3: 18.

Troller JA (1993) *Sanitation in food processing* (2nd ed). Academic Press, San Diego, CA.

Capitolo 14

Produzione e stoccaggio di alimenti a basso tenore di umidità

Come per altre industrie alimentari, anche nelle aziende che trattano alimenti a basso tenore di umidità è essenziale un programma di sanificazione pratico ed efficace. È necessario assicurarsi che il processo produttivo sia conforme ai requisiti igienici previsti dalla normativa vigente. Inoltre, nelle aziende che producono questo tipo di alimenti una sanificazione rigorosa ed efficace è fondamentale sia per garantire ai consumatori la fornitura di derrate alimentari salubri e sicure, sia per tutelare l'azienda stessa. Uno stabilimento pulito e ordinato può essere più efficiente, può contribuire alla promozione dei prodotti e dell'immagine dell'azienda e può essere determinante per la sua redditività e persino per la sua sopravvivenza. Non attuare un'adeguata sanificazione può determinare insoddisfazione del cliente, riduzione delle vendite e danni di immagine.

Negli Stati Uniti, secondo il Department of Health and Human Services, le industrie alimentari considerate a "basso rischio", come i panifici, gli stabilimenti di imbottigliamento e i grossisti di prodotti alimentari stanno diventando sempre più a rischio per carenze nelle ispezioni. Sebbene le aziende impegnate nel commercio interstatale siano regolate dalla FDA e soggette a ispezioni da parte delle autorità statali e locali, risulta che dove le ispezioni vengono effettuate la sorveglianza è spesso superficiale e focalizzata essenzialmente sulla presenza di infestanti, come uccelli, roditori e insetti. Le aziende che operano in condizioni non igieniche mettono a repentaglio la salute pubblica.

14.1 Criteri igienici per la realizzazione dello stabilimento

14.1.1 Scelta del sito

Il luogo nel quale si intende realizzare uno stabilimento alimentare dovrebbe essere selezionato in modo da rispondere a precise caratteristiche igieniche, tra le quali si sottolineano in particolare (Walsh e Walker, 1990):
- terreno pianeggiante con una leggera pendenza per un adeguato drenaggio;
- assenza di sorgenti o ristagni d'acqua;
- accessibilità ai servizi pubblici (come fognatura, polizia e vigili del fuoco);
- lontananza da inceneritori, da impianti di depurazione e da altre fonti di esalazioni nocive o di infestanti;
- assenza di vincoli ambientali in relazione alle emissioni nell'aria derivanti dai processi termici effettuati nello stabilimento;
- collocazione in zona a basso rischio di inondazioni, terremoti o altre calamità naturali.

14.1.2 Progettazione della struttura esterna

L'esterno dell'edificio deve essere realizzato con muri lisci, solidi, impermeabili e privi di sporgenze e aggetti che potrebbero offrire rifugio agli uccelli; inoltre, i muri esterni dovrebbero essere sigillati con materiali idonei per impedire l'ingresso a roditori e insetti. Le strade d'accesso per gli autoveicoli devono essere pavimentate e prive di vegetazione, rifiuti e avvallamenti in cui potrebbe ristagnare l'acqua; dovrebbero essere spazzate regolarmente per evitare che la polvere penetri nelle aree di stoccaggio. (Per maggiori dettagli circa la progettazione della struttura esterna si veda il capitolo 13.)

14.1.3 Progettazione degli spazi interni

Muri e strutture

Nelle aree non destinate alla produzione gli elementi strutturali a vista sono accettabili, a condizione che possano essere tenuti puliti e liberi dalla polvere. Nei locali adibiti alla produzione sono da preferire costruzioni in cemento armato; il numero dei pilastri interni deve essere il più basso possibile. Le porte riservate al personale devono chiudersi perfettamente ed essere azionate da dispositivi automatici (cerniere idrauliche o a molla) e protette. Lo spazio tra la base delle porte e la pavimentazione deve essere ridotto al minimo; è inoltre consigliabile munire il bordo inferiore della porta di un profilo in gomma.

Le pareti devono essere prive di crepe e fessure e impermeabili all'acqua e ad altri liquidi, per consentire una facile ed efficace pulizia. Le finiture delle pareti devono essere realizzate con materiali idonei per l'uso alimentare. Le piastrelle in ceramica costituiscono un rivestimento adatto per le pareti delle aree di produzione; possono anche essere impiegati pannelli di plastica rinforzati con fibra di vetro e verniciati con materiale epossidico o ricoperti con altri materiali o rivestimenti fluidi antibatterici (opachi, semilucidi e lucidi) rispondenti ai requisiti igienici.

Nelle aree destinate agli alimenti le pitture vanno prese in considerazione solo in assenza di valide alternative, in quanto, pur essendo poco costose, con il tempo tendono a fessurarsi, sfaldarsi e scheggiarsi, richiedendo frequenti interventi di manutenzione e sostituzione.

Nei panifici la coibentazione deve essere valutata attentamente, poiché costituisce una possibile fonte di polvere e un potenziale rifugio per gli insetti. Anche se inerti, gli isolanti andrebbero applicati all'esterno dell'edificio.

Soffitti

Le controsoffittature possono essere impiegate nelle aree non destinate agli alimenti a condizione che lo spazio sovrastante possa essere ispezionato e mantenuto libero da infestanti, polvere e altri detriti. I pannelli della controsoffittatura devono essere montati a tenuta sulla struttura portante, ma devono essere anche facilmente rimovibili, e tale caratteristica è difficilmente realizzabile nella maggior parte dei casi.

Nelle aree di produzione e lavorazione degli alimenti le controsoffittature vanno evitate, in quanto possono divenire un rifugio per gli infestanti e, se umidi, possono ricoprirsi di muffa diventando una fonte di contaminazione. Nei locali dei panifici destinati alla lavorazione della farina la polvere sollevata può accumularsi molto velocemente sul soffitto e può causare infestazioni di insetti, contaminazioni microbiche, incendi e persino esplosioni.

Se possibile gli elementi strutturali aerei, come travetti e traverse, dovrebbero essere evitati ogniqualvolta sia possibile (Walsh e Walker, 1990). Per la realizzazione del tetto i pannelli prefabbricati in cemento garantiscono un soffitto pulito e libero; questi pannelli posso-

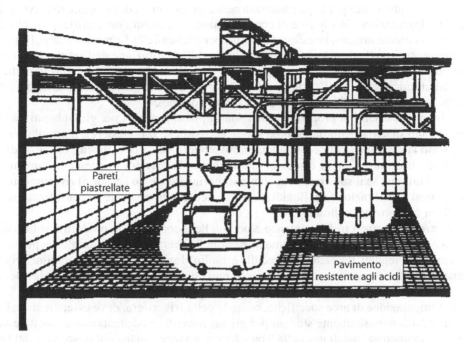

Figura 14.1 Un soffitto calpestabile attrezzato appositamente progettato separa le condutture e gli impianti di servizio dal locale destinato all'impastamento. Questa soluzione riduce la necessità di effettuare pulizie in altezza, migliora l'accessibilità per la manutenzione degli impianti e aumenta la sicurezza dei prodotti.

no essere realizzati in modo che la superficie interna sia liscia e rivestita per resistere all'accumulo di polvere ed essere facilmente puliti. I supporti degli impianti, i tubi del gas, le condutture di acqua, vapore e aria e le linee elettriche devono essere progettati in modo da evitare il passaggio sopra le aree in cui gli alimenti sono esposti, l'ingombro del soffitto e la caduta di polvere o umidità su persone, attrezzature e prodotti. Un soffitto calpestabile attrezzato, progettato per alloggiare gli impianti di servizio, consente di avere un soffitto di facile pulizia e libero da tubi e condutture orizzontali (figura 14.1).

Pavimenti
I pavimenti delle aree lavate con acqua devono essere impermeabili, privi di crepe e fessure e resistenti ai prodotti chimici e agli acidi. I giunti del pavimento devono essere a tenuta; il raccordo con le pareti deve essere rivestito, arrotondato e sigillato. Se possibile, per ridurre il numero di giunti si dovrebbe utilizzare cemento espansivo. Per consentire un appropriato lavaggio con acqua e il drenaggio, i pavimenti dovrebbero avere una pendenza del 2% circa. Per limitare gli sversamenti sul pavimento, gli impianti di processo andrebbero collegati agli scarichi e si dovrebbero utilizzare vaschette raccogligocce.

In tutte le aree di stoccaggio va lasciata libera, a ridosso delle pareti, una striscia di pavimento larga 50 cm, evidenziata con vernice bianca. Gli alimenti stoccati vanno tenuti separati dagli altri materiali. Tra i prodotti da tenere isolati per evitare contaminazioni crociate vi sono materie prime di origine vegetale (sfuse o pallettizzate) e sostanze come biocidi, detergenti, solventi e altri prodotti chimici.

Il materiale più adatto per la pavimentazione varia a seconda delle operazioni svolte e del tipo di movimentazione. Per le aree di confezionamento e cottura dei panifici potrebbe essere adatto il cemento armato, rivestito o indurito per prevenire la formazione di polvere. Tuttavia, aree come quelle destinate alla lievitazione o alla lavorazione dell'impasto – che sono spesso pulite a umido ed esposte ad acqua calda, vapore, acidi, zucchero e altri ingredienti o a prodotti chimici per la sanificazione – dovrebbero avere una pavimentazione adatta per gli usi propri e impropri cui il pavimento potrà essere sottoposto.

I pavimenti resistenti ai prodotti chimici sono i più appropriati per gli ambienti umidi; si raccomandano materiali continui (come resine epossidiche o poliestere), piastrelle o mattoni, che sono spesso anche più economici. Si dovrebbero usare rivestimenti connessi direttamente a un substrato, come il cemento, che fungono da barriera resistente e impermeabile all'acqua. Tuttavia, se il substrato sottostante si incrina, lo stesso accade al rivestimento, permettendo così l'infiltrazione dei liquidi. È quindi necessario prendere in considerazione solo materiali di comprovata validità.

Per le aree soggette a traffico intenso e per quelle a contatto con prodotti o soluzioni per la sanificazione sono indicate le pavimentazioni in klinker. Questo materiale, se posato correttamente con leganti resistenti agli acidi, è molto duraturo e presenta minimi problemi d'igiene; è di facile pulizia e può essere realizzato con una finitura antisdrucciolevole. Sebbene si tratti di una soluzione costosa, a conti fatti può essere la più conveniente.

La pavimentazione di aree specifiche, come le celle frigorifere, deve essere realizzata con materiali adatti, appositamente studiati per gli usi previsti, e adeguatamente isolata e ventilata. Se la pavimentazione di una cella frigorifera non viene isolata, col trascorrere del tempo il terreno sottostante può congelare a tal punto da spezzare o deformare il pavimento, con il risultato di bloccare le porte.

14.1.4 Ventilazione e controllo della polvere

Il controllo della polvere è molto importante. Sebbene solitamente i microrganismi presenti nelle materie prime a bassa umidità siano innocui, sono stati riscontrati anche microrganismi indesiderati come salmonelle e spore di muffe patogene. Durante il processo produttivo il riscaldamento del prodotto oltre la temperatura di pastorizzazione generalmente uccide le forme vegetative batteriche, ma le spore possono sopravvivere all'interno, soprattutto nei prodotti da forno relativamente soffici e ad alto tenore di umidità. Inoltre, i prodotti finiti possono risultare contaminati dalla polvere delle materie prime presenti nello stabilimento, specialmente nelle aree di condizionamento e confezionamento.

Per soddisfare i requisiti di accettabilità, gli stabilimenti devono essere progettati in modo che i prodotti finiti siano non contaminati. Ciò richiede un progetto eccellente dal punto di vista igienico e procedure conseguenti, un'appropriata installazione degli impianti e un controllo adeguato della ventilazione e delle polveri. La corretta combinazione di temperatura e umidità consente di minimizzare le condizioni che rendono possibile la crescita microbica.

14.1.5 Impianti e attrezzature

Tra le caratteristiche che determinano un aumento della produttività vi sono la separazione degli impianti di riscaldamento e raffreddamento dalle aree di lavorazione mediante un soffitto calpestabile attrezzato (figura 14.1), l'utilizzo di motori e apparecchiature elettriche ad alta efficienza, l'impiego dei sistemi di controllo e automazione tecnologicamente più avanzati, compatibilmente con il rapporto costo-efficacia, e una progettazione modulare flessibile in grado di adattarsi ai cambiamenti del mercato e alle esigenze della gestione. Inoltre, tutti gli impianti devono sempre rispondere ai requisiti prescritti dalla normativa vigente e alle raccomandazioni dei manuali di buona prassi.

14.1.6 Aspetti igienico-sanitari

Come tutte le industrie i cui processi produttivi sono basati sulla fermentazione, anche gli stabilimenti di panificazione devono poter essere facilmente mantenuti in condizioni igieniche rigorose. Occorre impedire che i microrganismi naturalmente presenti nell'ambiente fermentino l'impasto in competizione con l'inoculo di lieviti selezionati. Una progettazione dello stabilimento inefficace dal punto di vista igienico può dare luogo alla crescita di batteri sporigeni come *Bacillus subtilis* o *B. mesentericus* produttori di filamenti, che possono compromettere l'accettabilità del prodotto. Una volta insediati nello stabilimento, questi microrganismi sono molto difficili da eradicare e controllare. Le buone pratiche di fabbricazione (GMP, *Good manufacturing practices*) hanno molto enfatizzato le caratteristiche igieniche che devono essere rispettate nella progettazione degli stabilimenti alimentari. Secondo le GMP, il progetto per la realizzazione di uno stabilimento per la lavorazione di alimenti a bassa tenore di umidità dovrebbe prevedere:

1. spazi adeguati per l'installazione dei macchinari e lo stoccaggio dei materiali;
2. separazione delle operazioni che potrebbero contaminare gli alimenti;
3. illuminazione adeguata;
4. ventilazione adeguata;
5. protezione contro gli infestanti.

Il modo migliore per conseguire questi obiettivi è organizzare gli spazi interni dello stabilimento in modo semplice e ordinato. Queste caratteristiche facilitano la pulizia, la disinfezione e l'ispezione. I criteri di sanificazione e le specifiche costruttive dello stabilimento dovrebbero essere completamente integrate nel layout dal gruppo di progettazione, che riunisce lo staff tecnico dell'azienda e lo studio di ingegneria a cui è stato affidato l'incarico; dovrebbe inoltre essere consultato lo staff di produzione.

Per realizzare un programma di sanificazione funzionale, si dovrebbe tener conto delle seguenti raccomandazioni:

1. dovrebbe essere impiegato a tempo pieno o part-time un esperto di igiene;
2. occorre tenere e aggiornare regolarmente un registro delle pulizie;
3. i lavoratori devono essere addestrati e abituati a mettere in atto le GMP;
4. il programma di sanificazione dovrebbe essere rivalutato periodicamente per verificarne l'efficacia.

14.1.7 Ulteriori raccomandazioni

A integrazione di quanto esposto nel capitolo 13, possono risultare utili le seguenti raccomandazioni progettuali (Walsh e Walker, 1990):

- l'ufficio della direzione e il laboratorio devono occupare una posizione centrale per garantire che la supervisione e il controllo di qualità siano adeguati;
- il deposito degli ingredienti deve essere situato vicino alle aree nelle quali vengono impastati e utilizzati;
- gli impianti di servizio, come caldaie e gruppi frigoriferi, devono essere installati in modo da ridurre al minimo i percorsi di tubi e condutture;

- gli impianti produttivi vanno predisposti in modo da consentire la pulizia con sistemi CIP;
- gli impianti e i processi devono essere già collaudati; in caso contrario, occorre prevedere il tempo necessario per testare gli impianti e i processi non ancora sperimentati;
- i sistemi di controllo e automazione devono essere all'avanguardia, compatibilmente con il rapporto costo-efficacia; occorre prevedere aggiornamenti tempestivi quando si rendono disponibili sistemi con maggiori potenzialità a costi minori;
- occorre verificare che il progetto dello stabilimento sia conforme ai requisiti fissati dalla normativa vigente.

14.2 Ricevimento e stoccaggio delle materie prime

14.2.1 Campionamento per l'accettabilità

Poiché non è possibile campionare tutte le materie prime che si ricevono, occorre predisporre un protocollo di campionamento che consenta di stabilire quali prodotti devono essere accettati e quali rifiutati. Per determinare con ragionevole sicurezza l'accettabilità, è necessario un campione statisticamente valido. (Per maggiori informazioni sui campionamenti e sui controlli di qualità statistici si rinvia al capitolo 7.)

14.2.2 Ispezione dei veicoli di trasporto

L'ispezione delle materie prime a basso tenore di umidità deve cominciare con il controllo del veicolo di trasporto prima, durante e dopo lo scarico della merce. Le condizioni generali dei veicoli (in particolare dei vani di carico, sia pieni sia vuoti), dovrebbero essere valutate controllando anche i punti morti dove possono raccogliersi residui di prodotti e polvere che offrono rifugio a insetti. Occorre verificare che in prossimità di porte o portelloni non siano presenti insetti. Questa ispezione deve riguardare sia gli insetti, volanti e non, sia le loro tracce. È importante verificare l'assenza di materiali derivanti da nidificazione, di odori e di feci; escrementi e odori segnalano il passaggio di roditori, mentre piume o deiezioni indicano una contaminazione da parte di volatili.

14.2.3 Valutazione del prodotto

Un efficace programma di sanificazione del magazzino di un'industria alimentare richiede che le merci ricevute, inclusi gli alimenti e i materiali per il confezionamento, non siano stati esposti a contaminazione provocata da insetti, uccelli, roditori o altri infestanti o derivante da sporcizia o altri contaminanti. Per ridurre la contaminazione introdotta dalle materie prime ricevute, è essenziale che queste siano attentamente esaminate. Sebbene il tenore di umidità possa essere determinato oggettivamente mediante metodi analitici, occorre condurre anche un esame soggettivo. Un odore acido o di ammuffito può derivare dalla crescita di muffe, che in prodotti come i cereali è indice di un contenuto eccessivo di umidità. Se ciò si verifica, è necessario effettuare controlli supplementari, mediante campionamento, per individuare origine e caratteristiche del problema. Per i cereali con umidità superiore al 15,5% va evitato lo stoccaggio a lungo termine a causa della possibile crescita di insetti e muffe. L'esame delle merci in entrata deve includere la ricerca di odori di insetticidi, che potrebbero essere associati alla presenza di insetti; tale controllo deve anche stabilire se il prodotto chimico abbia reso il prodotto inaccettabile.

I campioni di cereali prelevati al ricevimento devono essere esaminati per determinare la percentuale di cariossidi danneggiate dagli insetti. Ulteriori esami consentono di determinare la quantità di polvere e altri materiali estranei, ragnatele, tracce e odori di muffa, insetti vivi o morti, tracce di roditori e cariossidi danneggiate da roditori. Questi difetti possono essere rilevati mediante ispezione visiva. Le infestazioni latenti da parte di insetti immaturi all'interno delle cariossidi possono essere determinate mediante esame radiografico o con il metodo della flottazione. I campioni dovrebbero anche essere esaminati per cercare tracce di roditori, quali feci e peli.

L'ispezione al ricevimento costituisce una valida misura di prevenzione per ridurre i danni da parassiti, poiché le merci in arrivo possono contaminare il prodotto finito. Dato che gli infestanti o i contaminanti a essi associati possono penetrare negli edifici come "autostoppisti", occorre ispezionare ingredienti, materiali di confezionamento, bancali e attrezzature al loro ingresso. Un'azienda alimentare ha il diritto di respingere qualunque merce in arrivo e di sospendere l'accettazione di qualsiasi carico dubbio per ulteriori accertamenti. La decisione di respingere una fornitura deve essere presa da personale qualificato.

14.2.4 Stoccaggio e rotazione delle scorte

Negli stabilimenti di produzione o nei magazzini di stoccaggio il ricevimento degli alimenti e degli altri materiali dovrebbe essere effettuato in modo da facilitare la pulizia e il controllo delle condizioni igieniche, in particolare in relazione alla presenza di insetti e roditori. Devono essere adottate e implementate procedure efficaci per la rotazione delle merci stoccate, adatte agli specifici alimenti. Gli alimenti danneggiati devono essere prontamente individuati, identificati e separati dagli altri prodotti, per essere sottoposti a ulteriori controlli e, se necessario, smaltiti. Qualsiasi prodotto che costituisca un pericolo di contaminazione per gli altri alimenti deve essere prontamente rimosso dallo stabilimento.

Molte aziende che lavorano alimenti a basso tenore di umidità immagazzinano per la produzione cereali, che negli Stati Uniti costituiscono la materia prima stoccata in maggiore quantità (Troller, 1993). Purtroppo, all'atto dell'immagazzinamento i cereali contengono spore di muffe e uova di insetti in quantità sufficienti per infestare e danneggiare il prodotto se si instaurano determinate condizioni ambientali. I danni meccanici alle cariossidi possono consentire la penetrazione di infestanti o di agenti infettivi. I danni biologici provocati dalla penetrazione di insetti consentono l'attacco dei tessuti interni delle cariossidi da parte di specie fungine.

I cereali destinati a essere immagazzinati per oltre un mese devono essere sottoposti a speciali trattamenti. Oltre a essere analizzati per verificare che non vi siano state infestazioni e infezioni, è necessario mantenere un tenore massimo di umidità del 13,5%. La pulizia dei cereali, mediante aspirazione o altri metodi, prima dello stoccaggio, consente di rimuovere insetti, semi di specie nocive e corpi estranei, migliorando la conservabilità della derrata. Inoltre, in fase di immagazzinamento è talora possibile applicare sostanze chimiche che forniscono ulteriore protezione contro gli insetti (Mills e Pedersen, 1990).

I cereali possono essere sottoposti a trattamenti, mediante atmosfere modificate, con biossido di carbonio e azoto. L'impiego di gas inerti è oggetto di interesse crescente a causa delle restrizioni all'uso di prodotti chimici. Sebbene questi gas non comportino rischi di residui, l'atmosfera di un magazzino satura di gas inerti può essere mortale per gli esseri umani come se contenesse una concentrazione letale di fumigante chimico. Nelle regioni a clima temperato lo sviluppo e la riproduzione degli insetti possono essere limitati se il magazzino è dotato di sistemi di aerazione.

Il controllo della polvere durante il trattamento e lo stoccaggio di alimenti a basso tenore di umidità può migliorare la gestione e il controllo dei parassiti. Il contenimento della formazione di polvere ne diminuisce il deposito su pavimenti, pareti, scaffali, strutture aeree e attrezzature con il risultato di diminuire il tempo necessario per le pulizie. Il controllo della polvere viene migliorato mediante aspirazione (pressione ridotta) applicata agli impianti per la movimentazione dei cereali, quali nastri trasportatori, tramogge, elevatori a tazze e silos, come pure ai punti nei quali il prodotto è trasferito da un macchinario a un altro (per esempio, dal montacarichi al nastro trasportatore, dal nastro trasportatore al silos eccetera).

In alcuni Paesi, talvolta i cereali avviati allo stoccaggio vengono trattati con oli altamente raffinati per ridurre la formazione di polvere; l'olio viene applicato sul cereale il più vicino possibile al punto in cui questo viene scaricato dal veicolo che lo ha trasportato, in modo da ridurre lo sviluppo di polvere e proteggere le cariossidi.

Anche se la sanificazione durante l'immagazzinamento di tuberi, come le patate, non è complessa come per altre derrate, le condizioni di stoccaggio devono essere controllate per prevenire il marciume da _Fusarium_ o di origine batterica. Magazzini ben ventilati con pavimenti di cemento hanno permesso all'industria di attuare un controllo efficace sulle patate stoccate, che rappresentano l'80-90% del raccolto annuale (Troller, 1993).

Lo stoccaggio degli oli e dei grassi alimentari viene effettuato normalmente in grandi serbatoi di acciaio inossidabile; quindi un'appropriata sanificazione può essere ottenuta pulendo adeguatamente questi contenitori, lavandoli con una soluzione alcalina forte e detergenti prima dell'utilizzo. Durante il riempimento e lo svuotamento di serbatoi per lo stoccaggio di oli è essenziale prevenire spruzzi e agitazione eccessivi, che possono favorire la degradazione ossidativa.

14.2.5 Controllo degli infestanti

Poiché la gestione e il controllo degli infestanti sono già stati trattati nel capitolo 12, si esamineranno qui solo gli insetti che infestano i depositi dei prodotti a basso tenore di umidità. Questi infestanti possono essere raggruppati in base alle caratteristiche del loro ciclo vitale. Alcuni infestanti, come _Sitophilus granarius_, trascorrono la maggior parte della vita all'interno di un seme o di una cariosside e raramente si nutrono di alimenti lavorati. Altri infestanti, come _Plodia interpunctella_, di norma si nutrono di alimenti lavorati e trascorrono la maggior parte della vita su cereali macinati e prodotti a base di cereali. Gli adulti di alcune specie possono nutrirsi di sostanze non alimentari, in particolare polline e muffe.

Curculionidi Gli adulti del punteruolo del riso (_Sitophilus oryzae_), del mais (_S. zeamais_) e del grano (_S. granarius_) sono lunghi 3-6 mm; hanno il capo con clipeo molto allungato, all'apice del quale si trova l'apparato boccale. Le larve sono piccoli bruchi, bianchi e senza zampe, che trascorrono tutto lo stadio larvale all'interno della cariosside del grano. I punteruoli del riso e del grano sono capaci di volare, a differerenza di quelli dei granai.

Cappuccino dei cereali (_Rhyzopertha dominica_) L'adulto di questo coleottero marrone scuro ha forma cilindrica ed è lungo circa 3 mm; il capo è talmente ripiegato sotto il protorace da non essere visibile dall'alto. Si nutre specificamente di cereali e prodotti derivati; è comunemente presente nel frumento e nei prodotti derivati, ma le sue uova possono infestare granoturco, riso e orzo. Gli adulti vivono quattro o cinque mesi e sono forti volatori.

Vera tignola del grano (_Sitotroga cerealella_) L'adulto di questa tignola è un piccolo insetto giallo opaco con un'apertura alare di circa 12-15 mm. Il tratto più caratteristico di questo lepidottero è costituito dai lunghi peli che conferiscono un aspetto frangiato alle ali anteriori e posteriori. Le larve forano le cariossidi, all'interno delle quali si nutrono e si sviluppano. Si nutrono in preferenza di granoturco, orzo, riso, segale e avena. Gli adulti non si nutrono di cereali o altri prodotti alimentari e di per sé non causano danni. Le trappole ai feromoni sono molto efficaci per monitorare la popolazione adulta maschile.

Trogoderma (Trogoderma granarium) Questo coleottero dermestide è considerato uno dei più distruttivi infestanti dei cereali immagazzinati. Gli adulti hanno forma ovale e colore marrone scuro, con macchie giallastre e rossastre; vivono solo 1-2 settimane, non si nutrono e non volano. La femmina è lunga circa 3 mm e il maschio circa 2; la larva, lunga circa 5 mm, ha colore giallo-bruno ed è ricoperta di sottili peli. Gli alimenti preferiti sono cereali, legumi, frutta secca, ma anche farine e spezie. Le larve si insediano nelle cariossidi e le svuotano, lasciandone solo l'involucro esterno; oltre a distruggere le derrate, le contaminano con le proprie spoglie.

Tignola fasciata (Plodia interpunctella) L'adulto di questa specie di tignola ha un'apertura alare di circa 15-16 mm ed è caratterizzato da ali anteriori squamate color rame. Le larve si nutrono della maggior parte dei prodotti a base di cereali, ma anche di cioccolato, fagioli, spezie, cacao in grani, noci e altra frutta secca. Mentre si nutrono, questi insetti lasciano dietro di sé dei filamenti sericei, che formano spesso ammassi che inglobano particelle di alimento secco ed escrementi; tali ammassi possono ostruire e bloccare i macchinari, in particolare motori e coclee. Poiché tendono a strisciare sulle superfici verticali, è più facile osservare questi insetti rispetto ad altri. La presenza di larve può segnalare l'emergere di una nuova popolazione di infestanti o individuarne una già esistente. Le trappole ai feromoni sono molto efficaci nel monitorare la popolazione adulta maschile. Una caratteristica di questo insetto e di molte altre tignole dei prodotti stoccati è la capacità di entrare in diapausa, un periodo di sviluppo rallentato o sospeso. La diapausa può avere inizio come risposta alle basse temperature, alla sovrappopolazione o alla riduzione del fotoperiodo. In un magazzino non riscaldato, che si raffredda durante l'inverno, si può avere l'impressione che sia stato ottenuto il controllo dell'infestante, mentre in realtà la popolazione larvale è entrata in diapausa e riprenderà la sua attività, generalmente in primavera, quando le condizioni ambientali saranno favorevoli alla crescita (Mason, 2003).

Tignola grigia della farina (Ephestia kuehniella) L'apertura alare di questa tignola è di circa 20-25 mm. Le ali anteriori hanno colore grigio pallido e sono attraversate da linee e macchie nere, mentre quelle posteriori variano dal grigio al bianco sporco. Le altre caratteristiche, compresa la diapausa, sono simili a quelle della tignola fasciata. Anche in questo caso le trappole ai feromoni sono molto efficaci.

Tenebrionidi Gli adulti del *tribolio delle farine (Tribolium castaneum)* e del *tribolio confuso (Tribolium confusum)* sono lunghi circa 3-5 mm. Ciascuna antenna del tribolio delle farine termina con tre segmenti che formano una clava, mentre quelle del tribolio confuso si allargano gradualmente verso l'estremità. Nel tribolio delle farine i lati del torace sono curvi, mentre nel tribolio confuso sono quasi diritti. Pur non essendo un forte volatore, il tribolio delle farine è in grado di volare, mentre il tribolio confuso non vola affatto. Queste specie sono i principali infestanti delle farine. Essi approfittano del danno iniziale alle cariossidi provocato da altri insetti o roditori, poiché non sono in grado di attaccare i semi intatti. I tenebrionidi si possono trovare in granaglie, piselli, fagioli, altri vegetali, frutta secca, cioccolato, spezie, prodotti erboristici, latte in polvere, arachidi ed esche per roditori. Entrambe le specie sono in grado di procreare tutto l'anno negli edifici riscaldati; in quelli non riscaldati è probabile che durante il periodo freddo si osservino solo adulti. Il tribolio confuso è più comune nelle regioni più fredde, mentre quello delle farine prevale nelle regioni a clima più caldo. Tuttavia entrambe le specie sono largamente diffuse e possono colonizzare qualsiasi area geografica. Quando sono presenti vaste colonie, questi coleotteri conferiscono alla farina o agli altri alimenti lavorati un colore grigiastro. Entrambe le specie secernono sostanze che conferiscono agli alimenti un odore ripugnante. I tenebrionidi vivono oltre tre anni e questa caratteristica rappresenta un fattore importante per il controllo degli infestanti.

Anobio del pane (*Stegobium paniceum*) L'adulto è lungo da 15 a 35 mm, ha colore variabile dal marrone chiaro al rossiccio; appare gobbo e il capo risulta invisibile se osservato dall'alto. Le elitre presentano scanalature dentellate; le antenne terminano con una clava formata dagli ultimi tre segmenti. La larva è in grado di nutrirsi attaccando le cariossidi intere, ma consuma soprattutto derivati dei cereali. Queste larve si nutrono anche di cuoio, lana e altri tessuti, spezie, tabacco e prodotti erboristici. Poiché questi insetti possono perforare i fogli d'alluminio e la pellicola, penetrano facilmente in molti imballaggi. Gli anobi del pane volano e sono attratti dalla luce. Nei depositi di bancali in legno, dove sono assenti residui di alimenti, la ricerca dovrebbe orientarsi verso il tarlo del legno (*Anobium punctatum*).

Anobio del tabacco (*Lasioderma serricorne*) L'adulto è lungo da 15 a 35 mm, è marrone chiaro e ha un aspetto simile a quello dell'anobio del pane, a eccezione delle elitre, che sono lisce, e delle antenne, che sono uniformemente dentellate. Le uova vengono deposte vicino o all'interno degli alimenti. Le larve evitano la luce rifugiandosi all'interno della fonte di nutrimento. Nonostante questo infestante sia noto perché attacca il tabacco, si nutre anche di granaglie, verdura, frutta secca, tessuti, spezie, prodotti erboristici, fiori secchi e libri. È anche conosciuto per la sua capacità di penetrare gli imballaggi; è un forte volatore con picchi di attività di volo verso il tardo pomeriggio e le prime ore della sera.

Silvanidi Il silvano (*Oryzaephilus surinamensis*) e il silvano dei mercati (*Oryzaephilus mercator*) sono molto simili tra loro e si caratterizzano per le sei protuberanze seghettate situate su ciascun lato del protorace. Il silvano si distingue dal silvano dei mercati per gli occhi più piccoli e per il più ampio tratto di capo dietro agli occhi. Il silvano dei mercati è un debole volatore, mentre il silvano non è in grado di volare. Poiché questi coleotteri non sono attratti dalla luce, le trappole luminose non sono efficaci per il monitoraggio. Se in un ingrediente alimentare si sviluppa una vasta popolazione, i prodotti derivati avranno un odore sgradito per gli esseri umani.

Tra gli altri coleotteri che infestano i cereali vi sono due specie di criptoleste, *Cryptolestes pusillus* e *Cryptolestes ferrugineus*. Entrambi sono lunghi circa 15 mm e sono tra i più piccoli coleotteri infestanti dei cereali. Il maschio di *C. pusillus* ha le antenne lunghe quanto il corpo, mentre la femmina e gli individui di entrambi i sessi di *C. ferrugineus* hanno le antenne corte. La diffusione geografica di *C. pusillus* è limitata dalle basse temperature e dalla bassa umidità; *C. ferrugineus* è maggiormente diffuso nelle zone umide tropicali. Se sono intatte, le cariossidi non sono attaccate da questi coleotteri, ma diventano vulnerabili se presentano fenditure o difetti piccolissimi. Le larve si nutrono anche di insetti morti.

Ptinidi Esistono diverse specie di ptinidi, talora chiamati "tarli ragno" poiché il capo e il protorace molto piccoli, il grande addome e le lunghe zampe li fanno apparire simili a ragni. Sono lunghi da 25 a 40 mm. Sono detritivori e si nutrono di cereali macinati o trasformati, frutta secca, carne secca, escrementi animali, tessuti, insetti morti e vertebrati. Rimangono attivi anche con temperature molto basse e costituiscono un problema tutto l'anno anche negli ambienti non riscaldati.

Tenebrione mugnaio (*Tenebrio molitor*)   Sono tra i più grandi coleotteri strettamente associati con l'industria alimentare. Gli adulti hanno forma ovale, con antenne costituite da undici segmenti, e sono neri e lucenti. Le larve sono giallastre e prosperano su cereali e derivati vecchi, ammuffiti e in cattive condizioni, ma si nutrono anche di cereali in fiocchi, cracker e carne. L'ingestione di uova di *T. molitor* può provocare diverse malattie gastrointestinali. Essi sono in grado di volare e sono attratti dalla luce.

14.2.6 Infestanti delle strutture

Di alcuni di questi infestanti, in particolare di scarafaggi e mosche, si è discusso nel capitolo 12. Si vogliono qui ricordare gli psocidi, comunemente definiti pidocchi dei libri. Questi insetti hanno lunghezza variabile da 0,75 a 6,25 mm, sono incolori o grigi o marrone chiaro, con ali coperte di squame, solitamente non funzionali. Gli adulti vivono da uno a tre mesi e si nutrono principalmente di muffe; possono anche cibarsi di amidi, colle amidacee utilizzate per rilegare libri e insetti morti. Se ammuffiti o immagazzinati in condizioni di eccessiva umidità, anche i cereali e i prodotti derivati sono vulnerabili a questo parassita. Molte specie si riproducono per partenogenesi. In condizioni asciutte o con bassa umidità si ha l'arresto o il rallentamento dello sviluppo, oppure l'essiccamento e la morte dell'insetto. Quando il clima è caldo e umido la popolazione di psocidi prospera sui fogli di fibre composite utilizzati per separare le cataste di contenitori vuoti pallettizzati (per esempio lattine metalliche non ancora riempite).

Senza l'impiego di fogli di plastica o della sterilizzazione delle lattine prima del riempimento, alcuni di questi insetti potrebbero essere inscatolati con il prodotto. Le infestazioni di psocidi possono essere efficacemente eliminate mantenendo l'umidità relativa al di sotto del 50%, aumentando la ventilazione e disinfettando per ridurre la crescita di muffe. Sebbene la presenza di psocidi costituisca una contaminazione dei prodotti alimentari, i danni diretti causati ai cereali ammassati sono minimi.

14.2.7 Imballaggi resistenti agli insetti

L'adozione di imballaggi resistenti agli insetti rappresenta una misura strategica quando si applicano metodi non chimici di controllo o di esclusione. È possibile valutare l'efficacia dei materiali d'imballaggio per scegliere quelli più adatti per proteggere il prodotto durante lo stoccaggio e il trasporto. Diverse ricerche hanno dimostrato la validità dei materiali d'imballaggio addizionati di repellenti chimici naturali e delle nuove tecniche di incollaggio e confezionamento per migliorare l'integrità strutturale degli involucri resistenti agli insetti (Mullen e Pederson, 2000). I film per il confezionamento hanno prestazioni differenti nel prevenire la penetrazione degli insetti (Arthur e Phillips, 2003).

14.2.8 Pulizia durante lo stoccaggio dei prodotti

Si possono prevenire condizioni non igieniche mediante una manutenzione e una pulizia efficaci. I magazzini per gli ammassi di cereali (in particolare le aree interne) devono essere mantenuti privi di crepe o sporgenze in cui si raccolgono polvere e altri detriti, che offrono un ambiente favorevole alla crescita di insetti. Silos o altri depositi di stoccaggio vuoti devono essere ispezionati per cercare residui di prodotti precedentemente immagazzinati e per verificarne le condizioni generali. Ogni materiale residuo che può dare rifugio a insetti o favorirne la crescita deve essere rimosso prima di immagazzinare altri prodotti.

Le aree di stoccaggio devono essere sottoposte a regolari controlli per rilevare la presenza di insetti sulle superfici dei prodotti, sui pavimenti e sulle pareti. Per monitorare la temperatura delle masse di cereali stoccate, occorre usare speciali termocoppie immerse in profondità nel prodotto. È necessario accertare le cause di eventuali incrementi della temperatura; i campioni devono essere prelevati mediante sonde di campionamento, oppure durante il trasferimento del prodotto in un altro luogo, per determinare se l'aumento della temperatura possa causare lo sviluppo di popolazioni di insetti o di muffe. La crescita di muffe può normalmente essere controllata tramite essiccazione o miscelazione con altro prodotto secco. Se sono presenti insetti dovrebbe essere condotto un idoneo trattamento, come la fumigazione. Il riscaldamento derivante da infestazioni di insetti può anche causare la formazione di umidità, con conseguente sviluppo di muffe. Occorre tenere registrazioni complete dei controlli, dei trattamenti di pulizia e fumigazione e degli altri trattamenti effettuati.

I criteri igienico-sanitari per l'immagazzinamento dei prodotti imballati sono analoghi a quelli previsti per lo stoccaggio in massa. Una disposizione ordinata è essenziale per facilitare il controllo e la pulizia e ridurre i potenziali problemi di natura igienica. Le registrazioni relative alle ispezioni periodiche e alle procedure di pulizia sono essenziali (Marriott et al., 1991). I responsabili e gli altri dipendenti dovrebbero essere informati della presenza di infestanti e conoscere i metodi di eradicazione.

Per assicurare un programma efficace di sanificazione, occorre attuare le seguenti procedure di magazzinaggio (Mills e Pedersen, 1990). I sacchi e i cartoni devono essere impilati su bancali distanziati dalle pareti e gli uni dagli altri, per facilitare l'ispezione e per consentire la pulizia della zona circostante. Occorre attuare un'adeguata rotazione dei prodotti per ridurre il rischio di infestazioni da insetti e roditori. Le ispezioni devono prevedere il controllo visivo, con l'ausilio di una torcia per illuminare gli angoli scuri, sotto i bancali e tra le cataste. Gli insetti possono essere individuati mentre volano, strisciano sulle pareti, sui soffitti e sui pavimenti e mentre si librano sopra i sacchi e i cartoni. I prodotti visibilmente danneggiati devono essere vagliati per verificare l'eventuale presenza di insetti. (Per informazioni specifiche sul controllo di insetti e roditori, si rinvia al capitolo 12).

La frequenza delle ispezioni e degli interventi di pulizia dipende dalle condizioni di umidità e temperatura. A temperatura ambiente (25-30 °C) il ciclo di vita di molti insetti che infestano cereali e alimenti a basso tenore di umidità è di circa 30-35 giorni. La riproduzione degli insetti si arresta normalmente quando la temperatura di magazzinaggio è inferiore a 10 °C. All'aumentare della temperatura del magazzino, deve crescere la frequenza delle operazioni di pulizia e dei controlli. La temperatura della materia prima o del prodotto influenza la crescita degli insetti più della temperatura ambientale. Le aree con elevati tenori di umidità richiedono ispezioni e pulizia più frequenti; l'eccessiva umidità dovrebbe essere ridotta mediante adeguata ventilazione; un impianto di aspirazione è utile per rimuovere l'aria umida. Materiali umidi non movimentati, stoccati a temperatura ambiente o superiore, favoriscono il rapido sviluppo di muffe, lieviti e/o batteri.

Sporgenze e altri punti in cui possono accumularsi depositi dovrebbero essere eliminati. Supporti esterni, sostegni e altri elementi costruttivi e/o attrezzature dovrebbero essere progettati per impedire l'accumulo di materiale. La polvere può aderire alle superfici umide, offrendo un eccellente habitat per le muffe.

L'impiego di temperature elevate può combattere gli infestanti in ambienti asciutti di magazzinaggio e produzione, dove sono conservate materie non lavorate. Questo metodo, tuttavia, richiede molta energia a causa dell'elevata quantità di calore necessaria per uccidere gli insetti, specialmente nella stagione fredda. È possibile impiegare termoconvettori per surriscaldare parti specifiche di un ambiente che potrebbero essere infestate da insetti. Nella progettazione di nuovi stabilimenti, e nella ristrutturazione di quelli esistenti, andrebbe considerata la possibilità di attuare questi trattamenti termici. Lo stoccaggio a temperature di refrigerazione è meno praticabile per via dei costi e dei possibili danni da congelamento ad attrezzature e strutture. Può essere, inoltre, poco pratico il ricorso a temperature moderatamente basse, che si limitano a rallentare l'attività metabolica degli insetti.

14.2.9 Controllo delle materie prime e delle aree di stoccaggio

Le ispezioni devono essere condotte regolarmente e registrate su moduli già predisposti con sistemi di valutazione a punteggio; a ciascun punteggio deve corrispondere una precisa descrizione. Per i magazzini è stato proposto un sistema di valutazione che prevede tre livelli (Foulk, 1992):

- *accettabile*, se la maggior parte dei requisiti è soddisfatta;
- *provvisoriamente accettabile*, quando esistono misure correttive che saranno attuate per conformarsi agli standard ed è possibile il passaggio a livello *accettabile*;
- *inaccettabile*, quando si riscontrano deviazioni dagli standard che implicano un funzionamento non igienico.

Il controllo nelle aree di lavorazione e di stoccaggio dovrebbe focalizzarsi sull'identificazione dei potenziali agenti contaminanti del prodotto e sulle appropriate azioni correttive da attuare tempestivamente per prevenire la contaminazione. I ridotti valori di attività dell'acqua (a_w) degli alimenti a basso tenore di umidità diminuiscono la probabilità di alterazione microbica; quindi maggiore importanza dovrebbe essere assegnata alle altre forme di contaminazione, che vengono qui esaminate.

Le superfici sopraelevate dovrebbero essere esaminate per individuare distacchi di vernice, ostacoli alle operazioni di pulizia, accumuli di polvere e condensa. Le ispezioni del piano terra, dell'interrato e dei piani superiori dovrebbero invece essere mirate a individuare le rotture di vetri delle finestre e l'assenza o il danneggiamento di reti protettive. Finestre aperte e altre vie d'accesso per gli infestanti costituiscono potenziali fonti di contaminazione e dovrebbero essere segnalate e/o corrette con regolarità. Gli indizi della presenza di infestanti, come tracce di insetti sulla polvere, escrementi di roditori e deiezioni o piume di uccelli dovrebbero essere rilevati mediante ispezioni periodiche e il controllo continuo da parte dei dipendenti. Tali indizi vanno tempestivamente segnalati per consentire l'identificazione della loro origine e l'adozione delle appropriate misure correttive. Tutti i dipendenti dovrebbero vigilare per cogliere i segni dell'attività degli infestanti.

Il controllo delle parti esterne degli impianti viene effettuato con continuità dal personale addetto alla produzione; anche le apparecchiature sopraelevate andrebbero ispezionate regolarmente. Inoltre, le condizioni igieniche delle parti interne degli impianti dovrebbero essere verificate durante i periodici interventi di manutenzione. In alcuni impianti vi sono punti morti in cui il prodotto può accumularsi; pertanto, occorre prevedere controlli di routine durante le interruzioni della lavorazione. Per consentire l'ispezione delle parti interne, i macchinari – in particolare i sistemi di trasporto – dovrebbero essere costruiti prevedendo apposite aperture o un facile smontaggio; questo tipo di disegno facilita anche la sanificazione delle apparecchiature durante la pulizia di routine. Se possibile, le apparecchiature non più utilizzate dovrebbero essere rimosse dallo stabilimento. Le attrezzature utilizzate poco frequentemente dovrebbero essere lasciate "aperte" in modo che, se vi si infiltra del materiale estraneo, questo la attraversi o sia facilmente visibile; ciò permetterà inoltre una pulizia più facile ed efficace.

Lo stato complessivo dello stabilimento dovrebbe precludere l'accesso di fattori contaminanti come insetti, roditori e uccelli. Ogni difetto scoperto dovrebbe essere segnalato e corretto immediatamente.

14.3 Pulizia dell'area produttiva

La pulizia nelle aree di produzione delle aziende che trattano alimenti a basso tenore di umidità deve essere quotidiana. Affinché lo stabilimento sia mantenuto in ordine, alcune operazioni di pulizia devono essere svolte durante l'attività produttiva, ma per la maggior parte la pulizia delle attrezzature e degli impianti (soprattutto le parti interne) deve essere effettuata quando il processo produttivo è fermo. Parte delle operazioni di pulizia necessarie può essere associata agli interventi di manutenzione di routine. Attrezzature per la pulizia facili da riporre e opportunamente collocate incoraggiano gli addetti a eseguire le procedure necessarie per controllare le infestazioni.

Negli stabilimenti in cui si lavorano prodotti alimentari a basso tenore di umidità è preferibile la *pulizia a secco* (Umland et al., 2003). Quando in un ambiente asciutto viene introdotta acqua, nei punti in cui questa non asciuga e nelle crepe e fessure da cui non sono stati rimossi tutti i residui ha inizio la crescita microbica. La maggior parte delle attrezzature per la pulizia è di facile impiego: scope, spazzoloni e mop asciutti o bagnati costituiscono gli strumenti di base. Spazzole, scope e palette sono utili per rimuovere gli accumuli di residui più grossolani e funzionano bene su pavimenti quasi lisci. Per la pulizia di pavimenti lisci, con ridotto deposito di polvere, lo strumento più veloce è rappresentato dai mop asciutti.

In molte aree produttive l'aspirazione costituisce il mezzo più accettabile per la pulizia dei macchinari. L'aspirazione della polvere è uno dei metodi più completi di pulizia, poiché rimuove i depositi leggeri e moderati di residui sia dalle superfici lisce sia da quelle irregolari; la polvere viene trattenuta all'interno dell'apparecchio e non deve essere raccolta con strumenti ausiliari. Nelle piccole aziende può essere più efficace l'utilizzo di aspirapolvere portatili, mentre negli stabilimenti di grandi dimensioni può essere conveniente un sistema di aspirazione fisso. La raccolta e lo smaltimento centralizzati dei residui risulta più conveniente se sono previsti accessi supplementari per la pulizia delle aree difficile da raggiungere. Nelle grandi aree di stoccaggio, con pavimentazione non porosa, per mantenere un ambiente pulito in modo più efficiente ed efficace si dovrebbero impiegare macchine lavapavimenti industriali.

La *pulizia preliminare* degli utensili e delle attrezzature di processo consente la rimozione dei residui per facilitare le successive operazioni di pulizia. Alcune superfici molto sporche vanno lasciate in ammollo per facilitarne la detersione. La pulizia preliminare dovrebbe prevedere il raschiamento dei residui, presenti su attrezzature e utensili, sopra un'unità per lo smaltimento dei rifiuti, uno scarico dell'acqua o un contenitore di rifiuti; in alternativa i residui dovrebbero essere rimossi in una macchina lavaoggetti mediante un ciclo di prelavaggio. In presenza di sporco tenace, gli utensili e le attrezzature dovrebbero essere "prelavati", sfregati con abrasivi o lasciati a macero. Il *lavaggio con acqua* viene effettuato per rimuovere completamente lo sporco organico distaccato mediante operazioni manuali o meccaniche.

Per rimuovere i residui da attrezzature e altre aree difficili da raggiungere, viene largamente utilizzata l'aria compressa. Sebbene alcuni autori (Mills e Pederson, 1990) non prendano in considerazione tale metodo per la pulizia di stabilimenti come i mulini, essi riconoscono che consente una facile pulizia di punti altrimenti inaccessibili degli stabilimenti e degli impianti. Inoltre utilizzare aria compressa è più sicuro che impiegare del personale armato di spazzola in cima a una scala. Tuttavia, l'aria compressa disperde la polvere da un'area circoscritta a una più estesa e può causare la diffusione di un'eventuale infestazione. Per minimizzare la dispersione della polvere, l'aria compressa dovrebbe essere impiegata a bassa portata e bassa pressione. I dipendenti che utilizzano aria compressa devono indossare dispositivi di sicurezza, come maschere antipolvere e occhiali protettivi.

Per la pulizia di determinate attrezzature sono necessari appositi strumenti. Per le bocchette occorre utilizzare spazzole cilindriche, che possono essere fatte scorrere mediante corde o cavi oppure essere azionate da motori mediante alberi flessibili. Le impastatrici devono essere risciacquate e poi lavate con un detergente alcalino contenente un emulsionante (tensioattivo), per assicurare la rimozione del grasso (Stier, 2004).

Il mantenimento dell'ordine e della pulizia nell'area produttiva dipende da un'adeguata organizzazione e installazione dell'impianto e dalla pulizia delle sue diverse parti e degli spazi circostanti. Ingredienti e altri materiali devono essere adeguatamente sistemati in un'apposita area di stoccaggio. I contenitori per i rifiuti devono essere convenientemente collocati per lo smaltimento di sacchi, film, carta e scarti generati dalle lavorazioni, dal confezionamento e dai trasporti.

Operazioni di carico

Prima di effettuare il carico, le parti interne di camion, rimorchi o vagoni dovrebbero essere ispezionate per verificarne le condizioni igieniche generali e l'assenza di umidità e di materiali estranei che potrebbero determinare la contaminazione del prodotto o danneggiare i prodotti confezionati o i loro imballaggi. Se necessario, il mezzo di trasporto deve essere pulito, riparato o rifiutato prima di effettuare il carico. Durante le operazioni di carico occorre prestare particolare attenzione per evitare che il prodotto sia rovesciato o danneggiato. L'area di allestimento delle spedizioni e la banchina di carico devono essere libere da residui e prodotti rovesciati.

Altri controlli

Lo stabilimento e il suo sito dovrebbero essere mantenuti esenti da emissioni liquide o solide che potrebbero essere fonti di contaminazione. I materiali stoccati all'aperto dovrebbero essere accatastati ordinatamente, su ripiani sollevati dal suolo e staccati dagli edifici. Tutte le attività che possono causare la contaminazione degli alimenti immagazzinati con sostanze chimiche, sporcizia o altri materiali nocivi, devono essere tenute separate dalle aree di lavorazione e di stoccaggio. Per condurre correttamente le ispezioni, è essenziale sapere che cosa controllare e come eseguire i controlli (Hui et al., 2003).

Sommario

Rigorose procedure di sanificazione sono essenziali negli stabilimenti di lavorazione e di stoccaggio di alimenti a basso tenore di umidità per mantenere l'accettabilità del prodotto e per conformarsi ai requisiti previsti dalle normative. Per rispondere ai criteri di igiene, uno stabilimento dovrebbe essere realizzato sulla base di un'opportuna selezione del sito e di una progettazione igienica della costruzione e degli impianti. Le materie prime devono essere campionate all'atto del ricevimento per verificare che non siano infestate da insetti, muffe, roditori o altri contaminanti inaccettabili. Durante lo stoccaggio, sia le materie prime sia i prodotti lavorati devono essere protetti dalle contaminazioni tramite efficaci procedure di pulizia. Le aree di stoccaggio richiedono ispezioni periodiche per rilevare eventuali contaminazioni microbiche e infestazioni. La frequenza della pulizia e dei controlli nelle aree di stoccaggio dipende dalla temperatura e dall'umidità. Nell'area di produzione la pulizia deve essere quotidiana. Per la pulizia delle aree in cui si trattano prodotti a basso tenore di umidità si impiegano, oltre agli strumenti di base, sistemi di aspirazione, lavapavimenti e spazzatrici industriali e aria compressa per particolari applicazioni.

Domande di verifica

1. Che pendenza dovrebbero avere i pavimenti delle aree lavate con acqua negli stabilimenti che trattano alimenti a basso tenore di umidità?
2. Quali tipi di pavimentazione resistenti ai prodotti chimici sono raccomandati nelle aree lavate con acqua?
3. Qual è la massima percentuale di umidità per cereali immagazzinati in depositi a lungo termine affinché siano protetti contro insetti e muffe?
4. Come si può ridurre la polvere negli stabilimenti che trattano alimenti a basso tenore di umidità?
5. Come può essere utilizzata l'aria compressa per la pulizia in questi stabilimenti?
6. Quali precauzioni occorre adottare se sono presenti controsoffittature?
7. Quale soffitto è considerato inaccettabile negli stabilimenti che trattano alimenti a basso tenore di umidità?
8. Cosa può succedere se le cariossidi dei cereali sono fisicamente danneggiate?
9. Con quale frequenza va effettuata la pulizia nell'area di lavorazione di uno stabilimento che tratta alimenti a basso tenore di umidità?
10. Qual è uno dei metodi di pulizia più completi utilizzati in questi stabilimenti?

Bibliografia

Arthur FH, Phillips TW (2003) Stored-product insect pest management and control. In: Hui YH et al (eds) *Food plant sanitation*. Marcel Dekker, New York.
Foulk JD (1992) Qualification inspection procedure for leased food warehouses. *Diary Food Environ Sanit* 12: 346.
Hui YH, Nip W-K, Gorham JR (2003) Sanitation and warehousing. In: Hui YH et al (eds) *Food plant sanitation*. Marcel Dekker, New York.
Marriott NG, Boling JW, Bishop JR, Hackney CR (1991) *Quality assurance manual for the food industry*. Virginia Cooperative Extension, Virginia Polytechnic Institute and State University, Blacksburg (Publication no. 458-013).
Mason L (2003) Insects and Mites. In: Hui YH et al (eds) *Food plant sanitation*. Marcel Dekker, New York.
Mills R, Pedersen JR (1990) *Flour mill sanitation manual*. Eagan Press, St. Paul, MN.
Mullen MA, Pederson JR (2000) Sanitation and Exclusions. In: Subramanyam B, Hagstrum DW (eds) *Alternatives to pesticides in stored-product* IPM. Kluwer Academic, Hingham, MA.
Stier RF (2004) Cleanliness is next to godliness and essential to assure safe food. *Food Saf Mag* 10; 2: 30.
Süss L, Locatelli DP (2001) *I parassiti delle derrate*. Calderini Edagricole, Bologna.
Troller JA (1993) *Sanitation in food processing* (2nd ed). Academic Press, New York.
Umland GA, Johnson AJ, Santucci C (2003) Cereal food plant sanitation. In: Hui YH et al (eds) *Food plant sanitation*. Marcel Dekker, New York.
Walsh DE, Walker CE (1990) Bakery construction design. *Cereal Foods World* 35; 5: 446.

Capitolo 15
Industria lattiero-casearia

Nell'industria alimentare, il settore lattiero-caseario è considerato all'avanguardia nella progettazione degli impianti secondo un disegno igienico e nelle procedure igienico-sanitarie, come pure nell'adozione di elevati standard di sanificazione. Questo risultato è stato raggiunto anche grazie alla consapevolezza, da parte delle aziende del settore, della primaria necessità di buone procedure di sanificazione per garantire sia una migliore conservabilità, sia un'alta qualità dei prodotti lattiero-caseari che necessitano di refrigerazione.

Le caratteristiche fisiche e chimiche dei prodotti lattiero-caseari, in particolare di quelli fluidi, hanno reso possibile la sanificazione automatizzata degli impianti di processo. In particolare l'automazione è stata resa possibile a seguito di:
- realizzazione della quasi totalità dell'impianto con sistemi già predisposti per ridurre la sanificazione manuale di condutture e serbatoi;
- sviluppo di sistemi di controllo basati su logiche a relè, dispositivi a stato solido, PLC e computer programmati per gestire complesse sequenze di sanificazione;
- installazione di sistemi di pulizia CIP a controllo automatico per garantire un'accurata sanificazione quotidiana di serbatoi, valvole e condotti;
- impiego di valvole sanitarie, comandate ad aria compressa e pulite con sistema CIP, che ha consentito sia l'eliminazione delle valvole a sfera, da pulire manualmente, sia il controllo a distanza e/o automatico del flusso delle soluzioni CIP;
- progettazione di silos e di altre attrezzature per consentire una sanificazione efficace con sistemi CIP;
- progettazione di impianti concepiti per la sanificazione con sistemi CIP (omogenizzatori, scambiatori di calore a piastre, riempitrici e centrifughe autopulenti).

Queste componenti funzionano in modo più efficace quando sono correttamente integrate in un sistema di sanificazione completo, progettato e installato per il controllo automatico di tutte le operazioni di detersione e disinfezione.

Di fondamentale importanza è la qualità della fornitura di latte; infatti, anche la più efficace pastorizzazione non può migliorare la qualità o eliminare i problemi creati nella materia prima da batteri indesiderati. Sebbene la pastorizzazione sia un'arma efficace contro i microrganismi patogeni e alterativi, costituisce solo una misura di salvaguardia e non dovrebbe mai essere usata per mascherare una fornitura igienicamente scadente o una sanificazione inadeguata.

I tensioattivi e gli agenti sequestranti hanno avuto un ruolo centrale nell'evoluzione della detersione resa necessaria dall'impiego di nuovi materiali e di nuove attrezzature per la sanificazione. Tali progressi hanno consentito la formulazione di detergenti specifici in grado sia di adattarsi alle varie condizioni dell'acqua, ai diversi tipi di metallo e alle caratteristiche dello sporco, sia di svolgere una funzione protettiva, riducendo al minimo la corrosione. Questi formulati hanno reso possibile un nuovo approccio grazie al quale detergenti e disinfettanti sono strettamente uniti e intimamente associati per migliorare l'efficacia di entrambe le fasi della sanificazione.

15.1 Ruolo degli agenti patogeni

Nonostante l'impegno dell'industria nella progettazione degli impianti e nell'attuazione delle procedure igienico-sanitarie, i microrganismi patogeni hanno continuato a contaminare i prodotti lattiero-caseari. Nel 1985 negli Stati Uniti si è verificata una vasta epidemia di salmonellosi causata da latte pastorizzato contaminato. Tra le altre epidemie di malattie a trasmissione alimentare, associate al consumo di prodotti lattiero-caseari, si possono ricordare un'intossicazione stafilococcica provocata da gelato, sporadici focolai di campilobatteriosi senza una precisa identificazione della modalità di trasmissione e un'epidemia di listeriosi causata da formaggio contaminato, che ha provocato diversi decessi. Come conseguenza, l'industria lattiero-casearia ha dovuto ritirare dal mercato una grande quantità di prodotti, subendo gravi perdite. Questi episodi hanno indotto le autorità sanitarie statunitensi a intensificare i controlli sull'industria e hanno stimolato molti operatori del settore lattiero-caseario a effettuare massicci investimenti per potenziare la sanificazione degli stabilimenti produttivi. Queste esperienze hanno sottolineato l'importanza e l'urgenza di programmi efficaci di sanificazione. Poiché i microrganismi patogeni sono stati trattati nel capitolo 2, saranno qui approfonditi quelli che destano maggiore preoccupazione nel settore lattiero-caseario: *Lysteria monocytogenes*, *Escherichia coli* O157:H7 e *Salmonella*.

15.1.1 Listeria monocytogenes

Il rinvenimento di *L. monocytogenes* nei prodotti lattiero-caseari fermentati e non fermentati ha rinnovato le preoccupazioni delle aziende alimentari in merito all'igiene degli stabilimenti e alla sicurezza dei prodotti. *L. monocytogenes* è ampiamente diffuso in natura ed è spesso presente nel tratto intestinale del bestiame. Circa il 5% degli esseri umani in buona salute elimina il microrganismo attraverso le feci. Dal 5 al 10% circa del latte bovino crudo è contaminato da *L. monocytogenes*. Questo batterio è stato isolato nel foraggio impropriamente fermentato, nei vegetali a foglia e nel terreno, che rappresenta una riserva di *Listeria*.

I ritiri dal mercato causati da *Listeria* di gelati e formaggi hanno imposto urgenti cambiamenti nei principali processi produttivi e nelle procedure di sanificazione attuati negli stabilimenti lattiero-caseari. Negli Stati Uniti molti operatori hanno adottato su base volontaria gli standard richiesti per la produzione di latte pastorizzato di "Grado A", fissati dalla *Grade "A" Pasteurized Milk Ordinance* e costantemente aggiornati dalla FDA. La consapevolezza dell'importanza di un programma di sanificazione efficace per combattere *L. monocytogenes* ha contribuito a potenziare la formazione e la supervisione e ad aumentare il numero totale di dipendenti e le retribuzioni degli addetti alla sanificazione nell'industria lattiero-casearia.

L'implicazione del latte pastorizzato nell'epidemia di listeriosi del Massachussets nel 1983 e in quella di Los Angeles nel 1985, attribuibile a un formaggio molle, ha portato alla definizione da parte della FDA di un metodo per l'individuazione di questo patogeno. Questi eventi hanno anche contribuito alla decisione di condurre un'indagine approfondita sui microrganismi patogeni presenti nell'industria lattiero-casearia; da tale indagine è emerso che, in quasi tutti i casi, la contaminazione da *L. monocytogenes* si verificava nelle fasi successive alla lavorazione.

Negli Stati Uniti sono state sviluppate linee guida specifiche per il controllo di *L. monocytogenes* negli stabilimenti di lavorazione e trasformazione del latte. Queste direttive sottolineano la necessità di:

– diminuire la possibilità che le materie prime siano contaminate da *Listeria* all'origine;
– ridurre al minimo la contaminazione ambientale negli stabilimenti di trasformazione;
– impiegare tecniche di trasformazione e procedure di sanificazione che riducano la probabilità che il patogeno contamini gli alimenti.

Ambienti e attrezzature realizzati e mantenuti correttamente sono fondamentali per l'efficacia di un programma di sanificazione contro *L. monocytogenes*. Nella definizione di un programma per il controllo di questo patogeno, si dovrebbero rispettare i criteri costruttivi descritti in questo capitolo e nei capitoli 16, 17 e 18.

L. monocytogenes è sensibile ai disinfettanti comunemente impiegati nell'industria alimentare. Sono efficaci contro questo patogeno: i disinfettanti a base di acido peracetico a 100 ppm, i composti a base di cloro a 100 ppm, quelli a base di iodio a 25-45 ppm, i disinfettanti a base di tensioattivi anionici e acidi a 200 ppm e quelli a base di ammonio quaternario a 200 ppm. Sebbene le concentrazioni indicate possano richiedere aggiustamenti a seconda delle specifiche condizioni di utilizzo (per esempio, per compensare fattori di ossidoriduzione correlati alla qualità e alla durezza dell'acqua), le concentrazioni raccomandate non dovrebbero mai essere superate di molto, poiché l'impiego di soluzioni disinfettanti troppo concentrate accresce i pericoli per il personale, aumenta il rischio di contaminazione chimica degli alimenti e, in alcuni casi, provoca corrosione delle attrezzature.

I disinfettanti a base di ammonio quaternario sono sconsigliati su superfici che vengono a contatto con gli alimenti e non dovrebbero essere usati nei caseifici, in quanto i batteri lattici delle colture starter sono rapidamente inattivati da residui anche modesti di questo composto. Al contrario, i disinfettanti a base di acido peracetico e quelli a base di tensioattivi anionici e acidi sono molto adatti per le superfici degli impianti; inoltre, neutralizzano rapidamente l'eccesso di alcalinità dovuto ai detergenti e prevengono la formazione di depositi minerali alcalini. L'impiego di vapore dovrebbe essere scoraggiato (a causa dei costi energetici) o limitato ai sistemi chiusi a causa dei possibili pericoli associati alla formazione di aerosol. Anche la disinfezione mediante acqua calda non è raccomandata, sia perché il riscaldamento dell'acqua richiede molta energia, sia perché le alte temperature non possono essere mantenute facilmente.

L'efficacia di un programma di controllo per *Listeria* può essere valutata mediante un monitoraggio microbiologico preoperativo classico e di routine, come la conta aerobica su piastra e la conta dei coliformi (vedi capitoli 2 e 7). Tuttavia, sulla base dell'esperienza acquisita nell'industria, per una valutazione più accurata è consigliabile effettuare la ricerca nell'ambiente con metodi specifici per *Listeria*. Il campionamento ambientale deve essere organizzato per guidare le procedure di sanificazione preoperative e indirizzare la gestione verso il controllo di *Listeria* nello stabilimento.

15.1.2 *Escherichia coli* O157:H7

Le epidemie associate a latte crudo contaminato da *E. coli* O157:H7 hanno indotto a intensificarne la ricerca nei prodotti lattiero-caseari. *E. coli* O157:H7 può crescere nei formaggi tipo cottage e nel cheddar, ma viene inattivato dalla pastorizzazione del latte. In alternativa al trattamento termico, sono state proposte altre tecniche per controllare il microrganismo, mantenendo l'accettabilità dei prodotti lattiero-caseari (Doyle, 1997).

15.1.3 Salmonella

Il latte e i prodotti derivati sono stati riconosciuti come causa di trasmissione delle infezioni da *Salmonella* in circa il 5% dei casi (CDC, 2000). La salmonellosi è frequentemente diagnosticata negli animali da latte (Wells et al., 2001) ed è stato provato che il batterio viene eliminato attraverso la ghiandola mammaria (Radke 2002). Un'altra importante fonte di contaminazione del latte crudo è quella di origine fecale. Uno studio sull'efficacia di un sistema *real time* PCR portatile per determinare la presenza di *Salmonella* nel latte crudo (Van Kessel et al., 2003) ha dimostrato che tale tecnica fornisce risultati in 24 ore, contro le 48 o 72 ore necessarie per una coltura tradizionale.

15.2 Requisiti igienici dell'edificio

Gli elementi più importanti da considerare per la sanificazione di uno stabilimento lattiero-caseario sono gli scarichi e lo smaltimento dei rifiuti. Gli scarichi per lo smaltimento delle acque meteoriche e delle acque nere devono essere adeguatamente dimensionati e sempre utilizzabili. Nelle zone rurali e nei comuni che possiedono sistemi fognari insufficienti, le industrie lattiero-casearie devono spesso dotarsi di un sistema di smaltimento autonomo. Sono essenziali un'adeguata fornitura di acqua potabile e idonei sistemi di scarico e di smaltimento dei rifiuti. In proposito si rinvia anche al capitolo 13.

15.2.1 Planimetria e tipo di costruzione

La progettazione e la costruzione dello stabilimento, come pure gli impianti e gli utensili, devono rispondere ai requisiti igienici previsti dalla normativa. L'impianto di ventilazione è importante soprattutto nelle aree dove occorre rimuovere l'eccesso di calore prodotto durante la lavorazione; dovrebbe inoltre essere dimensionato per i diversi tipi di ambienti e possedere la flessibilità necessaria per far fronte a eventuali futuri mutamenti nel processo produttivo. Spesso è necessario filtrare l'aria in entrata, specialmente se lo stabilmento è situato in una zona fortemente industrializzata. Deve inoltre essere previsto il controllo dell'umidità, della condensa, della polvere e delle spore.

15.2.2 Raccomandazioni per la costruzione

Se la costruzione non è attentamente progettata, strutture e impianti possono contribuire alla contaminazione. Tale problema può essere contenuto riducendo al minimo le strutture aeree, diminuendo così il rischio di contaminazione associato alla manutenzione di tali impianti, che sono anche di difficile pulizia. Si dovrebbe realizzare un piano di servizio separato che accolga la maggior parte dei condotti, delle tubature, dei compressori e degli altri impianti. Questa soluzione consente di avere un soffitto sgombro, facile da pulire e igienico. Altre caratteristiche progettuali e costruttive favoriscono un'efficace sanificazione; in particolare:
- tutte le parti in metallo devono essere trattate per resistere alla corrosione;
- il materiale di isolamento delle tubazioni deve essere robusto e resistente alla corrosione e alle frequenti operazioni di pulizia;

– nei punti in cui tende ad accumularsi umidità devono essere previsti opportuni sistemi di raccolta della condensa;
– tutte le aperture devono essere provviste di barriere d'aria o reti di protezione e le finestre devono essere a chiusura ermetica.

Le finiture delle strutture devono essere realizzate con materiali che richiedono manutenzione minima. Pareti, pavimenti e soffitti devono essere impermeabili all'umidità. La pavimentazione deve essere resistente al latte, al grasso, ai detergenti, al vapore e agli urti; a tale scopo sono indicati materiali epossidici, piastrelle e mattoni. L'impiego di pitture va considerato solo in assenza di alternative. I pozzetti di scarico dei pavimenti devono essere progettati per assicurare il controllo delle infestazioni d'insetti e degli odori. È raccomandata una pendenza del 2% circa per evitare accumulo di acqua e residui sui pavimenti, che possono ostacolare la sanificazione e favorire la crescita di *L. monocytogenes*.

Gli scarichi a pavimento e i sistemi di ventilazione, anziché rappresentare una barriera igienica, spesso contribuiscono alla contaminazione da parte di microrganismi trasportati dall'aria. Un impianto di ventilazione correttamente progettato e munito di dispositivi di filtrazione può migliorare la qualità dell'aria. Filtri non costosi sono in grado di rimuovere polvere e altri contaminanti che sarebbero normalmente immessi negli ambienti.

Gli impianti dovrebbero essere progettati e installati in modo da facilitare la pulizia e ridurre la contaminazione. Tradizionalmente, il layout degli impianti è stato considerato fondamentale ai fini dell'efficienza del processo produttivo, mentre l'impatto sulla sanificazione era ritenuto secondario. Per affrontare gli aspetti più critici della sanificazione degli impianti, si raccomanda una superficie esterna facile da pulire e una collocazione che consenta la sanificazione sotto gli impianti e tra questi e le pareti. Tutti gli impianti dovrebbero essere accessibili e progettati per agevolare la pulizia, la disinfezione e il drenaggio.

15.3 Caratteristiche dello sporco negli stabilimenti lattiero-caseari

Nell'industria lattiero-casearia lo sporco è costituito principalmente di minerali, lipidi, carboidrati, proteine e acqua. Possono inoltre essere presenti polvere, lubrificanti, microrganismi, detergenti e disinfettanti.

I film bianchi o grigiastri che si formano sugli impianti di processo sono solitamente formati dalla cosiddetta "pietra da latte" e da incrostazioni calcaree. Sulle superfici non riscaldate, in genere, questi film si accumulano lentamente a causa di insufficiente pulizia o impiego di acqua dura, o per entrambe le ragioni. Aggiungendo all'acqua dura carbonati di sodio, i sali di calcio e di magnesio precipitano. Durante la pulizia alcuni di questi precipitati possono aderire alle attrezzature, lasciando un deposito calcareo. Sulle superfici riscaldate può formarsi rapidamente la "pietra da latte" quando le proteine denaturate dal calore, combinate con sali minerali e grasso, aderiscono alle superfici. Poiché diventano meno solubili alle alte temperature, i fosfati di calcio derivanti dal latte sono presenti in grande quantità.

La composizione dello sporco presente sulle superfici è diversa a seconda che queste siano riscaldate o non riscaldate, per cui ogni tipo di sporco richiede una differente procedura di pulizia. La "pietra da latte" è un deposito poroso che offre rifugio ai contaminanti microbici e resiste ai metodi di disinfezione; può essere eliminata mediante una doppia fase con un detergente alcalino e un detergente acido, oppure con un passaggio monofase utilizzando un detergente alcalino forte addizionato di sequestranti; in questo modo è possibile rimuovere sia la frazione organica sia i sali minerali. Naturalmente, i depositi di sporco tenace richiedono un detergente più forte rispetto a quelli necessari per lo sporco moderato; inoltre, lo sporco appena depositatosi su una superficie non riscaldata viene eliminato molto più facilmente di quello seccato o addirittura cotto su una superficie riscaldata.

È possibile ridurre la deposizione dello sporco e facilitarne la successiva rimozione, applicando i seguenti principi:

- generalmente, le superfici calde a contatto con il prodotto dovrebbero essere raffreddate prima e immediatamente dopo lo svuotamento delle vasche per le lavorazioni a caldo;
- schiume e altri prodotti dovrebbero essere risciacquati al termine del ciclo di lavorazione e prima che secchino;
- dove possibile e praticabile, i depositi di sporco dovrebbero essere mantenuti umidi fino all'inizio delle operazioni di pulizia;
- il risciacquo deve essere compiuto con acqua tiepida (non calda).

La deposizione dello sporco è maggiore negli impianti UHT, se il latte ha un elevato grado di acidità, ed è accentuato dal movimento lento e dalla scarsa agitazione durante il processo. Il preriscaldamento e il mantenimento ad alta temperatura riducono la formazione del film.

Le caratteristiche della superficie determinano la facilità o la difficoltà della rimozione dello sporco. Superfici corrose, screpolature di componenti in gomma e graffi su superfici non sufficientemente pulite proteggono lo sporco e i microrganismi dall'azione dei detergenti e dei disinfettanti. Il tipo di sporco da rimuovere determina sia il metodo di pulizia sia il detergente da utilizzare.

15.4 Principi di sanificazione

La pulizia e l'igiene delle attrezzature e degli ambienti sono essenziali per la produzione, la lavorazione e la distribuzione di prodotti lattiero-caseari salubri. La voce di maggiore rilievo dei costi complessivi per la sanificazione è rappresentata dalla manodopera; quindi, è importante utilizzare detergenti e attrezzature appropriati, in modo che il programma di sanificazione possa essere efficacemente attuato con il minor dispendio di tempo e fatica.

Il responsabile della sanificazione deve sapere quanto tempo occorre per pulire ciascun componente dell'impianto impiegando i detergenti e i macchinari disponibili. Le diverse operazioni della sanificazione dovrebbero essere assegnate individualmente ai dipendenti, ciascuno dei quali diventa responsabile delle attrezzature e dell'area di sua competenza. Questi incarichi dovrebbero essere assegnati mediante comunicazione ufficiale o affissione del programma di sanificazione e delle mansioni su un'apposita bacheca.

15.4.1 Ruolo dell'acqua

Il principale componente di quasi tutti i detergenti, inclusi quelli utilizzati negli stabilimenti lattiero-caseari, è l'acqua. Poiché non tutti gli stabilimenti dispongono di un approvvigionamento idrico ideale, i detergenti devono essere adattati alle caratteristiche dell'acqua disponibile per aumentarne l'efficacia. In particolare è importante ridurre i solidi sospesi nell'acqua, per impedire che si depositino sulle superfici pulite delle attrezzature. La durezza dell'acqua complica le operazioni di pulizia. Solidi sospesi, manganese e ferro solubili possono essere rimossi solo con trattamenti specifici, mentre una moderata durezza dell'acqua può essere neutralizzata dagli agenti sequestranti contenuti nei detergenti. Se l'acqua è dura o molto dura, è solitamente più economico effettuare un pretrattamento per eliminare o ridurre la durezza.

15.4.2 Ruolo dei detergenti

Come tutti gli altri detergenti, anche quelli utilizzati per la pulizia degli impianti di lavorazione del latte sono generalmente miscele complesse di sostanze chimiche formulate per raggiungere uno scopo preciso. Nella sanificazione dell'industria lattiero-casearia l'azione dei detergenti è correlata alle seguenti operazioni.

1. Il prerisciacquo viene effettuato per rimuovere quanto più sporco possibile e per aumentare l'efficacia del detergente.
2. Il detergente viene applicato sullo sporco per facilitarne la successiva rimozione grazie alle proprietà bagnanti e penetranti.
3. Lo sporco, sia solido sia liquido, viene staccato tramite saponificazione dei grassi, peptizzazione delle proteine e dissoluzione dei minerali.
4. I depositi di sporco vengono diluiti nel mezzo pulente mediante dispersione, deflocculazione o emulsificazione.
5. L'accurato risciacquo viene eseguito per impedire che lo sporco rimosso si depositi nuovamente sulle superfici pulite.

La scelta di un detergente deve essere valutata attentamente, in modo da ottenere il risultato ottimale con la minor spesa; detergenti molto costosi risultano spesso essere i più economici per il risparmio di lavoro, energia e quantità di detergente necessaria. (Per una trattazione più approfondita sui detergenti si rinvia al capitolo 8.)

Applicazione dei detergenti

Per facilitare la detersione, occorre stabilire l'apporto ottimale di energia e i metodi di applicazione. Se la pulizia viene eseguita a mano, vanno evitati gli acidi e gli alcali forti, poiché sono irritanti per la pelle, assegnando maggiore importanza all'apporto di energia, sotto forma di calore e azione meccanica. Ottimi risultati si ottengono con i sistemi (CIP o COP) che fanno circolare la soluzione detergente. La tabella 15.1 fornisce alcune indicazioni per la scelta di detergenti, metodi e attrezzature più adatti per le principali applicazioni.

Tabella 15.1 Raccomandazioni per la pulizia di ambienti, impianti e attrezzature

Applicazione	Detergenti	Metodo di applicazione	Attrezzatura richiesta
Pavimenti	La maggior parte dei detergenti, da deboli a forti, schiumogeni o addizionati di agenti schiumogeni	Schiuma a media pressione (per depositi tenaci di grassi o proteine)	Idropulitrici a schiuma mobili o centralizzate, a media pressione munite di pistola/lancia
Pareti e soffitti	Come sopra	Schiuma	Come sopra
Attrezzature di processo e nastri trasportatori	Alcalini, da deboli a forti, anche a base di cloro; oppure non alcalini	Spray a schiuma	Attrezzature, mobili o centralizzate, a media pressione; gli spray dovrebbero essere a getto rotante
Sistemi chiusi	Alcalini, da deboli a forti, a base di cloro, poco schiumogeni; periodico impiego di detergenti acidi	CIP	Pompe, turbine, sfere di lavaggio, testine rotanti e serbatoi CIP

15.4.3 Ruolo dei disinfettanti

Dopo la detersione, devono essere applicati dei disinfettanti per distruggere i microrganismi. Dei numerosi metodi di disinfezione (vedi capitolo 9), i più frequentemente utilizzati negli stabilimenti lattiero-caseari sono il vapore, l'acqua calda e i disinfettanti chimici.

Disinfezione mediante vapore

Questo metodo consiste nel mantenere, per un determinato periodo di tempo, del vapore sulle superfici che entrano a contatto con il prodotto. La procedura che si è dimostrata più efficace prevede 15 minuti di esposizione, durante i quali la temperatura della condensa che fuoriesce dall'impianto deve essere di 80 °C. Questo metodo di disinfezione ha applicazioni limitate poiché è difficile mantenere costantemente la temperatura richiesta e i costi energetici sono eccessivi. Inoltre, l'impiego del vapore può essere più pericoloso di altri metodi di disinfezione e non è generalmente raccomandato.

Disinfezione mediante acqua calda

La *Pasteurized Milk Ordinance* (vedi pagina 316) richiede che per la sanificazione con acqua calda le superfici degli impianti siano esposte ad acqua a una temperatura di almeno 77 °C per 5 minuti. La International Dairy Federation raccomanda 85 °C per 15 minuti. La FDA ha stabilito che la disinfezione con acqua calda dei sistemi chiusi sia effettuata a una temperatura minima di 77 °C per almeno 15 minuti o di 94 °C per almeno 5 minuti. È essenziale un'appropriata combinazione di tempo e temperatura. L'acqua calda viene pompata attraverso l'impianto per portare le superfici a una data temperatura per un determinato periodo di tempo. Il mantenimento a 80 °C, per 5 minuti, della temperatura dell'acqua in uscita dall'impianto garantisce la disinfezione. Questa tecnica comporta un elevato consumo di energia. Comunque l'acqua calda è relativamente economica, facilmente disponibile ed efficace nella distruzione di un'ampia varietà di specie microbiche. Generalmente non è corrosiva e assicura una sufficiente penetrazione del calore nelle zone difficili da raggiungere, come sotto le guarnizioni e in corrispondenza di filettature, pori e fenditure.

L'impiego dell'acqua calda presenta alcune limitazioni, poiché rispetto alla disinfezione chimica la sua azione è relativamente lenta e richiede una procedura lunga che prevede riscaldamento, mantenimento delle temperature e raffreddamento. Inoltre può causare la formazione di film e incrostazioni o fissare lo sporco residuo per azione del calore, rendendo più difficile le successive operazioni di pulizia. L'acqua calda può abbreviare la vita degli impianti a causa degli stress dovuti a dilatazione e contrazione termica, provocando prematuramente guasti; inoltre gli impianti devono essere progettati per resistere a temperature superiori a 82 °C; la presenza di acqua molto calda nel sistema determina la formazione di condensa all'interno dell'area produttiva; infine a temperature di oltre 77° C l'acqua può causare gravi ustioni.

Disinfezione mediante agenti chimici

Questo metodo viene realizzato pompando nell'impianto, per almeno 1 minuto, disinfettanti idonei come acido peracetico o composti a base di cloro. Questa tecnica richiede il contatto del disinfettante con tutte le superfici che possono entrare a contatto con il prodotto; per tale motivo, negli impianti lattiero-caseari il metodo di applicazione del disinfettante assume un'importanza fondamentale.

Negli impianti che trattano grandi volumi, la soluzione disinfettante viene fatta circolare attraverso il sistema; una quantità adeguata di soluzione disinfettante viene preparata in un serbatoio e poi pompata. Per garantire il contatto con la superficie superiore interna della tubazione, dovrebbe essere prevista una leggera contropressione all'interno del sistema.

Negli impianti di piccole dimensioni, in cui può non essere giustificata la meccanizzazione, la disinfezione può essere effettuata immergendo attrezzature, utensili e parti smontate nella soluzione disinfettante. Questo processo prevede di norma l'immersione per circa 2 minuti, la sgocciolatura e l'asciugatura all'aria su una superficie pulita.

I recipienti chiusi, come serbatoi e cisterne, sono facilmente ed efficacemente disinfettati mediante nebulizzazione. La concentrazione della soluzione disinfettante dovrebbe essere doppia rispetto a quella della soluzione impiegata normalmente e il tempo di esposizione deve essere di almeno 5 minuti. Se un disinfettante viene applicato a *spruzzo*, tutte le superfici devono essere irrorate e completamente bagnate. Come per la nebulizzazione, la forza della soluzione disinfettante deve essere doppia rispetto a quella ordinaria.

Se non è disponibile un'attrezzatura automatizzata per la disinfezione, i grandi recipienti aperti, come le vasche dei caseifici, possono essere sanificati applicando il disinfettante mediante spazzole; tutte le superfici devono essere raggiunte dalla spazzola. Questo metodo ha costi di manodopera molto elevati.

Occorre impedire qualsiasi ricontaminazione delle superfici disinfettate per evitare che impianti e utensili siano nuovamente contaminati da microrganismi che riducono la stabilità del prodotto; è consigliabile pertanto ripetere la fase di disinfezione e di risciacquo appena prima dell'inizio del ciclo produttivo successivo.

In uno studio condotto su locali per la stagionatura dei formaggi, che favoriscono lo sviluppo di muffe, l'impiego di ozono si è dimostrato efficace contro le muffe sospese nell'aria ma non contro quelle presenti sulle superfici; nei confronti di queste ultime è stato raccomandato l'impiego di un disinfettante per diminuire la contaminazione (Serra et al., 2003).

15.4.4 Fasi della sanificazione

I processi produttivi delle industrie lattiero-casearie richiedono una sanificazione in nove fasi.

1. *Copertura degli impianti elettrici* Le protezioni dovrebbero essere realizzate con polietilene o materiale equivalente.

2. *Eliminazione dei residui grossolani* Questa operazione dovrebbe essere compiuta durante la lavorazione e/o prima del prerisciacquo.

3. *Smontaggio di impianti e attrezzature quando previsto*

4. *Prerisciacquo* Questa operazione può rimuovere in modo efficace fino al 90% delle sostanze solubili, ammorbidisce lo sporco fortemente adeso e facilita la penetrazione del detergente nella fase successiva.

5. *Applicazione del detergente* Questa fase può essere semplificata selezionando e utilizzando correttamente sia gli impianti di processo, sia le attrezzature di sanificazione, installando adeguatamente gli impianti e contenendo l'accumulo di sporco. La formazione di residui può essere ulteriormente ridotta seguendo alcuni accorgimenti: impiegare per il riscaldamento dei prodotti le temperature più basse e i tempi più brevi possibili; raffreddare, quando possibile, le superfici calde a contatto con il prodotto prima e subito dopo lo svuotamento delle vasche di lavorazione; mantenere umidi i depositi di sporco mediante l'immediato risciacquo della schiuma e degli altri prodotti con acqua a 40-45 °C (da lasciare nelle vasche fino al momento della pulizia).

6. *Risciacquo intermedio* Consente di solubilizzare e allontanare lo sporco; rimuove lo sporco residuo e i detergenti e previene il ridepositarsi dello sporco sulle superfici pulite.

7. *Disinfezione* L'impiego di un disinfettante ha lo scopo di distruggere i microrganismi residui; questa operazione è indispensabile per ridurre il rischio di contaminazione crociata dei prodotti lavorati.
8. *Risciacquo finale* Attuata con acqua potabile, questa fase rimuove i residui di disinfettante.
9. *Ispezione* È essenziale per verificare che l'area e gli impianti siano puliti e per correggere eventuali carenze.

15.4.5 Altre applicazioni

Per la pulizia manuale, da eseguire quando non sono disponibili sistemi meccanizzati, andrebbero seguite le seguenti raccomandazioni.

– L'applicazione del detergente deve essere preceduta da prerisciacquo con acqua a 37-38 °C.
– Il detergente deve avere un pH inferiore a 10 per minimizzare l'irritazione della pelle; la temperatura della soluzione deve essere mantenuta a 45 °C; possono essere utilizzate efficamente le spazzole. Componenti di riempitrici e altre parti smontabili vanno lavate con sistema COP per rimuovere più efficacemente dalle superfici lubrificanti e altri depositi.
– Il risciacquo intermedio deve essere effettuato con acqua a 37-38 °C e deve essere seguito da asciugatura all'aria.
– Per la disinfezione usare un disinfettante idoneo, applicato a spruzzo o per immersione.
– Il risciacquo finale deve essere effettuato con acqua a temperatura ambiente e seguito da asciugatura all'aria.

La tabella 15.2 riassume alcune indicazioni specifiche per la sanificazione manuale delle attrezzature in uso negli stabilimenti lattiero-caseari.

15.5 Attrezzature per la sanificazione

La pulizia degli stabilimenti lattiero-caseari comporta l'eliminazione fisica dello sporco da tutte le superfici a contatto con il prodotto, dopo ogni ciclo di utilizzo, con successiva applicazione di un disinfettante. Sebbene le superfici che non vengono a contatto con i prodotti siano meno critiche, necessitano anch'esse di accurata pulizia. Le tecniche di sanificazione dipendono dalle dimensioni dello stabilimento. La maggior parte degli impianti di un grande stabilimento è sanificata mediante sistemi CIP. Tale tecnica è considerata lo standard per sanificare condutture, apparecchiature per la lavorazione del latte, serbatoi di stoccaggio e gran parte delle attrezzature utilizzate durante il processo. Poiché il normale ciclo di lavorazione dei prodotti lattiero-caseari dura meno di 24 ore, gli impianti e le aree interessate vengono puliti quotidianamente. Utilizzi più prolungati e continuati delle condutture e dei serbatoi di stoccaggio possono ridurre la frequenza della sanificazione a una volta ogni tre giorni.

15.5.1 Sistemi CIP e impianti a ricircolo

L'efficacia del metodo CIP dipende dalle variabili della procedura di sanificazione: tempo, temperatura, concentrazione ed energia meccanica. I tempi di risciacquo e di lavaggio devono essere minimizzati per risparmiare acqua e detergenti, ma essere anche abbastanza lunghi da rimuovere lo sporco in modo efficace ed efficiente. Il tempo è influenzato dalla temperatura, dalla concentrazione e dall'energia meccanica. Un sistema CIP efficiente consente di ridurre di oltre il 35% i costi della sanificazione, con un risparmio energetico di circa il 40%.

Tavola 15.2 Raccomandazioni per la pulizia manuale degli impianti e delle attrezzature di processo negli stabilimenti lattiero-caseari

Attrezzatura	Procedure di sanificazione raccomandate
Serbatoi per il ricevimento del latte	Risciacquare immediatamente dopo la rimozione del latte; scollegare e smontare tutte le valvole e gli altri accessori; disinfettare e risciacquare prima dell'impiego successivo
Autocisterne; serbatoi di stoccaggio e di processo	Smontare le valvole di scarico, drenare, prerisciacquare diverse volte con acqua tiepida (38 °C), smontare gli altri accessori e l'agitatore; spazzolare o pulire a pressione vasche, serbatoi e accessori; disinfettare, risciacquare e riassemblare gli accessori subito prima del riutilizzo. Pulire a fondo il passo d'uomo, gli alloggiamenti delle valvole e delle spie visive. Gli spray ad alta pressione sono preferibili per consentire al personale addetto alla pulizia di rimanere all'esterno di serbatoi e vasche e per minimizzare i danni alle superfici e la contaminazione delle superfici già sanificate
Pastorizzatori discontinui; superfici calde che vengono a contatto con il prodotto	Dopo lo svuotamento, portare la temperatura sotto 49 °C; effettuare immediatamente un prerisciacquo con spazzolatura per sciogliere i residui di prodotto cotto. Se il lavaggio non può essere effettuato immediatamente, riempire la vasca con acqua tiepida (32-38 °C) fino all'esecuzione delle operazioni di pulizia. Pulire seguendo la stessa procedura del punto precedente
Polivalenti con serpentina	Queste attrezzature sono difficili da pulire a causa dell'inaccessibilità di alcune superfici della serpentina. Dopo il prerisciacquo, riempire con acqua calda. Aggiungere il detergente e ruotare la serpentina in modo da poter spazzolare tutte le superfici
Omogenizzatori	Prerisciacquare l'impianto ancora assemblato; smontare, pulire, disinfettare e risciacquare ogni componente; far asciugare i componenti puliti su un carrello. Riassemblare prima dell'utilizzo
Pompe sanitarie	Dopo l'utilizzo, rimuovere la testa della pompa e risciacquarla abbondantemente con acqua tiepida (38 °C); togliere le giranti e immergerle in un recipiente contenente una soluzione detergente a 49-50 °C. Lavare le bocche di aspirazione e di scarico e la camera. Spazzolare le giranti, riporle in un cesto su un ripiano e lasciarle asciugare
Centrifughe	I modelli non collegati a un sistema CIP devono essere puliti manualmente. Prerisciacquare con acqua a 38 °C finché lo scarico non è limpido. Smontare, rimuovere il tamburo e i dischi e risciacquarli prima di immergerli nella vasca di lavaggio. I componenti di separatori e chiarificatori dovrebbero essere lavati in una vasca separata. Ogni disco deve essere lavato separatamente, risciacquato e asciugato completamente. Se viene usato a intermittenza nel corso della giornata, il separatore deve essere risciacquato dopo ogni utilizzo, con almeno 100 L di acqua tiepida. L'impiego di un detergente mediamente alcalino può migliorare l'efficacia del risciacquo

Produzione lattiero-casearia - Cleaning in place a due fasi

Area di applicazione Questo sistema di detersione a due fasi è applicabile per la sanificazione di impianti e attrezzature diversi – per esempio serbatoi, linee, omogenizzatori, mixer e pastorizzatori a piastre – con qualsiasi durezza dell'acqua e tipologia di sporco. Utile per la rimozione di residui di proteine, grassi, zuccheri e altri ingredienti, oltreché di microrganismi.

Sistema d'applicazione Sistema CIP automatico o semi-automatico, a perdere o a recupero.

Frequenza Al termine di ogni produzione

Fase	Prodotti	Concentrazione	Temperatura	Tempo	Note
Prerisciacquo	Acqua potabile		40-50 °C	10-15 min	
Detersione alcalina	Detergente fortemente alcalino non schiumogeno	1,5-2,5%	70-80 °C	30-40 min	La concentrazione dipende strettamente dal tipo di utenze coinvolte (specie se incluso il pastorizzatore) e dal tipo di sporco. È possibile il dosaggio automatico mediante una sonda di conducibilità
Risciacquo intermedio	Acqua potabile		20 °C	5-10 min	
Detersione acida	Detergente disincrostante fortemente acido	1,0-1,5%	55-65 °C	20-30 min	È possibile il dosaggio automatico mediante una sonda di conducibilità
Risciacquo intermedio	Acqua potabile		20 °C	5-10 min	
Sanitizzazione	Sanitizzante a base di acido peracetico	0,2-0,3%	20 °C	10-15 min	È possibile far circolare la soluzione e lasciare l'impianto invasato per tutta la notte. Drenare e risciacquare prima della successiva produzione
Risciacquo finale	Acqua potabile		20 °C	10-15 min	Fino a pH neutro
Controllo del lavaggio	Bioluminescenza				Controllare visivamente e tramite bioluminometro tutti i punti e le aree critiche trattate. Ripetere la procedura se necessario

Avvertenza In considerazione delle differenti tipologie di materiali e di applicazioni, la procedura riportata rappresenta solo un'indicazione generale. Occorre in ogni caso rispettare le specifiche, le raccomandazioni e le limitazioni del produttore dei materiali, in particolare per quanto riguarda i limiti di temperatura e pH.

Fonte: Ecolab S.r.l. - Food & Beverage, Italia

Produzione lattiero-casearia - Cleaning in place a fase unica

Area di applicazione Questo sistema di detersione a fase unica è applicabile per la sanificazione di utenze diverse – come serbatoi, linee, omogenizzatori, mixer e pastorizzatori a piastre – prevalentemente con durezza dell'acqua da dolce a media e con qualunque tipologia di sporco. Utile per la rimozione di residui di proteine, grassi, zuccheri e altri ingredienti, oltreché di microrganismi.

Sistema d'applicazione Sistema CIP automatico o semi-automatico, a perdere o a recupero.

Frequenza Al termine di ogni produzione

Fase	Prodotti	Concentrazione	Temperatura	Tempo	Note
Prerisciacquo	Acqua potabile		40-50 °C	10-15 min	
Detersione alcalina	Detergente alcalino completo addizionato di sequestranti ad azione detergente e anti-incrostante	Vedi nota	70-80 °C	30-50 min	L'esatta concentrazione del prodotto è funzione sia della durezza dell'acqua, sia del tipo di utenze coinvolte (specie se incluso il pastorizzatore) e del tipo di sporco. Il servizio tecnico del fornitore di sanificanti deve personalizzare la procedura d'igiene in base alle condizioni produttive e fissare la concentrazione più idonea. È possibile il dosaggio automatico mediante una sonda di conducibilità
Risciacquo intermedio	Acqua potabile		20 °C	5-10 min	
Sanitizzazione	Sanitizzante a base di acido peracetico	0,2-0,3%	20 °C	10-15 min	È possibile far circolare la soluzione e lasciare l'impianto invasato per tutta la notte. Drenare e risciacquare prima della successiva produzione
Risciacquo finale	Acqua potabile		20 °C	10-15 min	Fino a pH neutro
Controllo del lavaggio	Bioluminescenza				Controllare visivamente e tramite bioluminometro tutti i punti e le aree critiche trattate. Ripetere la procedura se necessario

Avvertenza In considerazione delle differenti tipologie di materiali e di applicazioni, la procedura riportata rappresenta solo un'indicazione generale. Occorre in ogni caso rispettare le specifiche, le raccomandazioni e le limitazioni del produttore dei materiali, in particolare per quanto riguarda i limiti di temperatura e pH.

Fonte: Ecolab S.r.l. - Food & Beverage, Italia

Negli anni ottanta un'epidemia di salmonellosi causata da latte pastorizzato – e attribuita a contaminazione crociata tra latte crudo e latte pastorizzato attraverso un impianto CIP – ha indotto molte aziende del settore a installare sistemi CIP completamente separati per l'area di ricevimento della materia prima.

Negli impianti CIP la temperatura della soluzione detergente deve essere la più bassa possibile, ma in grado di assicurare una pulizia efficace col minimo uso di detergente. La temperatura dell'acqua di risciacquo deve essere abbastanza bassa da impedire la formazione di depositi calcarei. L'energia meccanica determina l'efficacia con cui il detergente viene inviato nelle zone da pulire. Un'adeguata energia meccanica può essere assicurata dall'impiego di appropriate pompe ad alta pressione, in grado di produrre sufficiente turbolenza attraverso le condutture e all'interno dei serbatoi di stoccaggio, per conseguire la massima efficienza.

Negli stabilimenti lattiero-caseari i sistemi CIP sono utilizzati per il lavaggio a spruzzo e in linea. Sebbene i tipi di dispositivi a spruzzo utilizzati siano numerosi, le unità fisse (sfere di lavaggio) risultano molto più durature di quelle mobili e di quelle rotanti o oscillanti; presentano inoltre altri vantaggi, come assenza di parti mobili, struttura in acciaio inossidabile e migliori prestazioni, grazie alle minori variazioni nella pressione erogata.

Il principio della sanificazione in linea comporta la realizzazione di circuiti CIP sulla linea di flusso mediante punti facilmente accessibili, attraverso i quali la soluzione detergente viene immessa e recuperata, consentendo il ricircolo. Le linee di ritorno, dai serbatoi di stoccaggio alla pompa di ricircolo, dovrebbero avere una pendenza continua di circa il 2% in direzione della pompa stessa. Ogni dispositivo spray deve essere dotato di un sistema per controllare la pressione e la portata del flusso. Gli scambiatori di calore a fascio tubiero, dotati di curve di raccordo appositamente progettate, possono essere incorporati nel circuito CIP o essere sanificati indipendentemente mediante un'operazione separata. Gli scambiatori di calore tubolari a triplo tubo possono essere installati in modo da essere autodrenanti. Gli scambiatori di calore a piastra sono molto più utilizzati di quelli tubolari per la facile ispezionabilità, la flessibilità del disegno e l'adattabilità a nuove applicazioni.

Nei sistemi CIP il detergente deve essere applicato con energia sufficiente, per garantire l'intimo contatto con le superfici da pulire, e deve essere erogato con continuità. Sono disponibili varie tipologie di sistemi CIP (i principali sono trattati nel capitolo 10). Alcuni sono stati modificati per consentire il recupero dell'acqua del risciacquo finale per preparare la soluzione detergente del successivo ciclo di sanificazione e per separare e recuperare i risciacqui iniziali in modo da ridurre al minimo i reflui.

Dalla metà degli anni settanta le aziende hanno installato sistemi che integrano i vantaggi di flessibilità e affidabilità dei sistemi senza riciclo con procedure che consentono il recupero dell'acqua e della soluzione detergente, contribuendo a ridurre la quantità totale di acqua necessaria per un ciclo di sanificazione. Lo scopo di tali sistemi è recuperare la soluzione detergente e l'acqua del risciacquo utilizzate in un ciclo di pulizia per stoccarla temporaneamente e riutilizzarle per il prerisciacquo del ciclo successivo. Rispetto alle soluzioni alternative, questo approccio permette di ridurre il consumo totale di acqua dei sistemi di pulizia a spruzzo dal 25 al 30%; il consumo di vapore è ridotto del 12-15% e quello di detergente del 10-12%, poiché il prerisciacquo con la soluzione già utilizzata e recuperata apporta calore al serbatoio mentre rimuove lo sporco. Se un'unità CIP a ricircolo viene utilizzata per pulire impianti che presentano notevoli quantità di sporco insolubile, è possibile inserire nel circuito di ritorno un filtro, una centrifuga o una vasca di sedimentazione, per impedire il ricircolo dello sporco, che ridurrebbe l'azione della pulizia a spruzzo. Il corretto funzionamento dell'intero impianto CIP dovrebbe essere verificato mediante la raccolta e la registrazione di dati, da archiviare anche per successivi confronti.

15.5.2 Sistemi COP

Negli stabilimenti lattiero-caseari il lavaggio mediante sistemi COP dovrebbe prevedere le seguenti fasi.

1. Prerisciacquo con acqua tiepida (37-38 °C), per rimuovere lo sporco grossolano.
2. Lavaggio mediante applicazione di una soluzione detergente alcalina a base di cloro a 30-65 °C per circa 10-12 minuti, per sciogliere e allontanare lo sporco non rimosso durante il prerisciacquo.
3. Risciacquo finale con acqua tiepida (37-38 °C) per rimuovere qualsiasi traccia di sporco residuo o di detergente.

15.5.3 Sanificazione delle attrezzature di stoccaggio

Per un'efficace sanificazione a spruzzo sono indispensabili serbatoi di stoccaggio adeguatamente progettati, con sfere di lavaggio correttamente installate. Nell'industria i dispositivi a spruzzo fissi, permanentemente installati, hanno avuto maggiore successo rispetto a quelli rotanti e oscillanti. I dispositivi fissi richiedono minore manutenzione, sono realizzati in acciaio inossidabile, sono privi di parti in movimento e durano più a lungo; inoltre, le loro prestazioni non sono condizionate da oscillazioni nella pressione di alimentazione e il getto viene applicato con continuità a tutte le superfici. Serbatoi cilindrici e rettangolari possono essere adeguatamente puliti, spruzzando la superficie interna con 4-10 L/min/m², con sistemi progettati per spruzzare il terzo superiore della vasca di stoccaggio. Per i serbatoi che contengono serpentine per il riscaldamento o il raffreddamento e agitatori, sono normalmente richiesti ugelli particolari, a causa dei valori più elevati di pressione e volume necessari per coprire tutte le superfici.

Il serbatoio verticale a silo richiede una portata compresa tra 27 e 36 L/min per metro lineare di circonferenza. Poiché le sfere di lavaggio sono difficili da raggiungere per effettuare la pulizia o le ispezioni occasionali, in questo tipo di serbatoi vengono generalmente impiegati spray a disco non intasabili. Sebbene nella maggior parte dei casi questo sistema di pulizia sia effettuata con spray standard, sono disponibili dispositivi speciali (come spray a disco, a sfera e ad anello) per l'impiego in camere sotto vuoto, essiccatoi, evaporatori e contenitori complessi con caratteristiche particolari.

La pulizia di serbatoi di grandi dimensioni dotati di dispositivi a spruzzo, differisce dalla pulizia in linea, in quanto il prerisciacquo e il risciacquo sono generalmente realizzati mediante una tecnica che prevede l'impiego di serie di getti d'acqua intermittenti, nella quale l'acqua viene spruzzata in tre o più serie di getti, della durata di 15-30 secondi ciascuna, con drenaggio completo del serbatoio tra una serie e l'altra. Questo procedimento è più efficace, rispetto a un lavaggio continuo, nella rimozione dei depositi di sporco e di schiuma e comporta un minore consumo di acqua.

Lo sporco che si deposita nei serbatoi di stoccaggio e nelle vasche di lavorazione è più variabile di quello che si forma nelle condutture; pertanto, le tecniche di pulizia per queste attrezzature sono diversificate. Per superfici poco sporche, come quelle delle cisterne di stoccaggio del latte o dei sottoprodotti a basso contenuto di grasso, una pulizia efficace può essere eseguita attraverso le seguenti fasi:

– prerisciacquo in tre serie di getti con acqua tiepida;
– ricircolo di un detergente alcalino cloroattivo a 55 °C per 5-7 minuti;
– risciacquo in due serie di getti con acqua a temperatura ambiente;
– risciacquo finale, con ricircolo per 1 o 2 minuti, sempre a temperatura ambiente.

Tabella 15.3 Concentrazioni di detergenti e disinfettanti per diverse applicazioni

Applicazioni	Detergenti a base di cloro (ppm)	Disinfettanti a base di acidi, di tensioattivi anionici e acidi o di cloro (ppm)
Serbatoi per lo stoccaggio e il trasporto del latte	1.500-2.000	100
Serbatoi per lo stoccaggio di panna, latte condensato e gelato	2.500-3.000	100-130
Recipienti di lavorazione per trattamenti termici moderati	4.000-5.000	100-200
Sporco "cotto"	Soluzioni alcaline 0.75-1.0%	Lavaggio acido pH 2,0-2,5

Il tempo di ricircolo e la temperatura possono essere aumentati leggermente per i prodotti a più alto contenuto di grassi e solidi totali. La composizione dei depositi che si formano sulle superfici fredde differisce da quella dei depositi "cotti", che contengono percentuali più alte di proteine e minerali. Lo sporco cotto richiede una concentrazione maggiore di detergente e temperature fino a 82 °C, con un tempo di applicazione anche di 60 minuti. Quantità importanti di strati cotti possono essere pulite efficacemente impiegando, e facendo ricircolare in sequenza, due soluzioni detergenti calde, la prima alcalina e la seconda acida.

La tabella 15.3 riassume le concentrazioni di detergenti e disinfettanti raccomandate per le diverse applicazioni, sebbene siano possibili varianti.

I programmi di sanificazione dipendono dalle caratteristiche del prodotto lavorato. Si riportano qui raccomandazioni specifiche per alcune tipologie di prodotti.

Lavorazione di latte, latte scremato e prodotti a basso contenuto di grasso A causa dell'elevato contenuto minerale di questi prodotti, gli impianti possono essere puliti efficacemente mediante ricircolo per 20-30 minuti di un detergente acido, seguito dal ricircolo per circa 45 minuti di un detergente alcalino forte. Occorre effettuare un lavaggio intermedio con acqua fredda tra le due applicazioni.

Lavorazione di panna e gelato Questi prodotti contengono una percentuale maggiore di grasso e minore di sali minerali; possono essere puliti efficacemente facendo ricircolare prima il detergente alcalino (per circa 30 minuti); la concentrazione della soluzione alcalina può variare da 0,5 a 1,5%. In genere, la soluzione detergente acida deve avere un pH di 2,0-2,5. Secondo un criterio empirico, la temperatura della soluzione detergente durante il ricircolo dovrebbe essere circa 5 °C più alta della temperatura massima raggiunta durante la lavorazione.

15.5.4 Area e attrezzature per la caseificazione

Le due principali alterazioni che si riscontrano nei formaggi duri e semiduri sono la crescita in superficie di microrganismi (solitamente muffe) e la produzione di gas da parte di microrganismi che crescono all'interno del formaggio. Tra le muffe più frequentemente responsabili di alterazioni vi sono: *Penicillium*, che causa fino all'80% dei casi, *Alternaria*, *Aspergillus*, *Candida*, *Monilia* e *Mucor*. I danni da muffe possono essere ridotti mediante filtrazione sterile dell'aria, disinfezione con ultravioletti delle superfici di lavorazione, trattamento con ozono e rivestimento antimicotico dei materiali di confezionamento. La nebulizzazione di disinfettanti chimici nell'aria è una pratica di routine per il controllo delle muffe (Holah e al., 1995). *Enterobacteriaceae*, *Bacillus*, *Clostridium* e *Candida* sono alcuni dei microrganismi più spesso responsabili della produzione di gas. I formaggi molli possono essere alterati da batteri Gram-negativi (come *Pseudomonas fluorescens*, *P. putida* e *Enterobacter agglomerans*), da varietà enterotossiche di *E. coli*, derivanti da acque di lavaggio o ingredienti, e da batteri Gram-positivi (come *L. monocytogenes*) (Varnam e Sutherland, 1994).

Il latte dovrebbe essere stoccato in serbatoi progettati secondo criteri igienici e realizzati con materiali di facile pulizia. In ogni caso i serbatoi verticali a silos, che per le loro dimensioni non possono essere puliti con i tradizionali metodi di sanificazione, devono essere dotati di sistemi CIP e sanificati ogni volta che vengono svuotati. I serbatoi per lo stoccaggio del latte vanno prerisciacquati con acqua per rimuovere lo sporco grossolano, quindi lavati con soluzioni detergenti, risciacquati, disinfettati e risciacquati nuovamente. Quando i materiali lo consentono, dovrebbero essere utilizzate soluzioni acide. La disinfezione con agenti chimici è il metodo da preferire, mentre dovrebbe essere evitata la disinfezione con vapore.

Come per le altre attrezzature impiegate nella lavorazione del latte, anche le condutture devono essere attentamente progettate per prevenire la contaminazione crociata tra latte crudo e latte pastorizzato: occorre prevedere impianti CIP distinti per i due prodotti. Una corretta sanificazione può essere ottenuta facendo circolare nelle tubazioni sostanze come idrossido di sodio e acido nitrico (Varnam e Sutherland, 1994). Le vasche delle salamoie devono essere rivestite con materiali resistenti alla corrosione, come piastrelle o materie plastiche; le salamoie devono essere mantenute alla corretta concentrazione per ridurre la crescita di microrganismi alofili. Pareti, pavimenti e soffitti dei locali di stagionatura e delle aree di stoccaggio del formaggio devono essere sanificati con soluzioni fungicide.

L'aumento del numero di epidemie causate da *L. monocytogenes*, *S. aureus* e *Yersinia enterocolitica* desta preoccupazione, poiché questi microrganismi possono aderire alle superfici, dando origine a contaminazioni crociate di prodotti alimentari o esponendo gli addetti al rischio di infezione, se le superfici non vengono adeguatamente sanificate. Poiché l'azione dei disinfettanti varia a seconda del tipo di microrganismo e della concentrazione, è necessario condurre test per identificare i disinfettanti appropriati e determinarne le concentrazioni per ciascuna fase del processo di caseificazione.

15.5.5 Valutazione rapida delle condizioni igieniche

In uno stabilimento lattiero-caseario sperimentale sono stati testati mediante un bioluminometro sia le condizioni igieniche di serbatoi, impianti e attrezzature per la lavorazione del latte e autocisterne sia il grado di contaminazione dell'acqua di risciacquo. Poiché per l'acqua di risciacquo i risultati della bioluminescenza non si sono dimostrati attendibili, gli autori dello studio hanno ritenuto necessaria, per una valutazione completa delle condizioni igieniche, anche l'esecuzione di un'analisi mediante tampone delle superfici (Paez et al., 2003).

Sommario

La progettazione e la costruzione dello stabilimento influiscono sulla contaminazione microbica e sulla salubrità dei prodotti. In particolare, è importante che sia assicurata la disponibilità di aria e acqua pulite e che le superfici a contatto con i prodotti lattiero-caseari siano inerti nei loro confronti.

Nell'industria lattiero-casearia lo sporco è costituito principalmente di minerali, proteine, lipidi, carboidrati, acqua, polvere, lubrificanti, detergenti, disinfettanti e microrganismi. Efficaci procedure di sanificazione possono ridurre la deposizione dello sporco e rimuovere con buoni risultati i depositi già presenti e i microrganismi attraverso la combinazione ottimale di energia chimica e meccanica e l'impiego di disinfettanti. Questa condizione è ottenuta scegliendo, per ogni singola applicazione, i detergenti, i disinfettanti e le attrezzature per la sanificazione più appropriati. Attualmente i sistemi CIP più utilizzati consentono il recupero dell'acqua del risciacquo finale, per preparare la soluzione detergente del successivo ciclo di sanificazione, e la separazione e il recupero dell'acqua del risciacquo iniziale, in modo da ridurre al minimo i reflui. Ogni azienda dovrebbe verificare l'efficacia del proprio programma di sanificazione, mediante analisi microbiologiche quotidiane, sia del prodotto sia delle diverse attrezzature e aree.

Domande di verifica

1. Quali caratteristiche costruttive sono necessarie per una sanificazione efficace negli stabilimenti lattiero-caseari?
2. Quale temperatura è necessaria per disinfettare con acqua calda gli impianti e le attrezzature per la lavorazione dei prodotti lattiero-caseari?
3. Come si esegue la disinfezione chimica degli impianti e delle attrezzature per la lavorazione dei prodotti lattiero-caseari?
4. Come si può limitare la formazione di film negli impianti UHT?
5. Qual è il metodo di pulizia raccomandato per le superfici poco sporche dei serbatoi di stoccaggio dei prodotti lattiero-caseari?
6. In che cosa differiscono lo sporco che si forma sulle superfici fredde e quello costituito da depositi "cotti" con maggiore contenuto di proteine e minerali?

Bibliografia

Buchanan RL, Doyle MP (1997) Foodborne disease: Significance of Escherichia Coli O157:H7 and other enterohemorrhagic E. Coli. *Food Technol* 51; 10: 69.

CDC (2000) Surveillance for foodborne-disease outbreaks: United States, 1993-1997. *Morb Mortal Wkly Rep* (Surveillance Summary-1): 1.

Holah J, Rogers SJ, Holder J, Hall KE, Taylor J, Brown KL (1995) The evaluation of air disinfection systems. *CCFRA R&D Report* 13.

Paez R, Taverna M, Charlon V, Cuatrin A, Etcheverry F, Da Costa LH (2003) Application of ATP-bioluminescence technique for assessing cleanliness of milking equipment, bulk tank and milk transport tankers. *Food Prot Trends* 23: 308.

Radke BR, Mc Fall M, Radostits SM (2002) Salmonella Muenster infection in a diary herd. *Can Vet J* 43: 443.

Serra R, Abrunhosa L, Kozakiewicz Z, Venancio A, Lima N (2003) Use of ozone to reduce molds in a cheese ripening room. *J Food Prot* 66: 2355.

Wells SJ, Fedorka-Cray PJ, Dargatz DA, Ferris K, Green A (2001) Fecal shedding of Salmonella spp. by dairy cows on farm and cull cow markets. *J Food Prot* 64: 3.

Varnam A H, Sutherland JP (1994) *Milk and milk products: Technology, chemistry and microbiology.* Chapman & Hall, New York.

Capitolo 16
Industria delle carni
e del pollame

Carni e pollame sono alimenti molto deperibili e il colore delle carni rosse è relativamente instabile. Un'igiene insufficiente delle procedure aumenta il danno di origine microbica, che si traduce in alterazioni del colore e del sapore e riduzione della sicurezza del prodotto. Un'efficace sanificazione è essenziale per ridurre sia l'alterazione cromatica e il deterioramento del prodotto sia la crescita di microrganismi patogeni, con conseguente incremento della sicurezza e della durata dell'alimento.

La sanificazione nell'industria delle carni e del pollame esige una buona conduzione, che inizia dall'animale vivo e prosegue fino alla somministrazione del prodotto preparato.

Il programma di sanificazione deve essere accuratamente pianificato, attuato rigorosamente e supervisionato efficacemente. Per avere successo, il programma deve prevedere ispezioni da parte di personale addestrato, che sia direttamente responsabile delle condizioni igieniche dello stabilimento, degli impianti e delle attrezzature.

16.1 Ruolo della sanificazione

Carni e pollame rappresentano una fonte di nutrimento per microrganismi responsabili di alterazione cromatica, deterioramento e malattie trasmesse da alimenti. I metodi di lavorazione e distribuzione aumentano l'esposizione di questi prodotti alla contaminazione microbica. Migliori condizioni igieniche riducono il rischio di contaminazione e aumentano la stabilità del prodotto.

Numerose ed evidenti ragioni dimostrano la necessità di mantenere elevati standard di igiene nelle aziende che trattano carni e pollame. Di seguito sono riportate alcune tra le più importanti.

– Questi prodotti sono suscettibili di attacco da parte di microrganismi presenti in condizioni non igieniche.
– I microrganismi causano alterazioni cromatiche del prodotto e alterazione del sapore.
– La vendita attraverso la grande distribuzione di carni e pollame freschi preconfezionati impone una sanificazione intensiva, per aumentare la shelf life dei prodotti.
– Il miglioramento delle condizioni igieniche riduce la produzione di rifiuti, poiché diminuisce la quantità di prodotti alterati e contaminati da scartare.
– Condizioni di igiene impeccabili possono rafforzare l'immagine di un'azienda, la cui reputazione dipende dalla qualità dei prodotti. Un prodotto con buone caratteristiche igieniche è più salubre e ha un aspetto migliore di uno deteriorato.

- La crescente attenzione, da parte degli enti di controllo e dei consumatori, nei confronti delle caratteristiche nutrizionali e igieniche degli alimenti rafforza l'esigenza di efficaci programmi di sanificazione.
- Il personale ha diritto a condizioni di lavoro igieniche e sicure. Un ambiente pulito e ordinato migliora il morale, la produttività e il fatturato.
- La tendenza consolidata verso la concentrazione dei processi di lavorazione e di confezionamento impone il continuo potenziamento della sanificazione. L'incremento dei volumi di prodotto lavorati e movimentati richiede programmi di sanificazione più intensivi.
- La sanificazione è un buon affare.

16.1.1 *Alterazione del colore dei prodotti*

L'alterazione biochimica del colore dipende dalle quantità di ossigeno e di biossido di carbonio presenti. La figura 16.1 illustra come la pressione parziale di ossigeno influenzi lo stato chimico della mioglobina, che a sua volta determina il colore del muscolo. Un'alta pressione parziale di biossido di carbonio può causare una colorazione grigia o bruna per effetto del legame del biossido di carbonio con il sito libero della mioglobina; inoltre, il tasso di formazione di metamioglobina aumenta al diminuire della pressione parziale di ossigeno.

Una delle principali cause di alterazione del colore è correlata all'azione dei microrganismi. Il consumo di ossigeno da parte dei microrganismi presenti sulla superficie del prodotto riduce l'ossigeno disponibile necessario per mantenere la mioglobina del muscolo allo stato di ossimioglobina. L'ossidazione determina nella carne colorazioni anomale, brune, grigie o verdi, per effetto della formazione di metamioglobina – ossia dell'ossidazione del ferro dell'eme dallo stato ferroso (ferro II) allo stato ferrico (ferro III) – e dell'azione diretta dell'ossigeno sull'anello della porfirina. Il colore della carne fresca diventa inaccettabile quando circa il 70% della mioglobina presente sulla superficie è trasformata in metamioglobina. La formazione di metamioglobina è accelerata dalla diminuzione della pressione parziale di ossigeno come risultato della crescita di microrganismi aerobici. È stato accertato che la

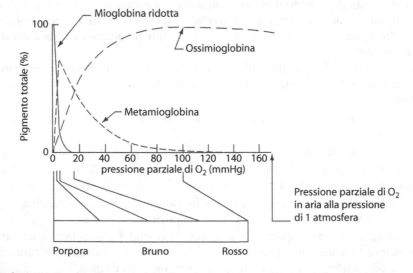

Figura 16.1 Relazione tra pressione parziale di ossigeno e stato chimico della mioglobina.

pressione parziale di ossigeno critica è di 4 mmHg. L'ossidazione rapida a metamioglobina ha luogo al di sotto di tale livello.

La ricerca ha confermato che il principale ruolo dei batteri nell'alterazione del colore della carne è la riduzione della pressione parziale di ossigeno nei tessuti superficiali. Questa conclusione si basa sulle seguenti osservazioni.

1. La velocità del consumo di ossigeno sulla superficie del tessuto muscolare è correlata all'attività dei microrganismi e al cambiamento della colorazione.

2. L'ossidazione a metamioglobina si verifica a livelli intermedi di domanda di ossigeno dei tessuti superficiali. In presenza di alti tassi di respirazione si osserva la riduzione a mioglobina, analogamente a quanto si verifica in atmosfere a ridotto contenuto di ossigeno.

3. L'ossidazione e la riduzione del pigmento sono controllate mediante regolazione del livello di ossigeno in atmosfere di conservazione, in presenza di ridotta carica microbica.

4. L'aggiunta ai tessuti esposti di agenti che inibiscono tassi elevati di consumo di ossigeno preserva il colore in normali condizioni atmosferiche, ma risulta inefficace a basse pressioni di ossigeno.

Queste osservazioni portano alla conclusione che la riduzione dell'ossigeno nei tessuti muscolari – determinata dalla crescita microbica o da processi fisici – può produrre un aumento di mioglobina ridotta attraverso l'ossidazione da parte del perossido di idrogeno metabolico prodotto dai tessuti muscolari o dai batteri. A livelli sufficientemente bassi di pressione parziale di ossigeno, la formazione di perossido di idrogeno è nulla e non si verifica alcuna ossidazione. Tale condizione indica che la dissociazione dei composti dell'ossigeno aumenta al diminuire della pressione parziale di ossigeno. I pigmenti della carne fresca sono più suscettibili all'alterazione del colore con pressioni parziali di ossigeno inferiori a quella della normale atmosfera.

Naturalmente, la crescita di batteri imputabile a insufficiente sanificazione, determinando la riduzione della concentrazione di ossigeno, contribuisce all'alterazione del colore delle carni rosse. I diversi generi e specie di microrganismi hanno effetti differenti sull'alterazione dei pigmenti; in ogni caso, una migliore sanificazione rallenta la crescita dei microrganismi. Gli addetti alla manipolazione delle carni devono impegnarsi per minimizzare la carica microbica iniziale.

16.1.2 Contaminazione delle carni e del pollame

Durante la macellazione, la lavorazione, la distribuzione e la preparazione per la somministrazione, questi prodotti sono sottoposti a frequenti manipolazioni, spesso 18-20 volte. Poiché praticamente qualsiasi cosa entri a contatto con carni e pollame può essere una fonte di contaminazione, il rischio che questa si verifichi aumenta a ogni manipolazione.

Da vivo, un animale sano possiede meccanismi di difesa che contrastano la penetrazione e la crescita dei batteri nei tessuti muscolari. Dopo la macellazione le difese naturali vengono meno e si instaura una competizione tra esseri umani e microrganismi per decidere chi sarà il "consumatore finale". Se la lavorazione è trascurata e mal condotta, i microrganismi hanno la meglio. Chi si occupa della sanificazione deve creare l'ambiente meno favorevole per i microrganismi (il capitolo 4 tratta le fonti di contaminazione durante la macellazione e la lavorazione).

Un grammo di sporco attaccato alla pelle di un animale vivo contiene circa un miliardo di microrganismi; un grammo di feci ne contiene circa 220 milioni. Coltelli contaminati introducono i microrganismi attraverso il taglio. Il cuore di un animale può continuare a battere per 2-9 minuti dopo la iugulazione, consentendo dunque la diffusione dei microrganismi attraverso il circolo sanguigno. Sulla pelle di animali non lavati, nel punto in cui viene effettuato il taglio della vena giugulare, vi sono circa 155 milioni di microrganismi per cm^2.

Sebbene la temperatura dell'acqua di una vasca per la scottatura sia di circa 60 °C, la carica microbica è approssimativamente di 1 milione di batteri per litro. La depilazione dei suini determina la penetrazione dei microrganismi nello strato cutaneo superficiale. La contaminazione durante l'eviscerazione degli animali aumenta poiché il contenuto di stomaco e intestino è ricco di microrganismi. Un'importante fonte di contaminazione della carne nei macelli è costituita dal liquido ruminale, che contiene mediamente 1,3 miliardi di microrganismi per millilitro.

Sulla superficie delle carcasse sono presenti in media da 300 a 3000 microrganismi per cm^2. Le rifilature di bovini e suini contengono da 10000 a 500000 batteri per grammo, a seconda del grado di contaminazione. I ceppi sui tavoli di sezionamento contengono normalmente circa 77500 batteri per cm^2. Affettatrici, nastri trasportatori e attrezzature per il confezionamento possono aumentare la contaminazione della carne lavorata da 1000 a 50000 batteri per grammo, a seconda delle procedure di sanificazione.

16.1.3 Controllo dei patogeni

Durante le fasi di scottatura, eviscerazione, risciacquo e raffreddamento nella macellazione del pollame, le carcasse sono particolarmente esposte alla contaminazione da parte di *Salmonella*, *Campylobacter*, *Aeromonas hydrophila*, *Listeria monocytogenes* e altri microrganismi rilevanti per la salute pubblica. *Campylobacter* costituisce un serio problema per l'industria del pollame poiché è normalmente presente nel pollame crudo ed è la causa principale di malattie trasmesse da alimenti. Negli Stati Uniti i casi diagnosticati ogni anno sono circa 20 per 100000 abitanti (CDC, 2005), mentre in Europa sono circa 45 per 100000 (ECDC, 2007).

Le caratteristiche degli impianti per la lavorazione del pollame, in particolare per la spennatura/spiumatura, rendono difficile un'adeguata sanificazione. Nell'eviscerazione il rischio principale è rappresentato dalla fuoriuscita del contenuto dell'intestino sulla carcassa; inoltre, i coltelli e le mani degli operatori sono spesso fortemente contaminati. *Campylobacter jejuni* si diffonde durante la macellazione; indipendentemente dalla procedura seguita, intere batterie di pollame pesantemente infetto possono dare luogo a una contaminazione del 100% nel prodotto finito. Il raffreddamento tramite immersione comporta il rischio di contaminazione, poiché i microrganismi rimangono intrappolati nei follicoli della pelle e nelle pliche cutanee del collo. Queste parti di carcasse altamente contaminate dovrebbero essere asportate in modo da ridurre la carica microbica. È noto che il congelamento riduce le popolazioni di *Campylobacter*, presumibilmente per i danni provocati dai cristalli di ghiaccio alle cellule e per la disidratazione. Il risciacquo delle carcasse di pollame rimuove solo una piccola quantità dei microrganismi presenti; alcune specie di *Salmonella* e di *Campylobacter* aderiscono alla pelle e alla carne così fortemente da risultare parte dell'alimento.

L. monocytogenes rappresenta per gli operatori del settore un problema serio, poiché è molto difficile eradicare questo patogeno dagli ambienti di lavorazione. Infatti, sopravvive alle basse temperature, tollera sale e nitriti e può aderire alle superfici in acciaio inox. Perciò le attrezzature possono facilmente veicolare il microrganismo da un punto all'altro dello stabilimento, anche dopo essere state pulite e disinfettate (Sebranek, 2003). L'incidenza di *L. monocytogenens* può variare dal 15 al 50% sulle carcasse di pollame, mentre è risultata del 20% circa nelle salsicce e del 10% o più in campioni di carne macinata. La crescita può verificarsi anche in prodotti cotti a base di carne dopo il confezionamento. Una quota significativa delle carni fresche utilizzate come materia prima per prodotti trasformati può essere contaminata da questo patogeno psicrotrofo. Ciò sottolinea l'importanza della prevenzione della ricontaminazione dei prodotti pronti al consumo.

Nella tabella 16.1 è riportata l'incidenza di *L. monocytogenes* in diversi punti delle aree post cottura di 41 stabilimenti. Altri possibili punti di contaminazione del prodotto includono affettatrici, cubettatrici, segaossa, vaschette e altri contenitori, utensili, guanti, grembiuli, materiali e attrezzature per il confezionamento, tavoli, scaffali, rastrelliere e macchinari per la pulizia. Que-

Tabella 16.1 Incidenza di *L. monocytogenes* in aree successive al trattamento termico

Punto di prelievo	% di positivi per *L. monocytogenes*
Pavimenti	39
Scarichi	39
Strumenti di pulizia	34
Aree di lavaggio	24
Pelatrici per würstel	22
Superfici a contatto con alimenti	20
Condensa	7
Pareti e soffitti	5
Aria compressa	4

sto patogeno può annidarsi anche in cavità, rulli cavi, vani motore, scatole per interruttori, materiali arrugginiti, tubi fessurati o bucati, guarnizioni delle porte, muri con crepe e rotture o coperti da pannelli non adeguatamente sigillati, condutture per il vuoto e per l'aria compressa, filtri dell'aria, cuscinetti aperti e macchine per il ghiaccio.

L. monocytogenes viene spesso trovata nelle aree umide e sugli strumenti di pulizia (mop e spugne), come pure sui pavimenti, negli scarichi, nelle aree di lavaggio, nella condensa sui soffitti, nelle vasche refrigeranti e nelle postazioni di pelatura. La formazione di biofilm si intensifica nelle attrezzature più vecchie e di difficile pulizia, con bulloni e cavi esposti e rivetti allentati. Perciò il controllo di *Listeria* negli impianti di processo è essenziale per ridurre il rischio di contaminazione nelle fasi successive. Non è possibile controllare la crescita di questo patogeno mediante la refrigerazione a 4-5 °C (temperatura comune di conservazione), poiché può sopravvivere a 0 °C (Doyle, 1987).

L'efficacia di detergenti e disinfettanti chimici è stata valutata, applicandoli in condizioni statiche e senza apporto di calore, nella rimozione di biofilm di *L. monocytogenes* protetta da residui di sporco proveniente da pollame (Frank et al., 2003). Sono stati valutati detergenti alcalini e neutri e diversi disinfettanti: ipoclorito di sodio, clorito di sodio acidificato, acido peracetico, una miscela di acido peracetico/acido caprilico e composti di ammonio quaternario. I detergenti alcalini hanno rimosso il 99% dei grassi e il 93% delle proteine in 30 minuti; i detergenti neutri sono risultati altrettanto efficaci nella rimozione dei grassi, ma hanno rimosso solo il 77% delle proteine. I detergenti alcalini hanno anche rimosso efficacemente il biofilm di *L. monocytogenes* protetta da residui di proteine. Nella rimozione del biofilm si ottengono migliori risultati se la pulizia viene iniziata subito dopo il termine della lavorazione; la tempestività dell'intervento, infatti, riduce il tempo disponibile per la crescita microbica e facilita la pulizia, poiché evita l'essiccamento dei depositi di sporco. Il clorito di sodio acidificato e la miscela di acido peracetico e acido caprilico sono risultati i disinfettanti più efficaci nella distruzione del biofilm di *L. monocytogenes* coperto di grassi e proteine.

Patogeni come *L. monocytogenes* possono essere meglio controllati prevenendo la contaminazione crociata. Quando gli addetti si spostano dalle aree in cui si trattano materie prime a quelle destinate ai prodotti lavorati, come gli affumicatoi e le zone di cottura ad acqua o a vapore, devono cambiare indumenti e guanti e disinfettarsi le mani. Strumenti e termometri impiegati sia per le materie prime sia per i prodotti finiti devono essere disinfettati dopo ogni utilizzo. Una pulizia frequente del pavimento con l'uso di spazzoloni è essenziale. Se è presente della condensa sui soffitti, occorre utilizzare un aspiratore o un panno spugna imbevuto di disinfettante. Se prima dell'inizio della produzione i pavimenti sono puliti ma non asciutti, occorre aspirarli e asciugarli perfettamente.

Sebbene in uno stabilimento possano essere presenti "nicchie" di sviluppo microbico, i punti che risultano positivi con maggiore frequenza durante il monitoraggio ambientale sono quelli di trasferimento (cioè personale e attrezzature). Perciò, la maggior parte dei monitoraggi e dei controlli a campione per i patogeni viene effettuata sui punti di trasferimento e non sui veri punti di annidamento (Butts, 2003).

Le nicchie di sviluppo microbico dovrebbero essere eliminate dallo stabilimento; se ciò non può essere realizzato, è indispensabile minimizzarne il potenziale contaminante con tecniche di controllo del processo. Il costruttore deve stabilire e indicare fino a che punto occorre smontare un'attrezzatura per consentirne un'efficace sanificazione. La scelta del trattamento di disinfezione chimica da praticare – che comprende la valutazione della superfice da coprire mediante irrorazione e del tempo di trattamento necessario – è un altro fattore che influenza il successo del controllo delle nicchie di sviluppo dei patogeni. Per assicurare un maggiore controllo di tali nicchie, occorre prevedere una fase di irrorazione con disinfettante (Butts, 2003).

Le linee guida che seguono vanno prese in considerazione quando si pianifica il controllo di *L. monocytogenes* negli stabilimenti che lavorano carni, pollame o altri alimenti.

Layout e disegno degli stabilimenti

Sebbene la maggior parte dei moderni stabilimenti siano progettati in modo molto più igienico rispetto al passato, occorre tenere conto, a integrazione di quanto esposto nel capitolo 13, dei seguenti criteri.

1. Il layout dello stabilimento deve prevenire le infestazioni e consentire il controllo del trasferimento di *L. monocytogenes* dalle aree dove si trattano materie prime a quelle destinate agli alimenti cotti. Esempi sono i percorsi degli addetti, gli spostamenti dello staff di supporto e di supervisione e le movimentazioni degli alimenti.
2. Gli impianti di ventilazione e di refrigerazione devono essere concepiti per facilitarne la sanificazione. Occorre prevedere che le aree destinate ai prodotti pronti al consumo abbiano una pressione positiva.
3. Tutti gli impianti, le attrezzature e le altre superfici devono essere lisci e non porosi per agevolare la pulizia e la disinfezione.
4. Le superfici dei pavimenti devono essere realizzate con materiali facilmente lavabili, che non favoriscano il ristagno d'acqua.
5. Occorre prevenire la proliferazione nelle nicchie di crescita o in altri punti che possono determinare la contaminazione dei prodotti pronti al consumo.

Controllo del processo

1. Se il processo non comprende una fase nella quale viene eliminata *L. monocytogenes*, il processo deve essere concepito per ridurre la contaminazione.
2. Se esiste, la fase di eliminazione deve essere un punto critico di controllo del piano HACCP.
3. Implementare un piano di campionamento appropriato per determinare se il processo è sotto controllo.
4. Stabilire idonee azioni correttive.
5. Verificare che le azioni correttive siano efficaci.
6. Sottoporre periodicamente a revisione e ad analisi i dati per garantire che il programma di controllo sia efficace.

Procedure operative

1. Gli addetti devono ricevere adeguata formazione sulle buone pratiche di fabbricazione (GMP), sul programma HACCP e devono essere consapevoli delle proprie responsabilità.

2. Per il mantenimento di condizioni igieniche, devono essere impiegati dispositivi come lavascarpe, lavamani automatici, copricapo per i capelli e guanti.

3. Le fonti di contaminazione devono essere eliminate, soprattutto nelle aree in cui si trattano prodotti pronti al consumo.

4. Il management deve essere formato per assicurare l'applicazione delle GMP e dell'HACCP.

Procedure di sanificazione

1. Per le operazioni di pulizia e disinfezione occorre prevedere un numero di addetti, un tempo e una supervisione adeguati.

2. Per ciascuna area dello stabilimento occorre definire e affiggere procedure scritte di pulizia e disinfezione.

3. Devono essere stabiliti piani di campionamento ambientale per verificare l'efficacia delle operazioni di pulizia e disinfezione.

Verifica del controllo di *L. monocytogenes*

1. Deve essere svolta settimanalmente un'analisi microbiologica su campioni prelevati nelle diverse aree dello stabilimento, sulle attrezzature e dall'aria immessa. Sono particolarmente importanti i punti di campionamento tra la fase di eliminazione del patogeno e il confezionamento.

2. Per ridurre il costo delle indagini microbiologiche si possono riunire più campioni effettuando un'unica analisi. Se il risultato è positivo, si renderà necessaria una successiva analisi dei singoli campioni per determinare quale attrezzatura è la fonte della contaminazione.

Per il controllo di *Listeria* negli stabilimenti vanno prese in considerazione le seguenti importanti raccomandazioni.

1. Spazzolare ogni giorno, meccanicamente o manualmente, pavimenti e pozzetti di scarico. Gli scarichi devono essere dotati di dispositivo per la disinfezione automatica o essere trattati quotidianamente con disinfettanti.

2. Pulire la parte esterna di tutti gli impianti e le attrezzature, i corpi illuminanti, le traverse e le sporgenze, le tubature, le bocchette di ventilazione e le altre zone delle aree di lavorazione e confezionamento non comprese nel programma quotidiano di pulizia.

3. Pulire settimanalmente le unità di raffreddamento e riscaldamento e i relativi condotti.

4. Sigillare tutte le crepe riscontrate in muri, soffitti e davanzali delle finestre.

5. Mantenere puliti e asciutti gli accessi e le zone di passaggio che vengono utilizzati sia per le materie prime sia per i prodotti finiti.

6. Minimizzare il traffico in entrata e in uscita nelle aree di lavorazione e confezionamento e stabilire percorsi per ridurre la contaminazione crociata che può originare da calzature, contenitori, pallet, transpallet e muletti.

7. Cambiare gli abiti da lavoro e disinfettare le mani o cambiare i guanti spostandosi da un'area in cui si trattano materie prime a una destinata al prodotto lavorato.

8. Indossare ogni giorno abiti da lavoro puliti. Stabilire un sistema di codici colore per identificare le diverse aree dello stabilimento.

9. Minimizzare il numero dei visitatori e chiedere loro di indossare indumenti puliti forniti dall'azienda.

10.Stabilire un piano di monitoraggio ambientale per verificare l'efficacia delle procedure per il controllo di *Listeria*.

11.Isolare gli ambienti di lavorazione e confezionamento, in modo che vi entri solo aria filtrata, e garantire che tali ambienti siano sotto pressione positiva.

12.Pulire e disinfettare tutte le attrezzature e i contenitori prima che vengano introdotti nelle aree di lavorazione e confezionamento.

Per il controllo di *Listeria monocytogenes* nei prodotti a base di carne pronti al consumo non stabili, che dopo aver subito un processo letale vengono nuovamente esposti all'ambiente, il Regolamento statunitense 9 CFR 430 individua tre diverse alternative (Lazar, 2004):

– *Alternativa 1* Sanificazione efficace *associata a* un trattamento post letale (per esempio un agente antimicrobico), che riduca o elimini i microrganismi presenti sul prodotto, *e a* un agente o un trattamento antimicrobico, che impedisca o limiti la crescita di *L. monocytogenes*.

– *Alternativa 2* Sanificazione efficace *associata a* un trattamento post letale (per esempio un agente antimicrobico), che riduca o elimini i microrganismi presenti sul prodotto, *oppure a* un agente o un trattamento antimicrobico, che impedisca o limiti la crescita di *L. monocytogenes*;

– *Alternativa 3* Controllo di base svolto attraverso un'efficace sanificazione;

Questa classificazione ha particolare rilevanza per le aziende italiane che esportano negli Stati Uniti; infatti tutti gli stabilimenti autorizzati all'esportazione oltreoceano di prodotti a base di carne (in particolare, quelli pronti al consumo) devono ottemperare agli obblighi in tema di corrette procedure igieniche previsti dalla normativa statunitense (Ministero della salute, 2007).

Misure statunitensi per il controllo di *E. coli* O157:H7 nella carne macinata

È stato stimato che il 28% dei capi di bestiame avviati alla macellazione sia infettato da *Escherichia coli* O157:H7 e che, nelle diverse fasi di produzione, mediamente il 43% delle carcasse sia contaminato da questo patogeno (Russell SM, 2003).

Negli Stati Uniti il Servizio per l'ispezione degli alimenti (FSIS) dell'USDA ha presentato, nel settembre 2002, un programma per l'adozione di una serie di misure aggiuntive a integrazione delle precedenti strategie per la prevenzione e il controllo di *E. coli* nella carne macinata. Il programma prevede le seguenti misure.

– Tutte le aziende che macellano bovini o producono carne macinata devono essere consapevoli del fatto che *E. coli* costituisce un pericolo che può verosimilmente presentarsi nel loro stabilimento, a meno che non possano dimostrare il contrario.

– Tutti gli stabilimenti che lavorano carni fresche devono rivalutare i propri programmi HACCP obbligatori ed esaminare l'adeguatezza dei controlli in atto in relazione al patogeno. Se tali controlli non sono attuati o risultano inadeguati, nel processo produttivo deve essere inserita una fase per la riduzione del rischio derivante dalla presenza di *E. coli* O157:H7 nel prodotto.

– Gli ispettori del FSIS conducono controlli casuali, mediante analisi microbiologiche, su tutti gli stabilimenti che producono carne macinata; inoltre verificano l'efficacia delle misure adottate per la riduzione dell'incidenza di *E. coli* O157:H7.

Controllo della temperatura

Carni e pollame subiscono un danno termico se mantenuti ad alte temperature. La temperatura influenza la velocità delle reazioni chimiche e biochimiche e, soprattutto, la fase di latenza della crescita dei microrganismi. La velocità dell'alterazione, di origine sia microbica sia non microbica, aumenta intorno a 45 °C. L'alterazione dovuta ai microrganismi di norma cessa sopra 60 °C. I microrganismi crescono più rapidamente tra 2 e 60 °C; tale intervallo è considerato *zona critica* o *di pericolo*. Carni e pollame devono essere conservati a temperature al di fuori di questo intervallo e devono attraversarlo il più velocemente possibile quando si rende necessario un cambiamento di temperatura (per esempio per la cottura o la refrigerazione). Temperature di conservazione al di sotto della zona critica non sono efficaci per la distruzione dei microrganismi, ma ne rallentano la crescita e la riproduzione; sotto la zona critica i batteri sono meno attivi e alcuni muoiono per effetto dello stress.

Basse temperature durante la lavorazione e la conservazione riducono l'alterazione dei prodotti e la crescita microbica su impianti, attrezzature e altri materiali. In condizioni poco igieniche, con un controllo inadeguato della temperatura, alcune specie di *Pseudomonas* possono raddoppiare ogni 20 minuti. Si ritiene che la conservazione a 0 °C mantenga carni e pollame senza alterazioni per un tempo doppio rispetto alla conservazione a 10 °C.

Per evitare innalzamenti di temperatura dove lo stabilimento è sotto pressione positiva, è necessario installare barriere d'aria, specialmente quando le porte per il carico degli autocarri devono essere lasciate aperte (tali dispositivi, inoltre, riducono l'ingresso di insetti e polvere). La velocità dell'aria deve essere almeno di 500 m/min, misurati a una distanza dal pavimento di circa 90 cm. Per l'ingresso del personale, il flusso d'aria deve essere continuo per l'intera larghezza del vano della porta, con uno spessore di almeno 25 cm e una velocità minima di 500 m/min, misurati a 90 cm circa dal pavimento (Shapton e Shapton, 1991).

16.2 Principi di sanificazione

16.2.1 Attrezzature

Un'organizzazione efficiente può ridurre il costo della manodopera impiegata nella sanificazione anche del 50%. La scelta dei materiali e delle attrezzature è un fattore cruciale per l'efficacia delle procedure di pulizia. È importante che pavimenti, muri e soffitti siano realizzati con materiali impermeabili facilmente sanificabili. I pavimenti devono avere una pendenza minima dell'1-2%. (Le attrezzature per la sanificazione sono trattate nel capitolo 10.)

Lavaggio con acqua calda

Il lavaggio con acqua calda non è efficace sui depositi di sporco prodotti da carni e pollame. L'acqua calda può sciogliere parzialmente i depositi lipidici, ma tende a polimerizzare i grassi e a denaturare le proteine, e complica la rimozione dei depositi proteici che aderiscono più strettamente alla superficie da pulire. Il vantaggio principale dei sistemi di lavaggio con acqua calda è il minimo investimento richiesto per l'attrezzatura; tra i limiti vi sono la maggiore necessità di manodopera e la formazione di condensa su impianti, pareti e soffitti. Con questo sistema la rimozione di sporco tenace è difficile.

Pulizia con attrezzature a pressione

Negli stabilimenti di lavorazione di carni e pollame la pulizia con spray a pressione rappresenta un metodo valido per l'efficacia con cui rimuove lo sporco tenace. Con queste attrezzature l'addetto può pulire con maggiore efficacia e minor lavoro i punti difficili da raggiungere e i detergenti risultano più efficaci anche a basse temperature.

Questo tipo di pulizia idraulica può essere condotto mediante unità mobili. Tali unità possono essere utilizzate per parti di impianti e strutture dell'edificio e sono particolarmente efficaci per la pulizia di guidovie e impianti di processo, quando il lavaggio per immersione non è fattibile e la spazzolatura a mano è difficoltosa e richiede più manodopera. Le caratteristiche dei sistemi centralizzati per la pulizia a pressione sono illustrate nel capitolo 10. Una pistola ergonomica impiegata per la pulizia spray con questa apparecchiatura è mostrata nella figura 16.2.

Pulizia a schiuma

In questi stabilimenti la schiuma è particolarmente adatta per la pulizia di ampie superfici ed è spesso utilizzata per pulire parti esterne di mezzi di trasporto, soffitti, muri, tubature, nastri trasportatori e contenitori per lo stoccaggio. Un'unità mobile per la pulizia a schiuma, come quella mostrata nella figura 16.3, ha dimensioni e costo simili a quelli di un'unità mobile ad alta pressione. I sistemi centralizzati per l'applicazione di schiuma funzionano in maniera analoga ai sistemi centralizzati ad alta pressione.

Sistemi ad alta pressione e bassa portata combinati con pulizia a schiuma

Questo sistema ha caratteristiche simili a quelle dei sistemi centralizzati ad alta pressione, salvo per il fatto che può essere erogata anche schiuma. Il metodo offre un'ottima flessibilità, in quanto la schiuma può essere applicata su grandi superfici e l'alta pressione può esse-

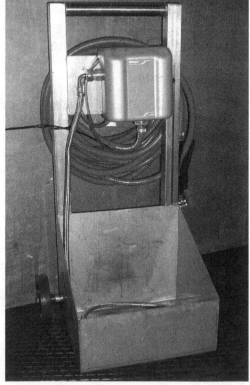

Figura 16.2 Pistola ergonomica per sistemi a media pressione, con chiusura automatica e attacco rapido. (Per gentile concessione di Ecolab S.r.l. - Food & Beverage, Italia)

Figura 16.3 Sistema carrellato per la formazione di schiuma e l'erogazione di prodotti chimici sanificanti tramite l'ausilio di un operatore. (Per gentile concessione di Ecolab S.r.l. - Food & Beverage, Italia)

re utilizzata su nastri trasportatori, guidovie e punti difficili da raggiungere presenti negli stabilimenti che lavorano carni o pollame.

Sistemi CIP

In questo sistema chiuso le soluzioni sanificanti vengono fatte ricircolare e sono erogate da ugelli fissi, che lavano, risciacquano e disinfettano automaticamente l'impianto. I vantaggi del sistema sono trattati nel capitolo 10. L'utilizzo dei sistemi CIP nell'industria delle carni e del pollame è limitato, poiché l'attrezzatura è costosa e non sufficientemente efficace sulle superfici molto sporche. Sono possibili applicazioni nelle camere di scongelamento sotto vuoto, nelle linee di pompaggio e di circolazione delle salamoie, nei serbatoi di premiscelazione/alimentazione e negli impianti di rendering di grassi alimentari e non alimentari. La figura 16.4 illustra l'applicazione di un sistema CIP per il lavaggio di gancere, rulli e catene di una guidovia in uno stabilimento per la lavorazione del pollame. Il motore e i componenti per la trasmissione sono montati su una base fissa. Le gancere vengono lavate mentre passano tra due spazzole rotanti, che possono essere alzate al di sopra della rotaia quando non sono utilizzate.

Sistemi COP

Sebbene esistano alcune applicazioni specifiche di questa tecnica nell'industria delle carni e del pollame, il suo utilizzo è piuttosto limitato. Informazioni più dettagliate sull'argomento sono presentate nel capitolo 10. Oltre che per il lavaggio di parti smontate di attrezzature, unità COP sono utilizzate nella sanificazione di carrelli, rack e di contenitori riutilizzabili.

Figura 16.4 Sistema CIP per il lavaggio di gancere, rulli e catene di una guidovia in uno stabilimento per la lavorazione del pollame. (Per gentile concessione di Ecolab Inc., St. Paul, Minnesota)

La tipica apparecchiatura consiste in un impianto automatico di lavaggio con bracci oscillanti muniti di ugelli spray per raggiungere tutti i punti da pulire con un getto ad alta pressione. Un ciclo completo di lavaggio e risciacquo richiede da 5 a 20 minuti, a seconda del tipo di sporco presente sulle parti da pulire. Grazie al ricircolo, questo metodo consente di risparmiare acqua e detergenti.

16.2.2 Detergenti

Detergenti acidi
Per le informazioni relative ai detergenti acidi forti e deboli si rinvia al capitolo 8.

Detergenti fortemente alcalini
Tra i composti fortemente alcalini vi sono l'idrossido di sodio (soda caustica) e i silicati con elevato rapporto $N_2O : SiO_2$. L'aggiunta di silicati riduce la corrosività della soda caustica e ne aumenta la capacità di penetrazione e la risciacquabilità. Questi detergenti sono utilizzati per rimuovere sporco difficile, come quello che si trova negli affumicatoi.

Detergenti alcalini multiuso
I principi attivi di questi detergenti possono essere sodio metasilicato, sodio esametafosfato, sodiopirofosfato e fosfato trisodico. L'aggiunta di solfiti consente di ridurre l'azione corrosiva su stagno e metalli stagnati. Questi detergenti sono spesso impiegati nei sistemi CIP, in quelli a pressione e in altre apparecchiature in uso negli stabilimenti per la lavorazione di carni e pollame.

Detergenti debolmente alcalini
Questi detergenti sono spesso disponibili in formulazione liquida e nell'industria delle carni sono impiegati per la pulizia manuale di superfici poco sporche.

Detergenti neutri
Le informazioni riguardanti questi e altri composti sono riportate nel capitolo 8.

16.2.3 Disinfettanti

Per trarre il massimo beneficio dall'uso di un disinfettante, occorre che sia applicato a superfici prive di sporco visibile. Il tipo di depositi di maggiore interesse per queste industrie è rappresentato da grassi, residui di carne, sangue, minerali, oli e lubrificanti. I microrganismi trovano un buon terreno di crescita, in quanto questi residui possono contenere nutrienti e acqua necessari per la loro proliferazione. I disinfettanti chimici non possono penetrare con successo in questi depositi di sporco per distruggere i microrganismi.

Vapore
Il vapore è un efficace disinfettante per numerose applicazioni. Molti addetti confondono il vapore acqueo con il vapore; ciò comporta applicazioni inadeguate per la disinfezione. Il vapore non deve essere impiegato negli ambienti refrigerati, sia per la formazione di condensa sia per lo spreco di energia; inoltre non è indicato per la disinfezione delle guidovie.

Disinfettanti chimici
Il cloro è uno degli alogeni impiegati per la disinfezione di attrezzature, utensili e acqua. Nell'industria delle carni e del pollame i disinfettanti di uso più comune sono i seguenti.

- *Ipoclorito di sodio e di calcio* Sono di facile applicazione; l'acido ipocloroso è un attivo agente germicida e l'attività dell'ipoclorito è funzione del pH (l'attività germicida aumenta al diminuire del pH).

- *Cloro liquido* È utilizzato nella clorazione dell'acqua di processo e di raffreddamento per prevenire la formazione di mucillagini batteriche.

- *Biossido di cloro* Questo composto è un efficace battericida in presenza di materia organica, poiché non reagisce con i composti azotati; l'attività residuale è più persistente di quella del cloro. Tuttavia, questo disinfettante deve essere generato sul posto.

- *Soluzioni di iodio attivo* Gli iodofori sono molto stabili, hanno una shelf life molto superiore rispetto agli ipocloriti e sono attivi a basse concentrazioni. Questi disinfettanti, facilmente dosabili e applicabili, penetrano efficacemente. La loro natura acida contrasta la formazione di film sulle attrezzature. Per prevenire la perdita di iodio, la temperatura delle soluzioni deve essere inferiore a 48 °C.

- *Composti di ammonio quaternario (QAC)* Sono largamente impiegati su pavimenti, muri, impianti e arredi degli stabilimenti per la lavorazione delle carni. Per la loro capacità di penetrazione, questi composti sono efficaci sulle superfici porose. Applicati sulle superfici formano un film batteriostatico, che inibisce lo sviluppo batterico. Questi disinfettanti e i composti contenenti un QAC e un acido sono molto efficaci nel controllo della crescita di *L. monocytogenes* e delle muffe. Possono essere utilizzati temporaneamente quando si rileva la presenza di muffe.

- *Disinfettanti acidi* Possono combinare risciacquo e disinfezione in un'unica fase (che in Italia deve comunque essere seguita da risciacquo finale con acqua potabile). Gli acidi neutralizzano l'eccesso di alcalinità derivante dai residui dei detergenti, prevengono la formazione di depositi alcalini e disinfettano. I disinfettanti acidi distruggono efficacemente i batteri sia Gram-positivi, sia Gram-negativi. Altre informazioni relative ai disinfettanti sono riportate nel capitolo 9. Negli Stati Uniti, cloruro di sodio e acido citrico sono utilizzati nell'industria delle carni e del pollame come antimicrobici (Stahl, 2004).

- *Ozono* È utilizzato per il controllo della contaminazione microbica dell'acqua; negli Stati Uniti viene spruzzato direttamente su carni e altri alimenti per ridurre la contaminazione microbica ed è applicato come disinfettante senza risciacquo su materiali puliti destinati al contatto con gli alimenti. È un eccellente biocida per l'acqua di raffreddamento nei macelli e nelle torri di raffreddamento (Stier, 2002), poiché si decompone in composti non nocivi e non si concentra nel sistema. Affinché l'ozono sia in grado di attaccare i microrganismi, l'umidità relativa deve essere elevata (80-90%). Sebbene l'ozono possa ridurre i microrganismi patogeni presenti sulle carcasse dei bovini, un trattamento con una soluzione acquosa di ozono non si è dimostrata più efficace di un lavaggio con acqua calda (Castillo et al., 2003). Un'eccessiva applicazione di ozono sulla superficie della carne determina l'impallidimento del colore (Clark, 2004).

16.2.4 Raccomandazioni per la sanificazione

Regole generali
Circa il 50% dei problemi correlati alla sanificazione deriva da procedure non ottimali di pulizia e disinfezione. Come già visto nel capitolo 5, tutti gli addetti devono osservare una rigorosa igiene personale e regole di comportamento sul posto di lavoro (vedi p. 348). Devono indossare ogni giorno indumenti puliti e non svolgere mansioni che comportano il contatto con le carni e le attrezzature di processo se affetti da malattie trasmissibili.

Decontaminazione di carcasse e prodotti a base di carne: l'esperienza statunitense

La pulizia del bestiame prima della macellazione può ridurre la contaminazione durante lo scuoiamento. Lavaggi e trattamenti antimicrobici sono comuni nell'industria delle carni e del pollame (Anon. 2004). Tra i vari trattamenti, i più efficaci nella riduzione della contaminazione microbica sono risultati il lavaggio a spruzzo con etanolo e quello con acido lattico a concentrazione dal 4 al 6% (Allen, 2004). Parecchi trattamenti per ridurre la contaminazione durante lo scuoiamento del bestiame si sono dimostrati efficaci in condizioni controllate di laboratorio, ma possono non essere applicabili nei macelli.

L'applicazione di disinfettanti determina la riduzione della carica batterica sulle carcasse. I composti maggiormente impiegati per questo tipo di trattamento sono: _clorito di sodio acidificato_ (ASC), _perossido di idrogeno, fosfato trisodico, cloruro di cetilpiridinio_ (CPC) e una _soluzione attivata elettrochimicamente_ (ECA) di ipoclorito di sodio e perossidi. L'ECA è in grado di distruggere un'ampia gamma di microrganismi patogeni. Il CPC è stato impiegato con successo, insieme ad acido lattico e fosfato trisodico, per distruggere le salmonelle.

L'ASC è stato approvato per l'uso sulla carne, come pure su frutta, verdura e prodotti ittici. Un normale trattamento con ASC prevede l'applicazione di una soluzione a 1 000 ppm sulle carcasse pre-refrigerate, dopo un lavaggio con acqua per 10 secondi. In presenza di acido citrico, il clorito di sodio acidifica e distrugge batteri, virus, funghi, lieviti e alcuni protozoi denaturando le proteine cellulari. Questo composto può essere applicato a temperatura ambiente, mediante immersione o spray, senza compromettere la qualità del prodotto. È innocuo per l'ambiente e può essere scaricato nelle fognature senza pretrattamento. L'ASC può essere applicato dopo la refrigerazione per ridurre la contaminazione da _Campylobacter_ spp. e _E. coli_ nelle carcasse di pollo. I trattamenti post-refrigerazione possono essere applicati con tecniche diverse, come vaporizzazione, spray o immersione, nelle fasi finali della lavorazione (Oyarzabal et al., 2004).

Immersioni in soluzioni di diacetato di sodio, benzoato di sodio, propionato di sodio e sorbato di potassio sono state impiegate per inibire lo sviluppo di _L. monocytogenes_ nei würstel di tacchino. La crescita di questo patogeno nei würstel è inibita anche da concentrazioni dell'1,8% di lattato di sodio combinato con lo 0,25% di sodio acetato, sodio diacetato o gluconodeltalattone; la combinazione del lattato di sodio con diacetato è risultata la più efficace poiché sviluppa un effetto inibitorio sinergico (Gombas, 2003).

La combinazione di acido acetico e perossido di idrogeno è efficace nella distruzione di _Listeria_. Lavaggi antimicrobici con perossido di idrogeno e acido organico riducono i microrganismi sulle superfici delle carcasse più efficacemente del lavaggio con sola acqua. Per massimizzare l'efficacia, le carcasse devono essere lavate con perossido di idrogeno non appena possibile dopo lo scuoiamento; dopo il trattamento non devono rimanere residui sulle carcasse. Il _citrato di sodio_ o il _lattato di sodio_ a concentrazioni non inferiori al 2% inibiscono la crescita di _Clostridium perfringens_ per oltre 18 ore durante il raffreddamento (Sabah e al. 2003); l'acido citrico associato a irradiazione può inibire la crescita di _L. monocytogenes_ (Sommers et al., 2003a).

Una soluzione di solfato di calcio acidificato, applicata alla superficie dei würstel, elimina _L. monocytogenes_ e previene la ripresa della crescita di questo patogeno.

Il trattamento in superficie dei würstel con acido lattico, utilizzato in passato, riduceva inizialmente il numero dei microrganismi, ma non era efficace per eliminarli completamente e prevenire la ripresa della crescita. L'addizione di lattato e di diacetati e il CPC sono efficaci inibitori dei patogeni (Petrak, 2003; Sommers e Fan, 2003; Sommers et al., 2003b). La pastorizzazione successiva al confezionamento, specialmente se attuata mediante applicazione di calore, rappresenta un mezzo per ridurre la crescita dei patogeni.

Se utilizzati o manipolati in modo scorretto, i composti impiegati per il lavaggio delle carcasse, come il clorito di sodio acidificato e l'ozono, possono risultare inefficaci o costituire un pericolo per la sicurezza degli addetti. L'impiego dell'ozono non è stato ulteriormente sviluppato, poiché questo gas è tossico e irritante per il sistema respiratorio e ha efficacia limitata (Russell J, 2003).

La resistenza agli antimicrobici può rappresentare un ulteriore potenziale limite al loro impiego. *E. coli* O157:H7 e altri patogeni possono sviluppare una capacità di adattamento alle sostanze acide usate negli stabilimenti di produzione. I lavaggi delle carcasse perdono la loro efficacia se i microrganismi sviluppano resistenza. Per ridurre questa minaccia e aumentare l'efficacia dei trattamenti, occorre adottare un approccio integrato attraverso l'impiego di diversi tipi di risciacquo o di altre misure preventive. I più grandi stabilimenti per la lavorazione delle carni possono attuare anche 5 o 6 schemi di trattamento diversi, che includono la *lattoferrina attivata*, un tensioattivo non ionico e *acqua ossidante elettrolitica* (EO), risultata efficace contro i patogeni che aderiscono ai taglieri e nel trattamento a spruzzo o per immersione del pollame.

Un altro trattamento per la decontaminazione delle carcasse prevede l'impiego di una cabina di lavaggio con una miscela di acqua e idrossido di sodio, che rimuove sporco e agenti contaminanti dalla pelle. Successivamente, la carcassa viene trasferita in una seconda cabina, dove viene risciacquata con acqua ad alta pressione prima di essere posta sottovuoto previa applicazione di acido lattico (Yovich, 2003). L'acido peracetico è più efficace come decontaminante dei disinfettanti alcalini (ammonio quaternario); una maggiore efficacia distruttiva è possibile effettuando un lavaggio con acqua calda e uno con un acido, anziché solo un lavaggio con acqua (Stopforth et al., 2003). L'utilizzo di sistemi per il lavaggio delle carcasse è aumentato per cercare di ridurre la contaminazione fecale (Bashor et al., 2004).

La *lattoferrina attivata* è una proteina naturale non tossica, che non presenta rischi per i consumatori e non pone problemi di smaltimento. È approvata dalla FDA ed è classificata come sostanza sicura per la salute (GRAS). Questo proteina naturale è ottenuta dal siero e dal latte scremato. È il componente del latte materno che fornisce ai bambini allattati al seno la protezione contro diversi microrganismi patogeni. Infatti, la lattoferrina attivata rimuove la fimbria adesiva (costituita da un intreccio di filamenti) che alcuni batteri patogeni, come *L. monocytogenes*, utilizzano per attaccarsi all'ospite. Una volta esposti alla lattoferrina, i patogeni non possono più aderire. Questa importante proteina può bloccare l'attacco di *E.coli* O157:H7 e di oltre trenta altri patogeni come *Salmonella* e *Campylobacter*.

I *composti fenolici* presenti nel fumo di legno hanno azione microbicida. È dimostrato che le sostanze presenti nel fumo liquido sono efficaci inibitori di *L. monocytogenes*.

L'*acqua ossidante elettrolitica* è più economica ed efficace del cloro o dell'ozono. Questo processo si basa sulla conversione elettrolitica di una soluzione di cloruro di sodio al 12% in due composti antimicrobici.

Per ridurre la contaminazione delle carcasse, è stata studiata anche l'efficacia della nisina, dell'acido lattico e di una combinazione delle due sostanze (Barboza et al., 2002). Rispetto al lavaggio delle carcasse con acqua, che non riduce significativamente la carica batterica, la riduzione più marcata della contaminazione si è ottenuta con l'associazione di nisina e acido lattico. Un piccolo peptide con attività antimicrobica prodotto da *Lactococcus lactis* risulta più efficace contro *L. monocytogenes* se impiegato in combinazione con acido lattico. La maggior parte dei sali dell'acido lattico, incluso il lattato di potassio, fino al 5%, inibisce parzialmente la crescita di questo patogeno. Il lattato di zinco e alluminio, come pure il cloruro di zinco e alluminio (0,1%) agiscono sinergicamente con 100 UI di nisina per millilitro nel controllo della crescita di *L. monocytogenes* Scott A (McEntire, 2003). Sebbene l'industria delle carni stia attivamente ricercando trattamenti che minimizzino il rischio di introduzione di patogeni, la tecnica ottimale non è ancora stata identificata.

Detergenti e disinfettanti devono essere custoditi in un luogo accessibile solo ai responsabili del servizio di sanificazione e devono essere distribuiti solo sotto la loro supervisione. L'utilizzo scorretto di questi prodotti impedisce una sanificazione efficace e può risultare nocivo per il personale e danneggiare le attrezzature. La temperatura massima dell'acqua calda erogata deve essere impostata a 55 °C.

Per l'utilizzo corretto dei sistemi mobili o centralizzati a pressione o a schiuma, occorre seguire le istruzioni del produttore. I detergenti devono essere applicati secondo le istruzioni e le raccomandazioni del fornitore (nel capitolo 8 sono approfonditi gli aspetti di sicurezza connessi alla manipolazione dei detergenti). Il responsabile della sanificazione deve ispezionare tutte le aree nelle ore notturne quando la squadra di pulizia non è al lavoro. Tutte le zone che risultano ancora sporche devono essere nuovamente sanificate prima della ripresa dell'attività.

Per verificare la concentrazione di una soluzione disinfettante, se non sono disponibili dispositivi di dosaggio automatico o precise istruzioni, occorre servirsi di un metodo rapido, come quelli descritti a pagina 197. Ulteriori informazioni su questi sistemi possono essere richieste ai fornitori di detergenti.

Regole di comportamento sul posto di lavoro

1. Conservare indumenti ed effetti personali in un luogo pulito e tenere sempre in ordine gli armadietti.
2. Lavare e disinfettare con frequenza gli utensili durante il turno di lavoro e riporli in contenitori igienici, evitando che entrino in contatto con armadietti personali, indumenti o tasche.
3. Durante la manipolazione di carni e pollame non consentire che i prodotti vengano a contatto con superfici non sanificate. Quasiasi parte di prodotto che venga a contatto con il pavimento o altre superfici non pulite deve essere subito accuratamente lavata.
4. Usare solo salviette monouso per asciugare mani o utensili.
5. Indossare solo indumenti puliti quando si entra nell'area di produzione.
6. Contenere i capelli in un copricapo per impedire che contaminino il prodotto.
7. Togliere grembiuli, abiti da lavoro e guanti prima di entrare nei servizi igienici.
8. Lavare e disinfettare sempre le mani dopo l'utilizzo dei servizi igienici.
9. Rimanere lontani dall'area di produzione quando si è affetti da malattie contagiose, ferite infette, raffreddore, mal di gola o malattie della pelle.
10. Non fumare all'interno dello stabilimento.

HACCP

L'HACCP non prevede necessariamente maggiori investimenti o costose tecniche di analisi microbiologiche o altro. La scelta tra le diverse modalità di applicazione viene effettuata sulla base del rapporto costo efficacia. L'applicazione dell'HACCP nelle aziende che lavorano carni o pollame implica lo sviluppo di un diagramma di flusso del processo produttivo. Tale diagramma è costituito di una lunga sequenza di operazioni, che comprende anche fasi difficili o impossibili da controllare. Si possono identificare numerosi fattori rilevanti per i pericoli di ciascuna fase e individuare i punti critici di controllo. (Per maggiori dettagli sull'HACCP si rinvia ai capitoli 1, 6, e 21.)

Allevamento di bestiame e pollame   Fin dagli anni cinquanta, diverse sperimentazioni hanno dimostrato che gli animali possono essere allevati in ambienti specifici privi di patogeni (SPF, *Specific pathogen free*). La contaminazione del bestiame può essere anche ridotta somministrando colture batteriche selezionate che, attraverso la competizione, escludono i patogeni dalla flora intestinale. Nella pratica, tuttavia, l'ambiente degli allevamenti contribuisce alla diffusione e al mantenimento delle infezioni. È quindi essenziale potenziare le procedure di sanificazione per aumentare l'igiene di questa porzione della filiera.

Trasporto   Le condizioni stressanti in cui vengono trasportati gli animali vivi aumentano il rischio di contagio da parte dei capi di bestiame portatori di microrganismi patogeni. L'impegno è migliorare le condizioni igieniche durante il trasporto per ridurre la contaminazione nello stabilimento di lavorazione.

Sosta premacellazione   Lo stress sofferto dal bestiame durante il trasporto può determinare cambiamenti nella composizione della flora microbica del tratto intestinale, causando la proliferazione di *Salmonella* e la sua diffusione attraverso le feci. Lavare gli animali può ridurre lo stress e la contaminazione.

Scuoiatura, depilazione e spennatura/spiumatura   Sulla cute degli animali da carne sono spesso presenti specie di *Salmonella* e altri microrganismi dannosi. Sono necessarie procedure e attrezzature per ridurre la contaminazione. Un sistema portatile, messo a punto recentemente, consente di visualizzare istantaneamente tracce di contaminazione organica (come materiale ingerito o feci), che possono contenere patogeni; il dispositivo, delle dimensioni di una videocamera, può essere utilizzato nella lavorazione, nella distribuzione e nei luoghi di vendita al dettaglio delle carni, garantendo un prodotto più sicuro e salubre.

Eviscerazione   In questa fase possono verificarsi la rottura dei visceri e la fuoriuscita di materiale intestinale. Negli Stati Uniti, per ridurre la contaminazione durante la macellazione del pollame, possono essere effettuati lavaggi con acqua o applicazioni a spruzzo di disinfettanti; anche le carcasse di carni rosse possono essere decontaminate. L'efficacia della spruzzatura con disinfettante non è del tutto certa, poiché il trattamento non rimuove completamente i microrganismi e può diffondere la contaminazione sulla carcassa.

Ispezione   I veterinari ufficiali o autorizzati devono usare disinfettanti per le mani e i coltelli per evitare di contaminare le carcasse ancora integre.

Raffreddamento   Il controllo dei parametri di raffreddamento (temperatura e velocità dell'aria, umidità relativa e filtrazione dell'aria) può ridurre la crescita microbica. L'asciugatura della superficie delle carcasse è importante per la distruzione di alcuni microrganismi (come specie di *Campylobacter*). L'asportazione delle pliche cutanee del collo delle carcasse del pollame dopo la refrigerazione riduce la contaminazione.

Ulteriori lavorazioni   Le carcasse refrigerate e i tagli di carne non devono essere esposti in ambienti non refrigerati. Le attrezzature impiegate per le lavorazioni devono avere un disegno igienico e vanno sanificate prima dell'uso.

Confezionamento   Materiali appropriati per il confezionamento proteggono il prodotto dalla contaminazione. Vanno mantenute adeguate temperature di conservazione.

Distribuzione   La distribuzione deve essere effettuata in modo rapido e igienico, mantenendo una temperatura e un ambiente adeguati. Occorre monitorare le condizioni igieniche e la temperatura dei mezzi di trasporto.

16.3 Procedure di sanificazione

Una descrizione dettagliata delle procedure di sanificazione deve essere affissa nelle aree interessate. La documentazione delle procedure è utile sia in occasione dell'avvicendamento dei responsabili, sia per l'addestramento dei nuovi assunti. La crescente meccanizzazione dei metodi di pulizia comporta un addestramento più dettagliato e complesso. Prima di scegliere una procedura di sanificazione, è indispensabile conoscere a fondo l'intero processo produttivo e le attrezzature per la sanificazione. Oltre a fornire le informazioni necessarie, tale conoscenza può portare al miglioramento dei metodi già in uso o che potrebbero essere adottati.

Nelle pagine seguenti sono riportati alcuni esempi di procedure di sanificazione che possono essere utilizzate per lavorazioni e aree specifiche di uno stabilimento. Questi esempi rappresentano solo delle tracce, poiché ciascuna procedura di sanificazione deve essere adattata in base alle specifiche condizioni. Sebbene questa operazione non sarà descritta, idropulitrici e altre attrezzature devono essere riportate al loro posto al termine della pulizia.

Procedura generale di sanificazione per macelli e aree di processo

Al termine delle lavorazioni, gli ambienti e le attrezzature devono essere sottoposti a pulizia e disinfezione con la seguente procedura, comune alle diverse aree.

1. Rimozione meccanica dei residui grossolani; smontaggio delle parti mobili delle attrezzature.
2. Prerisciacquo.
3. Applicazione di un detergente approvato.
4. Risciacquo intermedio.
5. Ispezione per verificare l'efficacia della pulizia effettuata.
6. Disinfezione con un disinfettante approvato.
7. Risciacquo finale e rimontaggio delle parti mobili lavate separatamente.
8. Prevenzione della ricontaminazione

La prima fase è fondamentale per ridurre il tempo necessario e il consumo di acqua e può contenere il carico biologico che finisce nel sistema fognario. La rimozione fisica dei residui riduce anche gli schizzi di materiale organico durante la seconda fase.

16.3.1 Trasporto e sosta prima della macellazione

Automezzi per il trasporto di bestiame e pollame

Frequenza: dopo ogni trasporto, al termine dello scarico.

Procedura
1. Immediatamente dopo lo scarico del bestiame o del pollame, raschiare, eliminare e allontanare tutto il letame che si è accumulato.
2. Pulire il piano di carico del camion, le ruote e la struttura lavandoli a fondo per rimuovere tutto il letame accumulatosi, il fango e gli altri detriti; disinfettare con un composto spray a base di ammonio quaternario. In alternativa pulire e disinfettare in un'unica operazione, mediante applicazione spray di un detergente alcalino con azione disinfettante.

Stalle, recinti e box

Frequenza Appena possibile, subito dopo l'uscita degli animali.

Procedura
1. Dopo aver fatto uscire gli animali, rimuovere gli escrementi da pareti e pavimento e allontanarli dallo stabilimento.
2. Con un sistema a pressione lavare con acqua pareti, attrezzature e pavimenti. Dopo aver allontanato lo sporco grossolano, innestare la lancia per l'applicazione a schiuma del detergente e applicare il prodotto su tutte le superfici.
3. Dopo 15-20 minuti risciacquare con un getto d'acqua a pressione.
4. Disinfettare applicando a spruzzo un composto a base di ammonio quaternario, che può essere alternato con un disinfettante a base di iodio.
5. Risciacquare con acqua a temperatura ambiente.

16.3.2 Macellazione e lavorazioni successive

Area di macellazione

Frequenza Quotidiana; i residui e gli scarti devono essere rimossi periodicamente nel corso dei turni di lavorazione.

Procedura
1. Raccogliere tutto il materiale grossolano e trasferirlo nei contenitori per lo smaltimento.
2. Coprire tutte le connessioni elettriche con fogli di plastica.
3. Prerisciacquare brevemente tutte le superfici sporche con acqua a 50-55 °C. Partire dal soffitto e dai muri e dalla parte superiore delle attrezzature; continuare dirigendo il getto in modo da convogliare tutto il materiale da rimuovere sul pavimento. Evitare di bagnare motori, prese di corrente e cavi elettrici.
4. Applicare un detergente alcalino mediante un sistema a schiuma centralizzato o mobile, usando acqua a 50-55 °C. Il sistema deve essere progettato in modo da raggiungere tutte le strutture, le parti inferiori e tutte le zone difficilmente accessibili. Lasciare agire per 5-20 minuti prima di risciacquare. Sebbene la schiuma richieda meno lavoro, i sistemi a pressione consentono di penetrare più efficacemente nelle zone difficili da raggiungere e possono essere più efficaci nell'eliminazione di *L. monocytogenes*.
5. Risciacquare con acqua a 50-55 °C soffitti, pareti e attrezzature entro 20 minuti dall'applicazione del detergente.
6. Ispezionare tutte le superfici e le attrezzature e se necessario pulirle nuovamente.
7. Applicare un disinfettante con un'unità di disinfezione mobile o centralizzata. La soluzione deve contenere almeno 50 parti per milione (ppm) di cloro.
8. Risciacquare con acqua a temperatura ambiente.
9. Rimuovere, pulire e rimettere le coperture dei pozzetti di scarico.
10. Pulire le singole attrezzature presenti nell'area seguendo le istruzioni del produttore.
11. Evitare la contaminazione durante la manutenzione e l'installazione delle attrezzature; al termine dell'intervento i tecnici devono sanificare dove hanno lavorato.

Macchine per l'eviscerazione del pollame

Frequenza Quotidiana. Occorre utilizzare un disinfettante spray in modo continuo o intermittente per ridurre la contaminazione.

Procedura

1. Raccogliere tutto il materiale grossolano e trasferirlo nei contenitori per lo smaltimento.
2. Coprire tutte le connessioni elettriche con fogli di plastica.
3. Prerisciacquare rapidamente tutte le superfici sporche con acqua a 50-55 °C.
4. Applicare un detergente alcalino mediante un sistema a schiuma centralizzato o mobile, usando acqua a 50-55 °C. Lasciare agire per 10-20 minuti prima di risciacquare con acqua a 40-50 °C.
5. Ispezionare tutte le superfici e le attrezzature e se necessario pulirle nuovamente.
6. Applicare 200 ppm di cloro (o altro disinfettante) con un'unità di disinfezione mobile o centralizzata.
7. Risciacquare con acqua a temperatura ambiente.
8. Evitare la contaminazione durante la manutenzione come visto nell'esempio precedente.

Spennatrici/spiumatrici

Frequenza   Quotidiana.

Procedura

1. Raccogliere tutto il materiale grossolano e trasferirlo nei contenitori per lo smaltimento.
2. Coprire tutte le connessioni elettriche con fogli di plastica.
3. Prerisciacquare brevemente tutte le superfici sporche con acqua a 50-55 °C.
4. Applicare sulle doccette un detergente alcalino multiuso con un sistema a schiuma centralizzato o mobile. Le gancere vanno lavate per immersione con lo stesso detergente.
5. Dopo circa 20 minuti risciacquare con acqua a 40-50 °C.
6. Rimuovere manualmente le piume e gli altri residui.
7. Applicare, mediante un sistema centralizzato o mobile, un disinfettante compatibile con la presenza delle digitazioni in gomma delle spennatrici (per esempio, 25 ppm di iodoforo).
8. Risciacquare con acqua a temperatura ambiente.

Area di ricevimento e di spedizione

Frequenza   Quotidiana.

Procedura

1. Coprire tutti i collegamenti elettrici, le bilance e i prodotti esposti con fogli di plastica per evitare danni causati dall'acqua o dai prodotti chimici.
2. Risciacquare brevemente muri e pavimenti con acqua ad alta pressione a 50-55 °C. Il movimento di risciacquo delle pareti deve essere diretto dall'alto verso il basso e da un lato all'altro, e il materiale estraneo deve essere convogliato sul pavimento. Questo prerisciacquo ha lo scopo di rimuovere i residui solidi pesanti e di inumidire le superfici.
3. Applicare un detergente acido con una pistola a schiuma, a temperatura non superiore a 55 °C. Per questa operazioni di pulizia, la pressione all'uscita dell'ugello è compresa tra 25 e 70 kg/cm^2 e la portata tra 7,5 e 12 L/min.
4. Entro 20 minuti dall'applicazione del detergente, eseguire un risciacquo ad alta pressione con acqua a 50-55 °C.
5. Rimuovere, pulire e rimettere in posizione corretta le coperture dei pozzetti di scarico.

Magazzino refrigerato per prodotti lavorati e frattaglie

Frequenza   Settimanale. Per consentire le operazioni di sanificazione, le carni lavorate, le interiora e i grossi tagli appesi devono essere fatti ruotare opportunamente.

Procedura
1. Pulire il magazzino quando è vuoto con un valido detergente per pavimenti. Se il magazzino non può essere vuotato completamente, evitare di spruzzare le carcasse presenti nelle vicinanze. Applicare la schiuma detergente mediante sistema a pressione.
2. Risciacquare accuratamente con acqua a non più di 55 °C entro 20 minuti dall'applicazione del detergente; rimuovere tutti i residui dalle strutture aeree e dalle pareti, convogliandole verso il pavimento.
3. Applicare il disinfettante con un sistema a pressione.
4. Risciacquare
5. Asciugare il pavimento dove l'acqua si è raccolta per impedire che geli.
6. Rimuovere, pulire e rimettere le coperture dei pozzetti di scarico.

Sezionamento e ulteriori lavorazioni

Frequenza Quotidiana.

Procedura
1. Raccogliere tutto il materiale grossolano (ritagli, grasso, ossa e altri scarti) e trasferirlo nei contenitori per lo smaltimento.
2. Coprire tutte le connessioni elettriche con fogli di plastica.
3. Prerisciacquare tutte le superfici sporche con acqua a 55 °C. Incominciare dalla cima del nastro trasportatore delle ossa e convogliare tutti i materiali estranei sul pavimento. Evitare di bagnare motori, prese di corrente e cavi elettrici.
4. Dopo il prerisciacquo e la rimozione dello sporco grossolano, applicare un detergente alcalino mediante un sistema centralizzato o mobile ad alta pressione utilizzando acqua a 50-55 °C. Il sistema deve consentire di raggiungere efficacemente tutte le strutture, le parti inferiori dei tavoli e le altre zone difficilmente accessibili. Lasciare agire per 5-20 minuti prima del risciacquo. In alternativa è possibile applicare il composto detergente mediante un'unità a schiuma; questo tipo di apparecchiatura distribuisce rapidamente il detergente, ma non riesce a farlo penetrare bene come l'unità ad alta pressione e bassa portata; inoltre può risultare meno efficace nella rimozione di *Listeria monocytogenes*.
5. Risciacquare completamente entro 20 minuti dall'applicazione del detergente, impiegando la stessa sequenza adottata nelle due fasi precedenti; spruzzare un lato per volta di ciascun componente dell'impianto con acqua a 50-55 °C.
6. Ispezionare attentamente tutte le superfici dell'impianto e ripulire dove necessario.
7. Applicare su tutte le attrezzature pulite un disinfettante con sistema centralizzato o mobile.
8. Risciacquare con acqua a temperatura ambiente.
9. Rimuovere, pulire e rimettere le coperture dei pozzetti di scarico.
10. Evitare la contaminazione durante la manutenzione, come precedentemente descritto.

L'eventuale deposito o cassone per le ossa deve essere sanificato con la stessa procedura, due volte alla settimana nei mesi invernali e quotidianamente in quelli estivi.

Area dei prodotti trasformati

Frequenza Quotidiana.

Procedura
1. Smontare tutte le attrezzature e appoggiare le parti su un tavolo o una rastrelliera. Scollegare tutti i tubi di insacco.
2. Raccogliere gli scarti grossolani di carne e altri residui e deporli nell'apposito contenitore.

3. Coprire tutte le connessioni elettriche con fogli di plastica.
4. Prerisciacquare tutte le superfici sporche con acqua a 55 °C. Cominciare dalla cima di tutte le attrezzature di processo e convogliare tutti i materiali estranei sul pavimento. Evitare di bagnare motori, prese di corrente e cavi elettrici.
5. Dopo aver lavato via e rimosso lo sporco grossolano, applicare un detergente alcalino mediante un sistema centralizzato o mobile ad alta pressione, utilizzando acqua a 50-55 °C. Il sistema deve consentire di raggiungere efficacemente tutte le strutture, i tavoli, le parti inferiori degli impianti e le altre zone difficilmente accessibili. Lasciare agire per 5-20 minuti prima del risciacquo. Sebbene la schiuma abbia minore potere penetrante, è un mezzo di pulizia valido ed è facilmente applicabile.
6. Risciacquare completamente entro 20-25 minuti dall'applicazione del detergente. Impiegando la stessa sequenza adottata per il prerisciacquo e l'applicazione del detergente, spruzzare un lato per volta di ciascun componente dell'impianto con acqua a 50-55 °C.
7. Ispezionare attentamente tutte le superfici dell'impianto e ripulire dove necessario.
8. Applicare un disinfettante sulle attrezzature pulite mediante un'unità centralizzata o mobile.
9. Risciacquare con acqua a temperatura ambiente.
10. Rimuovere, pulire e rimettere le coperture dei pozzetti di scarico.
11. Evitare la contaminazione durante la manutenzione, come precedentemente descritto.

Aree di lavorazione dei prodotti freschi

Frequenza   Quotidiana.

Procedura
1. Smontare tutte le attrezzature e appoggiare le parti su un tavolo o una rastrelliera. Scollegare tutti i tubi di insacco.
2. Rimuovere lo sporco grossolano dall'impianto e dal pavimento e depositarlo negli appositi contenitori.
3. Coprire le attrezzature per la miscelazione e il confezionamento con fogli di plastica.
4. Prerisciacquare brevemente tutte le superfici sporche con acqua a 50-55 °C per rimuovere i residui grossolani e bagnare le superfici esposte. Indirizzare i getti in modo da convogliare tutti i residui verso il pozzetto di scarico più vicino.
5. Applicare un detergente alcalino mediante un sistema centralizzato o mobile ad alta pressione e bassa portata, utilizzando acqua a 50-55 °C. Il detergente può anche essere applicato sotto forma di schiuma. L'applicazione deve coprire impianti, pavimenti, muri e porte dell'intera area.
6. Risciacquare l'area e gli impianti entro 20-25 minuti dall'applicazione del detergente.
7. Ispezionare l'area e tutti gli impianti. Ripulire se necessario.
8. Rimuovere, pulire e rimettere le coperture dei pozzetti di scarico.
9. Applicare un disinfettante sulle attrezzature pulite mediante un'unità centralizzata o mobile.
10. Risciacquare con acqua a temperatura ambiente.
11. Evitare la contaminazione durante la manutenzione, come precedentemente descritto.

Area di confezionamento dei prodotti trasformati

Frequenza   Quotidiana.

Procedura
1. Smontare tutte le attrezzature e appoggiare le parti su un tavolo o una rastrelliera.
2. Rimuovere i residui grossolani dall'impianto e dal pavimento e depositarli negli appositi contenitori.

3. Coprire gli impianti di confezionamento, i motori, le prese di corrente, le bilance, le apparecchiature di controllo e le altre attrezzature con fogli di plastica.
4. Prerisciacquare tutte le superfici sporche con acqua a 55 °C per rimuovere i residui grossolani e bagnare le superfici esposte. Indirizzare i getti in modo da convogliare tutti i residui verso il pozzetto di scarico più vicino.
5. Applicare un detergente alcalino mediante un sistema centralizzato o mobile a schiuma, utilizzando acqua a 50-55 °C. L'applicazione deve coprire impianti, pavimenti, muri e porte dell'intera area.
6. Risciacquare area e impianti entro 20-25 minuti dall'applicazione del detergente, impiegando la stessa sequenza adottata per l'applicazione del detergente.
7. Ispezionare l'area e tutti gli impianti. Ripulire se necessario.
8. Rimuovere, pulire e rimettere le coperture dei pozzetti di scarico.
9. Applicare un disinfettante sulle attrezzature pulite mediante un'unità centralizzata o mobile.
10. Risciacquare con acqua a temperatura ambiente.
11. Evitare la contaminazione durante la manutenzione, come precedentemente descritto.

Area di salagione e confezionamento

Frequenza Quotidiana.

Procedura
1. Raccogliere tutti i residui più grossolani e depositarli negli appositi contenitori.
2. Coprire tutti i collegamenti elettrici, le bilance e i prodotti esposti con fogli di plastica.
3. Prerisciacquare l'area e tutti gli impianti con acqua a 55 °C.
4. Introdurre un detergente acido nel tunnel di termoretrazione (se utilizzato) e farlo circolare per circa 30 minuti durante il prerisciacquo.
5. Risciacquare il tunnel di termoretrazione (se utilizzato) prima di applicare il detergente.
6. Depositare tutti i residui derivati dal prerisciacquo in un contenitore.
7. Applicare un detergente alcalino con un sistema a schiuma utilizzando acqua a 50-55 °C.
8. Risciacquare con acqua a 55 °C entro 20 minuti dall'applicazione del detergente.
9. Ispezionare l'area e tutti gli impianti. Ripulire se necessario.
10. Rimuovere, pulire e rimettere le coperture dei pozzetti di scarico.
11. Applicare un disinfettante sulle attrezzature pulite mediante un'unità centralizzata o mobile.
12. Risciacquare con acqua a temperatura ambiente.
13. Evitare la contaminazione durante la manutenzione, come precedentemente descritto.

Aree di maturazione e stagionatura

Frequenza Prima dell'inizio e al termine del periodo di maturazione o stagionatura.

Procedura
1. Spazzare i pavimenti.
2. Spostare i pallet e le altre attrezzature di stoccaggio mobili per lavare via con acqua a 50 °C i residui della stagionatura e altri materiali estranei.
3. Irrorare con un getto d'acqua a 50 °C le aree liberate.
4. Carrelli, rastrelliere e altre attrezzature metalliche sono sanificati efficacemente con gli appositi impianti automatici; in alternativa si possono seguire la procedure impiegate per pallet, contenitori e carrelli in metallo.
5. Disinfettare le aree pulite, secondo le istruzioni del produttore, con un composto di ammonio quaternario (per il suo effetto residuale).
6. Risciacquare con acqua a temperatura ambiente.

7. Spruzzare i locali di stagionatura ogni tre mesi con piretrina sinergizzata (seguendo attentamente le istruzioni riportate sull'etichetta). Il fluoruro di solforile – che rappresenta un'alternativa al metil bromuro, in via di eliminazione – è un prodotto non infiammabile, inodore, incolore e non corrosivo, che può lasciare un residuo nell'area trattata e nei prodotti immagazzinati.

Per ridurre la crescita di muffe, si raccomanda di filtrare l'aria (anche condizionata) immessa nei locali di stagionatura.

Congelatore a spirale

Frequenza Dopo l'utilizzo.

Procedura
Seguire le istruzioni del costruttore.

Precauzioni
1. Per minimizzare l'attrito, lavare regolarmente la spirale con un detergente schiumogeno.
2. Quando la pista è calda, pulire con un panno imbevuto di soluzione detergente. Se la pista è fredda, pulire con un panno asciutto. Fissare il panno alla parte inferiore del nastro trasportatore e lasciarlo trascinare lungo la spirale.
3. Il semplice sbrinamento della serpentina di raffreddamento non è sufficiente per la pulizia. Le serpentine possono sembrare pulite, ma spesso grassi, oli, sali, additivi e materiali organici restano nascosti sulle superfici interne. Pertanto è necessario lavare e disinfettare le aree contaminate con acqua calda e un detergente a pH neutro. Di norma le soluzioni detergenti impiegate contengono agenti disincrostanti, sgrassanti, inibitori di corrosione, stabilizzanti e acqua. Per pulire la serpentina di raffreddamento si raccomanda l'impiego di un detergente debolmente alcalino.
4. Se il congelatore è dotato di un sistema CIP a ricircolo, utilizzare un detergente poco schiumogeno; in caso contrario il detergente più adatto è altamente schiumogeno. Per stabilire qual è il detergente migliore, occorre consultare un fornitore di prodotti chimici.

Aree di lavaggio

Frequenza Quotidiana.

Procedura
Seguire le istruzioni del costruttore.

Precauzioni
1. Per ridurre la diffusione di *L. monocytogenes* e di microrganismi alterativi, lavare in aree separate le attrezzature utilizzate per le materie prime e quelle impiegate per i prodotti cotti.
2. Collocare le aree di lavaggio in modo che le attrezzature pulite non debbano attraversare le aree dello stabilimento destinate alle materie prime.

Area di stoccaggio delle carni confezionate

Frequenza Almeno una volta la settimana e più spesso negli stabilimenti con grossi volumi di produzione.

Procedura
1. Raccogliere i residui più grossolani e depositarli negli appositi contenitori.
2. Scopare e/o spazzolare, se disponibile con una spazzatrice meccanica. Impiegare detergenti adatti per spazzatrici meccaniche, secondo le istruzioni del fornitore.

3. Applicare il detergente, con un sistema di pulizia mobile o centralizzato a schiuma, con acqua a 50-55 °C, per pulire le zone con sporco tenace derivante da prodotti non confezionati o da altri residui.
4. Risciacquare con acqua, seguendo la stessa procedura indicata per le aree di produzione e lavorazione.
5. Rimuovere, pulire e rimettere le coperture dei pozzetti di scarico (se presenti).
6. Applicare un disinfettante mediante un'unità centralizzata o mobile.
7. Risciacquare con acqua a temperatura ambiente.

Area di rendering a bassa temperatura

Frequenza Quotidiana.

Procedura
1. Rimuovere dall'impianto per la macinatura i pezzi più grandi di grasso e tessuti e stoccarli in un'area refrigerata.
2. Drenare il sistema in modo che non restino tracce di lardo, sego o grasso sciolto.
3. L'intero sistema deve essere pulito con un getto d'acqua a 55-60 °C per rimuovere gli accumuli di sporco tenace dall'impianto e dalle tubazioni.
4. Se possibile, disconnettere il sistema per consentire all'acqua e ai residui di drenare da ogni parte dell'impianto. Smontare i tubi ciechi e i giunti a T delle tubazioni per consentire la rimozione dei frammenti accumulati in queste sezioni.
5. Aprire l'impianto e smontarlo ove possibile per permettere la pulizia di tutte le superfici che vengono a contatto con il prodotto. Mettere a bagno le parti smontate, le sezioni di tubo e altri pezzi in una vasca contenente una soluzione detergente alcalina. Seguire le specifiche istruzioni del produttore per smontare e lavare l'impianto.
6. Rimuovere i frammenti più grossi accumulati all'interno dell'impianto.
7. Pulire a spruzzo tutte le superfici esposte dell'intero impianto con un detergente alcalino ad azione disinfettante. Rimuovere accuratamente eventuali residui di prodotto dall'interno di coclee, giranti della pompa, cutter, macinatori, camere delle centrifughe e serbatoi. Lavare a spruzzo i cilindri di raffreddamento. Pulire con una spazzola dura le parti e le sezioni dei tubi immerse nella vasca con soluzione detergente alcalina.
8. Pulire le superfici interne delle centrifughe e delle tubazioni che non possono essere smontate facendovi circolare una soluzione di detergente alcalino multiuso. Mentre la soluzione detergente è in circolo avviare le centrifughe a velocità ridotta, per consentire una pulizia energica. Far circolare la soluzione detergente per almeno 30 minuti. Sebbene gli impianti CIP siano costosi, risultano molto utili in questa applicazione di pulizia, poiché consentono un notevole risparmio di manodopera.
9. Vuotare il sistema e pulire con acqua a 55-60 °C fino a che la massa d'acqua non è libera da impurità.
10. Trasferire tutte le impurità lavate dall'impianto nel reparto non commestibile.

Pallet e contenitori in metallo

Frequenza Prima dell'utilizzo.

Procedura
1. Prerisciacquare con acqua ad alta pressione a non più di 55 °C.
2. Applicare un detergente alcalino, preferibilmente con un'unità a schiuma. Non trattare mai più contenitori di quanti possono essere risciacquati prima che il detergente secchi.

3. Risciacquare con acqua a 55 °C.
4. Ispezionare tutti i contenitori e ripetere le operazioni se necessario.
5. Applicare il disinfettante e lasciare agire il tempo necessario.
6. Risciacquare con acqua a temperatura ambiente.

Indumenti da lavoro

Frequenza Quotidiana; se necessario, gli indumenti da lavoro vanno cambiati anche più volte al giorno.

Procedura
Gli abiti da lavoro sporchi vanno depositati negli appositi contenitori. Per garantire la corretta sanificazione e prevenire la diffusione di microrganismi patogeni, il lavaggio viene di norma effettuato da lavanderie esterne specializzate.

I grembiuli plastificati indossati nelle aree "sporche" della sala macellazione devono essere lavati, frequentemente, nelle apposite postazioni dotate di detergenti, disinfettanti e acqua calda; per evitare il rischio di contaminazione delle carni, occorre proibire l'uso delle doccette per il lavaggio dei grembiuli.

Gli stivali devono essere lavati, con frequenza variabile a seconda dell'area di lavorazione, nelle apposite postazioni; il lavaggio e la disinfezione degli stivali è indispensabile prima di accedere ai locali di lavoro, quando si passa da una zona più sporca a una più pulita e al rientro negli spogliatoi.

I guanti antitaglio e gli altri dispositivi di protezione individuale devono essere lavati e disinfettati subito dopo l'uso, seguendo le istruzioni del produttore.

Suggerimenti per la soluzione di problemi

– *Scurimento dei pavimenti in cemento* Per ripristinare la colorazione originaria dei pavimenti di cemento anneriti spargere uniformemente una soluzione candeggiante e lasciarla agire per almeno 30 minuti, quindi utilizzare una spazzolatrice meccanica.

– *Patine biancastre sulle attrezzature* Sono dovute all'utilizzo di quantità eccessive di detergente, a insufficiente risciacquo o alla durezza dell'acqua.

– *Blocco delle ruote della guidovia* Può essere causato da temperature troppo elevate dell'acqua. Poiché le ruote perdono il lubrificante a circa 90 °C, la temperatura di lavaggio non deve superare i 55 °C.

– *Intasamento degli scarichi* I pozzetti di scarico probabilmente non sono stati puliti quotidianamente e/o lo sporco grossolano spazzato dal pavimento è stato convogliato negli scarichi.

– *Formazione di deposito proteico giallo sulle attrezzature* Questa condizione è causata da temperature eccessive dell'acqua di lavaggio. Spazzolare via frequentemente tutto il materiale organico impedisce l'accumulo quotidiano. Se si lascia rimanere a lungo sulle attrezzature lo sporco riscaldato, questo dovrà essere rimosso con lana d'acciaio.

– *Per evitare problemi, non spruzzare*: affettatrici per fegato, cubettatrici, bilance elettroniche, formatrici, prese elettriche, motori o attrezzature con connessioni scoperte (coprire tutte le prese possibili con sacchetti di polietilene), pellicole, contenitori o attrezzature per il confezionamento.

Lavorazione carni e derivati - Sanificazione delle superfici esterne

Area di applicazione Tutte le superfici esterne di impianti e attrezzature, nastri, pareti e pavimenti. Rimuove residui di grassi, proteine, sangue e microrganismi.

Sistema di applicazione Sistema a media pressione.

Frequenza Giornaliera.

Fase	Prodotti	Concentrazione	Temperatura	Tempo	Note
Preparazione					Coprire le parti delicate e quelle elettriche
Rimozione dello sporco grossolano					Staccare i residui grossolani di lavorazione con l'ausilio di raschietti
Prerisciacquo	Acqua potabile		20-60 °C		Risciacquare tutte le superfici. Sulle superfici verticali indirizzare il getto d'acqua dall'alto verso il basso
Detersione alcalina	Detergente schiumogeno	2,0-5,0%	20-60 °C	15 min	Applicare il detergente con il sistema a media pressione. Per superfici verticali procedere dall'alto verso il basso. Dopo l'applicazione lasciare agire per 10-15 minuti
Risciacquo intermedio	Acqua potabile		20-60 °C		Rimuovere sporco e detergente risciacquando tutte le superfici
Sanitizzazione	Sanitizzante a base di acido peracetico	1,0-3,0%	20-60 °C	15 min	Applicare con il sistema a media pressione. Per superfici verticali procedere dall'alto verso il basso. Lasciare agire per 10-15 minuti
Risciacquo finale	Acqua potabile		20-60 °C		Rimuovere sporco e detergente risciacquando tutte le superfici
Controllo del lavaggio					Controllare visivamente tutti i punti e le aree critiche trattate. Ripetere la procedura se necessario

Frequenza Secondo necessità, in sostituzione della detersione alcalina.

Fase	Prodotti	Concentrazione	Temperatura	Tempo	Note
Detersione acida	Detergente antincrostante schiumogeno	2,0-5,0%	20-60 °C	15 min	Applicare con il sistema a media pressione. Per superfici verticali procedere dall'alto verso il basso. Lasciare agire per 10-15 minuti. L'impiego regolare previene la formazione di incrostazioni

Fonte: Ecolab S.r.l. - Food & Beverage, Italia

16.3.3 Disinfezione pre-operativa mediante irrorazione

Negli Stati Uniti e in altri Paesi si ricorre anche alla disinfezione pre-operativa mediante irrorazione, che consiste nell'applicazione di un flusso abbondante e potente di disinfettante. In tal modo il getto di soluzione disinfettante è in grado di portare via lo sporco e di penetrare in crepe e fessure senza aggravio per il consumo d'acqua.

I disinfettanti possono essere sia immessi nella postazione satellite sia erogati mediante un sistema centralizzato. Dal punto di vista del costo e della durata dell'impianto, i migliori risultati si ottengono con satelliti montati a muro con doppia entrata per l'immissione del disinfettante scelto. Con i sistemi centralizzati la variazione delle concentrazioni di disinfettanti è laboriosa e occorrono pompe, pannelli di controllo e linee di tubazioni separate.

La maggior parte delle aree di produzione può essere efficacemente pulita dallo sporco fisico mediante le procedure di sanificazione. Durante le fasi di preparazione e allestimento della produzione, tuttavia, possono essere rilevate ricontaminazioni (Carling-Kelly, 2003).

Tale ricontaminazione può essere causata da diversi fattori.

1. Inadeguatezza dell'ispezione dopo il risciacquo finale da parte degli addetti alla sanificazione, prima della fase preparatoria della produzione. Questo problema può essere causato da un tempo troppo breve a disposizione per la sanificazione o dalla mancanza di personale addestrato alla conduzione dell'ispezione finale.

2. Ricontaminazione dell'area o dell'impianto durante le fasi preparatorie e di allestimento che precedono l'inizio della produzione. In questo caso la ricontaminazione è causata dall'ingresso di prodotti e materiali, dalla preparazione dell'impianto e dallo stesso personale che predispone l'area per la produzione.

Indipendentemente dalla causa, una disinfezione mediante irrorazione in due fasi rappresenta il metodo più efficace per controllare la ricontaminazione dell'area prima del momento critico dell'inizio della produzione. La soluzione disinfettante dovrebbe essere applicata a temperatura ambiente, per evitare la formazione di condensa nelle aree refrigerate.

Prima fase   Usare un sistema di disinfezione montato a parete (o un sistema centralizzato) per irrorare tutte le superfici del locale di produzione con un flusso di soluzione disinfettante a 600-800 ppm, come parte dell'ispezione finale della procedura di sanificazione.

Addestrare gli addetti alla sanificazione a ispezionare l'area di loro competenza durante l'operazione consente una disinfezione più accurata ed efficace. Devono essere disinfettati tutti i muri, gli impianti, le strutture e i pavimenti.

Seconda fase   Questa fase deve essere attuata dopo le operazioni di preparazione e allestimento dell'area e subito prima dell'inizio della produzione. Tutte le superfici che vengono a contatto con il prodotto devono essere disinfettate con una soluzione alla concentrazione massima consentita senza risciacquo.

La disinfezione rimuove qualsiasi contaminante che possa essersi depositato durante l'allestimento sulle superfici che vengono a contatto con il prodotto; inoltre l'effetto residuale, dovuto al non risciacquo, protegge queste superfici da ulteriori contaminazioni. L'elevata concentrazione di disinfettante che rimane su muri, strutture e pavimenti fornisce una protezione aggiuntiva contro lo sviluppo dei batteri durante il corso della giornata.

I benefici dell'irrorazione di disinfettante in due fasi sono immediatamente evidenti poiché durante l'ispezione di preparazione alla produzione risultano ridotti lo sporco visibile e la crescita batterica in tutta l'area di produzione. In effetti questa disinfezione in due fasi assicura un controllo addizionale della contaminazione microbica senza aumentare la durata complessiva delle operazioni di sanificazione.

Sommario

Un'organizzazione efficiente della sanificazione può ridurre il costo della manodopera impiegata anche del 50%. Il sistema ottimale di sanificazione dipende dal tipo di sporco e dal tipo di impianti presenti nello stabilimento. Normalmente i sistemi ad alta pressione e bassa portata sono i più efficaci per la rimozione di sporco organico tenace, specialmente quando si deposita in punti difficili da raggiungere e da penetrare. Tuttavia, è largamente diffuso anche l'impiego di schiuma, in quanto la sua applicazione è più facile e le operazioni di pulizia risultano più veloci. A causa dei costi elevati delle attrezzature e delle limitazioni di impiego, i sistemi CIP sono generalmente utilizzati solo negli impianti in cui sono presenti grandi serbatoi di stoccaggio.

Negli impianti per la lavorazione di carni e pollame vengono utilizzati molto frequentemente detergenti acidi per rimuovere i depositi minerali. Lo sporco organico invece viene rimosso più efficacemente mediante detergenti alcalini. I disinfettanti a base di cloro rappresentano il mezzo più efficace e meno costoso per la distruzione dei microrganismi residui. Tuttavia i disinfettanti a base di iodio sono meno corrosivi e irritanti e quelli a base di ammonio quaternario hanno maggiore azione residuale.

Domande di verifica

1. In che modo i microrganismi alterano il colore della carne?
2. Qual è la funzione delle barriere d'aria?
3. Quali sono i limiti nell'impiego di impianti CIP nell'industria delle carni e del pollame?
4. Perché il biossido di cloro è un disinfettante adatto all'industria delle carni e del pollame?
5. Da che cosa è provocata la formazione di una patina biancastra sulle attrezzature negli stabilimenti per la lavorazione di carni e pollame?
6. Da che cosa è provocata la formazione di un deposito proteico giallastro sulle attrezzature negli stabilimenti per la lavorazione di carni e pollame?
7. Quando è particolarmente vantaggioso l'impiego di unità a schiuma negli stabilimenti per la lavorazione di carni e pollame?
8. Quale riduzione del costo di manodopera si può ottenere attraverso un'organizzazione efficiente della sanificazione?
9. Quali sono i tre livelli alternativi per il controllo di *Listeria monocytogenes* negli stabilimenti per la lavorazione di carni e pollame?

Bibliografia

Allen D (2004) It's a wash. *Meat Market Technol*. November: 62.

Anon. (2004) First processing practices include rinses, brushing. *Watt Poultry*, USA 5; 8: 28.

Barboza Y, Martinez D, Ferrer K, Salas EM (2002) Combined effects of lactic acid and nisin solution in reducing levels of microbiological contamination in red meat carcasses. *J Food Prot* 65: 1780.

Bashor MP, Curtis P A, Keener KM, Sheldon BW, Kathariou S, Osborne JA (2004) Effects of carcass washers on Campylobacter contamination in large broiler processing plants. *Poul Sci* 83: 1232.

Butts J (2003) Seek and destroy: Identifying and controlling Listeria monocytogenes growth niches. *Food Saf* 9; 2 : 24.

Carling-Kelly T (2003) *Personal communication*. Saratoga Specialties, Elmhurst, IL.

Castillo A, McKenzie KS, Lucia LM, Acuff GR (2003) Ozone treatment for reduction of Escherichia coli O157:H7 and Salmonella serotype typhimurium on beef carcass surfaces. *J Food Prot* 66: 775.

Clark JP (2004) Ozone-cure for some sanitation problems. *Food Technol* 58; 4: 75.

Doyle MP (1987) Low-temperature bacterial pathogens. *Proc Meat Ind Res Conf*, 51.

Frank JF, Elhers J, Wicker L (2003) Removal of Listeria monocytogenes and poultry soil-containing biofilms using chemical cleaning and sanitizing agents under static conditions. *Food Prot Trends* 23; 8: 654.

Gombas DE, Chen Y, Clavero RS, Scott VN (2003) Survey of Listeria monocytogenes in ready-to-eat foods. *J Food Prot* 66: 559.

Lazar V (2004) Reaching alternative level one. *Meat Proc* 43; 7: 28.

Mariott NG (1990) *Meat sanitation guide II*. American Association of Meat Processors and Virginia Polytechnic Institute and State University, Blacksburg.

McEntire JC, Montville TJ, Chikindas ML (2003) Synergy between nisin and select lactates against Listeria monocytogenes is due to metal cations. *J Food Prot* 66: 1631.

Ministero della salute (2007) *Determinazione di L. monocytogenes e Salmonella spp. nei prodotti a base di carne suina destinati all'export negli USA (Piano di sorveglianza ufficiale ed autocontrollo aziendale)* (Nota del 18/01/2007).

Oyarzabal OA, Hawk C, Bilgili SF, Warf C, Kemp GK (2004) Effect of postchill application of acidified sodium chlorite to control Campylobacter spp. and Escherichia coli on commercial broiler carcasses. *J Food Prot* 67: 2288.

Petrak L (2003) Ingredients for success. *Natl Provisioner* 217; 9: 88.

Russell J (2003) Swiping pathogens. *Natl Provisioner* 217; 4: 63.

Russell SM (2003) Advances in automated rapid method for enumerating E. coli. *Food Saf* 9; 1: 16.

Sabah JR, Thippareddi H, Marsden JL, Fung DYC (2003) Use of organic acids for the control of Clostridium perfringens in cooked vacuum-packaged restuctured roast beef during an alternative cooling procedure. *J Food Prot* 66: 1408.

Sebranek J (2003) Managing Listeria. *Meat Process* 42; 5: 66.

Shapton DA, Shapton NF (1991) Buildings. In: Shapton DA, Shapton NF (eds) *Principles and practices for the safe processing of foods*. Butterworth-Heinemann, Oxford.

Sommers C, Fan X (2003) Gamma irradiation of fine-emulsion sausage containing sodium diacetate. *J Food Prot* 66: 819.

Sommers C, Fan X, Handle AP, Sokorai KB (2003a) Effect of citric acid on the radiation resistance of Listeria monocytogenes and frankfurter quality factors. *Meat Sci* 63: 407.

Sommers C, Fan X, Niemira BA, Sokorai K (2003b) Radiation (gamma) resistance and post irradiation growth of Listeria monocytogenes suspended in beef bologna containing sodium diacetate and potassium lactate. *J Food Prot* 66: 2051.

Stier R (2002) The story of O_3. *Meat Poultry* September: 36.

Stahl N Z (2004) 99.99 percent sure. *Meat Proc* 43; 7: 36.

Stopforth JD, Samelis J, Sofos JN, Kendall PA, Smith GC (2003) Influence of extended acid stressing in fresh beef decontamination runoff fluids on sanitizer resistance of acid-adapted Escherichia coli O157:H7 in biofilms. *J Food Prot* 66: 2258.

Sunen E, Aristimuno C, Fernandes-Galian B (2003) Activity of smoke wood condensates against Aeromonas hydrophila and Listeria monocytogenes in vacuum-packaged, cold-smoked rainbow trout stored at 4 °C. *Food Res Intl* 36; 2: 111.

Velazco J (2003) Searching for solutions. *Meat Market Technol* September:121.

Yovich DJ (2003) Cargill sharpens its edge on E. coli O157:H7. *Meat Market Technol* October: 119.

Zhao T, Ezeike G, Doyle M, Hung Y, Howell R (2003) Reduction of Campylobacter jejuni on poultry by low-temperature treatment. *J Food Prot* 66: 652.

Capitolo 17
Industria dei prodotti ittici

I programmi di sanificazione nell'industria dei prodotti ittici sono essenziali per consentire agli operatori del settore di garantire al consumatore alimenti salubri e di alta qualità. Tali programmi devono essere adattati alle procedure di lavorazione e al tipo di stabilimento, che può essere nuovo oppure, più o meno, profondamente ristrutturato. Ogni fase della filiera, dalla raccolta alla vendita finale o alla somministrazione, deve assicurare che al consumatore finale siano forniti solo prodotti integri e salubri. Un'efficace sanificazione contribuisce al mantenimento della qualità desiderata nei prodotti della pesca e dell'acquacoltura.

Gli operatori del settore ittico devono conoscere i microrganismi responsabili di alterazioni o di malattie a trasmissione alimentare. Devono inoltre conoscere le caratteristiche dei vari tipi di sporco, i detergenti e i disinfettanti efficaci, le attrezzature disponibili per la sanificazione e le procedure di sanificazione più valide. Occorre, altresì, essere aggiornati sulle norme sanitarie che regolano il settore. I criteri e i requisiti previsti dalla normativa non devono assolutamente essere le uniche ragioni per attuare rigorose procedure di sanificazione. Un altro elemento fondamentale è l'accresciuta consapevolezza dei consumatori circa il valore nutrizionale, la salubrità e le condizioni di lavorazione di tutti gli alimenti, inclusi i prodotti ittici.

17.1 Requisiti igienici dello stabilimento

Uno stabilimento progettato secondo criteri igienici può accrescere la salubrità dei prodotti ittici e migliorare in modo sostanziale l'efficacia e l'efficienza del programma di sanificazione. Anche uno stabilimento ben progettato non è tuttavia sufficiente per contrastare le contaminazioni microbiche o d'altra natura, a meno che non sia supportato da una valida manutenzione e da un'efficiente sanificazione. In un'azienda attenta all'igiene il datore di lavoro o i dirigenti devono assicurare una buona conduzione e vigilare costantemente contro l'instaurarsi di procedure igienico-sanitarie inefficaci negli ambienti, nei reparti, tra il personale e nella gestione dei materiali. A integrazione di quanto esposto nelle pagine seguenti si rinvia al capitolo 13, dove sono trattati approfonditamente i criteri di progettazione e costruzione.

17.1.1 Requisiti del sito

È indispensabile che il sito in cui viene svolta l'attività sia in ordine ed esteticamente gradevole. L'area circostante deve essere mantenuta pulita per offrire un'immagine positiva. La prima impressione di un sito è importante sia per le autorità di controllo sia per il pubblico, che sono favorevolmente colpiti da uno stabilimento pulito e ordinato. Le condizioni delle aree circostanti l'edificio spesso riflettono la qualità delle procedure igieniche attuate dall'azienda. Secondo la FDA, le aree non adeguatamente drenate "possono contribuire alla contaminazione dei prodotti alimentari attraverso infiltrazioni di umidità o presenza di sporco di origine alimentare, fornendo un ambiente favorevole alla proliferazione di microrganismi e insetti". Strade, cortili o parcheggi eccessivamente polverosi costituiscono una fonte di contaminazione per le aree in cui sono esposti alimenti. Scarti, rifiuti e attrezzature accatastati in modo scorretto, come pure erba e sterpi non tagliati, nelle immediate vicinanze degli edifici e delle strutture dello stabilimento, possono fornire un rifugio o una tana per roditori, insetti e altri infestanti.

Il sito deve disporre di servizi adeguati per lo smaltimento dei rifiuti derivanti dalla lavorazione del pesce. L'emissione di solidi, liquidi, vapori o odori fornisce un'immagine scadente dello stabilimento e può dare anche luogo ad azioni legali promosse dalle autorità e/o da gruppi di cittadini. Gli impianti per lo smaltimento dei rifiuti devono essere progettati secondo i requisiti previsti dalla normativa.

Il sito deve anche disporre di una fornitura di acqua potabile adeguata alle lavorazioni effettuate nello stabilimento. Se si utilizza acqua di pozzo, è necessario condurre analisi chimiche e microbiologiche per accertare che le caratteristiche dell'acqua siano conformi ai requisiti previsti per legge. Occorre prevedere un adeguato sistema per lo scarico delle acque reflue.

17.1.2 Requisiti igienici dello stabilimento

I requisiti costruttivi di ordine generale sono trattati nel capitolo 13, le informazioni qui riportate sono specifiche per gli stabilimenti di lavorazione dei prodotti ittici. Dovrebbero essere utilizzati materiali impermeabili all'acqua, di facile pulizia e resistenti alla corrosione o ad altri tipi di deterioramento. Accessi e altre aperture devono essere muniti di barriere d'aria o di reti per prevenire l'entrata di insetti, roditori, uccelli e altri infestanti. Di seguito sono brevemente discusse le caratteristiche igieniche dei diversi elementi costruttivi allo scopo di fornire alcune indicazioni per realizzare un fabbricato che consenta un'efficace sanificazione.

Pavimenti

I pavimenti devono essere realizzati con materiali impermeabili (come piastrelle o cemento impermeabile), durevoli e abbastanza lisci da prevenire l'accumulo di detriti, ma non tanto da causare scivolate e cadute. Una finitura ruvida o l'inclusione di particelle granulari può ridurre gli incidenti. Un finitura frequentemente utilizzata è la resina epossidica acrilica a base acqua, che garantisce una superficie durevole, non assorbente, facile da pulire e può raddoppiare la vita della pavimentazione di cemento. Questo tipo di finitura deve contenere un materiale granulare che assicuri una superficie antisdrucciolevole. Sebbene il costo sia elevato, i pavimenti in mattoni sono considerati molto validi e duraturi.

Drenaggio dei pavimenti

Nell'area di lavorazione occorre prevedere uno scarico per il drenaggio ogni 40 m^2 circa di superficie. Come in altri stabilimenti produttivi, i pavimenti delle aree di lavorazione devono avere una pendenza del 2% per consentire il drenaggio ed è fondamentale che l'inclinazione sia perfettamente uniforme e priva di punti morti in cui possano ristagnare acqua e residui. Le condutture di drenaggio devono avere un diametro interno di almeno 10 cm ed essere realizzate in ghisa, acciaio o PVC. Le condutture di drenaggio devono avere sfiati all'esterno dell'edificio per ridurre gli odori e la contaminazione; tutti gli sfiati devono essere schermati per impedire l'ingresso di infestanti nello stabilimento. Per ridurre ulteriormente la contaminazione si raccomanda di collegare gli scarichi dei servizi igienici direttamente al sistema fognario e non alle altre condutture di scarico.

Soffitti

Nell'area destinata alla lavorazione i soffitti devono essere costruiti ad almeno 3 metri di altezza, con materiali impermeabili all'umidità. Una finitura idonea è l'intonaco legato con cemento Portland, con giunti sigillati con composti elastici. La realizzazione di un soffitto ribassato impedisce la caduta sui prodotti esposti di polvere o detriti da strutture aeree, come tubature, impianti e travi.

Muri e finestre

Le pareti devono essere lisce, piatte e rivestite con finiture non assorbenti, come piastrelle e mattoni smaltati, intonaco di cemento Portland lisciato o altri materiali impermeabili e non tossici. I muri in cemento sono accettabili se la finitura è liscia. Sebbene le pitture siano sconsigliate, possono essere utilizzati prodotti atossici. I davanzali delle finestre, se presenti, devono essere inclinati per ridurre l'accumulo di sporco.

Ingressi

Gli ingressi devono essere realizzati con materiali resistenti alla ruggine con giunzioni a perfetta tenuta o saldate. Occorre prevedere doppie porte schermate per gli accessi esterni e barriere d'aria, o dispositivi equivalenti, sopra gli ingressi delle aree di produzione.

Impianti e attrezzature di processo

La finitura degli impianti e delle attrezzature di processo deve essere liscia, durevole e di facile pulizia. Le superfici devono essere prive di buchi, crepe e incrostazioni. Gli impianti devono essere progettati in modo da prevenire la contaminazione dei prodotti da parte di lubrificanti, polvere e altri residui. Oltre a essere concepiti secondo criteri igienici, che facilitino la sanificazione, gli impianti devono essere installati e mantenuti in modo da agevolare la pulizia delle superfici delle attrezzature e delle aree circostanti.

Dove sono indispensabili strutture in metallo, occorre utilizzare acciaio inossidabile per proteggere i prodotti ittici e gli altri alimenti. Il metallo galvanizzato è sconsigliato, poiché non abbastanza resistente all'azione corrosiva dei prodotti ittici, dell'acqua salata e dei detergenti; rappresenta però una soluzione economica per le attrezzature per la raccolta e la gestione dei rifiuti; se viene impiegato, deve essere liscio e avere una finitura di alta qualità.

I taglieri devono essere costruiti con materiali duri, non porosi e resistenti all'umidità. Devono essere facilmente rimovibili per la pulizia e mantenuti perfettamente levigati. I materiali impiegati devono essere resistenti all'abrasione e al calore, infrangibili e non tossici; non devono contenere sostanze che possano contaminare i prodotti.

I nastri trasportatori devono essere costruiti con materiali resistenti all'umidità e facili da pulire (come nylon o acciaio inossidabile); devono essere disegnati in modo da escludere zone inaccessibili e angoli in cui possano accumularsi residui; inoltre, come per altre attrezzature di processo, devono essere facilmente smontabili per consentirne la sanificazione. La pulizia risulta facilitata impiegando profilati tubolari d'acciaio chiusi o saldati invece che angolari in ferro a L o a U. Le cinghie di trasmissione e le pulegge devono essere protette con dispositivi facilmente rimovibili per la pulizia. I supporti dei motori devono essere abbastanza sollevati da consentire un'efficace sanificazione. I motori e i cuscinetti lubrificati devono essere posizionati in modo che i lubrificanti non vengano a contatto con il prodotto.

Come in altri stabilimenti alimentari, le attrezzature fisse devono essere installate a una distanza di almeno 0,5 m da muri e soffitti; deve essere prevista la stessa distanza anche dal pavimento, oppure l'attrezzatura deve essere fissata a quest'ultimo mediante sigillatura a tenuta stagna.

Tutte le acque reflue devono essere scaricate attraverso condotti o serbatoi, in modo da essere convogliate direttamente al sistema fognario senza scorrere sui pavimenti.

17.2 Fonti di contaminazione

L'ambiente in cui sorge uno stabilimento per la lavorazione di prodotti ittici può contribuire alla contaminazione sia dell'interno dell'edificio sia dei prodotti. Gli impianti di processo, i contenitori e le superfici di lavoro sono altre fonti di contaminazione. Un programma di sanificazione valido è necessario per ridurre la contaminazione e per monitorare l'efficienza del programma stesso. Il pesce crudo e gli ambienti in cui viene lavorato rappresentano una possibile fonte di contaminazione da parte di *Listeria monocytogenes*; sebbene questo patogeno sia distrutto dalla pastorizzazione e da altri trattamenti termici, contamina spesso i prodotti cotti, pronti al consumo, dopo il trattamento.

Poiché le carni dei pesci lavorati possono avere caratteristiche molto diverse, il grado di contaminazione varia a seconda della specie ittica. La fonte di contaminazione iniziale può essere il prodotto fresco, specialmente se impropriamente pescato e tenuto in condizioni non igieniche sulle navi o sui camion. Una refrigerazione ritardata dopo la raccolta del pescato e una gestione inadeguata tra la raccolta e la lavorazione possono causare la degradazione del prodotto e l'aumento della carica microbica.

Affinché il pesce soddisfi i requisiti di qualità (compresi i valori di carica microbica) necessari per essere lavorato il giorno successivo alla raccolta, la refrigerazione deve:

– iniziare immediatamente dopo la raccolta;
– ridurre la temperatura del prodotto a 10 °C entro 4 ore;
– consentire di raggiungere e mantenere una temperatura di 1 °C circa.

Se stoccato a 27 °C o più per 4 ore, e successivamente refrigerato fino a 1 °C, il pesce risulta accettabile per sole 12 ore.

Anche il personale addetto alla lavorazione può contribuire alla contaminazione, in particolare se non osserva corrette procedure igieniche. Altre fonti di contaminazione sono: attrezzature di processo, contenitori, nastri trasportatori, utensili, muri, pavimenti e, naturalmente, infestanti. I contaminanti che preoccupano maggiormente sono quelli che possono entrare a contatto diretto con i prodotti pronti al consumo; pertanto una pulizia e una disinfezione efficaci degli impianti sono estremamente importanti.

La massa muscolare rosso scura di pesci della famiglia degli sgombroidi può contenere elevate quantità di istamina e causare il cosiddetto "avvelenamento da sgombroidi", provocando reazioni allergiche anche gravi. La formazione dell'ammina biogena vasoattiva responsabile di questa patologia è sempre associata alla conservazione a temperature troppo elevate e alla conseguente decomposizione, e può quindi essere prevenuta senza difficoltà (Nardi, 1992). I molluschi consumati dopo cottura insufficiente possono essere contaminati da *Vibrio vulnificus* e dal virus responsabile dell'epatite A.

Per quanto riguarda il ruolo nella trasmissione della listeriosi, i prodotti ittici sono stati meno studiati di altri alimenti; tuttavia campioni positivi per *L. monocytogenes* sono stati trovati in gamberetti cotti o crudi, code di aragoste, polpa di granchio, calamari, pesce e surimi o prodotti analoghi.

17.3 Principi di sanificazione

Nelle aziende che lavorano prodotti ittici, il programma di sanificazione deve includere una chiara definizione dei compiti e l'assegnazione di precise mansioni al personale.

17.3.1 Elementi critici dell'ispezione igienico-sanitaria

Nel corso di un'ispezione igienico-sanitaria in uno stabilimento per la lavorazione di pesce fresco o surgelato devono essere condotti, in particolare, i seguenti controlli (Stanfeld, 2003).
1. Ricercare nella struttura tracce di roditori, insetti, uccelli o altri animali.
2. Osservare le procedure attuate dagli addetti, comprendendo l'igiene personale, la pulizia degli indumenti e l'utilizzo di soluzioni di prodotti sanificanti a concentrazione adeguata per i dispositivi lavamani.
3. Verificare se, al ricevimento e durante la lavorazione, il pesce viene controllato per ricercare tracce di decomposizione, cattivi odori e parassiti.
4. Stabilire se l'attrezzatura viene lavata e disinfettata durante la giornata e all'inizio e al termine di ogni turno di lavoro.
5. Verificare se il pesce viene lavato a spruzzo dopo l'eviscerazione e, periodicamente, durante le lavorazioni che precedono il confezionamento.
6. Accertare il metodo e la velocità di congelamento del pesce o dei prodotti derivati.
7. Controllare l'utilizzo di rodenticidi e insetticidi per essere certi che non abbiano luogo contaminazioni.
8. Osservare tutto il processo lavorativo, dall'imbarcazione al prodotto finito confezionato, e annotare qualsiasi condizione anomala.

17.3.2 Ispezione della produzione

I seguenti suggerimenti per le ispezioni del processo produttivo sono ripresi e adattati da Stanfeld (2003).
1. Valutare lo schema del flusso produttivo e le procedure di lavorazione.
2. Valutare le attrezzature di processo in relazione alle caratteristiche costruttive, ai materiali utilizzati e alla facilità di pulizia.
3. Osservare e valutare l'idoneità delle procedure di sanificazione delle attrezzature.
4. Osservare e valutare tutte le procedure di macellazione.
5. Accertare e valutare l'approvvigionamento d'acqua per confermare che sia utilizzata solo acqua potabile proveniente da una fonte sicura.
6. Se durante la lavorazione del pesce a temperatura ambiente si verifica un significativo rallentamento delle operazioni, occorre verificare che il prodotto non si sia deteriorato.
7. Esaminare tutte le fasi di movimentazione e le fasi intermedie che potrebbero causare contaminazione.

8. Verificare i tempi di permanenza del prodotto alle diverse temperature durante il processo.
9. Se il pesce viene impanato o pastellato, è necessario analizzare attentamente tutto il processo, con particolare attenzione alle temperature e alle possibili fonti di contaminazione.
10. Valutare la conformità alle GMP.

17.3.3 Gestione del personale

Oltre a richiedere procedure di sanificazione e strutture adeguate al processo produttivo, un'azienda per la lavorazione dei prodotti ittici deve avvalersi di uno specialista della sanificazione. Sebbene la responsabilità ultima dell'efficacia del programma di sanificazione e della produzione di prodotti salubri ricada sulla direzione, l'azienda deve disporre di addetti alla sanificazione addestrati a mantenere lo stabilimento in condizioni igieniche. I dipendenti devono ricevere un'adeguata formazione sulle caratteristiche dei prodotti ittici e sulle tecniche igieniche più appropriate, per essere consapevoli dell'importanza della sanificazione per la sicurezza del prodotto. Qualunque dipendente affetto da una malattia contagiosa non deve essere ammesso nelle aree di lavorazione degli alimenti, nemmeno durante le operazioni di pulizia (per maggiori dettagli in merito, si rinvia al capitolo 5).

In un'azienda che lavora prodotti ittici uno o più dipendenti devono avere la responsabilità di ispezionare quotidianamente tutte le attrezzature e le aree di processo, per verificarne le condizioni igieniche; qualsiasi carenza rilevata deve essere corretta prima dell'inizio delle lavorazioni.

17.3.4 Pianificazione della sanificazione

È essenziale pianificare le operazioni di sanificazione, stabilendo una precisa sequenza delle fasi. Tale pianificazione va definita per ciascuna area dello stabilimento e deve essere osservata scrupolosamente. Le attrezzature utilizzate ininterrottamente, come nastri trasportatori, canali di trasporto, macchine per sfilettare, pastellare o impanare, sistemi di cottura e tunnel di surgelazione devono essere pulite alla fine di ogni turno di lavoro. Se non vi sono aree di lavorazione refrigerate, le macchine per pastellare e le altre attrezzature a contatto con latte o uova devono essere sanificate ogni 4 ore, drenando l'apparecchiatura, pulendo il serbatoio con un getto di acqua pulita, applicando un prodotto sanificante e risciacquando. Alla fine del ciclo di produzione le attrezzature vanno smontate e le singole parti devono essere lavate e disinfettate. Tutte le parti, come pure le attrezzature mobili, devono essere riposte sollevate dal pavimento, in un ambiente pulito, per proteggerle dagli spruzzi d'acqua, dalla polvere e da altre fonti di contaminazione.

Fasi della sanificazione

In uno stabilimento per la lavorazione di prodotti ittici la sanificazione deve prevedere le seguenti fasi.

1. Coprire le attrezzature elettriche con un film di polietilene o di materiale equivalente.
2. Rimuovere i residui grossolani e depositarli negli appositi contenitori.
3. Rimuovere, manualmente o meccanicamente, i depositi di sporco dalle pareti e dai pavimenti, raschiando, spazzolando o mediante una idropulitrice meccanica. Procedere dall'alto verso il basso dell'impianto e delle pareti, convogliando il materiale verso lo scarico a pavimento o l'uscita.
4. Smontare l'attrezzatura seguendo le istruzioni.

Tabella 17.1 Concentrazioni raccomandate di disinfettanti per alcune applicazioni

Applicazione	Cloro disponibile (ppm)	Iodio disponibile (ppm)	Composti di ammonio quaternario (ppm)
Acqua di lavaggio	2-10	Non consigliato	Non consigliato
Lavamani	Non consigliato	8-12	150
Superfici pulite e lisce	50-100	10-35	Non consigliato
Attrezzature e utensili	300	12-20	200
Superfici ruvide (tavoli usati, pavimenti di cemento e pareti)	1.000-5.000	125-200	500-800

5. Effettuare un prerisciacquo, per ammorbidire lo sporco e rimuovere i residui grossolani e idrosolubili, con acqua a non più di 40 °C. È importante rispettare il limite di tale temperatura, poiché valori più elevati possono causare la denaturazione dei residui di pesce e di altre sostanze proteiche, con conseguente cottura sulle superfici.

6. Applicare un detergente efficace contro lo sporco organico (solitamente un composto alcalino), mediante un'unità mobile o centralizzata ad alta pressione e bassa portata oppure mediante un sistema a schiuma. La temperatura della soluzione detergente non deve superare i 55 °C. Sono normalmente considerati soddisfacenti detergenti come il sodio tripolifosfato o i detergenti alcalini a base di cloro. A causa delle diverse caratteristiche dei materiali costruttivi delle attrezzature da pulire, occorre impiegare più di un detergente. (Le diverse applicazioni dei detergenti e delle attrezzature per la sanificazione sono trattate, rispettivamente, nel capitolo 8 e nel capitolo 10).

7. Dopo l'applicazione del detergente, e un tempo di contatto di circa 15 minuti per facilitare la rimozione dello sporco, risciacquare l'attrezzatura e l'area circostante con acqua a 55-60 °C. Sebbene a temperatura superiore l'acqua risulti più efficace per rimuovere grassi, oli e materiali inorganici, la presenza del detergente favorisce l'emulsificazione di questi depositi. Inoltre, temperature elevate dell'acqua comportano maggiori costi energetici e una maggiore formazione di condensa su impianti, pareti e soffitti.

8. Ispezionare gli impianti e i locali per verificare l'efficacia della pulizia effettuata e correggere eventuali carenze.

9. Garantire la sanificazione applicando un disinfettante. I composti a base di cloro sono i più economici e largamente utilizzati, ma sono disponibili anche altri metodi (illustrati nel capitolo 9). La tabella 17.1 riporta le concentrazioni raccomandate per alcune operazioni di disinfezione. L'applicazione dei disinfettanti è più efficace se effettuata mediante unità spray mobili per impieghi circoscritti e unità centralizzate spray o nebulizzatrici negli stabilimenti di grandi dimensioni. (Nei capitoli 8, 9 e 10 sono trattati, rispettivamente, i detergenti, i disinfettanti e le attrezzature impiegate per la sanificazione).

10. Effettuare il risciacquo finale con acqua a temperatura ambiente.

11. Evitare la contaminazione durante la manutenzione e la messa a punto dell'impianto richiedendo che i tecnici sanifichino dove hanno lavorato.

17.3.5 Trattamenti con alte pressioni idrostatiche

L'impiego di alte pressioni idrostatiche (HHP, *High hydrostatic pressure*) è un trattamento valido per ridurre la carica di microrganismi patogeni associati agli alimenti e allungare la shelf life dei prodotti. Questa tecnica è stata applicata a diverse varietà di alimenti, tra i quali: prodotti ittici, succhi di frutta, salse e carni. Sebbene questa tecnica sia risultata efficace per uccidere i microrganismi che contaminano i filetti di pesce crudo, gli effetti significativi che produce sul colore e sull'aspetto complessivo ne limitano l'applicazione ai prodotti destinati al mercato del pesce fresco (Dong et al., 2003).

Il trattamento con alte pressioni idrostatiche offre all'industria dei prodotti ittici numerosi vantaggi, tra i quali: riduzione del tempo di lavorazione; mantenimento della freschezza, del sapore, della consistenza, dell'aspetto e del colore; ridotte alterazioni rispetto ai processi termici tradizionali (Flick, 2003). L'applicazione di pressioni comprese tra 250 e 300 MPa per 120 secondi riduce il rischio di molte malattie associate al consumo di ostriche crude (specie quelle causate da *Vibrio parahaemolyticus*, *V. cholerae* e *V. vulnificus*) (Cook, 2003).

17.3.6 *Generazione di ozono*

Nonostante le limitazioni all'applicazione dell'ozono, già esaminate nei capitoli 9 e 16, questo gas è utilizzato per disinfettare l'acqua nell'acquacoltura, negli impianti di filtrazione e nelle torri di raffreddamento. Le apparecchiature disponibili possono produrre ozono a partire dall'ossigeno presente nell'aria, concentrato mediante processo PSA (*Pressure swing adsorption*), direttamente dall'aria, oppure da ossigeno puro fornito da una fonte esterna (Clark, 2004); la tecnica più diffusa è la PSA.

17.4 Recupero di sottoprodotti

La gestioni dei rifiuti, compreso il recupero degli scarti della lavorazione dei prodotti ittici, ha acquistato una crescente importanza. Oltre alle considerazioni di tipo economico, un efficace sistema di recupero degli scarti favorisce l'igiene degli stabilimenti produttivi. Attualmente molte aziende alimentari riciclano e/o riducono i reflui prodotti. Nell'industria alimentare le principali innovazioni in materia di risparmio d'acqua sono state le seguenti:

HACCP e prodotti ittici negli Stati Uniti

Nel dicembre del 1997 negli Stati Uniti è entrato in vigore il Regolamento della FDA che istituisce l'obbligo per gli stabilimenti di lavorazione dei prodotti ittici (sia nazionali, sia di operatori esteri che esportano verso gli Stati Uniti) di adottare piani di autocontrollo basati sul sistema HACCP. Tali piani devono assicurare l'identificazione dei pericoli che, in assenza di controlli, possono verosimilmente presentarsi nei prodotti e istituire controlli nelle fasi del processo produttivo in grado di eliminare o minimizzare la possibilità che si verichino i pericoli identificati (al sistema HACCP è dedicato il capitolo 6).

Vari studi condotti dal *National Marine Fisheries Service* hanno sviluppato una serie di modelli HACCP per diverse aree geografiche e tipologie di prodotti ittici, identificando le specifiche fasi di processo e i punti critici di controllo. Per esempio il modello HACCP per la produzione di gamberi di allevamento ha identificato 30 fasi di processo, 9 delle quali definite critiche. Analoghe valutazioni sono state effettuate per il processo produttivo dei gamberi crudi e per quelli cotti. Questi modelli sono concepiti per sviluppare un programma di ispezione dei prodotti ittici, basato sul concetto dell' HACCP, per la protezione dei consumatori.

– l'acqua che è stata impiegata in un'area dello stabilimento per usi che non comportano contaminazione viene convogliata e riutilizzata in altre aree che non richiedono acqua potabile;
– sono stati realizzati impianti di processo che recuperano completamente l'acqua impiegata nelle lavorazioni filtrandola continuamente per rimuovere i materiali solidi;
– i convogliatori a secco hanno sostituito i sistemi di trasporto dei prodotti solidi mediante flusso d'acqua.

Sommario

Uno stabilimento progettato secondo criteri igienici può accrescere la salubrità dei prodotti ittici e migliorare la qualità della sanificazione. La scelta adeguata del sito per uno stabilimento di lavorazione di prodotti ittici può contribuire all'efficacia della sua sanificazione. Anche il progetto del fabbricato e degli impianti e i materiali impiegati per la loro realizzazione sono cruciali per il programma di sanificazione.

L'impiego di personale qualificato e una pianificazione ben organizzata della sanificazione, che definisca una precisa sequenza delle fasi di pulizia, sono indispensabili per garantire adeguate condizioni igienico-sanitarie. Occorre anche individuare i detergenti, i disinfettanti e le attrezzature per la sanificazione più efficaci. Le procedure di sanificazione possono essere ulteriormente migliorate mediante il recupero dei sottoprodotti.

Domande di verifica

1. Quale deve essere la pendenza del pavimento negli stabilimenti per la lavorazione dei prodotti ittici?
2. Qual è la temperatura massima delle soluzioni detergenti utilizzate in questi stabilimenti?
3. Qual è la temperatura massima del risciacquo?
4. Quali misure possono essere impiegate per ridurre il consumo di acqua?
5. Come devono essere realizzati gli ingressi per garantire migliori condizioni igieniche negli stabilimenti per la lavorazione dei prodotti ittici?
6. Come devono essere realizzati gli scarichi delle acque reflue per ridurre la contaminazione negli stabilimenti per la lavorazione dei prodotti ittici?

Bibliografia

Clark JP (2004) Ozone-cure for some sanitation problems. *Food Technol* 58; 4: 75.
Cook DW (2003) Sensivity of vibrio species and phosphate-buffered saline and in oysters to high-pressure processing. *J Food Prot* 66: 2276.
Dong FM, Cook AR, Herwig RP (2003) High hydrostatic pressure treatment of finfish to inactivate Anisakis simplex. *J Food Prot* 66: 1924.
Flick GJ (2003) *High pressure processing. Improve safety and extend freshness without sacrificing quality* (unpublished data). Virginia Polytecnic Institute & State University.
Nardi GC (1992) Seafood safety and consumer confidence. *Food Prot Inside Rep* 8: 2A.
Stanfield P (2003) Seafood processing: Basic sanitation practices. In: Hui YH et al (eds) *Food plant sanitation*. Marcel Dekker, New York.
Su Y-C, Morrissey MT (2003) Reducing levels of Listeria monocytogenes contamination on raw salmon with acidified sodium chlorite. *J Food Prot* 66: 812.

Capitolo 18
Industria dei prodotti ortofrutticoli

Negli stabilimenti che lavorano prodotti ortofrutticoli, un programma di sanificazione efficace richiede le stesse componenti di base necessarie nelle altre aziende alimentari: detergenti e disinfettanti appropriati, procedure di pulizia efficaci e una corretta gestione del programma di sanificazione. L'obiettivo ultimo è garantire prodotti igienicamente sicuri e salubri.

18.1 Fonti di contaminazione

Per un'efficace conservazione della frutta e della verdura è essenziale prevenire la contaminazione da parte di microrganismi alterativi e patogeni durante la produzione, la lavorazione, lo stoccaggio e la distribuzione. È importante ricordare che le materie prime rappresentano una possibile fonte di microrganismi alterativi e contribuiscono al *pool* microbico presente all'interno dello stabilimento.

Il normale processo di sterilizzazione, impiegato per la produzione di conserve alimentari in scatola, è sufficiente per distruggere i microrganismi patogeni presenti nel contenitore al momento del trattamento. Anche il lavaggio e la pelatura contribuiscono alla rimozione fisica di microrganismi. Pertanto, se l'inscatolamento e la surgelazione sono condotti correttamente, il prodotto finito sarà sicuro. (Per ulteriori informazioni sulla contaminazione delle materie prime si rinvia al capitolo 4.)

18.1.1 Materie prime

Le materie prime sono esposte a numerose fonti di sporco e possono apportare ulteriore contaminazione all'interno delle aree di ricevimento, stoccaggio e lavorazione. Possono contenere pericoli biologici: alcune specie di frutta e verdura possono essere contaminate da microrganismi, lo zucchero da spore batteriche e lieviti e l'acqua da microrganismi patogeni. I materiali in entrata possono anche contenere pericoli chimici: nella frutta possono essere presenti residui di agrofarmaci, l'acqua può essere contaminata da metalli pesanti e sostanze chimiche, mentre i materiali di confezionamento possono rilasciare nei prodotti residui di sostanze chimiche. Inoltre, durante le fasi del processo, i residui di detergenti presenti in seguito a risciacquo inadeguato possono contaminare i semilavorati. Le merci in entrata possono essere contaminate da corpi estranei pericolosi, come frammenti di metallo, plastica e vetro, oppure da schegge di legno. Il lavaggio dei prodotti freschi con acqua non solo non assicura la completa rimozione dei microrganismi patogeni (Brackett, 1992), ma può anche essere causa di contaminazione crociata. Il lavaggio con acqua clorata è il trattamento disinfettante applicato più frequentemente ai prodotti freschi; tuttavia ha modesta efficacia, in quanto determina una riduzione di patogeni sui prodotti freschi inferiore a 2 log ufc/g (Beuchat et al., 1998). Altri disinfettanti, quali biossido di cloro, perossido di idrogeno, acidi organici, ozono e acqua acida elettrolizzata possiedono la stessa attività antimicrobica dell'acqua clorata (Bari et al., 1999; Han et al., 2000; Kim et al., 1999; Lin et al., 2002; Koseki, 2003). L'acqua acida elettrolizzata si è dimostrata efficace nell'inattivazione di patogeni come *E. coli* O157:H7, *Listeria monocytogenes*, *Salmonella* e *Bacillus cereus* (Kim et al., 2000; Koseki et al., 2001; Park et al., 2001).

18.1.2 Contaminazione dal suolo

Se il lavaggio non è accurato, i batteri termoresistenti presenti nel terreno possono essere causa di *flat sour* e di altre alterazioni dei prodotti vegetali in scatola. Le popolazioni di microrganismi sono influenzate dal vento, dall'umidità, dal soleggiamento e dalla temperatura, come pure dalla presenza di animali domestici e selvatici, di acque di irrigazione, di escrementi di uccelli, di attrezzature e personale impegnati nel raccolto. Numerosi patogeni giungono sui prodotti ortofrutticoli attraverso l'irrigazione subito prima del raccolto e possono permanervi poiché non subiscono gli effetti dell'irraggiamento solare che li distruggerebbe disidratandoli.

18.1.3 Contaminazione dall'aria

L'aria contaminata contribuisce a peggiorare le condizioni igieniche delle materie prime. Oltre ai microrganismi alterativi e agli inquinanti in essa normalmente presenti, l'aria può veicolare anche patogeni. L'immissione di aria non pulita all'interno di uno stabilimento di trasformazione può essere prevenuta mediante l'utilizzo di appositi filtri.

18.1.4 Contaminazione da infestanti

Alcuni parassiti possono infestare frutta e verdura in campo. La contaminazione da parte di infestanti può dare luogo alla diffusione di virus, batteri alterativi e patogeni, come pure a danni fisici. I microrganismi portati da infestanti spesso rimangono inattivi a causa della cuticola protettiva e della ridotta umidità (misurata in termini di a_w) presente sulla superficie di frutta e verdura. Al raggiungimento della maturazione, o immediatamente dopo, i profondi cambiamenti che si verificano in questi prodotti possono dare luogo ad alterazioni. L'azione di alcuni insetti, come l'imenottero impollinatore del fico (*Blastophaga psenes*), può determinare l'introduzione, all'interno del frutto, di microrganismi che persistono e si sviluppano in grande quantità durante tutta la fase di maturazione. Una parte dei microrganismi introdotti, pur non provocando alterazione, può attrarre altri organismi, come *Drosophila*, che veicolano lieviti e batteri alterativi. Quando la parete protettiva dei prodotti vegetali viene danneggiata da colpi o da attacchi di insetti, i microrganismi possono penetrare facilmente.

All'arrivo allo stabilimento, la presenza di coliformi sulla frutta destinata alla trasformazione non è realmente indicativa della quantità di microrganismi che si ritroveranno nel succo da essa ottenuto, né costituisce una prova di condizioni igieniche scadenti all'interno dello stabilimento. Invece, la presenza di batteri lattici, per esempio nei succhi di frutta, costituisce un segnale attendibile di scarsa igiene del processo: questi microrganismi sono un indice molto accurato di condizioni igieniche scadenti dovute a inadeguata sanificazione;

infatti sono i più facilmente presenti nei *pool* batterici che si formano quando non vengono attuate procedure di sanificazione appropriate.

Sebbene in natura siano presenti numerose micotossine, solo poche si ritrovano con frequenza nella frutta. La formazione di micotossine dipende sia da fattori endogeni e ambientali, sia dalla crescita fungina. Queste sostanze possono permanere sui frutti anche dopo la rimozione del micelio e, a seconda della specie vegetale, alcune di esse possono diffondere all'interno del frutto. Procedure appropriate di selezione, controllo e cernita della frutta rappresentano i fattori più importanti per la riduzione della contaminazione da micotossine durante la produzione di succhi di frutta. Tuttavia, la lavorazione degli alimenti non è in grado di eliminare completamente le micotossine (Drusch e Ragab, 2003).

Per il lavaggio di frutta e verdura è sconsigliato il ricircolo dell'acqua, poiché ciò determina un rapido aumento della sua carica microbica. L'efficacia della clorazione dell'acqua di lavaggio è minima, poiché le spore batteriche sono resistenti al cloro, e viene ulteriormente ridotta dall'assorbimento e dalla conseguente neutralizzazione del cloro libero da parte dei residui organici che si accumulano nell'acqua. Tuttavia, alcuni metodi casalinghi per il lavaggio della lattuga, per esempio con aceto di mele (5%), succo di limone (13%), candeggina (4%) e aceto di vino (35%), possono ridurre la popolazione di batteri aerobici rispettivamente di 0,6, 1,2, 1,8 e 2,3 log/g, senza modificare sensibilmente le caratteristiche organolettiche (Vijayakumar e Wolf-Hall, 2002).

18.2 Requisiti igienici dello stabilimento

Per quanto valido, il progetto di uno stabilimento non può impedire la penetrazione di microrganismi a meno che non siano previste precise caratteristiche igieniche, in particolare aree e attrezzature facilmente e completamente sanificabili. Se lo stabilimento viene costruito *ex novo*, ampliato o ristrutturato, i layout degli impianti di processo, meccanici e idraulici e le specifiche delle attrezzature e delle strutture devono essere analizzati da tutto il personale tecnico coinvolto nell'organizzazione produttiva: ingegneri meccanici, ingegneri di produzione, tecnologi alimentari, microbiologi, specialisti della sanificazione e capireparto. Questo approccio consente di integrare procedure operative e controllo del processo (controllo di qualità).

La costruzione o l'ampliamento di uno stabilimento per la lavorazione di prodotti ortofrutticoli deve essere realizzata secondo un disegno igienico, poiché attualmente gran parte delle aziende sono orientate alla lavorazione di grandi volumi di prodotto. L'aumento della meccanizzazione ha comportato una diminuzione del ruolo della pulizia manuale e dell'ispezione visiva e assegnato un'importanza crescente ai sistemi CIP.

Per loro natura, gli impianti che trasformano grandi volumi operano con periodi di produzione più lunghi e flussi di prodotto maggiori rispetto agli impianti di dimensioni più ridotte. Ciò comporta uno sviluppo microbico molto più consistente, a causa dei tempi di permanenza più prolungati e dei maggiori volumi prodotti. Per ridurre la carica microbica dovrebbe essere impiegato un dispositivo che la monitori e che, al superamento di soglie di sicurezza prefissate, arresti la produzione e avvii automaticamente una procedura di sanificazione. Tale dispositivo dovrebbe intervenire solo in presenza di una carica eccessiva, pari per esempio al 150% di quella rilevabile in condizioni normali.

Una progettazione dello stabilimento con precise caratteristiche igienico-sanitarie è indispensabile per minimizzare i tempi di fermo impianto necessari per eseguire le operazioni di pulizia e disinfezione.

Nella sanificazione di impianti e attrezzature, sono sempre più numerose le operazioni meccanizzate e automatizzate che in passato erano eseguite manualmente. Prima dell'avvento dei sistemi CIP le apparecchiature di processo e di stoccaggio venivano smontate ogni giorno e pulite a mano. Subito dopo l'introduzione del CIP, la gestione delle operazioni di sanificazione è stata inizialmente condotta mediante pannelli di controllo a pulsanti; il progresso dell'automazione ha portato all'impiego di sistemi di gestione, controllati da computer, che provvedono automaticamente all'avvio e all'arresto delle operazioni di detersione, risciacquo e disinfezione (in proposito si veda anche il capitolo 10).

Una delle più importanti caratteristiche di una progettazione igienica è l'assenza di crepe, fessure e anfratti nelle strutture del fabbricato e negli impianti. In particolare, rispetto a irregolarità di maggiori dimensioni, le fessure più sottili e profonde rappresentano un ostacolo più rilevante per le operazioni di pulizia.

18.2.1 Principi di progettazione igienica

Nella costruzione e nella ristrutturazione di stabilimenti per la lavorazione di prodotti ortofrutticoli occorre rispettare alcuni standard minimi. Una progettazione valida dal punto di vista igienico deve adottare i seguenti principi.

– Attrezzature e impianti devono essere progettati in modo che tutte le superfici a contatto con il prodotto possano essere facilmente smontate per la sanificazione manuale oppure siano predisposte per la sanificazione CIP.
– Le superfici esterne devono essere realizzate in modo da prevenire l'annidamento di sporco, infestanti e microrganismi su attrezzature e impianti e su qualunque parte dell'area produttiva, compresi muri, pavimenti, soffitti e sostegni.
– Gli impianti devono essere progettati per proteggere gli alimenti dalla contaminazione esterna.
– Tutte le superfici a contatto con gli alimenti devono essere inerti e, nelle condizioni di utilizzo, non devono cedere sostanze ai prodotti.
– Tutte le superfici a contatto con gli alimenti devono essere lisce e non porose per prevenire l'accumulo in sottilissime crepe di minuscole particelle di alimenti, uova di insetti o microrganismi.
– La parte interna di attrezzature e impianti deve prevedere il minor numero possibile di fessure e cavità nelle quali possano raccogliersi particelle di sporco.

L'interno e l'esterno dello stabilimento devono avere le seguenti caratteristiche.

– Vanno evitate sporgenze e irregolarità nelle quali possa accumularsi sporcizia.
– La progettazione deve limitare al massimo l'impiego di bulloni, viti e rivetti, per ridurre i punti di accumulo dei residui.
– Per ridurre le zone in cui possono accumularsi residui, è necessario evitare angoli inaccessibili e superfici e cavità irregolari.
– Per ridurre il deposito di sporco e la contaminazione microbica occorre evitare bordi taglienti e non raccordati.
– Per impedire l'ingresso agli infestanti è essenziale installare barriere, come doppie porte, porte a strisce robuste e dispositivi di chiusura automatica.

Per realizzare, ampliare o ristrutturare uno stabilimento che minimizzi la contaminazione da fonti esterne, è necessario evitare di incorrere in alcuni comuni errori. Le esigenze possono mutare con i progressi tecnologici; perciò il layout deve assicurare la massima flessibilità ed essere in grado di accogliere i diversi sistemi compatibili con il tipo di stabilimento da realizzare. Tra gli aspetti da considerare per ridurre la contaminazione, hanno grande importanza i seguenti.

– Devono essere disponibili spazi di stoccaggio adeguati per materie prime e altre forniture. Se tali spazi sono insufficienti può verificarsi contaminazione da parte degli imballaggi dei materiali in entrata. Sono inoltre necessari spazi sufficienti per un'accurata cernita delle materie prime, nelle quali possono essere presenti corpi estranei. Se stoccate nella stessa area in cui si immagazzinano materiali per la sanificazione e la manutenzione, le materie prime possono risultare contaminate da sostanze chimiche.

– Deve essere predisposta un'area separata per lo stoccaggio del prodotto finito. Uno spazio insufficiente obbligherebbe a utilizzare a questo scopo l'area di produzione, con il rischio di contaminazione crociata da parte delle materie prime.

– Va impedita la congestione delle aree in cui si lavorano alimenti non ancora confezionati. Spazi insufficienti ostacolano le operazioni di pulizia e manutenzione, aumentano la contaminazione e il rischio di danni agli addetti e alle attrezzature.

– È necessario predisporre percorsi brevi e diretti per la rimozione dei rifiuti, affinché questi non transitino attraverso le aree di produzione. Questo aspetto del layout è cruciale a causa delle condizioni intrinsecamente antigieniche delle attrezzature impiegate per la raccolta dei rifiuti.

– La collocazione dell'area destinata alle merci non conformi è di notevole importanza. Poiché questi prodotti sono spesso infestati e possono essere parzialmente decomposti, è essenziale che siano isolati dalle materie prime e dalle aree di produzione.

– Per ridurre la presenza di infestanti e assicurare aria pulita, va attuato un rigoroso controllo delle condizioni ambientali, collocando le aree di deposito e trattamento dei rifiuti il più lontano possibile dallo stabilimento. Occorre inoltre prevedere: adeguati sistemi di drenaggio per prevenire il ristagno di acqua; superfici esterne facili da pulire; controlli per prevenire la crescita di erba e sterpaglie e l'accumulo di materiali di scarto e attrezzature inutilizzate.

– È essenziale un'accurata igiene personale degli addetti (si veda in proposito il capitolo 5).

18.3 Criteri di sanificazione

Come nelle altre aziende alimentari, la direzione degli stabilimenti che lavorano prodotti ortofrutticoli ha l'obbligo legale e morale di fornire al consumatore alimenti sicuri. A tale scopo è indispensabile un efficace programma di sanificazione, che assicuri l'igiene degli ambienti in cui si svolge la produzione.

18.3.1 Conduzione igienica

Una corretta conduzione deve assicurare ambienti ordinati e ben organizzati. La sistemazione accurata di prodotti, altri materiali e indumenti migliora l'ordine dello stabilimento, riduce la contaminazione e agevola le operazioni di sanificazione. L'attenzione alla pulizia e all'ordine contribuisce alla corretta esecuzione delle mansioni. Sebbene la responsabilità di far rispettare queste regole ricada sul responsabile della sanificazione, una buona conduzione igienica dipende dalla cooperazione tra tutti gli addetti alla produzione, alla manutenzione e alla sanificazione. In particolare, tale cooperazione è indispensabile per assicurare l'appropriata collocazione dei contenitori per gli scarti, degli strumenti, degli utensili e degli oggetti personali degli addetti. L'adeguata collocazione dei contenitori per gli scarti è essenziale per favorire l'immediata eliminazione di tutto ciò che non è più utilizzabile.

Insetti, roditori e uccelli aumentano la contaminazione; per controllarli è necessario conoscerne le caratteristiche biologiche e le abitudini. Le procedure igienico-sanitarie costituiscono importanti strumenti di controllo, poiché possono eliminare fonti di nutrimento e rifugi. Un adeguato disegno igienico – che preveda barriere d'aria e reti, sigillatura di buchi, crepe e fessure – ostacola l'accesso degli infestanti nello stabilimento; un altro strumento di prevenzione è rappresentato da ispezioni periodiche per individuare tracce della presenza di infestanti. (Gli infestanti, e i metodi per la loro individuazione, sono trattati nel capitolo 12).

18.3.2 Gestione dei rifiuti

La gestione dei rifiuti può essere più efficace, e il recupero degli scarti più efficiente, separando dai reflui i residui solidi. Questi ultimi sono frequentemente separati mediante raccolta e/o trasferimento prima che i reflui vengano convogliati nei pozzetti o nelle canaline di scarico. Dopo l'allontanamento, i reflui sono normalmente gestiti e trattati con i metodi discussi nel capitolo 11. Alcuni stabilimenti trasformano gli scarti di lavorazione come sottoprodotti; per esempio le aziende che lavorano agrumi riescono a utilizzare oltre il 99% della materia prima producendo succhi, concentrati e mangime per bestiame. L'aumento dell'efficienza del recupero degli scarti ha ridotto i costi dello smaltimento dei rifiuti.

18.3.3 Rifornimento idrico

Un abbondante rifornimento di acqua di buona qualità è indispensabile sia per produrre alimenti sani, sia per pulire efficacemente lo stabilimento. Oltre che come mezzo per la sanificazione, l'acqua è importante per il trasferimento del calore e per la lavorazione dei prodotti.

Le caratteristiche igieniche dell'acqua vanno monitorate quotidianamente mediante analisi microbiologiche e chimiche, per la ricerca di contaminanti organici e inorganici. Le analisi microbiologiche servono per valutare l'accettabilità dell'acqua per le operazioni che comportano il contatto con alimenti o con superfici destinate a venire a contatto con essi. L'efficacia dell'acqua nel lavaggio di prodotti o attrezzature dipende dall'eventuale presenza di impurità organiche e inorganiche.

18.4 Sanificazione degli stabilimenti di trasformazione

Un prodotto igienicamente sicuro è il risultato di una rigorosa sanificazione e dell'efficace distruzione dei microrganismi durante il processo.

La tradizionale produzione di conserve di frutta e verdura in scatola prevede il riempimento dei contenitori (di metallo, vetro o plastica), seguito da chiusura ermetica e da trattamento termico. Tale trattamento, definito *sterilizzazione*, è concepito per eliminare un numero estremamente elevato di spore di *Clostridium botulinum* e per ridurre le probabilità di sopravvivenza delle spore termoresistenti di numerosissime specie di microrganismi alterativi. Il risultato di questo trattamento è la condizione di *sterilità commerciale*. Poiché la distruzione dei microrganismi avviene in contenitori sigillati, la cui integrità può essere controllata perfettamente, questo trattamento termico è considerato sicuro e adatto all'applicazione dell'HACCP.

Nel confezionamento asettico alimenti e contenitori vengono sterilizzati separatamente. Gli alimenti sono successivamente raffreddati a temperatura opportuna e immessi nei contenitori, che vengono sigillati ermeticamente; tutto il processo si svolge in condizioni asettiche. I punti critici di questa tecnologia sono rappresentati dalla sterilizzazione del materiale di confezionamento, dal mantenimento della sterilità, dall'integrità delle confezioni (in particolare durante la distribuzione) e dalla possibile cessione di sostanze dalle confezioni al prodotto. Sono pertanto necessari metodi per il monitoraggio continuo del processo; per esempio, sono disponibili metodi per misurare la concentrazione delle soluzioni di H_2O_2 impiegate per sterilizzare il materiale di confezionamento (Shapton e Shapton, 1991).

Per ridurre il fabbisogno di manodopera nelle operazioni di pulizia, è essenziale un efficiente layout delle attrezzature di sanificazione, che andrebbero pertanto installate dopo quelle di processo. Nei piccoli stabilimenti lo sporco derivante dalla lavorazione dei prodotti ortofrutticoli può essere rimosso più facilmente con sistemi mobili, mentre in quelli di grandi dimensioni è più indicata la combinazione di impianti CIP e sistemi centralizzati a schiuma.

Lavaggio con acqua calda
L'acqua consente il trasporto dei detergenti e dello sporco in sospensione. Gli zuccheri, gli altri carboidrati e i composti relativamente idrosolubili possono essere rimossi efficacemente con acqua. Negli stabilimenti che lavorano prodotti ortofrutticoli il principale vantaggio del lavaggio con acqua calda (60-80 °C) è rappresentato dal fatto che richiede investimenti minimi per le attrezzature. Tra i limiti di questo metodo di pulizia vi sono la manodopera necessaria, i costi energetici e la formazione di condensa sugli impianti e nell'ambiente circostante; inoltre questa tecnica non è efficace per rimuovere depositi di sporco tenace.

Sistemi ad alta pressione e bassa portata
In questo tipo di industria la pulizia con spray ad alta pressione risulta utile per la sua efficacia nella rimozione di sporco tenace. Le zone difficili da raggiungere possono essere pulite adeguatamente con minore lavoro. Inoltre, questo sistema aumenta l'efficacia dei detergenti anche sotto i 60 °C; tale soglia non deve essere superata, poiché ad alte temperature i getti tendono a cuocere lo sporco sulle superfici da pulire, favorendo la crescita microbica. (Per una trattazione più approfondita di questa tecnica, si rinvia al capitolo 10.)

Pulizia a schiuma
Negli stabilimenti che lavorano prodotti ortofrutticoli i sistemi mobili a schiuma sono largamente impiegati per la facilità e la rapidità di applicazione su soffitti, pareti, tubature, nastri trasportatori e serbatoi di stoccaggio. Le dimensioni e i costi di queste apparecchiature sono simili a quelli delle unità mobili ad alta pressione.

I sistemi a schiuma centralizzati applicano il detergente con la stessa tecnica di quelli mobili. L'impianto è in grado di raggiungere tutto lo stabilimento; i detergenti sono miscelati automaticamente con acqua e aria per formare la schiuma, che viene distribuita dai diversi satelliti installati in punti strategici.

Sistemi ad alta pressione combinati con pulizia a schiuma
Questo sistema ha caratteristiche simili a quelle dei sistemi centralizzati ad alta pressione e bassa portata, salvo per il fatto che può essere erogata anche schiuma. Il metodo offre un'ottima flessibilità, in quanto la schiuma può essere applicata su grandi superfici e l'alta pressione può essere utilizzata su nastri trasportatori, convogliatori in acciaio inossidabile e punti difficili da raggiungere presenti negli stabilimenti dell'industria conserviera.

Sistemi CIP

In questo sistema chiuso le soluzioni sanificanti vengono fatte ricircolare e sono erogate da ugelli fissi, che lavano, risciacquano e disinfettano automaticamente l'impianto. I sistemi CIP trovano applicazione nelle camere sotto vuoto, nelle linee di pompaggio e di circolazione e nei grandi serbatoi di stoccaggio. Poiché molti frutti contengono concentrazioni elevate di zuccheri e modeste di grassi, l'acqua è in grado di allontanare la maggior parte dei residui; è inoltre possibile prevedere un lavaggio acido per ridurre la formazione di incrostazioni. I sistemi CIP sono più adatti per aziende che lavorano grandi volumi di prodotto, poiché il risparmio di manodopera consente un rapido ritorno dell'investimento sostenuto. (Per una trattazione più approfondita di questa tecnica, si rinvia al capitolo 10.)

18.5 Detergenti e disinfettanti

Lo sporco che rimane sugli impianti o in qualunque altro punto dello stabilimento, dopo le operazioni di pulizia, è contaminato da microrganismi. Un'accurata pulizia fisica di tutti gli impianti e gli ambienti è necessaria per ridurre la carica microbica che dovrà essere eliminata con la disinfezione. (Per ulteriori informazioni sui detergenti, si rinvia al capitolo 8.) Inoltre, lo sporco residuo può ridurre la forza delle soluzioni disinfettanti. Formulazioni che combinano detergente e disinfettante sono molto utilizzate nei piccoli stabilimenti che eseguono la pulizia manuale a temperature inferiori a 60 °C. Se la temperatura del mezzo pulente è superiore a 80 °C, la soluzione distrugge i microrganismi alterativi e la maggior parte dei batteri patogeni, senza necessità di applicare un disinfettante chimico.

18.5.1 Composti a base di alogeni

Il cloro e suoi composti sono i disinfettanti alogeni più efficaci per la disinfezione delle attrezzature e dei contenitori di processo e dell'acqua. Gli ipocloriti di calcio e di sodio sono tra i disinfettanti più frequentemente utilizzati negli stabilimenti per la lavorazione di frutta e verdura. Sebbene il cloro elementare sia meno costoso in termini di cloro disponibile, gli ipocloriti di calcio e di sodio a basse concentrazioni sono più facili da applicare. Le soluzioni di ipoclorito sono influenzate da variazioni di temperatura e di pH e dalla presenza di residui organici. Questi composti agiscono rapidamente e sono più economici rispetto agli altri alogeni, ma tendono a essere più corrosivi e irritanti per la pelle. (Maggiori informazioni sui disinfettanti a base di cloro e di iodio sono fornite nel capitolo 9.)

Biossido di cloro

Questo composto è approvato negli Stati Uniti per il trattamento dell'acqua usata nelle condotte per trasportare i prodotti in fase di lavorazione, a concentrazioni fino a 3 ppm, e per il controllo dei microrganismi nelle acque di processo. È inoltre impiegato nel trattamento delle acque reflue e per il controllo della formazione di mucillagini nelle torri di raffreddamento. Di norma è utilizzato a concentrazioni comprese tra 1 e 10 ppm (Anon., 2003).

18.5.2 Composti di ammonio quaternario

Questi composti sono efficaci contro la maggior parte dei batteri e delle muffe. Sono stabili nelle formulazioni concentrate e nelle soluzioni a temperatura ambiente; inoltre sono idrosolubili, incolori, inodori, non corrosivi per i metalli di comune impiego e non irritanti per la pelle alle normali concentrazioni. In presenza di sporco questi composti risultano più attivi di altri disinfettanti e sviluppano la massima attività antimicrobica a valori di pH superiori a 6,0. La loro efficacia contro i batteri risulta limitata se vengono combinati con detergenti o sciolti in acqua dura.

18.5.3 Disinfettanti acidi

Negli Stati Uniti l'EPA ha approvato l'impiego dei disinfettanti a base di acido peracetico per la riduzione delle popolazioni di microrganismi alterativi (lieviti, muffe e batteri) su frutta e verdura e di batteri patogeni sulle superfici dei prodotti trasformati. Questi composti assicurano il controllo microbico nei prodotti di quarta gamma o ulteriormente trasformati e nell'acqua impiegata per il trasporto post raccolta e per il lavaggio di frutta e verdura. Soluzioni al 5% di acido acetico e peracetico sono efficaci nella riduzione di *E. coli* O157:H7 sulle mele destinate alla produzione di sidro (Wright et al., 2000). Il risciacquo con una soluzione acidificata di cloruro di sodio determina la riduzione dei patogeni e rappresenta un'alternativa per la disinfezione dei prodotti di quarta gamma (Gonzalez et al., 2004).

18.5.4 Ozono

Questo gas disinfetta efficacemente materie prime, materiali di confezionamento e ambienti di produzione. È impiegato in numerosi processi, tra i quali la lavorazione di prodotti di quarta gamma e lo stoccaggio e la trasformazione di frutta e verdura. Applicato alle patate, durante il trasferimento mediante convogliatore coperto al magazzino di stoccaggio, l'ozono può ridurre l'incidenza di microrganismi patogeni (Clark, 2004). Il trattamento con ozono di sidro di mela e succo d'arancia potrebbe rappresentare un'alternativa alla pastorizzazione termica per la riduzione di *E. coli* O157:H7 e *Salmonella* (Williams et al., 2004).

I sistemi che impiegano ozono sono generalmente fissi, per semplificare il monitoraggio dell'ozono e degli *off-gas* in termini di sicurezza ed efficacia. L'ozono è un gas instabile e reagisce rapidamente con le sostanze organiche. L'azione disinfettante è dovuta all'interazione con la membrana cellulare dei microrganismi e alla denaturazione di enzimi metabolici. Non lascia residui e, in normali condizioni ambientali, ha un'emivita di 10-20 minuti; deve essere generato mediante dispositivi elettrici al momento dell'utilizzo e non può essere stoccato per impieghi successivi. Un vantaggio dell'ozono è rappresentato dalla sua capacità di ossidare rapidamente i microrganismi in una soluzione: i microrganismi che si staccano dalle superfici spruzzate vengono uccisi prima di arrivare allo scarico. Non presentando problemi di stoccaggio, trasporto o miscelazione, l'ozono può essere considerato conveniente rispetto ad altri disinfettanti chimici.

18.5.5 Raggi ultravioletti

La disinfezione con raggi UV ha un utilizzo limitato per gli impianti e le aree di processo e di stoccaggio, ma è impiegata, soprattutto negli Stati Uniti, per ridurre la carica microbica su frutta e verdura fresche. L'irradiazione con UV può migliorare l'aspetto della frutta stoccata al buio, senza determinare effetti avversi (Maneerat et al., 2003).

L'accumulo di etilene durante lo stoccaggio causa il deterioramento dei prodotti ortofrutticoli; una soluzione a tale problema potrebbe derivare dallo sviluppo di una tecnica basata sulla reazione fotocatalitica del biossido di titanio che, irradiato con raggi UV, è in grado di scindere l'etilene in acqua e anidride carbonica.

18.6 Procedure di sanificazione

Non è possibile definire un insieme rigido di procedure valido per tutti gli stabilimenti che trasformano e lavorano prodotti ortofrutticoli. Le procedure dipendono infatti dalle caratteristiche specifiche di ogni singola industria: tipo di fabbricato; dimensioni, età e tipologia degli impianti presenti; condizioni generali dello stabilimento. Gli esempi qui riportati hanno quindi solo valore indicativo e devono essere adattati alle effettive condizioni in cui viene attuata la sanificazione.

Aree di processo

Frequenza   Quotidiana.

Procedura
1. Prerisciacquare tutte le superfici sporche con acqua a 55 °C per rimuovere i materiali estranei dai soffitti e dalle pareti e convogliarli verso gli scarichi a pavimento. Evitare di spruzzare motori, prese di corrente e cavi elettrici.
2. Applicare un detergente acido forte mediante un sistema per la pulizia a schiuma mobile o centralizzato; i primi sono più adatti per i piccoli stabilimenti, quelli centralizzati per gli stabilimenti di grandi dimensioni. Per le aree molto sporche, i detergenti sono più efficaci se applicati con un sistema mobile o centralizzato ad alta pressione. Se sono presenti metalli diversi dall'acciaio inox, anziché il detergente acido deve essere impiegato un detergente alcalino multiuso. Per rimuovere i depositi più tenaci, rimasti nonostante l'applicazione della schiuma, può essere necessaria una spazzolatura manuale. Il detergente deve ricoprire tutta la struttura, le parti inferiori dei tavoli e le altre zone difficili da raggiungere. Occorre lasciare agire il detergente per 10-20 minuti.
3. Risciacquare le superfici con acqua a 50-55 °C entro 20 minuti dall'applicazione del detergente, per rimuovere i residui.
4. Ispezionare accuratamente tutte le superfici e ripetere la procedura dove necessario.
5. Applicare sulle attrezzature pulite un disinfettante a base di cloro, mediante un sistema mobile o centralizzato. La concentrazione di cloro nella soluzione disinfettante spruzzata deve essere di 100 ppm. Le linee impiegate per il ricircolo dell'acqua di lavaggio e per il trasporto di piselli, mais e altri prodotti vegetali, come pure di salamoie e sciroppi, devono essere disinfettate con lo stesso sistema. Svuotare, lavare e disinfettare frequentemente i serbatoi di stoccaggio dell'acqua per ridurre lo sviluppo di microrganismi.
6. Lavare accuratamente in controcorrente i filtri dell'acqua e gli addolcitori.
7. Eliminare incrostazioni (se necessario) dalle superfici delle scottatrici, delle tubature dell'acqua e degli impianti, per ridurre la probabilità che si annidino batteri termofili e altri microrganismi.
8. Rimuovere, pulire e riposizionare le coperture dei pozzetti di scarico.
9. Per proteggere le superfici soggette ad arrugginire, seguire le istruzioni dei fornitori; in generale va evitata l'applicazione di oli a scopo protettivo, poiché il film lipidico contribuisce alla crescita microbica.
10. Evitare la contaminazione durante la manutenzione e l'installazione delle attrezzature; al termine dell'intervento i tecnici devono anche sanificare dove hanno lavorato.

Gli stabilimenti di grandi dimensioni possono utilizzare vantaggiosamente un sistema CIP per pulire condutture, grandi serbatoi di stoccaggio e cuocitori. Tale sistema può essere utilizzato in alternativa alle fasi 1, 2, 3 e 5 sopra descritte.

Raccomandazioni per favorire una sanificazione efficace

Per facilitare le operazioni di pulizia e contribuire a una migliore sanificazione, sono consigliati i seguenti comportamenti:

– ridurre le incrostazioni derivanti da cottura controllando attentamente la temperatura dei recipienti;
– dopo l'utilizzo, risciacquare e lavare immediatamente le attrezzature, per evitare l'essiccamento dello sporco;
– sostituire le guarnizioni usurate per evitare perdite e spruzzi;
– manipolare alimenti e ingredienti con cura per evitare che si rovescino;
– lavorare in modo ordinato, mantenendo le aree pulite durante il turno di lavoro;
– durante le interruzioni della lavorazione risciacquare le attrezzature e quindi raffreddarle ad almeno 35 °C per ridurre la crescita microbica;
– durante le sospensioni momentanee mantenere lavatrici, asciugatrici, scottatrici e altre attrezzature in funzione, raffreddandole ad almeno 35 °C.

Fasi preparatorie per una sanificazione efficace

Per facilitare le operazioni di sanificazione, è necessario preparare le attrezzature e l'area da pulire, mediante i seguenti passaggi.
1. Rimuovere tutti i residui grossolani dall'area.
2. Smontare quanto più possibile le attrezzature.
3. Coprire tutte le connessioni elettriche con fogli di plastica.
4. Disconnettere le attrezzature dall'impianto elettrico o aprire l'interruttore, per evitare di spruzzare residui sui macchinari già puliti.
5. Rimuovere i residui più grossolani dall'attrezzatura mediante aria compressa, scope, raschietti o altri strumenti appropriati.

Aree di stoccaggio per prodotti imballati

Frequenza   Nelle aree in cui sono immagazzinati prodotti trasformati, almeno una volta alla settimana; più frequentemente negli stabilimenti che lavorano grandi volumi. Nelle aree per lo stoccaggio di materie prime, quotidianamente.

Procedura
1. Raccogliere i residui grossolani e depositarli negli appositi contenitori.
2. Spazzare e/o spazzolare i pavimenti, se disponibile mediante una spazzatrice meccanica (utilizzare detergenti appropriati per la spazzatrice meccanica, seguendo le raccomandazioni del fornitore).
3. Utilizzare un sistema a schiuma mobile o centralizzato con acqua a 50 °C, per rimuovere dalle aree lo sporco tenace, prodotti sversati o altri residui. Risciacquare seguendo la stessa procedura impiegata per le aree di processo.
4. Rimuovere, pulire e riposizionare le coperture dei pozzetti di scarico.
5. Riporre tubi e altre attrezzature.
6. Lavare e disinfettare i contenitori dei prodotti ortofrutticoli dopo ogni utilizzo (le casse in legno dovrebbero essere sostituite da contenitori in metallo più facili da sanificare).

Prodotti ortofrutticoli - Sanificazione delle superfici esterne

Area di applicazione Questa procedura trova applicazione per tutte le superfici esterne di impianti e attrezzature, pareti e pavimenti. È utile per la rimozione di residui di
grassi, zuccheri, proteine, polisaccaridi (cellulosa, amido), oltreché di microrganismi.
Per prevenire la proliferazione microbica e assicurare risultati ottimali, la procedura deve
essere applicata secondo la frequenza indicata.

Sistema d'applicazione Sistema a media pressione.

Frequenza Giornaliera

Fase	Prodotti	Concentrazione	Temperatura	Tempo	Note
Preparazione					Coprire le parti delicate
Rimozione dello sporco grossolano					Staccare i residui grossolani di lavorazione con l'ausilio di raschietti
Prerisciacquo	Acqua potabile		Ambiente		Risciacquare tutte le superfici. Sulle superfici verticali indirizzare il getto d'acqua dall'alto verso il basso
Detersione alcalina	Detergente alcalino cloroattivo schiumogeno	2,0-5,0%	Ambiente	15 min	Applicare il detergente con sistema a media pressione. Per superfici verticali procedere dall'alto verso il basso. Dopo l'applicazione lasciare agire per 10-15 minuti
Risciacquo finale	Acqua potabile		Ambiente		Rimuovere sporco e detergente risciacquando tutte le superfici
Controllo del lavaggio					Controllare visivamente tutti i punti e le aree critiche trattate. Ripetere la procedura se necessario

Frequenza Secondo necessità, in sostituzione della detersione alcalina

Fase	Prodotti	Concentrazione	Temperatura	Tempo	Note
Detersione acida	Detergente antincrostante schiumogeno	2,0-3,0%	Ambiente	15 min	Applicare il detergente con sistema a media pressione. Per superfici verticali procedere dall'alto verso il basso. Dopo l'applicazione lasciare agire per 10-15 minuti

Avvertenza La procedura riportata rappresenta solo un'indicazione generale. In condizioni che si
discostano dalla norma (per esempio, elevata durezza dell'acqua o lavorazioni particolari), occorre
consultare il fornitore dei prodotti per la sanificazione.

Fonte: Ecolab S.r.l. - Food & Beverage, Italia

18.7 Valutazione dell'efficacia della sanificazione

Il programma di sanificazione deve essere valutato periodicamente per determinare l'efficacia della pulizia e della disinfezione; i dati raccolti non forniscono solo una misura dell'efficacia delle operazioni svolte, ma costituiscono anche una documentazione della loro effettiva esecuzione. La definizione di obiettivi e il controllo dei risultati ottenuti sono indispensabili per determinarne la validità delle procedure di sanificazione.

18.7.1 Standard di sanificazione

Per valutare le procedure di sanificazione e i progressi realizzati, dovrebbe essere utilizzato un criterio che consenta di confrontare i risultati attuali con quelli ottenuti in precedenza e con gli obiettivi prefissati. Possono essere stabiliti standard di sanificazione basati sull'ispezione visiva e sulle analisi microbiologiche. Un simile approccio presenta dei limiti dovuti alla variabilità, soprattutto per quanto riguarda le analisi microbiologiche. Inoltre la contaminazione visibile e la carica microbica non sono sempre strettamente correlate. Tuttavia, l'esperto della sanificazione può compensare tale variabilità e valutare ugualmente l'efficacia del programma attuato.

Le ispezioni possono essere condotte dal responsabile della sanificazione oppure da una commissione che comprenda anche i responsabili della produzione e della manutenzione. Le valutazioni devono essere registrate in forma scritta: a tale scopo lo strumento più appropriato è rappresentato da un modulo basato su un sistema di punteggio numerico, suddiviso per aree, con item specifici per le condizioni igieniche rilevate in ciascuna area. Un esempio di modulo impiegato per questo tipo di valutazione è riportato nella figura 18.1. Il rapporto completo, redatto al termine dell'ispezione, deve essere trasmesso ai responsabili di ciascuna area.

18.7.2 Analisi di laboratorio

Affinché le analisi di laboratorio possano risultare di effettiva utilità, il responsabile della sanificazione deve conoscere i generi, le caratteristiche e le possibili fonti dei microrganismi normalmente presenti nello stabilimento. In questo modo le analisi di laboratorio possono rappresentare un valido strumento per monitorare l'efficacia del programma di sanificazione attuato in azienda.

Il responsabile deve impegnarsi per ridurre la conta microbica totale riscontrata sulle superfici delle attrezzature pulite e nei prodotti trasformati, ma deve anche essere consapevole che tale conta non è sempre strettamente correlata con la possibilità di alterazioni o con la presenza di microrganismi pericolosi per la salute dei consumatori. Tra i microrganismi da identificare vanno ricercati i coliformi, in quanto indicatori di contaminazione fecale, e i batteri termofili e alcuni mesofili, in quanto potenziali agenti alterativi. Anche la presenza di numerose specie di sporigeni può essere rilevante, poiché tali batteri possono ridurre la shelf life del prodotto; inoltre, alcuni di essi possono essere responsabili di malattie trasmesse dagli alimenti.

Anche controlli estemporanei della carica microbica totale possono confermare il giudizio risultante dall'ispezione visiva. Il campionamento condotto sui prodotti e sulle superfici delle attrezzature nelle diverse fasi della lavorazione consente di identificare eventuali carenze nel controllo del processo.

Stabilimento		Data

Punteggi: 1 = insoddisfacente 2 = scarso 3 = discreto 4 = buono

Area/Attrezzatura	*Punteggio*	*Osservazioni*
1. *Aree esterne*		
Terreno circostante	—	_____
Impianti di smaltimento rifiuti	—	_____
Altro	—	_____
2. *Ricevimento*		
Banchine	—	_____
Contenitori	—	_____
Convogliatori	—	_____
Pavimenti, muri, soffitti, scarichi	—	_____
Altro	—	_____
3. *Preparazione*		
Lavatrici, condotte per trasporto idraulico	—	_____
Convogliatori	—	_____
Calibratrici, spuntatrici	—	_____
Scottatrici, tramogge, asciugatrici	—	_____
Passatrici, raffinatrici	—	_____
Pavimenti, muri, soffitti, scarichi	—	_____
Altro	—	_____
4. *Inscatolamento*		
Convogliatori	—	_____
Impianti di confezionamento/riempimento	—	_____
Pavimenti, muri, soffitti, scarichi	—	_____
Altro	—	_____
5. *Cottura*		
Sterilizzatori	—	_____
Sciroppatrici	—	_____
Autoclavi	—	_____
Pavimenti, muri, soffitti, scarichi	—	_____
Altro	—	_____
6. *Stoccaggio*		
Serbatoi, tubazioni	—	_____
Altri contenitori	—	_____
Pavimenti, muri, soffitti, scarichi	—	_____
Altro	—	_____
7. *Aree di servizio*		
Armadietti	—	_____
Servizi igienici	—	_____
Pavimenti, muri, soffitti, scarichi	—	_____
Altro	—	_____
8. *Personale*		
Pulizia	—	_____
Copricapo	—	_____
Cartelle sanitarie	—	_____
Altro	—	_____

Figura 18.1 Esempio di scheda di valutazione della sanificazione per uno stabilimento di trasformazione e lavorazione di prodotti ortofrutticoli.

Sommario

Negli stabilimenti che lavorano prodotti ortofrutticoli, un programma di sanificazione efficace richiede la progettazione secondo criteri igienici di ambienti, impianti e attrezzature, l'addestramento degli addetti alla sanificazione, l'impiego di detergenti e disinfettanti appropriati, l'adozione di efficaci procedure di pulizia e una corretta gestione del programma di sanificazione (che comprenda la valutazione del programma mediante ispezione visiva e analisi di laboratorio). La sanificazione deve iniziare dalla riduzione della contaminazione delle materie prime, dell'acqua, dell'aria e delle altre forniture. Se il layout di ambienti e impianti risponde a criteri igienici, la sanificazione è più agevole e la contaminazione contenuta.

Il fabbisogno di manodopera può essere ridotto mediante l'impiego di sistemi mobili o centralizzati ad alta pressione o a schiuma, mentre i sistemi CIP possono essere utilizzati negli stabilimenti di maggiori dimensioni. Se realizzate con materiali resistenti, molte strutture possono essere pulite efficacemente con detergenti acidi e disinfettate più adeguatamente ed economicamente con composti a base di cloro. L'efficacia di un programma di sanificazione può essere valutata stabilendo standard di riferimento, verificabili mediante ispezione visiva e analisi di laboratorio.

Domande di verifica

1. Dove sono maggiormente utilizzati i sistemi CIP negli stabilimenti per la lavorazione dei prodotti ortofrutticoli?
2. Quale percentuale della materia prima utilizzata dall'industria per la lavorazione degli agrumi è normalmente trasformata in rifiuti?
3. Qual è la massima temperatura dell'acqua che deve essere utilizzata per la detersione negli stabilimenti per la lavorazione dei prodotti ortofrutticoli?
4. Quale disinfettante utilizzato in questi stabilimenti è più stabile e agisce più a lungo?
5. Qual è la causa più frequente del *flat sour* nelle conserve vegetali?
6. Perché i microrganismi contaminanti spesso rimangono inattivi su frutta e verdura?
7. Perché è sconsigliato il ricircolo dell'acqua nel lavaggio di frutta e verdura?
8. Perché la clorazione dell'acqua di lavaggio è scarsamente efficace?
9. Quale insetto può introdurre microrganismi che persistono e si moltiplicano durante la maturazione dei frutti?
10. Come si può ridurre lo sviluppo di microrganismi negli stabilimenti per la lavorazione dei prodotti ortofrutticoli?

Bibliografia

Anon. (2003) *Making the right choice sanitizers*. Ecolab Inc., St. Paul, MN.

Bari M, Kusunoki H, Furukawa H, Ikeda H, Isshiki K, Uemura T (1999) Inhibition of growth of Escherichia coli O157:H7 in fresh radish (Raphanus sativus L.) sprout production by calcinated calcium. *J Food Prot* 62: 128.

Beuchat LR, Nail NV, Adler BB, Clavero MS (1998) Efficacy of spray application of chlorinated water in killing pathogenic bacteria on raw apples, tomatoes, and lettuce. *J Food Prot* 62: 845.

Clark JP (2004) Ozone-cure for some sanitation problems. Food Technol 58; 4: 75.

Drusch S, Ragab W (2003) Mycotoxins in fruits, fruit juices, and dried fruits. *J Food Prot* 66: 1514.

Gonzalez RJ, Yaguang L, Ruiz-Cruz S, McEvoy JL (2004) Efficacy of sanitizers to inactivate Escherichia coli O157:H7 on fresh-cut carrot shreds under simulated process water conditions. *J Food Prot* 67: 2375.

Han Y., Sherman DM, Linton RH, Nielsen SS, Nelson PE (2000) The effects of washing and chlorine dioxide gas on survival and attachment of Escherichia coli O157:H7 to green pepper surfaces. *Food Microbiol* 17: 521.

Kashtock ME (2004) Juice HACCP approaches a milestone. *Food Saf Mag* 9; 6: 11.

Kim C, Hung YC, Brackett RE (2000) Efficacy of electrolyzed oxidizing (EO) and chemically modified water on different types of foodborne pathogens. *Int J Food Microbiol* 61: 199.

Kim JG, Yousef AE, Chism GW (1999) Use of ozone to inactivate microorganisms on lettuce. *J Food Saf* 19: 17.

Koseki S, Yoshida K, Isobe S, Itoh K (2001) Decontamination of lettuce using acidic electrolyzed water. *J Food Prot* 64: 652.

Koseki S, Yoshida K, Kamitani Y, Itoh K (2003) Influence of inoculation method, spot inoculation site, and inoculation size on the efficacy of acidic electrolyzed water against pathogens on lettuce. *J Food Prot* 66: 2010.

Lin CM, Moon SS, Doyle MP, McWatters KH (2002) Inactivation of Escherichia coli O157:H7, Salmonella enterica, serotype Enteritidis, and Listeria monocytogenes on lettuce by hydrogen peroxide and lactic acid and by hydrogen peroxide with mild heat. *J Food Prot* 65: 1215.

Maneerat C, Hayata Y, Muto N, Kuroyanagi M (2003) Investigation of UV-A light irradiation on tomato fruit injury during storage. *J Food Prot* 66: 2168.

Park CM, Hung YC, Doyle MP, Ezeike GOI, Kim C (2001) Pathogen reduction and quality of lettuce treated with electrolyzed oxidizing and acidified chlorinated water. *J Food Sci* 66: 1368.

Shapton DA, Shapton NF (1991) Aspects, microbiology safety in food preservation technologies. In: Shapton DA, Shapton NF (eds) *Principles and practices for the safe processing of foods*. Butterworth-Heinemann, Oxford.

Vijayakumar C, Wolf-Hall CE (2002) Evaluation of house sanitizers for reducing levels of Escherichia coli on iceberg lettuce. *J Food Prot* 65: 1646.

Williams RC, Sumner SS, Goldena DA (2004) Survival of Escherichia coli O157:H7 and Salmonella in apple cider and orange juice as affected by ozone and treatment temperature. *J Food Prot* 67: 2381.

Wright JR, Sumner SS, Hackney CR, Pierson MD, Zoecklein BW (2000) Reduction of Escherichia coli O157:H7 on apples using wash and chemical sanitizer treatments. *Dairy Food Environ Sanit* 2: 120.

Capitolo 19
Industria delle bevande

Per l'elevato contenuto in zuccheri e la solubilità in acqua, lo sporco presente nelle industrie delle bevande è meno difficile da rimuovere rispetto a quello di altre tipologie di industrie alimentari. La rimozione dello sporco e il controllo microbico sono più problematici nei birrifici e nelle aziende enologiche, cui sarà dedicata gran parte di questo capitolo.

19.1 Contaminazione microbica nella produzione delle bevande

Per le industrie che, come quella della birra, devono mantenere colture pure di lieviti, è fondamentale preservare i microrganismi utili per la lavorazione ed eliminare quelli responsabili di alterazioni o condizioni non igieniche. Una sanificazione inefficace può causare problemi di accettabilità del prodotto, in quanto i microrganismi contaminanti potrebbero non essere stati eliminati dall'ambiente, ma essere solo sotto controllo.

I birrifici differiscono dalla maggior parte degli altri stabilimenti in quanto i microrganismi patogeni più noti di norma non destano preoccupazioni, soprattutto per la natura delle materie prime, per le tecniche di lavorazione e per le caratteristiche limitanti del prodotto finito (basso pH, elevata concentrazione di alcol e pressione parziale di anidride carbonica). Un'eccezione è rappresentata dall'eventualità, seppure non frequente, che metaboliti tossici (micotossine) prodotti da alcune specie di funghi passino da materie prime contaminate al prodotto finito. Pertanto, non esistendo metodi soddisfacenti per detossificare il prodotto finito, è essenziale, per garantirne l'accettabilità, sottoporre le materie prime a rigorosi controlli.

19.2 Principi di sanificazione

Come in tutti gli stabilimenti alimentari, occorre prevedere un numero adeguato di servizi igienici, perfettamente sanificati e situati a breve distanza dalle aree di imbottigliamento e di produzione. Il personale è tenuto a lavarsi sempre le mani dopo l'utilizzo delle toilette.

19.2.1 Ruolo del personale

Come le altre operazioni effettuate nell'industria alimentare, anche la sanificazione è un lavoro di squadra. Negli stabilimenti per la produzione delle bevande è importante che gli addetti puliscano il loro posto di lavoro al termine delle operazioni. L'esecuzione regolare di

N.G. Marriott et al., *Sanificazione nell'industria alimentare*
© Springer 2008

tale pulizia migliora l'ordine, riduce la contaminazione e minimizza il tempo necessario per la sanificazione alla fine del turno di lavoro o nei cambi di prodotto durante la lavorazione. Inoltre, gli addetti all'impianto di riempimento delle bottiglie o delle lattine hanno spesso anche il tempo di raccogliere residui o di eliminare con un getto d'acqua liquidi rovesciati accidentalmente o altri materiali estranei.

In un'azienda per la lavorazione delle bevande l'efficacia delle operazioni di pulizia dipende dall'addestramento e dalle regole adottate per sviluppare comportamenti corretti nel personale addetto. Rigide procedure di sanificazione e buone prassi di lavoro andrebbero stabilite attraverso la comunicazione positiva, i programmi di formazione, la distribuzione di materiale didattico e la continua supervisione. Il personale dovrebbe essere addestrato su come, quando e dove pulire per rimuovere immediatamente lo sporco e i residui che possono costituire fonte di nutrimento per infestanti e microrganismi. Le apparecchiature che perdono o lasciano fuoriuscire materiale devono essere immediatamente riparate. Se viene rilevata la presenza di roditori, uccelli, insetti o muffe, gli addetti all'impianto devono attuare le opportune misure correttive o segnalare il problema. Il personale dovrebbe, inoltre, essere adeguatamente istruito in merito alle corrette procedure di stoccaggio, per evitare di creare rifugi per gli infestanti e per favorire le operazioni di pulizia. Vanno fornite precise istruzioni anche per quanto riguarda la chiusura di porte e finestre, la rimozione di materiali infestati o estranei e le modalità per riporre le attrezzature e gli strumenti utilizzati per la sanificazione. In uno stabilimento per la produzione di bevande vanno rispettate precise regole igienico-sanitarie (vedi box); a tale scopo può essere utile ricorrere a cartelli da affiggere in punti strategici, per esempio nei servizi igienici e negli spogliatoi.

Regole di comportamento

1. Dopo l'utilizzo dei servizi igienici è obbligatorio lavarsi le mani prima di riprendere l'attività lavorativa.
2. Qualsiasi materiale o prodotto caduto a terra non deve rientrare nell'area di produzione.
3. I rifiuti e i materiali di scarto vanno posti negli appositi contenitori (muniti di coperchio a tenuta, con apertura a pedale).
4. Tutti gli addetti devono mantenere la loro area di lavoro pulita e ordinata.
5. È vietato fumare e sputare in qualsiasi area dello stabilimento.
6. Per assicurare adeguate condizioni igieniche, la direzione dovrebbe ispezionare periodicamente il vestiario del personale, la mensa e gli spogliatoi.
7. Deve essere sempre indossato un copricapo che contenga tutta la capigliatura.

19.2.2 Procedure di sanificazione

Nell'industria delle bevande la sanificazione prevede sei passaggi fondamentali (tranne che per gli impianti CIP).

1. Prerisciacquo per rimuovere i residui grossolani e lo sporco non adeso, per bagnare l'area da detergere e aumentare l'efficacia del detergente.
2. Applicazione di un detergente (generalmente sotto forma di schiuma), che favorisce, grazie al potere bagnante e penetrante, il contatto tra l'acqua e lo sporco da rimuovere.
3. Risciacquo per rimuovere lo sporco disperso e il detergente e per aumentare l'efficacia del disinfettante.

4. Disinfezione per distruggere i microrganismi residui, mediante composti d'ammonio quaternario (con o senza acidi organici), acido peracetico, composti del cloro, iodofori o disinfettanti a base di tensioattivi anionici e acidi.
5. Risciacquo finale per allontanare il disinfettante prima di esporre l'area sanificata a qualsiasi tipo di bevanda.
6. Ispezione visiva e verifica dello stato di pulizia.

19.2.3 Controllo degli ingredienti e delle materie prime

Per la possibile contaminazione microbica e da parte di oggetti estranei, le materie prime e i prodotti finiti devono essere sottoposti a un controllo accurato, anche per la possibile presenza di roditori e insetti. Occorre richiedere ai fornitori una dichiarazione scritta, che attesti l'attuazione di un piano HACCP durante la lavorazione dei loro prodotti.

19.3 Sanificazione degli impianti per la produzione di bevande analcoliche

La discussione dei principi di sanificazione per tutti gli stabilimenti che producono bevande analcoliche va oltre lo scopo di questo testo. Sebbene il metodo UHT (*Ultra high temperature*) per il confezionamento asettico sia ormai largamente diffuso, tale tecnologia presenta aspetti troppo numerosi e specifici per questa trattazione generale. Per un maggiore approfondimento delle procedure di sanificazione da adottare in questi processi si rimanda alle pubblicazioni specialistiche.

Secondo alcuni autori, la buccia dei frutti destinati alla produzione di succhi dovrebbe essere disinfettata con biossido di cloro (Carsberg, 2003). Per la riduzione di *Escherichia coli* O157:H7 e di *Salmonella* nel sidro di mele e nel succo d'arancia, un'alternativa alla pastorizzazione termica è rappresentata dal trattamento con ozono (Williams et al., 2004). Se non viene effettuata la disinfezione, il prodotto finito può risultare contaminato da microrganismi patogeni, per esempio *E. coli* O157:H7 nel succo di mela o nel sidro.

Negli stabilimenti per la lavorazione delle bevande, per garantire un'igiene adeguata, è indispensabile utilizzare acqua, vapore e aria igienicamente sicuri; in particolare per i liquidi e i gas, che vengono incorporati nei prodotti finiti o inclusi nei materiali di confezionamento che entrano a contatto diretto con il prodotto, è richiesta una qualità molto elevata (O'Sullivan, 1992). La necessità di realizzare prodotti di buona qualità e di rispettare gli standard di sicurezza ha determinato in numerose aziende per la lavorazione di bevande l'adozione di diversi sistemi di filtrazione per rimuovere microrganismi e particelle o solidi sospesi. La chiarificazione o il controllo microbico dell'acqua, dell'aria e del vapore sono ottenuti mediante filtri con pori di dimensioni minori rispetto a quelle dei contaminanti che si vogliono rimuovere. Per garantire che l'acqua impiegata nella produzione delle bevande – come bibite, acqua in bottiglia, birra e distillati alcolici – sia esente da contaminazione microbica e particellare, è necessario effettuare trattamenti specifici, tra i quali si ricordano: flocculazione, filtrazione (per esempio attraverso letto di sabbia), clorazione, filtrazione sterilizzante, osmosi inversa, filtrazione su carbone attivo e deionizzazione. L'utilizzo cui è destinata l'acqua determina il tipo e l'entità del trattamento.

Il condizionamento dell'acqua da impiegare negli impianti per la produzione di bevande prevede principalmente la rimozione del particolato e la riduzione della carica microbica. La rimozione dei contaminanti particellari viene frequentemente effettuata mediante flocculazione e filtrazione su sabbia. L'installazione di un filtro assoluto di profondità a monte del filtro a sabbia rimuove tutti i contaminanti di dimensioni maggiori di quelle dei pori del filtro, prima della clorazione e del trattamento con carbone attivo.

Il carbone attivo viene impiegato per rimuovere l'eccesso di cloro, i trialometani e altri composti associati con la disinfezione con cloro. Tuttavia il carbone può rilasciare minutissime particelle e fungere da supporto per la crescita microbica, rappresentando una potenziale fonte di contaminazione; inoltre i letti di carbone sono difficili da disinfettare (O'Sullivan, 1992). Perciò il ricorso alla filtrazione prima e dopo il passaggio su carbone attivo riduce il carico di microrganismi e di particelle.

Anche i letti di resina impiegati per la deionizzazione dell'acqua rappresentano un possibile supporto per la crescita microbica; inoltre, possono rilasciare polimeri a basso peso molecolare solubili in acqua. Un filtro assoluto impedisce alle particelle e ai microrganismi di dimensioni superiori a quelle dei pori di passare nell'acqua trattata. Per rimuovere i microrganismi presenti nell'acqua, si utilizza come trattamento finale un filtro presterilizzato di nylon (O'Sullivan, 1992); questo metodo non richiede l'impiego di sostanze chimiche ed è vantaggioso per la facilità d'utilizzo e per il ridotto dispendio energetico. Un prodotto microbiologicamente stabile può essere ottenuto attraverso la combinazione di flocculazione e filtrazione, seguita dal passaggio su un filtro assoluto.

Nonostante l'impiego assai frequente nei processi produttivi, anche il vapore può essere una fonte di contaminazione da non trascurare; normalmente viene generato mediante caldaie in acciaio al carbonio, facilmente soggette a ruggine. Se funzionano ininterrottamente, nelle caldaie tende a depositarsi uno strato sottile e impermeabile di ruggine, che agisce come una barriera protettiva contro l'ulteriore corrosione; invece il funzionamento intermittente consente un afflusso continuo nella caldaia di aria fresca contenente ossigeno, che favorisce l'ossidazione del ferro, con formazione di notevoli quantità di ruggine. La continua formazione di ruggine causa sfaldamento e contaminazione del vapore che, trasportando le particelle di ruggine dalla caldaia alle condutture, può danneggiare la superficie dell'impianto, bloccare le valvole, ostruire gli orifizi e i pori dei filtri e macchiare le superfici. Inoltre, l'alterazione delle caratteristiche del trasferimento di calore dello scambiatore riduce l'efficienza del processo. Tale problema può essere parzialmente risolto iniettando ininterrottamente vapore per uso alimentare fornito attraverso filtri in acciaio inox poroso installati in parallelo, per consentire la pulizia di un gruppo mentre l'altro è in funzione.

Le aziende di imbottigliamento hanno installato impianti CIP per la pulizia di serbatoi, linee di processo e filtri; in particolare, le industrie che imbottigliano bevande diverse utilizzano il sistema CIP come strumento per prevenire il trasferimento di sapori da un prodotto all'altro. Per la sanificazione degli impianti delle bevande è stato suggerito l'approccio TACT (*Time, action, concentration, temperature*), che contempla la possibilità di variare i parametri; per esempio, un detergente può essere impiegato in soluzione all'1% a 43,5 °C oppure in soluzione allo 0,5% a 60 °C, ottenendo lo stesso risultato (Remus, 1991b).

Per una maggiore efficienza e una migliore lubrificazione, si può utilizzare un dispensatore automatico di lubrificante solido; questo dispositivo consente di ridurre sia i costi per la manodopera e il lubrificante, sia il rischio di contaminazione durante la lubrificazione.

Di seguito sono discussi i metodi per la rimozione dello sporco normalmente presente negli stabilimenti che producono bevande. Sebbene la trattazione sia dedicata soprattutto alle bevande gassate, i metodi descritti sono validi anche per le altre bevande. I metodi per la sanificazione di pavimenti, pareti e aree di imbottigliamento raccomandati per aziende enologiche (par. 19.5) valgono anche per le aziende che producono bevande gassate. Le applicazioni e i metodi di sanificazione non trattati in questo capitolo sono di norma simili a quelli descritti per gli stabilimenti lattiero-caseari (capitolo 15).

19.3.1 Sistemi di sanificazione automatici

Parte delle aziende che producono bevande gassate ha adottato sistemi meccanizzati per facilitare la sanificazione. Attualmente sono disponibili sistemi automatizzati per la miscelazione, la distribuzione e il controllo delle soluzioni impiegate nella sanificazione, che consentono di velocizzare il processo.

Un sistema controllato da microprocessore può essere impostato digitando un codice identificativo o utilizzando una carta magnetica; il sistema di controllo consente di gestire una serie di applicazioni, selezionando procedure di sanificazione, tipi di attrezzature, composti chimici e modalità di utilizzo. Dopo aver selezionato l'applicazione desiderata, il sistema eroga il prodotto da impiegare per la sanificazione dell'impianto in un contenitore riutilizzabile per sostanze chimiche. Questo sistema può memorizzare dati dettagliati utili per monitorare la conformità alle normative, effettuare l'analisi dei costi e redigere rapporti personalizzati. I rapporti contengono i dati relativi a ciascuna applicazione, in particolare quali prodotti chimici sono stati impiegati, quando (ora e data) e in quale concentrazione (Flickinger, 1997). I fusti delle sostanze chimiche possono essere contrassegnati con codici colore, in modo che gli addetti debbano solo rimpiazzare i fusti vuoti corrispondenti al codice colore marcato sul pavimento.

Un sistema CIP controllato da computer invia l'acqua e le soluzioni dove necessario e mantiene automaticamente le condizioni operative. I quattro parametri fondamentali da controllare sono: tempo, temperatura, concentrazione del prodotto chimico e azione meccanica (che è correlata alla velocità del flusso attraverso la tubazione). L'acqua di risciacquo può essere recuperata e riutilizzata una volta, le soluzioni detergenti più volte. Per il prerisciacquo iniziale si può utilizzare l'acqua recuperata dal precedente risciacquo finale.

19.3.2 Alcuni tipi di sporco

Tracce di gomma

Le tracce di gomma lasciate da carrelli e muletti sono difficili da rimuovere. I detergenti più efficaci per questa applicazione sono i composti alcalini; per facilitare l'operazione e aumentarne l'efficacia, dovrebbe essere impiegata una spazzolatrice meccanica. Questo tipo di sporco dovrebbe essere rimosso quotidianamente per evitare che si fissi sulla superficie dei pavimenti e renderne più agevole la pulizia.

Sporco sui convogliatori

Lo sporco che si deposita sui convogliatori è costituito per lo più da prodotti sversati, tracce di lubrificante, limatura metallica proveniente dai contenitori e dalla rotaia. Un lubrificante addizionato di detergente può ridurre la contaminazione. La pulizia a schiuma, seguita da un risciacquo ad alta pressione, consente di rimuovere efficacemente questi residui.

Depositi di film

Il deposito di strati sottili di sporco avviene più frequentemente all'interno dei serbatoi di stoccaggio, delle linee di trasferimento e dei filtri. Quando sono sottili questi film rendono le superfici opache, ma con l'aumentare del deposito si sviluppa una colorazione bluastra, che può diventare bianca se lo strato diventa spesso. I residui zuccherini sono relativamente facili da rimuovere, mentre l'eliminazione dei film derivati da altri ingredienti (come l'aspartame e alcune gomme) è più difficile. I serbatoi possono essere puliti manualmente, ma frequentemente si preferisce la pulizia mediante ricircolo. Per rimuovere i film superficiali

dovrebbe essere applicato un detergente a base di cloro (o un detergente formulato appositamente, contenente tensioattivi).

Formazione di biofilm

I residui di bevande o di loro ingredienti sono una fonte di nutrienti per la crescita dei microrganismi e per la formazione dei biofilm a essi associati. I biofilm possono formarsi all'interno delle torri di raffreddamento e dei saturatori e all'interno e all'esterno degli scambiatori di calore e dei pastorizzatori. Come gli altri film, anche i biofilm sono rimossi utilizzando un detergente alcalino a base di cloro. Per ridurre la formazione del biofilm, che può avvenire entro 24 ore dall'utilizzo, si raccomanda l'applicazione di un disinfettante a base di ammonio quaternario o di un altro biocida, prevedendo un risciacquo prima del nuovo utilizzo.

19.3.3 Disinfezione mediante calore

Negli stabilimenti che producono bevande la sanificazione è diversa da quella attuata nelle altre industrie alimentari. In passato si è assistito a un'ampia diffusione della disinfezione mediante calore, che può essere impiegata per le superfici delle attrezzature di processo che entrano in contatto con i prodotti, quali serbatoi discontinui, miscelatori, riempitrici e saturatori. Sebbene non sia vantaggioso, per i costi energetici e per l'inefficacia nella rimozione di batteri, questo metodo ha il pregio di un'elevata capacità penetrante. Il calore penetra efficacemente negli impianti e distrugge i microrganismi annidati dietro le guarnizioni o in sottili fessure.

Questo tipo di trattamento non equivale a una sterilizzazione; infatti, viene effettuato portando la temperatura della superficie a 85 °C per 15 minuti, mentre la sterilizzazione richiede 116 °C per 20 minuti. Come conseguenza, si ha solo la riduzione della popolazione microbica a un livello accettabile; alcuni tra i microrganismi più resistenti (lieviti e spore) rimangono vitali. La disinfezione chimica ha lo stesso effetto microbicida della sanitizzazione mediante calore, ma agisce molto più velocemente.

La disinfezione mediante calore può essere associata all'utilizzo di detergenti specificamente formulati per staccare e rimuovere sporco e biofilm (Remus, 1991a); questi composti consentono anche l'addolcimento dell'acqua. La rimozione dello sporco e del biofilm è essenziale affinché la sanificazione sia efficace. Un biofilm intatto, anche se non vitale, offre un sito di adesione e una base nutriente per lo sviluppo di altri film.

19.3.4 Tecnologia delle membrane

La tecnologia delle membrane applicata al trattamento dell'acqua per l'industria delle bevande include una vasta gamma di tecniche per la rimozione delle impurità, basate sull'impiego di materiali polimerici e ceramici; sono compresi trattamenti come la microfiltrazione, per rimuovere particelle fini di carbone attivo, e l'osmosi inversa. I filtri per particolato rimuovono materiali sospesi di dimensioni relativamente grandi e sono inseriti alla fine del processo per il trattamento dell'acqua come filtri di rifinitura, per rimuovere piccoli fiocchi, ossido di ferro, carbone o precipitato di carbonato di calcio derivante da precedenti trattamenti. I microfiltri a membrana sono utilizzati perché grazie alle dimensioni dei pori facilitano la rimozione meccanica dei batteri dall'acqua. Spesso questa applicazione prevede un approccio a più stadi, con filtri con pori di diametro decrescente posti in serie per minimizzare il rischio di intasamento dei pori più piccoli. Questo importante strumento permette di rimuovere particolato, materiali organici e molti microrganismi, compresi virus, batteri e protozoi.

Nella tecnologia della filtrazione su membrana, utilizzata per il trattamento dell'acqua nell'industria delle bevande, gioca un ruolo determinante la pressione che forza l'acqua attraverso la membrana, mentre le impurità non possono attraversarla: l'acqua viene così purificata (Bena, 2003).

19.3.5 Gestione dei contenitori

Bottiglie, lattine e altri contenitori impiegati per le bevande analcoliche sono una possibile fonte di contaminazione da oggetti estranei, come sfridi metallici, frammenti di vetro, legno e altri materiali. I contenitori devono essere controllati prima dell'utilizzo sulla base di un piano di campionamento standard (Carsberg, 2003). I contenitori monouso devono essere risciacquati con acqua immediatamente prima del riempimento; quelli riciclabili, come bottiglie e fusti, vanno lavati con una soluzione detergente efficace contro lo sporco organico e poi risciacquati accuratamente per rimuovere qualsiasi residuo. Sono disponibili sul mercato numerosi modelli di lavabottiglie, con potenzialità diverse a seconda delle varie esigenze, e di sciacquatrici.

Industria delle bevande - Linee di imbottigliamento (cleaning in place)

Di seguito sono riportati due esempi di procedure di sanificazione per linee di imbottigliamento delle bevande. La scelta della procedura dipende dal tipo di sporco da rimuovere.

Sanificazione in 6 fasi

Frequenza Al termine dell'operazione di imbottigliamento

1. Prerisciacquo con acqua potabile
2. Lavaggio con detergente alcalino o acido
3. Risciacquo intermedio con acqua potabile
4. Disinfezione
5. Risciacquo finale con acqua potabile
6. Controllo microbiologico

Sanificazione in 8 fasi

Frequenza Al termine dell'operazione di imbottigliamento

1. Prerisciacquo con acqua potabile
2. Lavaggio con detergente alcalino
3. Risciacquo intermedio con acqua potabile
4. Lavaggio con detergente acido
5. Risciacquo intermedio con acqua potabile
6. Disinfezione
7. Risciacquo finale con acqua potabile
8. Controllo microbiologico

Fonte: Ecolab S.r.l. - Food & Beverage, Italia

Bevande analcoliche - Sanificazione delle superfici esterne

Sistema d'applicazione Media pressione.

Frequenza Al termine del turno di lavoro.

Fase	Prodotti	Concentrazione	Temperatura	Tempo	Note
Preparazione al lavaggio					Rimozione manuale dello sporco grossolano (come materiali di imballaggio)
Prerisciacquo	Acqua potabile		20 °C	5 min	
Schiumatura	Detergente alcalino	2,0-5,0%	20 °C		Applicare con il sistema a media pressione. Erogare il detergente fino a coprire completamente di schiuma tutte le superfici. Lasciare agire per 10-15 minuti
Risciacquo finale	Acqua potabile		20 °C	5-10 min	Risciacquare fino alla completa rimozione della schiuma detergente
Controllo					Ispezione visiva. Analisi microbiologica periodica

Avvertenza La procedura riportata rappresenta solo un'indicazione generale. In condizioni che si discostano dalla norma (per esempio, elevata durezza dell'acqua o lavorazioni particolari), occorre consultare il fornitore dei prodotti per la sanificazione.

Fonte: Ecolab S.r.l. - Food & Beverage, Italia

19.3.6 Imbottigliatrici

L'impianto per l'imbottigliamento di bevande analcoliche e alcoliche può causare la rottura delle bottiglie di vetro, con possibile formazione di frammenti che costituiscono un pericolo di natura fisica. Il personale dello stabilimento deve costantemente prestare attenzione alla presenza di tali frammenti, che possono cadere all'interno dei contenitori quando le bottiglie si bloccano all'ingresso della riempitrice e il nastro, rimasto in movimento, le fa urtare una contro l'altra.

19.4 Sanificazione nei birrifici

L'ambiente caratteristico di un birrificio può limitare l'attività dei patogeni e contenere lo sviluppo dei microrganismi alterativi. I batteri maggiormente presenti in questo ambiente sono non sporigeni; tuttavia, alcuni sporigeni, tra i quali specie del genere *Clostridium*, possono essere coinvolti nell'alterazione di sottoprodotti dei birrifici, come le trebbie. I batteri non sporigeni che si riscontrano nei birrifici possono contribuire a un'ampia varietà di problemi nel mosto, come aumento del pH, acidificazione, acetificazione, fermentazione incompleta o rallentata. Alcune contaminazioni possono essere anche responsabili, direttamente o indirettamente, della formazione di odori anomali e di torbidità di origine biologica nel prodotto finito.

I batteri del genere *Lactobacillus* sono generalmente considerati la principale fonte di problemi nella produzione di birra, poiché possono causare alterazioni in vari stadi del processo produttivo e anche nel prodotto finito. Altri generi si dimostrano meno versatili nelle condizioni tipiche dei birrifici; pertanto il loro potenziale alterativo è più limitato. Tuttavia, gli enterobatteri possono influenzare la fermentazione, il sapore e l'aroma della birra. Le tecniche più comunemente utilizzate per individuare e identificare i diversi contaminanti della birrificazione sono la coltura su terreni selettivi e differenziali, oltre a diverse tecniche sierologiche e a misure di impedenza.

19.4.1 Requisiti igienici del fabbricato

Una costruzione progettata e realizzata con materiali a prova di insetti e roditori, come cemento, mattoni o piastrelle, migliora sensibilmente la sanificazione. I pavimenti devono essere compatti, impermeabili, durevoli e di facile pulizia; i materiali da preferire per la pavimentazione sono cemento resistente agli acidi o resine epossidiche. Occorre prevedere un numero sufficiente di scarichi per convogliare i liquidi da ogni punto dell'ambiente. Le canaline dovrebbero avere sezione arrotondata, preferibile rispetto a quella rettangolare, ed essere munite di griglie in materiali resistenti alla corrosione e di protezioni contro l'intrusione di infestanti.

Doppie pareti, pareti cave e controsoffittature vanno evitate, a meno che non siano a perfetta tenuta; i materiali isolanti devono essere sigillati all'interno di muri e soffitti. Occorre evitare cavità e sporgenze non necessarie poiché trattengono sporco e residui. Quando sono inevitabili, le sporgenze vanno concepite in modo che sporco e acqua di lavaggio scivolino via facilmente. Per ridurre i pericoli fisici, i corpi illuminanti devono essere protetti da schermi oppure essere infrangibili.

Attrezzature e impianti devono essere progettati per proteggere il prodotto dalla contaminazione. I serbatoi di fermentazione devono essere costruiti in modo da risultare protetti contro l'ingresso di insetti, umidità e polvere di origine atmosferica.

19.4.2 Controllo delle contaminazioni microbiche

La contaminazione può essere controllata rimuovendo i depositi di sporco e i microrganismi che provocano sapori anomali. Sebbene la birra si autosterilizzi in 5-7 giorni, batteri, lieviti e muffe indesiderabili possono crescere rapidamente nel mosto appena raffreddato, se questo è contaminato a causa di una sanificazione scadente. Pertanto, è necessario detergere e disinfettare accuratamente attrezzature e impianti utilizzati nella lavorazione del mosto. Caldaie e scambiatori di calore puliti trasferiscono il calore più velocemente: 1 mm di materiale depositato sulla superficie interna di uno scambiatore di calore ha un effetto isolante equivalente a quello di 150 mm di acciaio (Stanton, 1971). Inoltre, apparecchiature che lavorano ad alta velocità, come riempitrici, tappatrici e inscatolatrici, funzionano meglio se sono mantenute pulite.

La maniera più efficace per prevenire l'alterazione delle bevande è rappresentata dal controllo della contaminazione microbica, mediante lo sviluppo e l'attuazione di un programma completo di pulizia e disinfezione. Tale programma deve essere sviluppato dal personale addetto alla sanificazione oppure con l'aiuto di una società di consulenza affidabile o di un fornitore qualificato di detergenti e disinfettanti. Per fissare i criteri per l'attuazione del programma di sanificazione, si può fare riferimento a quanto esposto nei capitoli 8, 9, 10 e 13 a proposito dei prodotti detergenti e disinfettanti, delle attrezzature di sanificazione e della progettazione di ambienti e impianti. In particolare vanno presi in considerazione gli aspetti relativi ai sistemi automatici CIP (capitolo 10), largamente utilizzati per la sanificazione nell'industria della birra.

Gli impianti di fermentazione, come quelli utilizzati nell'industria della birra, necessitano di aria sterile per produrre colture starter e mantenere condizioni di sterilità nei serbatoi di stoccaggio. Una tecnica ottimale consiste nel filtrare l'aria facendola passare prima attraverso un filtro grossolano, per rimuovere la maggior parte dei contaminanti, e successivamente attraverso un filtro a membrana con pori di 0,2 μm o un filtro sterile (O'Sullivan, 1992). In questo modo l'aria sterile può fornire una copertura protettiva, creando una pressione positiva nei serbatoi; in alternativa può essere impiegato, al posto dell'aria, un gas inerte. Questa tecnica consente di ottenere con facilità un ambiente sterile, specialmente nei grandi serbatoi.

Il controllo della contaminazione può essere migliorato mediante l'impiego di radiazioni ultraviolette (UV) per ridurre i microrganismi presenti nell'aria, eliminare gli infestanti e trattare l'acqua. Numerosi birrifici trattano con raggi UV l'acqua, che rappresenta l'ingrediente principale del loro prodotto e deve essere esente da residui di prodotti chimici che possono interferire con il processo di birrificazione, come molti disinfettanti. L'azione disinfettante degli UV è dovuta al danno irreparabile che questa luce ad alta frequenza determina nel DNA dei microrganismi, impedendone la sopravvivenza e la moltiplicazione. La luce violetta emessa dalle lampade a UV nella regione visibile più prossima, che è utile per avvisare il personale dell'emissione di raggi ultravioletti, può tuttavia ridurne l'efficacia (Rosenthal, 1992). In alcune applicazioni gli UV sono economicamente convenienti e si possono facilmente inserire in un programma di sanificazione già esistente. Per la sua natura non selettiva, la luce UV viene impiegata per trattare aria, acqua, imballaggi e alcuni alimenti, senza lasciare residui.

Diversi microrganismi possono contaminare (dalla fase di maturazione a quella di stoccaggio) l'orzo destinato alla maltazione (Flanigan, 1996). I funghi del genere *Fusarium* responsabili di una grave malattia nell'orzo, la fusariosi della spiga (FHB, *Fusarium head blight*), sono diventati più resistenti (McMullen et al., 1997). Nei cereali infettati da questi funghi si può avere la formazione di micotossine, che possono arrecare gravi danni alla salute sia nell'uomo sia negli animali.

L'utilizzo di cereali colpiti da fusariosi nell'industria della maltazione e della produzione di birra rappresenta una minaccia e determina una riduzione dell'accettabilità del prodotto (Noots et al., 1999). La crescita di *Fusarium* durante la maltazione ha come conseguenze la produzione di micotossine e la compromissione della capacità germinativa dell'orzo (Schwarz et al., 1995). Le cariossidi dei cereali colpiti da fusariosi danno luogo a un mosto con un contenuto maggiore di azoto sia solubile sia amminico libero (FAN, *Free amino nitrogen*) e con una colorazione anomala (Schwarz et al., 2001).

Metodi fisici per il trattamento del cereale contaminato possono prevenire problemi di sicurezza e di qualità e consentire l'utilizzo di orzo altrimenti inaccettabile. Uno studio ha valutato l'efficacia dell'acqua calda e dell'irradiazione con fasci di elettroni nella riduzione dell'infezione da *Fusarium* nell'orzo da malto (Kottapalli et al., 2003): il trattamento con acqua ad alta temperatura ha quasi eliminato il fungo, ma ha anche ridotto drasticamente la germinazione; l'irradiazione con fasci di elettroni ha ridotto l'infezione a dosi superiori a 4 kGy. Sembra pertanto che i metodi fisici possano trovare applicazione nel trattamento dell'orzo da malto infettato da *Fusarium*.

19.4.3 Detergenti e disinfettanti

Una pulizia efficiente può essere ottenuta solamente impiegando detergenti appropriati. La pulizia mediante spray risulta più efficace se effettuata con una formulazione detergente concepita appositamente per il tipo specifico di sporco da eliminare. I detergenti impiegati devono essere poco schiumogeni, poiché la presenza di schiuma riduce la velocità della soluzione durante il ricircolo e ostacola il contatto della soluzione con parte della superficie da sanificare. Un detergente appropriato deve prevenire la formazione della cosiddetta "pietra da birra", non deve essere aggressivo per i metalli e deve essere facilmente risciacquabile per evitare l'insorgenza di sapori sgradevoli nella birra. (Per ulteriori informazioni sui detergenti, si rinvia al capitolo 8.)

Negli Stati Uniti, durante il risciacquo finale di fermentatori, linee per mosto freddo e scambiatori di calore è talvolta prevista l'aggiunta di disinfettanti, per esempio a base di cloro, di iodio o di tensioattivi anionici e acidi. Poiché l'acqua può contenere oltre 100 microrganismi per millilitro, durante il risciacquo finale dell'impianto su una superficie sanificata possono depositarsi batteri o lieviti. (Per ulteriori informazioni sui disinfettanti, si rinvia al capitolo 9.)

19.4.4 Pastorizzazione

Il tradizionale trattamento termico di pastorizzazione è tuttora il metodo più largamente utilizzato per il controllo dei microrganismi negli stabilimenti per la produzione di bevande, come i birrifici. Sebbene i suoi costi energetici siano elevati, tale metodo è comunque sicuro e conveniente.

Sono stati studiati procedimenti alternativi sia per ridurre i costi energetici, sia per evitare gli effetti negativi del calore sul sapore di bevande come la birra. Tali procedimenti di "pastorizzazione a freddo" comprendono l'impiego di composti chimici e la filtrazione su membrana millipore, sia seguiti da confezionamento asettico, sia abbinati ad altri trattamenti chimici. Queste tecniche potrebbero avere maggiori sviluppi in futuro. L'approvazione ufficiale dei composti chimici è soggetta a cambiamenti man mano che diventano disponibili nuove tecnologie e informazioni relative alla sicurezza. La contaminazione batterica dello starter di lieviti può essere ridotta mediante abbassamento del pH; tale trattamento è efficace nel limitare la contaminazione batterica, ma può danneggiare la coltura di lieviti, rallentando i cicli di fermentazione immediatamente successivi.

19.4.5 Riempimento asettico

Il riempimento asettico utilizza tecniche di ultrafiltrazione per rimuovere microrganismi alterativi dalla birra prima del confezionamento. Poiché l'ultrafiltrazione viene effettuata prima del confezionamento, vi è comunque il rischio che i microrganismi responsabili di alterazione giungano nel prodotto. Le raccomandazioni riportate di seguito (Remus, 1991b) sono utili per assicurare elevati livelli di sanificazione nel confezionamento asettico.

Misure igieniche

È importante che l'imbottigliamento sia effettuato in una camera chiusa a pressione positiva di aria filtrata. Il vestiario degli addetti deve essere sempre pulito; prima di entrare nella camera, il personale deve lavarsi le mani con un sapone disinfettante. Il convogliatore dovrebbe essere lubrificato con un sistema che riduca la contaminazione microbica.

L'interno della riempitrice deve essere lavato e disinfettato quotidianamente, utilizzando un impianto CIP a ricircolo. L'esterno della riempitrice, del convogliatore e delle altre attrezzature impiegate, i pavimenti e le pareti devono essere lavati con sistemi a schiuma e disinfettati quotidianamente. Questo processo deve assicurare un'attività antimicrobica residua per prevenire la ricontaminazione delle superfici disinfettate.

Industria della birra - Cleaning in place

Area di applicazione Linee di riempimento.

Sistema di applicazione Sistema CIP automatico con recupero delle soluzioni.

Frequenza Al termine delle operazioni.

Fase	Prodotti	Concentrazione	Temperatura	Note
Prerisciacquo	Acqua potabile		20 °C	Immettere acqua nelle tubazioni e scaricare
Detersione alcalina	Detergente alcalino non schiumogeno	2,0-5,0%	60-80 °C	Far ricircolare il prodotto per il tempo necessario. Recuperare la soluzione. È possibile il dosaggio automatico mediante pompa pneumatica. La concentrazione dei prodotti può essere controllata mediante una sonda di conducibilità
Risciacquo intermedio	Acqua potabile		20 °C	Risciacquare abbondantemente fino a pH neutro e scaricare
Detersione acida	Detergente disincrostante acido non schiumogeno	2,0-3,0%	20-80 °C	Far ricircolare il prodotto per il tempo necessario. Recuperare la soluzione. È possibile il dosaggio automatico mediante pompa pneumatica. La concentrazione dei prodotti può essere controllata mediante una sonda di conducibilità
Risciacquo intermedio	Acqua potabile		20 °C	Risciacquare abbondantemente fino a pH neutro e scaricare
Sanitizzazione	Sanitizzante a base di acido peracetico	0,5-1,0%	20 °C	Far ricircolare il prodotto per il tempo necessario. Recuperare la soluzione. È possibile il dosaggio automatico mediante pompa pneumatica. La concentrazione dei prodotti può essere controllata mediante un'apposita sonda
Risciacquo finale	Acqua potabile		20 °C	Risciacquare abbondantemente fino a pH neutro e scaricare
Controllo del lavaggio				Controllare che siano assenti residui di acido peracetico mediante apposite cartine

Avvertenza La procedura riportata rappresenta solo un'indicazione generale. Occorre in ogni caso rispettare le specifiche, le raccomandazioni e le limitazioni del produttore dei materiali, in particolare per quanto riguarda i limiti di temperatura e pH.

Fonte: Ecolab S.r.l. - Food & Beverage, Italia

Le superfici e l'aria presenti nella camera di riempimento devono essere sottoposte a un regolare programma di monitoraggio per batteri, lieviti e muffe. Il sistema HACCP prevede il monitoraggio chimico e microbiologico per garantire la sicurezza della produzione alimentare. I risultati di tale monitoraggio devono essere sempre confrontati con standard di riferimento, e ciò vale anche per il monitoraggio microbiologico del riempimento asettico nei birrifici. Dovrebbero essere raccolti dati di riferimento da impiegare per la valutazione statistica della qualità del prodotto finito.

Impianti di imbottigliamento

I sistemi centralizzati a pressione hanno migliorato l'efficacia della sanificazione di questi impianti. (Nel capitolo 10 sono descritti i principi e le possibilità offerte da queste attrezzature.) Lo sporco tenace può essere rimosso da aree molto difficili da raggiungere, come convogliatori, imbottigliatrici, tappatrici e incartonatrici.

19.4.6 Sanificazione delle aree di stoccaggio

Oltre alle indicazioni fornite per le aree di stoccaggio delle altre industrie alimentari, è opportuno ricordare l'importanza dello stoccaggio corretto di materiali come cereali, zucchero e altri alimenti a basso tenore di umidità (vedi capitolo 14). I trasportatori a coclea devono essere puliti regolarmente; ciò è importante soprattutto per i punti morti dove possono accumularsi residui. Le estremità e i giunti del trasportatore devono essere puliti almeno una volta alla settimana; la sezione in cui scorrono prodotti sfusi deve essere munita di coperchio incernierato per consentire la pulizia e l'ispezione. Dopo essere stati puliti accuratamente, i trasportatori vanno fumigati con prodotti non residuali. I contenitori vuoti devono essere completamente ripuliti (possibilmente con un aspiratore) prima della fumigazione. Dopo lo svuotamento vanno ricercati sistematicamente possibili infestanti. (Per una trattazione dettagliata sulle misure per il controllo degli infestanti, si rinvia al capitolo 12.)

19.4.7 Sanificazione delle aree di fabbricazione

La detersione a spray è più veloce e affidabile di quella manuale e può ridurre i tempi di fermo impianto. Sebbene possa essere utilizzata anche fredda, l'acqua calda fino a 45 °C favorisce la reazione chimica tra il detergente e lo sporco.

La valutazione dei costi iniziali e di quelli di manutenzione di tubazioni e accessori conferma la validità delle linee in acciaio inossidabile (anche se tale materiale è costoso). La sanificazione mediante ricircolo delle linea di entrata e di uscita del prodotto può essere realizzata mediante l'impiego di connessioni a U, per collegare le valvole del serbatoio a entrambe le linee. Ugelli spray possono essere collocati in posizioni specifiche per effettuare la pulizia in continuo dei nastri trasportatori. L'area di birrificazione deve essere sanificata almeno una volta alla settimana; residui e altri tipi di sporco vanno rimossi quotidianamente.

La pietra da birra (costituita essenzialmente da materia organica in una matrice di ossalato di calcio) è tra i tipi di sporco più difficili da eliminare; può essere rimossa efficacemente strofinando a fondo, utilizzando un agente chelante forte e un detergente alcalino.

Lavaggio delle bottiglie

Subito prima del riempimento, tutte le bottiglie (nuove e riutilizzate) vanno lavate meccanicamente, sia all'interno sia all'esterno, mediante un forte getto di soluzione caustica e successivamente risciacquate. La temperatura di lavaggio e risciacquo deve essere di 60-70 °C. L'ac-

qua del risciacquo può essere clorata fino a concentrazioni di 0,5 ppm, senza alterare il sapore della birra; tale trattamento va effettuato solo se imposto dalle caratteristiche dell'acqua.

Pastorizzazione della birra

La maggior parte dei produttori pastorizza la birra per assicurare stabilità di condizioni,
sapore e morbidezza. Alcune aziende hanno adottato la filtrazione sterile in alternativa alla
pastorizzazione; in tal caso i filtri devono essere sostituiti ogni due settimane per ridurre il
rischio di contaminazione microbica. Negli stabilimenti con buone condizioni igieniche, la
filtrazione sterile può essere efficace.

La pastorizzazione della birra in contenitori consente di proteggere la birra da contaminazioni che possono verificarsi durante il confezionamento. Una pastorizzazione a temperatura eccessiva può determinare alterazioni del sapore e velature. È pertanto essenziale che il
trattamento termico preveda la combinazione minima di tempo e temperatura efficace per la
distruzione dei microrganismi. La maggior parte dei birrifici impiega pastorizzatori a tunnel
con un ciclo di circa 45 minuti, durante i quali il prodotto confezionato viene portato gradualmente da 1-2 °C a 61-63 °C e successivamente riportato a temperatura ambiente. La velocità del nastro trasportatore determina la durata del trattamento termico. È noto che la pastorizzazione accelera le reazioni di ossidazione associate alla velatura; pertanto, nelle birre
pastorizzate, gli effetti di un contenuto eccessivo di aria possono risultare accentuati; il contenuto totale di aria della birra confezionata non deve superare 1 mL/220 mL.

Una velatura di origine non biologica può derivare dalla lenta precipitazione di sostanze
soggette a variazioni di solubilità, una condizione che può essere determinata o accelerata
dall'ossidazione. In altri casi la velatura può essere ricondotta all'influenza di metalli, in particolare lo stagno. Le probabilità di velatura non biologica sono minimizzate dalla permanenza adeguata in serbatoi di maturazione freddi con successiva filtrazione, dall'esclusione del-
l'aria dai contenitori, come pure dall'impiego di materiali appropriati.

Una velatura di origine biologica può essere causata dalla crescita di batteri o lieviti. La
comparsa di velature da batteri o lieviti, nelle bottiglie colorate, suggerisce una filtrazione
imperfetta o una successiva contaminazione; lo stesso tipo di velatura può essere attribuito a
inadeguata sanificazione dell'impianto oppure a contenitori di stoccaggio o filtri non puliti.

19.5 Sanificazione nelle aziende enologiche

In un'azienda enologica il mantenimento della pulizia e dell'igiene è essenziale. In condizioni igieniche scadenti il vino può assorbire odori estranei, sviluppando aromi e sapori anomali; per tale motivo, la rimozione dei contaminanti che possono compromettere le caratteristiche organolettiche del vino e la sua conservazione è fondamentale.

Tra i vari tipi di residui da considerare vi sono anche i depositi di bitartrato di potassio,
comunemente noto come cremor tartaro, che forma incrostazioni all'interno dei vasi vinari.
Per ridurre la crescita microbica (batteri lattici e acetici, *Brettanomyces*, lieviti indesiderati,
muffe) nello stabilimento, vanno rimossi dalle superfici delle attrezzature di lavorazione tutti
i depositi di sporco tenace. In generale, quanto migliori sono le condizioni igieniche del-
l'azienda, tanto minori sono le quantità di anidride solforosa che occorre aggiungere durante il processo di vinificazione; sebbene questo composto sia largamente impiegato per controllare la crescita microbica, si tende a limitarne l'utilizzo. Associato all'anidride solforosa,
l'acido sorbico è efficace nel prevenire la rifermentazione dei vini dolci, purché il numero di
lieviti sia limitato e l'anidride solforosa libera sufficiente per impedire la decomposizione

Regole fondamentali di sanificazione raccomandate dal Wine Institute (California)

1. Le aree interne ed esterne dell'azienda devono essere mantenute libere da rifiuti.
2. Gli impianti e le attrezzature devono essere disposti in modo ordinato e le aree di lavorazione mantenute sgombre.
3. L'intero stabilimento va sottoposto a regolare pulizia, secondo il programma fissato.
4. L'azienda deve essere protetta contro batteri dannosi, lieviti, muffe, insetti e roditori, attuando le misure necessarie per prevenire la ricomparsa degli infestanti.
5. I locali, le attrezzature e la bottaia devono essere ispezionati almeno una volta al mese.

dell'acido sorbico da parte dei batteri. Una rigorosa sanificazione rappresenta una valida strategia alternativa per il controllo dei microrganismi; anche se non distrugge tutti i microrganismi, consente di ridurre il numero di cellule vitali a un livello accettabile e di eliminare gli ambienti favorevoli alla crescita microbica (Zoecklein et al., 1995).

Sebbene le esigenze di sanificazione aumentino nel corso del processo di vinificazione, raggiungendo un picco al momento dell'imbottigliamento, è importante comprendere che le attrezzature per la vendemmia devono essere lavate per rimuovere sporco, polvere e residui di uva e foglie. Diraspatrici, pigiatrici e aree destinate alla lavorazione e allo stoccaggio richiedono una pulizia frequente con acqua e detergente e una pulizia radicale a fine vendemmia. Condutture, tubi, pompe, rubinetti, zipoli e tutti gli altri materiali che vengono a contatto diretto con il mosto o il vino devono essere sanificati con la procedura in sei fasi presentata nel paragrafo 19.2.2. Lo stesso schema va applicato alla linea di imbottigliamento, con l'aggiunta dei controlli necessari per ridurre la carica microbica del vino.

L'acqua utilizzata in un'azienda enologica deve avere precise caratteristiche chimiche e microbiologiche e rispondere, quindi, ai requisiti di potabilità.

Il disegno e il layout dell'azienda devono rispettare i criteri igienico-sanitari. I pavimenti devono essere di facile pulizia e antisdrucciolo e avere un'inclinazione sufficiente per il drenaggio. Le pareti e i soffitti devono essere impermeabili e di facile pulizia. La sanificazione può essere migliorata disponendo le attrezzature in modo da ridurre il numero di angoli e fessure difficili da pulire e agevolare la pulizia dei pavimenti. Anche nelle aziende enologiche attrezzature e impianti devono avere caratteristiche che favoriscano la sanificazione.

19.5.1 Detergenti e ausili per la detersione

Per la pulizia nelle aziende enologiche sono disponibili diversi detergenti; per ottenere buoni risultati è importante scegliere detergenti appropriati e facili da risciacquare. In molte piccole aziende, un semplice ugello regolabile inserito su un tubo è il sistema più semplice per la pulizia delle attrezzature. L'ugello deve poter essere regolato per consentire diverse modalità di spruzzo, incluso un getto forte e molto veloce. Le spazzole a manico lungo sono poco costose e utili per sfregare piccoli serbatoi, vasi vinari e molte altre attrezzature impiegate per la produzione del vino.

19.5.2 Sanificazione della pavimentazione e delle pareti

Sebbene nelle aziende enologiche le lavorazioni abbiano un andamento stagionale, la sanificazione deve essere effettuata regolarmente tutto l'anno. Generalmente risulta più appropriato combinare la pulizia a secco con quella con acqua; gli aspiratori industriali sono particolarmente efficaci. I pavimenti devono essere puliti almeno una volta alla settimana con metodi a secco o con acqua, a seconda della natura dello sporco da rimuovere; per facilitare la pulizia, devono essere realizzati con materiali lavabili, devono avere adeguata inclinazione ed essere muniti di canaline di scarico. Il vino sversato, specialmente se si tratta di prodotto alterato, deve essere immediatamente lavato via. È necessario rimuovere quanto più possibile i residui visibili prima dell'impiego dei detergenti, che possono essere applicati manualmente o mediante sistemi meccanici.

L'area deve essere spazzolata meccanicamente, lavata con un detergente alcalino cloroattivo e risciacquata con acqua. I pavimenti devono essere periodicamente lavati e disinfettati con una soluzione diluita di ipoclorito. Se possibile è preferibile l'impiego della pulizia a secco, poiché rispetto a quella a umido consente di mantenere l'umidità degli ambienti a valori più bassi, riducendo la crescita di muffe, in particolare sulle superfici in legno. Le superfici superiori dei serbatoi, le piattaforme, le passerelle aeree e le scalette devono essere aspirate, pulite e lavate. I muri devono essere lavati con una soluzione alcalina cloroattiva.

19.5.3 Lavaggio e disinfezione di impianti e attrezzature

Il lavaggio improprio delle attrezzature è una delle cause più frequenti di contaminazione. Pigiatrici, tubazioni e pompe per il mosto, presse, filtri, tubi, condutture e cassoni dei camion sono difficili da pulire completamente, ma può essere difficile anche la pulizia di attrezzature meno complesse, come assaggiavino, cilindri, secchi e pale. Le attrezzature dovrebbero essere smontate quanto più possibile, lavate accuratamente con acqua e un detergente a base di carbonato di sodio, per le superfici non metalliche, oppure con acqua e un detergente a base di soda caustica per le superfici metalliche; vanno quindi disinfettate con un prodotto idoneo.

Quando possibile, è raccomandato il ricircolo della soluzione detergente. Al termine del lavaggio e del risciacquo, i tubi impiegati devono essere sistemati sugli appositi avvolgitubo, e non sul pavimento, per facilitare il drenaggio e l'asciugatura. È essenziale detergere e disinfettare accuratamente le attrezzature che sono state a contatto con vino alterato o contaminato. Durante la vendemmia, convogliatori, pigiatrici e tubazioni a contatto con il mosto devono essere puliti dopo ogni utilizzo e non devono rimanere a contatto con il mosto per più di due ore. Dopo due giorni di utilizzo devono essere lavati, drenati e risciacquati accuratamente con acqua prima di essere nuovamente usati.

19.5.4 Sanificazione dell'area di imbottigliamento

Per ridurre la contaminazione batterica o da corpi estranei, è indispensabile un'efficace sanificazione dell'area di imbottigliamento. Per facilitare la sanificazione di quest'area, gli ambienti devono essere ben illuminati e ventilati; le pareti devono essere piastrellate e i pavimenti rivestiti con materiali impermeabili, come piastrelle o resine epossidiche. Per agevolare le operazioni di pulizia, occorre lasciare abbondante spazio tra le attrezzature, che devono poter essere smontate facilmente. Pompe, tubazioni e pastorizzatori devono essere realizzati in acciaio inossidabile. Sebbene vengano sterilizzate prima dell'arrivo nell'azienda enologica, le bottiglie vengono lavate e trattate con un flusso di azoto prima del riempimento.

19.5.5 Smaltimento delle vinacce

Dopo la pressatura, le vinacce devono essere allontanate il più rapidamente possibile; non devono rimanere all'interno o vicino ai locali di fermentazione poiché acetificano rapidamente, e occorre quindi evitare che le mosche della frutta trasportino i batteri acetici ai tini di fermentazione. Normalmente le vinacce sono inviate a una distilleria.

19.5.6 Sanificazione dei vasi vinari

Per mantenere lisce le superfici interne dei vasi vinari è necessario rimuovere i depositi di tartrati; l'eliminazione fisica richiede molto lavoro e può danneggiare il materiale dei contenitori. L'installazione di ugelli all'interno dei vasi vinari e l'impiego di prodotti specifici ad azione detartarizzante favoriscono la rimozione di queste incrostazioni.

I vasi vinari possono essere realizzati in vari materiali, quali acciaio inossidabile, liscio e resistente alla corrosione, acciaio rivestito con resine epossidiche e formofenoliche, cemento rivestito, poliestere rinforzato con fibra di vetro (vetroresina), legno; per la loro sanificazione si utilizzano prodotti idonei in funzione del materiale. Nel caso di vasi vinari in acciaio inox devono essere evitati prodotti a base di cloro in ambiente acido, nel caso di cemento o acciaio rivestiti non devono essere utilizzati prodotti alcalini forti (secondo il tipo di resina) e l'alta pressione; per quanto riguarda il legno sono da evitare acidi forti e prodotti alcalini cloroattivi.

Per la pulizia di vasi vinari in acciaio inossidabile un ciclo di sanificazione, da effettuare dopo svuotamento, può essere costituito da un prelavaggio con acqua potabile, da un lavaggio mediante circolazione di un prodotto alcalino complessante ossidante, che svolge un'azione combinata di detersione, detartarizzazione e sanitizzazione, e da un risciacquo finale con acqua potabile. Immediatamente prima del riempimento è previsto un ulteriore trattamento con prodotti sanitizzanti, sempre seguito da risciacquo. Attualmente sono disponibili procedure con prodotti che non includono composti a base di cloro nella loro formulazione (si veda la procedura riportata nel box a pagina seguente).

Figura 19.1 Vasi vinari in acciaio per la fermentazione dei vini rossi. (Per gentile concessione di Bruce Zoecklein, Virginia Polytechnic Institute & State University, Blacksburg, Virginia)

Settore enologico - Vasi vinari (cleaning in place)

Area di applicazione Cantina: per la sanificazione di vasi vinari in acciaio inox, polie-stere e fibra di vetro, rivestiti in resine epossidiche, cemento rivestito. Questa procedura è utile per la rimozione di tartrati e sostanze pigmentanti.

Sistema di applicazione Sistema CIP - Procedura senza cloro.

Frequenza Dopo lo svuotamento del vaso vinario.

Fase	Prodotti	Concentrazione	Temperatura	Tempo	Note
Prerisciacquo	Acqua potabile		20 °C		Per drenare ed eliminare i residui organici grossolani
Detersione + Detartarizzazione (Sbiancatura)	Detergente liquido detartarizzante fortemente alcalino + Booster liquido a base di perossido di idrogeno	5,0-15,0% 3,0-10,0%	20 °C	20-40 min	Concentrazione e durata del trattamento dipendono dallo spessore dello strato di tartrati. La stessa soluzione è riutilizzabile per più vasi. Se la soluzione è satura (i tartrati non sono più rimossi), prepararne un'altra alle stesse condizioni. Non ricaricare mai la soluzione satura. *Applicazione* 1. Preparare la soluzione diluita di detergente liquido. 2. Dare inizio alla detartarizzazione. 3. Dopo 5 minuti, aggiungere la quantità di booster necessaria.
Risciacquo intermedio	Acqua potabile		20 °C		Fino a scomparsa di tutti i residui di alcalinità
Sanitizzazione	Sanitizzante a base di acido peracetico	0,5-1,0%	20 °C	15-20 min	Se il contenuto in cloruri dell'acqua è inferiore a 50 mg/L
Risciacquo finale	Acqua potabile		20 °C	10-20 min	Continuare il risciacquo fino alla scomparsa di tutti i residui

Attenzione Non miscelare mai i prodotti concentrati: rischio di reazioni pericolose, con schizzi e sviluppo di gas.

Avvertenza La procedura riportata rappresenta solo un'indicazione generale. In condizioni che si discostano dalla norma (per esempio, elevata durezza dell'acqua o lavorazioni particolari), occorre consultare il fornitore dei prodotti per la sanificazione.

Fonte: Ecolab S.r.l. - Food & Beverage, Italia

19.5.7 Altre procedure igienico-sanitarie

Riempitrici, linee di imbottigliamento e altre attrezzature per il confezionamento possono essere sanificate mediante sistemi CIP. Se lo sporco non è eccessivo, un detergente alcalino cloroattivo può pulire, disinfettare e deodorare in una sola operazione.

La sterilizzazione dell'impianto di imbottigliamento può essere realizzata (seppure a costo elevato) mediante vapore o acqua calda. Dove si impiega acqua calda, si raccomanda una temperatura minima di 82 °C per almeno 20 minuti (Zoecklein et al., 1995); la temperatura deve essere misurata nel punto più lontano dalla sorgente di vapore (per esempio, in corrispondenza degli ugelli o al termine della linea). I raggi ultravioletti hanno un'efficace azione antimicrobica, ma possiedono scarso potere penetrante e film anche sottili costituiscono una barriera che protegge i microrganismi. L'ozono può essere utilizzato per disinfettare l'acqua fredda nei sistemi a ricircolo.

Filtrazione sterile

La sterilizzazione del vino mediante filtrazione viene effettuata utilizzando elementi filtranti sterili o, meglio, membrane. La filtrazione attraverso farina di diatomee riduce i lieviti ma non elimina i batteri e deve essere seguita da filtrazione su membrana.

Tappi di sughero

I tappi di sughero sono oggi forniti già pronti all'uso dopo aver subito trattamenti diversi per bonificare il materiale. I tappi di sughero possono essere sterilizzati con raggi gamma, per prevenire la formazione di odori anomali derivanti dalla crescita di muffe.

Barriques

Le manutenzione delle barriques usate vuote è difficile. La prima volta che una barrique nuova viene riempita, le pareti interne si impregnano di una dozzina di litri di vino. Quando la barrique viene svuotata, se non viene accuratamente risciacquata, il vino che impregna il legno acidifica, si trasforma in aceto e risulta contaminato da batteri acetici. Pertanto, le barriques contaminate che presentano odore d'aceto devono essere scartate.

Un'altra limitazione all'impiego di barriques usate è rappresentata dal fatto che, quando sono vuote, il legno tende a seccarsi, le doghe si contraggono e i cerchi si allentano: le barriques si deformano e non tengono più. Bisogna sottolineare che generalmente le barriques vengono conservate in ambienti a temperatura e umidità controllata e sostituite dopo un numero limitato di utilizzi.

Controllo della sanificazione

Le buone pratiche di imbottigliamento richiedono il controllo degli standard di sanificazione. Sono disponibili appositi kit per valutare le condizioni igieniche mediante conta del numero di lieviti o di batteri alterativi presenti nel vino dopo il riempimento.

Controllo degli infestanti

I moscerini della frutta sono particolarmente attratti dai mosti in fermentazione; buona parte della popolazione di questi insetti viene trasportata nello stabilimento vinicolo dal vigneto, con l'uva vendemmiata.

Le misure di controllo più efficaci sono: la pronta pigiatura dopo la raccolta, l'allontanamento di tutti i frutti caduti o scartati, lo smaltimento di tutti i rifiuti organici. La massima attività delle mosche si osserva nell'intervallo di temperatura compreso tra 23,5 e 27 °C, in

Settore enologico - Filtrazione finale (cleaning in place)

Area di applicazione Imbottigliamento: filtri a cartuccia, filtri tangenziali, filtri lenticolari, filtri a piastre eccetera. È utile per la rimozione di tartrati, sostanze pigmentanti, depositi organici e microrganismi.

Avvertenza Per queste procedure d'igiene attenersi alle indicazioni del costrutture, in particolare riguardo al pH e alla compatibilità dei materiali. Le procedure si applicano previo accordo con il costruttore.

Frequenza Secondo le indicazioni del costruttore

Lavaggio chimico impossibile

Fase	Prodotti	Concentrazione	Temperatura	Tempo	Note
Prerisciacquo	Acqua potabile		20 °C	5-10 min	Per eliminare i residui organici grossolani
Lavaggio	Acqua potabile		50-55 °C	30 min	Da effettuare in caso di lavaggio chimico impossibile. Su filtri lenticolari e cartucce di filtrazione in acetato di cellulosa e fibra di vetro

Lavaggio chimico possibile: procedura senza cloro

Fase	Prodotti	Concentrazione	Temperatura	Tempo	Note
Lavaggio chimico	Detergente liquido alcalino complessante	0,5-2,0%	Max 60 °C	10-30 min	Da effettuare in caso di lavaggio chimico possibile. Su filtri tangenziali e cartucce di filtrazione finale in nylon, polipropilene, polisulfone, polietere sulfone
Risciacquo intermedio	Acqua potabile		20 °C		Fino a scomparsa di tutti i residui di alcalinità
Sbiancatura Sanitizzazione	Sanitizzante a base di acido peracetico	0,3-0,5%	20 °C	10-30 min	Possibile su filtri a cartuccia e filtri lenticolari. Se il contenuto in cloruri dell'acqua è <50 mg/L, in caso contrario effettuare una sanitizzazione termica.
Risciacquo finale	Acqua potabile		20 °C		Fino a scomparsa di tutti i residui di alcalinità
Validazione	Test di risciacquo				Acido peracetico: cartine pH o striscette per perossidi. Altri prodotti: cartine pH o fenolftaleina

Avvertenza La procedura riportata rappresenta solo un'indicazione generale. In condizioni che si discostano dalla norma (per esempio, elevata durezza dell'acqua o lavorazioni particolari), occorre consultare il fornitore dei prodotti per la sanificazione.

Fonte: Ecolab Srl - Food & Beverage, Italia

Settore enologico - Riempimento (cleaning in place)

Area di applicazione Imbottigliamento: riempitrici, circuiti di riempimento, saturatori eccetera. È utile per la rimozione di tartrati, sostanze pigmentanti, depositi organici e microrganismi. Il materiale a contatto con il vino dopo la filtrazione deve avere un livello d'igiene molto elevato. L'utilizzo di prodotti clorattivi è formalmente bandito da alcuni costruttori.

Sistema di applicazione Sistema CIP - Sanificazione senza cloro.

Frequenza Al termine dell'utilizzo.

Fase	Prodotti	Concentrazione	Temperatura	Tempo	Note
Prerisciacquo	Acqua potabile		20 °C		Per drenare ed eliminare i residui di vino
Detersione	Detergente detartarizzante fortemente alcalino	1,0-3,0%	20 °C	15-20 min	Se possibile, applicazione per circolazione, altrimenti per invasamento
Risciacquo intermedio	Acqua potabile		20 °C		Fino a scomparsa di tutti i residui di alcalinità
Sbiancatura Sanitizzazione	Sanitizzante a base di acido peracetico non schiumogeno	0,5-1,0%	20 °C	10-20 min	Se possibile, applicazione per circolazione, altrimenti per invasamento Se il contenuto in cloruri dell'acqua è <50 mg/L
Risciacquo finale	Acqua potabile		20 °C	10-20 min	Fino a scomparsa di tutti i residui

Settore enologico - Tappatrice: superfici esterne

Area di applicazione Imbottigliamento: teste tappanti, per la rimozione di microrganismi. Non utilizzare mai prodotti clorattivi sulle teste tappanti.

Frequenza Al termine dell'utilizzo

Fase	Prodotti	Concentrazione	Temperatura	Tempo	Note
Prerisciacquo	Acqua potabile		20 °C		Per drenare ed eliminare i residui di vino
Sanitizzazione	Sanitizzante a base di alcol		20 °C		Applicazione per nebulizzazione. Risciacquo non necessario (per prodotti con idonea certificazione)

Avvertenza La procedura riportata rappresenta solo un'indicazione generale. In condizioni che si discostano dalla norma (per esempio, elevata durezza dell'acqua o lavorazioni particolari), occorre consultare il fornitore dei prodotti per la sanificazione.

Fonte: Ecolab S.r.l. - Food & Beverage, Italia

condizioni di scarsa intensità luminosa e ridotta velocità del vento. Pertanto risultano utili all'entrata dello stabilimento zanzariere e barriere d'aria. (Per ulteriori informazioni sul controllo degli infestanti, si rinvia al capitolo 12.)

19.6 Sanificazione nelle distillerie

Per la natura delle materie prime, le tecniche di lavorazione e l'elevato tenore di alcol del prodotto finito, anche nelle distillerie i più comuni microrganismi non costituiscono normalmente motivo di preoccupazione. Dal punto di vista della sicurezza, un'eccezione è rappresentata dall'eventuale presenza nelle materie prime di livelli significativi di metaboliti tossici (micotossine). Il controllo rigoroso delle materie prime è pertanto essenziale, in quanto il prodotto finito non può essere efficacemente detossificato. Insufficienti condizioni igienico-sanitarie compromettono la resa e la qualità del prodotto (Arnett, 1992).

19.6.1 Riduzione della contaminazione fisica

Per realizzare una sanificazione efficace, i cereali e le altre materie prime utilizzate in queste industrie vanno ispezionati al momento del ricevimento. In questa fase gli insetti costituiscono il problema principale, poiché una partita infestata può contaminare i magazzini e l'intero stabilimento.

I criteri per individuare gli infestanti più comuni dei cereali sono descritti nel paragrafo 14.2. È anche importante rilevare la presenza di odori anomali, poiché molti di questi possono persistere durante la fermentazione e permanere nel prodotto finito. I silos per lo stoccaggio dei cereali devono essere svuotati regolarmente 2-4 volte all'anno, puliti con getti d'acqua ad alta pressione e lasciati asciugare all'aria; l'area circostante deve essere tenuta pulita, rimuovendo la polvere prodotta dai cereali mediante lavaggio, e deve essere periodicamente spruzzata con insetticidi.

Quando i cereali vengono introdotti nello stabilimento mediante trasportatori a coclea devono essere sottoposti a cernita, mediante vagli oscillanti, per rimuovere residui vegetali, detriti e insetti che possono essere presenti. Il locale di macinatura deve essere lavato con getti d'acqua per ridurre la polvere prodotta dai cereali; ogni 2-6 mesi deve essere riscaldato fino a 50-55 °C per 30 minuti, per distruggere eventuali insetti.

19.6.2 Riduzione della contaminazione microbica

Dal punto di vista della sanificazione, la contaminazione da parte di batteri e di lieviti selvaggi durante la fermentazione costituisce l'aspetto più importante del controllo della produzione di distillati.

Nei distillati di cereali la principale fonte di contaminazione è rappresentata dal malto d'orzo. La conta batterica del malto è normalmente compresa tra 2×10^5 e 5×10^8. Poiché il malto viene aggiunto a 60-63 °C, molti di questi microrganismi possono sopravvivere e moltiplicarsi durante la fermentazione. La carica batterica iniziale dei cereali aggiunti prima del processo di cottura o sottoposti a temperature superiori a 88 °C, non è oggetto di particolare attenzione, in quanto a queste temperature i microrganismi vengono uccisi.

Tra i più comuni contaminanti batterici vi sono specie dei generi *Lactobacillus*, *Bacillus*, *Pediococcus*, *Leuconostoc* e *Acetobacter*. Questi si sviluppano a spese dei lieviti e possono determinare riduzione della produzione, poiché utilizzano i substrati zuccherini per produrre composti diversi dall'alcol. Molti di questi batteri producono acidi, soprattutto lattico e acetico, che possono alterare le condizioni di fermentazione e compromettere la qualità del prodotto; altri composti, come esteri e aldeidi, possono alterare la struttura del distillato.

Le condizioni dei processi di fermentazione sono piuttosto sfavorevoli per molti microrganismi. Inizialmente la concentrazione di zuccheri può superare il 16%, determinando elevati valori di pressione osmotica. Durante il processo di fermentazione si ha un abbassamento del valore di pH (che per esempio nella produzione del whiskey può scendere da circa 5,5 a 4,0), un aumento della concentrazione di alcol (che nel caso del whiskey arriva fino al 9%) e una riduzione del tenore di ossigeno, che in questo ambiente saturo di anidride carbonica può essere assente. Tali condizioni limitano drasticamente il numero di specie microbiche in grado di svilupparsi.

Occorre minimizzare la contaminazione della fermentazione. Poiché molti batteri sono trasportati dall'aria, la polvere deve essere abbattuta mediante lavaggio di tutte le superfici dello stabilimento (muri, pavimenti ecc.). Le forniture di malto devono essere sottoposte a campionamento per determinarne la carica batterica: la conta batterica totale deve essere compresa tra 200 000 e 1 000 000 ufc/g.

19.6.3 Sanificazione delle attrezzature

I grandi fermentatori (120 000-180 000 litri) devono essere sanificati introducendo acqua calda e detergente, mentre un sistema CIP immette vapore nel centro del serbatoio; questo trattamento deve proseguire per circa 30 minuti. Dopo lo svuotamento, il fermentatore va risciacquato con acqua, quindi deve essere sterilizzato mediante applicazione di vapore prima di pomparvi il mosto.

Le serpentine di raffreddamento devono mantenere la temperatura di fermentazione sotto i 32 °C; valori più elevati causano la morte dei lieviti e la formazione di aromi anomali. Le serpentine tendono a favorire la formazione di un'incrostazione minerale composta di carbonati di calcio, fosfati e talora solfati; ciò determina una riduzione dell'efficienza del trasferimento di calore. Per controllare questo problema il fermentatore viene trattato, con frequenza variabile, con una soluzione detergente acida per consentire il distacco delle incrostazioni.

Le caldaie, in cui viene preparato il mosto, e il primo distillatore, all'interno del quale viene pompato il fermentato, tendono a trattenere nel corso del processo residui di depositi formati dai cereali. Per tale motivo, ogni settimana le caldaie, il primo distillatore e tutte le tubazioni devono essere lavati con una soluzione detergente alcalina. La soluzione caustica può essere preparata in un serbatoio e pompata prima nel distillatore, quindi attraverso le tubazioni e, infine, all'interno di ciascuna caldaia. Al termine dell'operazione, occorre risciacquare con acqua per allontanare i residui di soluzione caustica.

I serbatoi in acciaio inossidabile, che raccolgono l'alcol che è distillato dal fermentato, e le linee che lo trasportano ai serbatoi o alle botti per l'invecchiamento devono essere risciacquati periodicamente; la natura stessa del prodotto, alcol con un titolo di circa 70% vol (140 proof), riduce la necessità di una sanificazione più accurata.

La qualità dell'acqua utilizzata nelle distillerie è importante per assicurare l'accettabilità del prodotto finito. In questi stabilimenti, di norma per la miscelazione con il distillato a tutto grado si impiega acqua proveniente da pozzi, clorata e filtrata su carbone, o fornita da un acquedotto pubblico, che viene chiarificata mediante filtri di profondità. La sicurezza microbiologica viene assicurata mediante clorazione; la filtrazione di finitura è necessaria solo prima della miscelazione per aumentare la limpidezza.

Sommario

La maggior parte dello sporco presente negli stabilimenti per la produzione di bevande ha un elevato contenuto di zuccheri, è solubile in acqua e relativamente facile da rimuovere. In questi stabilimenti, una sanificazione inefficace può ridurre l'accettabilità del prodotto, poiché l'eliminazione dall'ambiente dei microrganismi contaminanti è difficile.

Nei birrifici i microrganismi patogeni più noti di norma non destano preoccupazioni, soprattutto per la natura delle materie prime, per le tecniche di lavorazione e per le caratteristiche della birra (basso pH, elevata concentrazione di alcol e pressione parziale di anidride carbonica). Va comunque considerata l'eventualità che metaboliti tossici (micotossine) prodotti da alcune specie di funghi passino da materie prime contaminate al prodotto finito. Poiché non esistono metodi soddisfacenti per detossificare il prodotto finito contaminato da micotossine, è essenziale un controllo rigoroso delle materie prime. I batteri che si riscontrano con maggiore frequenza nei birrifici sono non sporigeni. Il metodo più efficace per prevenire le alterazioni delle bevande è controllare la contaminazione microbica attraverso un programma completo di pulizia e disinfezione, adattato alle diverse tipologie di stabilimento produttivo. Il sistema più appropriato è la pulizia spray, effettuata con detergenti poco schiumogeni, appositamente formulati per le caratteristiche dello sporco da eliminare.

Le esigenze di sanificazione aumentano nel corso del processo di vinificazione e raggiungono un picco al momento dell'imbottigliamento. Generalmente risulta più appropriata la combinazione di pulizia a secco con quella a umido. Le attrezzature per la produzione del vino devono essere smontate quanto più possibile, lavate accuratamente con acqua e un detergente a base di fosfato o di carbonato, per le superfici non metalliche, oppure con acqua e soda caustica (o una sostanza equivalente), per le superfici metalliche; vanno quindi disinfettate con ipoclorito o con uno iodoforo. L'installazione di ugelli a getto circolare all'interno dei tini favorisce la rimozione dei tartrati. Le riempitrici, le linee di imbottigliamento e le altre attrezzature di confezionamento possono essere sanificate mediante sistemi CIP. La pronta pigiatura dopo la raccolta dell'uva riduce le infestazioni da mosche.

Nelle distillerie il controllo delle materie prime è essenziale; insufficienti condizioni igienico-sanitarie compromettono la resa e la qualità del prodotto.

Domande di verifica

1. Che cos'è l'approccio TACT alla sanificazione negli stabilimenti per la produzione di bevande?
2. Quale temperatura deve essere utilizzata nel lavaggio e nel risciacquo delle bottiglie usate nei birrifici?
3. Quali sono i due metodi principali utilizzati per la pastorizzazione della birra?
4. Quale sistema di pulizia è raccomandato per il lavaggio di vasi vinari vuoti?
5. Come possono essere rimosse le incrostazioni di tartrati nelle aziende enologiche?
6. Come si possono pulire efficacemente i tini di fermentazione del vino?
7. Come deve essere sanificato il locale dove avviene la macinatura di una distilleria?
8. Come devono essere pulite le grandi vasche di fermentazione in una distilleria?
9. Perché i tipi di sporco presenti negli stabilimenti per la produzione di bevande sono meno difficili da rimuovere di quelli della maggior parte degli altri stabilimenti alimentari?
10. Perché è importante un rigoroso controllo delle materie prime negli stabilimenti per la produzione di bevande?

Bibliografia

Arnett AT (1992) *Distillery sanitation*. Unpublished information.

Bena DW (2003) Water use in the beverage industry. In: Hui YH et al (eds) *Food plant sanitation*. Marcel Dekker, New York.

Carsberg HC (2003) Beverage plant sanitation and HACCP. In: Hui YH et al (eds) *Food plant sanitation*. Marcel Dekker, New York.

Flannigan B (1996) The microflora of barley and malt. In: Pries FG, Campbell I (eds) *Brewing microbiology* (2nd ed). Chapman and Hall, London.

Flickinger B (1997) Automated cleaning and sanitizing equipment. *Food Qual* 3: 26-32.

McMullen, Jones MR, Gallenburg D (1997) Scab of wheat and barley: A reemerging disease of devastating impact. *Plant Dis* 81: 1340.

Noots I, Delcour JA, Michiels CW (1999) From field barley to malt: Detection and specification of microbial activity for quality aspects. *Crit Rev Microbiol* 25: 121.

O'Sullivan T (1992) High quality utilities in the food and beverage industry. *Dairy Food Sanit* 12: 216.

Remus CA (1991a) Just what is being sanitized? *Beverage World* (march): 80.

Remus CA (1991b) When a high level of sanitation counts. *Beverage World* (March): 63.

Remus CA (1989) Arrhenius' legacy. *Beverage World* (April 1991): 76.

Rosenthal I (1992) *Electromagnetic radiation in food science*. Springer-Verlag, New York.

Schwarz PB, Casper HH, Beattie S (1995) Fate and development of naturally occurring Fusarium mycotoxins during malting and brewing. *J Am Soc Brew Chem* 53: 121.

Schwarz PB, Schwarz JG, Zhou A, Prom LK, Steffenson BJ (2001) Effect of Fusarium graminearum and F. poae infection on barley and malt quality. *Monatsschr Brauwiss* 54; 3/4: 55-63.

Stanton JH (1971) Sanitation techniques for the brewhouse, cellar and bottleshop. *Tech Q Master Brew Assoc Am* 8: 148.

Williams RC, Sumner SS, Goldena DA (2004) Survival of Escherichia coli and Salmonella in apple cider and orange juice as affected by ozone and treatment temperature. *J Food Prot* 67: 2381.

Zoecklein BW et al (1995) *Wine analysis and production*. Chapman & Hall, New York.

Capitolo 20

Ristorazione e somministrazione di alimenti

Negli Stati Uniti e in Europa vi sono centinaia di migliaia di esercizi in cui si somministrano alimenti, che impiegano milioni di persone. Si tratta di aziende molto diverse: dal piccolo ambulante alla grande caffetteria, dalla catena di fast food al ristorante di lusso. Per i pasti consumati fuori casa, i consumatori statunitensi spendono circa il 46% del budget destinato ai prodotti alimentari, mentre nell'Unione Europea tale valore è intorno al 33%, con un trend in netta ascesa. La notevole espansione del settore della ristorazione ha determinato profondi cambiamenti nei metodi di produzione, lavorazione, distribuzione e preparazione degli alimenti; tra i principali vi sono l'aumento della diffusione degli alimenti pronti al consumo (*convenience food*) e la produzione centralizzata di pasti distribuiti dopo pre-porzionatura.

Nonostante i cambiamenti delle tecniche di produzione, trasporto e distribuzione e delle abitudini alimentari, gli alimenti continuano a essere una possibile fonte di microrganismi patogeni. Il personale addetto alla manipolazione degli alimenti può essere portatore di malattie e causare contaminazione crociata. Poiché gli attuali trattamenti e metodi di trasformazione hanno allungato il percorso dall'area di produzione al consumatore, le probabilità che gli alimenti vengano contaminati da microrganismi sono cresciute e rappresentano un problema per la salute pubblica. Negli ultimi decenni si sono registrate migliaia di epidemie di malattie a trasmissione alimentare, in grande maggioranza causate da batteri; oltre la metà dei casi è dovuto ad alimenti contaminati consumati fuori casa. Nei soli Stati Uniti, i costi economici di queste epidemie sono stimati in diversi miliardi di dollari; il rischio relativo di malattie associate alla ristorazione sarebbe di 1 caso ogni 9 000 pasti all'anno. Tale problema è aggravato dal numero crescente di centri di cottura. La ristorazione collettiva aumenta il numero di persone esposte al rischio di malattie a trasmissione alimentare e rende più complessa e critica la protezione degli alimenti dalle contaminazioni.

L'obiettivo principale di un programma di sanificazione nelle aziende di ristorazione è difendere i consumatori dalla contaminazione o, quanto meno, ridurne gli effetti. È difficile proteggere gli alimenti da tutte le contaminazioni, poiché i microrganismi patogeni sono estremamente diffusi e presenti su buona parte degli addetti alla manipolazione.

20.1 Progettazione igienica

In un esercizio di ristorazione mal progettato è difficile mantenere condizioni igieniche adeguate: vi è spreco di tempo ed energia e il lavoro diventa complicato e frustrante, demotivando i lavoratori, che finiscono per accontentarsi di risultati inferiori a quelli auspicati.

20.1.1 Facilità di pulizia

Il requisito principale del disegno igienico dei locali e delle attrezzature di un esercizio di ristorazione è la facilità di sanificazione. Ciò significa che attrezzature, utensili e superfici devono poter essere ispezionati e sanificati senza difficoltà e devono essere realizzati in modo che lo sporco possa essere rimosso efficacemente con i normali metodi di pulizia. Riducendo al minimo i punti inaccessibili, in cui possono annidarsi sporcizia, infestanti e microrganismi, si agevola il mantenimento dell'igiene. Ambienti facilmente sanificabili consentono di mantenere un basso livello di contaminazione.

20.1.2 Caratteristiche progettuali

Occorre tenere conto delle caratteristiche igienico-sanitarie dei locali fin dalla fase di progettazione. Sebbene in molti casi l'attività sia avviata in strutture già esistenti, queste possono essere migliorate ogni qualvolta si procede a ristrutturazioni e riorganizzazioni degli ambienti o all'installazione di nuove attrezzature.

Gli esercizi di ristorazione e somministrazione devono possedere i requisiti igienico-sanitari fissati dalla normativa e le autorizzazioni rilasciate dagli enti competenti. Prima di richiedere il rilascio dell'autorizzazione sanitaria, le aziende di ristorazione e somministrazione di alimenti possono ottenere dall'ASL di competenza un sopralluogo nei locali dell'esercizio e un parere preventivo sulla sua idoneità e sugli eventuali interventi da effettuare per adeguarsi alle prescrizioni di legge.

Pavimenti, pareti e soffitti devono essere realizzati con materiali di facile pulizia e manutenzione; tali materiali devono essere inerti, durevoli, lisci e non devono assorbire lo sporco. In particolare, occorre valutare l'assorbenza e la porosità del materiale utilizzato per la pavimentazione; infatti, l'assorbimento di liquidi può danneggiare i pavimenti e favorire la crescita microbica. In tutte le aree di preparazione e stoccaggio degli alimenti il rivestimento della pavimentazione deve essere non assorbente; pertanto, vanno assolutamente evitati materiali come moquette, tappeti eccetera.

Sebbene il tipo di rivestimento rappresenti un aspetto cruciale ai fini della sanificazione, è di estrema importanza anche il modo in cui la pavimentazione viene realizzata. Raccordi curvi tra pavimenti e pareti facilitano la pulizia, poiché impediscono l'accumulo di residui di alimenti che attirano insetti e roditori. I pavimenti in cemento devono essere sigillati per renderli non assorbenti e ridurre la formazione di polvere.

Criteri analoghi vanno seguiti per scegliere i materiali delle pareti e dei soffitti. La ceramica è un rivestimento per pareti diffuso e adatto per la maggior parte delle aree; l'intonaco deve essere liscio, impermeabile e privo di buchi nei quali possa raccogliersi lo sporco. Sebbene costoso, l'acciaio inossidabile è una finitura valida, poiché è resistente all'umidità e a molti tipi di sporco ed è durevole. I soffitti devono essere rivestiti di materiali lisci, non assorbenti e di facile pulizia; sono adatti intonaci lisciati e sigillati e pannelli in plastica o rivestiti di plastica.

Al momento dell'acquisto delle attrezzature, il responsabile dell'azienda deve richiedere e verificare che queste soddisfino i requisiti previsti dalla normativa. Tra le caratteristiche igienico-sanitarie indispensabili per le attrezzature impiegate negli esercizi di ristorazione si ricordano per esempio:
– numero più basso possibile di componenti necessario per un funzionamento efficace;
– facile smontabilità per le operazioni di sanificazione;
– superfici lisce e prive di buchi, fessure, sporgenze, bulloni e rivetti;

– spigoli arrotondati e superfici interne con finitura liscia;
– materiali di rivestimento resistenti agli urti e allo sfaldamento;
– materiali atossici e non assorbenti, che non cedano colori, odori o sapori agli alimenti.

Ceppi e taglieri sono frequenti cause di contaminazione crociata: i taglieri in legno assorbono i succhi, nelle fessure di quelli in plastica possono annidarsi microrganismi. I tagli provocati dai coltelli sulle superfici di plastica offrono protezione ai batteri, che sfuggono così alla rimozione durante la pulizia manuale e al campionamento delle superfici. L'uso prolungato dei taglieri in polietilene provoca numerosi tagli, buchi e scheggiature sulle superfici, che diventano scabre, favorendo l'annidamento dei batteri.

20.1.3 Collocazione e installazione delle attrezzature

Le attrezzature devono essere collocate in modo da ridurre la contaminazione degli alimenti e da consentire la completa accessibilità e sanificazione di tutte le aree. Per esempio: il piano sul quale si appoggiano i piatti sporchi deve essere distante dal lavello utilizzato per la preparazione delle verdure; l'area di raccolta dei rifiuti deve essere collocata il più lontano possibile da quella destinata alla preparazione degli alimenti; le attrezzature per la preparazione degli alimenti non vanno tenute in zone esposte alla polvere, come sotto scale a giorno.

Quando possibile, si dovrebbero impiegare attrezzature mobili per agevolare la pulizia di muri e pavimenti. Le attrezzature non mobili dovrebbero essere fissate e sigillate alla parete o all'attrezzatura contigua; se ciò non è possibile, l'attrezzatura deve essere collocata a circa 50 cm dal muro o dall'attrezzatura contigua, per consentire un'efficace sanificazione. Le attrezzature non mobili devono essere sollevate di circa 25 cm dal pavimento, oppure sigillate su un basamento in muratura. Per sigillare le attrezzature al muro o al pavimento, occorre utilizzare sigillanti atossici. Spazi o aperture larghe dovuti a difetti di costruzione non vanno coperti con il sigillante, poiché finirebbero comunque per aprirsi nuovamente, divenendo ricettacolo di sporco o rifugio per insetti o roditori.

20.1.4 Dispositivi per il lavaggio delle mani

Le mani sono la fonte di contaminazione microbica più comune; pertanto, l'azienda deve assicurare la presenza di idonei dispositivi di lavaggio nei punti in cui tale contaminazione è più frequente, come le aree di preparazione degli alimenti, gli spogliatoi e le aree adiacenti ai servizi igienici. Poiché i dipendenti possono essere restii ad allontanarsi dalla postazione di lavoro per lavarsi le mani, questi dispositivi devono essere sufficientemente numerosi e adeguatamente collocati. I lavamani possono essere di tipo automatico oppure costituiti da un lavabo con acqua calda e fredda (con azionamento a pedale o altro dispositivo), fornito di detergente liquido e salviette di carta usa e getta. (Per ulteriori informazioni sul lavaggio delle mani, si rinvia al capitolo 5.)

20.1.5 Locali di servizio

I dipendenti devono disporre di adeguati spogliatoi con armadietti personali. Il normale vestiario rappresenta un'importante fonte di contaminazione microbica; pertanto, occorre fornire agli addetti uniformi da indossare durante il turno di lavoro. Gli spogliatoi devono trovarsi al di fuori delle aree in cui vengono preparati, conservati e somministrati gli alimenti e devono essere fisicamente separati da tali aree mediante pareti e altre barriere. Accanto agli spogliatoi e ai servizi igienici devono essere installati dispositivi lavamani. Bagni e ser-

vizi igienici devono essere sanificati almeno una volta al giorno ed essere dotati di contenitori per i rifiuti con apertura a pedale, da vuotare almeno una volta al giorno.

20.1.6 Smaltimento dei rifiuti

Dove si somministrano alimenti, è particolarmente importante un corretto smaltimento degli
scarti e delle immondizie, poiché questi attirano infestanti che possono contaminare alimenti, attrezzature e utensili. I contenitori per i rifiuti devono essere a perfetta tenuta, a prova di
infestanti, facilmente sanificabili e resistenti; devono essere muniti di coperchio azionato a
pedale e di appositi sacchi di plastica. I rifiuti vanno rimossi dalle aree di preparazione degli
alimenti il più rapidamente possibile e allontanati dai locali dell'esercizio con frequenza sufficiente per prevenire la formazione di odori e l'arrivo di infestanti; devono essere depositati solo negli appositi bidoni, in aree facili da sanificare e protette contro l'accesso di infestanti; se è necessario un deposito prolungato, occorre predisporre un locale refrigerato. Cas-
sonetti e compattatori posti all'esterno vanno collocati su una superficie liscia realizzata con
materiale non assorbente, come cemento o asfalto. Deve essere prevista una zona per il
lavaggio e l'asciugatura dei contenitori per i rifiuti, attrezzata con acqua calda e fredda e scarico; tale zona deve essere collocata in modo da evitare, durante le operazioni di lavaggio,
qualunque contaminazione degli alimenti presenti nelle aree di preparazione o stoccaggio.

Il volume di rifiuti prodotti in un esercizio di ristorazione può essere ridotto mediante
l'impiego di tritarifiuti o compattatori meccanici; i primi riducono gli scarti in frammenti
sufficientemente piccoli da essere allontanati con l'acqua. I compattatori meccanici della frazione secca dei rifiuti sono particolarmente utili per le aziende che dispongono di poco spazio, in quanto possono ridurre il volume del materiale originario fino al 20%.

20.2 Riduzione della contaminazione

La salubrità dei cibi preparati deve essere salvaguardata osservando rigorose pratiche igieniche nelle cucine e nelle aree di conservazione degli alimenti. Si propongono qui alcune precauzioni da seguire per minimizzare la contaminazione.

20.2.1 Area di preparazione

In quest'area la prevenzione della contaminazione da microrganismi patogeni o alterativi,
come pure da sporcizia, è particolarmente importante al termine della preparazione e durante il servizio. In questa fase la contaminazione dei cibi pronti da parte di microrganismi patogeni può rappresentare un effettivo pericolo per il consumatore.

20.2.2 Utensili e stoviglie

Il lavaggio e la disinfezione accurati degli utensili sono indispensabili per prevenire la contaminazione e mantenere condizioni igieniche. La disinfezione può essere ottenuta sottoponendo gli utensili a un trattamento termico a 82 °C, per almeno 30 secondi dopo il lavaggio.
Se vengono applicati disinfettanti chimici a temperatura ambiente, è necessario rispettare i
tempi di esposizione raccomandati (in generale non inferiori a 10 minuti). Il rischio di contaminazione viene ridotto eliminando stoviglie e utensili incrinati, scheggiati, graffiati o
ammaccati: infatti, frammenti di cibo e microrganismi possono raccogliersi nei punti dan-

neggiati e risultare difficili da raggiungere durante il lavaggio e la disinfezione. La contaminazione può essere ulteriormente ridotta esigendo che il personale addetto al servizio non tocchi le superfici destinate a venire a contatto con la bocca o con gli alimenti; ciò consente di evitare che i microrganismi trasferiti su stoviglie e posate siano trasmessi al consumatore.

20.2.3 Fattori di rischio

Per ridurre il rischio di malattie a trasmissione alimentare, con una preparazione e una manipolazione sicure degli alimenti, è necessario tener conto di alcuni fattori.

– *Preparazione in più fasi*: la ripetuta manipolazione espone maggiormente gli alimenti a contaminazione.
– *Cambiamenti di temperatura*: durante il riscaldamento e il raffreddamento i cibi attraversano la "zona di pericolo" compresa tra 4 e 60 °C.
– *Grandi volumi*: la preparazione di grandi quantità di alimenti richiede manipolazione in più fasi e tempi di cottura e raffreddamento più lunghi, che offrono ai microrganismi maggiori opportunità di crescita.
– *Alimenti contaminati all'origine*: le materie prime vegetali possono essere contaminate in campo da terra o agrofarmaci; la contaminazione delle carni e del pollame può verificarsi soprattutto durante la macellazione; i prodotti ittici possono contenere numerose specie di virus, batteri e parassiti.

Occorre inoltre controllare il flusso dei prodotti attraverso lo stabilimento, dal ricevimento delle materie prime fino al servizio al tavolo. Temperature e tempi devono essere registrati all'inizio e al termine di ogni fase di lavorazione; l'analisi delle curve tempo-temperatura consente di valutare se le procedure attuate sono adeguate per limitare la crescita microbica. Sebbene esistano numerosi punti di controllo, solo pochi di questi sono *punti critici di controllo*, in particolare:

– mantenimento degli alimenti a temperature inferiori a 4 °C o superiori a 60 °C, per prevenire la crescita dei microrganismi;
– cottura degli alimenti a temperature superiori a 75 °C, per assicurare la distruzione dei microrganismi patogeni.

20.2.4 Raffreddamento

Tempi di raffreddamento troppo lunghi di alimenti a rischio sono stati identificati come causa frequente di malattie a trasmissione alimentare (Stanfield, 2003). Se conservati a temperature inappropriate, i cibi cotti rappresentano un ambiente favorevole alla crescita di microrganismi patogeni, in particolare sporigeni, sopravvissuti al processo di cottura. Può inoltre verificarsi la ricontaminazione di cibi cotti a causa di pratiche non igieniche, che danno luogo a contaminazione crociata da parte di altri alimenti, utensili o attrezzature. Alimenti preparati in grandi volumi o pezzature – come arrosti, sughi, minestre, spezzatini, bolliti eccetera – richiedono lunghi tempi di raffreddamento, che possono essere abbreviati riducendo i volumi e le pezzature dopo la cottura e ripartendoli in diversi contenitori, avendo cura di far fuoriuscire il vapore che si forma. Altri sistemi per raffreddare più rapidamente sono: la cottura di pezzature e volumi ridotti, poco prima del servizio; l'impiego di abbattitori di temperatura; l'immersione del recipiente contenente l'alimento in un bagno di acqua ghiacciata. Per garantire la corretta esecuzione del processo, occorre registrare le temperature dei prodotti ai tempi prestabiliti.

20.2.5 Regole per il servizio

Il personale che lavora a contatto con gli alimenti o con le superfici, le attrezzature e gli utensili impiegati per la loro preparazione può facilmente diffondere batteri, virus e parassiti. Un'igiene personale accurata, in particolare il lavaggio corretto delle mani, è essenziale per controllare questi pericoli. Inoltre, nel caso i cibi siano esposti, è necessario mantenere la temperatura appropriata ed evitare i rischi di contaminazione da parte dei clienti.

Tra le misure raccomandate per la conservazione e il servizio di cibi pronti, si ricordano:
– utilizzo di materiali protettivi (come pellicole, fogli di alluminio ecc.);
– protezione degli alimenti esposti mediante appositi schermi;
– impiego di utensili appropriati per la somministrazione;
– separazione dei cibi caldi da quelli freddi;
– controllo dei banchi per il self service da parte del personale.

20.2.6 Vantaggi e svantaggi dei guanti

Purché usati correttamente, i guanti possono contribuire alla riduzione della contaminazione degli alimenti. Tuttavia, la loro reale efficacia è controversa e dipende comunque da numerosi fattori, come la frequenza di sostituzione e le pratiche igieniche complessive (Michaels, 2001). In ogni caso, l'uso dei guanti sembra rassicurante per i consumatori, nei quali determina un'impressione di maggiore igiene e attenzione.

Procedure igieniche per la preparazione degli alimenti

Alimenti contaminati da sostanze tossiche o da microrganismi patogeni possono essere causa di malattie anche gravi. Tra le procedure che consentono di ridurre la contaminazione, tre sono particolarmente importanti.

1. *Lavaggio degli alimenti* Gli alimenti trasformati non richiedono necessariamente il lavaggio; in ogni caso tutta la frutta e la verdura da consumare cruda o cotta deve essere lavata. Anche la frutta essiccata e l'uva passa devono essere lavate, come pure il pesce, il pollame e altre varietà di carne. Il lavaggio del pollame riduce la contaminazione della cavità corporea da parte di *Salmonella* e altri microrganismi. Frutta, verdura e carni devono essere lavati con acqua corrente fredda o tiepida. Dopo il lavaggio, gli alimenti vanno asciugati e, se non vengono cotti immediatamente, devono essere refrigerati a temperatura opportuna fino al momento della preparazione.

2. *Protezione dalla contaminazione* La protezione degli alimenti da sostanze tossiche o da microrganismi patogeni è parte integrante del programma di sanificazione. Detergenti, disinfettanti, insetticidi e altre sostanze impiegate in un esercizio di ristorazione possono contaminare accidentalmente gli alimenti. Per prevenire tale contaminazione tutti questi prodotti devono essere stoccati separatamente, lontano dalle aree in cui si preparano, conservano o movimentano gli alimenti.

3. *Trattamento termico degli alimenti a rischio* Tutti gli alimenti che possono essere contaminati da microrganismi patogeni, come carne e pollame crudi e alimenti a rischio di ricontaminazione, devono essere sottoposti a cottura adeguata. La temperatura a cuore deve superare i 75 °C per distruggere le forme vegetative dei batteri patogeni. La combinazione di tempo e temperatura necessaria per la distruzione dei batteri sporigeni varia a seconda delle specie.

20.3 Principi di sanificazione

Le aziende di ristorazione hanno a disposizione una grande varietà di prodotti e procedure per la detersione e la disinfezione. Il problema è scegliere i più appropriati per i diversi impieghi e applicarli correttamente. Un esercizio in buone condizioni di pulizia e igiene è il risultato di un programma ben organizzato e attuato secondo tempi e scadenze prefissati. Essendo costretto a ritmi di lavoro intensi, per far fronte alle esigenze dei clienti, il personale spesso tende a trascurare le corrette pratiche igieniche.

Un responsabile coscienzioso e professionale è tenuto a prevenire e a contrastare qualsiasi negligenza in materia di sanificazione; deve essere in grado di identificare e fissare i livelli igienici appropriati, da raggiungere mediante la pulizia e la disinfezione, che sono alla base di una buona conduzione. Tutte le superfici che vengono a contatto con gli alimenti devono essere lavate e disinfettate dopo ogni utilizzo o quando si verifica un'interruzione del servizio, durante la quale è possibile una contaminazione, oppure a intervalli regolari, se sono utilizzate ininterrottamente.

20.3.1 Detersione

La detersione è già stata definita come una delle applicazioni pratiche della chimica. Ogni detergente deve essere selezionato in base alle sue proprietà specifiche; un composto efficace per un'applicazione può essere inefficace per altri impieghi. Oltre a essere idoneo e compatibile per la specifica applicazione, il detergente deve rispondere ai requisiti previsti per il tipo di esercizio. Poiché alcuni prodotti sono più efficaci di altri, nel confrontare i loro costi occorre valutare le quantità necessarie per ottenere i risultati desiderati. (Per ulteriori informazioni sui detergenti, si rinvia al capitolo 8.)

I detergenti alcalini non sono in grado di rimuovere alcuni tipi di sporco, come le incrostazioni calcaree nelle lavastoviglie, le tracce di ruggine nei bagni e l'annerimento delle superfici di rame, per i quali risultano efficaci i detergenti acidi.

Se lo sporco aderisce a una superficie così tenacemente che né i detergenti alcalini né quelli acidi riescono a rimuoverlo, occorre impiegare un detergente abrasivo (che generalmente contiene una polvere a base di feldspati o silice). Porcellana molto usurata, metallo arrugginito e pavimenti sporchi possono essere puliti a fondo con questo tipo di detergenti. Tuttavia, i detergenti abrasivi devono essere utilizzati con cautela negli esercizi di ristorazione, in particolare sulle superfici lisce destinate al contatto con gli alimenti.

20.3.2 Disinfezione

Può sembrare superfluo disinfettare gli utensili sottoposti al calore durante la cottura. Tuttavia, non sempre la distribuzione del calore durante tale processo è abbastanza uniforme da portare tutte le parti del recipiente a una temperatura e per un tempo sufficienti per garantire un'effettiva disinfezione.

La disinfezione può essere effettuata impiegando calore o composti chimici. Se si utilizza il calore si devono raggiungere temperature sufficientemente elevate da uccidere i microrganismi, mentre la disinfezione chimica sembra da attribuire innanzi tutto all'interferenza con il metabolismo delle cellule batteriche. Indipendentemente dal metodo impiegato, è necessario prima detergere e risciacquare accuratamente l'area o l'attrezzatura da disinfettare: lo sporco non rimosso dalla detersione può proteggere i microrganismi dall'azione del disinfettante. (Per ulteriori informazioni sui disinfettanti, si rinvia al capitolo 9.)

Negli esercizi di ristorazione la disinfezione chimica si effettua immergendo l'oggetto in una soluzione disinfettante, a concentrazione corretta, per circa 1 minuto, oppure risciacquando, irrorando o spruzzando con una soluzione a concentrazione doppia le superfici da disinfettare. Poiché l'azione disinfettante tende a esaurirsi durante l'operazione, è necessario verificare frequentemente la concentrazione della soluzione (in genere i produttori di disinfettanti forniscono gratuitamente gli appositi kit) e all'occorrenza sostituirla.

I disinfettanti possono essere miscelati con i detergenti per creare detergenti-disinfettanti. Questi prodotti possono avere azione disinfettante, ma la fase di disinfezione deve essere distinta da quella di detersione. Tale distinzione è necessaria in quanto il potere disinfettante può essere annullato durante la detersione: il disinfettante può, infatti, reagire con le sostanze organiche presenti nello sporco. In generale, i detergenti-disinfettanti sono più costosi dei detergenti normali e hanno applicazioni più limitate.

La detersione e la disinfezione della maggior parte degli utensili e delle parti smontate deve essere effettuata in un'area apposita, lontana da quella in cui si preparano gli alimenti. Questa postazione di lavoro deve essere equipaggiata con tre o più vasche, sgocciolatoi separati per oggetti puliti e sporchi e uno spazio per raschiare e allontanare i residui di alimenti, depositandoli in un apposito contenitore. Se per disinfettare viene utilizzata acqua calda, la terza vasca deve essere attrezzata con un dispositivo per il mantenimento della temperatura a 82 °C e con un termometro.

20.3.3 Sanificazione manuale

In un esercizio di ristorazione la sanificazione prevede generalmente otto fasi fondamentali.

1. Pulire le vasche e le superfici di lavoro prima di ogni utilizzo.
2. Raschiare via i depositi di sporco più spessi e lasciare in ammollo per ridurre lo strato di residui che contribuisce all'inattivazione dei composti detergenti. Selezionare gli oggetti da lavare e mettere in ammollo la posateria e gli utensili.
3. Lavare gli utensili nella prima vasca in una soluzione detergente a circa 50 °C usando una spazzola o una spugna per rimuovere tutto lo sporco residuo.
4. Risciacquare gli oggetti nella seconda vasca, che deve contenere acqua potabile pulita a circa 50 °C, per rimuovere tutte le tracce di sporco e detergente che potrebbero interferire con la successiva azione disinfettante.
5. Disinfettare gli utensili nella terza vasca, immergendoli per 30 secondi in acqua calda a 82 °C o per 1 minuto in una soluzione disinfettante a 40-50 °C. La soluzione disinfettante deve avere concentrazione doppia di quella normalmente raccomandata; in tal modo la diluizione provocata dall'acqua rimasta sugli oggetti al termine del risciacquo non abbasserà la forza della soluzione al di sotto del minimo necessario per la sua efficacia. Va evitata la formazione di bolle d'aria che potrebbero ostacolare l'azione del disinfettante. Se si impiega la disinfezione chimica occorre effettuare un ulteriore risciacquo con acqua.
6. Asciugare all'aria gli utensili disinfettati; l'uso di strofinacci potrebbe ricontaminarli.
7. Riporre gli utensili sanificati in uno spazio pulito, sollevato dal pavimento per proteggerli da schizzi e polvere e dal contatto con alimenti.
8. Coprire le superfici a contatto con gli alimenti, quando non utilizzate.

I taglieri in legno devono essere lavati con detergenti atossici e strofinati con una spazzola di nylon, oppure con un getto ad alta pressione. Va applicata anche una soluzione disinfettante (evitando l'immersione), seguita da risciacquo. Poiché sono soggetti a tagli e scalfitture e sono difficilmente sanificabili, dovrebbero essere sostituiti con taglieri in polietilene.

Attrezzature fisse

Per smontare e sanificare le attrezzature fisse utilizzate per la preparazione degli alimenti, occorre seguire le istruzioni del produttore. Generalmente si procede come segue.

1. Disconnettere l'attrezzatura dall'alimentazione elettrica.
2. Smontare e sanificare separatamente le parti staccabili.
3. Detergere e disinfettare le parti fisse che entrano a contatto con gli alimenti secondo le istruzioni del produttore. Per l'applicazione dei detergenti si possono impiegare attrezzature a bassa o media pressione (vedi capitolo 10); per i disinfettanti possono essere usati dispositivi spray, applicando per 2-3 minuti una soluzione a concentrazione doppia rispetto a quella richiesta per la disinfezione mediante immersione.
4. Risciacquare le parti fisse dell'attrezzatura che entrano a contatto con gli alimenti con acqua potabile pulita.
5. Pulire con uno strofinaccio tutte le parti non a contatto con alimenti. Risciacquare ripetutamente in una soluzione disinfettante gli strofinacci usati per questa operazione e tenerli separati dagli altri.
6. Rimontare tutte le parti staccabili sanificate dopo averle lasciate asciugare all'aria.

Pozzetti di scarico

I pozzetti di scarico a pavimento vanno puliti quotidianamente al termine delle operazioni di pulizia. Gli addetti alla sanificazione devono usare robusti guanti di gomma per sollevare il coperchio del pozzetto e rimuovere i residui con l'apposita spazzola. Una volta riposizionato, il coperchio deve essere lavato con un getto d'acqua, evitando di formare pozzanghere. Nello scarico deve essere versato un detergente alcalino multiuso, seguendo le istruzioni del produttore; quindi lo scarico deve essere lavato con un getto d'acqua, o con l'apposita spazzola, e risciacquato. Infine nello scarico va versata una soluzione disinfettante a base di cloro o di ammonio quaternario.

Plafoniere

Le plafoniere devono essere pulite almeno mensilmente e ogni volta che occorre sostituire una lampada. Pulizie più frequenti sono necessarie quando le luci sono sistemate sopra le zone in cui vengono lavorati, preparati o esposti gli alimenti. Per condurre l'operazione occorre staccare l'alimentazione elettrica, smontare le plafoniere e lavarle con acqua tiepida e detergente poco schiumogeno.

Strumenti per la pulizia

Gli strumenti impiegati per la pulizia vanno riposti separatamente da quelli utilizzati per la disinfezione delle attrezzature e delle superfici. Dopo l'uso, stracci per pavimenti, spugne abrasive, strofinacci e spazzole devono essere risciacquati, disinfettati e asciugati all'aria. Gli strofinacci vanno lavati quotidianamente, tutti i secchi devono essere vuotati, lavati, risciacquati e disinfettati almeno una volta al giorno.

20.3.4 Lavaggio e disinfezione meccanizzati

Se condotta correttamente, la pulizia meccanizzata può rimuovere più efficacemente di quella manuale la contaminazione dalle superfici, dalle attrezzature e dagli utensili; sistemi di pulizia mobili a bassa o media pressione possono essere adatti agli esercizi di ristorazione di maggiori dimensioni.

Nelle mense e negli esercizi di ristorazione anche di minori dimensioni l'uso delle lavastoviglie è ormai generalizzato.

Nel settore del lavaggio meccanico, esistono varie tipologie di lavastoviglie, di dimensioni e prestazioni diverse, nelle quali la disinfezione è ottenuta mediante alte temperature
(i valori massimi raggiunti possono variare da 82 a 90 °C). Di seguito sono presentati brevemente alcuni dei modelli più diffusi.

– *Lavastoviglie da bancone o frontali* Lavastoviglie a vasca singola, con cestello fisso o
  rimovibile e sportello, adatta per piccole attività. Una variante delle lavastoviglie a carica frontale è la lavabicchieri.

– *Lavastoviglie a cestello fisso (a capote)* In questo apparecchio i cesti non si muovono. I
  piatti vengono normalmente lavati a 62-65 °C con acqua e detergente pompati dal basso,
  ma possono anche essere presenti getti posti al di sopra dei cesti. Un risciacquo finale ad
  alta temperatura completa il processo.

– *Lavastoviglie a traino* Queste macchine comprendono un trasportatore che trascina i
  cestelli con i piatti, gli utensili e i recipienti attraverso i cicli di lavaggio (70-72 °C),
  risciacquo e disinfezione (82-90 °C). Possono essere a vasca singola o multipla e presentare un'opzione di prelavaggio.

– *Lavastoviglie a nastro* Si tratta di macchine ad alta capacità e a vasche multiple; i piatti
  e gli utensili vengono sistemati su un nastro trasportatore a pioli. Sono generalmente
  impiegate in grandi servizi di ristorazione collettiva.

Esistono inoltre modelli di lavastoviglie nelle quali la disinfezione viene ottenuta mediante l'impiego di prodotti chimici, che consentono di mantenere la temperatura massima a
valori compresi tra 49 e 55 °C.

Raccomandazioni per la scelta e l'utilizzo della lavastoviglie

1. Occorre assicurare una capacità di carico ottimale.

2. È necessario predisporre un generatore di calore in grado di rifornire la macchina di
   lavaggio con acqua ad almeno 80-85 °C per il risciaquo con azione disinfettante.

3. Installazione, manutenzione e gestione corrette sono essenziali affinché l'apparecchiatura assicuri detersione e disinfezione adeguate.

4. La macchina lavastoviglie deve essere inserita in un layout efficiente per consentirne
   l'utilizzo ottimale da parte del personale.

5. È necessario che la macchina sia munita di dispositivi di precisione per verificare che
   la temperatura raggiunta sia adeguata.

6. Per evitare l'ammollo e la pulizia manuale preliminare delle stoviglie, deve essere
   previsto un ciclo di prelavaggio.

7. Se la macchina è a vasche multiple, deve essere impossibile il passaggio di acqua
   dalla vasca di lavaggio a quella di risciacquo.

8. Le lavastoviglie devono essere pulite con adeguata frequenza, seguendo le istruzioni
   del produttore.

La tabella 20.1 fornisce informazioni su cause e soluzioni dei problemi associati all'utilizzo di macchine lavastoviglie.

Tabella 20.1 Impiego di lavastoviglie: problemi più frequenti e soluzioni suggerite

Problema	Possibile causa	Soluzione suggerita
Stoviglie sporche	Detergente insufficiente	Utilizzare una quantità di detergente adeguata per assicurare la completa rimozione e sospensione dello sporco
	Temperatura di lavaggio troppo bassa	Mantenere la temperatura nell'intervallo raccomandato per sciogliere i residui di alimenti
	Tempi di lavaggio e risciacquo inadeguati	Impostare tempi di lavaggio e risciacquo sufficienti per completare l'operazione
	Lavaggio inappropriato	Disostruire gli ugelli per garantire pressione e flusso appropriati
	Sistemazione scorretta nei cesti	Caricare le stoviglie correttamente, secondo le dimensioni; pre-lavare le posate e sistemarle negli appositi cestelli alla rinfusa
Formazione di film	Durezza dell'acqua	Usare un addolcitore esterno e un detergente appropriato; impiegare uno specifico additivo di risciacquo; controllare la temperatura di lavaggio e risciacquo
	Residui di detergente	Mantenere pressione e portata adeguate dell'acqua di risciacquo; ugelli di lavaggio con getto ad angolo inadeguato possono spruzzare la soluzione nella zona del risciacquo finale
	Macchina pulita in modo inadeguato	Prevenire le incrostazioni con frequenti e adeguate procedure di pulizia; mantenere idonee pressione e portata dell'acqua
Formazione di film lipidici	pH basso; detergente insufficiente; temperatura troppo bassa; pulizia inadeguata della macchina	Mantenere alcalinità adeguata per la saponificazione dei grassi; controllare la temperatura del detergente e dell'acqua, disostruire tutti gli ugelli per assicurare un'appropriata azione spray
Formazione di schiuma	Residui di detergente	Impiegare un detergente meno schiumogeno
Formazione di striature	Alcalinità dell'acqua; eccesso di solidi nell'acqua	Utilizzare un addolcitore esterno per ridurre l'alcalinità a livelli accettabili; impiegare uno specifico additivo di risciacquo
	Macchina pulita in modo inadeguato	Mantenere idonee pressione e portata dell'acqua; risciacquare completamente i detergenti alcalini usati per il lavaggio
Formazione di macchie	Durezza dell'acqua	Utilizzare un addolcitore esterno o interno e un detergente appropriato; impiegare uno specifico additivo di risciacquo
	Temperatura di risciacquo troppo alta o troppo bassa	Controllare la temperatura; l'acqua potrebbe asciugarsi sulle stoviglie invece di esserne allontanata
	Tempo di asciugatura inadeguato	Verificare che il tempo intercorrente tra il risciacquo e il ritiro delle stoviglie sia adeguato
	Sporco alimentare	Rimuovere lo sporco grossolano prima del lavaggio
	Detergente improprio	Colorazioni dovute a caffè, tè o metalli, specie su stoviglie di plastica, richiedono l'uso di un detergente a base di cloro
	Macchina pulita in modo inadeguato	Mantenere liberi tutti gli ugelli; assicurarsi che la macchina sia libera da film o incrostazioni che possono causare schiuma

20.4 Programma di sanificazione nelle aziende di ristorazione

I responsabili della sanificazione devono accertarsi che l'esecuzione dei compiti assegnati non venga omessa e devono preparare un piano per ottimizzare l'utilizzo delle risorse, assicurare l'addestramento dei nuovi addetti nelle procedure di pulizia in uso, fissare regole per la supervisione e le ispezioni del lavoro svolto e risparmiare il tempo che si perderebbe per decidere di volta in volta le operazioni da effettuare. La tabella 20.2 fornisce un esempio, seppure limitato ad alcune aree, di un programma di sanificazione; la stessa impostazione può essere utilizzata per la stesura di un programma completo. Il programma adottato deve essere costituito da un elenco dettagliato ed esaustivo, organizzato razionalmente, in modo che nulla possa sfuggire.

I principali interventi di sanificazione dovrebbero essere condotti quando è maggiore la probabilità di contaminazione degli alimenti e minore l'interferenza con la preparazione e il servizio. È necessario evitare l'impiego di aspirapolvere e la pulizia dei pavimenti durante la preparazione e il servizio; tuttavia la pulizia va effettuata appena terminate tali operazioni, per evitare che lo sporco secchi e indurisca e per ridurre la moltiplicazione batterica. Occorre programmare anche la frequenza delle pulizie periodiche e la corretta sequenza dei compiti da eseguire.

Prima di essere introdotto, un nuovo programma di sanificazione dovrebbe essere discusso con il personale nel corso di una riunione organizzata appositamente; l'occasione offre anche l'opportunità per dimostrare come utilizzare le nuove attrezzature e come eseguire le necessarie procedure. È essenziale spiegare perché il nuovo programma è necessario e quali sono i vantaggi che possono derivarne; va anche sottolineata l'importanza di eseguire le procedure esattamente come sono descritte. La comunicazione positiva con il personale può ridurre le deviazioni dalle procedure stabilite.

Tabella 20.2 Esempio di programma di sanificazione (parziale) per l'area di preparazione

Oggetto	Quando	Cosa	Modalità
Pavimenti	Appena possibile	Asciugare i liquidi sversati	Scopa, paletta, secchio e straccio
	Cambio di turno	Straccio umido	Straccio, secchio, spazzolone
	Settimanalmente giovedì sera	Strofinare	Spazzole, soluzione detergente (nome del detergente)
	Gennaio, giugno	Raschiare, risigillare	Vedi procedura
Pareti e soffitti	Appena possibile	Asciugare gli schizzi	Stracci, pulitrice mobile a schiuma
	Febbraio, agosto	Lavare le pareti	Come sopra
Tavoli da lavoro	Tra un utilizzo e l'altro e alla fine della giornata	Vuotare, lavare e disinfettare i cassetti; lavare struttura e ripiani	Vedi le procedure specifiche per ciascun tavolo
	Settimanalmente sabato pomeriggio		Vedi le procedure specifiche per ciascun tavolo
Cappe e filtri	Quando necessario	Vuotare la canalina per la raccolta del grasso	Contenitore per i grassi
	Tutte le sere alla chiusura	Pulire l'interno e l'esterno	Vedi la procedura di pulizia
	Ogni mercoledì sera	Pulire i filtri	Lavaggio in lavastoviglie
Piastre e griglie	Quando necessario	Vuotare la bacinella per la raccolta dei grassi; pulire con uno straccio	Contenitore per i grassi straccio pulito
	Dopo ogni utilizzo	Pulire la bacinella, l'interno, l'esterno e il coperchio	Vedi la procedura specifica

Adattato da: National Restaurant Association Educational Foundation, 1992.

L'efficacia del programma di sanificazione deve essere valutata sia attraverso la continua supervisione dei responsabili, sia attraverso l'autocontrollo da parte degli addetti. Il monitoraggio è essenziale per verificare che le procedure siano seguite correttamente. Le valutazioni devono essere documentate sotto forma di resoconti periodici per verificare l'effettiva esecuzione del programma e il raggiungimento degli obiettivi prefissati.

20.5 Esempi di procedure di sanificazione per alcune aree e attrezzature

Area Pavimenti

Frequenza   Quotidiana e settimanale

Accessori e attrezzature   Scopa, paletta, detergente, acqua, mop, secchio e spazzola

Pulizia quotidiana	*Modalità*
1. Rimuovere le sedie dall'area da pulire	
2. Pulire tutte le superfici dei tavoli	Raccogliere i residui di alimenti in un contenitore; lavare i tavoli con acqua calda saponata; risciacquare con acqua pulita
3. Spazzare e rimuovere tutti i residui dai pavimenti	
4. Lavare i pavimenti con un mop o con una lavapavimenti	Preparare la soluzione detergente; lavare, risciacquare e asciugare i pavimenti

Pulizia settimanale	*Modalità*
1. Fasi da 1 a 3 della pulizia quotidiana	Vedi sopra
2. Spazzolare a fondo i pavimenti	Utilizzare una spazzola e/o una spazzatrice meccanica; risciacquare con acqua a 40-55°C; asciugare i pavimenti

Area Pareti

Frequenza   Quotidiana e settimanale

Accessori e attrezzature   Spazzola, spugna, spugna abrasiva, detergente, secchio, acqua

Pulizia quotidiana	*Modalità*
1. Pulire solo le parti sporche	Preparare la soluzione detergente; pulire a mano tutte le zone sporche; risciacquare con acqua pulita e asciugare; rimuovere dal pavimento l'acqua versata

Pulizia settimanale	*Modalità*
1. Rimuovere tutti i residui dalle pareti	
2. Preparare l'attrezzatura per la pulizia	Preparare la soluzione detergente
3. Spazzolare le pareti	Spazzolare a mano piastrelle e intonaco
4. Risciacquare le pareti	Usare acqua calda pulita
5. Asciugare	Usare carta o stracci puliti
6. Ripulire il pavimento dai liquidi versati	

Area Scaffali

Frequenza Settimanale

Accessori e attrezzature Spazzola, detergente, spugna, acqua e secchio

Pulizia settimanale	*Modalità*
1. Rimuovere tutti i prodotti	Appoggiare i prodotti su un piano o su un altro scaffale
2. Spazzolare via tutti i residui	Raccogliere i residui in un contenitore
3. Pulire gli scaffali per parti	Sciogliere il detergente in acqua calda e spazzolare gli scaffali
4. Ricollocare i prodotti sugli scaffali	Eliminare eventuali confezioni danneggiate
5. Ripulire il pavimento dai liquidi versati	

Attrezzatura Forni a convezione

Frequenza Quotidiana: solo per eliminare i residui; settimanale: pulizia a fondo

Accessori e attrezzature Detergente specifico per forni, spugne, acqua calda, panno carta

Pulizia settimanale	*Modalità*
1. Rimozione dei residui grossolani	Rimuovere con una spugna e una paletta tutti i residui già distaccati.
2. Rimuovere i residui carbonizzati e gli altri detriti	Scaldare il forno a temperatura elevata, per facilitare il distacco dei residui carbonizzati, lasciare all'interno le griglie e il carrello. Raffreddare fino a circa 60 °C e rimuovere i residui con l'ausilio di una spatola.
3. Applicazione del detergente	Spruzzare le superfici con il detergente raccomandato dal produttore, chiudere lo sportello e lasciare agire il tempo necessario.
4. Lavaggio delle griglie e dei ripiani	Lavare griglie e ripiani con una spugna o una spazzola sotto acqua corrente tiepida, risciacquare e asciugare.
5. Lavaggio della parte interna	Lavare con una spugna l'interno del forno, cominciando dalla parte superiore; lavare accuratamente anche lo sportello.
6. Risciacquo	Risciacquare tutte le superfici fisse con un panno spugna, lavandolo spesso sotto acqua corrente tiepida. Asciugare con panno carta pulito.
7. Pulizia delle superfici esterne	Pulire le parti superiore e posteriore, i cardini e i piedini con una soluzione detergente calda; risciacquare e asciugare; lucidare tutte le parti in acciaio.

Attenzione: Non versare mai acqua o usare stracci o spugne inzuppate per l'ammollo; non strizzare, sgocciolare o versare acqua all'interno del forno

Attrezzatura Cappe aspiranti

Frequenza Almeno settimanale

Accessori e attrezzature Strofinacci, acqua saponata calda, pulitore per acciaio inossidabile, sgrassatore per filtri

Pulizia settimanale	*Modalità*
1. Rimuovere i filtri	Dopo la rimozione, risciacquare i filtri con lo sgrassatore e lavarli in lavastoviglie
2. Lavare l'interno e l'esterno della cappa	Usare il detergente raccomandato per pulire a fondo tutte le superfici e rimuovere i residui di grasso; pulire anche le parti sottostanti l'alloggiamento dei filtri. Risciacquare accuratamente con un panno spugna lavato e strizzato frequentemente.
3. Lucidare le superfici esterne	Utilizzare un prodotto raccomandato.
4. Riposizionare i filtri	Rimettere i filtri nel loro alloggiamento quando sono completamente asciutti.

Attrezzatura Frigoriferi

Frequenza Quotidiana (a fine giornata) e settimanale

Accessori e attrezzature Panni spugna, panno carta, detergente neutro, sanitizzante ad azione rapida, aceto, pennello

Pulizia quotidiana	*Modalità*
1. Eliminare i prodotti scaduti	Eliminare prodotti scaduti o in cattivo stato
2. Pulire le superfici e i ripiani	Eliminare i residui presenti sulle superfici e sui ripiani; per porte e maniglie possono essere impiegati sanitizzanti ad azione rapida

Pulizia settimanale	*Modalità*
1. Vuotare il frigorifero	Spostare gli alimenti in un altro frigorifero o in una cella frigorifera
2. Spegnere e sbrinare l'apparecchio	Disconnettere il frigorifero dalla rete elettrica, togliere i ripiani e farlo sbrinare; vuotare le vaschette per la condensa
3. Pulire la ventola di raffreddamento	Smontare la griglia di protezione e pulire la ventola con un pennello morbido
4. Sanificare le superfici interne	Impiegare detergente neutro e risciacquare con acqua e aceto (per interni in acciaio inox seguire le istruzioni del produttore); pulire accuratamente le guide dei ripiani
5. Sanificare i ripiani	Ripiani e parti smontabili vanno sanificati separatamente mediante immersione
6. Sanificare le parti esterne	Lavare e disinfettare superfici esterne, guarnizioni, cardini e maniglie
7. Riposizionare i ripiani e avviare il frigorifero	Una volta asciutti riposizionare i ripiani e ricollegare l'alimentazione; attendere che la temperatura scenda a 3 °C

Attrezzatura Affettatrici

Frequenza Quotidiana

Accessori e attrezzature Detergente debolmente alcalino, panno spugna, strofinacci o panno carta, sanitizzante

Pulizia quotidiana	*Modalità*
1. Spegnere e disconnettere l'apparecchio	
2. Rimuovere i residui grossolani	Rimuovere i residui con l'ausilio di uno spazzolino e di un panno spugna
3. Sanificare le parti mobili	Smontare tutte le parti mobili; lavarle separatamente mediante immersione nella soluzione detergente a 50-55 °C, o secondo le indicazioni del produttore; risciacquare con acqua potabile a temperatura ambiente; disinfettare con soluzione adatta a superfici in acciaio inox e risciacquare; asciugare tutte le parti all'aria o con panno carta
4. Sanificare le parti fisse	Le parti non smontabili vanno pulite con un panno inumidito di soluzione detergente, quindi risciacquate e disinfettate con un prodotto idoneo (secondo le indicazioni del produttore); se necessario effettuare un risciacquo finale
5. Rimontare le parti mobili	Una volta asciutte, rimontare le parti mobili, prestando particolare attenzione

Attrezzatura Elementi bagnomaria

Frequenza Quotidiana

Accessori e attrezzature Detergente per piatti, spatola, spugna abrasiva, strofinacci o carta

Pulizia quotidiana	*Modalità*
1. Spegnere l'unità riscaldante	Lasciare raffreddare le superfici prima di procedere alla pulizia; usare uno straccio umido caldo, ben strizzato
2. Sanificare bacinelle, coperchi griglie e altre parti smontabili	Le parti smontabili vanno sanificate separatamente nell'apposita area di lavaggio mediante immersione nelle appropriate soluzioni detergenti e disinfettanti; risciacquare e asciugare all'aria
3. Rimuovere i residui alimentari e drenare la vasca	Allontanare i residui alimentari dal bordo del tavolo e dalla vasca, per evitare di intasare lo scarico; drenare la vasca e pulire lo scarico
4. Sanificare la vasca	Lavare con detergente per piatti; risciacquare accuratamente
5. Pulire le parti esterne	Pulire le parti esterne, risciacquando tutti i residui di detergente

20.6 Formazione del personale

La formazione è un'attività che richiede tempo, che viene necessariamente sottratto al lavoro dei dipendenti e dei responsabili. I corsi dovrebbero prevedere l'intervento di specialisti; per ottenere migliori risultati è consigliabile l'impiego di strumenti come dispense, poster, dimostrazioni, slide e filmati.

È difficile misurare il ritorno dell'investimento effettuato per l'addestramento alla sanificazione, in quanto i suoi vantaggi non sempre sono misurabili. I benefici, infatti, consistono nel prevenire malattie trasmesse da alimenti o nell'evitare sanzioni (che possono prevedere anche la chiusura dell'esercizio) derivanti dalla mancata osservanza delle norme igieniche. È anche difficile valutare il miglioramento di immagine ottenuto grazie a interventi di carattere igienico-sanitario, sebbene spesso si registri un incremento delle vendite.

La formazione dei dipendenti è importante in quanto è difficile reperire personale competente e motivato; inoltre, poiché nella ristorazione il turnover è più elevato rispetto ad altri comparti del settore alimentare, è essenziale che i corsi di formazione siano frequenti.

L'addestramento durante il lavoro può essere efficace per alcune mansioni, ma non è sufficiente per la formazione alla sanificazione. Negli esercizi di ristorazione ogni dipendente che svolga mansioni relative alla sanificazione deve acquisire familiarità con i concetti base dell'igiene e con le procedure igienico-sanitarie necessarie nello svolgimento del lavoro.

Il metodo ideale per la formazione dei dipendenti in una grande azienda è istituire un servizio dedicato, diretto da uno specialista; tale approccio è adottato in molte catene di ristorazione. Numerose associazioni di categoria sviluppano e pubblicano linee guida per la sanificazione nelle aziende di ristorazione, incoraggiando l'adozione di misure efficaci per la sicurezza degli alimenti e la prevenzione delle malattie a trasmissione alimentare.

Quando la formazione è affidata, anziché a professionisti esterni, a dipendenti dell'azienda, occorre che questi siano in possesso delle competenze e delle qualifiche necessarie per svolgere efficacemente questo compito cruciale.

L'efficacia di un programma di formazione può essere valutata in base alla capacità dimostrata dai dipendenti nello svolgimento dei compiti loro assegnati. Se gli obiettivi da raggiungere vengono fissati prima dell'addestramento e sono ben compresi, è possibile determinare il miglioramento misurando i progressi individuali rispetto agli obiettivi prefissati. La validità del programma di addestramento può essere desunta anche dai dati relativi al turnover, all'assenteismo, ai ritardi e alle prestazioni. Inoltre, la qualità della formazione si riflette anche nel numero di reclami e nel grado di fidelizzazione della clientela.

Per valutare l'efficacia dell'addestramento, vengono utilizzati prevalentemente due metodi (National Restaurant Association Educational Foundation, 1992). Il primo è un metodo oggettivo, che prevede la somministrazione di un questionario per determinare il livello di apprendimento del partecipante al corso; il secondo metodo è basato sulle prestazioni del lavoratore, giudicate dai responsabili. L'efficacia della formazione può essere migliorata gratificando i dipendenti, per esempio affiggendo in una bacheca un grafico che ne riporti i progressi compiuti, o con altri riconoscimenti.

Sommario

Gli alimenti sono una possibile fonte di microrganismi alterativi e patogeni. La loro ripetuta manipolazione rende più complessa e difficile la prevenzione della contaminazione microbica. Per migliorare le condizioni igieniche nelle aziende di ristorazione, i locali e le attrezzature devono essere progettati per una facile sanificazione. La scelta di attrezzature con caratteristiche igieniche è ora più semplice grazie alla standardizzazione dei modelli.

Gli alimenti devono essere protetti attraverso l'attuazione di procedure igienico-sanitarie durante il ricevimento, la conservazione, la preparazione e la somministrazione; devono essere lavorati con attrezzature e utensili puliti e disinfettati e in ambienti sottoposti ad accurata sanificazione. Se condotta correttamente, la pulizia meccanizzata, per esempio mediante lavastoviglie, può sanificare efficacemente utensili e attrezzature.

Per gestire adeguatamente le operazioni di pulizia in un esercizio di ristorazione, è necessario un programma di sanificazione scritto, la cui efficacia deve essere valutata attraverso la continua supervisione dei responsabili. La valutazione deve essere documentata mediante resoconti periodici per verificare l'effettiva esecuzione del programma e il raggiungimento degli obiettivi prefissati.

Domande di verifica

1. Quali materiali dovrebbero essere utilizzati per la realizzazione di pavimenti, pareti e soffitti in un esercizio di ristorazione?
2. Quali caratteristiche devono avere i dispositivi lavamani?
3. Quale temperatura è richiesta per la disinfezione degli utensili?
4. Quale temperatura di cottura è raccomandata per assicurare la distruzione delle forme vegetative dei microrganismi?
5. Quale temperatura deve avere l'acqua utilizzata per la disinfezione degli utensili nella terza vasca della postazione di lavaggio?
6. Quali temperature sono necessarie nella prima e nella seconda vasca della postazione di lavaggio?
7. Come si può ridurre la contaminazione degli alimenti durante il servizio?

Bibliografia

Longrée K, Armbruster G (1996) *Quantity food sanitation* (5th ed). John Wiley & Sons, New York.

Michaels BS (2001) Are gloves the answer? *Dairy Food Environ Sanit* June 2001: 489.

National Restaurant Association Educational Foundation (1992) *Applied foodservice sanitation* (4th ed). Education Foundation of the National Restaurant Association, Chicago.

Park PK, Cliver DO (1997) Cutting boards up close. *Food Qual* 3; 22: 57.

Stanfield P (2003) Retail foods sanitation: Prerequisites to HACCP. In: Hui YH et al (eds) *Food Plant Sanitation*. Marcel Dekker, New York.

Capitolo 21
Aspetti gestionali della sanificazione

Poiché nell'industria della trasformazione, della preparazione e della somministrazione degli alimenti molte mansioni – incluse quelle relative alla sanificazione – non richiedono specifici livelli di istruzione o di formazione, molti lavoratori non qualificati finiscono per scegliere il settore alimentare come sbocco per il loro primo impiego. L'età e le aspettative di questi giovani sono da molti considerate tra le ragioni principali dell'elevato turnover che caratterizza le aziende di ristorazione.

Molti dirigenti dell'industria alimentare confermano che il rapido turnover degli addetti alla sanificazione è da attribuire alla mancanza di istruzione e formazione. Tale condizione ha probabilmente contribuito ai bassi livelli salariali di questi lavoratori, specialmente nella ristorazione. Perciò il reclutamento e l'addestramento del personale addetto alle operazioni di sanificazione costituisce una sfida impegnativa. Un'altra sfida, talvolta difficile da accettare, è rappresentata dalla necessità di fornire un'immagine professionale e dinamica della sanificazione, in modo che gli addetti siano motivati e orgogliosi delle responsabilità connesse al mantenimento di condizioni igieniche nello stabilimento. Il management svolge un ruolo chiave per il raggiungimento di tali obiettivi.

Il personale impegnato nella sanificazione rappresenta il pilastro della sicurezza degli alimenti. Per tale motivo, il turnover dei dipendenti addetti alla sanificazione dovrebbe essere ridotto al minimo; inoltre, una squadra stabile e ben addestrata è in grado di ridurre i tempi morti nello stabilimento e di portare rapidamente i nuovi assunti alla massima efficienza.

La squadra di sanificazione è una risorsa preziosa; grazie ai suoi sforzi può essere prevenuto l'insorgere di problemi nella produzione. Questa squadra deve vedere riconosciuto il proprio impegno per essere motivata a una maggiore produttività; anche un'adeguata retribuzione si rifletterà sul livello delle prestazioni. Il livello delle prestazioni fornite dagli addetti tende a corrispondere alle aspettative del datore di lavoro. Il personale addetto alla sanificazione deve essere consapevole che dal suo lavoro dipendono l'igiene e la sicurezza degli alimenti prodotti (Carsberg, 1998).

21.1 Ruolo del management

Il successo o il fallimento di un programma di sanificazione è attribuibile all'impegno con cui il management lo sostiene. Nei paragrafi seguenti si esaminano alcuni aspetti del ruolo determinante svolto dal management nell'organizzazione e nell'attuazione di un programma di sanificazione efficace.

21.1.1 Filosofia manageriale

Purtroppo nel settore alimentare troppi manager non sono convinti della necessità di un programma di sanificazione ben organizzato per il successo delle loro aziende; inoltre, tale loro atteggiamento nei confronti della sanificazione si riflette sull'intera organizzazione. Gli effetti della gestione dei dirigenti che si disinteressano della sanificazione permangono a lungo: anche dopo che hanno lasciato l'azienda, occorre tempo prima che possano manifestarsi i benefici di un valido programma di sanificazione. Non sempre la direzione supporta adeguatamente la sanificazione, poiché i dividendi derivanti dai suoi costi non possono essere valutati con precisione in termini di ricavi e profitti. Spesso i dirigenti di livello inferiore faticano a far accettare l'importanza della sanificazione al vertice aziendale, se questo non ne comprende il significato.

Tuttavia, le aziende dirette da manager più evoluti si dimostrano molto più sensibili nei confronti dei programmi di sanificazione, riconoscendone l'utilità sia per la promozione e l'aumento delle vendite, sia per la stabilità del prodotto. In alcuni casi i dirigenti hanno rafforzato la posizione delle proprie aziende grazie alle procedure igienico-sanitarie e all'attività dei laboratori di quality assurance; l'adozione di attrezzature e impianti per la sanificazione sofisticati può anche contribuire significativamente all'immagine offerta da uno stabilimento. Sempre più aziende hanno ormai compreso che un'efficace programma di sanificazione si traduce, in ultima analisi, in un risparmio economico.

Se il management non acquisisce la consapevolezza dell'importanza di un programma di sanificazione, i progressi in questo ambito saranno lenti; se il programma non è compreso e supportato, la sua efficacia sarà ridotta.

I dirigenti devono appoggiare e promuovere la sanificazione, poiché essa influenza direttamente la pianificazione aziendale e il marketing e tutela l'azienda dal punto di vista legale. Infatti, l'attuazione di efficaci procedure igienico-sanitarie è espressamente prevista dalla normativa vigente in materia di sicurezza degli alimenti.

21.1.2 Sviluppo del programma

Per implementare con successo un programma di sanificazione, occorre che la direzione sia consapevole che questo comporterà rigide procedure igienico-sanitarie. Occorre inoltre che la decisione sia comunicata a tutto il personale e seguita dall'adozione di un programma realizzabile, che deve essere progettato, organizzato e applicato come parte integrante del processo produttivo (Chao, 2003). Esistono due metodi fondamentali per assicurare la sanificazione: correttivo e preventivo.

Il metodo correttivo elimina o riduce le condizioni indesiderate quando queste vengono rilevate. Un esempio è rappresentato dal controllo dei roditori dopo che ne è stata individuata la presenza nelle aree di produzione o stoccaggio di alimenti, mediante l'adozione delle necessarie misure di eliminazione. Con questo metodo non vengono messe in atto misure permanenti di controllo.

Il metodo preventivo implica l'implementazione di un programma in grado di prevenire il verificarsi di condizioni indesiderate. Con tale approccio i problemi igienico-sanitari sono anticipati e vengono adottate misure per impedire che si presentino. La sanificazione preventiva è basata sulla constatazione che almeno l'80% del lavoro necessario è rappresentato da una buona prassi igienica quotidiana.

Un programma di sanificazione di successo deve essere concepito in funzione delle caratteristiche dello stabilimento. Per esempio, uno stabilimento per la lavorazione delle carni impiega soprattutto convogliatori, mixer, altre attrezzature aperte e contenitori che richiedono l'impiego di tubi e lance per la pulizia manuale più che unità a schiuma e a pressione; al contrario, in uno stabilimento lattiero-caseario sono presenti sistemi di sanificazione prevalentemente automatici, come quelli CIP.

La progettazione di un programma di sanificazione deve prevedere i seguenti elementi (Graham, 1992).

1. Identificazione delle misure preventive per ridurre l'alterazione degli alimenti e la crescita di microrganismi contaminanti.
2. Raccolta delle indicazioni del personale, in particolare dei responsabili della produzione e degli addetti alle linee produttive.
3. Individuazione da parte del team della quality assurance delle aree che richiedono maggiore attenzione e delle tecniche disponibili per la sanificazione e il controllo della crescita microbica.
4. Valutazione da parte dello staff tecnico dello stabilimento delle attrezzature e del layout necessari per assicurare una sanificazione efficace.
5. Esame delle indicazioni dell'ufficio acquisti per il contenimento dei costi di attrezzature e forniture.
6. Delega della responsabilità della sanificazione a un dirigente con competenze specifiche, alle dirette dipendenze del direttore dello stabilimento e dotato dell'autorità e degli strumenti per mettere in atto il programma.

Un programma di sanificazione completo deve prevedere un piano di autocontrollo basato sui principi dell'HACCP. Le buone pratiche di fabbricazione (GMP) forniscono una guida per la progettazione del programma di sanificazione e per l'attuazione di procedure igieniche, poiché l'obiettivo principale di queste pratiche è la prevenzione delle contaminazioni.

Le industrie alimentari dovrebbero dotarsi di software per la gestione della sanificazione. La complessità della normativa e la crescente importanza assegnata alla sanificazione hanno reso inadeguata la gestione cartacea dei dati. Questi software, che rispondono ai requisiti richiesti dal sistema HACCP, possono tra l'altro documentare le azioni correttive sui CCP, gli audit condotti da terze parti, le forniture e l'inventario dei prodotti utilizzati per la sanificazione (Anon., 2004c).

21.1.3 Attuazione del programma

Una gestione efficace implica che tutto il personale addetto alla sanificazione lavori come una squadra per condividere problemi, soluzioni e conoscenze. Dopo essere stato sviluppato e implementato, un valido programma di sanificazione deve essere regolarmente valutato mediante monitoraggio e registrazione dei risultati.

Un altro utile strumento per verificare la validità del programma è rappresentato da un audit esterno; grazie alla loro esperienza, auditor qualificati sono in grado di fornire prospettive e idee nuove (Graham, 1992). Periodicamente dovrebbe essere condotto anche un audit interno, da parte del dirigente responsabile della sanificazione o del direttore generale. È importante tenere un elenco dettagliato delle carenze riscontrate e delle relative azioni correttive adottate.

La sanificazione è molto più della semplice pulizia: include la documentazione delle operazioni programmate, della formazione del personale, delle ispezioni e delle azioni correttive. Un programma di sanificazione completo specifica per ciascun compito le modalità e la frequenza di esecuzione, il personale incaricato e il follow-up necessario. Le operazioni di sanificazione sono state classificate in tre categorie (Daniel-Sewell, 2004): programma principale, programmi assegnati ai singoli turni e compiti di ordinaria conduzione. Il programma principale normalmente include le procedure operative standard di sanificazione (SSOP), che vengono effettuate prima e dopo la produzione, e compiti a più lungo termine, come la pulizia delle strutture aeree. I programmi dei singoli turni definiscono i compiti che i diversi componenti della squadra devono svolgere durante il loro turno. I compiti di normale conduzione sono quelli non associati direttamente alla produzione e possono includere, per esempio, la pulizia dei servizi igienici e degli spogliatoi.

21.2 Selezione del personale

Il personale che lavora a contatto con gli alimenti va selezionato con cura; non deve essere affetto da malattie infettive e deve avere un elevato livello di igiene personale.

Il grado di competenza delle squadre addette alla sanificazione è in rapida evoluzione. In passato era pratica comune assumere personale inesperto, che veniva assegnato al team senza alcun addestramento. Oggi sono previsti corsi di formazione e aggiornamento in grado di rispondere alle esigenze di una valida sanificazione e molti addetti hanno ricevuto un addestramento specifico. Numerose associazioni di categoria e molti enti locali organizzano corsi di formazione e di aggiornamento per gli addetti alla sanificazione.

21.2.1 Formazione del personale

Nel corso di questa trattazione è stata più volte ribadita l'importanza di un'adeguata formazione; in particolare, è essenziale che il personale padroneggi i principi basilari dell'igiene. Gli addetti alla sanificazione devono essere seri e professionali e devono comprendere chiaramente la politica aziendale e il proprio ruolo all'interno dell'organizzazione.

Un programma di sanificazione ben integrato prevede l'interazione tra il reparto di quality assurance e un laboratorio di ricerca e sviluppo (interno o esterno all'azienda) per valutare accuratamente le procedure attuate.

La direzione deve assicurare che il responsabile della sanificazione possieda le qualifiche adeguate: deve aver ricevuto una formazione approfondita sui processi produttivi dell'industria alimentare, sulle proprietà dei composti detergenti e disinfettanti e sulla microbiologia degli alimenti. Il responsabile della sanificazione dovrebbe possedere ulteriori competenze derivanti dall'esperienza e/o dalla formazione, per esempio in merito alle caratteristiche dei diversi tipi di superfici da pulire (durezza, porosità, resistenza all'ossidazione e alla corrosione), in modo da poter individuare le attrezzature, i detergenti e i disinfettanti più appropriati per la sanificazione. Deve inoltre avere le necessarie conoscenze sulla sicurezza e sull'efficacia dei detergenti, dei coadiuvanti di lavaggio e dei disinfettanti; tali conoscenze gli consentono di ridurre gli sprechi e i rischi per il personale e, al tempo stesso, di ottimizzare l'efficienza della sanificazione; altri possibili vantaggi includono la riduzione del consumo di acqua, della produzione di acque reflue e del fabbisogno di manodopera.

Le informazioni fornite al personale addetto alla sanificazione devono essere comprensibili e presentate in un manuale di istruzioni chiaro e facilmente accessibile, che raccolga gli elementi relativi alla sanificazione di tutte le aree e le attrezzature, comprendendo la scelta e l'applicazione dei detergenti e dei disinfettanti per i diversi impieghi. Questo manuale di istruzioni deve includere anche il piano di sanificazione e le schede sulle procedure operative, sul controllo degli infestanti, sulle misure igieniche e sulla manutenzione preventiva.

Alcune aziende organizzano corsi interni di formazione intensiva per gli addetti alla sanificazione sulla base delle esigenze espresse dai loro programmi di quality assurance.

Le aziende devono essere consapevoli delle esigenze dei consumatori e garantire loro prodotti sicuri; a questo scopo è essenziale riconoscere l'importanza di un personale ben addestrato e attuare validi programmi di formazione, come parte integrante dell'attività aziendale, sia essa di trasformazione o di somministrazione. Perciò, i responsabili della sanificazione devono presenziare ai corsi di formazione e dovrebbero richiedere l'assistenza di esperti degli organismi di controllo per trattare gli standard di sanificazione e le esigenze di salute pubblica, al fine di adempiere ai compiti di formazione del personale.

A completamento della formazione, l'azienda ha la responsabilità di fornire i materiali e le attrezzature necessarie affinché gli addetti possano mettere in pratica ciò che è stato loro insegnato. Una squadra di sanificazione ben addestrata limita i tempi morti della produzione, riduce i ritiri di prodotti dal mercato e migliora il morale del personale. Uno stabilimento pulito è più produttivo. Poiché la motivazione nasce all'interno dell'individuo, non può essere imposta; è tuttavia possibile fornire valide ragioni per avere un atteggiamento positivo nei confronti del lavoro che si svolge. Ai componenti della squadra di sanificazione occorre dunque spiegare perché è essenziale che il loro lavoro sia svolto con coscienza (Carsberg, 1998). La maggior parte dei dipendenti desidera svolgere un lavoro importante, occorre dunque sottolineare il valore delle mansioni loro assegnate.

21.3 Management della sanificazione

Il management è stato definito come la capacità di "far fare le cose agli altri". Il management della sanificazione ha tre responsabilità fondamentali:

1. delegare i compiti, cioè indicare al personale ciò che deve essere fatto;
2. addestrare il personale, mostrandogli come i compiti devono essere eseguiti;
3. supervisionare, per accertare che tutti i compiti siano eseguiti correttamente.

I manager dovrebbero accertarsi costantemente, mediante regolari ispezioni, che i compiti assegnati siano eseguiti in modo appropriato. Anche se adeguatamente formato, il personale deve essere supervisionato per garantire la corretta esecuzione dei compiti.

Per la complessità dei prodotti che vengono lavorati, gli aspetti tecnici della sanificazione meritano attenta considerazione. Le competenze tecniche dovrebbero riguardare la conoscenza delle caratteristiche dello sporco di natura organica e delle modalità con cui deve essere rimosso. I costi e l'efficacia della sanificazione sono ottimizzati se il responsabile è in grado di determinare autonomamente i prodotti chimici e le concentrazioni da utilizzare per la pulizia e la disinfezione (Carsberg, 2004). Inoltre, la conoscenza dei microrganismi, come pure dei metodi di campionamento e di analisi, migliora il controllo della contaminazione microbica. Le competenze del management devono includere anche la capacità di comprendere i dipendenti, motivarli, istruirli e supervisionarli. I dipendenti rendono di più se gli si dice chiaramente quali sono le aspettative nei loro confronti e perché il loro lavoro è essenziale per la sicurezza degli alimenti.

La professionalità del personale addetto alla sanificazione delle industrie alimentari e l'efficacia del management sono i principali fattori per il raggiungimento degli obiettivi del programma di sanificazione, indipendentemente dai metodi impiegati per la sua applicazione. I vertici aziendali non possono permettersi errori di giudizio o decisioni irragionevoli, poiché le loro azioni si riflettono sulla salute dei consumatori.

Principali fattori che possono pregiudicare l'efficacia della sanificazione

1. Mancanza di supporto da parte del management.
2. Formazione inadeguata dei supervisori e degli altri lavoratori addetti alla sanificazione.
3. Mancanza di procedure scritte efficaci.
4. Procedure scorrette per lo smontaggio delle attrezzature.
5. Scelta impropria di detergenti e disinfettanti.
6. Mancato controllo della concentrazione del disinfettante.
7. Procedure di ispezione pre-operativa inefficaci.
8. Monitoraggio microbiologico inefficace.

(Anon., 2004b)

Sono state identificate sei aree critiche per l'efficacia della sanificazione (Anon., 2004a).

1. *Formazione del personale* La formazione continua dovrebbe focalizzarsi sui principi basilari della sanificazione e sul ruolo del personale nel mantenimento della sicurezza e dell'igiene degli alimenti. I fornitori spesso offrono programmi di formazione o possono dare suggerimenti in merito ai corsi disponibili.
2. *Igiene personale* Gli addetti non possono contribuire all'igiene dello stabilimento se non osservano essi stessi un'appropriata igiene personale. (L'igiene della persona è trattata in dettaglio nel capitolo 5.)
3. *Gestione dei prodotti per la sanificazione* Elmetti e dispositivi di protezione individuale, detergenti, disinfettanti e attrezzature dovrebbero essere contrassegnati mediante codici colore per evitare usi impropri. I contenitori dei prodotti utilizzati nelle diverse aree dello stabilimento devono essere chiaramente identificati e muniti di tutte le opportune avvertenze di pericolo. Ogni prodotto chimico deve essere corredato della relativa scheda di sicurezza. Inoltre è opportuno prevedere altre indicazioni, come nome, indirizzo, telefono e sito web del produttore, per poter acquisire ulteriori informazioni.
4. *Dispositivi di protezione individuali (DPI)* In assenza di formazione e supervisione adeguate, i lavoratori possono correre rischi evitabili; tali rischi possono derivare sia da comportamenti scorretti, sia dalla mancanza di informazioni sui possibili pericoli connessi all'uso improprio di detergenti, disinfettanti e attrezzature. Deve essere obbligatorio l'uso di validi DPI durante il turno di lavoro.
5. *Scelta dei prodotti sanificanti* Occorre utilizzare tutte le informazioni messe a disposizione dai fornitori, o reperibili da altre fonti, per assicurare l'impiego dei composti detergenti e disinfettanti più appropriati. (Per la trattazione dettagliata di detergenti e disinfettanti, si rinvia ai capitoli 8 e 9.)
6. *Uso delle attrezzature per il dosaggio e l'applicazione dei sanificanti* Per assicurare l'efficacia della sanificazione, la sicurezza dei lavoratori e l'uso economico di detergenti e disinfettanti, è necessario impiegare queste attrezzature in modo corretto e per le applicazioni previste.

21.3.1 Supervisione

La chiave del successo di qualunque programma di sanificazione è la supervisione, che costituisce lo strumento per verificare che nell'esecuzione del programma siano seguite le regole stabilite. Il supervisore deve sempre essere attento a identificare le pratiche pericolose che possono instaurarsi. Una supervisione approfondita deve essere rinforzata da un programma di formazione continua del personale.

È essenziale che il supervisore costituisca un buon esempio per gli altri addetti: un supervisore che non segue le regole non può adempiere efficacemente alla sua funzione. Il ruolo di supervisione è spesso affidato a dipendenti con maggiore anzianità ed esperienza, che possono però essere i più refrattari ad accettare le innovazioni e ad abbandonare comportamenti errati. Problemi di questo genere possono essere superati se il supervisore è disposto a riconoscere che l'obiettivo principale da perseguire è offrire al consumatore un prodotto sicuro.

Il monitoraggio di uno stabilimento alimentare comporta l'organizzazione di una supervisione regolare. La supervisione degli addetti alla lavorazione degli alimenti dovrebbe prevedere l'adozione degli stessi criteri sanitari utilizzati nella selezione del personale, per esempio mediante controllo quotidiano degli addetti per individuare eventuali infezioni trasmissibili attraverso gli alimenti. La normativa prevede, infatti, che i lavoratori affetti da tali patologie (o che ne siano portatori) non debbano lavorare a contatto con alimenti o con attrezzature destinate a venire a contatto con alimenti.

Il carico dei manager viene alleggerito e la supervisione facilitata se gli addetti sono abituati a svolgere un buon lavoro. Un addestramento efficace e un atteggiamento professionale nei confronti degli addetti possono rappresentare importanti fattori di motivazione. Gli sforzi del personale addetto alla sanificazione devono essere riconosciuti, e non sottovalutati: invece di ignorarne l'impegno e criticarne i difetti bisognerebbe elogiare il loro contributo al mantenimento di un ambiente igienico e alla produzione di alimenti sicuri.

21.3.2 Approccio globale

Occorre sottoporre costantemente a riesame le operazioni di sanificazione, i programmi di igiene personale, la registrazione dei dati e la conformità alle prescrizioni (Anon., 2003). È essenziale assicurare una pianificazione proattiva mediante l'aggiornamento delle conoscenze in materia di nuove tecnologie (per esempio, possibili strategie integrate di intervento con trattamenti delle superfici destinate al contatto con gli alimenti, sistemi CIP computerizzati, formulazione e distribuzione automatica dei detergenti e dei disinfettanti).

21.3.3 Pubbliche relazioni

I manager devono conoscere i principi delle pubbliche relazioni e applicarli costantemente nell'esecuzione di un programma di sanificazione, per interpretare le esigenze e gli obiettivi del programma e motivare le persone alla collaborazione. Spesso le richieste di potenziamenti da parte del responsabile della sanificazione si traducono in incrementi dei costi operativi; riuscire a presentare in modo convincente la reale necessità e i benefici di tali potenziamenti è un tipico problema di pubbliche relazioni.

I mass media possono rappresentare uno strumento importante per comunicare e valorizzare i principi dell'igiene degli alimenti. Le relazioni con la stampa consentono un libero scambio di informazioni e creano un'atmosfera di fiducia reciproca. È molto importante sottolineare sia i miglioramenti e i risultati ottenuti nelle condizioni igienico-sanitarie, sia i nuovi programmi e obiettivi della sanificazione, per farli meglio comprendere e apprezzare da tutti gli interessati: opinione pubblica, industria e personale che opera nella sanificazione.

I responsabili della sanificazione devono comprendere che i loro compiti e le loro responsabilità vanno ben al di là delle ispezioni e dei controlli; anche altri tipi di attività possono essere utili e fruttuosi, per esempio dedicare del tempo per intervenire a incontri con studenti o associazioni di cittadini, per partecipare a conferenze o programmi radiotelevisivi e per sviluppare materiale didattico. Spesso è più semplice sostenere le esigenze e realizzare gli obiettivi della sanificazione quando sono condivisi dalla comunità.

21.3.4 Job enrichment

Nelle aziende molte persone, inclusi manager e supervisori, considerano la sanificazione un'attività secondaria; al contrario, chi si occupa di sanificazione deve essere consapevole dell'importanza delle proprie responsabilità. La sanificazione può essere valorizzata e resa più stimolante: un valido programma di job enrichment può rendere questo lavoro più interessante e gratificante; inoltre, tale programma, aumentando la professionalità e il coinvolgimento degli addetti, consente di assegnare loro maggiori responsabilità e di rafforzare il sistema di ispezioni interne.

21.3.5 Ispezioni interne

Le ispezioni interne vanno considerate una pratica abituale, eseguita da personale addestrato che conosca bene il processo produttivo dello stabilimento. Le ispezioni dovrebbero essere condotte dal titolare o da responsabili, supervisori o consulenti della sanificazione. Tali ispezioni producono migliori risultati se vengono effettuate con l'ausilio di check-list.

21.4 Qualità totale

La gestione basata sulla qualità totale (TQM, _Total Quality Management_) è un modello organizzativo innovativo, che consente alle aziende di operare con maggiore successo. Il TQM è stato descritto come una nuova filosofia, che prevede la definizione di obiettivi per i dirigenti, per il personale incaricato di specifiche responsabilità e per i dipendenti che si sentono parte dell'azienda (Gould, 1992). Il TQM è basato sullo sforzo comune del management e dei dipendenti per migliorare la produttività, la riduzione dei costi e l'uniformità e l'accettabilità del prodotto.

Nell'approccio TQM il management contribuisce con le risorse e la gestione, ma non occupa una posizione predominante. È incoraggiata la formazione di piccoli gruppi di lavoro per identificare e discutere possibili interventi di miglioramento sulla base di priorità stabilite da un comitato di coordinamento, in cui sono rappresentate le diverse aree e funzioni. Il TQM consente di realizzare questi progetti senza aumento dei costi; inoltre, rafforza l'autonomia dei dipendenti, che lavorano nell'ambito di linee guida condivise.

I principi fondamentali del miglioramento centrato sulla qualità sono definiti dalla norma internazionale ISO 9004:2000:

1. orientamento al cliente;
2. leadership;
3. coinvolgimento del personale;
4. approccio per processi;
5. approccio sistemico alla gestione;
6. miglioramento continuo;
7. decisioni basate su dati di fatto;
8. rapporti di reciproco beneficio con i fornitori.

TQM e sanificazione

L'approccio TQM può essere applicato anche alla gestione della sanificazione. Per un più efficace mantenimento delle condizioni igieniche, la sanificazione deve suscitare un maggiore interesse e ogni dipendente deve sentirsi investito della responsabilità di assicurare l'igiene all'interno dello stabilimento.

In passato, le operazioni di sanificazione sono state considerate principalmente un programma di sorveglianza, invece che una responsabilità diretta dei singoli dipendenti. Il TQM rafforza il coinvolgimento di tutti i dipendenti nelle decisioni e nelle responsabilità, in quanto il suo obiettivo è fornire al cliente un prodotto uniforme e accettabile, attraverso l'addestramento, la formazione e l'impegno di tutti i dipendenti.

Sanificazione in appalto

Molte industrie alimentari hanno scelto di affidare ad aziende esterne la responsabilità della sanificazione dei loro stabilimenti. Per l'industria questa soluzione presenta diversi vantaggi: l'impiego di manodopera specializzata nella sanificazione, l'alleggerimento dei compiti dei dirigenti dello stabilimento e la possibilità di preventivare con precisione i costi per la sanificazione (White, 2003). D'altra parte, una gestione interna della sanificazione può essere più economica e consentire una maggiore elasticità, mentre una squadra esterna è presente soltanto in orari prestabiliti. L'impiego di personale interno offre anche un ulteriore elemento di elasticità, in quanto è possibile assegnare gli addetti alle attività dove sono più necessari, per esempio produzione, manutenzione o pulizia. Infine la sanificazione gestita internamente garantisce all'industria un maggiore controllo sulla formazione degli addetti e non espone ai rischi derivanti da eventuali inadempienze del fornitore esterno.

Sommario

Uno dei principali problemi del management nell'industria alimentare è reclutare e formare lavoratori che siano in grado di attuare una sanificazione efficace. Il successo o il fallimento di un programma di sanificazione dipende dal sostegno fornito dai vertici aziendali.

Un programma di sanificazione efficace deve prevedere la formazione e l'aggiornamento costante del personale addetto; le informazioni devono essere fornite attraverso manuali di istruzioni e brevi corsi organizzati da associazioni di categoria, istituzioni pubbliche e società di servizi.

Le principali funzioni dei responsabili della sanificazione sono rappresentate dalla delega dei compiti, dall'addestramento e dalla supervisione del lavoro degli addetti. Le ispezioni interne costituiscono un valido strumento per migliorare l'efficacia del programma di sanificazione.

Domande di verifica

1. Che cos'è il management della sanificazione?
2. Quali requisiti sanitari occorre considerare per la selezione del personale?
3. Quali sono gli strumenti utilizzabili per la formazione degli addetti alla sanificazione?

4. Quali sono le tre responsabilità principali del management della sanificazione?
5. Qual è la principale chiave di successo di un programma di sanificazione?
6. In che modo l'approccio TQM può aumentare l'efficacia della sanificazione?
7. Che cos'è la sanificazione in appalto?
8. Quali sono i vantaggi della sanificazione in appalto?
9. Quali sono i vantaggi della sanificazione gestita internamente?

Bibliografia

Anon. (2003) How to boost your sanitation program's performance. *Food Saf Mag* 9; 1: 40.
Anon. (2004a) 6 common food sanitation mistakes and how to fix them. *Food Saf Mag* 10; 1: 40.
Anon. (2004b) Top 10 sanitation problems. *Meat Poultry* 49; 5: 58.
Anon. (2004c) Top reasons sanitarians fear sanitation software and why these fears are unfounded.
    Food Saf Mag 10; 1: 48.
Carsberg HC (1998) Motivating sanitation employees. *Food Qual* 5; 1: 68.
Carsberg HC (2004) Ingredients of a food safety/sanitation program. *Food Qual* 11; 3: 84.
Carsberg HC (2004) Can sanitation be considered technical? *Food Qual* 11; 5: 63.
Chao TS (2003) Worker training in sanitation and personal safety. In: Hui YH et al (eds) *Food Plant
    Sanitation*. Marcel Dekker, New York.
Daniel-Sewell S (2004) If it is not on the schedule, it probably won't get done. *Food Qual* 11; 3: 80.
Gould WA (1992) *Total quality management for the food industries*. CTI Publications, Baltimore.
Graham D (1992) Five keys to a complete sanitation system. *Prepared Foods* 101; 5: 50.
White L (2003) A clean fight: the pros and cons of contract sanitation. *Meat Market Technol* 6; 55.

Biosicurezza e sanificazione:
linee guida e normativa statunitensi

Dopo gli attacchi terroristici del 2001, negli Stati Uniti è stata posta sempre più enfasi sulla sicurezza nazionale, inclusa quella alimentare, che è diventata una priorità assoluta per le industrie del settore. Ne è risultato un forte impegno delle aziende alimentari sui programmi e sulle procedure di sicurezza, per estenderne la portata e accrescerne l'efficacia.

La conoscenza della minaccia rappresentata dal bioterrorismo nella produzione degli alimenti è essenziale per garantire l'offerta di prodotti sicuri. I responsabili della sanificazione devono essere bene informati sui possibili contaminanti degli alimenti, tra i quali microrganismi, allergeni, corpi estranei e infestanti, e sulle possibili contaminazioni derivanti da atti di bioterrorismo. L'industria alimentare è particolarmente vulnerabile a questo tipo di minacce. L'importanza di proteggere i prodotti alimentari dalla contaminazione microbica, chimica e fisica – sia accidentale sia intenzionale – è riconosciuta in tutto il settore alimentare.

In passato il mondo accademico, il governo e i rappresentanti dell'industria avevano concentrato gli sforzi sullo sviluppo di programmi di sicurezza alimentare nelle aziende agricole, nelle industrie alimentari e presso i consumatori. Nell'industria alimentare era cresciuta la consapevolezza dell'importanza delle minacce alla sicurezza degli alimenti, sia per le epidemie di malattie a trasmissione alimentare e per le contaminazioni involontarie, sia per gli episodi, seppure isolati, di ricatti e di manomissione dei prodotti. Tuttavia, oggi l'industria alimentare deve fronteggiare il rischio di contaminazioni intenzionali su larga scala. Nell'ambito della biosicurezza alimentare, il potenziale utilizzo dei rifornimenti alimentari come obiettivo o strumento di terrorismo non è più una mera ipotesi. Bisogna, dunque abbandonare atteggiamenti ottimistici e autocompiaciuti.

Nel corso del 2003, l'US Homeland Security Secretary ha segnalato che i terroristi potrebbero scegliere prodotti alimentari di largo consumo come arma di guerra chimica o biologica; è quindi essenziale proteggere i consumatori dal bioterrorismo, oltre che dalle infestazioni e contaminazioni accidentali conseguenti a inadeguata sanificazione. Ora è necessario che l'industria alimentare si protegga da interferenze intenzionali e dalla possibilità che i prodotti alimentari siano usati come armi di distruzione.

Rischi di bioterrorismo attraverso gli alimenti

Dopo gli attacchi terroristici negli Stati Uniti nel 2001 ci si è trovati di fronte a uno scenario simile a quelli delle lettere all'antrace, dello stesso anno, e delle capsule di un medicinale avvelenate con cianuro del 1982. Altre possibili minacce sono costituite dai virus delle febbri emorragiche e da potenti tossine, in particolare la ricina e la tossina botulinica.

Secondo Applebaum (2004), l'industria alimentare statunitense si è focalizzata su tre aree soprannominate le "3P" della protezione.

– *Personale*: potenziamento della selezione e del controllo dei dipendenti.
– *Prodotto*: controlli addizionali nelle fasi di ricevimento delle merci, di produzione e di distribuzione per garantire un elevato livello di sicurezza alimentare.
– *Proprietà*: controlli addizionali per aumentare la sicurezza del perimetro esterno degli stabilimenti per impedire l'ingresso di possibili intrusi.

Applebaum (2004) ha altresì affermato che per compiere un'accurata valutazione dei rischi è necessario considerare anche la solidità finanziaria dell'azienda, determinare il tipo di potenziale minaccia e i punti deboli dello stabilimento. Secondo l'autore, inoltre, qualora le vulnerabilità dell'azienda coincidano con le potenziali minacce, il rischio di bioterrorismo aumenta. Sebbene il rischio non possa essere totalmente scongiurato, è possibile gestirlo correttamente, in modo da assicurare la prevenzione mettendo in atto la politica "prevenire per proteggere". Poiché le aziende alimentari non possono escludere completamente la possibilità di atti di bioterrorismo, devono possedere le conoscenze e gli strumenti per individuare e minimizzare qualsiasi falla nel sistema di biosicurezza.

Misure di protezione contro il bioterrorismo

Negli Stati Uniti, la FDA ha emanato le *Interim Final Rules*, regolamenti che prevedono la registrazione di tutti gli stabilimenti alimentari e la notifica anticipata di ogni consegna di prodotti alimentari importati. I regolamenti sono entrati in vigore il 12 dicembre 2003 ed è prevista l'emanazione da parte della FDA di ulteriori norme in materia.

L'industria alimentare statunitense ha la responsabilità di assicurare che circa 400 000 stabilimenti nazionali e stranieri – in cui vengono prodotti, trasformati o stoccati prodotti alimentari e mangimi destinati al mercato statunitense – siano registrati presso la FDA e che le società che esportano prodotti o ingredienti alimentari negli Stati Uniti soddisfino i requisiti di notifica anticipata imposti dal *Bioterrorism Act*. In applicazione di questa legge, la FDA ha implementato le procedure per la registrazione degli stabilimenti alimentari; la notifica anticipata delle spedizioni di prodotti alimentari importati; l'istituzione, la tenuta e la disponibilità di registri; il sequestro amministrativo di alimenti e mangimi.

Per affrontare con successo i problemi di biosicurezza, le aziende alimentari dovrebbero acquisire una "mentalità orientata alla sicurezza" (*security mentality*), promuovendo le conoscenze, individuando le necessità e stabilendo le priorità in materia di sicurezza. Dovrebbero riesaminare le loro attuali procedure di sicurezza e i programmi per la gestione delle crisi (laddove esistenti), per determinare le necessarie revisioni o integrazioni. Applebaum (2004) ha osservato che le espressioni *food security* e *food safety* non sono intercambiabili. L'espressione *food safety* si riferisce a incidenti come la contaminazione crociata o gli errori nel processo di produzione, mentre *food security* è un'espressione più ampia che può comprendere la manipolazione intenzionale delle forniture di prodotti alimentari per danneggiarle o renderle pericolose. Quindi, *food security* si riferisce a pericoli indotti deliberatamente e intenzionalmente, mentre *food safety* a pericoli che possono verificarsi involontariamente e accidentalmente. Il fine comune di entrambe le attività è prevenire i problemi che potrebbero compromettere la sicurezza dei prodotti alimentari. Sebbene l'industria alimentare debba assumersi la responsabilità di fornire ai consumatori prodotti sicuri, le misure di bio-sicurezza non dovrebbero ostacolare la produzione, la distribuzione e il consumo di alimenti. Di conseguenza i cambiamenti, sia nelle misure aziendali sia nella normativa relativa alla sicurezza degli alimenti, dovrebbero essere realistici e praticabili.

Tra gli strumenti innovativi per aumentare la sicurezza vi è l'identificazione mediante segnali in radiofrequenza (RFID). Questa tecnica consente di mantenere registrazioni sotto forma di dati a lungo termine, fornendo le informazioni necessarie per identificare, rintracciare, localizzare e proteggere i prodotti durante tutte le fasi della catena (Lipsky, 2004).

Biosicurezza attraverso la simulazione

Sebbene l'industria alimentare debba garantire la biosicurezza, la possibilità di testare l'efficacia delle procedure di prevenzione e di reazione nell'evenienza di un atto di bioterrorismo resta un problema. Le simulazioni con interpretazione di ruoli possono essere utili per valutare l'efficacia dei programmi di biosicurezza. È stato messo a punto un modello di simulazione (Reckowsky, 2004) con il quale le aziende hanno la possibilità di testare i propri piani di sicurezza in uno scenario realistico, che include anche le pressioni esercitate dal fattore tempo, dai media e dalle risorse finanziarie. Gran parte delle scelte decisionali proposte nella simulazione sono state basate su informazioni ricavate da molteplici fonti, quali comunicati ufficiali, resoconti dei media e comunicazioni tra i partecipanti. La comunicazione efficace ha facilitato il rintracciamento dei prodotti e degli ingredienti contaminati. I partecipanti hanno ritenuto valide le simulazioni, giudicando quest'approccio essenziale per accrescere la consapevolezza delle aziende e la loro capacità di fronteggiare attacchi bioterroristici.

Linee guida di biosicurezza

In materia di biosicurezza, il FSIS (Food Safety and Inspection Service) dell'USDA ha pubblicato delle linee guida per le industrie alimentari (www.fsis.usda.gov/PDF/Securityguide.pdf), che può essere utile riassumere.

1. Organizzare una squadra per gestire la protezione degli alimenti.
2. Sviluppare un piano generale di sicurezza per il trasporto e lo stoccaggio.
3. Valutare e identificare i punti critici per la contaminazione durante il processo di produzione e distribuzione mediante un diagramma di flusso.
4. Individuare e implementare i controlli atti a prevenire l'alterazione o la contaminazione dei prodotti durante la lavorazione, lo stoccaggio e il trasporto.
5. Attuare un metodo per identificare e tracciare gli alimenti durante lo stoccaggio e la distribuzione, prevedendo l'uso di sigilli antimanomissione.
6. Verificare che i trasportatori a contratto e i gestori dei magazzini di stoccaggio attuino un programma di sicurezza.

Secondo l'USDA, le misure di sicurezza per l'acquisto e la distribuzione includono:
1. Procedure per il ritiro immediato dei prodotti non sicuri.
2. Procedure per la gestione della biosicurezza o di altre minacce, comprendenti un piano di evacuazione.
3. Gestione, separazione e smaltimento appropriati dei prodotti non sicuri.
4. Documentazione per la gestione dei prodotti sicuri e di quelli non sicuri.
5. Istruzioni per il rifiuto di materiale non sicuro.

6. Procedure per la gestione di consegne non programmate.

7. Lista dei contatti con autorità sanitarie e di sicurezza locali, statali e federali.

8. Procedure per la notifica alle autorità competenti in caso di necessità.

9. Notifica di tutti i punti di entrata e di uscita disponibili in caso di emergenza.

10. Strategia per la comunicazione di informazioni utili ai media.

11. Formazione appropriata dei membri della squadra di biosicurezza.

12. Conduzione periodica di esercitazioni pratiche e revisione delle misure di sicurezza.

Inoltre andrebbero adottate le seguenti misure di selezione e addestramento:

1. Condurre i controlli di base e sui precedenti penali dei dipendenti.

2. Verificare le referenze di tutti i potenziali dipendenti.

3. Mantenere sotto costante supervisione il personale privo di *background check* (controllo dei precedenti) e limitarne l'accesso alle aree sensibili dell'impianto.

4. Addestrare i dipendenti sulle procedure produttive degli alimenti e sulla vigilanza, in particolare su come prevenire, rilevare e rispondere a minacce di azioni terroristiche.

5. Praticare una continua sensibilizzazione sulla sicurezza e sull'importanza delle relative procedure.

6. Formare personale addetto specificamente alle procedure di sicurezza per il ricevimento di posta, forniture, materie prime e altre consegne.

7. Incoraggiare i dipendenti a riferire qualsiasi attività sospetta, come segni di possibili manomissioni del prodotto o falle nel sistema di sicurezza alimentare.

8. Accertarsi che i dipendenti conoscano le procedure di emergenza e le informazioni sui contatti per effettuare segnalazioni.

Sono considerate appropriate le seguenti misure di sicurezza:

1. Per tutti gli impiegati è necessario un sistema di identificazione.

2. I visitatori che entrano nello stabilimento devono sempre essere accompagnati.

3. Quando un membro dello staff cessa di far parte dell'azienda, occorre ritirare le sue chiavi e cambiare i codici d'accesso.

4. È essenziale limitare ai soli addetti l'accesso agli impianti, ai veicoli per il trasporto, ai locali con gli armadietti personali e a tutte le aree di stoccaggio.

5. Devono essere identificati punti di ingresso e uscita separati per persone e veicoli.

6. Tutte le porte di ingresso e di uscita, i condotti, le finestre, le unità esterne di refrigerazione e stoccaggio, i rimorchi e le autocisterne devono essere chiusi.

7. Gli impianti idrici e i sistemi di aerazione devono essere accessibili solo agli addetti.

8. Le aree perimetrali devono essere adeguatamente illuminate.

9. La posta in arrivo deve essere gestita in un'area separata da quelle in cui sono trattati gli alimenti.

10. Occorre monitorare eventuali comportamenti insoliti dei dipendenti (come trattenersi oltre l'orario, arrivare insolitamente presto, fotografare lo stabilimento o asportare documenti dall'azienda).

11. Tutti gli ingredienti, i prodotti alimentari e i materiali di confezionamento e di imballaggio devono essere acquistati solo da fornitori conosciuti e affidabili e accompagnati da lettere di garanzia.

12. Bisogna richiedere la notifica anticipata dai fornitori per tutte le spedizioni in arrivo, compresi i dettagli della spedizione, il nome dell'autista e i numeri dei sigilli.

13. Occorre richiedere che i veicoli utilizzati per le consegne siano chiusi o sigillati.

14. I prodotti alterati o sospetti devono essere rifiutati.

15. Le consegne non programmate dovrebbero rimanere all'esterno dell'area aziendale finché non siano state effettuate le opportune verifiche sul trasportatore e sulla merce.

16. È necessario un supervisore o un altro responsabile che rompa i sigilli e firmi il registro del trasportatore, annotando nella bolla di carico qualsiasi problema relativo alle condizioni del prodotto.

17. Il nome del responsabile della rottura dei sigilli, i numeri dei sigilli e del camion o del rimorchio devono essere registrati.

18. Deve esistere un piano per assicurare l'integrità del prodotto quando un sigillo deve essere aperto prima della consegna a causa di consegne multiple o per consentire l'ispezione da parte delle autorità.

19. Lo scarico dei prodotti in entrata deve essere controllato.

20. Nelle spedizioni in arrivo occorre verificare l'integrità e il numero del sigillo e il luogo della spedizione.

21. I prodotti in entrata e i loro contenitori devono essere esaminati per ricercare segni di manomissione o contaminazione.

22. Gli alimenti devono essere controllati (colore o aspetto insolito).

23. Deve essere creata una check-list procedurale per le spedizioni in entrata e in uscita.

24. Tutte le spedizioni in partenza devono essere sigillate con sigilli numerati antimanomissione, riportandone il numero sui documenti di spedizione.

25. I dipendenti devono prestare attenzione a qualsiasi attività sospetta e comunicarla ai responsabili della sicurezza.

26. Occorre predisporre un sistema per rintracciare, rapidamente ed efficacemente, i prodotti che sono stati distribuiti (a partire dagli spedizionieri in avanti). I trasportatori prima, e successivamente i distributori, i grossisti e gli altri anelli della filiera, devono essere rintracciabili e ci devono essere sistemi per localizzare in modo rapido ed efficace i prodotti che sono stati distribuiti.

27. Bisogna investigare sulle minacce o sulle denunce di attività sospette.

28. Se si verifica un'emergenza legata alla sicurezza degli alimenti devono essere contattate le competenti autorità locali.

L'USDA suggerisce, inoltre, le seguenti precauzioni per garantire la biosicurezza all'esterno degli stabilimenti alimentari:

1. Il perimetro dello stabilimento deve essere controllato per prevenire l'accesso di persone non autorizzate.

2. Devono essere apposti cartelli "Vietato l'ingresso".

3. L'integrità delle recinzioni deve essere controllata per verificare la presenza di segni di attività sospette o di accessi non autorizzati.

4. L'illuminazione esterna deve essere sufficiente per consentire la rilevazione di attività sospette.

5. Gli ingressi dello stabilimento devono essere controllati da guardiani, dispositivi d'allarme, telecamere o altri sistemi di sicurezza conformi alle norme di sicurezza e antincendio locali e nazionali.

6. Le uscite di emergenza devono essere dotate di allarme e di porte autobloccanti apribili solo dall'interno.

7. Porte, finestre, lucernari, bocchette per ventilazione, rimorchi, vagoni ferroviari e cisterne devono sempre essere sotto controllo.

8. I serbatoi esterni per prodotti pericolosi e per l'acqua potabile devono essere protetti e monitorati contro gli accessi non autorizzati.

9. All'ufficio per la sicurezza deve essere conservata una lista aggiornata del personale dipendente con indicazione del tipo di accesso consentito (libero o limitato).

10. L'ingresso dello stabilimento deve essere controllato da sistemi di identificazione (documenti di identità con fotografia, firma all'entrata e all'uscita presso la ricezione).

11. I veicoli in arrivo o in partenza (sia privati sia commerciali) devono essere ispezionati per la verifica di carichi o attività insolite.

12. Le aree di parcheggio per i visitatori o gli ospiti devono essere poste a distanza di sicurezza dallo stabilimento principale.

13. Le spedizioni in arrivo devono essere verificate sulla lista programmata.

14. Se possibile, le consegne non previste devono essere tenute in attesa all'esterno dello stabilimento, sino alla verifica del trasportatore e del carico.

15. Gli accessi esterni a pozzi, serbatoi di acqua potabile e impianti per la produzione e lo stoccaggio di ghiaccio devono essere controllati per evitare accessi non autorizzati.

16. Nelle aree di lavorazione le condutture di acqua potabile e non potabile devono essere periodicamente ispezionate per accertare eventuali ostruzioni.

17. L'azienda deve provvedere alla notifica immediata alle autorità sanitarie in caso di compromissione della potabilità della fornitura pubblica d'acqua.

18. L'azienda deve adottare e far rispettare un regolamento che stabilisca quali oggetti personali sono permessi e quali proibiti all'interno dello stabilimento e delle aree di produzione.

Tra le precauzioni per la biosicurezza raccomandate dall'USDA per le zone interne degli stabilimenti sono comprese le seguenti.

1. All'interno dello stabilimento, le aree ad accesso limitato dovrebbero essere chiaramente segnalate e controllate.

2. L'accesso alle centrali di controllo dei sistemi idrici e di aerazione, del gas e dell'energia elettrica dovrebbe essere limitato e controllato.

3. Planimetrie schematiche dovrebbero essere disponibili in punti strategici e controllati all'interno dello stabilimento.

4. I sistemi di aerazione dovrebbero prevedere un dispositivo per l'immediato isolamento delle aree o dei locali contaminati.

5. Il sistema di emergenza dovrebbe essere sempre perfettamente funzionante e l'ubicazione dei comandi di allarme chiaramente segnalata.

6. L'accesso ai laboratori interni allo stabilimento dovrebbe essere controllato.

7. L'elaborazione dei dati elettronici dovrebbe essere protetta da password, firewall di rete e antivirus aggiornati.

Gestione degli infestanti e biosicurezza

Poiché il controllo degli infestanti è parte integrante della sicurezza alimentare, la formazione di personale per la loro gestione è un metodo praticabile per migliorare la sicurezza alimentare attraverso il monitoraggio di possibili indizi di bioterrorismo. Si tratta di un approccio logico, poiché i tecnici del controllo degli infestanti hanno il compito di studiare le condizioni che compromettono l'igiene degli alimenti ed esiste un evidente legame tra l'esclusione degli infestanti e l'igiene e la sicurezza degli alimenti (Anon., 2004). Questi tecnici monitorano l'interno e l'esterno degli stabilimenti alimentari per rilevare condizioni anomale che possano minare la sicurezza degli alimenti.

La squadra della biosicurezza e il personale che si occupa del controllo degli infestanti devono collaborare per individuare una serie comune di obiettivi e di opportunità di formazione. La squadra della biosicurezza può istruire i tecnici del controllo degli infestanti sugli indizi da rilevare quando effettuano le ispezioni giornaliere (come insolite impronte di scarpe vicino al perimetro dell'azienda o imballaggi abbandonati all'interno dello stabilimento) e sulle azioni conseguenti. Il personale che si occupa del controllo degli infestanti può insegnare a quello della biosicurezza come monitorare le potenziali fonti di contaminazione idrica (quali reti fognarie e collettori), riconoscere indizi di contaminazione delle materie prime e scegliere soluzioni in grado di minimizzare i problemi dovuti agli infestanti (per esempio, raccomandando l'utilizzo di lampade al vapore di sodio invece di quelle al vapore di mercurio, che attrae gli infestanti) (Anon., 2004).

Se per il controllo degli infestanti ci si appoggia a una società esterna, è opportuno che questa abbia buone referenze e disponga di tecnici specificamente addestrati per operare in aziende alimentari, con comprovate esperienza e conoscenza delle strategie di prevenzione del bioterrorismo. Un tecnico deve sapere che cosa verificare e come consigliare l'azienda alimentare sulle soluzioni più aggiornate per il controllo degli infestanti e la *food security*. Normalmente, i tecnici interni all'azienda non hanno accesso a una formazione continua come quelli esterni e devono tenere le sostanze chimiche impiegate per la disinfestazione all'interno dello stabilimento; ciò aumenta il rischio sia di contaminazione accidentale, sia di avvelenamento intenzionale dei prodotti da parte di dipendenti scontenti o di terroristi.

Informazioni aggiuntive sul bioterrorismo

Sul sito internet della FDA destinato al settore alimentare (www.cfsan.fda.gov) è disponibile una notevole quantità di informazioni, come i documenti per la conformità e quelli previsti dal *Bioterrorism Act*, i cui argomenti principali sono esaminati nei paragrafi seguenti.

Sequestro di alimenti

Questa sezione dell'atto autorizza il Secretary of Health and Human Services, attraverso la FDA, a ordinare il sequestro di prodotti alimentari qualora vi siano indizi credibili o informazioni che suggeriscono che una derrata possa rappresentare una grave minaccia per la salute o la vita di persone o animali.

Registrazione degli stabilimenti di alimenti e mangimi

Il *Bioterrorism Act* ha imposto la registrazione presso la FDA di tutti gli stabilimenti nazionali o stranieri. Sono compresi: fabbriche, stabilimenti, depositi all'ingrosso, inclusi quelli degli importatori che producono, lavorano, confezionano o stoccano prodotti alimentari o mangimi destinati a essere consumati negli Stati Uniti. Sono esonerati dalla registrazione le aziende agricole, i ristoranti, gli esercizi per la vendita al dettaglio, gli enti non-profit che preparano o somministrano pasti e i pescherecci che non lavorano il pescato a bordo. Non devono registrarsi, inoltre, le aziende i cui prodotti alimentari vengano inviati, prima dell'esportazione verso gli Stati Uniti, a un altro stabilimento per ulteriori trasformazioni o per il confezionamento, o le aziende che si limitano ad attività marginali come la semplice etichettatura. Questo elenco consente alla FDA di identificare e localizzare rapidamente le aziende alimentari o altri stabilimenti coinvolti in eventuali episodi di contaminazione deliberata o accidentale.

Creazione e mantenimento degli archivi

Il Secretary of Health and Human Services ha il compito di stabilire disposizioni per la creazione e la tenuta degli archivi necessari per garantire la tracciabilità degli alimenti. Questi archivi permettono alla FDA di gestire eventuali gravi minacce alla salute o alla vita di persone e animali. Soggetti a questi provvedimenti sono coloro che producono, lavorano, trasformano, confezionano, trasportano, distribuiscono, vendono, stoccano o importano alimenti; sono esonerati le aziende agricole e i ristoranti.

Notifica anticipata della spedizione di prodotti alimentari importati

Il *Bioterrorism Act* prescrive che gli importatori di prodotti alimentari notifichino anticipatamente alla FDA ogni spedizione di alimenti prima che questi entrino negli Stati Uniti. Tale notifica deve includere una descrizione del prodotto e le informazioni relative a: azienda produttrice, trasportatore, coltivatore (se noto), paese di origine, paese da cui il prodotto viene spedito, porto di sdoganamento previsto. La notifica anticipata è stata studiata per aiutare le agenzie federali a indirizzare meglio le ispezioni degli alimenti importati.

Sommario

Durante lo scorso decennio, la biosicurezza è diventata una questione fondamentale per l'industria alimentare. La conoscenza della minaccia rappresentata dal bioterrorismo nella produzione degli alimenti è essenziale per garantire l'offerta di prodotti sicuri.

L'industria alimentare si è focalizzata su tre aree di protezione soprannominate le "3 P": personale, prodotto e proprietà. L'USDA ha pubblicato utili linee guida per la protezione contro il bioterrorismo, relative alla lavorazione e allo stoccaggio degli alimenti; la FDA ha predisposto linee guida per l'applicazione del *Bioterrorism Act*.

Poiché il controllo degli infestanti è parte integrante della sicurezza alimentare, la formazione di personale per la loro gestione è un metodo praticabile per migliorare la sicurezza alimentare attraverso il monitoraggio di possibili indizi di bioterrorismo. La squadra della biosicurezza e il personale che si occupa del controllo degli infestanti devono collaborare per individuare una serie comune di obiettivi e di opportunità di formazione.

I siti web per l'industria alimentare della FDA e dell'USDA includono una notevole quantità di utili informazioni in materia di biosicurezza.

Bibliografia

Anon. (2004) How your pest management technician can protect your company against bioterrorism. *Food Saf Mag* 10 (1); 36.

Applebaum RS (2004) Protecting the nation's food supply from bioterrorism. *Food Saf Mag* 10 (1); 30.
DeSorbo MA (2004) Security: The new component of food quality. *Food Qual* 11 (4); 24.
FDA - Center for Food Safety and Applied Nutrition: www.cfsan.fda.gov
Lipsky J (2004) Realizing RFID. *Natl Provisioner* 218 (10); 88.
Reckowsky M (2004) Preparing for bioterrorism through simulation. *Food Technol* 58 (8); 108.
USDA - FSIS Security Guidelines for Food Processors: www.fsis.usda.gov/PDF/Securityguide.pdf

Indice analitico